中国石化高级技师培训教材

石油钻井工

张桂林　王吉坡　路秀广　主编

中国石化出版社

图书在版编目(CIP)数据

石油钻井工 / 张桂林，王吉坡，路秀广主编．
—北京：中国石化出版社，2014.3
ISBN 978-7-5114-2675-8

Ⅰ.①石… Ⅱ.①张… ②王… ③路… Ⅲ.①油气钻井 Ⅳ.①TE2

中国版本图书馆 CIP 数据核字(2014)第 033781 号

中国石化出版社出版发行

地址：北京市东城区安定门外大街 58 号
邮编：100011　电话：(010)84271850
读者服务部电话：(010)84289974
http://www.sinopec-press.com
E-mail:press@sinopec.com
北京柏力行彩印有限公司印刷

*

787×1092 毫米 16 开本 29 印张 726 千字
2014 年 4 月第 1 版　2014 年 4 月第 1 次印刷
定价：87.00 元

中国石化高级技师培训教材
编审委员会

前言

高技能人才，是具备精湛的专业技能，关键环节发挥作用，能够解决生产操作难题人员。在大力倡导提升企业自主创新能力、建设创新型企业的时代背景之下，更多更快地培训高技能人才，是提升油田企业核心竞争力的战略举措。高级技师职业资格培训作为人力资源开发的重要环节和职业资格的最高等级，中国石化集团历来高度重视，2002 年建立高级技师培训基地，为高技能人才的成长创造更为有利的学习条件。通过有组织、有计划的系统培训，提升高级技师的专业知识能力。

中国石化高级技师胜利培训基地主要承担中石化油田企业主体工种高级技师(技师)、拔尖技能人才等培训任务。经过 10 多年的建设，建立了中石化高技能人才的培训课程体系，完善了高技能人才的技能训练设施，编写了适合高技能人才特点的系列教材。为进一步提高培训针对性和有效性，胜利培训基地组织专家对使用多年的“石油钻井工高级技师培训讲义”进行重新编写、修订。在编写过程中，突出了统一性，《职业资格等级标准(石油石化行业)》、《职业技能培训教程与鉴定试题集》和教材的统一，保证了在内容、范围、深度上的统一。突出了通用性，在内容上能覆盖目前各油田企业的生产、技术、设备、工艺特点。突出了先进性，采用了国内外最新的标准、规范，避免出现已落后、淘汰或即将淘汰的工艺、技术、设备和方法。力求教材内容更加贴近生产实际，更加满足培训需求，更加适合高技能人才的特点。既是一本培训教材，也是一本工具书。

本书由胜利石油管理局张桂林负责统编和审核。其中第一章由李洪周、孙绛雪、张英敏、杜书东编写；第二章由张以华编写；第三章由颜廷杰编写；第四章由唐志军编写；第五章由郭保雨编写；第六章由隋梅编写；第七章由张桂林编写；第八章由王福海、唐新国编写。

本书在编写过程中得到了中国石化人事部，胜利油田、中原油田、江汉油田、河南油田、江苏油田、华东石油局、西南石油局、西北石油局、华北石油局等领导、专家和工程技术人员的大力支持与帮助，在此一并表示衷心感谢！

由于时间仓促，水平有限，书中难免会有错误与不足之处，敬请广大读者批评指正。

目　录

第1章　钻井相关知识

第一节　金属材料的基本知识

石油机械多属于重型机械，石油机械中的构件承受的载荷大，工作条件恶劣，对强度、耐磨性及耐腐蚀性一般要求较高。所以石油机械零件多使用传统的金属材料，尤其是钢铁材料。本节主要介绍有关钢铁的基本知识。

一、金属的结构与性质

（一）纯金属的晶体结构

金属材料包括纯金属及其合金，它们都属于晶体。对于金属晶体通常以图1－1所示的模型来研究。首先建立两个概念：

晶格——通过原子中心的假想连线所构成的空间格子。

晶胞——晶格中表征晶体原子排列特征的最小几何单元。

晶格和晶胞是研究金属结构的基础。纯金属晶体结构较为简单，种类也有限。实际金属都呈晶胞堆积状态。

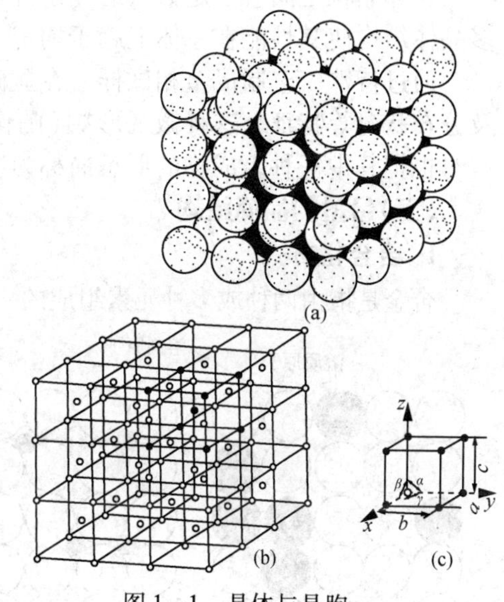

图1－1　晶体与晶胞

1. 常见的三种典型晶体

在纯金属中常见的晶体结构主要有体心立方晶格、面心立方晶格和密排六方晶格，如图1－2所示。

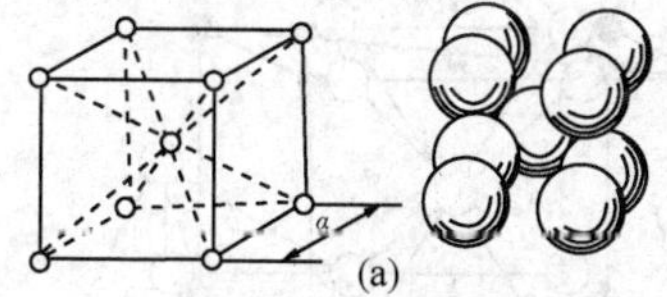

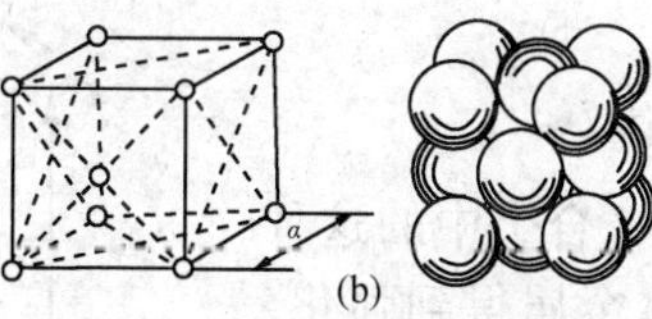

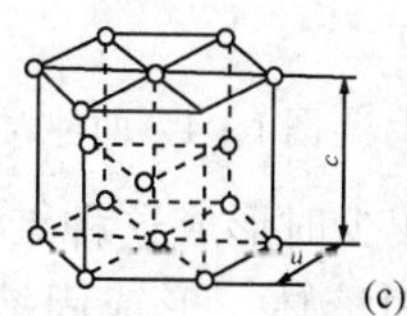

图1－2　三种常见的金属晶格

(a)体心立方晶格；(b)面心立方晶格；(c)密排六方晶格

常见体心立方晶格的金属如912℃以下的铁(α—Fe)、钨、钒、钼等；常见面心立方晶格的金属如912～1394℃的铁(γ—Fe)、金、银、铝、铜、镍、铅等；常见密排六方晶格的金属如铍、镁、锌等。通常面心立方晶格的金属具有良好的塑性，利于变形加工。

2. 金属的多晶体结构

大量的金属晶胞规则地排列起来(图1－1)，构成结构非常规则的晶体，称为单晶体。单晶体必须经过特制才能得到。自然界中的金属晶体要复杂些，一般如图1－3所示。

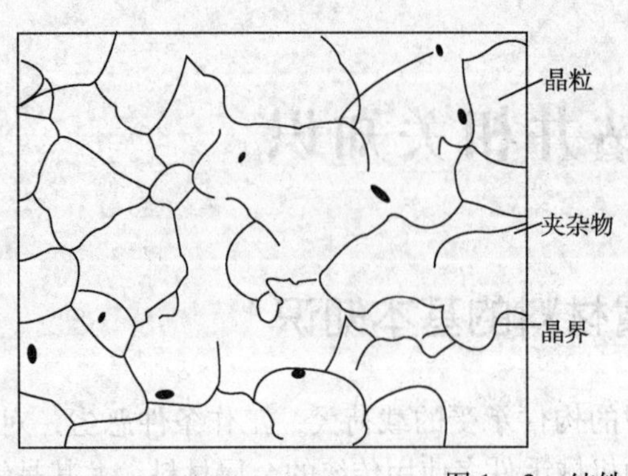

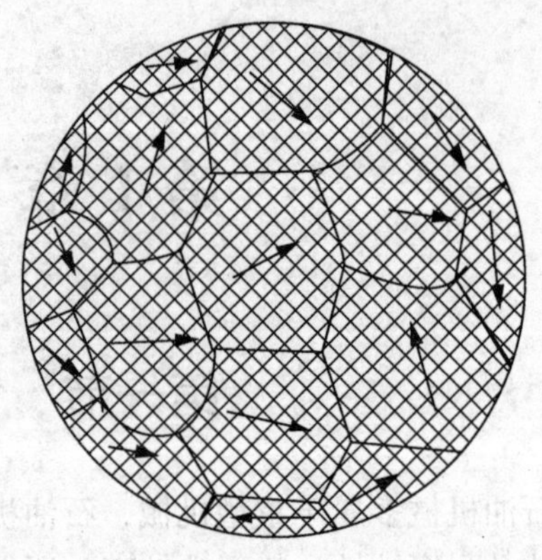

图 1－3　纯铁的多晶体

这种结构可以看成是由许多小颗粒的单晶体堆积而成，称为多晶体。这些小颗粒的单晶体称为晶粒。在每个晶粒内部，晶格方位是一致的，相邻晶粒之间晶格方位有一定的位向差，相邻晶粒之间有一定数量的原子排列是不规则的，形成过渡层，称为晶界。金属的这种多晶体结构使其性能在总体上趋于均匀，满足了机械零件的使用要求。

通过特殊工艺制成金相试样，在显微镜下可以观察试样截面上多晶体晶粒的形态、大小及分布状况等特征，这种微观形貌（图像）称为组织，它是单相物质或多相物质的聚合体。有时也把其中一种组成物的形态简称为组织。通过组织研究可以分析金属的某些性能特点。

（二）合金的晶体结构

1. 合金化方式

合金是指由两种或多种元素组成的、具有金属特性的物质。合金的结构取决于组成元素，因而变化复杂，种类繁多。元素结合的方式即合金化方式，决定着合金的组织和性能。合金化的方式有溶解与化合两种。

① 溶解：类似溶液的形成一样，一种原子溶入另一种金属的晶格中（如图 1－4所示）。需要指出的是这种溶入是形式上的溶入，并不一定在液态下形成。一般溶质原子较少时形成这种结构，合金中的这种组成物称为固溶体。形成固溶体金属得到强化，但总体来说固溶体都具强度低、塑性好的特点。

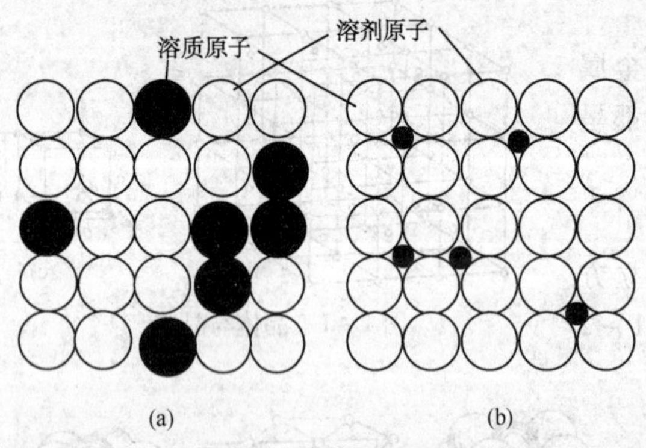

图 1－4　两种固溶体

② 化合：两种或多种元素发生化学反应，形成晶格不同于任一组成元素晶格的新物质的过程（如图 1－5 所示）。在合金化过程中原子是不断扩散运动的，当合金的某一部分中两种元素的原子数达到一定的比例才会发生化合，形成的组成物具有金属特性，故称为金属化合物。金属化合物一般都具有硬度高，脆性大的特点。

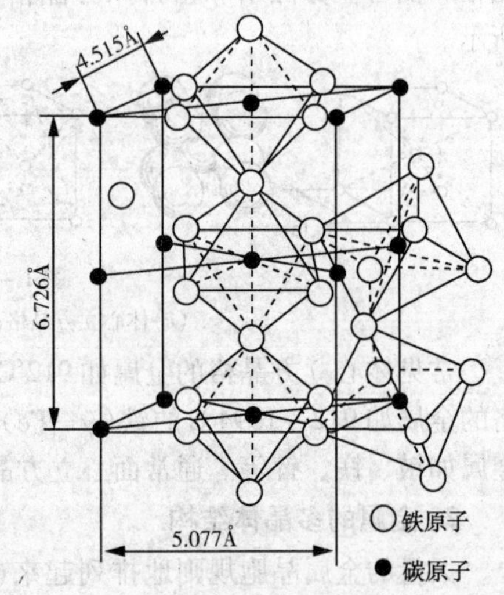

图 1－5　化合物 Fe_3C

2. 合金的多晶体结构

合金凝固时，经溶解、化合等方式形成的物质称为相。每种相都表现为许多晶粒，因而合金也是多晶体。合金的多晶体更复杂些，不同相的晶粒性能是不同的。合金的成分对合金的组织有很大影响，以二元合金为例，归纳起来有以下几种情况：

① 单相固溶体组织：当一种元素含量很大，其他元素含量较低时易形成，如纯金属和含碳较少的铁碳合金（见图 1－3）。

② 两种固溶体的混合组织。

③ 固溶体和金属化合物混合的组织。如钢铁、铝合金、轴承合金等（如图 1－6 所示）。

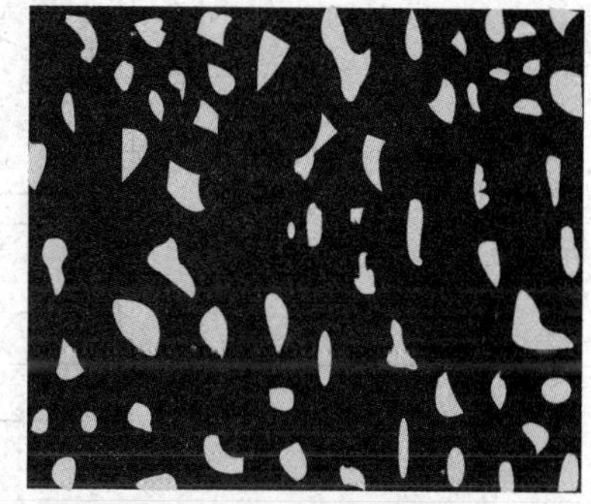

图 1－6　合金的多晶体

综上所述，金属材料都是由大量各种形态的晶粒构成的多晶体，一般来讲晶粒细小、圆整、分布均匀有利于金属机械性能的提高。

（三）金属材料的性质

金属材料的性质分两方面：使用性能和工艺性能。

使用性能是指材料在使用过程中表现出的特性，也是零件服役所要求的性能。包括力学、物理和化学性能。力学性能是指机械零件受力时表现出的特性，又叫机械性能，是金属材料最基本、最重要的性质；物理化学性能主要是导热性、热膨胀性、密度、耐腐蚀性等，设计时一般只作经验性判断；工艺性能是指材料在被加工时所表现出的影响成形难易的特性，包括可铸性、可锻性、可焊性、切削性及热处理工艺性等等。本节简要介绍金属材料最基本的机械性能指标，包括强度、硬度、塑性和冲击韧性。

1. 强度与塑性

当杆件受到外力拉伸或压缩作用时，必然在其截面上产生内力，我们把杆件单位横截面上所受的内力称为应力，应力常用符号 σ 来表示，常用单位为兆帕（MPa），即 N/mm^2。材料的强度常用一定条件下材料能够承受的应力大小来衡量，通过拉伸试验可测定材料的拉伸强度和塑性。图 1－7 为标准拉伸试件样，图 1－8 为几种钢的拉伸曲线图。

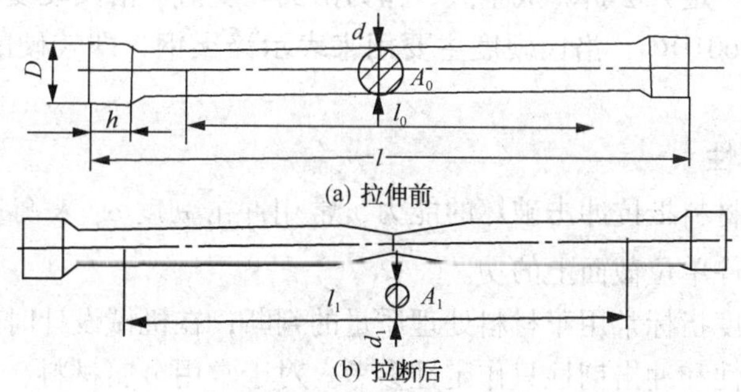

图 1－7　标准拉伸试件

由低碳钢拉伸曲线分析可得下列几项指标：

① 弹性极限 σ_e：在 e 点以下发生弹性变形，外力消除后试件的变形会全部消失。故弹性极限是指在弹性变形条件下试件能承受的最大应力。

② 屈服点或屈服强度 σ_s：曲线明显转折表示发生明显塑性变形，这一现象称为屈服，屈服强度是拐点 s 处的应力值。

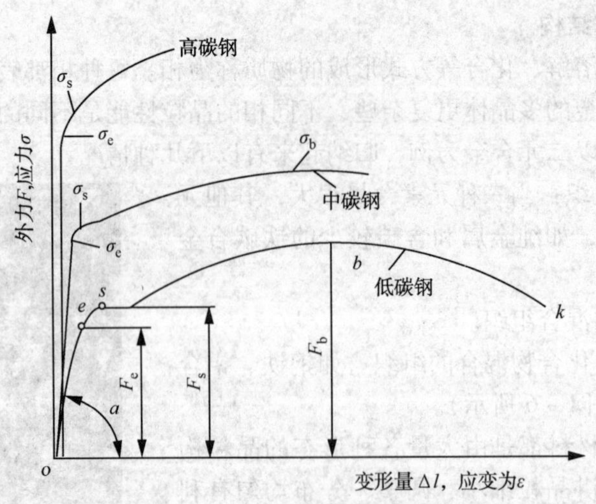

图1-8　强度及塑性试验曲线

③ 抗拉强度 σ_b：经过一定的塑性变形，曲线上升，说明强度升高，这种现象称为材料的强化，强化阶段的最高点 b 所对应的应力是材料能够承受的最大应力，叫做抗拉强度。经过 b 点以后，试件中部出现缩颈现象，很快就断裂，曲线突然终止。

④ 塑性：指金属发生永久变形的能力。有延伸率 δ 和断面收缩率 ψ 两项指标，它们都代表材料的最大变形能力。

由于拉伸试验时加载非常缓慢，因此上述指标可看成是静态指标。

2. 常用的硬度指标

金属材料的硬度是指抵抗局部变形的能力。应用最多的是布氏硬度 HB 和洛氏硬度 HRC。布氏硬度 HB 的测试方法是按一定规范将球形压头压入金属表面，取单位压痕面积上所承受的力值作为布氏硬度值。表示方法如180HB，布氏硬度主要用来表示未淬火钢、灰铸铁及有色金属的硬度。

洛氏硬度 HRC 的测试方法是按一定规范将120°金刚石锥形压头压入金属表面，以压痕深度作为参数，并按一定方法折算成整数，作为洛氏硬度值。洛氏硬度值可从仪器表盘上直接读取。表示方法如60HRC；洛氏硬度主要用来表示淬火钢，即较硬的零件表面和工具的硬度。

3. 材料的冲击韧性

冲击韧性是指在材料抵抗冲击破坏的能力，常用冲击韧度 α_k 来衡量。冲击韧度是一次冲断过程中消耗在试件单位截面上的功。

在机械生产中硬度指标常用于材料处理质量的判断；在机械设计时屈服强度和抗拉强度经常参与核算，而塑性和冲击韧性只作定性参考。对于常用金属材料，上述指标的数值均能在有关手册中查出，金属材料经处理后必须达到这些数值要求。

4. 疲劳强度

许多重要的机械零件如齿轮、轴、连杆、螺栓等，工作中承受复杂交变应力——大小和方向交替变化的应力，往往在承受的应力幅远低于 σ_s 时即发生破坏，说明此时零件的承载能力不能用静强度来衡量。把零件经受一定次数的交变应力循环后发生破坏的现象叫疲劳。满足一定寿命条件下，材料能够承受的最大交变应力叫疲劳强度。

二、铁碳合金

铁碳合金即钢铁，是最重要的工程材料。

（一）铁碳合金的基本相

在铁碳合金中，铁原子和碳原子相互作用可以形成铁素体、奥氏体和渗碳体等基本相。它们以各种晶粒形态存在，构成铁碳合金的组织。

1. 铁素体（符号 F）

铁素体是碳在 $\alpha-Fe$ 中形成的固溶体。保持体心立方晶格，碳在 $\alpha-Fe$ 中的溶解度很小，在 727℃时最大溶解度为 0.0218%，室温时仅为 0.0008%。铁素体强度低，塑性好，$\sigma_b=180\sim230MPa$、$\sigma_s=100\sim170MPa$、$\delta=30\%\sim50\%$、$\alpha_k=128\sim160J$、50～80HBS。

2. 奥氏体（符号 A）

奥氏体是碳在 $\gamma-Fe$ 中形成的固溶体，奥氏体也是间隙固溶体，因其晶格间隙尺寸较大，故碳在 $\gamma-Fe$ 中的溶解度较大。727℃时溶碳 0.77%，温度升高，溶碳能力也提高，至 1148℃时达到最大溶碳量 2.11%。高温奥氏体具有良好的塑性。

3. 渗碳体（Fe_3C）

渗碳体是铁和碳相互作用形成的具有复杂晶格的间隙化合物，分子式 Fe_3C，其含碳量为 6.69%，熔点为 1227℃，硬度 800HB。

（二）铁碳合金平衡图

铁碳合金平衡图如图 1－9 所示，它是钢铁选材、热加工、热处理研究的基础工具。

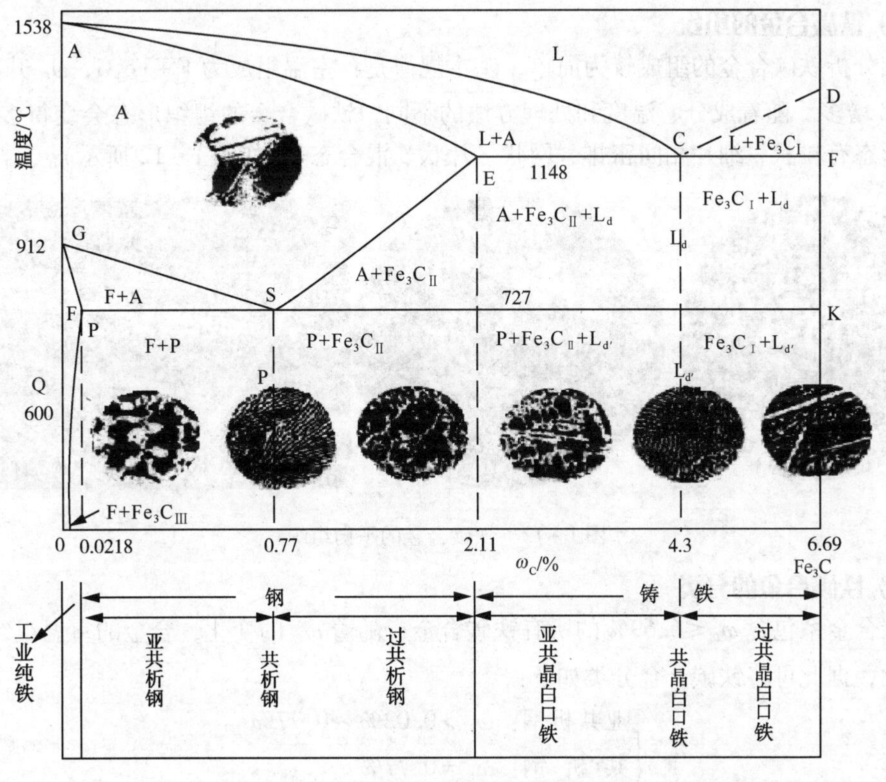

图 1－9 简化的 Fe—Fe_3C 合金平衡图

铁碳合金平衡图是一个平面三维图，图中纵坐标为温度(℃)，横坐标为碳的质量分数(ω_C,%)；图线是相变线，由上而下合金的相和组织随温度发生变化；各条线围成的区域则为相态；例如合金由高温液态 L 冷却至 BC 线开始结晶，其相态变为 L + A。

两个重要转变：

① 共晶转变：合金冷却至 ECF 线，液相中同时生成两种固相，形成一种特殊的共生混合物的反应。其反应式为：$L_C \Leftrightarrow A_E + Fe_3C$，反应产物称为莱氏体，(如图 1 - 10 所示)。莱氏体是生铁的典型组织，其特点是：$\omega_C = 4.3\%$，硬度 500HB，脆性大。

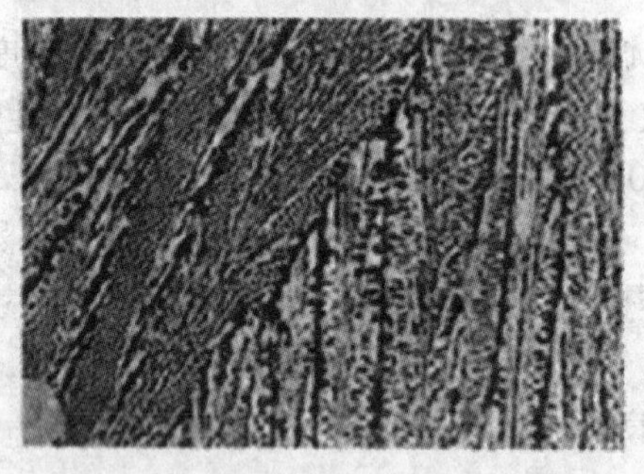

图 1 - 10　莱氏体组织

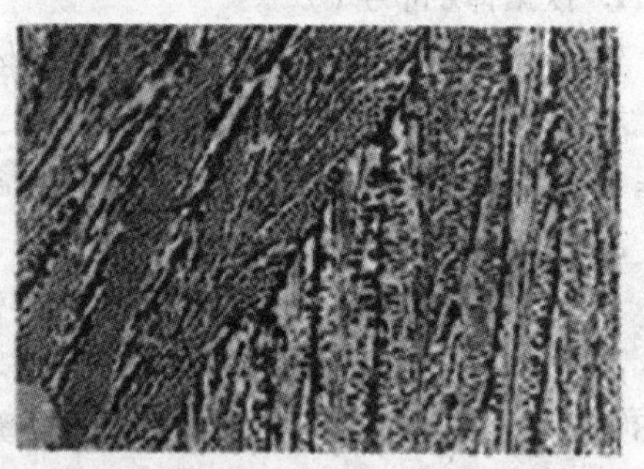

图 1 - 11　珠光体组织

② 共析转变：高温奥氏体冷却至 PSK 线，同时析出两种新的固相，形成特殊共生混合物的反应。其反应式为：$A_S \Leftrightarrow F_P + Fe_3C$，反应产物称为珠光体，符号 P，如图 1 - 11 所示。珠光体是钢的典型组织，其特点是：$\omega_C = 0.77\%$，$\sigma_b \approx 750$MPa、硬度 180HB、$\delta \approx 25\%$，强度较高、塑性良好。

(三) 铁碳合金的组织

按相分析铁碳合金的组成较为简单，基本规律是：室温组成为 $F + Fe_3C$，ω_C 升高，F 减少，Fe_3C 增多。随着成分、温度和处理方法的不同，铁碳合金的组织形态会变得多种多样，其晶粒形态有粒状、细片相间密排、网状、片状、混合态等(如图 1 - 12 所示)。

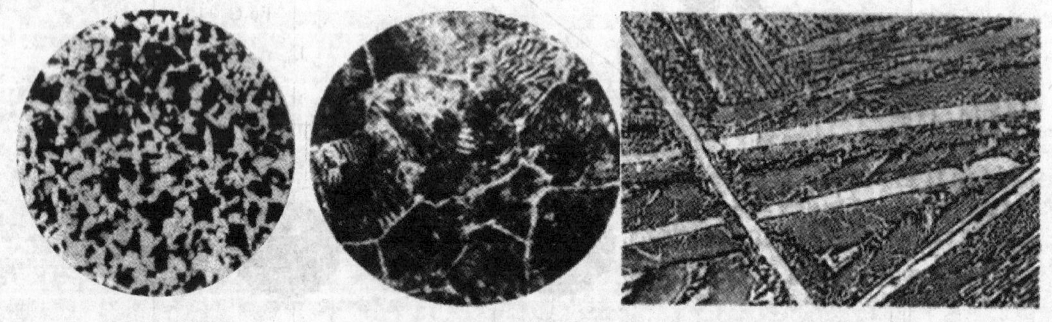

图 1 - 12　铁碳合金的平衡组织

(四) 铁碳合金的分类

铁碳合金系包含 $\omega_C \leqslant 6.69\%$ 的所有铁碳合金，随着 ω_C 的变化，合金的室温组织结构也发生变化，据此可将铁碳合金分类如下：

- 亚共析钢：$\omega_C > 0.02\% \sim 0.77\%$
- 共 析 钢：$\omega_C = 0.77\%$
- 过共析钢：$\omega_C > 0.77\% \sim 2.11\%$

（五）铸造和锻造生产过程对钢的影响

钢的性能与成分和组织有密切的关系，一般来讲含碳量越高，钢中渗碳体越多，硬度越高；钢中的网状组织可增大钢的脆性，所以工业上使用的钢含碳量一般不超过1.4%。

生产过程对钢的组织影响很大，主要的影响因素有：

① 内部质量：组织疏松，孔眼缺陷多，性能降低。

② 晶粒大小及形态：晶粒粗大、不圆整、不均匀，性能低。

③ 合金成分：杂质多，性能低；精炼成合金钢，性能高。

④ 钢的热处理状态。

在铸造中合金温度高，冷却收缩大，故在铸件，尤其大的砂型铸钢件中，组织粗大疏松，内部孔眼、夹渣缺陷多，强度和塑性都低，不适于承受高的交变应力与冲击。

在锻造过程中，经反复锻打，金属在变形过程中晶粒变得细小而致密，内部缺陷减少，机械性能提高，使用可靠性更高。

零件毛坯的选择将直接影响到零件和机器的工作性能。在钻采机械和井口装置等重载高压设备中合理选择材料与毛坯更为重要。生产中应考虑各种影响因素及要求，合理选择零件材料与制造工艺，对于钢制零件，应尽量采用锻坯，其次可用精铸坯。

（六）灰口铸铁知识简介

选用ω_C：3%～4%、含Si：1%～3%的铁碳合金进行熔炼，以硅铁合金作细化处理，或细化后以稀土－镁合金作球化处理，得到有石墨和无莱氏体的铸铁。其断口呈暗灰色，因而称灰口铸铁。

灰口铸铁的组织可以描述为：钢基体上分布着石墨（如图1－13所示）。

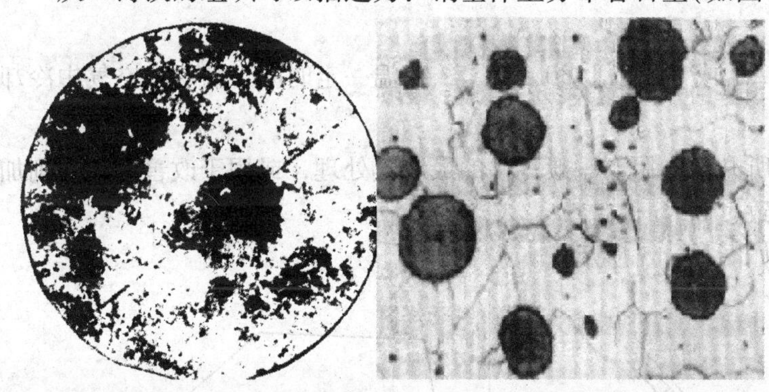

图1－13　灰口铸铁的组织

钢基体类型：F、F＋P、P

石墨类型：片状、球状、团絮状、蠕虫状

灰口铸铁现有四类：灰口铸铁、球墨铸铁、可锻铸铁、蠕墨铸铁，常用是（普通）灰口铸铁和球墨铸铁。

灰口铸铁的常用牌号及应用举例如下：

HT150："HT"表示（普通）灰口铸铁，具有片状石墨，$\sigma_b = 150$MPa，用于受力不大的小零件，如支架、小的机座等。

HT200：$\sigma_b = 200$MPa，受力较大的机座，如机床床身、轴承座。

QT500－5：球墨铸铁，$\sigma_b = 500$MPa，$\delta = 5\%$的球铁，用于阀体、离合器等。

QT700－2：$\sigma_b = 700$MPa，$\delta = 2\%$，用于柴油机曲轴等。

KTZ600－3：可锻铸铁，$\sigma_b=600$MPa，$\delta=3\%$的可锻铸铁，用于活塞环等。

三、钢的热处理

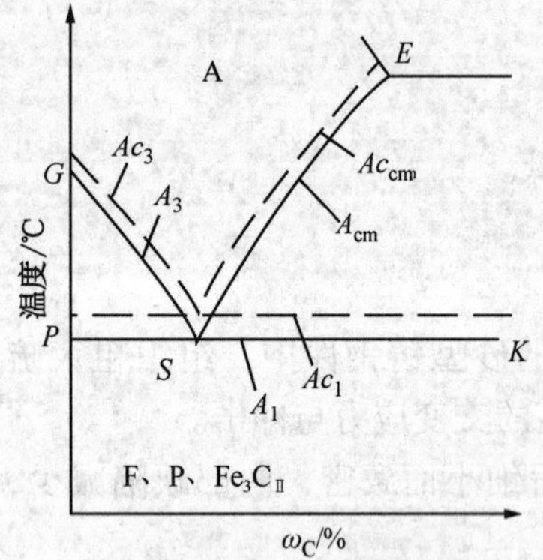

图1－14　钢的临界点

金属材料，尤其是钢，其组织和性能不是一成不变的，在受热和冷却过程中会发生一系列的变化。我们把通过一定的加热和冷却方式改变金属材料组织和性能，以满足加工和使用要求的过程称为热处理。钢的热处理尤其重要。

（一）钢的热处理临界点

钢热处理加热时，常用的临界点有三个（如图1－14所示）。

Ac_1——加热时共析钢组织转变为奥氏体；

Ac_3——加热时亚共析钢组织转变为奥氏体；

Ac_{cm}——加热时过共析钢组织转变为奥氏体。

（二）钢的普通热处理工艺

钢的普通热处理就是对钢零件整体进行处理，使其在整个截面上性能趋于一致，所以也叫钢的整体热处理。有退火、正火、淬火和回火。

1. 钢的退火

概念：退火是将钢加热到一定的温度，保温一定时间，然后随炉缓慢冷却下来的工艺。

特点：处理后组织、性能均匀，强度不高，一般用于改善毛坯切削加工性。

2. 钢的正火

概念：正火是将钢加热到Ac_3或Ac_{cm}以上30～50℃，保温一定时间，然后在空气中冷却下来的工艺。

特点：组织细化，强度有所升高，用于一般零件的最终热处理，或用于改善毛坯切削加工性，但应注意处理后硬度不致过高。

钢退火和正火的工艺曲线如图1－15所示。

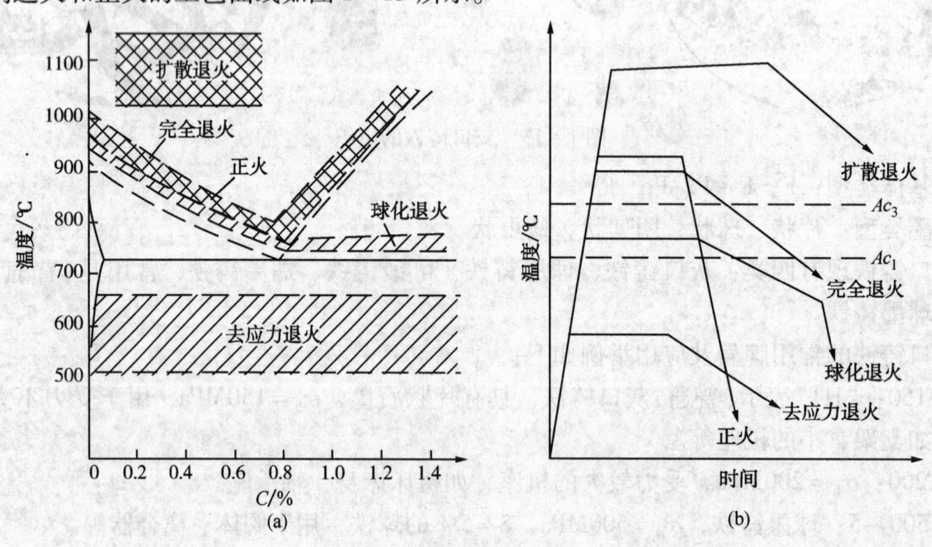

图1－15　退火和正火工艺

3. 钢的淬火＋回火

淬火：将钢加热到 Ac_3 或 Ac_1 以上 30～50℃，保温一定时间，然后在水或油中冷却。钢淬火后强度、硬度大幅度升高，但脆性很大，所以钢淬火后必须回火，以消除残余应力、降低钢的脆性。

回火：对淬火钢加热并在一定温度上保温较长时间，使其组织发生变化，以消除脆性，提高机械性能。

钢的淬火＋回火的工艺种类如图 1－16 所示。

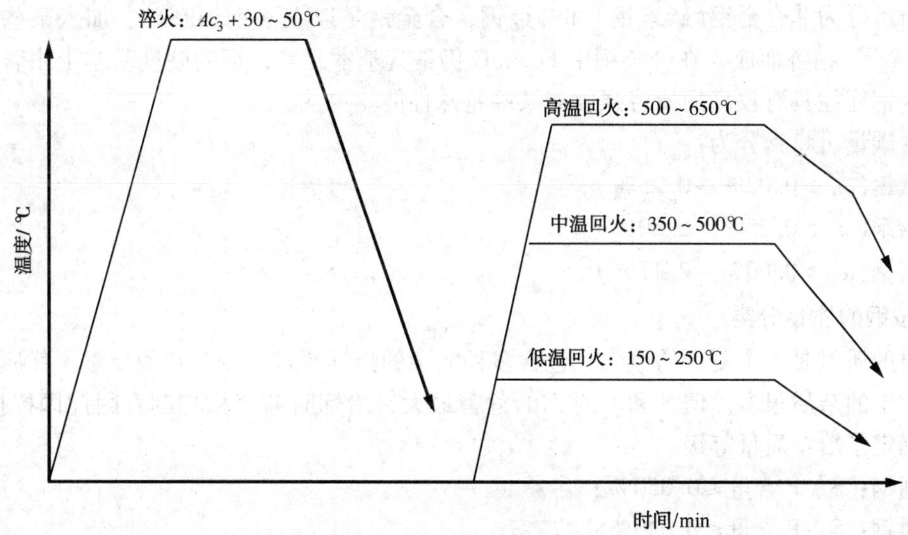

图 1－16　淬火和回火工艺

淬火＋低温回火：回火加热 150～250℃，保温不少于 30min。特点是处理后钢的强度高，硬度高，用于各种工具及渗碳件。

淬火＋中温回火：回火加热 350～500℃，保温不少于 30min。处理后钢的弹性极限(强度)高，抗冲击，用于各种弹簧零件或模具。

淬火＋高温回火：又叫调质处理，回火加热 500～650℃，保温不少于 30min。处理后综合机械性能好，疲劳强度高，利于承受复杂应力；用于机器中的重要零件，如轴、齿轮、连杆等。

（三）钢的表面处理工艺简介

目的：主要是提高耐磨性、疲劳强度和抗冲击能力。

工艺种类及特点：

表面淬火＋低温回火：，处理后表面耐磨性提高。

渗碳＋淬火＋低温回火：高温下表层渗入碳原子，提高表层含碳量，从而达到提高表层硬度的目的，处理后耐磨、耐疲劳，抗冲击。

渗氮：也叫氮化，高温下表层渗入氮原子，处理后表面耐磨性很高。

发黑与磷化：属于表面氧化处理工艺，使零件表面生成氧化膜，提高耐蚀性，防止储存中生锈，很常用。

四、钢材及应用

在自然界中并不存在天然的钢铁，铁一般存在于铁矿石中，必须经过炼生铁、炼钢、轧钢等复杂的冶炼和加工过程才能得到工业上需要的钢铁材料。因此对于钢的生产有详细的国家标准，以控制钢产品的质量。为了做好石油机械设备的使用、维修等工作，有必要了解有关钢材国标的一些内容。

通常“钢材”具有特指的含义，一般指经过复杂的轧钢过程生产的型钢、钢板、线材及其他成型原材料。钢的分类、牌号很复杂，下面作一简要介绍。

（一）钢材的分类

1. 按钢的成分分类

钢材可分为非合金钢（碳素钢）和合金钢，合金钢是以碳素钢为基础，加入某些其他元素（多为金属）精炼而成，在合金钢中 Fe 和 C 仍是其基本元素，钢的硬度基本上由含碳量决定。合金钢往往具有较高的疲劳强度或某些特殊性能。

按含碳量可将钢分为：

低碳钢（$\omega_C > 0.02\% \sim 0.25\%$）；

中碳钢（$\omega_C > 0.25\% \sim 0.60\%$）；

高碳钢（$\omega_C > 0.60\% \sim 2.11\%$）。

2. 按钢的质量分类

钢材的质量是一个复杂的概念，包含多种复杂的指标要求，分为普通质量、优质、特殊质量。钢中的杂质很多，但 S 和 P 对钢的危害最大，冶炼时需严格控制，因此国标按 S、P 含量还确定了冶金质量等级。

普通钢：S、P 含量≤0.050%；

优质钢：S、P 含量≤0.040%；

高级优质钢：S、P 含量≤0.030%；牌号标注“A”；

特级优质钢：S、P 含量≤0.020%；牌号标注“E”。

3. 按钢材的用途分类

结构钢：
- 工程结构钢：一般指低碳、低合金钢；
- 机械制造钢：一般为中碳钢，用于重要机械零件。

工具钢：一般为高碳钢，$\omega_C \geq 0.7\%$ 用于刀具、模具及量具等。

特殊性能钢：一般为合金元素总含量≥10%的高合金钢，如不锈钢、耐热钢等。

（二）钢材的牌号

1. 一般工程结构钢的牌号

一般工程结构系指建筑、桥梁、船舶、塔架等结构中的梁、板类构件，常直接使用轧钢厂供应的原材料，进行简单变形或焊接成形，一般不进行切削加工或热处理，因此钢材供应时必须保证其机械性能。

这类钢的牌号主要表明钢的强度和质量：Q + σ_s 数值 + 质量等级，Q 即屈服点。

例如 Q235—A，指 $\sigma_s = 235$MPa 的碳素结构钢，A 是质量等级，属于普通钢。（相当于旧牌号 A3）。

又例如 Q345—C，指 $\sigma_s = 345$MPa 的低合金高强度钢，C 是质量等级，属于优质钢。（相当于旧牌号 16Mn）。

2. 其他钢的牌号

其他钢一般是比较重要的钢，使用时要经过复杂的加工和热处理，因此应严格控制钢的化学成分及质量。

（1）含碳量(ω_C)的表示

① 在机械结构钢中以万分数表示：例如45钢，$\omega_C = 0.45\%$；

② 在碳素工具钢中以千分数表示，且以“T”表示碳素工具钢。例如T10表示碳素工具钢，$\omega_C = 1.0\%$；

③ 在合金工具钢中以千分数表示，但当$\omega_C \geqslant 1.0\%$时省略；

④ 在多数特殊性能钢中以千分数表示，例如不锈钢3Cr13，$\omega_C = 0.3\%$

（2）合金元素的表示

表明所含元素及含量(指质量百分数)，举例如下：

9SiCr：合金工具钢，$\omega_C = 0.9\%$，含Si、Cr均$\leqslant 1.5\%$；

CrWMn：合金工具钢，$\omega_C \geqslant 1.0\%$，含Cr、W、Mn均$\leqslant 1.5\%$；

W18Cr4V：合金工具钢，(高速钢、白钢、风钢或锋钢)，含W：18%，含Cr：4%，含V：$\leqslant 1.5\%$；

Q235—A：旧为A3，屈服点为$\sigma_S = 235$MPa、A级；

45：优质碳素结构钢，$\omega_C = 0.45\%$，是最常用的钢；

40Cr：合金结构钢，$\omega_C = 0.4\%$，含Cr：$\leqslant 1.5\%$；

60Si2Mn：弹簧钢，$\omega_C = 0.6\%$，含Si：2%、含Mn：$< 1.5\%$，作弹簧。

（3）质量的表示

牌号后加注A表示高级优质，加注E表示特级优质。例如T7是优质钢，而T7A是高级优质钢。

（三）典型钢种及应用

1. 一般工程结构钢

碳素结构钢：Q195、Q215、Q235、(Q255)、Q275

低合金高强度钢：Q295、Q345、Q390、Q420

特点：强度低，易于焊接或变形加工。常用于建筑、桥梁、船舶、塔架、管道结构中的梁、板类构件，使用时不进行切削或热处理。

2. 机械结构钢

渗碳钢：20、20CrMnTi，渗碳淬火后作重要的齿轮、轴等。

调质钢：25Mn、45、40Cr、35CrMo、42CrNi，作各种机械零件，在机械中用量最大。使用时常进行热处理。

弹簧钢：60、65Mn、60Si2Mn，作各类弹簧零件，须热处理。

3. 机械结构钢

不锈钢：1Cr13、1Cr17、1Cr18Ni9Ti用作装饰、门窗等结构；2Cr13、3Cr13用作具有耐腐蚀要求的机械零件；9Cr18是工具用不锈钢，1Cr18Ni9Ti耐蚀性好，常用于机械零件、化工容器等。

标准滚动轴承钢：“G”表示滚动轴承钢，含Cr量以千分数表示，其他合金元素以百分数表示，用作轴承及工具。例如GCr15表示含铬1.5%的标准滚动轴承钢。

石油钻井机械中的常用材料见表1-1。美国(API)油、套管标准摘录如表1-2。

表 1－1　石油钻井机械中的常用材料

设备	典型零件	材　料	备　注
钻井泵	机座(壳)	Q235	即 A3，钢板焊接
	带轮	45、HT250	铸造，退火
	传动轴	45、40Cr	锻坯，正火、调质，局部表面淬火
	人字齿轮	45	
	连杆	40Cr	
	缸套	45	调质后渗硼或铸铬合金铸铁内衬
		70	锻坯，调质＋表面淬火
	活塞体	45	锻坯，正火、调质
	活塞杆	40Cr	
	泵头阀箱	35CrMo	锻坯或铸坯，调质
	阀座	40CrSi	调质，表面淬火，滚压
	阀盘	20CrNi3	正火、渗碳淬火
	空气包	Q235	钢板冲压、焊接
	各处螺栓	45、40Cr	锻坯，正火、调质
	密封材料	丁腈橡胶	耐油合成橡胶
压裂泵	柱塞	20Cr	锻坯正火，堆焊 Ni－Cr－Mn－Si 硬而耐蚀合金层
		35CrMo	锻坯调质，表面淬火
	泵头阀箱	35CrMnSiA	锻坯或铸坯，调质
	阀座	30CrMnTi	锻坯正火，渗碳＋淬火
	阀芯	35CrMo	调质
	密封材料	丁腈橡胶	肖氏硬度 85～95
绞车	滚筒	35、45	用钢板焊接
	滚筒轴	38SiMnMo	锻坯、调质、表面淬火
	轮毂	45、40Cr	锻坯、调质
	刹车毂	50CrMo	铸造，退火、调质
	刹车瓦块	石棉纤维、塑胶粉(树脂＋丁苯胶＋橡胶)、填料(长石粉＋铁粉＋铜丝＋石墨)在温度 150℃、压力 25MPa 条件下压制而成，摩擦系数可达 0.45～0.5	
	钢丝绳	55Si2MnA	现购，冷拉状态

表 1－2　美国(API)油、套管标准摘录

钢级代号	屈服点/MPa(kpsi)	抗拉强度/MPa(kpsi)	备　注
H－40	275.79(40)	413.69(60)	抗硫
J－55	379.21(55)	517.11(75)	抗硫
K－55	379.21(55)	655.00(95)	抗硫
C－75	517.11(75)	655.00(95)	抗硫
L－80	551.58(80)	655.00(95)	抗硫
N－80	551.58(80)	689.48(100)	

续表

钢级代号	屈服点/MPa(kpsi)	抗拉强度/MPa(kpsi)	备　注
C-90	620.53(90)	689.48(100)	抗硫
C-95	655.00(95)	723.95(105)	
P-110	758.42(110)	841.84(125)	
Q-125	861.84(125)	930.79(135)	

注：1kpsi = 1kbf/in^2 = 6.89476MPa；1bf/in^2 即：1 磅力/每平方英寸。

第二节　液压传动

以液体作为工作介质来进行动力和能量传递的传动方式称为液体传动。液体传动按其工作原理的不同，又可分为容积式液体传动(又称液压传动)和动力式液体传动(又称液力传动)两大类。液压传动式依靠液体的压力能来进行工作的，液力传动是依靠液体的动力能来进行工作的。

液压与气压传动，又称液压气动技术，是机械设备中发展最快的技术之一。当今，采用液压传动的程度已成为衡量一个国家工业水平的重要标志之一，发达国家生产的95%的工程机械、90%的数控加工中心、95%以上的自动线都采用了液压传动。

一、液压传动基本原理

(一) 简化模型

如图1-17所示，如果活塞5上有重物 W，则当在活塞1上施加的 F 力达到一定大小时，就能将重物 W 举起，这就是说可以利用密封容积中的液体传递力。

液压传动就是以液体为工作介质，依靠液体压力来传递动力，依靠液体体积变化来传递运动的装置。

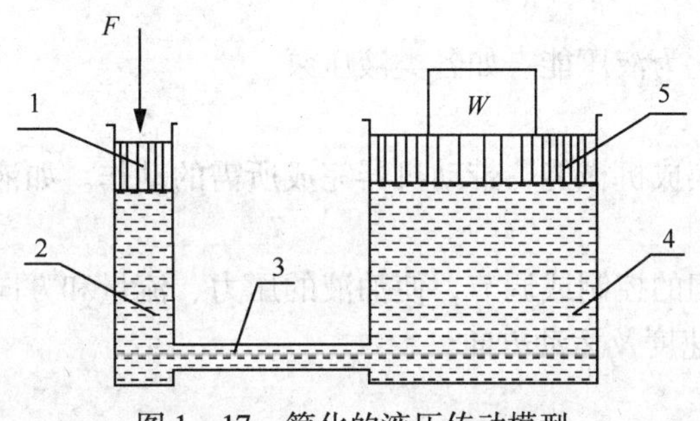

图1-17　简化的液压传动模型

1，5—活塞；2，4—液压缸；3—管道

(二) 两个重要概念

1. 液压传动中压力取决于负载

只有活塞5上有了重物 W(负载)，活塞1才能施加上作用力 F，并且使液体受到压力 P，如图1-17。所以就负载和液体压力二者来说，负载是第一性的，压力是第二性的。

2. 速度取决于流量

设单位时间内从液压缸2中排出的液体体积，称为流量 Q，流量 Q 进入液压缸4，使活

塞5以速度v运动，则

$$v = Q/A_2 \tag{1-1}$$

式中　A_2——活塞5的截面积。

即从动活塞5的运动速度决定于进入从动液压缸的流量。简言之，速度取决于流量。

二、液压传动实例及液压传动系统的组成

（一）液压千斤顶

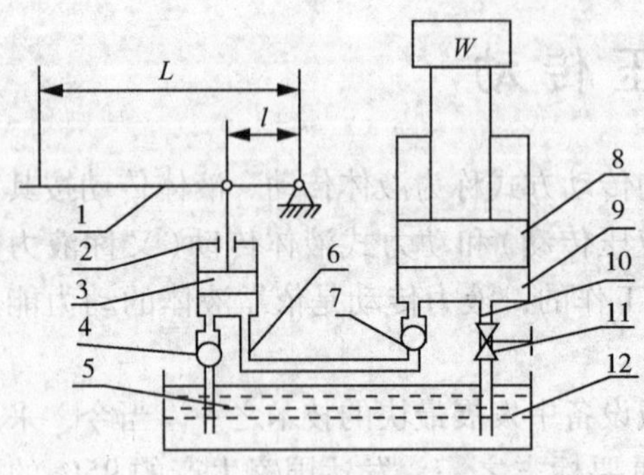

图1-18　液压千斤顶工作原理示意图

1—杠杆；2—小液压缸；3—小活塞；4、7—单向阀；5、6、10—管道；8—大活塞；9—大液压缸；11—放油阀门；12—油箱

图1-18是液压千斤顶工作原理示意图。使用时，先关闭放油阀门11，当上提手柄时，小液压缸2的下腔增大，压力降低，在油箱表面大气压力和小液压缸下腔压力压差的作用下，油液由油箱12进入小液压缸下腔，直到不再上提手柄为止，然后，开始下压手柄，小液压缸下腔容积减小，压力升高，单向阀4关闭，单向阀7打开，油液由小液压缸下腔经单向阀7进入大液压缸9的下腔，一直持续到不再下压手柄为止，这样，不断的上提、下压手柄，从而使大液压缸中的活塞杆升到相应高度，举升重物。举升重物动作完成后，打开放油阀门，油液流回油箱，大液压缸中的活塞在自重作用下回落。适当选择大、小活塞的直径和杠杆比，就可以用人力顶起很重的负载W。

（二）液压系统的组成及表达

1. 组成

（1）动力元件

作用：将机械能转化为液压能。如各类液压泵。

（2）执行元件

作用：将液压能转换成机械能，带动机器完成所需的动作。如液马达、液压缸。

（3）控制元件

指各种阀。通过它们的控制或调节，使油液的压力、流量和方向得到改变，从而改变执行元件的力(或转矩)、速度及运动方向。

（4）辅助元件

指系统中的油箱、油管、蓄能器、散热器、密封、滤油器等等。通过这些元件把系统连接起来，以实现各种工作循环。

（5）传动介质

指各种液压液。

不论液压系统是简单或复杂，必定含有上述四种液压元件及传动介质。缺少任何一种，系统就不能正常工作或功能不全。

2. 液压系统的表达

国内外都采用元件的图形符号来绘制液压系统原理图，图形符号只表示元件的职能及连

接通路，不表示其结构。

三、液压传动的优缺点

（一）优点

与机械、电气传动相比，液压传动具有以下优点：

① 可实现大的功率传动。

② 元件标准化，易于实现。

③ 与电器元件配合，易于实现自动化。

④ 可实现较大的传动比。可在大范围内实现无级调速，调速比一般可到 100 以上，并且可在液压系统运行的过程中进行调速。

⑤ 由于一般采用油液作为传动介质，对液压元件有润滑作用，且液压装置易于实现过载保护，因此有较长的使用寿命。

⑥ 液压伺服系统。

⑦ 采用大推力的液压缸或大转矩的液压马达直接带动负载，从而省去中间减速装置，使传动简化。

（二）缺点

① 存在泄漏，因此传动比不精确，污染环境。

② 不易保证在高温和低温下都具有良好的性能。

③ 液压系统的故障较难寻找，对维修人员技术水平有较高的要求。

综上所述，优点多于缺点。在设计一台机械或设备时，液压系统是一种必须考虑到的用来进行比较选择的传动方案。

四、液压传动中所用油液的主要性能及选用

液压传动主要工作介质有：

① 石油型液压油，简称液压油，应用 90% 以上。

② 乳化型液压液，简称乳化液。

③ 合成型液压液，简称合成液，价格较高。

90% 以上的液压系统采用了液压油作为传动介质，而黏性是液压油最重要的性质之一，也是选择液压油的主要依据。

统计表明，液压系统发生的故障有 90% 是由于使用管理不善所致。液压油过滤与处理是液压系统使用管理中的重点项目之一，不仅是减少系统故障的重要途径，也是提高使用管理水平的一个标志。

（一）黏性

液体在外力作用下流动时，由于液体分子间的内聚力和液体分子与壁面间的附着力，导致液体分子间相对运动而产生的内摩擦力，这种特性称为黏性，如图 1－19 所示。

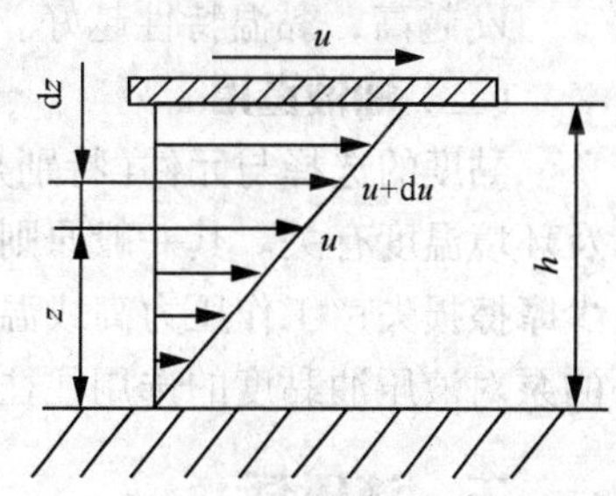

图 1－19　黏性试验

1. 黏性原因

液体与固体壁面间的附着力、分子间的内聚力，造成运动液体内层与层间相互牵制的力，所表现出的这种性质称为黏性。

2. 黏度

不同液体层与层之间的牵制力是不同的，度量黏性力大小的物理量，称为黏度。有动力黏度、运动黏度、条件黏度等。

(1) 动力黏度

定义式：
$$F = \mu A \mathrm{d}u/\mathrm{d}z \tag{1-2}$$

又称牛顿内摩擦定律。

式中 μ——液体动力黏度，也可称为液体内摩擦系数；

$\mathrm{d}u/\mathrm{d}z$——速度梯度，即液层间相对速度对液层距离的变化率。

物理意义：液体以单位速度梯度流动时，单位面积上的内摩擦力。

单位：国际单位(SI 制)中，帕·秒(Pa·s)或牛顿·秒/米^2(N·s/m^2)；以前沿用单位(CGS 制)中，泊(P)或厘泊(cP)。

换算关系：$1\text{Pa}\cdot\text{s} = 10\text{P} = 10^3\text{cP}$

(2) 运动黏度 υ

定义式：
$$\upsilon = \mu/\rho \tag{1-3}$$

单位：SI 制中，m^2/s。ISO 规定统一采用 40℃时的运动黏度为其标号(mm^2/s)。CGS 制中，St(斯)、cSt(厘斯)。

换算关系：$1\text{m}^2/\text{s} = 10^4\text{St} = 10^6\text{cSt}$

(3) 条件黏度

相对黏度又称条件黏度，是在某一条件下测得的。这些相对黏度测试方法很简单、方便，但精度不太高。

条件黏度是采用特定的黏度计，在规定的条件下测出液体的黏度，测量条件不同，采用的相对黏度的单位也不同。

恩氏度°E——中国、德国、前苏联等用；

赛氏秒 SSU——美国用；

雷氏秒 R——英国用。

3. 黏度影响因素

(1) 压力对黏度的影响

影响不大，一般情况下可不考虑。

(2) 温度的影响

黏度对温度很敏感。温度略有升高，黏度即显著下降。

黏度指数 *VI*：表示测试油的黏度随温度变化程度和标准油液黏度变化程度的相对值。*VI* 越高，黏温特性越好。

(二) 油液选用

黏度的选择与元件(特别是泵和马达)的结构形式和配合间隙、运转速度、工作压力以及环境温度有关。其一般原则是：运动速度高或配合间隙小时宜采用黏度较低的液压油以减少摩擦损失；工作压力高或温度高时宜采用黏度较高的油液以减少泄漏。实际上系统中使用的泵对液压油黏度的选用往往起决定性作用。

五、液压泵

液压动力元件起着向系统提供动力源的作用，是系统不可缺少的核心元件。液压系统是以液压泵作为系统提供一定的流量和压力的动力元件，液压泵将原动机（电动机或内燃机）输出的机械能转换为工作液体的压力能，是一种能量转换装置。

（一）液压泵的基本工作原理

图1－20所示是单柱塞泵的工作原理图。当原动机带动偏心轮1旋转时，柱塞2在偏心轮和弹簧3的作用下，在缸体4内做往复运动，当向左运动时，弹簧所在的空腔增大，压力降低，在油箱表面大气压力和弹簧所在空腔的压力的压差的作用下，油液通过单向阀6进入到缸体内，称为泵的吸入过程，该过程一直持续到柱塞运动到左边的极限位置为止。随后，柱塞右移，弹簧所在的腔体变小，压力升高，单向阀6关闭，单向阀5打开，油液通过 c 到排出管，称为泵的排出过程，一直持续到柱塞运动到右边的极限位置为止。

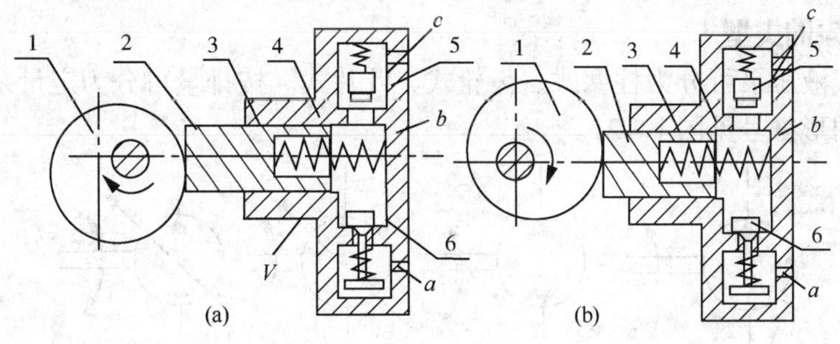

图1－20　液压泵工作原理图

1—偏心轮；2—柱塞；3—弹簧；4—缸体；5、6—单向阀

从单柱塞泵的工作原理中可知，泵的吸、压油是依靠密封容积变化来完成的，所以这种泵称为容积泵。

容积式泵必须具有以下两个特征：

① 有周期性的密封容积变化，密封容积由小变大时吸油，由大变小时压油；

② 有配流装置，它保证密封容积由小变大时只与吸油管接通；密封容积由大变小时只与压油管相通。

（二）液压泵的性能参数

1. 压力

工作压力——液压泵实际工作时的输出压力称为工作压力。工作压力的大小取决于外负载的大小和排油管路上的压力损失，而与液压泵的流量无关。

额定压力——液压泵在正常工作条件下，按试验标准规定连续运转的最高压力称为液压泵的额定压力，又称铭牌压力。

最大压力——在超过额定压力的条件下，根据试验标准规定，允许液压泵短暂运行的最高压力值，称为液压泵的最高允许压力。

2. 泵排量、流量

排量——泵轴每转一转时，密封容积的变化量或排出的液体体积量（无泄漏）。

理论流量——单位时间内理论上可排出的液体体积，又称几何流量。

如果液压泵的排量为 V，其主轴转速为 n，则该液压泵的理论流量 q_i 为：

$$q_i = Vn \tag{1-4}$$

实际流量——液压泵在某一具体工况下，单位时间内所排出的液体体积称为实际流量，它等于理论流量 q_i 减去泄漏流量 Δq，即：

$$q = q_i - \Delta q \tag{1-5}$$

泵容积效率——实际流量与理论流量的比值。

3. 机械效率

泵内有各种机械和液压摩擦损失，主要由以下两部分组成：

（1）油液在泵内流动时，由于其黏性摩擦引起的转矩损失，这部分损失与泵的转速和油的黏度有关；

（2）泵内相对运动的机件之间的机械摩擦损失，压力越高，摩擦损失越大。

4. 总效率

泵的输出功率与输入功率的比值。亦为机械效率与容积效率的乘积。

（三）液压泵的类型

按结构形式液压泵可分为柱塞式、齿轮式、叶片式。按排量可分为定量泵、变量泵。液压泵的图形符号见图1－21。

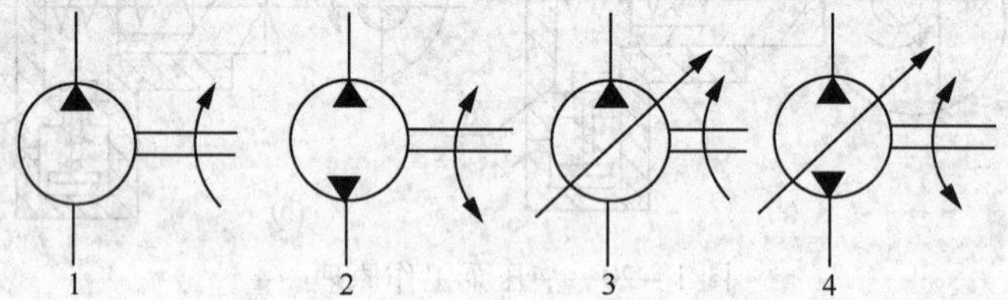

图1－21　液压泵图形符号

1—单向定量液压泵；2—双向定量液压泵；3—单向变量液压泵；4—双向变量液压泵

（四）液压泵原理

1. 斜盘式轴向柱塞泵的工作原理

斜盘式轴向柱塞泵由斜盘、配流盘、缸体、泵轴、柱塞等组成。斜盘、配流盘空套在轴上。当原动机带动泵轴转时，缸体随之做同步旋转，缸体内孔中的柱塞在尾部弹簧和离心力的作用下顶在斜盘上，由此引起柱塞尾部弹簧腔体积的变化，从小到大时，通过配流盘上的腰形孔和油箱相通，吸油；从大到小时，通过配流盘上的腰形孔和排出管线相通。改变斜盘的倾角很方便地可以实现油泵的排量的变化（如图1－22所示）。

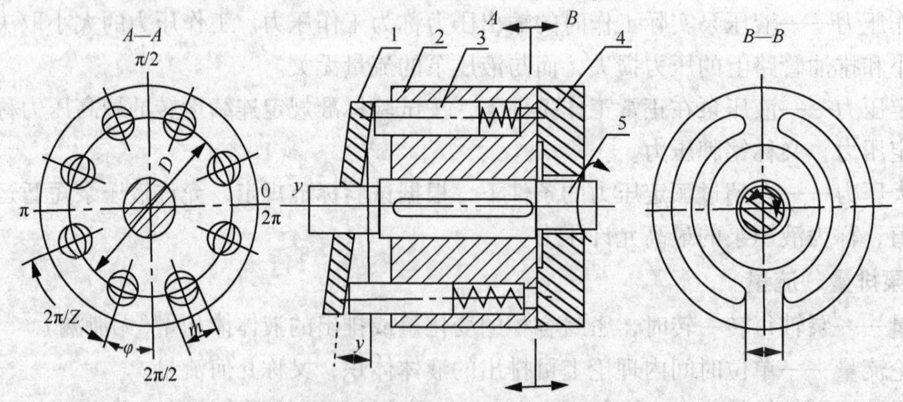

图1－22　轴向柱塞泵工作原理

1—斜盘；2—缸体；3—柱塞；4—配流盘；5—泵轴

轴向柱塞泵的优点是：结构紧凑、径向尺寸小，惯性小，容积效率高，目前最高压力可达40MPa，甚至更高，一般用于工程机械、压力机等高压系统中，但其轴向尺寸较大，轴向作用力也较大，结构比较复杂。

2. 叶片泵工作原理

叶片泵有两类，双作用叶片泵和单作用叶片泵。双作用叶片泵只能做成定量泵，而单作用叶片泵一般是变量泵。

（1）双作用叶片泵

典型结构和工作原理。双作用叶片泵的周期性变化的密闭空间是由相邻两个叶片的侧面、转子的外壁、定子的内壁、泵前后的盖板所围成的空间，该空间在一、三象限内随图示的旋转方向逐渐减小，所以，和压油口相通，压油。在二、四象限内随图示泵轴的旋转方向逐渐增大，所以，和油箱相通，吸油。由于转子转一周泵吸压油两次，所以称这种泵为双作用叶片泵，如图1－23所示。

双作用叶片泵的两个压油窗口对称于旋转中心分布，传动轴上受到的液压力是平衡的，轴和轴承上没有径向载荷，有利于提高泵的工作压力。

（2）单作用叶片泵

如图1－24所示，和双作用叶片泵类似，单作用叶片泵也是由泵轴、定子、转子、叶片等组成。单作用叶片泵相邻两个叶片、转子的外表面、定子的内表面以及泵前后的盖板，组成密闭的空间，在图中，沿图示轴逆时针方向旋转，右半圈叶片逐渐甩出，空间增大，压力降低，吸油，左半圈空间减小，压力升高，压油。转子每转一转，一次吸油，一次排油，故称单作用泵。单作用叶片泵可通过调节定、转子偏心距做成变量泵。

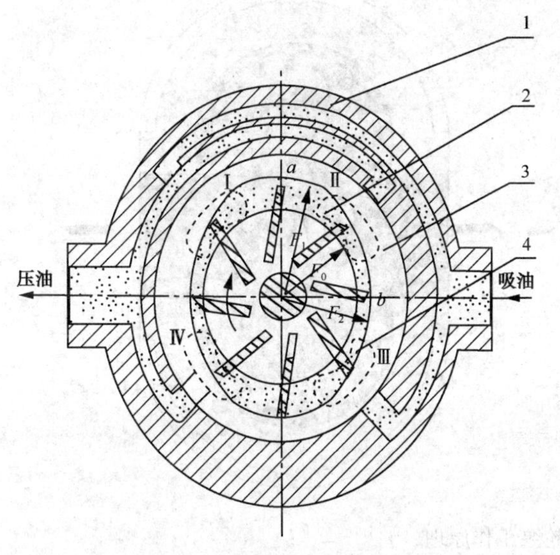

图1－23　双作用叶片泵工作原理

1—壳体；2—转子；3—定子；4—叶片

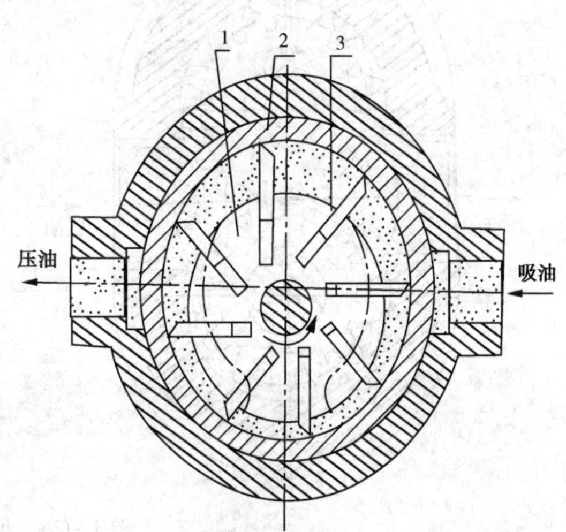

图1－24　单作用叶片泵工作原理

1—转子；2—定子；3—叶片

（3）限压式变量叶片泵

图1－25限压式变量叶片泵是单作用叶片泵，定子中心的变化是通过定子左侧的弹簧和右侧的柱塞施加的力来实现的。右侧柱塞尾部受的液压力来自于该泵的出口压力，因此，作用在柱塞尾部的力是随负载的变化而变化的，当负载增大能够克服左侧弹簧力时，定子中心左移，定转子偏心量减小，泵排量自动减小。理想状态下，当负载增大到一定值时，定转子的中心重合，此时，泵排量为零，泵出口不再有液体排出，泵压不再升高，因此，称为限压

式变量叶片泵。

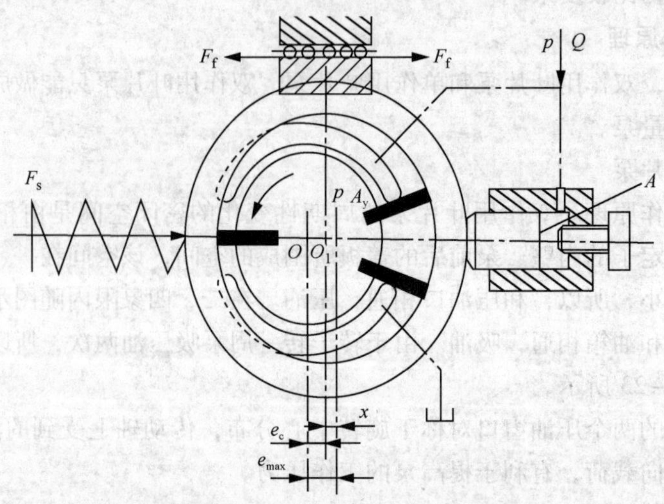

图 1-25　限压式变量叶片泵

3. 齿轮泵工作原理

齿轮泵是液压系统中广泛采用的一种液压泵，它一般做成定量泵，按结构不同，齿轮泵分为外啮合齿轮泵和内啮合齿轮泵，而以外啮合齿轮泵应用最广(见图 1-26)。下面以外啮合齿轮泵为例来剖析齿轮泵。

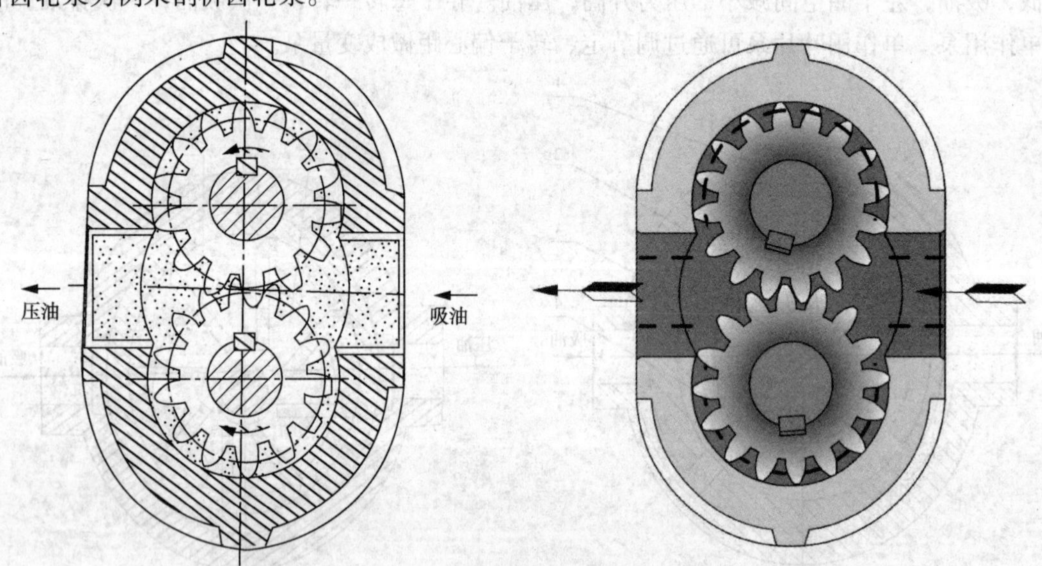

图 1-26　齿轮泵工作原理

(1) 外啮合齿轮泵的工作原理

齿轮泵属容积泵，密闭周期性变化的空间是齿轮上相邻两齿之间的齿间槽，进入啮合时，齿间槽减小，压力升高，压油；脱离啮合时，齿间槽空间增大，吸油。齿轮泵没有单独的配流装置，齿轮啮合点(线)起配流作用。

(2) 外啮合齿轮泵存在的问题

1) 泄漏

外啮合齿轮泵有三条泄漏途径：

径向泄漏：指通过齿轮外圆与泵体配合处径向间隙的泄漏。

啮合线泄漏：指由于有齿向误差，通过两个齿轮的啮合线处的泄漏。

轴向泄漏：指通过齿轮端面与侧盖板之间轴向间隙的泄漏。占总泄漏量的80%。

2）径向不平衡力

齿轮泵排出侧的压力大于吸入侧所受压力，造成径向不平衡力。齿轮泵轴承的寿命往往成为提高其使用压力的制约因素。可采用缩小压油口的方法从一定程度上降低径向力不平衡。

高压齿轮泵主要是针对上述问题采取了一些措施，如尽量减小径向不平衡力和提高轴与轴承的刚度，对泄漏量最大处的端面间隙，采用了自动补偿装置等。

3）困油

为使传动平稳，齿轮啮合系数必须大于1，在两对轮齿同时啮合时，在两对轮齿的啮合点之间形成一个孤立的密封容积。这个密封容积先由大变小，又由小变大。由于这一密封容积既不与压油腔相通又不与吸油腔相通，在容积由大变小时压力急剧升高，而在容积由小变大时又会产生空穴，即产生困油现象。困油会产生振动和噪声，并增加流量脉动率。

措施：在齿轮泵两侧端盖上各铣两个卸荷槽，卸荷槽位置如图1－27、图1－28中虚线所示。

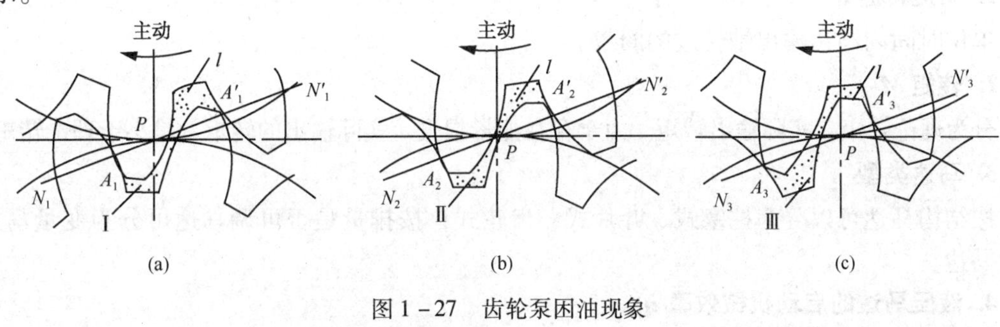

图1－27　齿轮泵困油现象

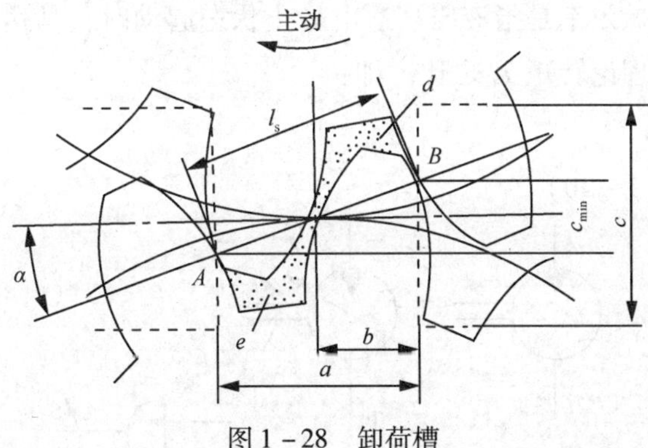

图1－28　卸荷槽

卸荷槽保证了在二啮合线间的密封容积达到最小以前和压油腔相通，而在最小位置以后与吸油腔相通，从而避免了困油现象。

六、液压马达

（一）液压马达的基本工作原理

液马达和液压泵的功能刚好是相反的，马达是把液压能转化为机械能。液马达的结构和液压泵类似，但是细节上略有差别，因此，不能互用。

图 1－29 以柱塞马达为例，当从配流盘一腰型孔通入压力油时，柱塞在压力油作用下，顶到了斜盘上，斜盘给柱塞一个反作用力，这个反作用的水平分力用于平衡液压力，垂直方向的力使缸体产生了旋转运动，因此，把输入的液压能转化为以旋转运动呈现的机械能了。

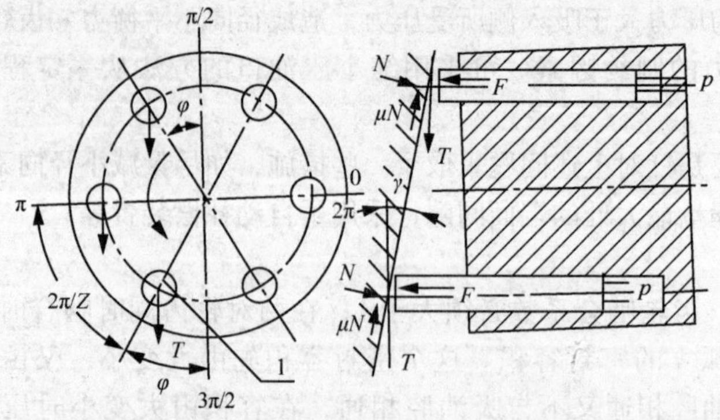

图 1－29 液马达工作原理

改变马达的通油方向，马达即反转，故液压马达可以很方便地实现正反转。

（二）液压马达的性能参数

1. 马达转速 n

单位时间内马达输出轴转过的圈数。

2. 转矩 M

分为理论转矩、实际输出转矩。由于存在能量损失，实际输出的转矩总是小于理论转矩。

3. 马达类型

按结构马达可以分为柱塞式、叶片式、齿轮式；按排量是否可调马达可分为变量马达、定量马达。

4. 液压马达的启动机械效率 η_{m0}

液压马达的启动机械效率是指液压马达由静止状态起动时，马达实际输出的转矩 T_0 与它在同一工作压差时的理论转矩 T_t 之比。即：

$$\eta_{m0} = T_0/T_t \qquad (1-6)$$

（三）图形符号（图 1－30）

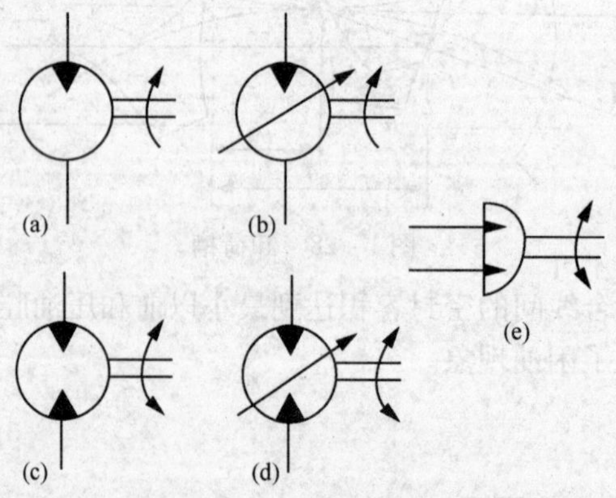

图 1－30 液压马达图形符号

（a）单向定量马达；（b）单向变量马达；（c）双向定量马达；（d）双向变量马达；（e）摆动式液压马达

(四) 典型液马达的结构和工作原理

双作用叶片马达结构与双作用叶片泵类似，如图 1－31，当从右侧输入压力油时，2、4 象限压力油在叶片上产生的力矩的作用结果是使轴向逆时针方向旋转，1、3 象限中的叶片在定子内壁的作用下缩回，液压油流回油箱。

摆动式马达如图 1－32 所示，当下侧通入压力油时，在油压的作用下，2 旋转从而带动马达轴转，将液压能转化成了以旋转运动呈现的机械能，当叶片运动到极限位置碰到 1 时，运动停止，然后，马达上侧进油，叶片 2 顺时针旋转，下侧回油，该马达实现的是小于 360°的摆动。

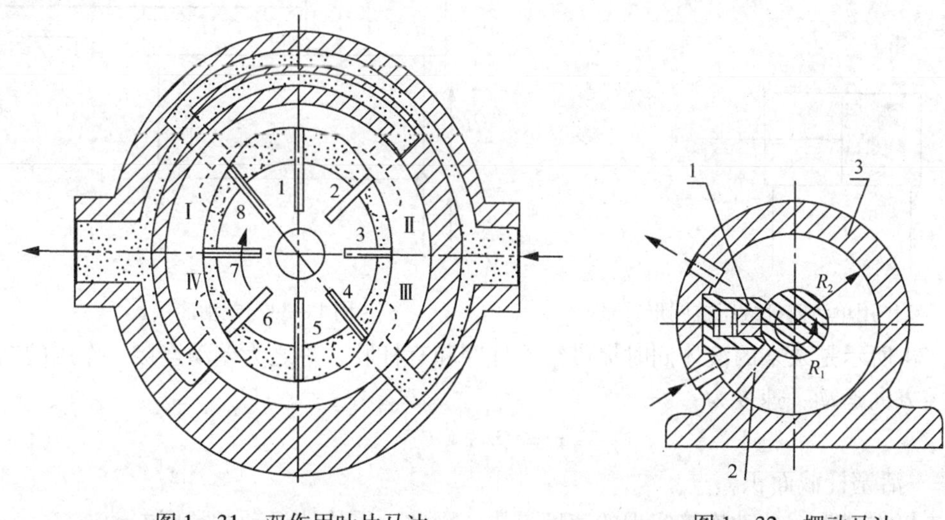

图 1－31　双作用叶片马达

图 1－32　摆动马达

1—固定挡块；2—叶片；3—马达壳体

总结泵与马达，有以下结论：

齿轮马达结构简单，价格便宜，用于高转速、低转矩和运动平稳性要求不高的场合。叶片马达动作灵敏，适用于转矩不大，要求启动、换向频繁的场合。轴向柱塞马达容积效率高，调速范围大，常用于要求较高的高压系统。柱塞式、叶片式和齿轮式泵和马达，从使用性能来看，其优劣次序大概为柱塞式、叶片式、齿轮式。从结构复杂程度、价格以及抗污染能力等方面来看，则齿轮式为最好，而柱塞式最复杂、价格最高、对油的清洁度要求也最苛刻。

七、液压缸

液压缸是将液压能转变为机械能的作往复直线运动的液压执行元件。

特点：结构简单，可免去减速器，传动平稳，应用广泛。

(一) 液压缸类型

根据结构形式可分为：活塞式、柱塞式、伸缩式。其中，活塞式又分为单活塞杆式、双活塞杆式。

(二) 活塞式液压缸

1. 双作用单活塞杆液压缸

如图 1－33 是双作用单杆液压缸的图形符号。矩形框表示的是缸体，矩形框下面两段线表示油路，当左边无杆腔进油时，活塞产生向右的运动，有杆腔回油。当有杆腔进油时，推动活塞向左运动，无杆腔回油，显然，当供给液压缸的流量一定时，活塞两个方向的速度不同。当进油压力一定时，两侧进油产生的力不同。

如果活塞往复运动是靠系统自身的液压力实现的，就称为双作用缸，如果，有一个方向是靠外力实现的，就称为单作用缸。

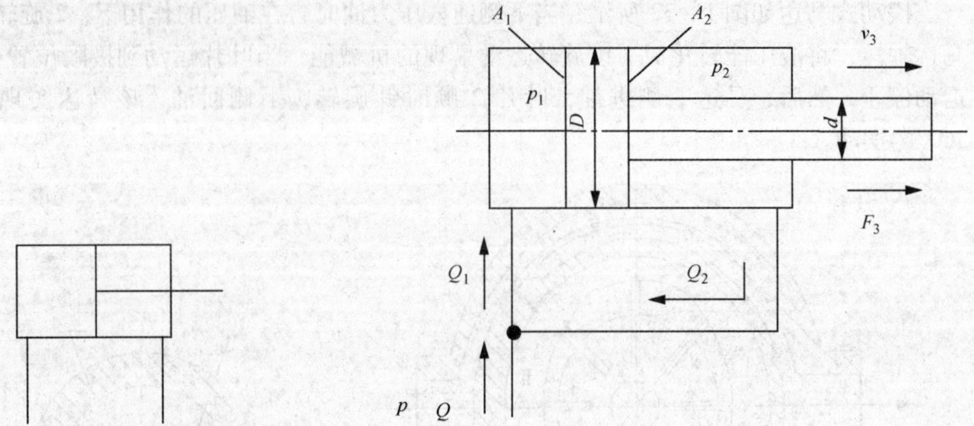

图 1－33　双作用单活塞杆液压缸图形符号

图 1－34　差动连接

图 1－34 所示是泵来的液体同时提供给无杆腔和有杆腔，称之为差动连接，作用的结果是向有杆腔方向运动，速度为：

$$v = Q/A \tag{1-7}$$

A——活塞杆截面积。

三种连接方式中，差动连接实现的速度最快。因此，需快速运动时常用差动连接。

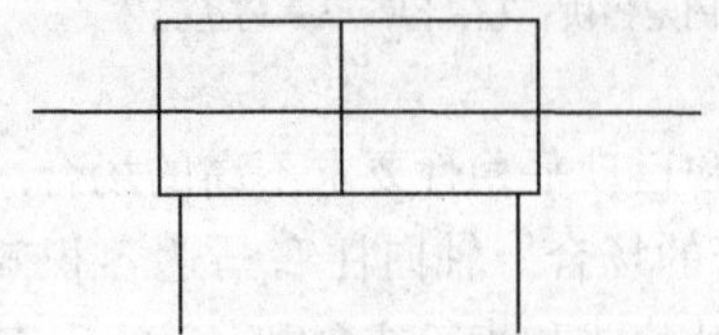

图 1－35　双活塞杆液压缸图形符号

2. 双活塞杆式液压缸

由于相对于缸体来说，该液压缸是两侧出杆，因此，称为双活塞杆液压缸。由图 1－35 可见，双活塞杆液压缸两个方向的作用力和速度均相等。

3. 柱塞式液压缸

柱塞式液压缸一般是作为单作用缸使用，伸出时靠系统自身的液压力，回程靠外力，为防止柱塞对密封的单边磨损，柱塞缸一般是倾斜或垂直放置，回程靠自重实现（如图 1－36）。

4. 伸缩式液压缸

如图 1－37 所示，一级柱塞又是二级缸体，伸出时，由于外层的柱塞直径大，相同的负载需要的压力小，因此，外层先伸出，等压力升高到内层需要的压力时，内层才动作，所以，伸出顺序从大到小，回程时主要克服的是柱塞与缸体之间的摩擦力，因此，回程从小到大。伸缩缸可实现长行程，缩回时较短。

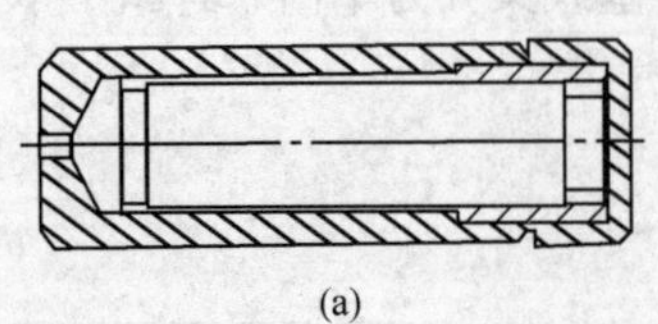

(a)

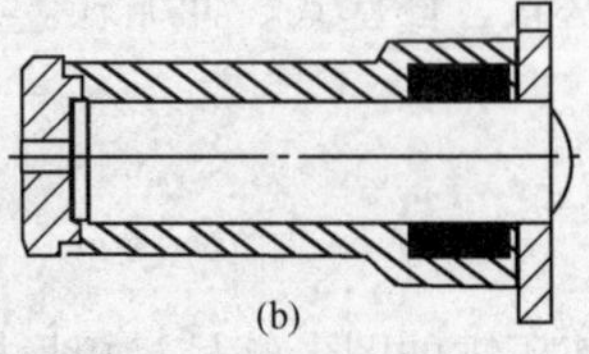

(b)

图 1－36　柱塞式液压缸

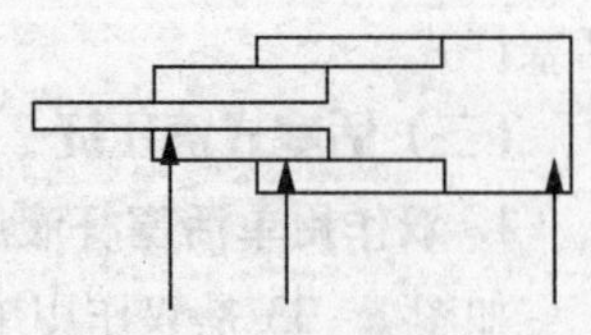

图 1－37　伸缩缸

八、液压辅件

（一）密封

密封是解决液压系统泄漏问题最重要、最有效的手段。液压系统如果密封不良，可能出现不允许的外泄漏，外漏的油液将会污染环境，还可能使空气进入吸油腔，影响液压泵的工作性能和液压执行元件运动的平稳性(爬行)，泄漏严重时，系统容积效率过低，甚至工作压力达不到要求值。若密封过度，虽可防止泄漏，但会造成密封部分的剧烈磨损，缩短密封件的使用寿命，增大液压元件内的运动摩擦阻力，降低系统的机械效率(图 1－38)。因此，合理地选用和设计密封装置在液压系统的设计中十分重要。

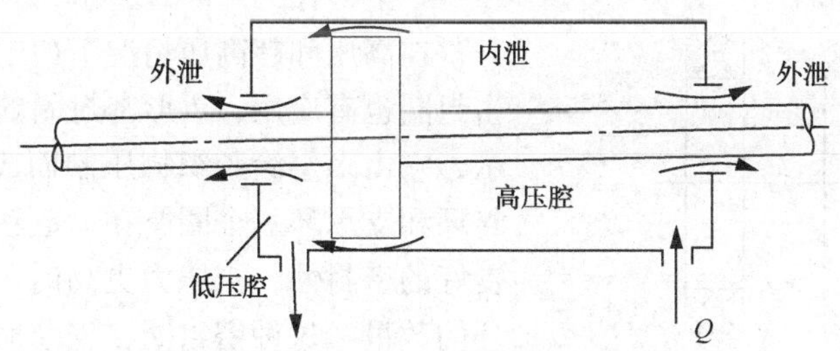

图 1－38　液压缸密封

密封按其工作原理来分可分为非接触式密封和接触式密封。前者主要指间隙密封，后者指密封件密封。间隙密封是靠相对运动件配合面之间的微小间隙来进行密封的，常用于柱塞、活塞或阀的圆柱配合副中。

常用的密封圈有以下几种：

1. O 形橡胶密封圈

当油液工作压力超过 10MPa 时，O 形圈在往复运动中容易被油液压力挤入间隙而提早损坏，见图 1－39，为此要在它的侧面安放 1.2～1.5mm 厚的聚四氟乙烯挡圈，单向受力时在受力侧的对面安放一个挡圈；双向受力时则在两侧各放一个。

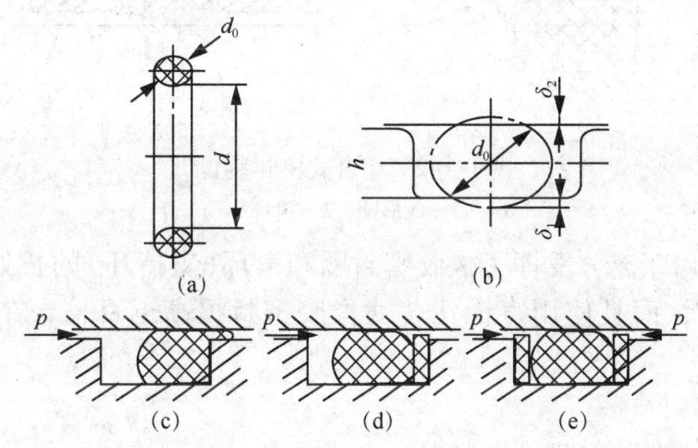

图 1－39　O 形圈

2. 唇形密封圈

唇形密封圈根据截面的形状可分为 Y 形、V 形、U 形、L 形等。其工作原理如图 1－40 所示。液压力将密封圈的两唇边 h_1 压向形成间隙的两个零件的表面。这种密封作用的特点是能随着工作压力的变化自动调整密封性能，压力越高则唇边被压得越紧，密封性越好；当压力降低时唇边压紧程度也随之降低，从而减少了摩擦阻力和功率消耗，除此之外，还能自动补偿唇边的磨损，保持密封性能不降低。

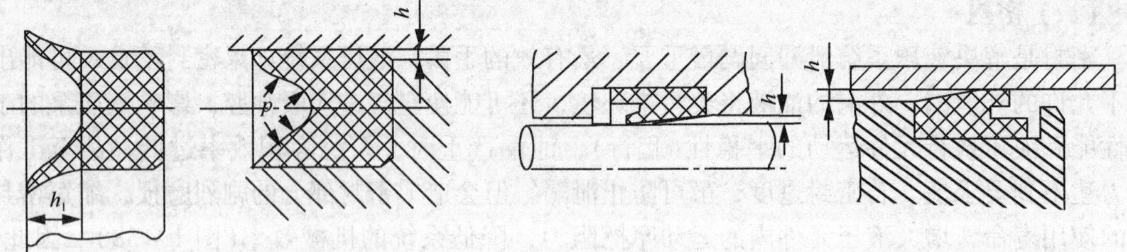

图 1－40　唇形密封圈的工作原理

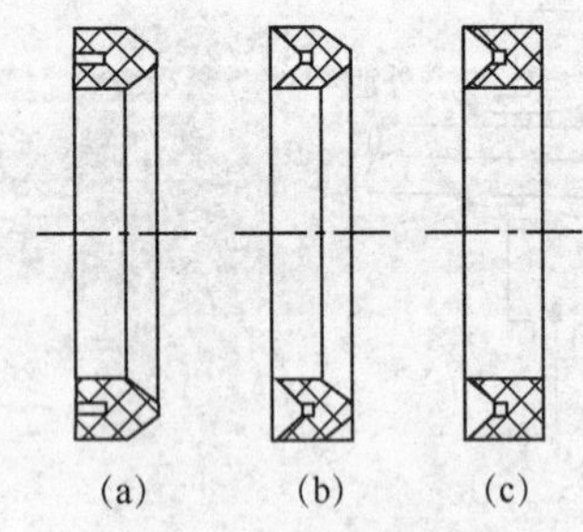

图 1－41　V 形密封圈

(a)支承环；(b)密封环；(c)压环

在高压和超高压情况下(压力大于 25MPa)V 形密封圈也有应用，V 形密封圈的形状如图 1－41 所示，它由多层涂胶织物压制而成，通常由压环、密封环和支承环三个圈叠在一起使用，此时已能保证良好的密封性，当压力更高时，可以增加中间密封环的数量，这种密封圈在安装时要预压紧，所以摩擦阻力较大。

唇形密封圈安装时应使其唇边开口面对压力油，使两唇张开，分别贴紧在机件的表面上。

3. 组合式密封装置

随着液压技术的应用日益广泛，系统对密封的要求越来越高，普通的密封圈单独使用已不能很好地满足密封性能，特别是使用寿命和可靠性方面的要求，因此，研究和开发了由包括密封圈在内的两个以上元件组成的组合式密封装置(如图 1－42 所示)。

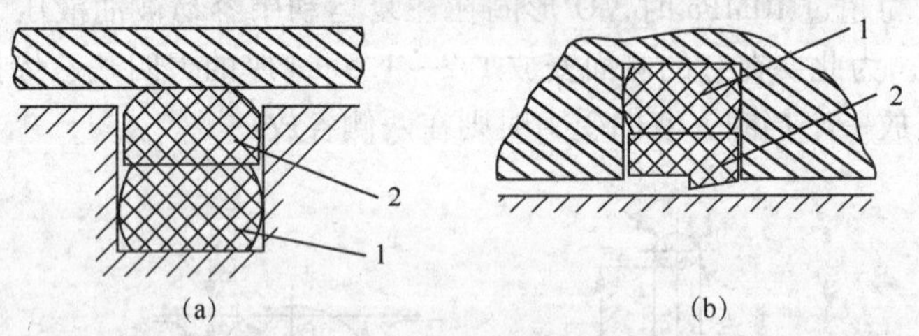

图 1－42　组合式密封装置

1—O 形圈；2—滑环

组合式密封装置由于充分发挥了橡胶密封圈和滑环(支持环)的长处，因此不仅工作可靠，摩擦力低而稳定，而且使用寿命比普通橡胶密封提高近百倍，在工程上的应用日益广泛。

(二) 滤油器

不断净化油液，使其污染程度控制在允许范围内。

1. 主要性能参数

绝对过滤精度、过滤比(相对过滤精度)：

绝对过滤精度——能通过滤芯元件的坚硬球形粒子的最大尺寸。

一般要求绝对过滤精度小于运动副间隙的一半。

过滤比——滤油器入口处尺寸大于 x(μm)的颗粒数与滤油器出口处尺寸大于 x(μm)的

颗粒数的比值。

过滤器的过滤精度是指滤芯能够滤除的最小杂质颗粒的大小，以直径 d 作为公称尺寸表示。按精度可分为粗过滤器（$d<100\mu m$）、普通过滤器（$d<10\mu m$）、精过滤器（$d<5\mu m$）、特精过滤器（$d<1\mu m$）。

一般对过滤器的基本要求是：

① 能满足液压系统对过滤精度要求，即能阻挡一定尺寸的杂质进入系统。

② 滤芯应有足够强度，不会因压力而损坏。

③ 通流能力大，压力损失小。

④ 易于清洗或更换滤芯。

2. 类型

① 机械式滤油器：网式滤油器、线隙式滤油器、纸芯式滤油器、烧结式滤油器。

② 磁性滤油器。

3. 图形符号（图1-43）

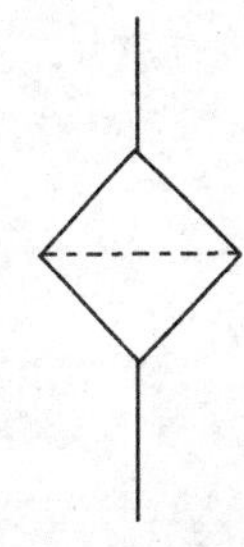

图1-43　滤油器图形符号

4. 安装位置

滤油器在液压系统中的安装位置通常有以下几种：

① 安装在泵的吸油口处。泵的吸油路上一般都安装有表面型滤油器，目的是滤去较大的杂质微粒以保护液压泵，此外滤油器的过滤能力应为泵流量的两倍以上，压力损失小于0.02MPa。

② 安装在泵的出口油路上。

③ 安装在系统的回油路上。这种安装起间接过滤作用。一般与过滤器并连安装一背压阀，当过滤器堵塞达到一定压力值时，背压阀打开。

④ 安装在系统分支油路上。

⑤ 单独过滤系统。大型液压系统可专设一液压泵和滤油器组成独立过滤回路。

（三）蓄能器

1. 功用

短期大量供油、系统保压、应急能源、缓和冲击压力、吸收脉动压力。蓄能器是靠内部囊中气体压力和管路中压力平衡从而储存或放出液体的。

2. 图形符号（图1-44）

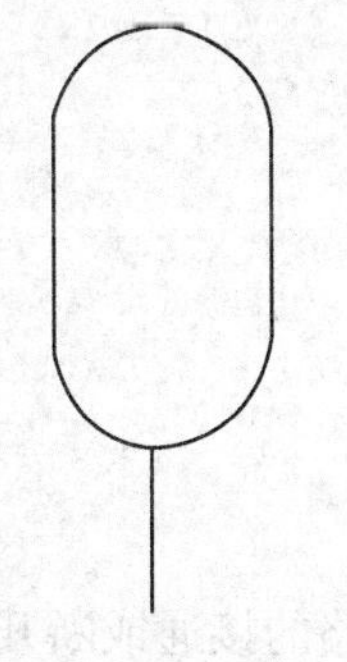

图1-44　蓄能器图形符号

3. 使用和安装

蓄能器在液压回路中的安放位置随其功用而不同：吸收液压冲击或压力脉动时宜放在冲击源或脉动源近旁；补油保压时宜放在尽可能接近有关的执行元件处。

使用蓄能器须注意如下几点：

① 充气式蓄能器中应使用惰性气体（一般为氮气），允许工作压力视蓄能器结构形式而定，例如，皮囊式为3.5~32MPa。

② 不同的蓄能器各有其适用的工作范围，例如，皮囊式蓄能器的皮囊强度不高，不能承受很大的压力波动，且只能在-20~70℃的温度范围内工作。

③ 皮囊式蓄能器原则上应垂直安装(油口向下)，只有在空间位置受限制时才允许倾斜或水平安装。

④ 装在管路上的蓄能器须用支板或支架固定。

⑤ 蓄能器与管路系统之间应安装截止阀，供充气、检修时使用。蓄能器与液压泵之间应安装单向阀，防止液压泵停车时蓄能器内储存的压力油液倒流。

(四) 油箱(图1-45)

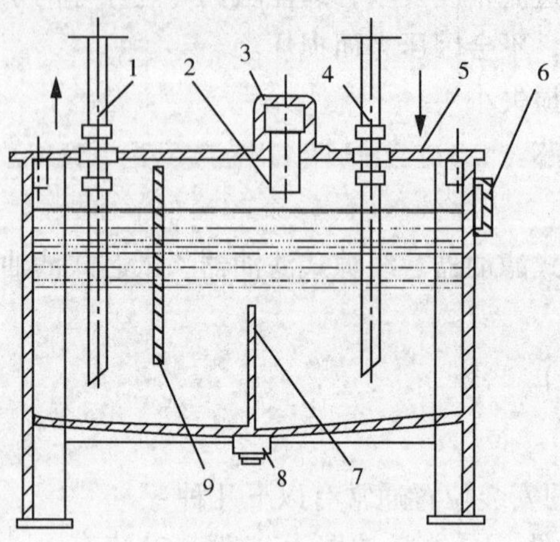

图1-45　油箱

1—吸油管；2—滤油网；3—盖；4—回油管

5—上盖；6—油位计；7、9—隔板；8—放油阀

油箱的功用主要是储存油液，同时还起着散发油液中热量(在周围环境温度较低的情况下则是保持油液中热量)、释出混在油液中的气体、沉淀油液中污物等作用。回油和吸油靠隔板隔开，有利于回油充分沉淀和冷却。底部是斜板，有利于放油时杂质的排出。

(五) 热交换器

分冷却器、加热器。用于液压油的降温和升温。

图形符号(图1-46)：

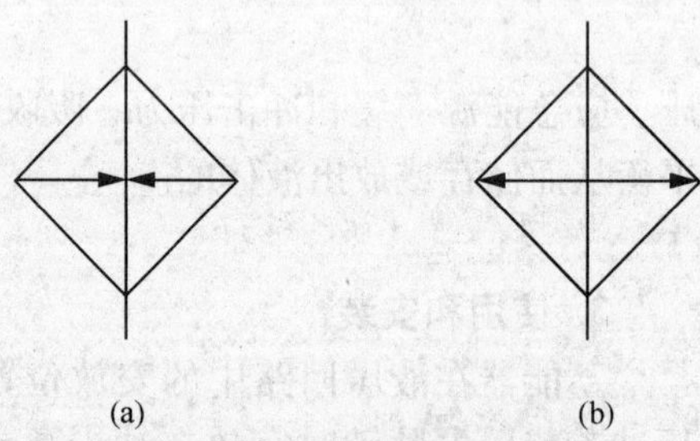

图1-46　热交换器图形符号

(a)加热器；(b)冷却器图形符号

九、方向控制阀和方向控制回路

液压控制阀分为方向控制阀、压力控制阀、流量控制阀三类。

方向阀是利用阀芯和阀体间相对位置的改变来实现阀内部某些油路的接通或断开的控制阀件。方向阀可分为单向阀、液控单向阀、换向阀三类。

（一）单向阀和液控单向阀

1. 单向阀

液压系统中常见的单向阀有普通单向阀和液控单向阀两种。

功能：单向导通，反向截止。

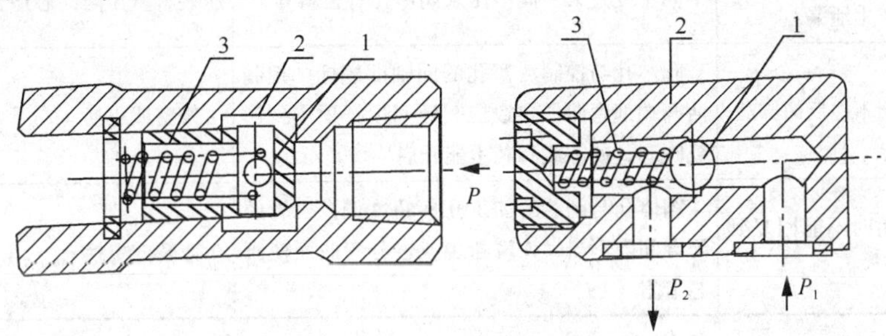

图 1－47　单向阀

1—阀芯；2—阀体；3—弹簧

如图 1－47，当油液从阀芯右侧来时，就会推动阀芯压缩弹簧向左移动，液体向左流出，称为单向阀开启；反之，当油液从阀芯左侧来时，只会把阀芯越来越紧地压到阀座上，不会从阀的右侧流出，称单向阀是关闭的。图 1－48 是其图形符号，表 1－3 列出了单向阀常见故障及排除方法。

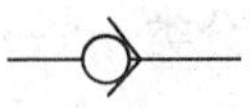

图 1－48　单向阀图形符号

表 1－3　单向阀常见故障及排除方法

故 障 现 象	故 障 原 因	排 除 方 法
单向阀反向截止时，阀芯不能将液流严格封闭而产生泄漏	阀芯与阀座接触不紧密、阀体孔与阀芯的不同轴度过大、阀座压入阀体孔有歪斜等	重新研配阀芯与阀座或拆下阀座重新压装，直至与阀芯严密接触为止
单向阀启闭不灵活，阀芯卡阻	阀体孔与阀芯的加工几何精度低，二者的配合间隙不当；弹簧断裂或过分弯曲	修整或更换

2. 液控单向阀（图 1－49）

较单向阀多一控制口 K，当 K 不通压力油时该阀的功能和单向阀相同。K 通压力油时，底部控制活塞 1 向上运动，通过顶杆 2 将阀芯 3 顶起，可以实现单向阀的反向流动。图 1－50 是其图形符号，表 1－4 列出了液控单向阀的故障现象和排除方法。

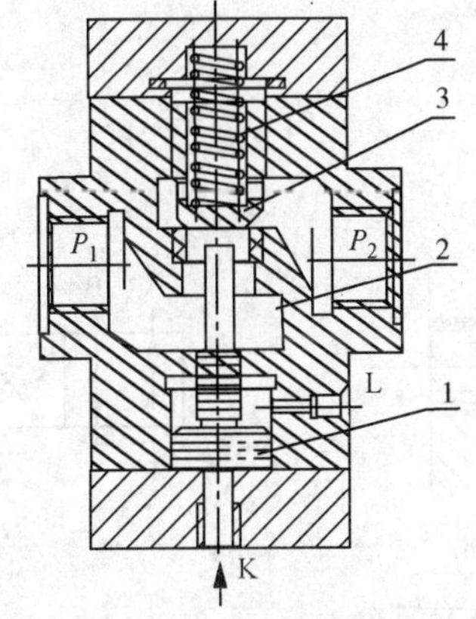

图 1－49　液控单向阀

1—控制活塞；2—顶杆；3—阀芯；4—弹簧

图 1－50　液控单向阀图形符号

表 1-4　液控单向阀的故障诊断与排除方法

故障现象	故障原因	排除方法
液控单向阀反向截止时(即控制口不起作用时)，阀芯不能将液流严格封闭而产生泄漏	阀芯与阀座接触不紧密、阀体孔与阀芯的不同轴度过大、阀座压入阀体孔有歪斜等	重新研配阀芯与阀座或拆下阀座重新压装，直至与阀芯严密接触为止
复式液控单向阀不能反向卸载	阀芯孔与控制活塞孔的同轴度超标、控制活塞端部弯曲，导致控制活塞顶杆顶不到卸载阀芯，使卸载阀芯不能开启	修整或更换
液控单向阀关闭时不能回复到初始封油位置	阀体孔与阀芯的加工几何精度低、二者的配合间隙不当、弹簧断裂或过分弯曲而使阀芯卡阻	修整或更换

（二）换向阀

作用：改变液流方向，从而改变运动元件的运动方向。

要求：通流时，压力损失小；切断油路时，泄漏要小；阀芯换位时，操纵力要小。

1. 分类

换向阀一般由操纵控制装置、主体部分组成，主体由阀芯、阀体组成。

按阀操纵控制方式可分为手动、机动、电动、液动、电液动。按阀的结构形式可分为滑阀式、转阀式、锥阀式。

2. 滑阀式换向阀的主体部分

（1）换向阀工作原理及图形符号(图 1-51)

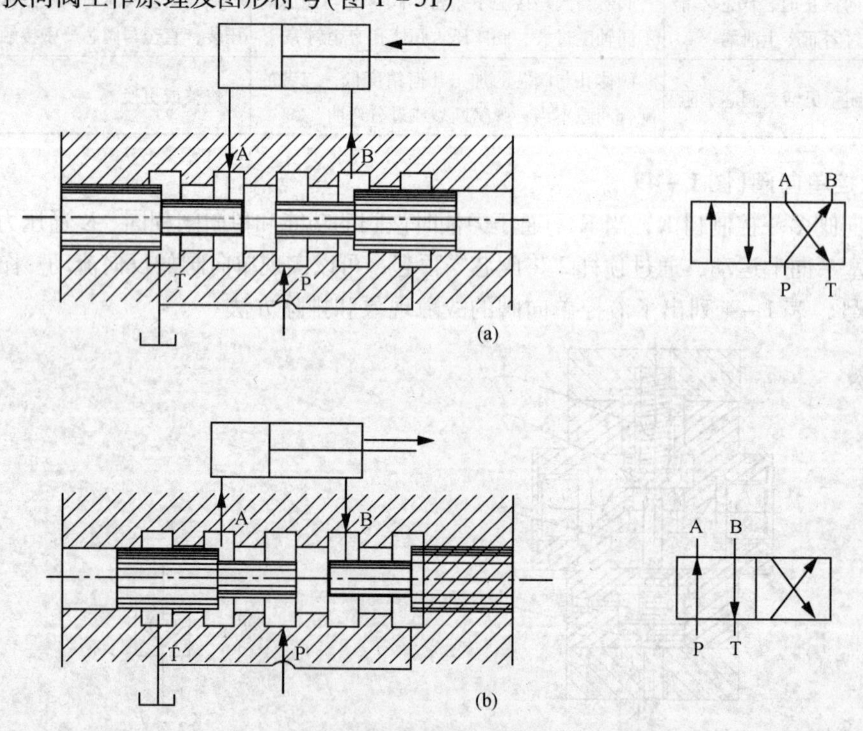

图 1-51　换向阀主体部分

分析：阀芯有三个台肩，阀体有五个沉割槽，每个沉割槽都通过相应的孔道与外部相连，P 与泵、T 与油箱连，A、B 通油缸。

A 位置，PB、AT 通，缸活塞从右向左运动。当阀芯向右移动到 b 位置，PA、BT 通，缸活塞从左向右动，因此，阀芯相对于阀体有两个工作位置，称两位阀。

我们用方块来表示位，二位就有两个方块表示；阀体上有四条对外通路，又称四通阀。“通”用与方块相交的线段表示。

注：为便于记忆，阀芯移动相当于方块移动。

如上述阀芯相对于阀体有三种位置，称三位四通阀。

注：① 油口的一种连通情况称作一个“位”，有几个方框就有几位。

② 一个时刻只有一个工作位置。

③ 方框内箭头只表示油路在该位上处于接通状态，不一定表示油流方向。

(2) 滑阀机能

常态位置是指换向阀的阀芯未受到操纵它的外部作用时所处的位置。在常态位上各油口的连通方式称为滑阀机能。

通常，二位阀靠近弹簧符号的位置为常态位；三位阀常态位是中位，因此，三位阀的滑阀机能又称中位机能(图 1－52)。不同的滑阀机能，直接影响到阀在常态时执行元件的工作状态。

卸荷——泵输出功率为零。

锁紧——执行元件停止运动后，不会因外界因素的影响发生漂移或运动。

机能代号	结构原理图	中位图形符号	机能特点和作用
O	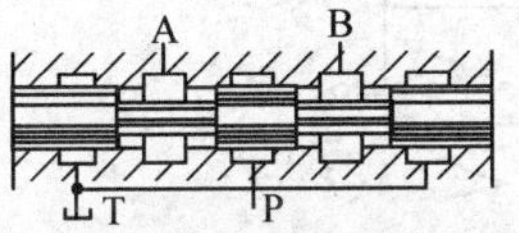 A B T P	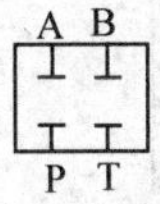 A B P T	各油口全部封闭，缸两腔封闭，系统不卸荷。液压缸充满油，从静止到启动平稳；制动时运动惯性引起液压冲击较大；换向位置精度高
H	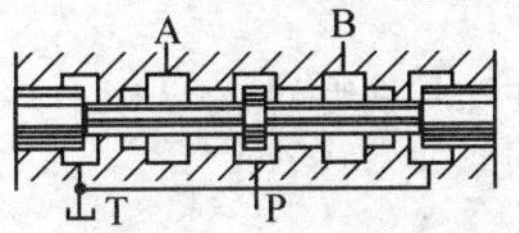 A B T P	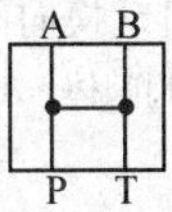 A B P T	各油口全部连通，系统卸荷，缸成浮动状态。液压缸两腔接油箱，从静止到启动有冲击；制动时油口互通，故制动较 O 型平稳，但换向位置变动大
P	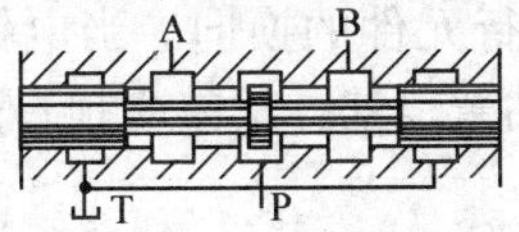 A B T P	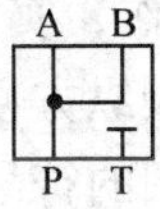 A B P T	压力油与缸两腔连通，可形成差动回路，回油口封闭。从静止到启动较平稳；制动时缸两腔均通压力油，故制动平稳，换向位置变动比 H 型的小
Y	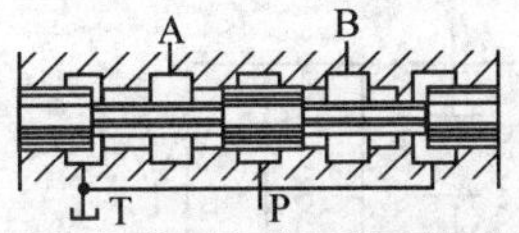 A B T P	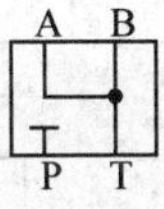 A B P T	油泵不卸荷，缸两腔通回油，缸成浮动状态。由于缸两腔接油箱，从静止到启动有冲击，制动性能介于 O 型与 H 型之间
K	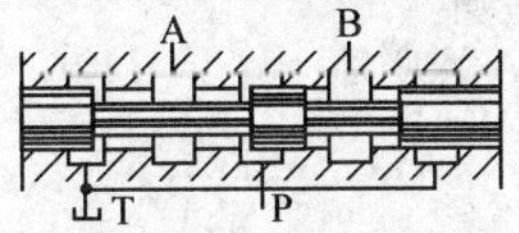 A B T P	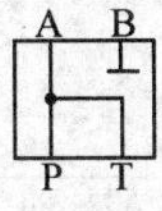 A B P T	油泵卸荷，液压缸一腔封闭一腔接回油，两个方向换向时性能不同
M	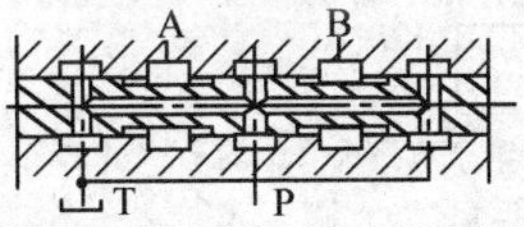 A B T P	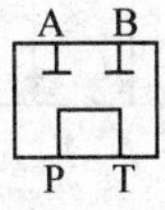 A B P T	油泵卸荷，缸两腔封闭。从静止到启动较平稳，制动性能与 O 型相同，可用于油泵卸荷液压缸锁紧的液压回路中

图 1－52　中位机能

3. 操纵方式

(1) 手动换向阀

手动换向阀阀芯的移动是靠扳动手柄实现的，因此，操作可靠、安全、结构简单。

图1－53是三位四通手动换向阀的图形符号。

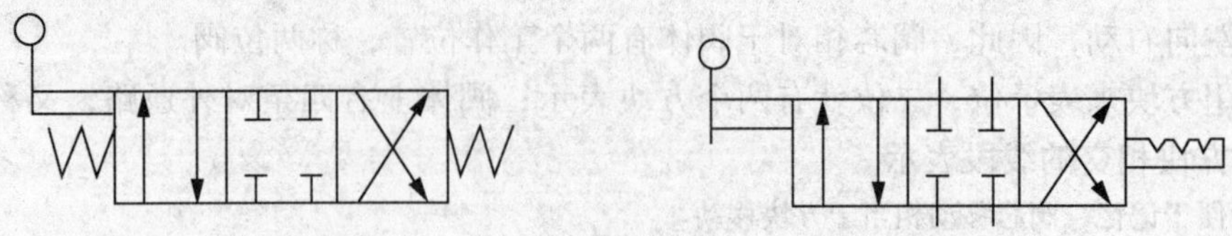

图1－53　三位四通手动换向阀图形符号

（2）机动换向阀

利用液压缸活塞杆上带的楔块或凸轮推动阀芯实现换向，改变斜面角度可调节换向过程的快慢(图1－54)。

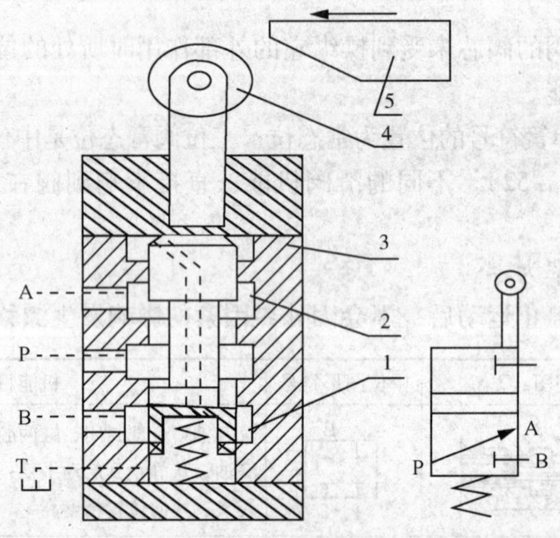

图1－54　机动换向阀

1—弹簧；2—阀芯；3—换向阀阀体；4—顶杆；5—楔块

（3）电磁换向阀

电磁换向阀是借助于电磁铁力推动阀芯动作，实现执行元件的换向。当电铁通电吸合时，对阀芯产生推力，推动阀芯移动。电磁阀操纵方便，布置灵活，易于实现自动化，在现场上应用最为广泛。图1－55 是一种电磁换向阀的符号。

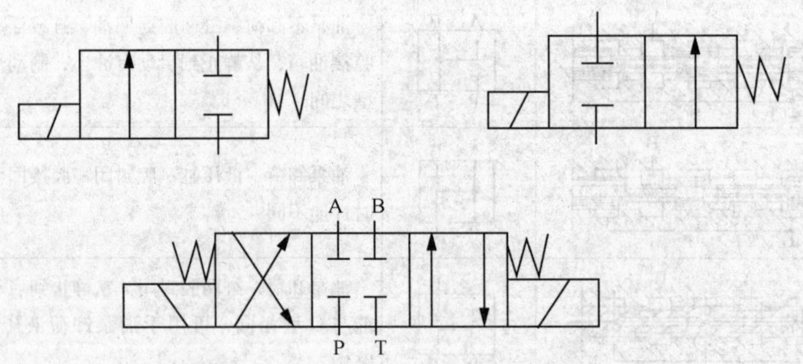

图1－55　电磁换向阀图形符号示例

（4）液动换向阀

利用控制油路(需另加控制回路)的压力油推动阀芯运动实现换向。当左侧来控制油时，推动阀芯向右移动，实现阀的左位机能，同时，右侧控制液体回油。图1－56 是一种液控换向阀的符号。

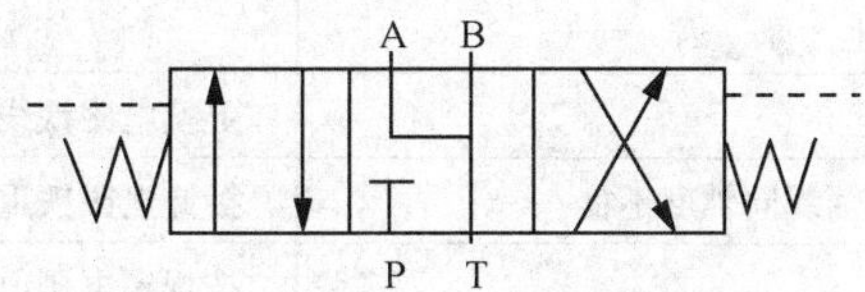

图1－56　液控换向阀图形符号示例

（5）电液动换向阀

由小规格的电磁换向阀为先导阀，与液动换向阀组合而成。当1DT通电时，电磁阀实现左位机能，泵来的液体经电磁阀的左位提供给液动阀作为控制液体，推动液动阀的阀芯向右移动，实现液动阀的左位机能，泵来的液休经液动阀的左位到系统去，液动阀的右侧控制液体回油，经电磁阀的左位流回油箱(图1－57)。

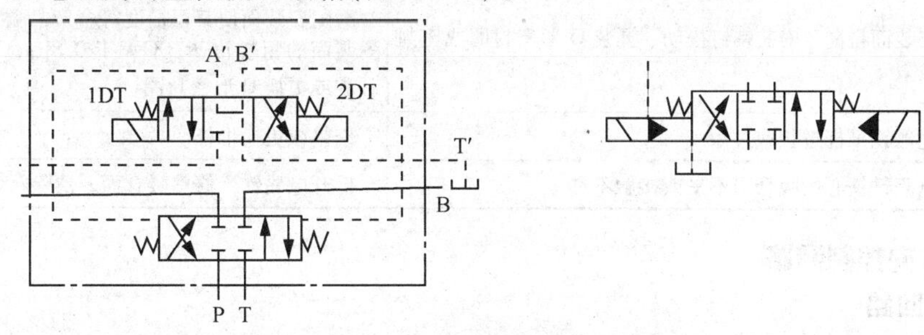

图1－57　电液动换向阀

4. 换向阀常见故障与排除方法(表1－5)

表1－5　换向阀常见故障诊断及排除方法

故障现象	产生原因	排除方法
阀芯不能移动	换向阀阀芯表面划伤、阀体内孔划伤、油液污染使阀芯卡阻、阀芯弯曲	卸开换向阀，仔细清洗，研磨修复阀体，校直或更换阀芯
	阀芯与阀体内孔配合间隙不当，间隙过大，阀芯在阀体内歪斜，使阀芯卡住；间隙过小，摩擦阻力增加，阀芯移不动	检查配合间隙。间隙太小，研磨阀芯；间隙太大，重配阀芯，也可以采用电镀工艺，增大阀芯直径。阀芯直径小于20mm时，正常配合间隙在0.008～0.015mm范围内；阀芯直径大于20mm时，间隙在0.015～0.025mm正常配合范围内
	弹簧太软，阀芯不能自动复位；弹簧太硬，阀芯推不到位	更换弹簧
	手动换向阀的连杆磨损或失灵	更换或修复连杆
	电磁换向阀的电磁铁损坏	更换或修复电磁铁
	液动换向阀或电液动换向阀两端的单向节流器失灵	仔细检查节流器是否堵塞、单向阀是否泄漏，并进行修复
	液动或电液动换向阀的控制压力油压力过低	检查压力低的原因，对症解决
	气控液压换向阀的气源压力过低	检修气源
	油液黏度太大	更换黏度适合的油液
	油温太高，阀芯热变形卡住	查找油温高原因并降低油温
	连接螺钉有的过松，有的过紧，致使阀体变形，致使阀芯移下不动。另外，安装基面平面度超差，坚固后面体也会变形	松开全部螺钉，重新均匀拧紧。如果因安装基面平面度超差阀芯移不动，则重磨安装基面，使基面平面度达到规定要求

续表

故障现象	产生原因	排除方法
电磁铁线圈烧坏	线圈绝缘不良	更换电磁铁线圈
	电磁铁铁心轴线与阀芯轴线同轴度不良	拆卸电磁铁重新装配
	供电电压太高	按规定电压值来纠正供电电压
	阀芯被卡住，电磁力推不动阀芯	拆开换向阀，仔细检查弹簧是否太硬、阀芯是否被脏物卡住以及其他推不动阀芯的原因，进行修复并更换电磁铁线圈
	回油口背压过高	检查背压过高原因，对症来解决
外泄漏	泄油腔压力过高或O形密封圈失效造成电磁阀推杆处外渗漏	检查泄油腔压力，如对于多个换向阀泄油腔串接在一起，则将它们分别接回油箱；更换密封圈
	安装面粗糙、安装螺钉松动、漏装O形密封圈或密封圈失效	磨削安装面使其粗糙度符合产品要求（通常阀的安装面的粗糙度 R_a 不大于 0.8μm）；拧紧螺钉；补装或更换O形密封圈
噪声过大	电磁铁推杆过长或过短	修整或更换推杆
	电磁铁铁心的吸合面不平或接触不良	拆开电磁铁，修整吸合面，清除污物

（三）方向控制回路

1. 启停回路

执行元件频繁启停，一般不采用启停电机，对泵、电网不利，采用启停回路。如图1－58所示，当两位两通电磁阀断电时，执行元件停止运动，泵来的液体经溢流阀回油箱，不需停泵。

2. 换向回路

换向回路要完成的功能是实现执行元件（油缸、马达）等运动方向的切换后状态的变更（动变静，静变动等），一般换向回路中都有方向控制阀，如图1－59所示，改变三位四通电磁换向阀的电铁通断电情况，就可以实现液压缸的换向。

3. 锁紧回路

锁紧回路用于防止执行元件在停止运动时，因外界因素发生漂移或窜动。如图1－60所示，图示状态液压缸无杆腔和有杆腔全部被三位四通电磁换向阀中位封闭，所以，活塞不会在外力作用下移动，称为锁紧，但是，由于封闭是依靠三位四通换向阀阀芯和阀体之间的间隙密封的，所以，只能是短时锁紧，长时间并不可靠。

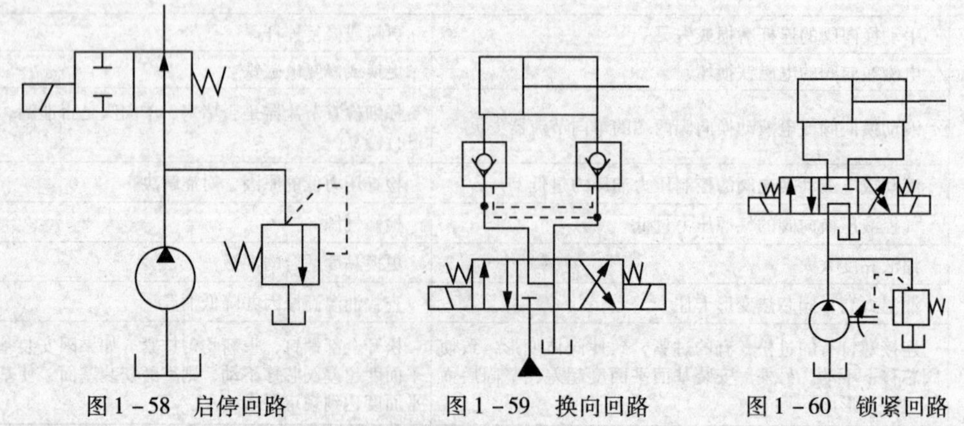

图1－58 启停回路　　图1－59 换向回路　　图1－60 锁紧回路

十、压力控制阀及压力控制回路

压力控制阀是用来控制液压系统的压力或利用压力变化作为信号来控制其他元件动作的阀类。分为溢流阀、减压阀、顺序阀、压力继电器等。

（一）溢流阀

工作原理：油泵来的油通过阻尼孔 g 作用在阀芯的底部，当作用在阀芯底部的力不足以克服阀芯上行的阻力时，P 和 T 不通，溢流阀是关闭的。当负载增大，泵压增大，作用在阀芯底部的力随之增大，能克服阀芯上行阻力时，阀芯向上移动，P 和 T 相通，称溢流阀开启了。当阀芯开启达到稳定状态后，阀的入口压力便不再增加，只稳定在固定值上，该值由溢流阀弹簧的弹性系数和预压缩量决定。因此，调节手轮来调节弹簧的预压缩量，即可改变溢流阀的开启压力值(图 1－61)。

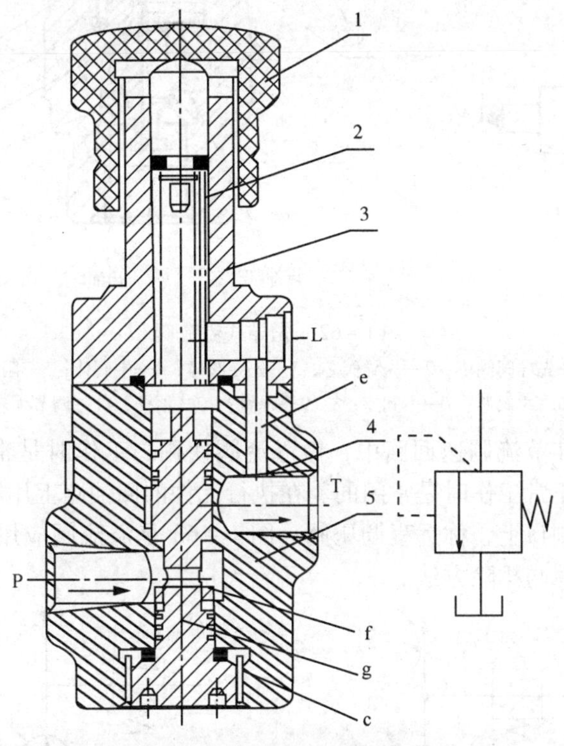

图 1－61　直动式溢流阀

1—调节手轮；2—弹簧；3—上盖；4—阀芯；5—阀体；g—阻尼孔；T—通油箱；L—卸油口

直动式溢流阀是通过调节弹簧的弹性系数和预压缩量来调节它的入口压力即泵压的，当系统的流量比较大时，溢流阀就需要选用大规格的，这样，如果要调节比较高的压力就需要弹簧的硬度和压缩量相应增大，依靠调节手轮来调节就很不方便了，因此，在大流量、高压的场合，一般用先导式溢流阀。

先导式溢流阀是以一个小规格的直动式溢流阀做先导阀，为主阀提供控制液体，从而控制主阀开启的(图 1－62)。

先导式溢流阀进油口 P 来的液体通过阻尼孔经 a 作用到先导阀锥阀芯上，当不足以克服锥阀芯左行阻力时，先导阀是关闭的，这时，从溢流阀入口到先导阀是没有液体流动的，静止液体内部压力处处相等，因此，主阀芯垂直方向受到的液体向上和向下的力是相等的，主阀芯没有移动。当负载增大，泵压增大，作用在先导阀上的力能够克服阀芯左行阻力时，先导阀阀芯左移，进入的液体经主阀芯中间的孔向下流动经出油口回油箱了，有了液体的流动，阻尼孔前后就产生了压差，在这个压差的作用下，主阀芯向上移动，进油口 P 和出油口 T 相通了，我们就说该先导式溢流阀开启了。和直动式溢流阀相同，主阀芯开启达到稳定状态后，其入口压力为一恒定值，由先导阀的弹簧弹性系数和预压缩量决定。

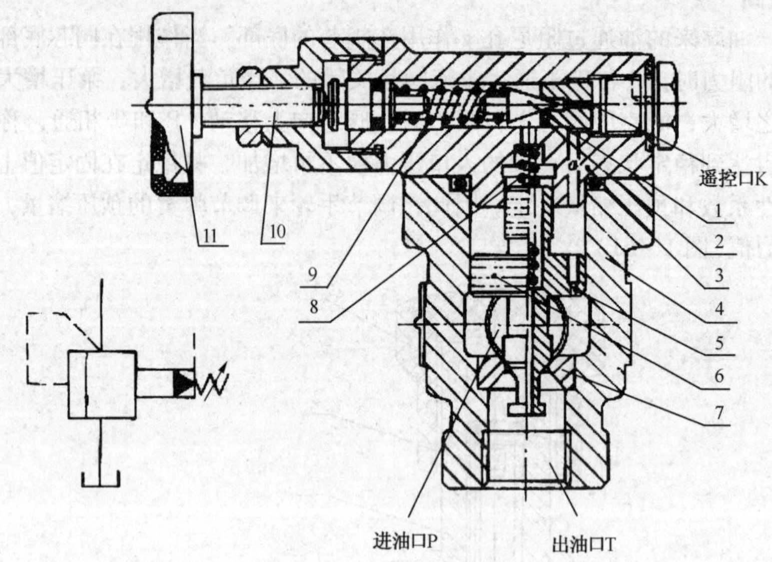

图 1－62　先导式溢流阀

1—先导阀阀座；2—先导阀芯；3—先导阀体；4—主阀体；5—阻尼；6—主阀芯；7—主阀座；8，9—弹簧；10—顶杆；11—调节手轮

溢流阀的应用：在节流调速回路中，做溢流阀使用，工作时是常开的。在变量泵系统中，做安全阀使用，正常工作时是常闭的。在执行元件的回油路上用于产生一定压力的，称背压阀。用在远程控制口上，称远程调压阀。图 1－63 是溢流阀应用的系统示例，表 1－6 列出了溢流阀常见故障与排除方法。

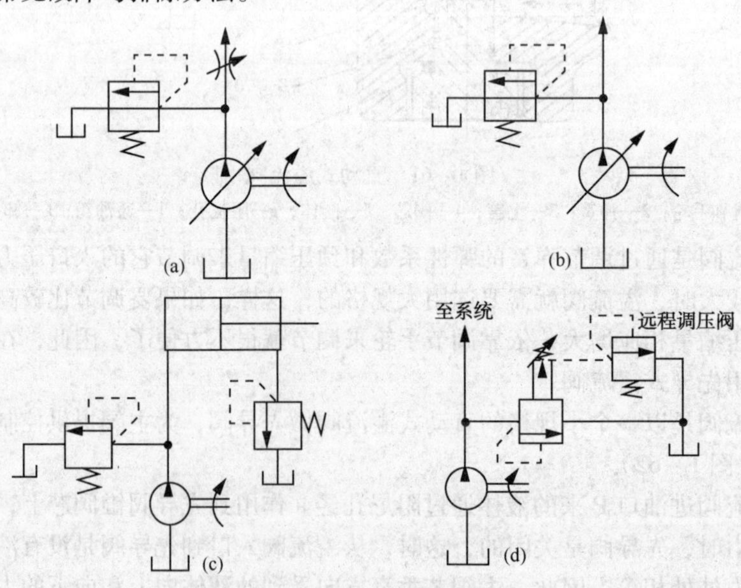

图 1－63　溢流阀的应用

表 1－6　溢流阀常见故障诊断及排除方法

故障现象		故障原因	诊断排除方法
普通溢流阀	调紧调压机构，不能建立压力或压力不能达到额定值	进出口装反；先导式溢流阀的导阀芯与阀座处密封不严，可能有异物(如棉丝)存在于导阀芯与阀座间；阻尼孔被堵塞；调压弹簧变形或折断；导阀芯过渡磨损，内泄漏过大；遥控口未封堵；三节同心式溢流阀的主阀芯三部分圆柱不同心	检查进出口方向并更正；拆检并清洗导阀，同时检查油液污染情况，如污染严重，则应换油；如弹簧变形或折断则换新；如阀芯磨损严重，则研修或更换导阀芯；封堵遥控口；重新组装三节同心式溢流阀的主阀芯
	调压过程中压力非连续上升，而是不均匀上升	调压弹簧弯曲或折断	拆检换新
	调松调压机构，压力不下降甚至不断上升	先导阀孔堵塞或主阀芯卡阻	检查导阀孔是否堵塞。如正常，再检查主阀芯卡阻情况。如卡阻，拆检后若发现阀孔与主阀芯有划伤，则用油石和金相砂纸先磨后抛；如检查正常，则应检查主阀芯的同心度，如同心度差，则应拆下重新安装，并在试验台上调试正常后再装上系统
	噪声和振动	先导阀弹簧自振频率与调压过程中产生的压力－流量脉动合拍，产生共振	迅速拧调节螺杆，使之超过共振区，如无效或实际上不允许这样做(如压力值正在工作区，无法超过)，则在先导阀高压油进口处增加阻尼，如在空腔内加一个松动的堵头，缓冲先导阀的先导压力－流量脉动

(二)减压阀

减压阀根据调节压力的性质分类，出口压力为稳定值，称为定值减压阀；入口与出口压力的比值为定值，则称定比减压阀；入口压力与出口压力的差值为定值，称为定差减压阀。

图 1－64 所示为先导式定值减压阀，原始状态时，入口与出口相通，液体进入阀后，到出口处分成两路，一路到执行元件去，一路经阻尼孔作用到先导阀的阀芯上，当液压力不足以克服先导阀的阀芯阻力时，液体没有流动，静止液体内部压力处处相等，主阀芯垂直方向受力平衡，没有移动，主阀芯处于最下端，此时，减压口最大，不起减压作用，因此，减压阀出入口压力相等；当压力可以克服先导阀芯的阻力时，先导阀被打开，液体流回油箱，造成了液体流动，主阀芯前后产生压差，主阀芯被向上顶起，减压口减小，起到减压作用，当阀芯稳定后，出口压力为一定值，因此，称为定值减压阀。

减压阀入口压力低于减压阀调定压力时，减压阀不起减压作用，只是一通道。阀入口压力大于减压阀调定压力时，减压阀起减压作用，阀出口压力只能等于减压阀调定压力。

为了使减压回路工作可靠，减压阀的最低调整压力不应小于 0.5MPa，最高调整压力至少应比系统压力小 0.5MPa。当减压回路中的执行元件需要调速时，调速元件应放在减压阀的后面，以避免减压阀泄漏(指由减压阀泄油口流回油箱的油液)对执行元件的速度产生影响。

表 1－7 列出了减压阀的常见故障和排除方法。

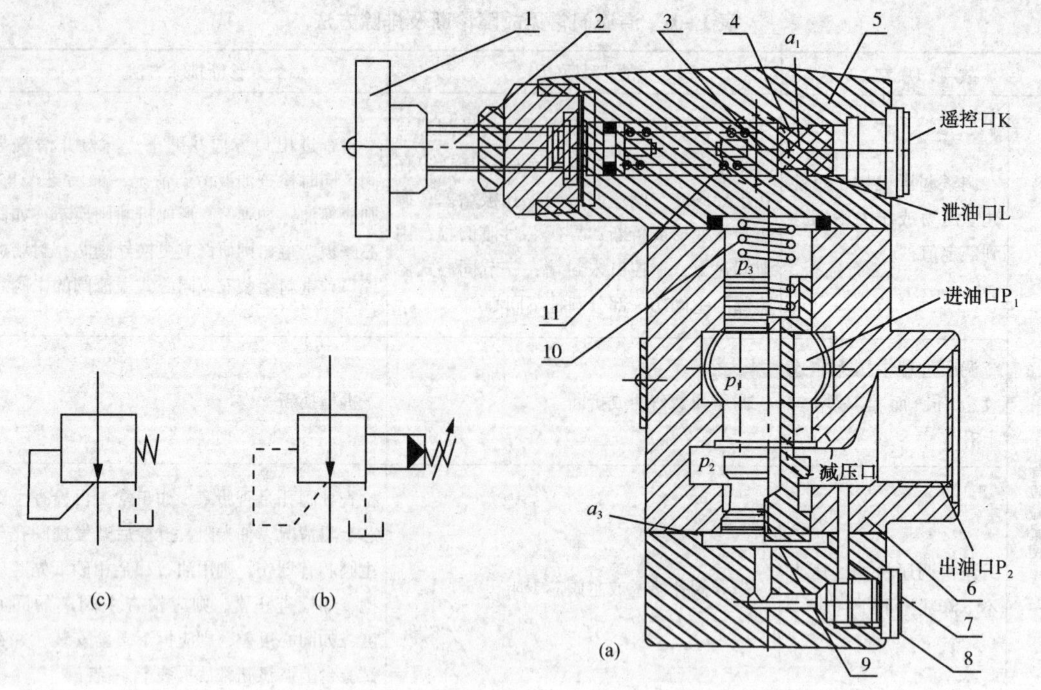

图 1－64　减压阀

1—调节手轮；2—顶杆；3—先导阀芯；4—先导阀阀座；5—先导阀阀体；
6—主阀体；7—主阀芯；8—阀盖；9—阻尼孔；10，11—弹簧

表 1－7　减压阀常见故障及排除方法

故障现象	故障原因	诊断排除方法
不能减压或无二次压力	泄油口不通或泄油通道堵塞，使主阀芯卡阻在原始位置，不能关闭；先导阀堵塞	检查泄油管路、泄油口、先导阀、主阀芯、单向阀等并修理之，检查排除执行器机械干扰
二次压力不能继续升高或压力不稳定	先导阀密封不严，主阀芯卡阻在某一位置，负载有机械干扰；单向减压阀中的单向阀泄漏过大	
调压过程中压力非连续升降，而是不均匀下降	调压弹簧弯曲或折断	拆检换新

思考以下回路（图 1－65），溢流阀的调定压力为 5MPa，减压阀的调定压力值为 2.5MPa，忽略系统本身泄漏及管路阻力损失，分析当液压缸①快速接近工件②夹紧工件后两种情况下，A、B 点的压力值。

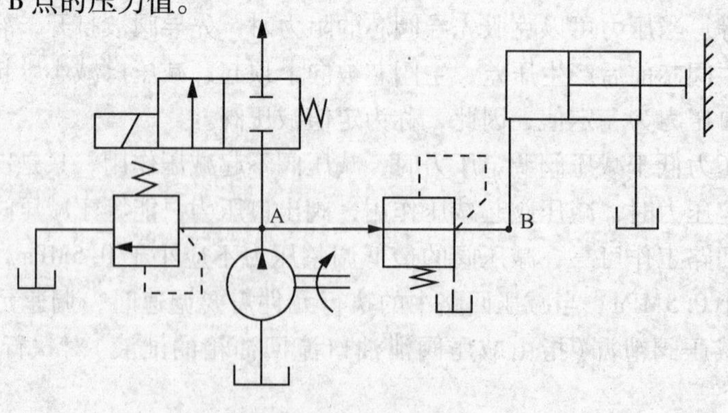

图 1－65　回路示例

（三）顺序阀

顺序阀用于控制多个执行元件的顺序动作。

顺序阀也有直动式和先导式两种，前者一般用于低压系统，后者用于中高压系统。顺序阀的结构和溢流阀类似，只是，顺序阀的出口接执行元件。顺序阀又称为液控开关，入口压力需要大于或等于顺序阀调定的力，才能把顺序阀打开，打开后，液体的压力和顺序阀无关，取决于负载。

图 1-66 是顺序阀的结构及图形符号。

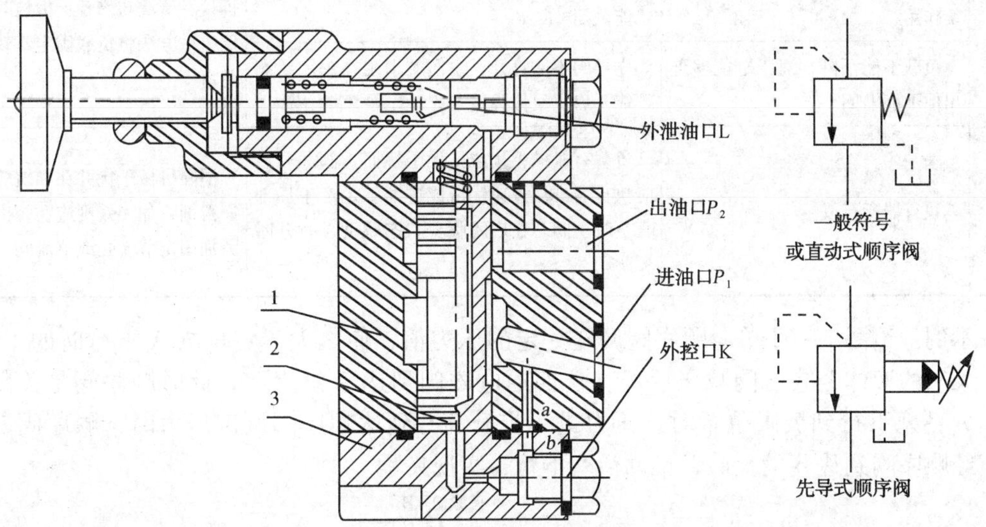

图 1-66　顺序阀结构及图形符号

1—主阀体；2—主阀芯；3—阀盖

直动式液控顺序阀如图 1-67，该阀的开启和入口压力 P_1 无关，只取决于控制液体的压力大小。

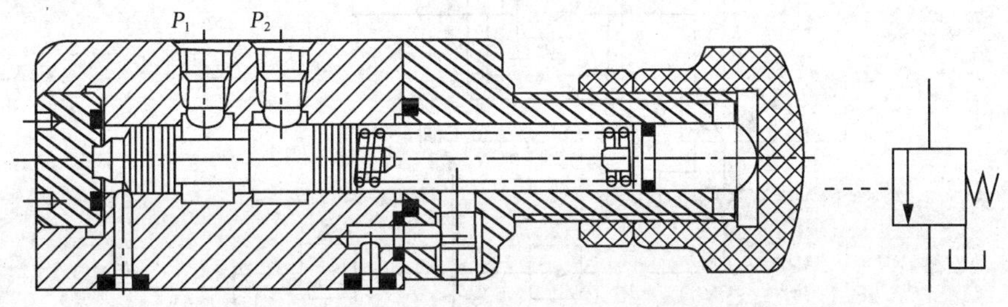

图 1-67　液控顺序阀结构及图形符号

顺序阀的应用：使两个或两个以上的执行元件按预定的顺序动作、作背压阀用等。

表 1-8 列出了顺序阀的常见故障及排除方法。

表 1-8　顺序阀常见故障及排除方法

	故障现象	故障原因	诊断排除方法
顺序阀	不能起顺序控制作用（子回路执行器与主回路执行器同时动作，非顺序动作）	先导阀泄漏严重或主阀芯卡阻在开启状态不能关闭	拆检、清洗与修理
	执行器不动作	先导阀不能打开、主阀芯卡阻在关闭状态不能开启、复位弹簧卡死、先导管路堵塞	

续表

故障现象		故障原因	诊断排除方法
顺序阀	作卸荷阀时液压泵一启动就卸荷	先导阀泄漏严重或主阀芯卡阻在开启状态不能关闭	拆检、清洗与修理
	作卸荷阀时不能卸荷	先导阀不能打开、主阀芯卡阻在关闭状态不能开启、复位弹簧卡死、先导管路堵塞	
单向顺序阀	不能保持负载不下降，不起平衡作用	先导阀泄漏严重或主阀芯卡阻在开启状态不能关闭	拆检、清洗与修理，拆检时必须用机械方法将负载固定不动，以免落下
	负载不能下降，液压缸能够伸出但不能缩回	先导阀不能打开、主阀芯卡阻在关闭状态不能开启、复位弹簧卡死、先导管路堵塞	
	执行器爬行或振动	负载有机械干扰或虽无干扰而主阀芯开启时执行器排油过速，造成进油不足产生局部真空时主阀芯在启闭临界状态跳动，时开时关跳动	消除机械干扰并在导轨等处加润滑剂，如无效则应在阀出口处另加固定节流孔或节流阀

示例：给图 1－68 单向顺序阀调定一定的压力值，使之大于定位缸 A 下行时的工作压力，泵来的液体经减压阀减压后经二位四通电磁阀到达 A 缸上腔，此时顺序阀是关闭的，当缸 A 活塞下行到极限位置时，压力进一步升高，到达顺序阀调定压力时，顺序阀开启，油液经顺序阀到达 B 的上腔，推动活塞下行，实现夹紧。

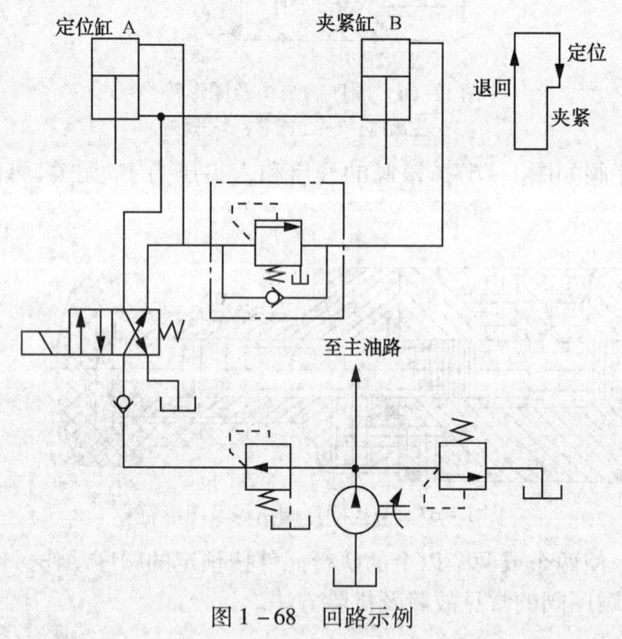

图 1－68　回路示例

(四) 压力继电器

压力继电器是将液压系统中的压力信号转换为电信号的转换装置，属电器元件。

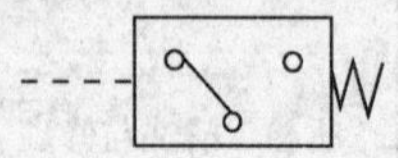

图 1－69　压力继电器图形符号

当液压系统某处的压力上升或下降到压力继电器预先调定的压力时，压力继电器发出电信号，操纵电器元件，实现动作。

图形符号见图 1－69。

应用：分析图 1－70 采用压力继电器如何实现双杆液压缸 5 从右向左的自动切换。

给压力继电器调定一定的压力值，使之大于双杆液压缸向右正常工作的压力值。当换向阀 1 中电铁通电时，泵出的油液进入双杆液压缸的左腔，当液压缸运动到极限位置，压力继续升高，达到压力继电器 4 调定的压力值时，压力继电器发出电信号，使转向阀 1 中电铁断电，换向阀 2 中电铁通电，从而实现了液压缸的向左运动。

表 1－9 列出了压力继电器常见故障及排除方法。

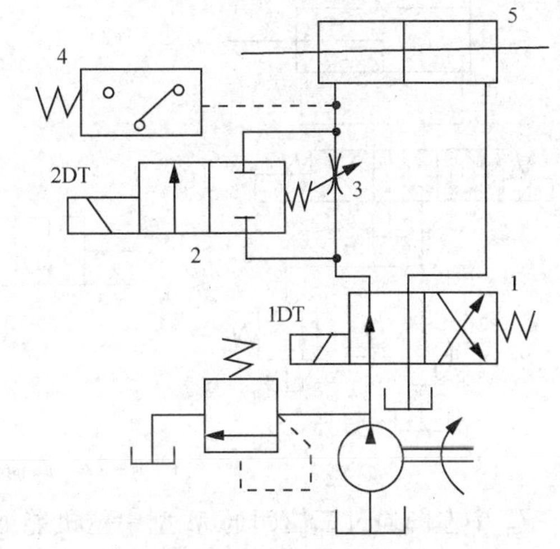

图 1－70　继电器应用

1—二位四通电磁换向阀；2—二位两通电磁换向阀；3—节流阀

4—压力继电器；5—双杆液压缸

表 1－9　压力继电器常见故障及排除方法

故障现象	故障原因	诊断排除方法
压力继电器失灵	微动开关损坏不发信号	修复或更换
	微动开关发信号，但调节弹簧永久变形、压力－位移机构卡阻、感压元件失效	更换弹簧；拆洗压力－位移机构；拆检和更换失效的感压元件（如弹簧管、膜片、波纹管等）
压力继电器灵敏度降低	压力－位移机构卡阻；微动开关支架变形或零位可调部分松动引起微动开关空行程过大；泄油背压过高	拆洗压力－位移机构；拆检或更换微动开关支架；检查泄油路是否接至油箱或是否堵塞

（五）平衡回路

为防止垂直或倾斜放置的液压缸在自重的作用下下滑，或在下行运动中由于自重而造成失控失速的不稳定运动，应使执行元件的回油路上保持一定的背压值，以平衡重力负载，称平衡回路。

图 1－71 中采用了单向顺序阀来平衡垂直放置的液压缸的自重所产生的压力，以防止液压缸由于自重下滑。

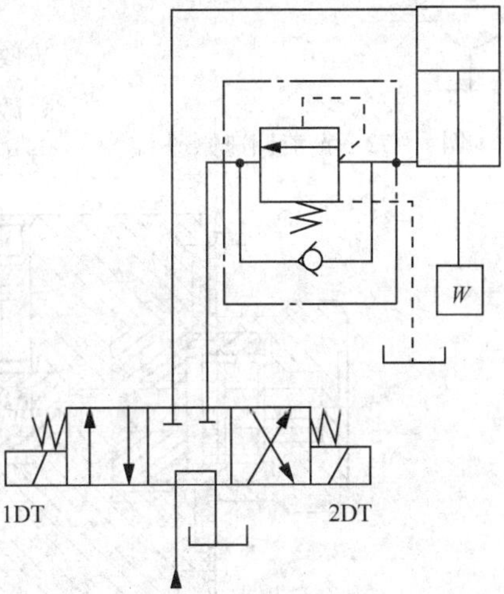

图 1－71　平衡回路

（六）卸荷回路

在执行元件停止工作时，为避免液压泵电动机频繁启动，常采用卸荷回路，使液压泵作空载运转，以减少功率损耗、降低系统发热，延长电机和液压泵的寿命。

卸荷方法：

① 使泵的输出油流直接回油箱，泵在压力接近于零的情况下工作。

② 泵的输出流量为零，而压力仍保持原来的情况（仅适用于变量泵供油）。

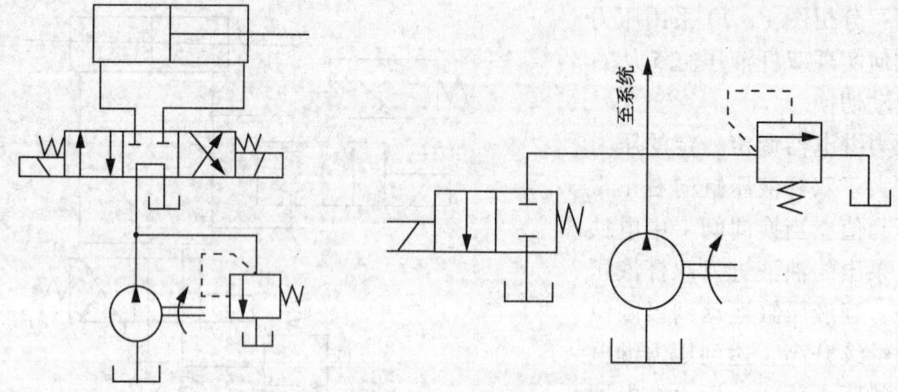

图 1－72　卸荷回路

图 1－72 中左图通过三位四通 M 型中位机能油泵泵出的油直接回油箱实现卸荷。右图当二位二通电磁阀通电吸合时，电磁阀实现左位机能，泵来的液体直接回油箱以实现油泵的卸荷。

十一、流量控制阀

液压传动中用于调节执行元件运动速度的阀件叫流量控制阀。流量控制阀分为节流阀、调速阀两种。

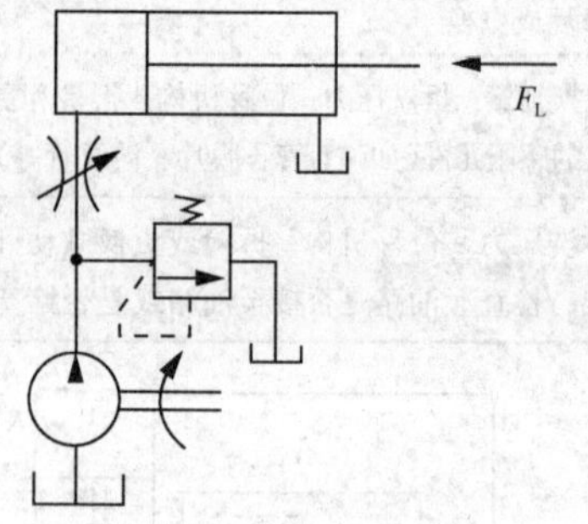

图 1－73　节流调速原理

（一）节流调速的原理

定量泵提供的流量分成两路，一路给液压缸，一路经溢流阀流回油箱，因此，改变节流阀的开口大小，就可以改变进入液压缸的流量(图 1－73)。

（二）节流阀的结构

如图 1－74，节流阀阀芯端部有三角沟槽，通过调节阀芯左侧的螺纹，可以调节三角沟槽的通流面积，从而改变流经节流阀的阻力大小，而使流经节流阀的流量发生变化。因此，节流阀属于阻力元件。

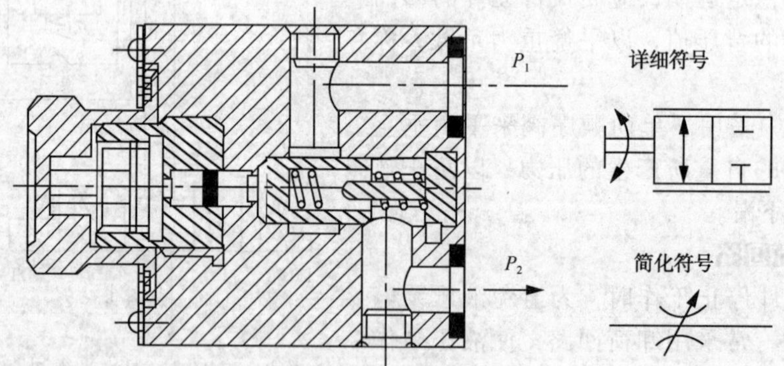

图 1－74　节流阀结构及图形符号

（三）节流调速回路

分进油路节流调速回路见图 1－73、回油路节流调速回路见图 1－75、旁油路节流调速回见图 1－76 路。三种回路中，进油、回油路调速回路中溢流阀都是做溢流用，正常工作时是开的，旁油路节流调速回路中，溢流阀做安全阀使用，正常工作时是关闭的。

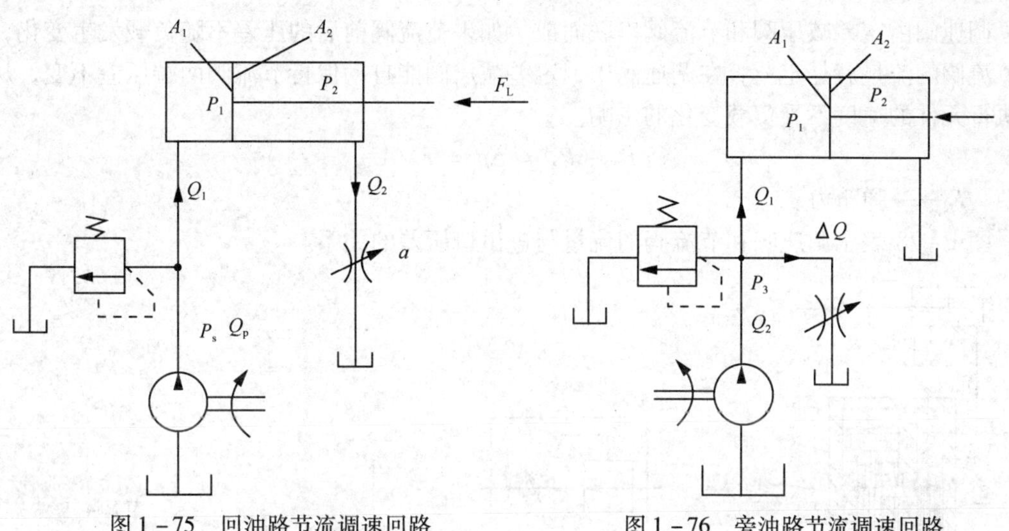

图 1－75　回油路节流调速回路　　　　图 1－76　旁油路节流调速回路

（四）三种节流调速方法的特性（表 1－10）

表 1－10　节流调速方法对比

特　性	进油路节流调速	回油路节流调速	旁油路节流调速
回路的主要参数	进油腔压力、节流阀两端压差以及进入液压缸的流量等均随负载的变化而变化。液压泵压力为常数，液压泵输出功率为常数	回油腔压力、节流阀两端压差以及进入液压缸流量均随负载的变化而变化。液压泵压力为常数，液压泵输出功率为常数，进油腔压力为泵压	进油腔压力、节流阀两端压差、进入液压缸的流量以及液压泵输出功率均随负载变化而变化。回油腔压力约为零
速度负载特性	速度负载特性较软	同进油路节流调速	速度负载特性比进油路、回油路节流调速回路更软
运动平稳性及承受负值负载的能力	平稳性较差，不能承受负值负载	平稳性较差，能承受负值负载	平稳性较差，不能承受负值负载
最大承载能力	当溢流阀压力调定后，最大负载为常数，不随节流阀通流面积的改变而改变	同进油路节流调速	最大负载随节流阀面积的增大而减小，低速时承载能力差
调速范围	较大，可达 100 以上	同进油路节流调速	调速范围小
功率消耗	功率消耗与负载、速度无关。低速轻载时效率低，发热大	同进油路节流调速	功率消耗较进、回油路调速回路小，效率较高
发热及泄漏的影响	油液通过节流阀发热后进入液压缸，影响液压缸泄漏，从而影响活塞运动速度。但泵的泄漏对性能无影响	油液通过节流阀发热后回油箱冷却，对液压缸泄漏影响较小，泵的泄漏对性能无影响	油泵的泄漏影响液压缸运动速度
停车启动冲击	停车后启动冲击小	停车后启动有冲击	停车后启动有冲击

（五）节流调速的速度稳定

节流阀在调节开口大小后，其流量受阀前后压差的影响，是不稳定的。为保证流量的稳定，引入了调速阀，如图 1－77 所示。

调速阀由定差减压阀和节流阀串联而成。如果节流阀前后的压差不随负载发生变化，流经节流阀的流量就是定值，在调速阀中，定差减压阀能自动保持节流阀两端压差不变，从而使执行元件的速度不受负载变化的影响。

$$P_2 - P_3 = \Delta p = F_s / A$$

式中　F_s——弹簧力。

图 1－78 表示调速阀和节流阀的流量与进出口压差的关系。

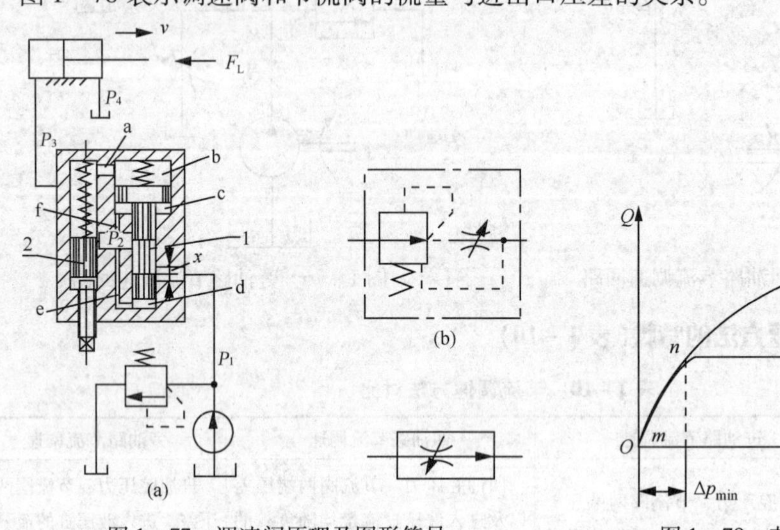

图 1－77　调速阀原理及图形符号

1—节流阀阀芯；2—减压阀阀芯

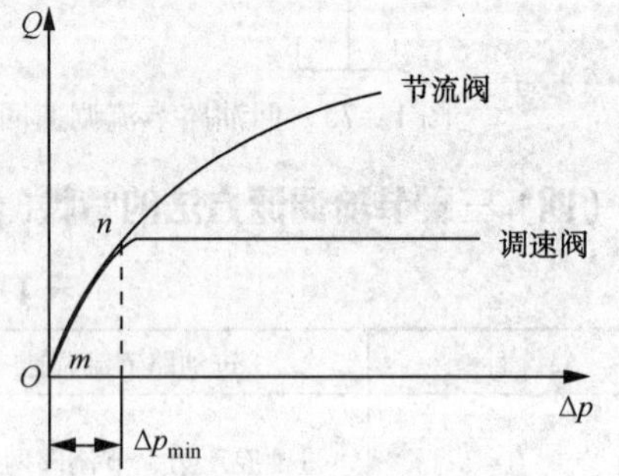

图 1－78　节流阀调速阀对比

调速阀当两端压差大于一定数值后，其液量就不随压差改变而改变，如压差不足，则性能和节流阀一样，所以，要使调速阀正常工作，对于中低压调速阀至少要求有 0.5MPa 的压差，对高压调速阀至少要求有 1MPa 的压差。

表 1－11、表 1－12 列出了节流阀和调速阀的常见故障及排除方法。

表 1－11　节流阀常见故障及排除方法

故障现象	故障原因	排除方法
流量调节失灵	密封失效；弹簧失效；油液污染致使阀芯卡阻	拆检或更换密封装置；拆检或更换弹簧；拆开并清洗阀或换油
流量不稳定	锁紧装置松动；节流口堵塞；内泄漏量过大；油温过高；负载压力变化过大	锁紧调节螺钉；拆洗节流阀；拆检或更换阀芯与密封；降低油温；尽可能使负载不变化或少变化
行程节流阀不能压下或不能复位	阀芯卡阻或泄油口堵塞致使阀芯反力过大；弹簧失效	拆检或更换阀芯；泄油口接油箱并降低泄油背压。检查更换弹簧

表 1－12　调速阀常见故障及排除方法

故障现象	故障原因	排除方法
流量调节失灵	密封失效；弹簧失效；油液污染致使阀芯卡阻	拆检或更换密封装置；拆检或更换弹簧；拆开并清洗减压阀芯和节流阀芯或换油
流量不稳定	调速阀进出口接反，压力补偿器不起作用；锁紧装置松动；节流口堵塞；内泄漏量过大；油温过高；负载压力变化过大	检查并正确连接进出口；锁紧调节螺钉；拆洗节流阀；拆检或更换阀芯与密封；降低油温；尽可能使负载不变化或少变化

十二、容积调速回路

通过改变液压泵或马达的排量来调节马达（或液压缸）速度的回路称容积调速回路（图1－79）。

容积调速回路有变量泵和定量执行元件（液压缸或液压马达）、定量泵和变量马达以及变量泵和变量马达三种可能的组合。

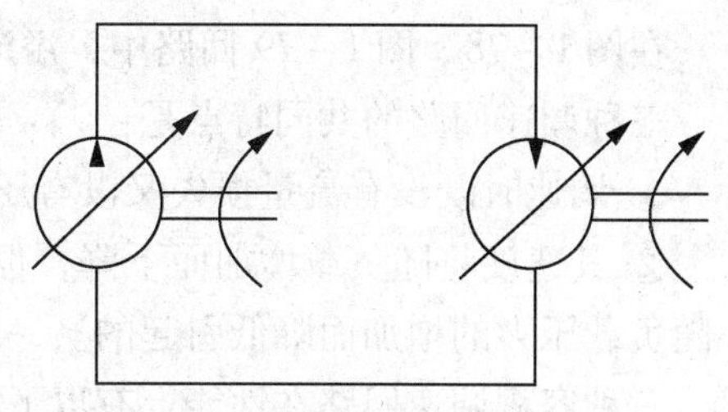

图1－79 容积调速回路原理

图示1－79回路，泵出的液体提供给马达，马达的回油直接被泵抽走，这种回路油液没有经过油箱，油液直接在泵和马达之间循环，称为闭式回路。

容积调速回路中没有流量调节阀所造成的节流损失，所以，回路效率较节流调速回路高，只是，变量泵或马达的成本相对来说较高。

闭式回路实际工作中肯定会有泄漏，为了补充泄漏量，保证系统正常工作，闭式回路配有小型补油泵，如图1－80中的定量泵10、图1－81中的定量泵4，以补充系统的泄漏量。

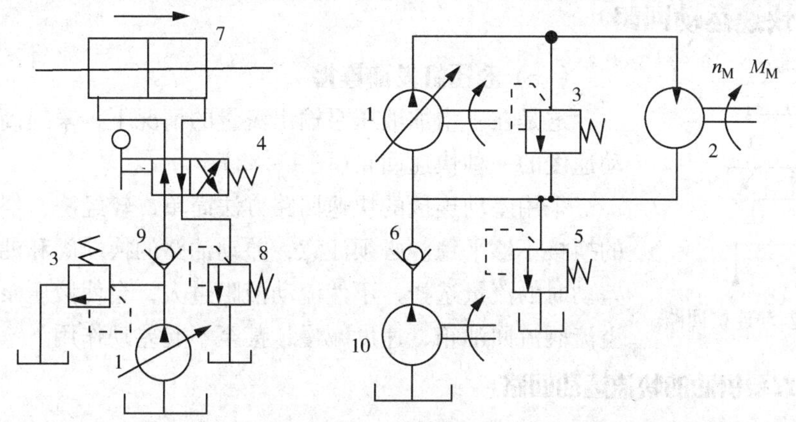

图1－80 容积调速回路

1—变量泵；2—定量马达；3，5，8—溢流阀；4—二位四通手动换向阀；6，9—单向阀；7—双杆液压缸；10—定量泵

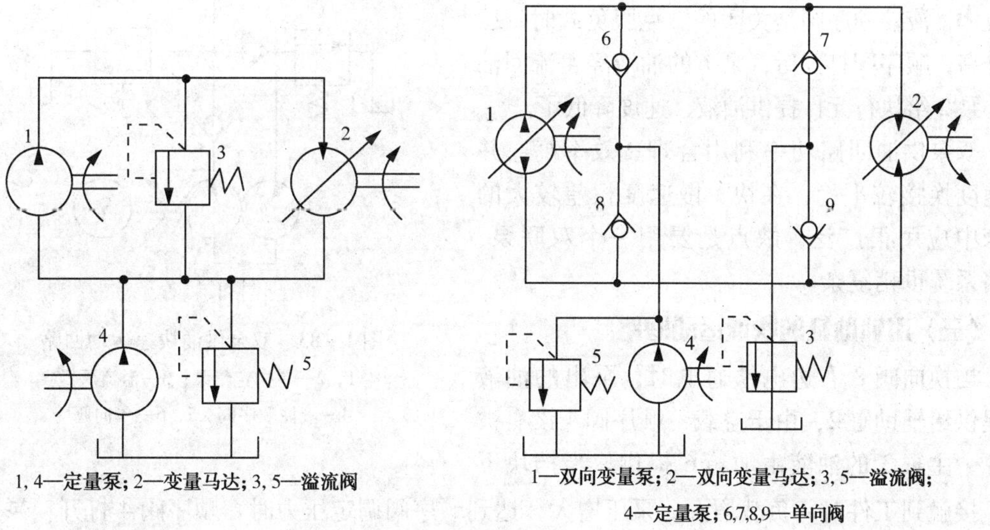

图1－81 容积调速回路

在图 1－78、图 1－79 回路中，溢流阀 3 均是做安全阀使用。

三种调速回路的共同特点是：

① 调速时既没有流量损失又没有压力损失，回路效率较高。

② 其速度将随负载增加而下降，但和节流调速回路不同，它是由于泵和马达的容积效率随负载压力的增加而降低引起的。一般来讲，其速度刚度较节流调速回路高。

三种容积调速回路在性能上有以下不同点：

① 用变量泵调速时，马达能输出的最大转矩保持恒定，称为等转矩调节；而用改变马达排量调速时却保持其最大输出功率不变，称为等功率调节。

② 用变量泵调速时，其调速范围可达 20～40r/min；而用改变马达排量调速时，其调速范围一般不超过 4r/min。采用变量泵和变量马达调速时，其调速范围可达 100r/min。

容积调速的共同缺点是低速稳定性差。容积节流调速可改善低速稳定性，但增加了压力损失，回路效率略有降低。

十三、快速运动回路

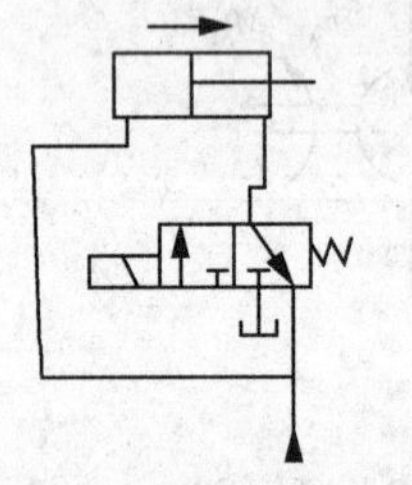

图 1－82　差动连接回路

（一）液压缸差动连接

这是在不增加液压泵输出流量的情况下，来提高工作部件运动速度的一种快速回路(图 1－82)。

采用差动连接的快速回路方法简单，较经济，但快、慢速度的换接不够平稳。必须注意，差动油路的换向阀和油管通道应按差动时的流量选择，不然流动液阻过大，会使液压泵的部分油从溢流阀流回油箱，速度减慢，甚至不起差动作用。

（二）用双泵供油的快速运动回路

这种回路是利用低压大流量泵和高压小流量泵并联为系统供油(图 1－83)。

空载时，定量泵 1、泵 2 共同为执行元件提供液体，液控顺序阀是关闭的。克服负载时，压力升高，顺序阀打开后，泵 1 的油液经 4 流回油箱，泵 2 给执行元件提供油液，速度降低了。

双泵供油回路功率利用合理、效率高，并且速度换接较平稳，在快、慢速度相差较大的机床中应用很广泛，缺点是要用一个双联泵，油路系统也稍复杂。

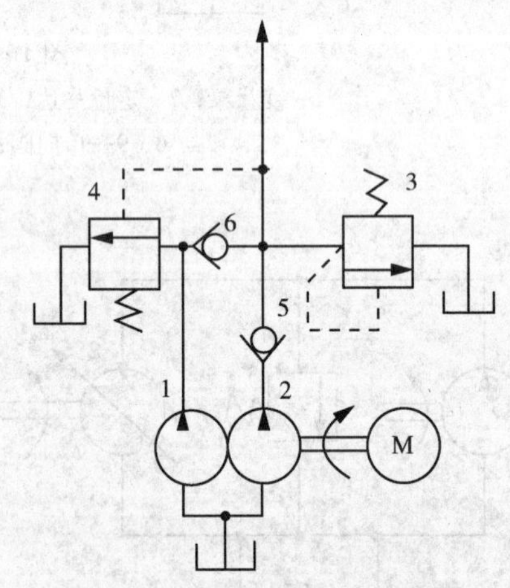

图 1－83　双泵供油快速运动回路

1，2—单向定量泵；3—溢流阀；4—液控顺序阀；5，6—单向阀

（三）用辅助缸的快速运动回路

当换向阀 8 右边电铁通电时，泵出的油液只提供给辅助缸 2，由于空载，顺序阀 4 没有被打开，主缸 3 的油液由油箱 6 提供。当挡块下行，接触到工件时，负载增大，泵压增大，达到顺序阀调定压力时，顺序阀 4 打开，泵来的油液同时提供给辅助缸和主缸，因此，速度降低了(图 1－84)。

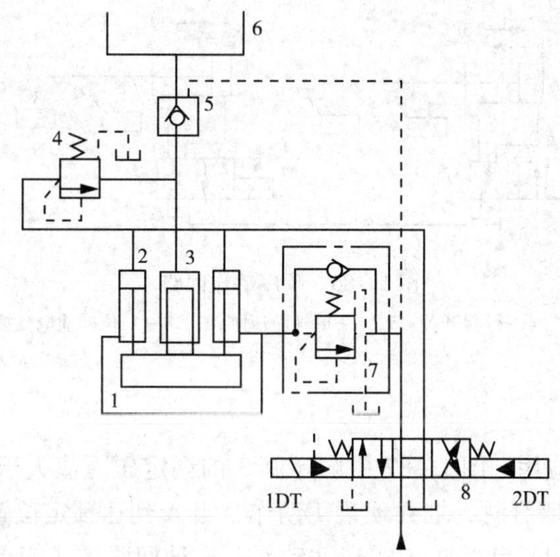

图 1－84　辅助缸快速运动回路

1—挡块；2—辅助缸；3—主缸；4—顺序阀；5—液控单向阀；
6—油箱；7—单向顺序阀；8—三位四通电液动换向阀

十四、顺序动作回路

顺序动作回路是使多缸液压系统中的各液压缸按规定的顺序依次动作。

（一）行程控制

（1）用行程换向阀控制

如图 1－85，液压缸 1 和 2 的活塞处于左端。当换向阀 3 通电吸合时，液压缸活塞按箭头①方向运动。在液压缸活塞运动到预定位置时，挡块 5 压下行程换向阀 4 的阀芯，液压缸活塞按箭头②方向运动。该回路动作灵敏，工作可靠，但调整和改变动作顺序较困难。

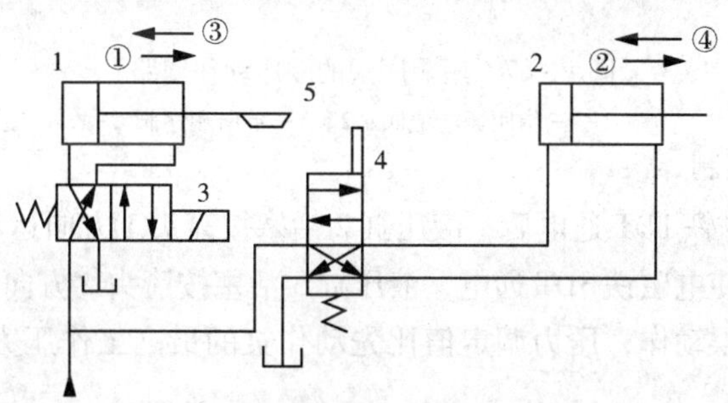

图 1－85　行程换向阀顺序动作回路

1，2—单杆液压缸；3—两位四通电磁换向阀；4—两位四通机动换向阀；5—挡块

（2）用行程控制阀和电磁阀控制

如图 1－86 所示，液压缸 5 和 6 的活塞都处于左端原位。按下循环启动按钮，电磁阀 7 通电吸合，缸 6 活塞向右运动。到达预定位置时，挡块压下行程开关 2，使电磁阀 8 通电，缸 5 活塞向右运动。到预定位置时，缸 5 活塞上的挡块压下行程开关 3，使电磁阀 7 断电复位，缸 6 活塞向左退回。退至原位后压下行程开关 1，使电磁阀 8 也复位，缸 5 活塞向左退回到原位停止，完成一个顺序动作循环。这种回路使用方便，调节行程和动作顺序也方便，但顺序转换时有冲击。

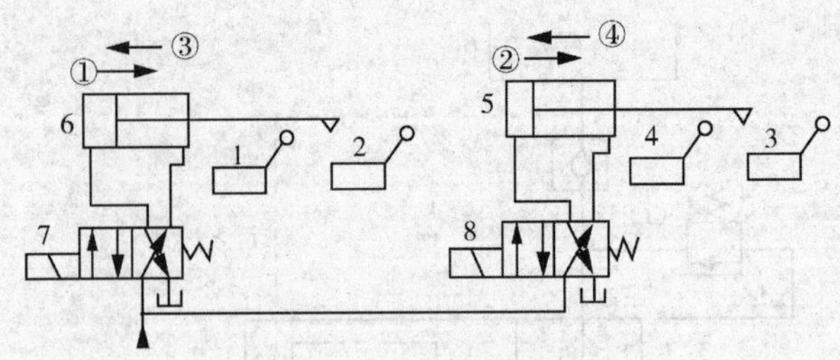

图 1－86 顺序动作回路

1，2，3，4—行程开关；5，6—单杆液压缸；7，8—二位四通电磁换向阀

（二）压力控制

1. 用顺序阀控制

同前所述顺序阀的应用，图 1－87 中顺序阀 3 的调定压力值大于缸 A 向右工作时的压力，这样，当 1YA 通电吸合时，缸 A 实现①动作，当 A 到达预定位置时，压力升高达到顺序阀调定压力值，顺序阀开启，缸 B 实现②动作。这种回路构成简单，工作可靠性取决于顺序阀的性能和压力调定值。

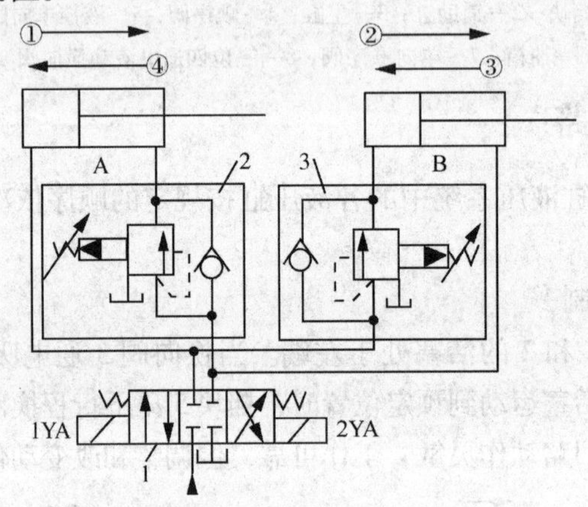

图 1－87 用顺序阀的顺序动作回路

1—三位四通电磁阀；2、3—单向顺序阀

2. 用压力继电器控制

如图 1－88，当电磁铁 1DT 通电后，液压缸 2 活塞按箭头①方向运动。到达终点后压力升高，压力继电器 1 动作使电磁铁 3DT 通电，液压缸 3 活塞按箭头②方向运动。这种回路简单易行，应用普遍，为防止误动作，压力调定值比先动作缸的最高工作压力高$(3\sim5)\times10^5$Pa，比溢流阀低$(3\sim5)\times10^5$Pa。

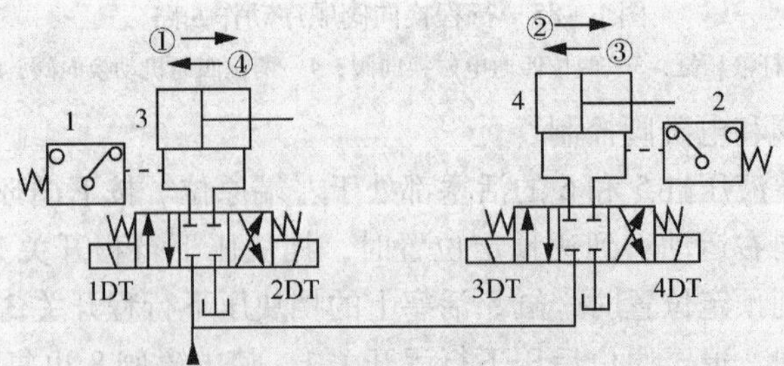

图 1－88 用压力继电器的顺序动作回路

1，2—压力继电器；3，4—单杆液压缸

十五、速度切换回路

（一）用行程阀或行程开关切换执行元件的速度和方向

图1－89所示是一个能使执行元件按照快进、工进、快退、停止这一自动循环运动的回路。图示状态为快退至原位的状态。当二位四通电磁换向阀7通电吸合时，自动循环开始。由于此时二位二通行程阀4处于导通的位置，液压缸1回油路没有阻力，活塞快进。当挡块2将行程换向阀4压下时，液压缸必须经过节流阀5回油，其速度减慢，成为工作进给。当活塞继续运动，挡块碰到行程开关3后，电磁阀7断电，活塞退回。此时由于单向阀6的存在，液压缸进、回油路上都没有阻力，故为快速。当退回到终点时，活塞停止运动。

（二）用工作压力的变化切换速度

同辅助缸的快速运动回路。

（三）两种工作速度的切换回路

如图1－90，当电磁换向阀3打开时，执行元件的速度由调速阀1的开口决定；当电磁换向阀关闭时，执行元件的速度由调速阀2的开口大小决定。

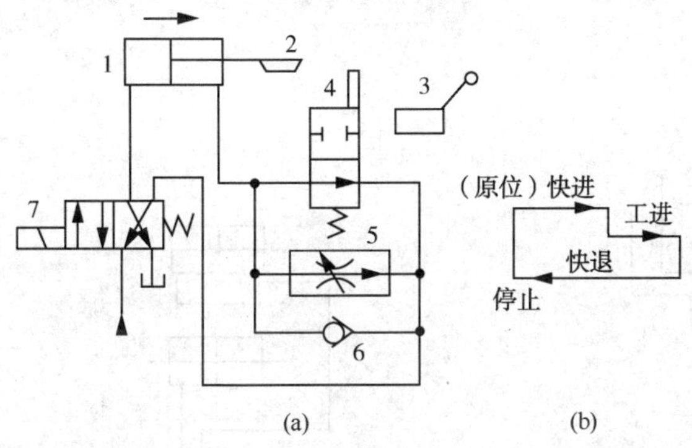

图1－89　速度切换回路

1—单杆液压缸；2—挡块；3—行程开关；4—二位二通机动换向阀；5—调速阀；6—单向阀；7—二位四通电磁换向阀

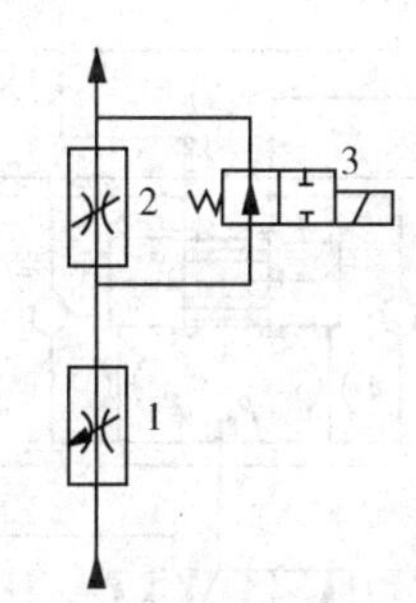

图1－90　速度切换回路

1，2—调速阀；3—二位二通电磁换向阀

十六、同步运动回路

（一）机械连接同步回路

这种同步方法较简单而经济，能基本上保证位置同步的要求。但由于联结的机械零件在制造和安装上的误差，所以不易获得较高的同步精度(图1－91)。

（二）用调速阀的同步回路

两同种型号的液压缸采用同型号的调速阀，通过调节调速阀的同开口度来保证执行元件的同步，该方法不够精确(图1－92)。

（三）用分流阀的同步回路

图1－93中3、4、5、6、7组成了分流阀，采用分流阀的同步回路能够实现执行元件1、2的运动同步，4、5为同种型号的固定节流器。当电磁阀9通电吸合时，泵来的液体经过4、5及分流阀上两个可变节流口a、b后，进入液压缸1和2，两缸活塞向右运动。当任一缸的负载发生变化时，分流阀仍能保证进入两液缸的流量相等，因此，该回路可用于要求同步严格的回路。

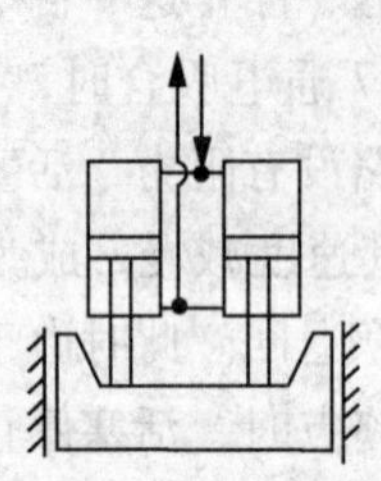

图 1-91　机械连接同步回路

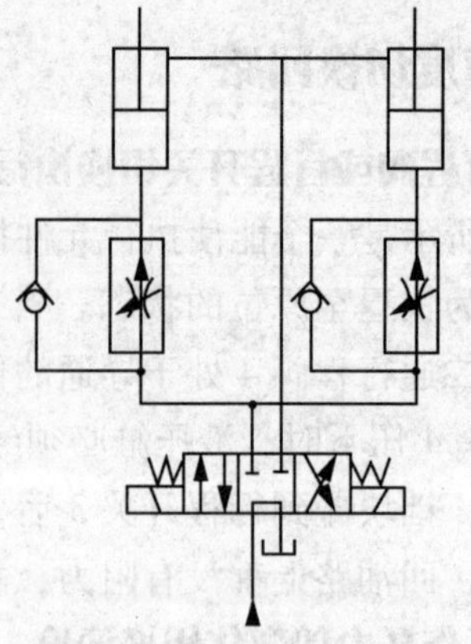

图 1-92　调速阀同步回路

（四）用串联液压缸的同步回路

采用串联液压缸实现同步的回路（图 1-94），由于系统存在泄漏，同步度随着时间的推移会越来越不精确。因此，该回路用于要求不严格的同步回路。

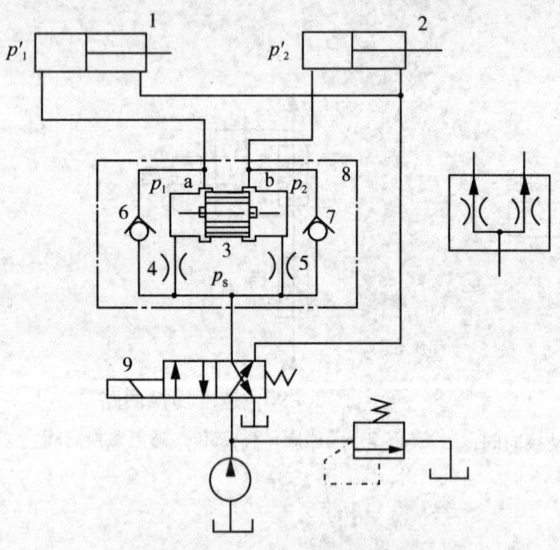

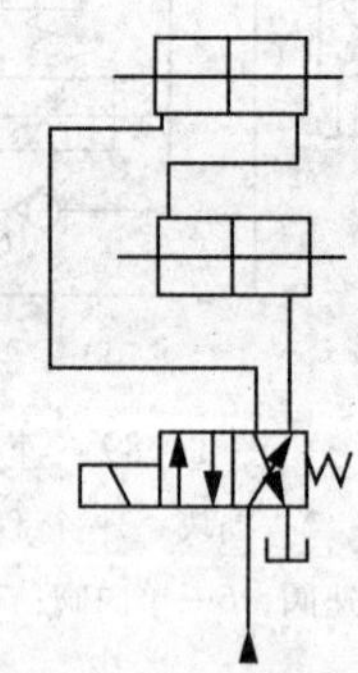

图 1-93　分流阀同步回路

1，2—单杆液压缸；3—柱塞；4，5—固定节流器；
6，7—单向阀；8—分流阀；9—二位四通电磁换向阀

图 1-94　串联液压缸同步回路

第三节　流体力学基本知识

流体力学是力学的一个独立分支。它是研究流体的平衡和流体的机械运动规律及其在工程实际中应用的一门学科。流体力学的研究对象是流体，包括液体和气体。流体力学采用实验研究、理论分析与数值计算的方法研究流体的平衡与机械运动规律。

流体和其他物体一样，都是由大量不连续分布的分子组成，分子间有间隙。但是，流体力学所要研究的并不是个别分子的微观运动，而是研究由大量分子组成的宏观流体在外力作用下的宏观运动。流体可看成是由无限多连续分布的流体微团组成的连续介质，这种对流体的连续性假设是合理的，因为在流体介质内含有为数众多的分子。因此在研究流体宏观运动时，可以忽略分子间的间隙，而认为流体是连续介质。

一、流体的主要物理性质与作用在流体上的力

（一）主要物理性质

惯性是物体所具有的反抗改变原有运动状态的物理性质，它主要决定于质量。质量越大，惯性越大，运动状态越难改变。任何运动状态的改变都必须克服惯性。

单位体积流体的质量叫做流体密度。对匀质流体，设流体的体积为 V，单位为立方米(m^3)，质量为 m，单位为千克(kg)，则该流体密度 ρ 为：

$$\rho = \frac{m}{V} \tag{1-8}$$

单位体积流体所具有的重量叫做流体重度(容重、重率)。对匀质流体，设流体的体积为 V，单位为立方米(m^3)，重量为 G，单位为牛顿(N)，则该流体重度 γ 为：

$$\gamma = \frac{G}{V} = \frac{mg}{V} = \rho g \tag{1-9}$$

式中　g——重力加速度，在国际单位制中数值为 $9.8\mathrm{m/s^2}$。

流体的相对密度是指某种流体的密度与4℃时水的密度的比值，用符号 d 来表示。就液体而言，它与密度或重度有以下关系。相对密度是一个比值，是个无因次量。

$$d = \frac{\gamma}{\gamma_{水}} = \frac{\rho}{\rho_{水}} \tag{1-10}$$

在温度不变的条件下，流体在压力作用下体积缩小的性质叫压缩性。在一般情况下，液体可以略去微小的体积变化，当作不可压缩流体来处理。对不可压缩流体，体积保持不变，密度也保持不变。气体易于被压缩，不可视为不可压缩流体，它的体积变化由状态方程来决定。

在压力不变的条件下，流体温度升高时，其体积增大的性质叫膨胀性。实验指出，在一个大气压下，在温度较低时(10～20℃)，温度每增加1℃，水的体积的相对改变量仅为万分之1.5；温度较高时(90～100℃)，也只有万分之7，所以，在实际计算中，一般不考虑液体的膨胀性。

流体运动时，内部产生内摩擦力的性质叫黏滞性。凡实际流体，无论气体还是液体都具有黏性。由于黏性的存在，流体在运动中要克服摩擦力做功，所以黏性也是流体中发生机械能量损失的根源。其内摩擦力的大小用牛顿内摩擦定律来计算。

$$T = \pm \mu A \frac{\mathrm{d}u}{\mathrm{d}y} \tag{1-11}$$

式中　T——牛顿内摩擦力，N；

μ——动力黏性系数，Pa·s；

A——接触面积，m^2；

$\frac{\mathrm{d}u}{\mathrm{d}y}$——流速梯度，1/s；

关于“±”号与坐标系有关：$\mathrm{d}u$ 与 $\mathrm{d}y$ 同号时取“+”；$\mathrm{d}u$ 与 $\mathrm{d}y$ 异号时取“-”。

上式的两边同除以 A 得

$$\tau = \pm \mu \cdot \frac{\mathrm{d}u}{\mathrm{d}y} \tag{1-12}$$

式中　τ——切向应力 Pa；

其他符号同上。

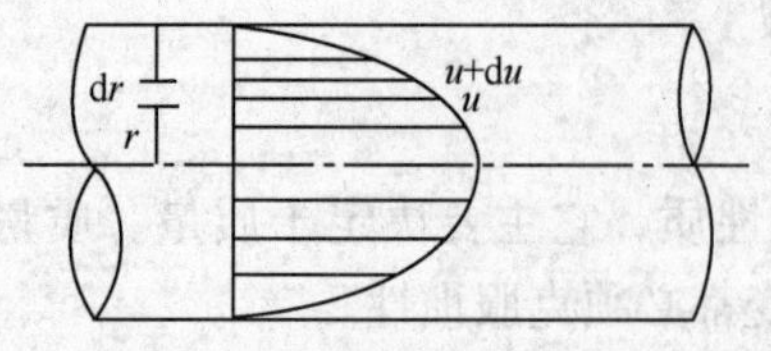

图 1－95　流速分布图

对于管流：如图 1－95 所示，选柱坐标系。

因为

$$r_1 - r = \mathrm{d}r > 0$$

$$u_1 - u = \mathrm{d}u < 0$$

所以在牛顿内摩擦定律公式中的"±"应取"－"

即：

$$T = -\mu \cdot A \cdot \frac{\mathrm{d}u}{\mathrm{d}r}$$

$$\tau = -\mu \cdot \frac{\mathrm{d}u}{\mathrm{d}r}$$

当 $\frac{\mathrm{d}u}{\mathrm{d}y} = 1$ 时相邻两流层间接触面上的剪应力的数值与 μ 相等，μ 值表示流体黏性大小。对于不同流体，它的 μ 值不同；对于同一流体、不同温度，它的 μ 值也不同

实际流体都是有黏性的，即在公式 $T = \pm\mu \cdot A \cdot \frac{\mathrm{d}u}{\mathrm{d}y}$ 中 $\mu \neq 0$，只要流体流动，都会产生内摩擦力。有时为了使问题简化而引入没有内摩擦力的流体，即理想流体。认为流体可以忽略黏性，是不存在黏性的流体($\mu = 0$)叫做理想流体。

凡是遵循公式 $\tau = \pm\mu \cdot \frac{\mathrm{d}u}{\mathrm{d}r}$ 的流体叫牛顿流体。或：在 $\tau = \pm\mu \cdot \frac{\mathrm{d}u}{\mathrm{d}r}$ 坐标系中是过原点的直线的流体。如图 1－96 种的⑤、水、汽油、稀原油等都是牛顿流体。凡是不遵循公式 $\tau = \pm\mu \cdot \frac{\mathrm{d}u}{\mathrm{d}r}$ 的流体叫非牛顿流体。如图中的①，如牙膏；②、③幂律流体[即方程可写为：$\tau = \pm\mu \cdot (\frac{\mathrm{d}u}{\mathrm{d}r})^n$ 的流体]；④横坐标轴代表理想流体。(即 $\mu = 0$)

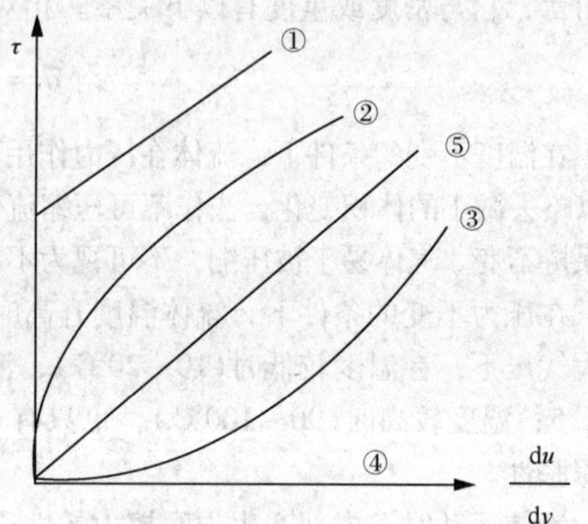

图 1－96　切应力随速度梯度的变化

在液体内部，液体分子之间的内聚力是相互平衡的，但在液体与气体交界的自由面上，内聚力之间不能平衡，交界面下侧的内聚力力会使自由面收缩，从而在交界面上形成张紧的分子膜。在两种不相混合的液体之间的分界面上也会因同样原因形成分子膜。所谓表面张力就是指这种分子膜中的拉力。

（二）作用在流体上的力

流体每一质点无论处于运动或平衡状态，都受到各种力，按力的表现形式分为表面力和质量力两类。

1. 表面力

作用在流体表面上的力，并且与受作用的流体表面积成正比，这种力叫做表面力。表面力不仅是作用在流体外表面的力——外力，也包括作用在流体内部任意一表面的力——内力。表面力可分为：垂直于作用面的压力和平行于作用面的切力。

尽管流体内部任意一对相互接触的表面上彼此间相互作用的表面力大小相等、方向相反，相互抵消的。但在流体力学中，常从流体内部取一单元体，这里周围流体对单元体表面

上的作用力就是外力。

2. 质量力(体积力)

作用在流体每一质点上的力，并与所作用的流体质量成正比，这种力称为质量力。在匀质流体中，质量力必然与受作用的流体的体积成比例。所以又称体积力。由于流体处于地球的重力场中，受到地心的引力作用，因此流体的全部质点都受有重力，这是最普遍的一个质量力。

二、流体静压力

1. 基本概念

流体静力学是研究流体质点相对于参考坐标系没有运动的情况，即流体处于静止状态或相对静止状态。由于流体处于静止状态时，流体质点之间以及质点和壁面之间的作用，是通过压力形式来表现的。因此静止流体中一点的静压力 p 是该点的压力 ΔP 与作用面积 ΔA 的比值。即

$$p = \lim \frac{\Delta P}{\Delta A} \tag{1-13}$$

静压力表示作用在单位面积上的力，也成为压强，其单位常用 Pa。作用在某一面积上的总静压力称为总压力，用 P 表示，其单位常用 N。流体静压力有两个重要特性。

① 静压力方向永远沿着作用面内法线方向。

② 静止流体中任何一点上各个方向的静压力大小相等，与作用面方位无关。

而且在平衡状态下的不可压缩流体中，作用在其边界面上的力，将等值、均匀地传递到流体的所有各点。

压强相等(p = 常数)的空间点构成的面(平面或曲面)称为等压面，就是在同一种连续的静止流体中，静压力相等的各点所组成的面。在流体只受重力作用时，等压面为水平面；若同时受到重力和直线惯性力作用时，等压面为斜面；在重力和离心惯性力共同作用下，等压面为曲面，

【例 1-1】图 1-97 中标出的水平面 1—1，2—2，3—3，4—4，5—5 是否等压面?

(1) 水平截面 1—1 是否等压面?

答：是。

(2) 水平截面 2—2 是否等压面?

答：不是，因不连续。

(3) 水平截面 3—3 是否等压面?

答：不是，因不是同种液体。

(4) 水平截面 4—4 是否等压面?

答：不是，因既不连续，也不是同种液体。

(5) 水平截面 5—5 是否等压面?

答：是。

2. 静力学基本方程式

静力学基本方程式为(图 1-98)：

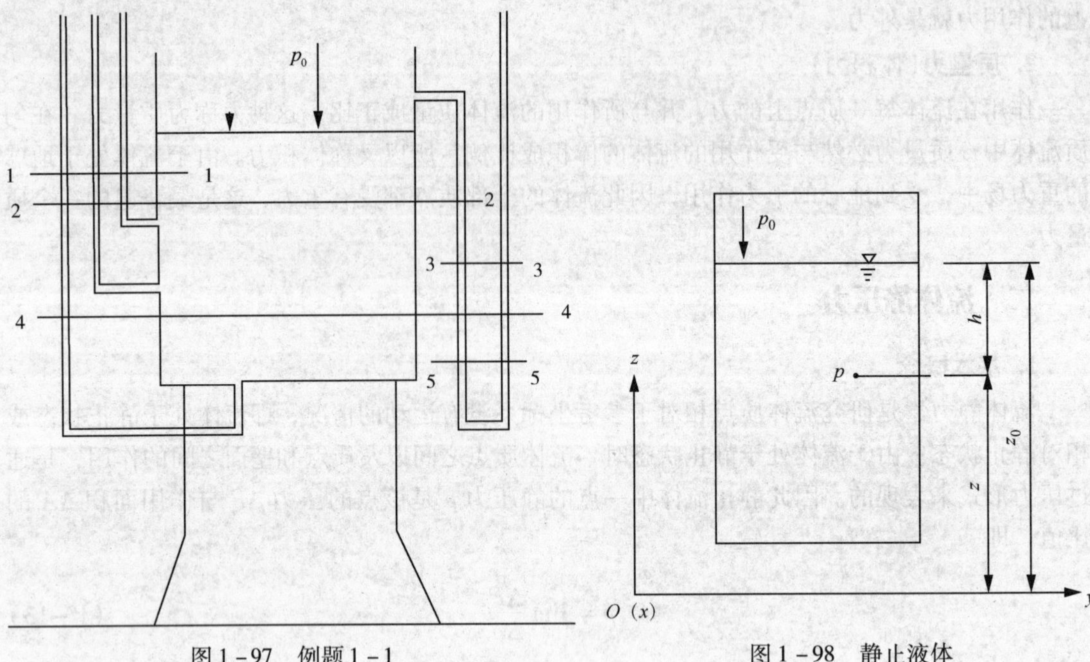

图 1－97　例题 1－1　　　　图 1－98　静止液体

$$p = p_0 + \rho g h \text{（静力学基本方程的第一种形式）} \tag{1-14}$$

$$z + \frac{p}{\rho g} = C \text{（静力学基本方程的第二种形式）} \tag{1-15}$$

式中　p——静止流体内某点的压强，Pa；

p_0——流体表面压强。对于液面通大气的开口容器，p_0即为大气压强，Pa；

h——该点到液面的距离，称淹没深度，m；

z——该点在水平坐标面以上的高度，m；

C——常数；

g——重力加速度，m/s^2。

对于上面公式，它说明：

① 静止流体中任意一点处的压力 p 等于液体表面压力 p_0 与从该点到流体自由表面的单位面积上液体的重量(ρgh)之和。静压强的大小与液体的体积无直接关系。盛有相同液体的容器(图 1－99)，各容器的容积不同，液体的重量不同，但只要深度 h 相同，容器底面上各点的压强都相同。

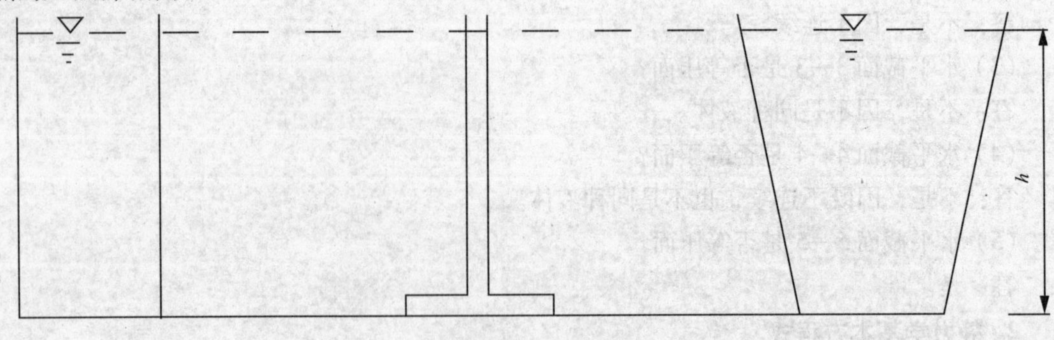

图 1－99　等压面

② 静止流体中压力随深度按线性规律变化。

③ 在静止流体中，在只承受重力时，互相连通的同种流体中的等压面都是水平面。

在 $p=p_0+\rho gh$ 中可把 p 视为 h 的函数，实际上，若省略坐标系画在左边，用箭头表示压力方向，叫压力分布图，如图 1－100 所示，以后用此图计算总压力 p 及其作用点将带来很大方便。

【例题 1－2】已知：如图 1－101 所示的测压装置，假设容器 A 中水面上的表压力为 0.25at，$h=0.50\text{m}$、$h_1=0.2\text{m}$　$h_2=0.25\text{m}$、$h_3=0.3\text{m}$，酒精相对密度为 0.8，试求 B 容器中空气的压力 p_{BM}。

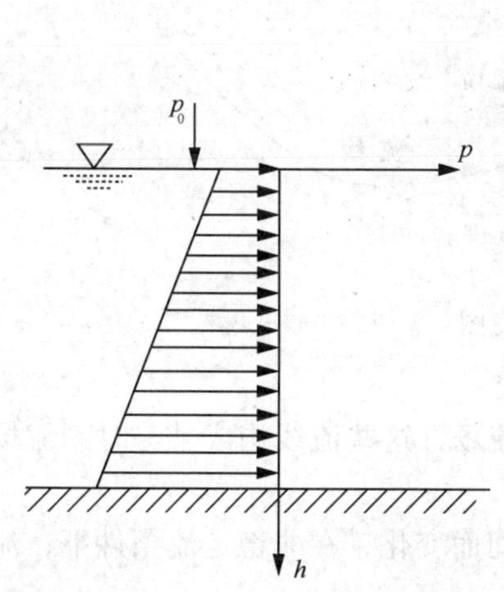

图 1－100　同种液体压力分布图

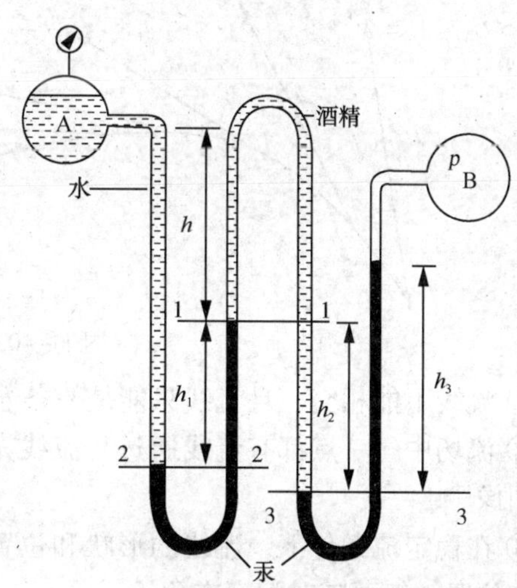

图 1－101　例题 1－2

$$\rho_{酒精}=0.8\times10^3\text{kg/m}^3、\rho_{汞}=13.6\times10^3\text{kg/m}^3$$

解：$p_{AM}=0.25$ 大气压 $=0.98\times10^5\times0.25=0.245\times10^5(\text{Pa})$ 取三个等压面 1－1、2－2、3－3 可得：

$p_{AM}+\rho g(h+h_1)-\rho_{汞}gh_1+\rho_{酒精}gh_2-\rho_{汞}gh_3=p_{BM}p_{BM}=0.245\times10^5+10^3\times9.8\times(0.5+0.2)-13.6\times103\times9.8\times(0.2+0.3)+0.8\times10^3\times9.8\times0.25=-3.332\times10^4(\text{Pa})$

B 点处：$p_{BM}=-3.332\times10^4\ \text{Pa}$

$p_{BV}=+3.332\times10^4\ \text{Pa}$

$p_B=(1.013-3.332)\times10^5=0.6798\times10^5\ \text{Pa}$

三、流体运动学与动力学基础

流体运动的形式虽然多种多样的，但从普遍规律来讲，都要服从质量守恒定律、动能定律和动量定律这些基本原理。

（一）流体运动的基本概念

流动流体所占据的空间称为流场。表征流体运动的物理量，如流速、加速度、压力等统称为运动要素。由于流体为连续介质，因而其运动要素是空间和时间的连续函数。

1. 稳定流与不稳定流

在流场中，如果在各空间点上流体质点的运动参数（u、p、a 等）都不随时间而变化，这种流动称为稳定流。

在流场中，如果在任一空间点上有任何质点的运动要素是随时间而变化的，这种流动就称为不稳定流。在不稳定流情况下，运动要素不仅是空间坐标的连续函数，而且也是时间的连续函数。

2. 流线和迹线

所谓迹线，就是质点在连续时间过程内所占据的空间位置的连线(即质点在某段时间段内所走过的轨迹线)；流线是某一时刻在流场中画出的一条空间曲线，该曲线上的每个质点的流速方向都与这条曲线相切(图 1－102)。从流线的定义可以引伸出以下结论：

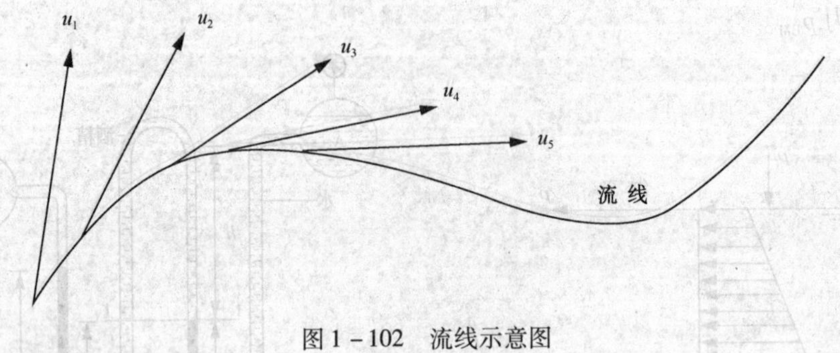

图 1－102　流线示意图

① 流线不能相交，且流线只能是一条光滑的曲线。

② 流场中每一点都有流线通过。流线充满整个流场，这些流线构成某一时刻流场内的流动图像。

③ 在稳定流条件下，流线的形状和位置不随时间而变化，在非稳定流条件下，流线的形状和位置一般要随时间而变化。

④ 稳定流动时，流线与迹线重合；非稳定流时，流线与迹线一般不重合。

3. 流束、流管、总流

在流场中画一封闭曲线 C，经过曲线 C 的每一点作流线，由许多流线所围成的管成为流管；充满在流管内部的流体叫流束。无数微小流束的总和称为总流。

4. 有效断面、流量、断面平均流速

流束或总流上垂直于流线的断面，称之为有效断面。有效断面可能是平面，也可能是曲面。单位时间内流经过流断面的流体的量叫流量。流量有两种表示方法：一种以单位时间通过的流体的体积表示，称为体积流量，或习惯称为流量，记为 Q；另一种以单位时间通过的流体的质量表示，称为质量流量，记为 G。

由于流体有黏性，任一有效断面上各点速度大小不等，因而引入断面平均流速的概念，用 v 表示。即：假想有效断面上各点流速相等，而按这个各点相等的流速 v 所通过的流体的体积与按实际不同分布的流速所通过的流体体积相等。体积流量与平均流速之间的关系如下：

$$Q = v \cdot A \tag{1-16}$$

（二）三大方程

1. 连续性方程

通过恒定总流任意过流断面的流量是相等的，或者说，恒定总流的过水断面的平均流速与过流断面的面积成反比。

$$Q_1 = Q_2 \text{ 或 } v_1A_1 = v_2A_2 \tag{1-17}$$

2. 实际流体的伯努利能量方程

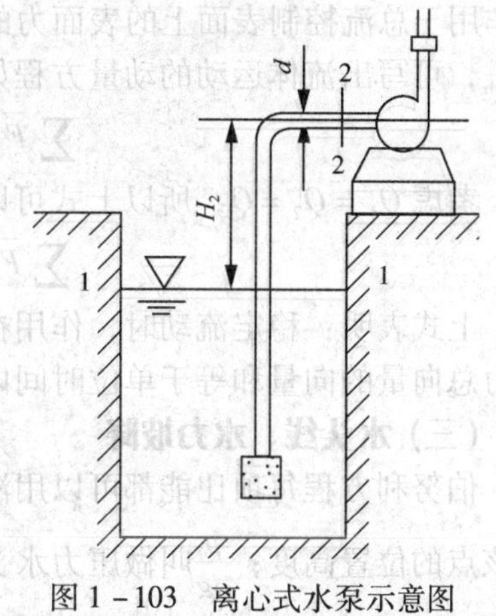

图 1－103　离心式水泵示意图

对于黏性流体运动时，由于流层间内摩擦阻力做功会消耗部分机械能，使之不可逆地转变为热能等能量形式而耗散掉，因此，黏性流体的机械能将沿流程减小。如图 1－103 所示，为离心式水泵，设 h_w 为总流中单位重量流体从 1－1 过流断面至 2－2 过流断面所消耗的机械能(通常称为流体的能量损失或水头损失)，根据能量守恒定律，可得黏性流体总流的伯努利方程为：

$$z_1 + \frac{p_1}{\rho g} + \frac{\alpha_1 v_1^2}{2g} = z_2 + \frac{p_2}{\rho g} + \frac{\alpha_2 v_2^2}{2g} + h_w \tag{1-18}$$

方程式中，z 和$\frac{p}{\rho g}$，是表示单位重量流体所具有的能量，z 表示单位位能；$\frac{p}{\rho g}$表示比压能；$\frac{v^2}{2g}$表示比动能；h_w 表示断面 1、2 之间因为各种原因损失的能量。其中 α 叫做动能修正系数。它的物理意义是总流有效断面上的实际动能与按假想的平均流速算出的动能的比值。特点是：① $\alpha>1$，② 断面上的流速分布越均匀，α 的值越小；断面上的流速分布越不均匀，α 的值越大。α 的取值：层流时 $\alpha=2$，紊流时 $\alpha=1.05\sim1.10$，实际工程中常取 $\alpha=1$。

伯努利方程的适用条件是稳定流，不可压缩流体，作用于流体上的质量力只有重力，所取的断面为均匀流或缓变流断面。

伯努利方程在实际问题中应用很广，输油、输水管路系统，液压传动系统，机械润滑系统，泵的吸入高度、扬程和功率的计算等，都涉及伯努利方程，应用该方程时首先要检查问题是否满足该方程的应用条件；然后取合适的基准面；在计算断面取在均匀流或缓变流断面，其上的任意一点都可作为计算点，两断面间可存在急变流；在压力标准一致的前提下(一般取表压)，列伯努利方程。然后结合连续性方程即可确定相关数据。

3. 动量方程

动量方程是理论力学中的动量定理在流体力学中的具体体现，它反映了流体运动的动量变化与作用力之间的关系，其特殊优点在于不必知道流动范围内部的流动过程，而只需知道其边界面上的流动情况即可，因此它可用来方便地解决急变流动中，流体与边界面之间的相互作用问题。

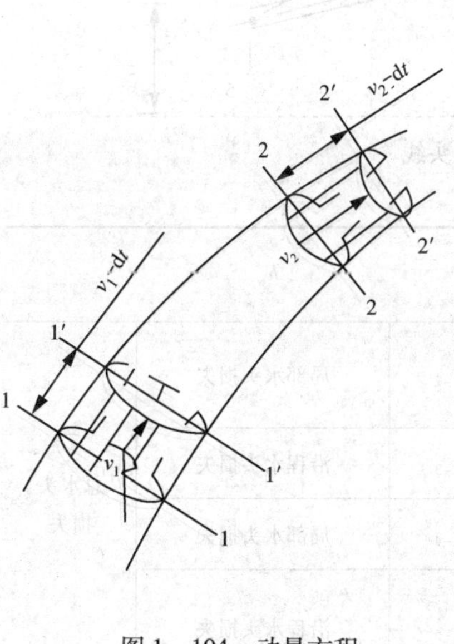

图 1－104　动量方程

从理论力学中知道，质点系的动量定理可表述为：在 dt 时间内，作用于质点系的合外力等于同一时间间隔内该质点系在外力作用方向上的动量变化率。在稳定流动的总流中，任意取一流体段 1—1～2—2(图 1－104)，以这个流段的侧面，即总流边界流线所构成的流面为控制面。设 Q_1、A_1、v_1 各为断面 1—1 的流量、断面积和平均流速；Q_2、A_2、v_2 各为断面 2—2 的流量、断面积和平均流速。经过 dt 时间后，流体段 1—1～2—2 移到 1′—1′～2′—2′。其动量的变化应等于 1′—1′～2′—2′段流体的动量与 1—1～2—2 段流体动量之差。设在 dt 时间作用于总流控制表面上的表面力的总向量为$\sum F_a$，作用于控制表面内的质量力的总向量为$\sum F_b$，可写出流体运动的动量方程如下：

$$\sum \overline{F}_a + \sum \overline{F}_b = \rho Q_2 \overline{v}_2 - \rho Q_1 \overline{v}_1$$

考虑 $Q_1 = Q_2 = Q$，所以上式可以改写为

$$\sum \overline{F}_a + \sum \overline{F}_b = \rho Q_2 (\overline{v}_2 - \overline{v}_1) \quad (1-19)$$

上式表明：稳定流动时，作用在总流控制表面上的表面力总向量与控制表面内流体的质量力总向量的向量和等于单位时间内通过总流控制面流出与流入流体的动量的向量差。

（三）水头线、水力坡降

伯努利方程每项比能都可以用液柱高度表示。此时的 z 叫做位置水头，代表从某基准面到该点的位置高度；$\frac{p}{\rho g}$叫做压力水头，代表按该点的压力换算的液柱高度。同理从测速管可知道的$\frac{\alpha v^2}{2g}$和$\frac{\mu^2}{2g}$也同样代表一个液柱高度，叫做流速水头，h_w 也代表一个液柱高度，叫做损失水头（或水头损失）。由于每一种比能都可以用一个液流本身的液柱高度表示，我们就可以沿流程把它们描绘出来，如图 1－105 和表 1－13 所示。

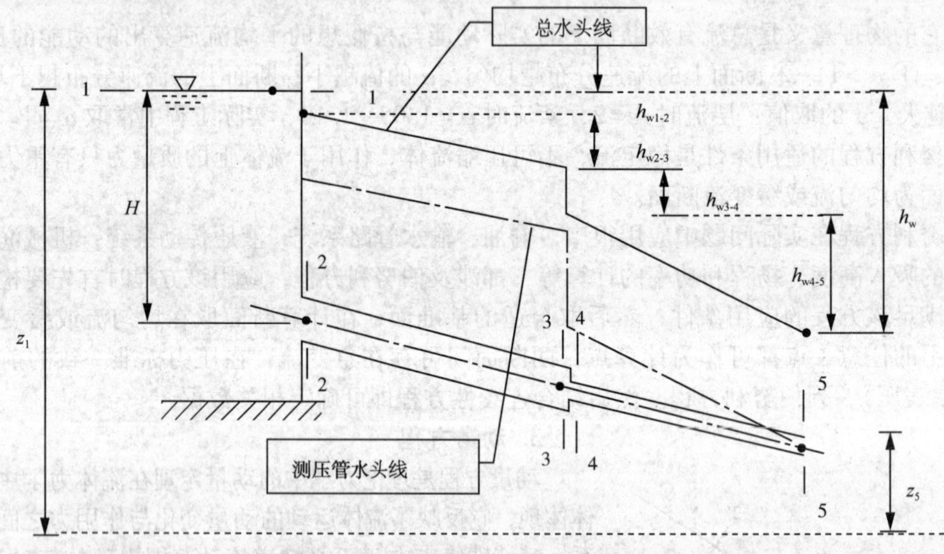

图 1－105　总水头线与测压管水头线

表 1－13　图 1－105 的释义

断面 \ 单位能量		z	$\frac{p}{\rho g}$	$\frac{v^2}{2g}$	h_w		
1—1	水池水面	z_1	0	0	h_{w1-2}	局部水头损失	总水头损失
2—2	进口断面	z_2	$\frac{p_2}{\rho g}$	$\frac{v_{2-3}^2}{2g}$	h_{w2-3}	沿程水头损失	
3—3	突缩前断面	z_3	$\frac{p_3}{\rho g}$	$\frac{v_{2-3}^2}{2g}$	h_{w3-4}	局部水头损失	
4—4	突缩后断面	z_4	$\frac{p_4}{\rho g}$	$\frac{v_{4-5}^2}{2g}$	h_{w4-5}	沿程水头损失	
5—5	出口断面	z_5	0	$\frac{v_{4-5}^2}{2g}$			

水头线表示各断面总水头(3项能量之和)的各点连成的曲线叫做总水头线。表示各断面测压管水头(2项能量之和)的各点连成的曲线叫做测压管水头线。

沿流程单位长度上总水头线的降低值(损失水头)称为水力坡降，它是无单位、无因次的量，用 i 表示。在直管段，水头线都是直线，各断面处水力坡降都相同。并且由于各断面处流速都相同，所以总水头线与压力水头线互相平行，总水头线在无能量输入时总是沿程下降；局部水头损失集中下降。

$$i = \frac{h_w}{L} \tag{1-20}$$

四、流体的流动阻力和水头损失

(一)基本概念

根据流体接触的边壁沿程是否变化，把能量损失分为两类：沿程能量损失 h_f 和局部能量损失 h_j。流体流动的边壁沿程不变(如均匀流)或者变化微小(缓变流)时，流动阻力沿程也基本不变，称这类阻力为沿程阻力。由沿程阻力引起的机械能损失称为沿程能量损失，简称沿程损失。由于沿程损失沿管段均布，即与管段的长度成正比，所以也称为长度损失。当固体边界急剧变化时，使流体内部的速度分布发生急剧的变化。如流道的转弯、收缩、扩大，或流体流经闸阀等局部障碍之处。在很短的距离内流体为了克服由边界发生剧变而引起的阻力称局部阻力，克服局部阻力的能量损失称为局部损失。

整个管道的能量损失等于各管段的沿程损失和各局部损失的总和。

$$h_w = \sum h_f + \sum h_j \tag{1-21}$$

通常把管子断面的周长叫做湿周，用 χ 表示，湿周越长，阻力越大。把断面面积A和湿周长度 χ 的比值称为水力半径，用 R 表示。即

$$R = \frac{A}{\chi} \tag{1-22}$$

对常见的圆管来说，水力半径 $R = \frac{d}{4}$，水力半径愈大，流体的流动阻力愈小；水力半径愈小，流体的流动阻力愈大。对环形管(如图1-106)来说，水力半径：

$$R_s = \frac{A}{\chi} = \frac{\frac{\pi}{4}(D^2 - d^2)}{\pi(D-d)} = \frac{D-d}{4} = \frac{1}{2}(R-r)$$

管壁粗糙度

绝对粗糙度：管壁突起的高度叫管壁粗糙度。用 Δ 表示。

最大绝对粗糙度：管壁突起的高度的最大值叫管壁最大绝对粗糙度 Δ_{max}。如图1-106所示。

平均粗糙度：管壁突起的高度的平均值叫平均粗糙度。

相对粗糙度：平均粗糙度与管内直径的比值叫相对粗糙度。用 $\frac{\Delta}{d}$ 表示；或平均粗糙度与管内半径的比

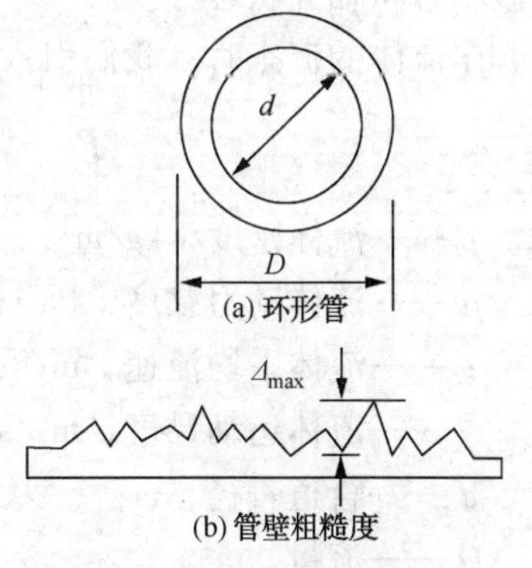

图1-106　环形管与管壁粗糙度的图示

值叫相对粗糙度。用$\frac{\Delta}{r}$表示。Δ 越大→阻力越大→h_w 越大。

（二）两种流态及转化标准

雷诺的实验装置如图 1－107 所示，水箱 A 内水位保持不变，阀门 C 用于调节流量，容器 D 内盛有容重与之相近的颜色水，容器 E 水位也保持不变，经细管 E 流入玻璃管 B，用以演示水流流态，阀门 F 用于控制颜色水流量。

实验证明：当 B 管内流速较小时，管内颜色水成一股细直的水流，这表明各液层间毫不相混。如图 1－107(a)所示。当阀门 C 逐渐开大流速增加到某一临界流速 v_k 时，颜色水出现摆动，如图 1－107(b)所示。继续增大 B 管内流速，则颜色水迅速与周围清水相混，如图 1－107(c)所示。这表明液体质点的运动轨迹是极不规则的，各部分流体互相剧烈掺混，即第一种流动状态主要表现为液体质点的摩擦和变形，称之为层流状态。

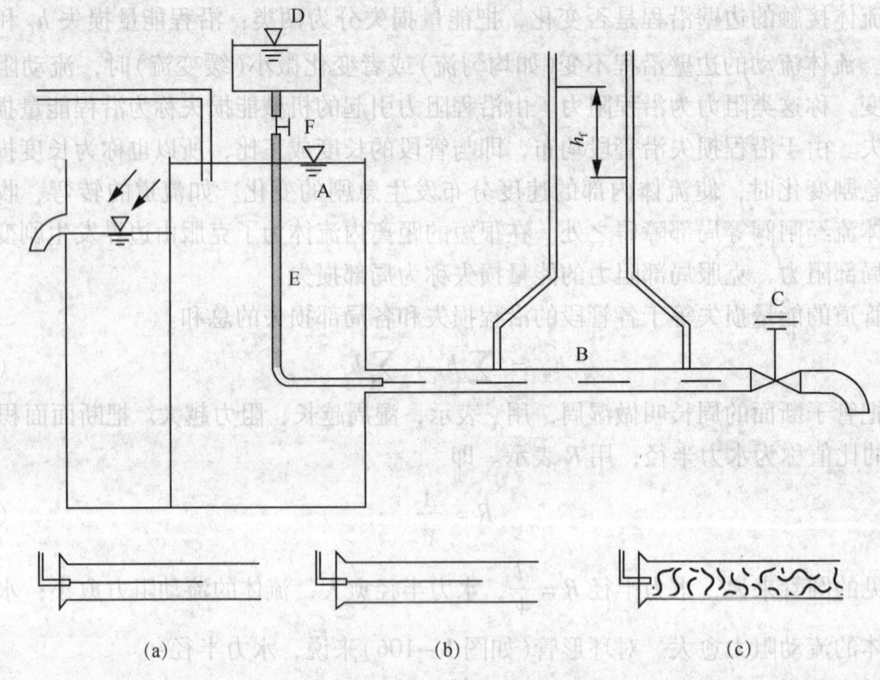

图 1－107　雷诺实验装置

第三种流动状态主要表现为液体质点的互相撞击和掺混，称之为紊流状态。层流与紊流的过渡状态叫临界状态。

判定流体的流态时，我们引入雷诺数 Re：

$$Re=\frac{vd}{\nu}\text{或}Re=\frac{\rho vd}{\mu}\text{或}Re=\frac{4Q}{\pi\nu d} \qquad (1-23)$$

式中　ρ——流体密度，kg/m^3；

μ——流体动力黏度，Pa·s；

ν——流体平均流速，m/s；

γ——流体运动黏度，m^2/s；

d——管道直径，m；

Q——流量，m^3。

对于任何一种管内液体或气体，任何流态，都可以确定一个雷诺数值。处于临界状态下的雷诺数称为临界雷诺数 Re_c。习惯上取 $Re_c = 2000$ 作为标准，如果 $Re \leqslant 2000$ 即认为是层流；$Re > 2000$ 则认为是紊流。

【例题 1－3】水在内径为 100mm 的管中流动，流速 $\nu = 0.5\text{m/s}$，水的运动黏度 $\gamma = 10^{-6}\text{m}^2/\text{s}$,问水在管中呈何种流态？如果管中流动的是油，流速不变，但运动黏度 $\gamma = 31 \times 10^{-6}\ \text{m}^2/\text{s}$，则油在管中呈何种流态？

解：此时水的雷诺数是：$Re = \dfrac{\nu D}{\nu} = \dfrac{0.5 \times 0.1}{10^{-6}} = 5 \times 10^4 > 2000$

所以此时水在管中是紊流；

此时油的雷诺数是 $Re = \dfrac{\nu D}{\nu} = \dfrac{0.5 \times 0.1}{31 \times 10^{-6}} = 1613 < 2000$

所以此时油在管中是层流。

（三）圆管层流时的沿程水头损失 h_f

管路内层流通常发生在黏度较高或速度较低的情况下。一般输水管线很少出现层流。在输油管线中层流一般出现在输量较小及黏度较大的过程。机械润滑系统往往多是层流。圆管层流的沿程水头损失用达西公式求。

$$h_f = \lambda \cdot \frac{L}{D} \cdot \frac{\nu^2}{2g} \tag{1-24}$$

式中，λ 叫做沿程阻力系数，计算公式为理论公式，即

$$\lambda = \frac{64}{Re} \tag{1-25}$$

式中，ν 表示的是断面平均流速。轴线处流速最大，用 u_{max} 表示，可以得到：

$$u_{max} = 2\nu \tag{1-26}$$

例题【1－4】相对密度 $\delta = 0.9$，黏度 $\mu = 0.057\text{Pa}\cdot\text{s}$ 的油品以 $6.3 \times 10^{-3}\text{m}^3/\text{s}$ 的流量通过一直经为 75mm 的管道，求：1000m 管道的沿程水头损失 h_f。

解：$\because v = \dfrac{Q}{A} = \dfrac{6.3 \times 10^{-3}}{\dfrac{\pi}{4} \times 0.075^2} = 1.426\ \text{m/s}$

$$Re = \frac{\rho v D}{\mu} = \frac{0.9 \times 10^3 \times 1.426 \times 0.075}{0.057} = 1689 < 2000$$

∴ 是层流

$$h_f = \lambda \cdot \frac{L}{D} \cdot \frac{v^2}{2g}$$

$$= \frac{64}{1689} \times \frac{1000}{0.075} \times \frac{1.426^2}{2 \times 9.8} = 52.43\ （米油柱）$$

$$= 52.439\ （米油柱）$$

（四）圆管紊流时的沿程水头损失 h_f

流体在管内处于紊流状态时，在近壁处存在两种状态：雷诺数较小时，近壁处层流边层完全掩盖住管壁粗糙突起，其时粗糙度对紊流完全不起作用，称为水力光滑；随着雷诺数增大，层流边层变薄，当粗糙突起高出层流边层之外时，粗糙突起造成加剧紊动，粗糙突起突出越高，阻力越大，称为水力粗糙。

圆管紊流时的沿程水头损失 h_f 仍采用达西公式求解。其中沿程阻力系数 λ 的计算方法

和层流的不同，它的确定根据实际雷诺数的大小范围按表1－14中的经验公式求解。

表1－14　常用计算水力摩阻的经验公式

流态类别		雷诺数范围($\varepsilon=\frac{\Delta}{r_0}=\frac{2\Delta}{d}$)	经验公式
层流		$Re\leqslant 2000$	$\lambda=\frac{64}{Re}$
紊流	水力光滑	$3000<Re<\frac{59.7}{\varepsilon^{\frac{8}{7}}}$	$\lambda=\frac{0.3164}{\sqrt[4]{Re}}$
	混合摩擦	$\frac{59.7}{\varepsilon^{\frac{8}{7}}}<Re<\frac{665-765\lg\varepsilon}{\varepsilon}$	$\frac{1}{\sqrt{\lambda}}=-1.8\lg\left[\frac{6.8}{Re}+\left(\frac{\Delta}{3.7d}\right)^{1.11}\right]$
	水力粗糙	$\frac{665-765\lg\varepsilon}{\varepsilon}<Re$	$\lambda=\frac{1}{\left(2\lg\frac{3.7d}{\Delta}\right)^2}$

【例题1－5】有一水管，直经$D=0.2\mathrm{m}$，管壁绝对粗糙度$\Delta=0.2\mathrm{mm}$，运动黏度$\nu=1.5\times10^{-5}\mathrm{m^2/s}$。求：流量$Q$分别是$Q_1=0.005\mathrm{m^3/s}$；$Q_2=0.02\mathrm{m^3/s}$；$Q_3=0.4\mathrm{m^3/s}$时的$\lambda$。

解：（经验公式法）

$Q_1=0.005\mathrm{m^3/s}$时；

$D=0.2\mathrm{m}\qquad \Delta=0.2\mathrm{mm}\qquad \gamma=1.5\times10^{-5}\mathrm{m^2/s}$

$Re(1)=2000$

$Re(2)=3000$

$$Re(3)=\frac{59.7}{\varepsilon^{8/7}}=\frac{59.7}{(\frac{0.2}{200/2})^{8/7}}=72529$$

$$Re(4)=\frac{665-765\lg\varepsilon}{\varepsilon}=1.3649\times10^{-6}$$

求Re确定流态：

$$Re=\frac{4Q}{\pi D\nu}=4244131.8\times Q=21220$$

$\therefore\ 3000<Re<72529$（属水力光滑区）

$$\therefore\ \lambda=\frac{0.3164}{Re^{0.25}}=\frac{0.3164}{21220^{0.25}}=0.026215$$

$Q_2=0.02\ \mathrm{m^3/s}$时：

$Re=4244131.8\times0.02=84883$

$\therefore\ 72529<Re<1.3649\times10^{-6}$（属混合区）

$$\therefore\ \lambda=\left\{\frac{1}{-1.8\lg[\frac{6.8}{\mathrm{Re}}+(\frac{\Delta}{3.7D})^{1.11}]}\right\}^2$$

$$=\left\{\frac{1}{-1.8\lg[\frac{6.8}{84883}+(\frac{0.2}{3.7\times200})^{1.11}]}\right\}^2$$

$=0.0222769$

$Q_3=0.4\ \mathrm{m^3/s}$时：

$Re=4244131.8\times0.4=1.6977\times10^{-6}>Re(4)$（属平方区）

$$\lambda = \frac{1}{(2\lg\frac{3.7D}{\Delta})^2} = \frac{1}{(2\lg\frac{3.7\times200}{0.2})^2} = 0.0196355$$

(五) 圆管的局部水头损失 h_j

流体在流经各种局部障碍(如阀门、弯头、三通等)时，由于边壁或流量的改变，均匀流在这一局部地区遭到破坏，引起了流速的大小、方向或分布的变化，由此产生的能量损失，称为局部损失，这种在管路局部产生损失的原因统称为局部阻力。局部阻力不外是由于液流中流速的重新分布、或在旋涡中黏性力做功、或液体质点的混掺引起的动量变化。

圆管的局部水头损失 h_j 可表示为下列两种形式：

$$h_j = \xi \cdot \frac{v^2}{2g} \tag{1-27}$$

$$h_j = \lambda \cdot \frac{L_{当}}{D} \cdot \frac{v^2}{2g} \tag{1-28}$$

用途较多的是 $h_j = \xi \cdot \frac{v^2}{2g}$，其中 ξ 叫做局部阻力系数，工程实际中查找相应表格。

$L_{当}$是把局部水头损失换算为相当某 $L_{当}$管长的沿程水头损失。$\frac{L_{当}}{D}$也可以从表中查出。

(六) 长管与短管

凡是液流充满全管在一定压差下流动的管路都称为压力管路。其压力可以高于大气压，也可以低于大气压。在处理管道问题时，常常根据沿程损失和局部损失的比重将管路分为短管和长管。以沿程损失为主、局部损失和流速水头可以忽略的管道称为长管；局部损失和流速水头均不能忽略的管道称为短管。当局部损失和流速水头之和大于总水头的 5% 时，一般作为短管来考虑。按照管路的布置情况，可将管道分为简单管路和复杂管路两类。简单管路指管径不变、没有分叉的管路；复杂管路指由两根或两根以上的简单管道组合而成的管道系统。

五、管道水击现象

水击又称为水锤，是管路中不稳定流所引起的一种特殊重要现象，在管道中液体的运动状态突然改变的情况下发生(例如阀门的突然关闭或突然开启，水泵的突然启动或停止，水轮机或液压油缸突然变化负载等)。由于流速突然发生迅速变化，结果由于流体惯性，必然引起管内压强的剧烈波动，即压强的突然上升与突然下降，并在整个管长范围内传播。压强突变使管壁产生振动，并伴有似锤之声，故将这种现象称为管内水击现象，或水锤现象。当阀门迅速关闭时，管内流速急剧下降，压强迅速上升，称为正水击。正水击可能使管道爆裂。而当阀门迅速开启时，管内流速急剧上升，压强迅速下降，称为负水击；负水击可使管道产生真空和汽蚀，使管道变形；故水击影响不能忽视。

水击现象所引起的压强上升，轻微时，表现为噪音与振动，以水击波的形式传递，严重时，压强变化甚至可超过管内原有正常压强的几十倍甚至上百倍，以致超过了管壁材料的允许应力，造成管道和管件的变形，甚至破裂。究其物理原因就是由于液体具有惯性和压缩性；其外因是管路中流速突然变化。惯性企图维持原有运动状态，而流速突然改变导致管内压强急剧变化；反之液体两侧受力不平衡也必导致流速的改变。而液体的压缩性却又企图改变液体体积来适应阀门调节后液体的运动状态，所以液体的压缩性和管壁的弹性将对管中流速和压强变化起缓冲作用，但由于实际上流体具有黏性，摩擦及管道变形均需要消耗能量，所以，水击波不可能无休止地传播下去，而是逐渐衰减，消失。

在工程设计中必须设法削弱水击对管道产生的危害，具体可采用以下几方面的措施：

① 延长阀门的关阀(或开启)时间，或缩短管长，尽量将直接水击改变为间接水击。

② 限制管路流速，一般液压系统中最大流速限制在 5 ~7m/s 左右。

③ 阀门前设置空气室或溢流阀。水击发生时，空气室里的空气受到压缩，或在水击发生时，将部分液体从管中放出，从而使水击压强降低。

④ 增加管道弹性，例如液压系统中，铜管、铝管就比钢管有更好的防水击性能，或采用弹性较大的软管，如橡胶或尼龙管吸收冲击能量，则可更明显地减轻水击。

第二章 钻井设备

根据石油钻井工岗位的需求，本着指导实际应用的原则，简单介绍了有关石油钻机的基本知识。以常用钻机为例讲解了石油钻机的结构组成及安装使用，内容相近的部分和各钻机之间通用的配套设备适当做了省略，钻井泵和顶部驱动钻井装置作为通用的主要配套设备单独做了讲解。同一规格型号的钻机由于生产厂家和生产时间的不同，其结构和配套设备会有不同，在学习中应多联系工作实际学习。

第一节 石油钻机概述

石油钻机是用于石油天然气钻井的专业机械，是由多台设备组成的一套联合机组。

一、钻井工艺对钻机的要求

目前，主要还是采用旋转钻井工艺钻井，对钻机的基本要求有以下三方面：

① 旋转钻进的能力：应能提供给钻具一定的扭矩和转速，并能施加钻压。

② 起下钻具的能力：要具有一定的起重能力及起升速度。

③ 洗井的能力：能提供泵压，使钻井液通过钻杆冲洗井底，并将岩屑带出井外。

二、钻机的组成

根据钻进、洗井、起下钻具等不同工序以及HSE(健康、安全、环境)管理体系的要求，钻机应配置下列设备。

(一) 提升旋转系统设备

提升旋转系统设备包括天车、游车、大钩、水龙头、转盘、绞车、井架及底座、钻台辅助设备等，除钻台辅助设备外各设备均应为API标准认证产品。其中，各主要设备的附件分述如下：

① 转盘主要附件包括各种规格的补芯装置及防滑垫。

② 绞车主要附件包括绞车动力机组(电动钻机配置)、司钻操纵台(司钻房)、液压盘式刹车、辅助刹车、防碰装置、冷却装置、应急动力装置等，另外可选配捞砂滚筒。

③ 井架主要附件包括可调式套管扶正台(可选)、死绳固定器、死绳稳绳器、排绳器、大钳平衡装置、蹬梯助力器、二层台逃生装置、天车防碰木及防护网、二层台小绞车、提升机(可选)、起升大绳。

④ 井架底座主要附件包括封井器吊装装置、封井器防泥浆装置、逃生滑道、大门坡道、猫道和排管架、缓冲装置、防坠落装置、提升机(可选)、梯子。

⑤ 钻台辅助设备主要包括气动绞车、液气大钳、套管钳、液压猫头、液压站、钻台偏房等。

(二) 动力及传动系统设备

机械驱动钻机主要包括柴油机、偶合器(变矩器)、传动装置、转盘驱动装置等；电驱动钻井主要包括主发电机组、电传动系统、电动机(驱动绞车、泥浆泵、转盘)、MCC供变电系统、动力及控制电缆等。配套设备包括辅助发电机组、节能发电机(机械驱动钻机可选)、气源及气源净化装置、油气水管线、高压充气压缩机、井场标准化防爆电路、应急发电机组(可选)等。

(三) 钻井液循环净化系统设备

钻井液循环净化系统设备包括泥浆泵、电驱动泥浆泵组装置、高压管汇、振动筛、钻井液循环罐、储备罐、药品罐、常压气液分离器、灌注泵(可选)、除砂器、除泥器、离心机、除气器、剪切泵、砂泵、泥浆加重装置、加重泵等。对于特殊地区或特殊工艺井，按工程设计需要配置钻井液循环净化系统设备。

（四）供油供水系统设备

供油供水系统设备包括柴油储备罐、多品油罐（可选）、油位自动控制装置、清水罐及离心水泵（可选）。

（五）井控系统设备

井控系统设备包括防喷器、防喷器控制装置、节流压井管汇、节流管汇控制台、放喷管线、传感器、钻井液气液分离器、放喷点火装置等。

（六）安全系统

安全系统包括安全防护用品（空气呼吸器、安全防护用具）、消防设施及器材、防雷电设施。

（七）监测仪器和仪表

监测仪器和仪表主要有硫化氢监测仪器和设备、可燃气体监测报警器、工业电视监控系统（绞车、振动筛、泥浆泵、二层台4点监控）、钻井参数仪表（不低于八参数）、油品快速检测仪、井涌井漏监测仪等。

（八）井场辅助设施和工具

井场辅助设施和工具主要有防冻保温装置、电焊机、气焊割设备、高压清洗机、测斜绞车、液压剪绳器、穿绳器、钢丝绳倒绳机、千斤顶、井场值班房、泥浆化验房、泥浆药品房、材料房、洗眼台、防沙棚（可选）、防雨棚（可选）、防寒棚（可选）、井场通信设备等。

（九）其他配套设备（可选）

顶部驱动钻井装置、自动送钻装置等。

三、钻机型式和型号表示方法

（一）钻机型式

钻机的型式分驱动型式、传动型式和移运型式。

① 钻机的驱动型式主要有：机械驱动、电驱动、液压驱动和复合驱动。其中，电驱动主要包括交流工频电驱动、直流电驱动、交流变频电驱动；复合驱动主要包括机械驱动+电驱动、机械驱动+液压驱动、电驱动+液压驱动。复合驱动是钻机的一种驱动型式，表示钻机绞车与钻井泵、转盘等的驱动型式不同，在型号表示方法中不出现。

② 机械驱动钻机的传动型式主要有：链条传动、皮带传动、齿轮传动和液力传动。

③ 钻机的移运型式主要有：快装式、自行式、拖挂式。

（二）型号表示方法

石油钻机型号的表示方法见图2－1。

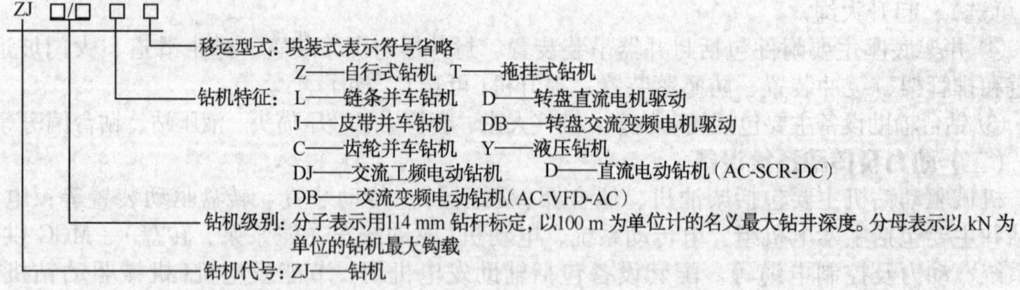

图2－1 钻机型号的表示方法

四、钻机的基本参数

钻机的基本参数是反映钻机工作性能的主要指标，是设计和选择钻机的基本依据。石油钻机按名义最大钻井深度和最大钩载分为10个级别，各级别钻机的主要基本参数应符合表2－1的规定。

表 2－1　石油钻机基本参数

钻 机 级 别		10/600	15/900	20/1350	30/1800	40/2250	50/3150	70/4500	90/6750	120/9000	150/11250
名义钻深范围/m	127mm 钻杆	500～800	700～1400	1100～1800	1500～2500	2000～3200	2800～4500	4000～6000	5000～8000	7000～10000	8500～12500
	114mm 钻杆	500～1000	800～1500	1200～2000	1600～3000	2500～4000	3500～5000	4500～7000	6000～9000	7500～12000	10000～15000
最大钩载/kN		600	900	1350	1800	2250	3150	4500	6750	9000	11250
绞车额定功率	kW	110～200	257～330	330～500	400～700	735(1100)	1100(1470)	1470(2210)	2210(2940)	2940(4400)	4400(5880)
	hp	150～270	350～450	450～680	550～950	1000(1500)	1500(2000)	2000(3000)	3000(4000)	4000(6000)	6000(8000)
游动系统绳数	钻井绳数	6	8	8	8	8	10	12	14	14	16
	最多绳数	6	8	8	10	10	12	14	16	16	18
钻井钢丝绳直径	mm	19,22	22,26	26,29	29,32		32,35	35,38	42,45	48,52	
	(in)	$(\frac{3}{4},\frac{7}{8})$	$(\frac{7}{8},1)$	$(1,1\frac{1}{8})$	$(1\frac{1}{8},1\frac{1}{4})$		$(1\frac{1}{4},1\frac{3}{8})$	$(1\frac{3}{8},1\frac{1}{2})$	$(1\frac{5}{8},1\frac{3}{4})$	$(1\frac{7}{8},2)$	
钻井泵单台功率不小于	kW	368	588		735		960	1176		1617	1617,2205
	(hp)	(500)	(800)		(1000)		(1300)	(1600)		(2200)	(2200,3000)
转盘开口直径	mm	381,444.5		444.5,520.7,,698.5			698.5,952.5		952.5,1257.3,1536.7		1257.3,1536.7
	(in)	$(15,17\frac{1}{2})$		$(17\frac{1}{2},20\frac{1}{2},27\frac{1}{2})$			$(27\frac{1}{2},37\frac{1}{2})$		$(37\frac{1}{2},49\frac{1}{2},60\frac{1}{2})$		$(49\frac{1}{2},60\frac{1}{2})$
钻台高度	m	3,4	4,5		5.6,7.5		7.5,9,10.5		10.5,12		12,16

注:绞车额定功率参数后面括号中的数值为非优选值。

第二节　机械驱动与复合驱动钻机

机械驱动钻机主要以链条并车为主，钻机型号有 ZJ30/1700L、ZJ40/2250L、ZJ50/3150L、ZJ70/4500L。由于受钻台高度的限制，40 型以上的钻机除电动钻机外多数为复合驱动方式，绞车、钻井泵经链条并车箱由柴油机驱动，转盘独立电驱动。大庆Ⅱ－130 型钻机曾为中国石油钻井主力机型，目前仍在使用，本节也将做简要介绍。

一、大庆Ⅱ－130 钻机

大庆Ⅱ－130 钻机采用塔形井架，主动力为三台 PZ12V190 柴油机，传动系统由减速箱、气胎离合器、皮带传动副、正车箱、倒车箱等组成；三台柴油机通过三台联动机组统一驱动各工作机组，也可单独驱动各工作机组；1 号联动机上的正、倒车箱可使绞车、转盘正转或反转；链传动的绞车可作为变速箱使滚筒获得四速，转盘获得三速。

（一）钻机的基本参数（表 2－2）

表 2－2　大庆Ⅱ－130 钻机基本参数

名义钻深/m（127mm 钻杆）	3200	井架型式	塔　型
最大钩载/kN	1960	井架有效高度/m	41
绞车额定功率/kW	478	钻台高度/m	4.5
绞车挡数	4 正 1 倒	动力传动方式	皮带传动
游动系统绳系	6×7	柴油机型号×台数	PZ12V190B×3
钻井钢丝绳直径/mm	ϕ28	柴油机额定转速/（r/min）	1500
水龙头中心管通径/mm	75	柴油机额定功率/kW	882
转盘开口直径/mm	520	转盘挡数	3 正 1 倒
泥浆泵台数×功率/kW	2×956		

（二）钻机平面布置示意图（图 2－2）

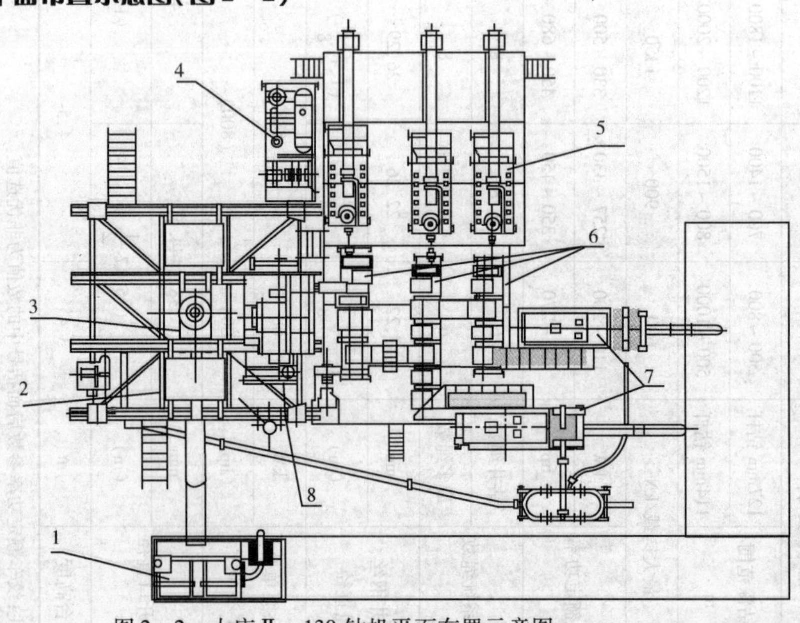

图 2－2　大庆Ⅱ－130 钻机平面布置示意图

1—泥浆净化系统设备；2—钻台；3—转盘；4—气源装置；5—柴油机组；6—联动机；7—泥浆泵；8—绞车

（三）钻机主要部件

1. 井架

井架为 TJ－41 塔形井架，是一种横截面为正方形的四棱截锥体的空间结构，整个井架本身是由许多层空间桁架所组成。从结构型式上看，除井架前扇有大门外，整个井架主体是一个封闭的整体结构，总体稳定性好，承载能力大。从连接方式上看，整个井架是由许多单个构件用螺栓连接而成的非整体结构，采用单件拆卸和移运的方法。所以，井架的外部尺寸可以不受运输条件的限制，井架内部空间大，起下钻方便、安全。但采用单件拆卸和移运的方法，其拆装工作量大，工作也不安全。

2. 绞车

整个绞车装在一个用金属焊接的由底座和支架组成的绞车架上，支架上有三根轴，即滚筒轴、猫头轴和传动轴，都是通过轴承座固定在支架上。这三根轴即构成了绞车的起升机构和带动转盘的传动机构。底座上面装有刹车曲轴、平衡梁、刹车气缸，这些机构与包在滚筒刹车轮毂上的刹车带组成了绞车的制动系统。滚筒轴的右侧装有辅助刹车。司钻操纵台的后面装有排挡杆支撑架。绞车各轴之间都由链传动副传动。绞车主要参数见表 2－3。

表 2－3　绞车主要参数

滚筒直径/mm	650	滚筒缠绳长度/mm	840
刹车鼓直径/mm	1180	刹车鼓宽度/mm	270
滚筒缠绳总层数	6 层	有效层数	5 层
刹车时刹带包角/(°)	330	松开时刹带包角/(°)	322
刹车气缸直径/mm	175	刹车气缸行程/mm	140
质量/kg	19003	外形尺寸/(mm × mm × mm)	5275 × 2818 × 2870

（1）绞车装配要求

① 以滚筒轴中心线(或回转表面的母线)为基准，其余二轴对基准的不平行度与歪斜度都不能大于 1mm。

② 成对工作的链轮，其回转端面间的相对位移不能大于 1mm。

③ 各传动链中点的初始下垂度为链轮中心距的 1% ~2% 。

④ 装配好的各轴在 3kg · m 扭矩作用下，应转动灵活。

⑤ 带形刹车装置的刹带块与刹车鼓之间的间隙应均匀，且要求在 1.5 ~2mm 范围内。刹带宽度中心线对刹车鼓宽度中心线的位移不大于 3mm。

（2）使用操作要求

① 挂合牙嵌离合器时动作要稳，严禁猛烈撞击。

② 挂合牙胎离合器时动作要快，严禁慢慢给气，最多不能超过三次。

③ 在钻具上提过程中需要刹车时，必须先摘开低速或高速气胎离合器，然后在钻具上提过程中迅速将车刹住。

④ 在钻具下放过程中刹车动作要快，严禁以半刹车(即将刹未刹)的状态控制下放速度，以避免刹带块与刹车鼓的先期损坏。

⑤ 下放钻具超过 700m 时，必须挂辅助刹车。

⑥ 刹带块磨损 18mm，必须更换。

⑦ 下钻过程中严禁水浇刹车鼓，以免造成龟裂而降低其使用寿命。

⑧ 严禁用钢丝绳缠在滚筒上或滚筒轴半牙嵌离合器上卸钻具扣。

⑨ 严禁用转盘绷钻具扣，但在液压猫头绷松的情况下允许用转盘继续卸扣。

⑩ 绞车运转过程中护罩必须整齐装牢，严禁在运转过程中加注润滑脂或润滑油，以免发生人身事故。

(3) 绞车的易损件和常见故障

① 活链轮轴套的磨损。绞车的传动轴及猫头轴上的用牙嵌离合器挂挡的活链轮，由于轴套与轴的配合间隙过小，或主轴加工精度不高，轴套经常发生磨损。当磨损后间隙过大，超过许可范围4mm 时，即会在使用时发生很大噪音。应拆下该链轮，将轴套自轮毂中压出，进行修复加工。

② 轴承的损坏。轴承的损坏常常表现为磨损、发热、锈蚀和断裂。轴承发热主要是由于径向间隙过小，注的黄油过多或过少，润滑油过脏、盖板压得太紧所造成。

轴承的径向间隙磨损过大，亦会引起冲击和轴承的过热。当滚子与座圈的间隙增至0.3 ~0.5mm 以上时，应更换轴承。

③ 刹车轮鼓的损坏。刹车轮鼓因使用时间过长，在表面上常出现有细裂纹、磨损及刻痕，严重者应采用自动堆焊法进行修复。

④ 牙嵌离合器及键和键槽的磨损。牙嵌离合器因长期工作，或在运转当中挂挡，常使啮合面发生挤毁或磨损，使啮合角度不能保证。当磨损量为 3 ~6mm 时，啮合面应刨平或铣平，磨损严重者应更换新的离合器。

键和键槽也常磨损，当键槽磨损超过 5mm 时，应将键槽插大，同时换新键。

⑤ 高、低速离合器磨损。气胎离合器中摩擦片与钢鼓之间最小允许间隙为 3mm。由于时间过久，摩擦片磨薄，使间隙过大，致使挂合后打滑，甚至发生烧坏，这里以高速离合器更易磨损。当摩擦片磨损到最小厚度如 2.5mm 时，应进行更换。

绞车常见故障与处理方法见表 2 -4。

表 2 -4　绞车常见故障与处理方法

故　　障	产 生 的 原 因	处 理 的 方 法
刹把压至最低位置刹不住车	刹带片磨损严重或刹车鼓上有油，刹把的角度不对	紧刹车，清除刹车鼓上的油，换刹带片，调整刹车把角度
刹车气缸不灵	司钻调压阀拉杠杆失调，司钻调压阀有故障	调整拉杆，放出气缸中空气，更换调压阀
未挂离合器，猫头轴就转动	传动轴上滑动链轮(通常是第一挡链轮)的铜套卡住	取下轴上链轮，注新油
大钩提升时有打滑现象	ϕ1070 离合器中落入了油或给气不足	消除落油原因，并擦干刹车鼓；增加气压，检查气路
在空负荷下大钩下降慢	刹车片和刹车鼓相接触，凸轮弹簧失效	调节弹簧凸轮，修刹车鼓
挂挡失灵	拨正的螺钉松脱，牙嵌离合器卡住	拧紧螺钉，逐渐分开离合器，尽可能清理和润滑

3. 传动装置

整个传动装置由联动机机组组成，安装在用搭扣装置拼联的大块金属结构底座上。通过这套装置，可将三台柴油机全部并车。按照钻井工艺要求和柴油机工况，可使用其中任意两台或一台柴油机驱动绞车、转盘、泥浆泵和压风机等部件。

柴油机与减速箱用万向轴联接。柴油机的并车和泥浆泵的驱动采用三角皮带，绞车和转盘由链条转动，各传动轴的控制都采用气胎式离合器。

传动设置的主要技术参数、组装要求和操作规程如下：

(1) 减速箱主要技术参数(表2-5)

表2-5 减速箱主要技术参数

型　号	JS_3-1000	中心高/mm	545
最大传递功率/kW	735	最高允许油温/℃	80
主动轴允许最高转速/(r/min)	1500	净质量/kg	1085
主动轴允许最大扭矩/N·m	5586	外形尺寸/(mm×mm×mm)	1145×1015×960
传动比	1:1.536		

(2) 正车箱主要技术参数(表2-6)

表2-6 正车箱主要技术参数

最大传递功率/kW	588	中心高/mm	545
主动轴转速(柴油机转速1300r/min)/(r/min)	850	最高油温/℃	75
被动轴转速(柴油机转速1300r/min)/(r/min)	280	净质量/kg	2640
传动比	3.04	外形尺寸/(mm×mm×mm)	700×1350×975

(3) 组装要求

① 连接轮盘、轮毂、摩擦轮、钢圈和皮带轮等旋转件应按照图纸技术要求做静平衡实验。

② 减速箱、正车箱、各传动轴、带泵轴之轴线必须在同一轴线上。检验各离合器的轮盘、摩擦轮的外圆面和端面，其径向跳动和端面跳动允差小于或等于0.8mm。

③ 气胎离合器之摩擦片边缘应与摩擦轮边缘平行，不得越出摩擦轮。摩擦片与摩擦轮之间隙必须均匀，且保证间隙不小于3mm。

④ 组装后进行试运转，各气管路不得漏气。

(4) 操作规程

① 两台柴油机并车前转速必须相同。

② 每班检查一次万向轴固定螺栓和运转情况。

③ 每班检查1~2次顶杠和压板螺栓。

④ 注意检查压风机、压力调节阀、双进气导气龙头、管线、接头和各阀件的工作状况。

⑤ 注意检查减速箱、正车箱以及各轴承温度是否正常。

⑥ 维修保养某台泥浆泵时，必须先将气路上的快速接头拔开。

(四) 钻机的安装

安装时应用的基本工具是：钢卷尺、水平尺、线绳、百分表2个以及校正工具。

1. 钻机基础

钻机基础分井架底座基础、机房底座基础和泥浆泵底座基础三部分。

基础施工过程中，严格执行“只准挖方，不准填方”的要求，找平夯实后，方可放活动基础和灌水泥浆。

基础顶面找水平，各基础不水平度和高度差不大于3mm。

2. 绞车的安装

井架底座、井架、游动系统、转盘安装好以后，以转盘链轮外端面为基准，校对绞车滚筒轴上40齿链轮外端面，其相对位移不能超过1mm，绞车滚筒轴与转盘主动轴中心距离为2666mm，转盘链条不碰绞车底座及井架底座。

3. 机房底座的安装

首先安装4号底座。将4号底座上两个“井口中心标记”与井口位置找正，其偏差不能大于±5mm。接着再依次安装3号、5号、2号、1号机房底座及1号、2号泥浆泵底座，找正点以搭扣为基准。待安装好三台柴油机和三部联动机组后，再安装加宽台。

4. Ⅰ号联动机组的安装

在安装传动装置前应做好下列准备工作：

① 选配并车皮带，每组皮带各根长度偏差不能大于15mm。

② 选配带泵皮带，每组皮带各根长度偏差不能大于25mm。

③ 将并车皮带穿好。

④ 准备好垫板。

以绞车传动轴上的2in、三排40齿链轮外端为基准，校正反正转传动装置的36齿链轮的外端面，其相对位移不超过2mm，其正车箱被动轴与绞车传动轴中心距为2548mm。

校正好后将压板螺栓固紧，并将斜顶杠上紧压牢。

5. Ⅱ号联动机组的安装

以Ⅰ号联动机组上的ϕ630皮带轮的外端为基准，校对Ⅱ号联动机组上的中间ϕ630皮带轮的外端面，其相对位移和不平行度不能超过2mm。两并车皮带轮中心距为2398mm。将并车皮带用顶杠张紧，其张紧度要求中间挂10kg重物时，下垂度为20mm。

6. Ⅲ号联动机组的安装

以Ⅱ号联动机组上第一并车轴的ϕ630皮带轮内端为基准，校对Ⅲ号联动机组上的ϕ630皮带轮内端面。其相对位移和不平行度不能超过2mm。皮带张紧度要求同上。

7. 柴油机及万向轴的安装

(1) 准备工作

在柴油机的前后方各准备好一台5~10t千斤顶和相应的垫铁，以便找正万向轴时顶起柴油机用；

准备两块百分表(一块找正径向，一块找找正轴向)和一套找正工具。

(2) 校正

以联动机组减速箱的连接法兰为基准，校正柴油机输出连接盘。其端面不平行度不能超过0.5mm，不同轴度不能大于5mm，两连接盘外端面之间距离为870mm±5mm，误差不大于10mm。

(3) 紧固

找正好后，柴油机底座用压板螺栓固紧。然后安装三根万向轴。

8. 压风机的安装

以Ⅰ号联动机组上的 ϕ360 皮带轮的内端面为基准，校对压风机 ϕ540 皮带轮外端面，其相对位移和不平行度不能超过 2mm。

注意皮带不要张的太紧或太松，用大拇指压一根皮带做试验，用力时下降 30mm 即可。然后再将压板螺栓上紧，顶丝上紧压牢。

9. 泥浆泵的安装

（1）Ⅰ号泥浆泵

以Ⅱ号联动机组上的 ϕ560 皮带轮的内端面为基准，校对Ⅰ号泵 ϕ1600 皮带轮的外端面，其相对位移和不平行度不超过 2mm。皮带张紧度要求中间挂 10kg 重物时下垂度为 100mm。然后将固定螺栓上紧，顶丝上紧压牢。

（2）Ⅱ号泥浆泵

以Ⅲ号联动机组上 ϕ560 皮带轮的外端面为基准，校对Ⅱ号泵 ϕ1600 皮带轮的外端面，其相对唯一和不平行度不超过 2mm。皮带张紧度要求同上。然后将固定螺栓上紧，顶丝上紧压牢。

（五）现场试运转

1. 试运转的准备

① 井场设备按要求全部安装完毕（包括发电机发电正常），经检查合格。

② 气路管线及各阀件，执行机构经检查试验合格。

③ 严格按岗位责任制落实各岗位工作人员，指定专人负责统一指挥，指挥者站在司钻操作台旁。除试检人员外，其他工作人员一律离开场地，到安全位置。

④ 贮气罐先用电动空气压缩机充气。

⑤ 操作台上手柄都在空挡位置。

⑥ 三台柴油机转数相同。

2. 操作程序

（1）试验并车

先合Ⅰ号车，再依次合Ⅰ号并车（这时自动压风机正常工作），Ⅱ号车，Ⅲ号车，最后合Ⅱ号并车。

注意事项：按照操作程序，司钻每进行一项操作后，都要等各岗位检查设备和柴油机运转正常，并经负责统一指挥者允许后才能进行下步操作。柴油机试车转数 800 ~ 1350r/min 逐渐升速，温度超过 45℃以上才可以带负荷运转。

检查内容：① 万向轴、减速器、正车箱、各离合器、轴承、链条、并车皮带等传动副运转平稳，不能有杂音、撞击、干磨、蹩劲等异常现象。② 气控制系统的管线、接头、阀件、离合器等不能有漏气现象。③ 各传动护罩固定牢固，并与旋转件没有摩擦现象。④ 油路、水路不能有漏油、漏水现象。⑤ 减速箱、正车箱、轴承温升不超过 80℃。⑥ 各紧固件及顶杠、搭扣、压杠没有松动。

（2）试验防碰天车装置

试验防碰天车前，对绞车刹车机构（包括手刹和气刹）进行试验正常。

挂合低速离合器（ϕ1070），将游车起至距天车 6 ~ 7m 时就摘开离合器，刹住滚筒。这时将刹车气缸压缩空气放尽，只用手刹；

按控制箱上刹车放气开关按钮，刹车气缸放气，将游车放到距天车 15m 左右；

再用Ⅰ挡上提游车，防碰天车装置应在游车上升到第一节试验位置时起作用；然后再用Ⅱ、Ⅲ挡试验防碰天车装置，应同样保险可靠。

(3) 试验泥浆泵

挂泵前先由负责泵房人员将高压闸门组检查一遍，查明情况正常，并经指挥者允许后，司钻方可挂泵。

二、ZJ40/2250L 钻机

ZJ40/2250L 钻机是一种机械钻机，由三台柴油机液力偶合器正车减速箱机组(以下称动力机组)通过整体链条并车箱并车统一驱动。

三台动力机组输出的动力分别通过万向轴输入整体链条并车箱，并车后分别通过万向轴驱动二台钻井泵；通过联组窄 V 带驱动空气压缩机组或节能发电机组；通过万向轴驱动绞车；绞车变速后通过上台万向轴、转盘驱动箱：一路通过万向轴驱动转盘、一路通过万向轴驱动猫头绞车。绞车通过气离合器换挡变速，使绞车滚筒具有四个速度和上台万向轴具有两个速度。上台万向轴的两个速度通过转盘驱动箱变速使转盘具有四个工作速度。

(一) 钻机的基本参数(表 2-7)

表 2-7　ZJ40/2250L 钻机基本参数

名义钻深范围/m	114mm 钻杆 2500～4000 127mm 钻杆 2000～3200	钻井泵额定功率及台数	956kW，2 台
最大钩载/kN	2250	转盘开口直径及挡数	698.5mm，4 正 2 倒
绞车额定功率及挡数	735kW，4 正 2 倒	钻台高度/m	7.5
游动系统绳系	5×6	后台底座高度/m	0.8
钻井钢丝绳直径/mm	$\phi 32$	井架型式及有效高度	“K”型　43.5m

(二) 钻机传动系统

钻机传动系统见图 2-3。

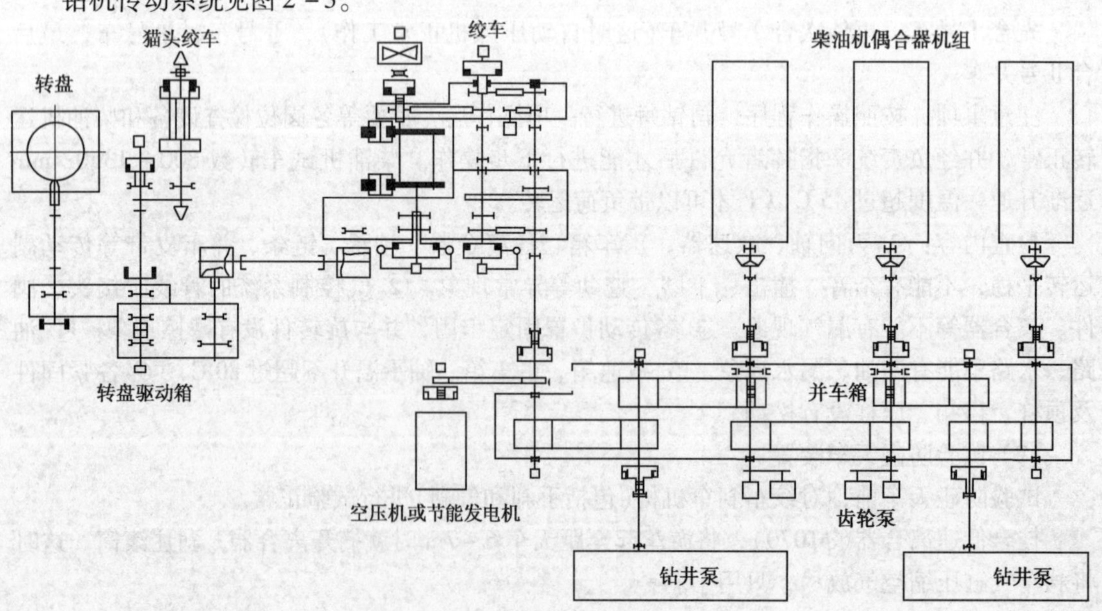

图 2-3　ZJ40/2250L 钻机传动系统

（三）钻机主要部件

1. 天车

TC－225 天车，最大钩载 2250kN，由 6 个主滑轮、1 个捞砂滑轮、4 个辅助滑轮、1 个起重架及天车架、栏杆等组成，天车梁下加防碰枕木，轮子的布置，适合 $\phi32$ 的钢丝绳顺穿，符合 APISpec8A、APISpec4F 规范。

2. 井架

JJ225/43－K3 井架由 5 段组成，顶段整体结构，其余 4 段均由两个片梁与背梁或杆件组成；主要型材为 H 型钢，井架段与段之间采用锥销定位、平面接触、柱销连接，井架低位安装、整体起升、高度可调。井架安装有套管扶正架、高压立管、防碰天车装置、死绳固定器等，井架适合于安装项部驱动钻井装置。安装有笼梯、助力器、逃生装置等。符合 APISpec4F 规范，主要参数见表 2－8。

表 2－8　JJ225/43－K3 井架主要参数

型式	K 型	顶部开档/(m×m)	2.10×2.05
最大钩载/kN	2250	井架抗风能力/(m/s)	停钻工况(无钩载，二层台满立根)36
有效高度/m	43.5		保全工况(无钩载，二层台无立根)47.8
底部开挡/(m×m)	7×2.5		起放井架≤8.3
二层台高度/m	24.5，25.5，26.5	质量/kg	50000
立根容量(127mm 立根)/m	4000		

3. 底座

底座由钻台和后台组成，钻台由底部基座、立根盒、立根盒支腿、支架、后座梁、转盘梁、铺台、漂台、撑杆、栏杆等组成。

钻台设大小鼠洞、井口装置控制管线通孔、液压猫头安装架等，立根盒与两个立根盒支腿通过销轴连接成一体固定在底部基座的前端，两个支架与后座梁通过柱销连接成一体固定在底部基座的后端，用销轴将立根盒、转盘梁、后座梁连起采，井架起升前全部构架、内部铺台、转盘、气动绞车、司钻控制房等可安装就位，井架起升后，安装钻台偏房支架、钻台偏房、铺台等。主要参数见表 2－9。

表 2－9　底座主要参数

型式	块装结构	钻台静空高度/m	6.3
钻台高度/m	7.5	转盘梁最大负载/kN	2250
钻台面积/(m×m)	9.5×8.5	立根盒容量/m(28m 高 127mm 立根)	4000
后台高度/m	0.8	总质量/kg	100000

4. 绞车

绞车低位安装，采用开槽滚筒，所有正挡挡位的变换均由气胎离合器控制。主刹车为液压盘式刹车，辅助刹车为 FDWS40 风冷式电磁涡流刹车；绞车与并车箱之间采用万向轴联接方式，滚筒轴与电磁涡流刹车采用齿式离合器连接。带上台角传动箱以适用 7.5m 钻台动力的需要。绞车配有滚筒排绳装置，采用强制润滑。主要参数见表 2－10。

表 2-10　绞车主要参数

输入功率/kW	735	钢丝绳/mm	ϕ32
快绳最大拉力/kN	280	滚筒规格（直径×长度）/mm	ϕ644×1208
挡位	4 正 2 倒	刹车盘规格（直径×厚度）/mm	ϕ1570×40
大钩提升速度/(m/s)	0.23～1.93	质量/kg	30600

5. 整体链条并车箱

采用整体并车链条箱，将三台柴油机液力偶合器正车减速箱机组的动力进行合并分配，统一驱动绞车、猫头绞车、转盘、两台钻井泵、一台自动压风机。为改善并车箱工作状况，并车箱带水冷却系统，箱体过热时可以启用这一系统。主要参数见表 2-11。

表 2-11　并车链条箱主要技术参数

总功率/kW	3×735	驱动链条	8P—$1^3/_4$in，石油套筒滚子链
额定转速/(r/min)	585	外形尺寸/(mm×mm×mm)	8300×2650×1600
输入离合器	LT700×135	总质量/kg	19500

6. 转盘驱动箱

转盘驱动箱固定在钻台上，将绞车角传动箱传来的二正挡一倒挡的动力转变为四正挡二倒挡的动力传给转盘。

7. 组合液压站

将钻机液气大钳、液压套管钳、液压猫头、井架缓冲装置液压源、及盘式刹车液压站整体综合设计制造成一个单元。该单元作为整套钻机的液压源。

8. 司钻控制房

司钻控制房做成六角形，扩大司钻视野。整套钻机的控制设备安装在司钻控制房中，改善了司钻的工二作环境。指重表、钻井监控仪表、大钩高度指示仪等可以安装在司钻控制房中。

（四）钻机的特点

① 底座高度模块化，减少搬迁、安装工作量。

② 整体链条并车箱结构新颖，外形尺寸小，简化安装，不渗漏。

③ 采用气胎离合器换挡，实现了不停车换挡，改善了使用性能。

④ 整套钻机各部件之间采用方向轴连接，安装找正非常方。

⑤ 猫头绞车灵活设置，可根据使用要求决定安装与否，安装与否不影响钻机的传动。

⑥ 采用柴油机液力耦合器机组，结构紧凑，安装方便。

⑦ 采用了液压盘式刹车系统，加装司钻控制房，改善了司钻工作条件，且易于实现自动送钻。

⑧ 使用组合液压站，使钻台面更宽敞、整洁，安装维修方便。

三、ZJ40/2250LDB 钻机

本节介绍的 ZJ40/2250LDB 钻机是由高原石油装备有限责任公司按 SY/T 5609《石油钻机

型式与基本参数》标准及有关 API 规范设计制造的复合驱动钻机，该钻机不仅有交流变频钻机的优点，而且也具备价格低廉的机械传动钻机优势。

（一）钻机主要技术参数(表 2－12)

表 2－12　ZJ40/2250LDB 钻机主要技术参数

名义钻深范围	2500～4000m(ϕ114mm 钻杆)	最大钩载/kN	2250
绞车额定功率	735kW(1000hp)	井架型式及有效高度	前开口型，42.5m
绞车挡数	4 正挡	提升系统最大绳系	5×6(花穿)
绞车最大快绳拉力/kN	280	钻井钢丝绳直径	ϕ32mm(1¼in)
主刹车	液压盘式刹车	水龙头中心管通径/mm	ϕ75
辅助刹车	电磁涡流刹车	钻井泵型号×台数	SL3NB－1300×2
转盘开口名义直径/mm	ϕ698.5	底座型式	前高后低箱叠式结构
转盘输入功率	400kW(400V)	钻台高度/m	7.5
转盘挡数	2 挡	钻台面积/m^2	10.8×9.5
动力传动方式	链条整体并车	转盘梁底面高度/m	6.3
柴油机台数×主功率/kW	3×810	柴油机转速/(r/min)	1300

（二）钻机总体布置与传动简介

钻机布置满足防爆、安全、钻井工程及设备安装、拆卸、维修方便的要求，分钻台区、泵组区、动力区、泥浆循环与水罐区、油罐区、井场用房六个区域。其中，钻台区包括井架、底座、转盘、悬吊系统、井口机械化设备及工具、钻台偏房、钻杆滑道及排放架等设备，钻台上配 2 台 50kN 气动绞车；动力区包括柴油机偶合器机组及并车装置、柴油发电机组房、VFD/MCC 房、气源房、绞车。

钻机采用 3 台柴油机偶合器机组作为主动力，通过万向轴连接整体链条并车箱分别驱动绞车和 2 台泥浆泵及自动压风机、节能发电机。

转盘采用独立驱动方式，转盘驱动箱由 400kW(400V)交流变频电机驱动，通过万向轴驱动转盘。具有较强的过载能力，并通过电控系统实现转速和扭矩全数字控制和保护。转盘驱动装置安装在后座梁上，结构紧凑，安装方便，并可作为一个运输单元。传动简图见图2－4。

（三）钻机主要部件

1. JC－40S1 绞车

JC－40S1 绞车的设计符合 API SPEC 7K《钻井设备规范》、SY/T5609—1999《石油钻机型式与基本参数》及 SY/T 5532—2002《石油钻机用绞车》规范的要求。

（1）主要技术参数(表 2－13)。

表 2－13　JC－40S1 绞车主要技术参数

额定输入功率/kW	735	最大快绳拉力/kN	280
钢丝绳直径/mm	ϕ32	挡数	4 正
开槽滚筒尺寸(直径×长度)/(mm×mm)	ϕ644×1208	刹车盘尺寸(外径×厚度)/(mm×mm)	ϕ1570×40
外形尺寸/(mm×mm×mm)	6930×2990×2220	质量/kg	30600

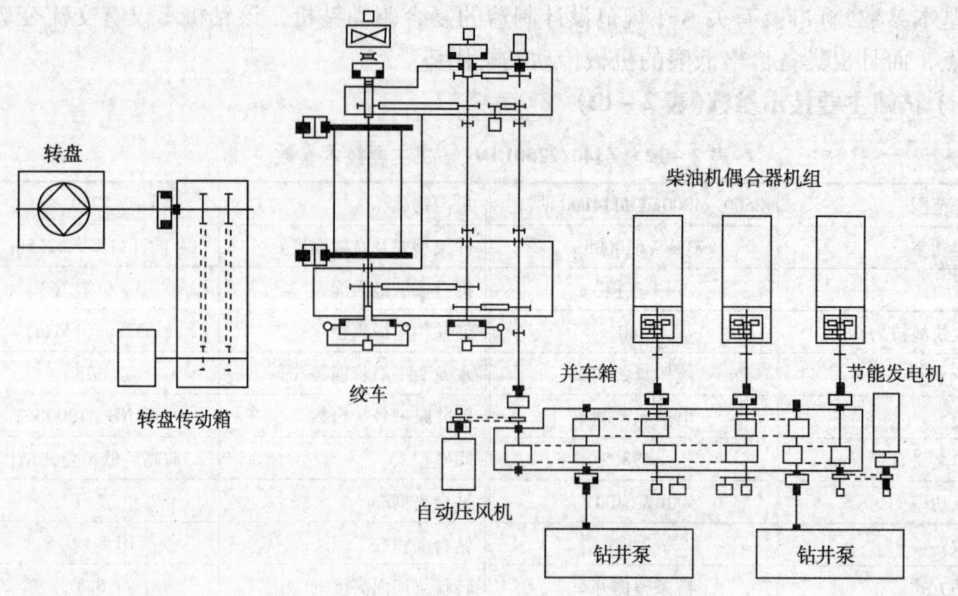

图 2-4　ZJ40/2250LDB 钻机传动简图

（2）传动原理

该绞车主要由万向轴，绞车架，输入轴Ⅰ、Ⅱ，中间轴Ⅰ、Ⅱ，滚筒轴，电磁涡流刹车等部件组成（如图 2-4）。

动力由并车传动箱输入，传递给输入轴，输入轴与中间轴之间通过两挂链条形成两个挡位（中间轴Ⅰ、Ⅱ上的两个空套链轮和摩擦毂刚性连接为一体，与各自的气胎离合器组成两个结合、分离机构），中间轴与滚筒轴之间通过两挂链条（滚筒轴上的两个空套链轮和摩擦毂刚性连接为一体，与高、低速气胎离合器组成两个结合、分离机构）形成两个挡位，通过挂合不同的离合器，绞车总共产生 2×2 级正挡。

（3）结构及其特点

JC-40S1 绞车为墙板式三轴绞车。绞车的传动链条采用强制润滑油冷却润滑。在中间轴Ⅰ、Ⅱ上的空套链轮与摩擦毂刚性连接为一体，通过气路控制阀来控制气胎的充气与放气，来控制中间轴Ⅰ或中间轴Ⅱ传递动力，形成不同的转速；在滚筒轴两端分别装有高、低速气胎离合器，通过气路控制阀来控制气胎的充气与放气，可使滚筒获得不同转速。绞车的辅助刹车采用 DSF40 电磁涡流刹车，该刹车与滚筒轴之间采用齿套式离合器联接。

1）绞车架

该绞车架为箱型结构，是整个绞车的骨架，能准确地定位并支撑输入轴Ⅰ总成、输入轴Ⅱ总成、中间轴Ⅰ总成、中间轴Ⅱ总成、滚筒轴总成及其他部件。在支撑各轴的墙板处加密封垫，既可调整各轴的轴向位置，又可防止润滑油向外泄漏。绞车上安装了各种护罩，确保绞车各旋转件的安全运行。

箱体的墙板上开有轴承座安装孔，输入轴总成和中间轴总成可以很方便的沿轴向拆卸或安装，滚筒轴可沿径向拆卸或安装。轴承座定位可靠，安装连接方便。

绞车底座主梁为加强型焊接工字钢，大大增强了绞车架的刚性和稳定性。底座上设置了 5 个吊耳，用以起吊或拖拉绞车；底座内部设有油箱，储存绞车润滑油并起散热作用；主气路管线及润滑油主管线均铺设在绞车底座内，使各管线得到很好地保护，在合适的位置设有活盖板，便于设备检修，各走道铺设了花纹板，安全防滑。

2）滚筒轴总成

滚筒轴总成是绞车的核心部件，由滚筒体、刹车盘、轴承座、轴、轴承、链轮、摩擦毂和两套气胎离合器等组成。

滚筒上装有两个液压刹车盘，与液压盘式刹车配合使用，作为绞车的主刹车。滚筒轴总成左端（从井口位置看）装有电磁涡流刹车，电磁涡流刹车轴端装有导气接头，为低速离合器提供压缩空气。

滚筒体为组合件，筒体上设有利巴斯绳槽，使钢丝绳缠绕时排列整齐有序，避免相互间的挤压，有效的延长了钢丝绳的使用寿命。滚筒体右侧设有绳窝，绳窝内装有绳卡，拆卸方便。

滚筒轴总成两端的摩擦毂与该端的空套链轮为刚性连接，气胎离合器与滚筒轴通过圆盘（左、右）连为一体，当气胎充入压缩空气时，摩擦片沿离合器径向移动抱紧摩擦毂，产生摩擦力矩，将动力由中间轴总成传入滚筒轴总成，使滚筒轴总成获得两级转速（即高、低速）。

在与低速端气胎离合器配合的圆盘（左）上及低速摩擦轮上设有通孔，当气路或气胎离合器出现故障时，装上事故销，它将圆盘（左）和低速摩擦轮连接为一体传递动力，作为应急之用。

3）中间轴Ⅰ总成

中间轴Ⅰ总成由一个两排链轮（与滚筒轴总成上的左端空套链轮配对）、一个两排空套链轮（与输入Ⅰ轴总成上的链轮配对）、轴、轴承、轴承座、摩擦毂、离合器等组成。当离合器充入压缩空气时，中间轴Ⅰ总成上的空套链轮才能传递动力。否则，空套链轮空转。

4）中间轴Ⅱ总成

中间轴Ⅱ总成由一个两排链轮（与滚筒轴总成上的右端空套链轮配对）、一个两排空套链轮（与输入Ⅱ轴总成上的链轮配对）、轴、轴承、轴承座、摩擦毂、离合器等组成。当离合器充入压缩空气时，中间轴Ⅱ总成上的空套链轮才能传递动力。否则，空套链轮空转。

5）输入轴Ⅰ总成

输入轴Ⅰ总成由一个两排链轮（与中间轴Ⅰ总成上的链轮配对）、一个双排链轮、轴承座、轴、轴承等组成。输入轴Ⅰ总成上的双排链轮驱动润滑油泵，为润滑系统提供动力。

6）输入轴Ⅱ总成

输入轴Ⅱ总成由一个两排链轮（与中间Ⅱ轴总成上的链轮配对）、轴承座、轴、轴承等组成。并车传动箱传递的动力通过万向轴传给输入Ⅱ轴总成，输入轴Ⅱ总成和输入轴Ⅰ总成通过球笼式万向联轴器连接。

7）主刹车机构

JC－40S1 绞车采用液压盘式刹车，刹车制动钳缸 6 副，其中 3 副常闭，3 副常开确保刹车可靠，刹车制动是由液压提供动力，通过传动和控制使盘刹制动和松闸，刹车盘与绞车滚筒轴刚性联接，装于滚筒左、右各 1 个，6 副钳缸分装在绞车底座上的两个盘刹支架上。

（4）安装调试

绞车出厂前与钻机的其他部件进行过组装及多项功能、空运转等项试验。绞车安装在钻机的绞车梁上。绞车与底座之间设有定位块，通过 8 条 M30 的螺栓固定联接。

① 先找平钻机绞车梁上安装绞车的上平面（在纵、横两个方向均处于水平状态），然后，找正在出厂前已配焊好的定位块，将绞车主体安装在钻机绞车梁上，用螺栓固定好。

② 按气路接口处标牌上的文字标号或说明联接各气路管线，气路管线不得出现硬死弯，安装前应用压缩空气逐个吹一边，保证管线内无异物且畅通。

③ 按照液压盘式刹车使用说明及液压原理图连接液压盘刹各管线，并检查各管线、接头是否完好。

④ 按电磁涡流刹车的电路原理图和说明书要求，连接电源线及控制线路。

⑤ 检查各窗口箱盖密封是否完好，搭扣螺栓是否紧固牢靠。

⑥ 给各离合器部位的加脂嘴(黄油嘴)加注锂基润滑脂(冬季加 ZL－1；夏季加 ZL－2)，第一次加注约50g，以后每次加注约30g。

⑦ 给油箱中加入600L 机械油(冬季 L－AN46，夏季 L－AN100)。

⑧ 安装各旋转件的防护罩及外围其他各件；检查并紧固各连接部位和压紧装置螺栓。

(5) 试运转

① 首先给绞车及司钻控制台接通压缩空气，在无动力输入的情况下，扳动各气路控制手柄，检查各气路控制的动作是否正确、到位；检查液压盘刹各液缸的动作。

② 试运转应分级逐步进行，在脱开滚筒轴的情况下，由低速挡分级向高速挡试车。

③ 试车注意事项：

a. 整个试运转过程都是在无负荷的情况下进行空运转试车。

b. 必须分级试车，每级试车时间不得少于20min，总试车时间不得少于2h。

c. 在试车的全过程中，要注意观察各传动件的运转情况，检查各部位的温升、润滑系统是否畅通、到位等情况。

d. 试车过程中出现异常现象(异常响声、局部温升过高)时，应立即停车检查，找出原因，排除故障后方可继续试车，不得带病试运转。

e. 试运转的全过程要做好纪录，试车人员对试车全过程负责。试车记录要存入该设备档案。

(6) 常见故障及排除方法(表2－14)。

表2－14　JC－40S1 绞车常见故障及排除方法

序号	故　障	原　因	排除方法
1	设备噪音大	①链条太松； ②传动件磨损严重； ③轴承磨损严重或损坏	①调整链条； ②修理或更换磨损件； ③更换轴承
2	轴承发热严重	①润滑不良； ②链条过紧； ③轴承磨损严重或损坏； ④活端轴承不活动	①调整润滑油量(或加注润滑脂)； ②调整链条； ③更换轴承； ④刮修轴承配合孔
3	漏油	①供油量太大； ②密封件损坏； ③回油不畅	①调小供油量； ②更换密封件； ③疏通回油孔
4	油泵不供油或油泵排量减少	①滤油器堵塞； ②油路堵塞； ③润滑油黏度太高； ④油箱内润滑油太少； ⑤油泵吸空(吸油口松动)； ⑥油泵损坏	①清洗滤油器； ②疏通油路； ③更换润滑油； ④按规定加油； ⑤拧紧吸油口； ⑥更换油泵

续表

序号	故　障	原　因	排除方法
5	气胎离合器打滑	①气路压力过低 ②摩擦片磨损严重 ③气胎漏气 ④气路不畅通或漏气	①调高气路压力 ②更换摩擦片 ③更换气胎 ④检修气路
6	气胎离合器脱开迟缓	①放气阀损坏或太小 ②弹簧片太软或损坏 ③气控阀损坏	①更换放气阀 ②更换弹簧片 ③检修或更换气控阀

2. 转盘传动箱

转盘传动箱由整体焊接箱体、输入轴、输出轴等组成，内部动力是通过两对3排链轮进行动力传递。转盘传动箱配有1台独立的防爆电机驱动油泵，强制润滑链轮、链条、换挡齿轮、输入轴主轴承、输出轴主轴承，在司钻房中有仪表显示机油压力。转盘传动箱输入轴上的气胎离合器轴心与直流电动机输出轴轴心位于同一直线上，气胎离合器断气，电动机才能通电运转。

转盘传动箱通过螺栓连接在转盘梁上，中间根据需要加调整垫片，交流变频电动机输出轴通过鼓形齿式联轴器与转盘传动箱输入轴相连接，转盘传动箱输出轴通过万向联轴器与转盘输入轴法兰连接，传递转速和扭矩。

转盘传动箱吸油口处设有吸入滤清器，应经常检查，发现油污堵后及时清洗。司钻房内设有润滑压力表，用于监控该润滑系统压力。当系统压力过高时，可用油路中起溢流作用的球阀调控系统压力。当压力过低时，应停机检查，待故障排除后方可工作。润滑系统工作压力为0.1～0.2MPa。应特别注意，由于齿轮油泵的旋向不可反转，初次使用该套润滑装置或搬家后使用时，必须确认正确的旋向，否则无法吸入及排出油液而且将引起油泵损坏！

转盘传动箱采用气缸换挡，需要换挡时应先关闭电机，且用惯刹制动。换挡步骤：

惯刹制动后，司钻点击换挡气缸按钮，若换挡成功则完成操作，若换挡不成功则点击转盘传动箱气胎离合器，使之稍微放气，再点击换挡气缸按钮，重复操作直至换挡成功。

转盘传动箱安装好后，在开机前，应当检查所有螺栓是否松动并上紧，更换已损坏的螺栓、螺母等。检查油位是否符合标准，油面高度应控制在液温计刻度允许范围内。在日常工作情况下，每天检查轴承座温升，不应超过40℃。每天检查油位，油面高度应在液温计允许范围内。每周要检查所有螺栓是否松动并上紧。主要技术参数见表2－15。

表2－15　转盘传动箱主要技术参数

转盘型号	ZP275	电机额定功率/kW	400
最高转速/(r/min)	709	电机额定电压/V	400
外形尺寸(长×宽×高)/(mm×mm×mm)	2460×1124×1120	整机质量/kg	2794

3. J225/42.5－K型井架

(1) 主要技术参数(表2－16)。

表 2-16　J225/42.5-K 型井架主要技术参数

最大钩载(5×6 绳系)/kN	2250	井架工作高度/m	42.5
顶部开档(正面/侧面)/m	2/2	底部开档(正面)/m	7.735
井架允许风力		二层台安装高度/m	25.5；26.5
a. 等候天气(无钩载，二层台满立根)/(km/h)	172	立根容量(φ127 钻杆，28m 立根)/m	4000
b. 保全设备(无钩载，二层台满立根)/(km/h)	130	理论自重/kg	43863
c. 起放井架/(km/h)	≤30		

(2) 结构特点

JJ225/42.5-井架是梁式大腿的前开口井架，井架前面敞开，主体各构件之间用销子连接，井架低位安装，可利用绞车动力整体起升。

井架共分五段，每段均由左右两大片组成，两片背面均用横梁和斜拉杆通过销子连接在一起，这种结构的井架，运输储存时可以叠装，减少了运输车辆和库存面积。

井架设有悬臂吊装置，与钻台上专用气动绞车相配合，起重量为5t。井架左右侧设有扶梯，左侧扶梯可使井架工由钻台面到达二层台及天车台，右侧扶梯可到立管台及二层台，配登梯助力器。二层台由台体、操作舌台及内栏杆外围板组成。栏杆高 1.2m，在台体指梁上设有靠放钻铤的卡板，钻杆挡杆设有安全链，配备防坠落吊耳和防坠落装置两副。二层台配 1 台 0.5t 气动绞车、管线及拉拽装置，用于排放钻铤、钻杆。二层平台三周设有挡风墙，配有进口逃生装置。井架配有立管台，配全液压套管扶正机。配 2 套大钳平衡重装置及 2 套死绳护绳器。各种管线(包括立管、气路、电路)在设计时统一布置在井架主体上，整齐美观，保证拆装运输时不易损坏，禁止现场电、气焊进行割孔和焊装井架上的附件。配备天车防碰装置。

4. DZ225/7.5-XD 型底座

DZ225/7.5-XD 型底座是以焊接工字钢为主要结构的箱叠式底座。

底座型号说明：

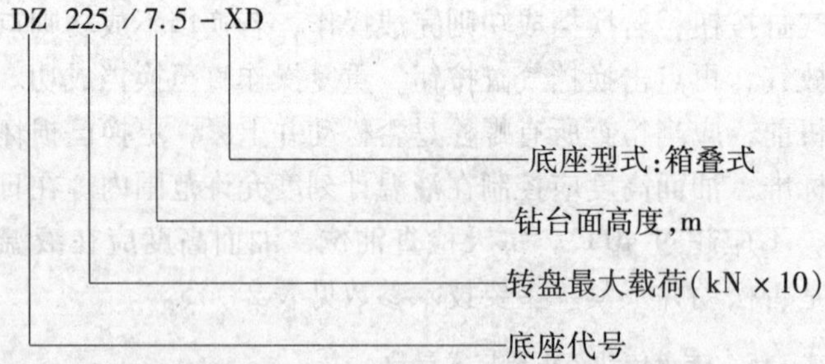

(1) 主要技术参数(表 2-17)。

表 2-17　DZ225/7.5-XD 型底座主要技术参数

钻台面高度/m	7.5	后台底座高度/m	0.8
钻台面积/m^2	10.8 ×9.5	转盘梁底面至地面净空高/m	6.3
转盘梁载荷/kN	2250	与转盘载荷同时作用的立根载荷/kN	1200
配套井架下跨距/m	7.735	立根盒容量(4½ in 28m 立根)/m	4000
滚筒中心线与井眼中心线距离/mm	6022	底座总质量/kg	104482

（2）结构特点

DZ225/7.5 - XD 底座主体结构为前高后低的箱块混合式结构，前台分上、中、下三层，下层由左右基座、拉杆、连接架等组成。中层由前支架、后支架、撑杆等组成。上层由立根盒、转盘梁、后座梁、铺台等组成。井架安装在底座前台底部两个纵向摆放的左右基座上，并设有调节井架的调节支座，其高度约为1.26m，以便井架低位安装。绞车安装在后台前方的绞车连接梁上，便于现场吊装。后台由三件纵向摆放的机组底座和一件纵向摆放的并车箱底座组成，便于装拆和移运。

起升井架前即可使底座前台构件(立根台、左右支腿、转盘梁、左右支架、左右起升三角架、后座梁及所装设备如转盘、转盘驱动箱、变频电机等)一次安装就位，只有立根台两侧的飘台留待井架起升后再安装。

转盘驱动箱、变频电机安装在后座梁上，可与后座梁一起运输。

起升井架的三角架既可用来起升井架，又可在井架起升后，使人字架翻转180°后作为钻台的一部分。钻台面宽阔，便于工作人员在钻台面上操作井口机械化工具。转盘梁底面净空间大，有利于安装井控装置。底座主体可拆构件采用销轴连接，装拆方便可靠。

5. BCX40LDB 并车传动箱

（1）主要技术参数(表2-18)。

表2-18　BCX40LDB 并车传动箱主要技术参数

总功率/kW	3×810	额定输入转速/(r/min)	647
外形尺寸/(mm×mm×mm)	10300×3120×2700	总质量/kg	23000

（2）工作原理

该并车传动箱主要由3根动力输入轴和3根动力输出轴组成。动力由3台柴油机组提供，经液力偶合正车减速箱传给3根输入轴，在并车传动箱内经过并车，动力分配到三个动力输出轴，分别带动两台1300泵、绞车、节能发电机、自动压风机。

并车传动箱的动力分配，由箱内设在二号输入传动轴上的齿套式离合器、一号泵传动轴上的齿套式离合器和设在一号输入传动轴输出端的离合器来完成。若齿套式离合器和气胎离合器均挂合时，则工作机构(钻井泵、自动压风机及绞车)均可分配到功率，此为最常用的动力分配方式。若二号输入传动轴上的齿套式离合器脱开时，则三号输入传动轴单独驱动二号泥浆泵；若一号泵传动轴上的齿套式离合器脱开时，则一号泵传动轴停止运转，一号泵停止工作，绞车停止工作，此时系统有润滑。

3个输入传动轴通过万向轴与液力偶合正车减速箱相连，一号、二号泵传动轴通过万向轴带动泥浆泵工作。在并车传动箱的靠柴油机一侧中部位置设有气控箱，通过对3套LT700/135气胎离合器的控制，来控制3台柴油机组为并车传动箱提供的动力，通过对3套AVB700/250气胎离合器的控制，来控制并车传动箱对两台泥浆泵和绞车提供的动力。

在一号传动轴和二号传动轴上装有润滑油泵驱动链轮，分别带动两台油泵工作，为并车传动箱的各摩擦副提供润滑油。

（3）结构特点

① 该传动箱的主墙板材料选用优质钢板，箱体顶部采用了整块钢板与主墙板组焊成一体，因而使得箱体的整体刚性、稳定性大大增强。

② 底座采用了4根360型槽型钢作为主大梁，而墙板就焊接在中间两根大梁上，使整

个并车传动箱的刚性、稳定性加强。

③ 主传动链条均采用多排小节距的石油专用滚子链，传动平稳、振动小。

④ 在一号传动轴和二号传动轴上设有手动齿套式离合器，能满足联合及单独驱动的需要。

⑤ 在箱体的顶部设有几处窗口，供安装链条及检修设备使用。窗口设有导油槽及挡油板，密封选用O形胶条，结构合理，密封可靠。

⑥ 在并车传动箱靠泥浆泵一侧的墙板上设有液温计，用来观察润滑油位的高低和温度。油位应保持在上、下油孔之间，以保证油箱有充足的油量，油泵不吸空，为润滑系统提供正常的压力油，确保设备正常运转。

⑦ 润滑系统位于传动箱柴油机另侧，它主要由齿轮油泵、调压阀、压力表、滤油器、管线、喷淋装置等件组成，为传动箱内各部位的轴承、链条及链轮提供润滑油。

喷淋装置上装有特制的喷油嘴，能将润滑油均匀的喷淋到链条上，充分的润滑链条。

润滑系统中设有滤油器，用于过滤润滑油，确保润滑系统为各摩擦副提供清洁的润滑油。滤油器通过法兰固定在箱体的墙板上，需要清洗滤油器时，拆开吸入滤清器上盖取出滤芯即可清洗。

⑧ 箱体外各离合器内的空套轴承均采用脂润滑，在其连接盘上或摩擦毂上设有加脂嘴（黄油嘴），供定期为轴承加润滑脂用。

⑨ 气路主管线均铺设在传动箱底座内，气路控制阀组件集装在底座内一处，其上设有活门，便于检查和维修。

（4）安装调试

① 将并车传动箱就位，安装对位调整装置（搭扣螺栓装置）和T形螺栓压紧装置（此时不能压紧）。

② 通过万向轴对接链条箱与绞车、链条箱与动力机组，等并车箱与其他部位的连接、定位、压紧等就位工作完成后再拧紧该部位的各连接螺栓。

③ 通过对位调整，找正并车传动箱与动力机组的连接，找正并车传动箱与泥浆泵的连接。

④ 并车传动箱与动力机组、泥浆泵和绞车之间均通过可伸缩式万向轴连接。安装万向轴之前，首先应检查万向轴与动力机组、泥浆泵和绞车连接部位的各定位面配合尺寸是否合适，各定位面是否有磕碰现象，检查无误后连接各万向轴，注意各连接螺栓不得少装弹簧垫圈，以防工作中因振动引起螺栓松动而失效。

⑤ 按指示牌说明连接各气路管线，气路管线不得出现硬死弯，保证气路畅通。

⑥ 检查各气胎离合器与摩擦毂的间隙，不得出现偏磨现象。

⑦ 接通气源，操纵控制台各手柄检查气路控制系统，各手柄所控制的气路动作必须正确、到位。

⑧ 给各离合器部位的加脂嘴（黄油嘴）加注锂基润滑脂，第一次加注约50g，以后每次加注约30g。

⑨ 给传动箱中加入1560L机械油（冬季L－AN46，夏季L－AN100），当油面低于油窗下油孔时，应补充300～500L润滑油，以防油泵吸空。

⑩ 检查齿套式离合器手动挂合、脱开是否灵活、到位。

⑪ 检查各窗口箱盖密封是否完好，搭扣螺栓是否紧固牢靠。

⑫ 安装各旋转件的防护罩，安装过桥梯子、栏杆及外围其他备件；检查并紧固各连接部位和压紧装置螺栓。

⑬ 试运转。试运转应分级逐步进行，首先在脱开绞车、泥浆泵的情况下，单个柴油机组分别与并车传动箱挂合逐个试车，再进行两个柴油机组与并车传动箱挂合试车，最后是三个柴油机组与并车传动箱挂合试车，依次挂合绞车、泥浆泵进行试运转。

试车注意事项：

◆ 整个试运转过程都是在无负荷的情况下进行空运转试车。

◆ 必须分级试车，每级试车时间不得少于20min，总试车时间不得少于4h。

◆ 在试车的全过程中，要注意观察各传动件的运转情况，检查各部位的温升、润滑系统是否畅通、到位等情况。

◆ 试车过程中出现异常现象(异常响声、局部温升过高)时，应立即停车检查，找出原因，排除故障后方可继续试车，不得带病试运转。

◆ 试运转的全过程要做好纪录，试车人员对试车全过程负责。试车记录要存入该设备档案。

(5) 常见故障及排除方法(表2－19)

表2－19 BCX40LDB并车传动箱常见故障及排除方法

序号	故障	原因	排除方法
1	设备噪音大	①链条太松 ②传动件磨损严重 ③轴承磨损严重或损坏	①调整链条 ②修理或更换磨损件 ③更换轴承
2	轴承发热严重	①润滑不良 ②链条过紧 ③轴承磨损严重或损坏 ④活端轴承不活动	①调整润滑油量(或加注润滑脂) ②调整链条 ③更换轴承 ④刮修轴承配合孔
3	漏油	①供油量太大 ②密封件损坏 ③回油不畅	①调小供油量 ②更换密封件 ③疏通回油孔
4	油泵不供油或油泵排量减少	①滤油器堵塞 ②油路堵塞 ③润滑油黏度太高 ④油箱内润滑油太少 ⑤油泵损坏	①清洗滤油器 ②疏通油路 ③更换润滑油 ④按规定加油 ⑤更换油泵
5	气胎离合器打滑	①气路压力过低 ②摩擦片磨损严重 ③气胎漏气 ④气路不畅通或漏气	①调高气路压力 ②更换摩擦片 ③更换气胎 ④检修气路
6	气胎离合器脱开迟缓	①放气阀损坏或太小 ②弹簧片太软或损坏 ③气控阀损坏	①更换放气阀 ②更换弹簧片； ③检修或更换气控阀
7	齿套式离合器手动不灵活	①齿端挂合倒角磨损严重 ②拨叉块磨损严重	①修理或更换磨损件 ②更换拨叉块

四、ZJ50/3150LDB 钻机

本节介绍的 ZJ50/3150LDB 钻机是胜利油田高原石油装备有限责任公司制造的复合驱动钻机，按 SY/T5609《石油钻机型式与基本参数》标准及有关 API 规范设计制造，总体传动基本型式为三机双泵，3 台柴油机液力耦合正车减速箱机组作为动力机组，通过整体链条并车传动箱，分别驱动绞车、2 台钻井泵、1 台自动螺杆压风机和节能发电机，转盘采用交流变频电机加链条减速箱独立驱动。

（一）钻机主要技术参数（表 2－20）

表 2－20　ZJ50/3150LDB 钻机主要技术参数

名义钻深范围/m	3800－5000（ϕ114mm 钻杆）	最大钩载/kN	3150
绞车额定功率/kW	1100（1500hp）	井架型式及有效高度 /m	K 型，45
绞车挡数	4 正挡	提升系统最大绳系	6×7（花穿）
绞车最大快绳拉力/kN	340	钻井钢丝绳直径/mm	ϕ35（1⅜in）
主刹车	液压盘式刹车	水龙头中心管通径/mm	ϕ75
辅助刹车	336WCB2 伊顿刹车	钻井泵型号×台数	F－1600×2
转盘开口名义直径/mm	ϕ952.5	底座型式	旋升式
转盘输入功率/kW	600（400V）	钻台高度/m	9
转盘挡数	Ⅱ挡	钻台面积/m^2	10×12
动力传动方式	链条整体并车	转盘梁底面高度/m	7.7
柴油机台数×主功率/kW	3×1000	柴油机转速/（r/min）	1500

（二）钻机总体布置与传动简介

钻机采用整体并车链条箱并车，将 3 台柴油机液力偶合器正车减速箱机组的动力进行合并分配，统一驱动绞车、2 台钻井泵、1 台空气压缩机和 1 台节能发电机。上钻台的动力由转盘电控制系统提供，通过交流变频电动机、减速箱、万向轴驱动转盘，电动机、减速箱安装在钻台后座梁上，可与后座梁一体搬迁运输。K 型井架，旋升式底座，利用绞车动力起升，井架和底座前台主要设备均低位安装。钻机布置满足防爆、安全、钻井工程及设备安装、拆卸、维修方便的要求。钻机分六个区域：钻台区、泵组区、动力区、泥浆循环与水罐区、油罐区、井场用房区。其中，钻台区：包括井架、底座、转盘、悬吊系统、井口机械化设备及工具、钻台偏房、钻杆滑道及排放架、提升机等设备。钻台上配 2 台 50kN 气动绞车。泵组区：布置有 2 台 F－1600 泥浆泵、钻井液管汇等。动力区：绞车、柴油发电机组房、VFD/MCC 房，空压机和气源净化装置形成一个整体机房，3 台柴油机及并车装置布置在钻台后部。泥浆循环及水罐区：包括泥浆循环罐、泥浆净化设备及水罐等。油罐区：包括各种油罐、泵及管线。井场用房区：包括井控房、材料房和钳工房等。

钻机传动原理见图 2－5、图 2－6。

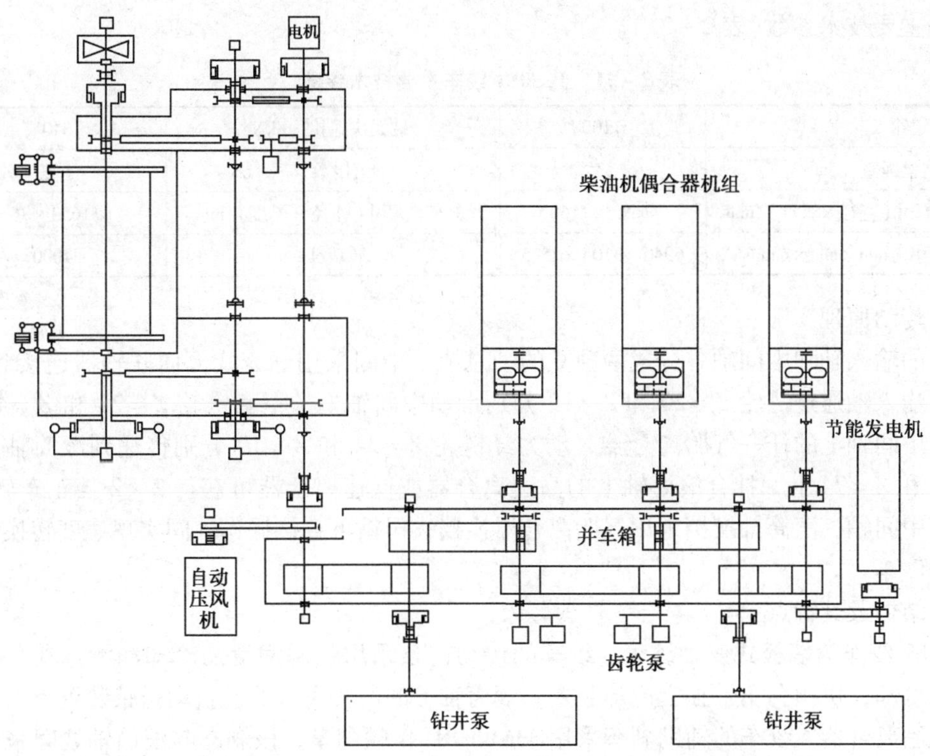

图 2－5　ZJ50/3150LDB 钻机传动原理图(绞车、泥浆泵部分)

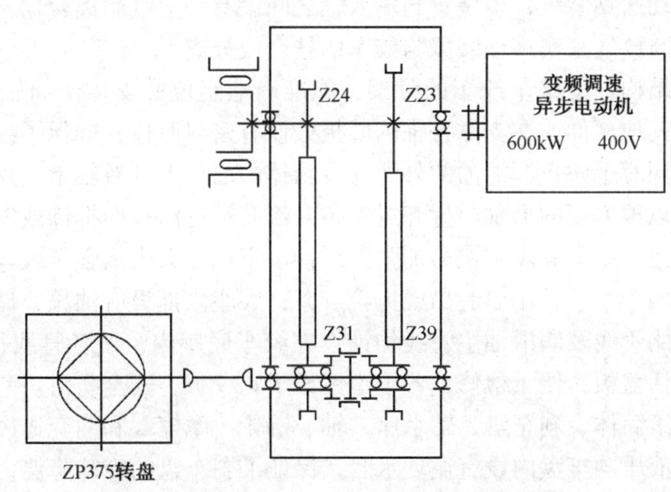

图 2－6　ZJ50/3150LDB 钻机传动原理图(转盘部分)

(三) 钻机主要部件

1. JC50S1 绞车

JC50S1 绞车主体主要由绞车架、输入轴、中间轴、滚筒轴、气路、润滑系统、自动送钻及伊顿刹车等组成。来自柴油机的动力经液力耦合正车箱、并车箱传至绞车输入轴，经中间轴上换挡机构、链轮及滚筒轴两端的高、低速气胎离合器，使绞车滚筒获得 4 级速度，优化了钻井功率和速度的合理分配，提高了钻井功率利用率及钻进效率。

（1）主要技术参数(表2-21)。

表2-21 JC50S1绞车主要技术参数

额定输入功率/kW	1100	最大快绳拉力/kN	340
钢丝绳直径/mm	ϕ35	挡数	4正
开槽滚筒尺寸(直径×长度)/mm	ϕ685×1160	刹车盘尺寸(外径×厚度)/mm	ϕ1650×76
外形尺寸/(mm×mm×mm)	6940×3105×2575	质量/kg	34000

（2）传动原理

绞车的输入轴和中间轴各分成两独立的轴总成。中间采用球笼式万向联轴器连接起来。运行时，输入轴通过链轮 $Z=20$ 和 $Z=19$ 分别带动中间轴上的空套链轮 $Z=23$ 和 $Z=42$ 旋转，挂合中间轴上的任一气胎离合器，动力经链轮 $Z=34$ 和 $Z=19$ 分别传递到滚筒轴上链轮 $Z=37$ 和 $Z=74$ 上，挂合滚筒轴上的高速离合器或低速离合器可获得2×2挡正车转速。输入轴、中间轴、滚筒轴换挡采用气胎离合器换挡，司钻可直接操作气阀实现速度转换，换挡时无须停车。

（3）结构及其特点

JC50S1绞车为墙板式三轴绞车。绞车的传动链条采用强制润滑油冷却润滑，刹车盘采用循环水冷却，伊顿刹车带独立冷却装置，滚筒轴上的两套离合器及自动送钻装置上的离合器均为气胎离合器。绞车的辅助刹车采用336WCBD伊顿刹车，该刹车与滚筒轴之间采用齿式离合器联接，一般不分离。

为了减轻司钻在深井钻进时的劳动强度，在传统机械钻机的模式上，增加了一个由交流变频电机驱动的自动送钻装置，该装置与输入轴之间设有一套气胎离合器，通过气路控制阀来控制气胎的充气与放气来实现该装置与绞车的挂合或分离。

绞车架为箱型结构，是整个绞车的骨架，能准确地定位并支撑滚筒轴总成、中间轴总成、输入轴总成及其他部件。在支撑各轴的墙板处设有密封腔体，确保了绞车传动系统与外界污染源的隔离，同时也防止润滑油的外泄漏。箱体的墙板上开有轴承座安装孔，输入轴总成和中间轴总成可以很方便的沿轴向拆卸或安装，滚筒轴可沿径向拆卸或安装。轴承座定位可靠，安装连接方便。绞车底座主梁为加强型焊接工字钢，大大增强了绞车架的刚性和稳定性。底座上设置了四个吊耳，用以起吊或拖拉绞车；底座内部设有油箱，储存绞车润滑油并起散热作用；主气路管线及润滑油主管线均铺设在绞车底座内，使各管线得到很好地保护，在合适的位置设有活盖板，便于检修，各走道铺设了花纹板，安全防滑。

滚筒轴总成由滚筒体、刹车盘、轴承座、轴、链轮、摩擦毂和两套通风式气胎离合器等组成。滚筒上两个液压刹车盘内设有循环水套，保证了刹车盘的冷却降温，提高了其使用寿命。冷却水经过滚筒轴水气葫芦进入两个刹车盘的循环水套，循环后再经过水气葫芦返回水箱，不断循环冷却刹车盘。在水气葫芦上装有导气接头，导气接头通过螺纹安装在水气葫芦上，水气葫芦内部将水和气分开，为刹车盘提供循环冷却水，同时为低速离合器提供压缩空气。滚筒轴总成左端(从井口位置看)装有伊顿刹车，伊顿刹车尾部装有导气接头，为高速离合器提供压缩空气。

滚筒体为组合件，筒体上设有利巴斯绳槽，使钢丝绳缠绕时排列整齐有序，避免相互间的挤压，有效的延长了钢丝绳的使用寿命。滚筒体右侧设有绳窝，绳窝内装有绳卡，拆卸方便。

滚筒轴总成两端的摩擦毂与该端的空套链轮为刚性连接，气胎离合器与滚筒轴通过连接盘连为一体，当气胎充入压缩空气时，摩擦片沿离合器径向移动抱紧摩擦毂，产生摩擦力矩，将动力由中间轴总成传入滚筒轴总成，使滚筒轴总成获得两级转速（即高、低速）。在与气胎离合器配合的连接盘及摩擦毂上设有过孔和螺孔，当气路或气胎离合器出现故障时，装上事故螺栓，它将连接盘和摩擦毂连接为一体传递动力，作为应急之用。

中间轴分为两部分，由绞车前方看，左侧为中间轴Ⅰ，右侧为中间轴Ⅱ。中间轴Ⅰ由通风型气胎离合器、链轮、轴承座等组成；中间轴Ⅱ由双 LT700×135 通风型气胎离合器、链轮、齿轮、轴承座等组成。两中间轴均采用了空套链轮，便于更换离合器及轴的安装、检修。两中间轴之间采用连接轴联接。

输入轴也分为两部分，由绞车前方看，左侧为输入轴Ⅰ，装有一个离合器和空套链轮，右侧为输入轴Ⅱ。输入轴Ⅰ由链轮、轴承座和空套链轮、LT500×250 离合器等组成，驱动润滑油泵。驱动绞车的动力通过输入轴Ⅱ轴头上的法兰传入绞车。

自动送钻装置主要由交流变频电机、减速机、摩擦毂及气胎离合器等组成，它通过气胎离合器与绞车输入轴相联，在绞车脱离柴油机动力输入的情况下，调整变频电机的转速到理想转速，挂合气胎离合器，可实现自动下钻功能。

2. 转盘驱动装置

ZPX50LDB 转盘驱动装置由交流变频电动机、传动箱、万向轴组成。传动箱由整体焊接箱体、输入轴、输出轴等组成。内部动力是通过两对三排链轮进行动力传递。传动原理图见图 2－5。传动箱通过螺栓连接在转盘梁上，交流变频电动机输出轴通过鼓形齿式联轴器与传动箱输入轴相连接，传动箱输出轴通过球笼等速万向联轴器与转盘输入轴法兰连接，传递转速和扭矩；传动箱配有 1 台独立的防爆电机驱动油泵，强制润滑链轮、链条、换挡齿轮、输入轴主轴承、输出轴主轴承，在司钻房中有仪表显示机油压力。主要技术参数见表2－22。

表 2－22　转盘驱动装置主要技术参数

转盘型号	ZP375	电机额定功率/kW	600
最高转速/（r/min）	745	电机额定电压/V	400

3. 底座

DDZ315/9－X 底座为旋升式结构，底座由下基座、前后立柱、人字架、上座、立根盒、绞车梁及转盘梁等主要构件组成。设计采用平行四边形机构的运动原理，从而实现了高台面设备的低位安装。采用绞车动力，利用大钩通过绳系使底座从低位整体起升到工作位置。底座采用了高台面、大空间的结构，从而满足了深井钻机对井口安装防喷器高度的要求，并使泥浆回流管有足够的回流高度。根据高钻台的特点，底座配置了安全滑梯，钻井作业过程有紧急情况时保证操作人员能迅速撤离钻台。底座加宽台中设有机油罐，以便废油回收，保护环境，同时减少运输单元。在绞车底座中设有水箱，既可以保证绞车冷却用水和打扫卫生用水，同时减少运输单元。底座中设有液压缓冲装置，既方便了底座的起放，又安全可靠。在转盘梁下方设有手拉小车和手拉葫芦，方便井口装置的安装与拆卸。底座上各种管线都预制到底座中，使钻台整齐、美观。主要技术参数见表 2－20。

4. 井架

JJ315/45 - K 井架为前开口井架，井架前面敞开，主体各构件之间用销子连接，井架水平低位安装，可利用绞车动力整体起升。井架共分 5 段，每段均由左右两大片组成，两片背面均用横梁和斜拉杆通过销子连接在一起，这种结构的井架，运输储存时可以叠装，减少了运输车辆和库存面积。井架大腿采用宽翼缘工字钢，抗弯能力强，在工作和运输中不易碰弯。井架设有两副悬吊扒杆，与钻台上专用气动绞车相配合，可将钻台及周围 2t 以下重物很方便的吊到所需位置。井架左右侧设有扶梯，左侧扶梯可使井架工由钻台面到达二层台及天车台。右侧扶梯可到立管台及二套台。二层平台与井架大腿之间用销子连接，中间操作台为折叠式结构，有利于起放井架时游动系统顺利通过。同时，二层平台还设有气动绞车，使钻铤拉动时省力、安全、方便。二层平台内所设指梁和钻铤卡方便了钻铤和钻杆立根的排放。二层平台三面设有挡风板。主要技术参数见表 2 - 20。

5. 链条并车箱

链条并车箱为钻机的后台传动设备，它作为钻机的一个部件随整机出厂，也可作为配套设备单独出厂，可配自动压风机。

（1）工作原理

该并车传动箱主要由 3 根动力输入轴和 3 根动力输出轴组成。动力由 3 台柴油机组提供，经液力偶合正车减速箱传给 3 根输入轴，在并车传动箱内经过并车，动力分配到 3 个动力输出轴，分别带动两台 F - 1600 泵、节能发电机、自动压风机及绞车。

3 个输入传动轴通过万向轴与液力耦合正车减速箱相连，一、二号泵传动轴通过万向轴带动泥浆泵工作。在并车传动箱的靠柴油机一侧中部位置设有气控箱，通过对 3 套 LT700 × 135 气胎离合器的控制，来控制 3 台柴油机组为并车传动箱提供的动力，通过对 2 套 AVB700 × 250 气胎离合器的控制，来控制并车传动箱对 2 台泥浆泵提供的动力。输出轴装有 AVB700 × 250 气胎离合器，靠它的离、合控制绞车的工作状态。

在一号传动轴和二号传动轴上装有润滑油泵驱动皮带轮，分别带动 2 台油泵工作，为并车传动箱的各摩擦副、支撑轴承提供润滑油。

（2）结构特征

该传动箱的主墙板材料选用优质钢板，箱体顶部采用了整块钢板与主墙板组焊成一体，因而使得箱体的整体刚性、稳定性大大增强。底座采用了 4 根工字钢作为主大梁，而墙板就焊接在中间两根大梁上，使整个并车传动箱的刚性、稳定性加强。主传动链条均采用多排小节距的石油专用滚子链，传动平稳、振动小。在箱体的顶部设有几处窗口，供安装链条及检修设备使用。窗口设有导油槽及档油板，密封选用耐油橡胶条，结构合理，密封可靠。

在并车传动箱靠泥浆泵一侧的墙板上设有油窗，用来观察润滑油位的高低。油位应保持在上、下油孔之间，以保证油箱有充足的油量，油泵不吸空，为润滑系统提供正常的压力油，确保设备正常运转。润滑系统位于传动箱靠泥浆泵一侧，它主要由齿轮油泵、调压阀、压力表、滤油器、管线、喷淋装置等件组成，为传动箱内各部位的轴承、链条及链轮提供润滑油。喷淋装置上装有特制的喷油嘴，能将润滑油均匀的喷淋到链条上，充分润滑链条。箱体外各离合器内的空套轴承均采用脂润滑，在其连接盘上或摩擦毂上设有加脂嘴(黄油嘴)，供定期为轴承加润滑脂用。

气路主管线均铺设在传动箱底座内，气路控制阀组件集装在底座内一处，其上设有活门，便于检查和维修。

6. 电传动控制系统

转盘电驱系统用1套630kW/400V的变频系统驱动1台600kW/400V的变频电机，采用有速度传感器的矢量控制方案实现转盘电机的无级调速并精确控制转矩，传动平稳，过载能力强，具备完善的转盘力矩限制及机电联锁保护功能。另配1套55kW/400V变频系统驱动45kW/400V自动送钻电机。以上两套系统与MCC系统、2台500kW柴油发电机组、1台600kW节能发电机的控制系统等均置于一个电控房内。电控房内配有空调系统、照明系统等等。其中MCC系统采用抽屉式结构，软启动方式。所有配套设备及配件达到防爆要求。所有电缆布局规范标准，符合SY/T 5957—94规范要求。

五、ZJ70/4500LDB 钻机

本节介绍的ZJ70/4500LDB钻机是宝鸡石油机械有限责任公司生产的复合驱动钻机，该钻机不仅有交流变频钻机的优点，而且也具备价格低廉的机械传动钻机优势，按SY/T5609《石油钻机型式与基本参数》标准及有关API规范设计制造，总体传动基本型式为三机双泵，3台柴油机液力耦合正车减速箱机组作为动力机组，通过整体链条并车传动箱，分别驱动绞车及2台钻井泵，转盘采用交流变频电机独立驱动。

（一）钻机主要技术参数(表2-23)

表2-23　ZJ70/4500LDB 钻机主要技术参数

名义钻深范围		最大钩载/kN	4500
ϕ127mm(5in)钻杆/m	4000~6000	井架型式及有效高度/m	前开口型，45.5
ϕ114mm(4½in)钻杆/m	4500~7000	提升系统最大绳系	6×7(顺穿)
绞车额定功率/kW	1470(2000hp)	钻井钢丝绳直径/mm	ϕ38(1½in)
绞车挡数	4挡正车	提升系统滑轮外径/mm	ϕ1524(60in)
主刹车	液压盘式刹车	水龙头中心管通径/mm	ϕ75
辅助刹车	436WCBD伊顿刹车	钻井泵功率×台数/kW	1176×2
转盘开口名义直径/mm	ϕ952.5	底座型式	旋升式
转盘挡数	独立驱动　无级调速	钻台高度/m	9
动力传动方式	柴油机—液力耦合正车车减速箱—并车箱—泥浆泵/绞车	钻台面积/m²	10×12
柴油机台数×主功率/kW	3×810	转盘梁底面高度/m	7.41
柴油机转速/(r/min)	1300	变频电动机功率/kW	600

（二）钻机总体布置与传动简介

钻机采用3台G12V190PZL-3/0柴油机组作为主动力分别驱动绞车和2台泥浆泵。转盘单独由1台交流变频电机驱动，井架和底座前台主要设备均低位安装，钻机布置满足防爆、安全、钻井工程及设备安装、拆卸、维修方便的要求。钻机分六个区域：钻台区、泵组区、动力区、泥浆循环与水罐区、油罐区、井场用房区。其中，动力区包括绞车、柴油机组、并车箱、柴油发电机组房、VFD/MCC房、气源净化装置等。

钻机传动原理见图2-7。

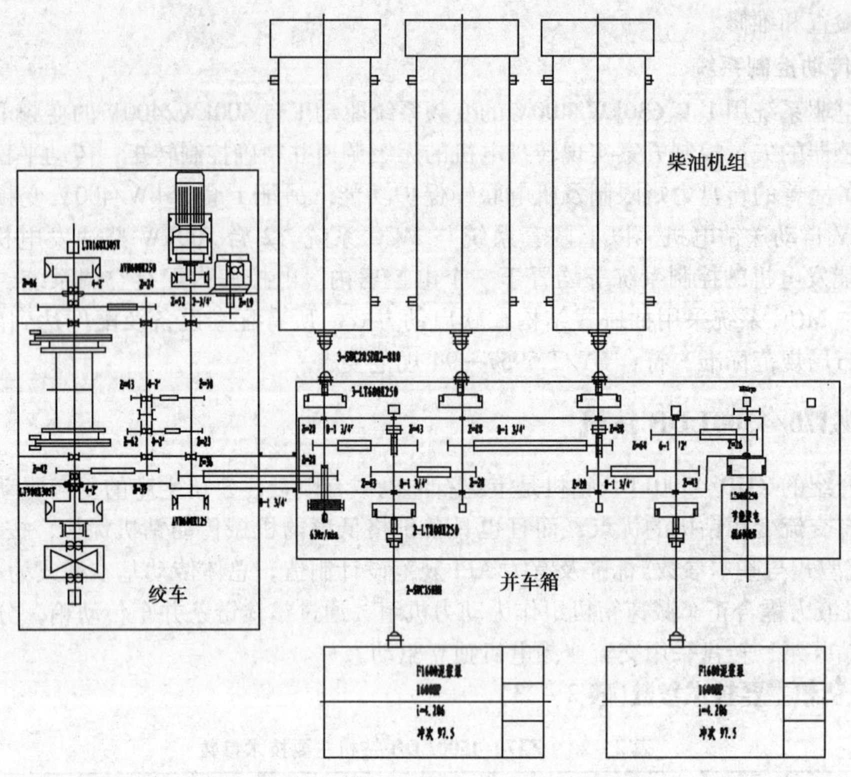

图 2-7　ZJ70/4500LDB 钻机传动原理图

（三）钻机主要部件

1. JC-70B$_3$ 绞车

JC-70B$_3$ 绞车主体主要由绞车架、输入轴、中间轴、滚筒轴、气路、润滑系统、自动送钻及辅助刹车等组成，主要技术参数见表 2-24。

表 2-24　JC-70B$_3$ 绞车主要技术参数

额定输入功率/kW	1470	最大快绳拉力/kW	485
钢丝绳直径/mm	ϕ38(1½in)	挡数	4 正(气控自动换挡)
开槽滚筒尺寸(直径×长度)/mm	ϕ770×1310	刹车盘尺寸(外径×厚度)/mm	ϕ1520×76
外形尺寸/(mm×mm×mm)	8054×3242×2659	质量/kg	51338

绞车为墙板式三轴绞车。绞车的传动链条采用强制润滑油冷却润滑，刹车盘采用循环水冷却，电磁涡流刹车自带风机冷却，滚筒轴上的 2 套气胎离合器及自动送钻装置上的气胎离合器均为通风型气胎离合器。

在中间轴上的两个空套链轮间设有一个齿套式离合器，换挡机构通过拨叉来控制齿套式离合器的挂合或分离，达到两级换挡之目的，换档机构采用气缸换挡及锁挡，在滚筒轴两端分别装有高、低速气胎离合器，可使绞车获得两级换挡。为了使齿套式离合器能顺利地实现绞车换挡，在输入轴上设有微摆装置(即换挡时起到微调作用，实现顺利换挡)，同时，它还可以用来对绞车进行惯性刹车。绞车的辅助刹车采用 436WCBD 伊顿气动盘式刹车，该刹车与滚筒轴之间采用齿套式离合器联接，手动控制挂合或分离。

来自柴油机的动力经液力耦合正车箱、并车箱和爬坡链条箱传至绞车输入轴，经中间轴上换挡机构、链轮及滚筒轴两端的高、低速气胎离合器（LT965/305T 和 LT1168/305T），使绞车滚筒获得 4 级速度，优化了钻井功率和速度的合理分配，提高了钻井功率利用率及钻进效率。绞车传动原理见图 2－8。

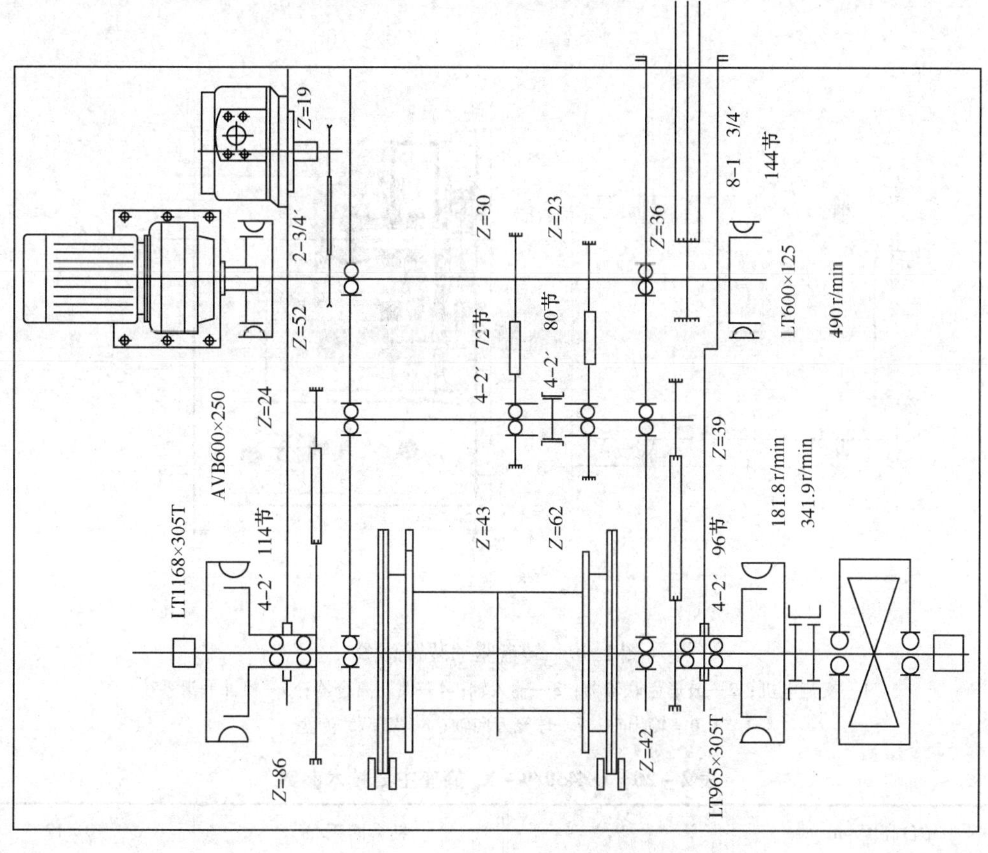

图 2－8 JC－70B$_3$ 绞车传动原理图

2. 转盘驱动装置

转盘驱动装置主要由 ZP375 转盘、YJ23B 交流变频电机、链条箱、惯刹等组成（图 2－9）。交流变频电机输出轴通过鼓形齿联轴器与链条箱输入轴相连接，链条箱输出轴通过球笼等速万向轴与转盘输入轴连接，传递转速和扭矩。惯刹气胎离合器与交流变频电机输出轴同轴，电动机断电、气胎离合器通气，摩擦鼓产生的摩擦阻力传至外圈，而气胎离合器外圈是固定在箱体上，因此对电机产生了制动。主要技术参数见表 2－25。

表 2－25 转盘驱动装置主要技术参数

转盘型号	ZP375	电机型号	YJ23B
最高转速/（r/min）	240	电机功率/电压/（kW/V）	600/600

3. TC－450 天车、YC－450 游车、DG－450 大钩、SL－450 水龙头、JJ450/45K 井架（略）

4. DZ450/9－X$_6$ 底座

DZ450/9－X$_6$ 底座为旋升式结构，底座由下基座、前后立柱、人字架、上座、立根盒，转盘梁及后台等主要构件组成。底座设计采用旋升式，从而实现了高台面设备的低位安装。

采用绞车动力，利用大钩通过绳系使底座从低位整体起升到工作位置。底座采用了高台面、大空间的结构，从而满足了深井钻机对井口安装防喷器高度的要求，并使泥浆回流管有足够的回流高度。主要技术参数见表2-26。

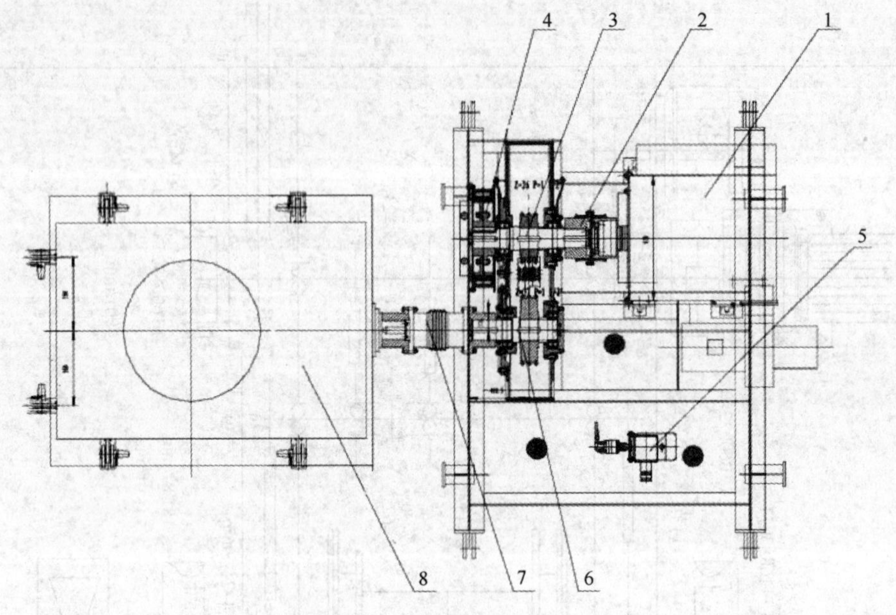

图2-9　转盘驱动装置总图

1—交流电机；2—鼓形齿联轴器；3—输入轴；4—惯刹离合器；5—机油润滑系统；6—输出轴；7—球笼万向轴；8—ZP375 转盘

表2-26　DZ450/9-X_6 底座主要技术参数

钻台高度/m	9	钻台面积/m^2	10×12
转盘梁底面高度/m	7.4	井口中心至滚筒中心线距离/m	3.762
转盘最大载荷/kN	4500	理论质量/kg	157583

5. 并车传动箱

该并车传动箱主要由3根动力输入轴和3根动力输出轴组成。动力由3台柴油机组提供，经液力耦合正车减速箱传给3根输入轴，在并车传动箱内经过并车，动力分配到3个动力输出轴，分别带动2台泥浆泵、节能发电机及绞车。

并车传动箱的动力分配，由箱内的齿套式离合器和设在一号输入传动轴输出端的324H推盘式离合器来完成。

3个输入传动轴通过万向轴与液力耦合正车减速箱相连，一、二号泵传动轴通过万向轴带动泥浆泵工作。在并车传动箱的靠柴油机一侧中部位置设有气控箱，通过对3套AVB600/250气胎离合器的控制，来控制3台柴油机组为并车传动箱提供的动力，通过对2套AVB800/250气胎离合器的控制，来控制并车传动箱对2台泥浆泵提供的动力。一号输入传动轴输出端装有324H推盘式离合器，靠它的离、合控制绞车的工作状态。

在一号传动轴和三号传动轴上装有润滑油泵驱动链轮，分别带动2台油泵工作，为并车传动箱的各摩擦副提供润滑油。主要技术参数见表2-27。

表 2－27 并车传动箱主要技术参数

总功率/kW	3×810	额定输入转速/(r/min)	660
外形尺寸/(mm×mm×mm)	11150×3120×2211	总质量/kg	31000

6. 电传动系统

转盘电传动系统为交流变频系统，驱动 1 台 600kW/600V 的变频电机，采用有速度传感器的矢量控制方案实现转盘电机的无级调速并精确控制转矩，传动平稳，过载能力强，具备完善的转盘力矩限制及机电联锁保护功能，并为以后顶驱使用和控制提供接口。另配 1 套 55kW/400V 变频系统驱动 45kW/400V 自动送钻电机，采用先进力矩控制技术，实现钻机的恒钻压自动送钻，通过现场总线技术完成钻井参数实时显示、钻井操作、故障保护、触摸控制等功能，同时还具备 PLC 应急操作回路。两套系统均配系统控制软件，且具有自诊断及参数实时显示、记录和打印等功能。

以上 2 套系统与 MCC 系统、2 台 VOLVO 400kW 柴油发电机组、1 台 600kW 节能发电机的控制系统、800kVA 的干式变压器等均置于一个电控房内。电控房内配有空调系统、照明系统等。其中 MCC 系统采用抽屉式结构，软启动方式。所有配套设备及配件达到防爆要求。所有电缆布局规范标准，符合 SY/T 5957—94 规范要求。

第三节 电动钻机

电动钻机被广泛应用于陆地深井和海洋石油钻井上。特别是电力技术与电子技术的发展，使电动钻机系统的重量减轻，成本降低，加速了电动钻机的发展。电动钻机具有系统简单、动力分配合理、效率高、易于装卸运输、维护管理方便、环境保护好等优点，目前已成为石油钻井主力钻机。

一、ZJ40/2250DB 钻机

本节介绍的 ZJ40/2250DB 钻机是胜利油田高原石油装备有限责任公司设计开发的一种 AC－DC－AC 交流变频电传动全数字控制钻机。柴油发电机组提供动力，经交流变频电传动系统将 600V/50Hz 交流电变为频率可调的交流电，利用交流变频电机驱动绞车、泥浆泵和转盘。该钻机可用于 4000m 井深的钻井作业，钻机设计符合 SY/T 5609—1999《石油钻机型式与基本参数》标准及有关的 API 规范，钻机能满足钻井新工艺的要求。

（一）钻机主要技术参数（表 2－28）

表 2－28 ZJ40/2250DB 钻机主要技术参数

名义钻深范围/m	(ϕ114mm 钻杆) 2500～4000	井架型式	K 型
	(ϕ127mm 钻杆) 2000～3200	井架有效高度/m	42.5
最大钩载/kN	2250	立根容量/m(ϕ114mm 钻杆，28m 立根)	4000
最大钻柱重量/t	120	底座型式	旋升式
绞车额定功率/kW	720	钻台面高度/m	7.5
快绳最大拉力/kN	275	柴油发电机组台数及功率/kW	3×1040

续表

名义钻深范围/m	(Φ114mm 钻杆) 2500～4000	井架型式	K 型
	(Φ127mm 钻杆) 2000～3200	井架有效高度/m	42.5
提升系统绳系	6×7	动力传动方式	AC－DC－AC，一对一矢量控制
钢丝绳公称直径/mm	Φ32	转盘型号	ZP275
通孔直径/mm	698.5		

（二）钻机布置与传动简介

钻机主要由绞车传动装置模块、转盘传动装置模块以及钻井机泵组传动装置模块等组成。由 3 台三菱重工柴油发电机组作为主动力，发出 50Hz、600V 的交流电经 VFD 柜后变为可调频的交流电分别驱动绞车、泥浆泵和转盘的交流变频电动机。绞车由 1 台 720kW 的电机做主驱动、1 台 37kW 的电机自动送钻，转盘由 1 台 600kW 电机独立驱动，2 台泥浆泵各由 1 台 1100kW 的电机驱动。电动控制采用一对一方式，即一套 VFD 柜控制 1 台交流变频电动机。钻机共配有 5 套 VFD 柜，其中 1 套用于自动送钻装置的控制。

1. 绞车传动装置模块

绞车由 1 台功率为 720kW 的交流变频电机驱动，通过鼓形齿联轴器与减速箱相连，经减速箱二级齿轮减速后，再通过鼓形齿联轴器将动力传入至滚筒轴。绞车结构型式为单滚筒轴式。滚筒轴总成的轴承座通过螺栓安装在绞车架上。滚筒筒身带有绳槽。绞车主刹车采用主电机能耗制动，辅助刹车采用液压盘式刹车。绞车滚筒轴主轴承采用润滑脂润滑，齿轮箱中的所有齿轮和轴承全部采用喷油润滑。

2. 转盘传动装置模块

转盘由 1 台功率为 600kW 的交流变频电机驱动，通过鼓形齿联轴器与链条箱相连，经链条箱减速后，再通过万向轴驱动转盘。链条箱输出轴安装有惯刹离合器。链条箱链条采用强制喷油润滑，链条箱各轴承采用润滑脂润滑。

3. 机泵组传动装置模块

钻井机泵组传动装置为 1 台 1100kW 交流变频电机通过皮带驱动 1 台泥浆泵。井架为前开口 K 型，利用绞车动力起升，井架设备均低位安装。绞车主刹车为能耗制动刹车，辅助刹车为单边液压盘式刹车。钻机布置满足防爆、安全、钻井工程及设备安装、拆卸、维修方便的要求。钻机分为五个区域：钻台区、动力及电控区、泵组区、固控区、油罐区。各区域之间油、气、水、电等连接管线均铺设在管线槽内，管线槽采用折叠式，内装电缆线和上钻台管线，可实现搬家不拆电缆和管线，折叠整体运输。上钻台管线槽可随钻机起册就位。

（三）钻机主要部件

1. TC225 天车

最大钩载为 2250kN，滑轮外径 Φ1120mm，穿绳方式为花穿，滑轮设有挡棍可防止钢丝绳跳槽或从绳槽脱落，所有轴承均由装在轴端的润滑脂杯进行单独润滑，配起重量为 5t 的桁架式起重架，天车下设辅助滑轮 4 个，所有滑轮有安全链。天车架设有缓冲梁并加护网。

2. JJ225/42.5－K2 井架

基本参数见表 2－29。

表 2-29　JJ225/42.5-K2 井架基本参数

型　式	K 型	二层台高度/m	24.5，25.5，26.5
最大钩载/kN	2250	抗风能力	
有效高度/m	42.5	无立根无钩载/(km/h)	风速 172
顶跨(正面/侧面)/m	2.0×2.0	满立根无钩载/(km/h)	风速 130
底跨/m	7.735m×2.5	起放井架/(km/h)	风速 30
立根容量/m(Φ114mm 钻杆 28m 立根)	4000		

井架设计为前开口式无绷绳井架，主要由井架主体，人字架，二层台，梯子，立管操作台，起升装置和井架附件等组成。井架主体分五段：第Ⅰ段后腿分出两条支腿用以支撑导向滑轮，背部有背扇刚架，第Ⅰ段分为左、右两个片架，各四个桁格；第Ⅱ、Ⅲ、Ⅳ段均为左、右两个片架，每个片架分为四个桁格，背部有刚架和斜拉杆；第Ⅴ段为左、右两个片架，每个片架分为两个桁格，背部有拉杆和斜拉杆。以上结构组成井架的前开口“K”形结构。

井架和人字架其前后支腿座落于底座底层的左、右下座上。井架调节方式：前大腿支座采用工具油缸加垫片调节，后斜腿支座采用螺杆顶出和收回方式调节井架倾角，以便使大钩对中井眼。井架低位水平安装，通过基座上的人字架，整体起放井架，起升方式采用一次穿绳先起井架，固定井架，再起底座，再固定底座的方式，动力采用钻机自身动力。井架起升时快绳绕过安装在人字架大横梁上的一导向滑轮，在起升井架时对快绳起支承和导向作用。

当井架起升快到位时，由固定在人字架上的缓冲液缸来吸收井架起升时重心通过死点时产生的惯性力完成缓冲作用，同时也由它完成井架下放初始顶推作用。井架靠近二层台附近的主体及二层台四面周围安装挡风板。可减轻井架工操作时遭受的风沙袭击。井架设计充分考虑了司钻的视野及操作。井架具有安装方便、重量轻、稳定性好、视野宽敞等特点。

3. DZ225/7.5-X 底座

技术参数见表 2-30。

表 2-30　DZ225/7.5-X 底座技术参数

钻台高度/m	7.5	转盘梁底面至地面净空高/m	6.3
钻台面积/m^2	13×9.9	转盘梁负荷/kN	2250

底座为旋升式平行四边形结构，分底层、中层总成(包括起升、下放装置)、顶层台面、台面栏杆和底座附件五个部分。底层主要包括左前下座、左后下座、右前下座、右后下座、底拉梁和底层斜拉梁等。顶层主要包括与纵向井眼中心线对称的左上座、右上座、左右上座之间的立根盒、转盘梁、绞车梁、后支架和片架等。在右上座上装有转盘独立驱动电机。台面主要包括铺板、盖板等。中层总成包括两个矩形片架，四个立柱，两个斜三角片架，起升装置和下放装置等。每个片架的下端与底层销子联接，上端与顶层销子联接，构成两个平行四边形结构。底座附件主要包括工具坡道、滑梯、坡道、梯子、转梯、栏杆等。

底座的安装：低位安装好底座底层、顶层、连接前立柱、后立柱、拉杠和三角片架，8 个 $\phi100$、8 个 $\phi80$ 和 6 个 $\phi60$ 销子连接底层和顶层，并安装好钻台设备之后，起升井架。井架起升完毕之后，以钻机主绞车为动力，通过直立井架中的游动系统，带动起升底座的绳系。使底座顶层、底层与前立柱、后立柱、拉杠和三角片架构成的平行四边形发生变化，将钻台起升到工作位置。底座起升基本到位时，底座液压系统的液缸起缓冲作用，以便使底座平稳、安全地就位。底座下放时，其液压系统的液缸将顶层顶过死点后，缓缓下放。

4. JC40DB 绞车

技术参数见表 2－31。

表 2－31　JC40DB 绞车技术参数

电动机额定功率/kW	720	主刹车	电机能耗制动刹车
电动机额定转速/(r/min)	601	辅助刹车	液压盘式刹车
绞车最大功率/kW	720	刹车盘尺寸(直径×宽度)/mm	ϕ1500×76
快绳最大拉力/kN	275	绞车挡数	1 正 1 倒(无级调速)
钢丝绳公称直径/mm	ϕ32	绞车外形尺寸/(mm×mm×mm)	4230×3000×2630
滚筒尺寸(直径×长度)/mm	ϕ640×1138	绞车理论质量/kg	18600

JC40DB 绞车是一种交流变频控制的单轴绞车，它主要由交流变频电动机、齿轮减速箱、液压盘刹、滚筒轴、绞车架、自动送钻装置、空气系统、润滑系统等单元部件组成。绞车动力由 1 台功率为 720kW 的交流变频电机驱动，变频调速范围宽。绞车只设一挡，无需专门的换挡机构，绞车输入转速无级调速。绞车主刹车为能耗制动刹车，刹车力矩大，工作安全可靠。绞车辅助刹车由液压盘式刹车实现。绞车传动采用大模数、硬齿面齿轮传动，齿轮及轴承润滑采用强制润滑，传动平稳，润滑可靠。绞车电机、减速箱、滚筒轴及刹车系统等均安装在一个底座上，可构成一个独立的运输单元。绞车所有控制(电、气、液)均集中在司钻控制房内，操作方便、灵活。

绞车主传动由 1 台 7200kW 的交流变频电动机经联轴器同步将动力输入齿轮减速箱输入轴，经二级齿轮减速后将动力传给绞车滚筒轴，绞车整个变速过程完全由主电机交流变频控制系统操作实现。绞车自动送钻装置由 1 台 37kW 的交流变频电机驱动，动力经 1 台大速比减速器、离合器后传入主齿轮减速箱，再通过主齿轮减速箱一级减速后带动绞车滚筒轴完成自动送钻过程。

5. 转盘驱动装置

技术参数见表 2－32。

表 2－32　转盘驱动装置技术参数

交流电机型号	YJ23B	额定输入功率/kW	600
额定输入扭矩/N·m	8684	最高输入转速/(r/min)	1060
额定输出扭矩/N·m	11748	恒扭矩最高输出转速/(r/min)	745

转盘驱动装置主要由 ZP275 转盘、YJ23B 交流变频电机、链条箱、惯刹等组成。转盘、YJ23B 交流变频电机、链条箱分别连接在底座。链条箱由整体焊接箱体、输入轴、输出轴等组成，内部动力是通过一对三排链轮进行动力传递，交流变频电机输出轴通过鼓形齿联轴器与链条箱输入轴相连接，链条箱输出轴通过球笼等速万向轴与转盘输入轴连接，传递转速和扭矩。转盘通过耳板、销轴和调节丝杆与底座连接。

交流变频电机通过螺栓与底座上的垫块连接，中间夹有调整垫。LT500/125 气胎离合器轴心与交流变频电机输出轴轴心位于同一直线上，气胎离合器断气，电动机才能通电运转。

6. 泵组

泵组主要由电动机、动力机组底座、F－1300钻井泵、定位块总成等组成。采用交流变频电机、万向轴、传动轴带动泥浆泵，其传动路径为：电动机—万向轴－带泵轴皮带轮－联组窄V带—F－1300泥浆泵。传动装置上的杓小皮带轮轴用两付双列向心球面滚子轴承支承，通过球笼式万向轴与电机相连，泥浆泵通过固定螺栓固定在大底座上，传动底座与大底座也由螺栓固定，联组窄V带的松紧度是由固定装置调节的。

（四）钻机的安装及调试

钻机的正确安装直接关系到钻机能否正常工作和部件的使用寿命，要严格遵照钻机的安装程序、有关规定和技术要求进行安装。

1. 钻机安装程序

按钻机平面布置图要求准备好井场，应考虑井场运输道路、油水罐、值班房的摆放位置等。井场合理布置排水沟，地面有一定的承压强度。施工时严格遵守“钻机基础只准挖方、不准填方”的要求；

按钻机基础图要求浇注钢筋混凝土基础。根据给定的井口位置划好基础中线和基础位置线，基坑挖好后应检查水平，压实后浇注钢筋混凝土基础，基坑耐压强度应不小于0.2MPa。基础上平面应水平，各基础水平面高差不大于3mm。

钻机安装按图2－10的流程进行：

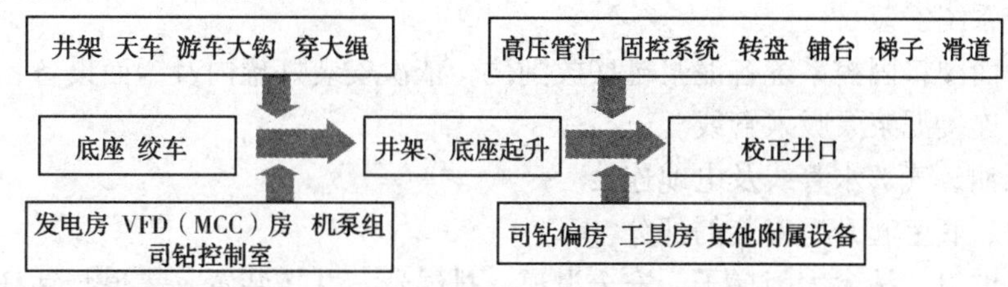

图2－10 钻机安装流程图

2. 各部件就位固定

（1）底座安装

在预先打好的基础上按照随机附图所示，画出井眼中心线及下座位置线，依次安装下列部件：

① 安装底层的左右下座、底拉梁和底层斜拉梁等，且使左右前下座的井眼中心指示牌与井眼中心线对齐，成一条直线；

② 将中层的前立柱、后立柱、三角片架、连接架和拉杆依据安装编号对号与底层连接；

③ 安装顶层的左右上座、立根盒梁、转盘梁、绞车梁等；

④ 将铺板及台面周围的栏杆安装好。井架入口处的两块铺板待底座起升就位后安装固定；

⑤ 安装底座的液压系统；

⑥ 装好底座上的设备如转盘、绞车、钻工房等，连接电缆槽，低位安装好井架；

⑦ 将底座底层、顶层用相应的$\phi80$或$\phi100$销子连接；

⑧ 钻台梯子、坡道、安全滑道及上固控泥浆罐梯子等均在底座起升后安装。

（2）绞车安装

将绞车安装在钻机后部底座的绞车梁上，按定位块位置就位后，上紧固定螺栓。

(3) 井架的安装

① 检查起升大绳及销子、耳板，不得有影响承载能力的缺陷；

② 摆好井架安装低支架，将井架下段联接好并装在底座上；

③ 井架主体安装遵循先下后上，先主体后附件的顺序(套管扶正台可在井架起升后再装)；

④ 交替移动低支架，装好井架主体及附件后，再利用高支架将井架支起安装二层平台(包括1台0.5t风动绞车)；

⑤ 连接销穿入后应穿上抗剪销和别针，螺栓连接处是应穿上开口销。

(4) 动力及控制区部分

① 按钻机平面图摆放1号柴油发电房，并连接各机组的供油、水、气管线；

② 依次摆放2、3号柴油发电房、气源房，并连接各机组的供油、水、气管线和气源处理设备之间的连接管线；

③ 安装柴油机消声器，将房子之间的防雨板搭接好；

④ 按图将VFD房与1号柴油发电机房对齐垂直摆放。

(5) 泵房区部分

① 按钻机平面图将泥浆泵组安装就位；

② 按"高压管汇说明书"及安装图要求安装高压管汇。

(6) 固控系统安装

按钻机平面图将固控系统各泥浆罐摆放到位，依次安装好罐内及罐面设备，连接各罐之间连通管线，连接泥浆泵吸入管线。

(7) 钻机油、气、水管线及电缆连接

(8) 井架、底座起升后安装的部分

钻台大门坡道、钻台大门梯子、安全滑道、排绳器、井控装置、猫道与钻杆架、井口泥浆溢流管、水龙头、水龙带。

3. 钻机调试

柴油发电机组的调试：主要是检查柴油发电机组运转情况并调试到工作状态，机组并网调试。

VFD/MCC的调试：检查VFD(MCC)房与交流变频电动机、司钻控制面板、速度控制手柄、照明系统、固控系统等用电设备动力、控制电缆的连接，各开关均应处在断开位置；柴油发电机组向VFD(MCC)房送电，调试各功能开关、显示表，确保指示、显示正确以及参数符合要求；分区供电检查工作情况；气源系统设备的调试，分别起动1、2号电动螺杆压缩机组并按其说明书要求调试到工作状态，检查气源净化设备工作情况，不得有漏气、漏油现象。

绞车的调试：检查并确保各护罩装配是否齐全、管线连接是否正确、牢靠。各润滑点是否加注足量的润滑油脂；打开底座后部储气罐上的球阀给绞车供气；盘式刹车的调试；分别操作司钻室内操作台上的各控制开关5~10次，检查各阀件各动作是否准确，刹车是否灵活可靠；绞车滚筒缠绳。

其他：泥浆泵组的调试，井口机械化工具的调试，外围控制装置的调试。

4. 井架起升

按井架使用说明书要求支起游车大钩及平衡滑轮并穿好起升大绳；

起升井架时最大风速不得大于8.3m/s；

起升井架采用绞车低速，当井架离开高支架约为200mm时刹车3~5min，并检查起升大绳有无异常、死绳固定端是否牢靠、井架立柱及斜横拉筋有无变形及焊缝有无开裂。当井架离开高支架升至地面60°左右夹角时启用缓冲装置，缓冲装置管线连接应正确无误。井架立直后将人字架与井架间进行连接固定，井架调试找正。

5. 底座起升

井架及底座起升时要求速度缓慢平稳，并应随时注意指重表的变化。如果在起升中间指重表读数突然增加或底座构件间出现干涉等异常现象，应停止起升，将底座放下，仔细检查排除故障后方可再次起升。

（五）钻机使用注意事项

① 严格按照钻机的使用说明书及相关安全操作规范操作钻机；

② 当游车下放至转盘面时，绞车滚筒上第一层缠绳应1层多2圈，以免绳卡受力过大而滑脱；

③ 严禁未切断钻机各部件的动力源和控制源检修设备；

④ 电机检修时，应使电机接线盒侧的辅助开关处于闭合位置，并插上锁销，销上铜锁，保证主回路断电；

⑤ 钻机工作时，在泥浆泵安全阀、高压管汇附近不允许任何人逗留；

⑥ 钻机速度调节应缓慢平稳，避免速度变化过大对电气系统及机械系统造成过大冲击；

⑦ 根据钻井工况，选择合适的发电机组匹配功率；

⑧ 当一台电机因故障不能使用时，可使用单台电机低速提升最大井深时的钻柱重量；

⑨ 在钻井作业中，应根据负荷情况合理调整绞车的速度和泥浆泵的冲数，充分提高功率利用率，可参考绞车电机电控提升曲线进行；

⑩ 向绞车、泥浆泵补充润滑油时，应采用密闭输送的方式，确保油质干净、清洁。

二、ZJ50/3500D 钻机

本节介绍的ZJ50/3500D钻机是宝鸡石油机械有限责任公司生产的一种最大钻深能力为5000m的陆地SCR直流电驱动钻机，其形式及基本参数符合中华人民共和国石油天然气行业标准SY/T 5609的规定，符合API有关规范的规定。该钻机采用CAT3512柴油发电机组作为主动力，发出的600V、50Hz交流电经SCR柜整流后变为0~750V直流电，分别驱动绞车、转盘和钻井泵的7台直流电动机。绞车由2台电机驱动；转盘单独由1台电机驱动；2台泥浆泵分别由2台电机驱动。

采用前开口井架，旋升式底座，利用绞车动力起升。井架和所有台面设备均在低位安装。钻机井架、底座满足整体移运要求。绞车布置在钻台面上，主刹车为液压盘式刹车、辅助刹车为水冷式电磁涡流刹车，绞车配有猫头轴，两端分别设有死猫头和气控摩擦猫头。钻机满足防爆、安全、钻井工程及设备安装、拆卸、维修方便的要求。

（一）钻机主要技术参数（表2-33）

表2-33　钻机主要技术参数

名义钻深范围/m（Φ127mm钻杆）	2500~5000	最大钩载/kN	3500
绞车最大输入功率/hp	1500	绞车档数	四档无级调速
游动系统结构	6×7	主刹车	液压盘式刹车

续表

钢丝绳直径/mm	Φ35	辅助刹车	伊顿刹车 WCB336
穿绳方式	顺穿	转盘型号及开口直径	ZP375ϕ952.5mm
最大快绳拉力/kN	340	转盘挡数	Ⅱ挡无级调速
井架型式	"K"型	井架有效高度/m	45
二层台高度/m	24.5，25.5，26.5	二层台容量(28m 立根 ϕ127mm 钻杆)	130 柱
钻台面高度/m	9	转盘梁净空高/m	7.6
泥浆泵型号及台数	F－1600×2	柴油发电机组	CAT3512B
柴油机台数×主功率	3×1310kW	柴油机转速/(r/min)	1500
发电机型号	SR4B	发电机参数	1900kVA 600V 50Hz
电驱动方式	AC－SCR－DC	泥浆高压管汇(双立管)	102mm×35MPa
电传系统		直流电动机台数×功率	7×800kW
输入电压	600V，AC		
输出电压	0～750V，DC 可调		

（二）钻机主要部件

1. JC－50D 绞车

JC50D 绞车传动流程图见图 2－11。绞车由 2 台 YZ08 电机经动力机组输入轴并车，功率合流后通过 2 挂链条输出到传动轴形成 2 个挡位，传动轴与滚筒轴之间的两挂链条又形成 2 个挡位，因此绞车共产生 4(2×2)个挡位。此外，传动轴通过 1 挂链条驱动猫头轴，使猫头轴形成 2 个挡位。输入轴与传动轴之间采用机械静态换挡，传动轴与滚筒轴之间采用气胎离合器动态换挡。警告：机械换挡时必须停车！

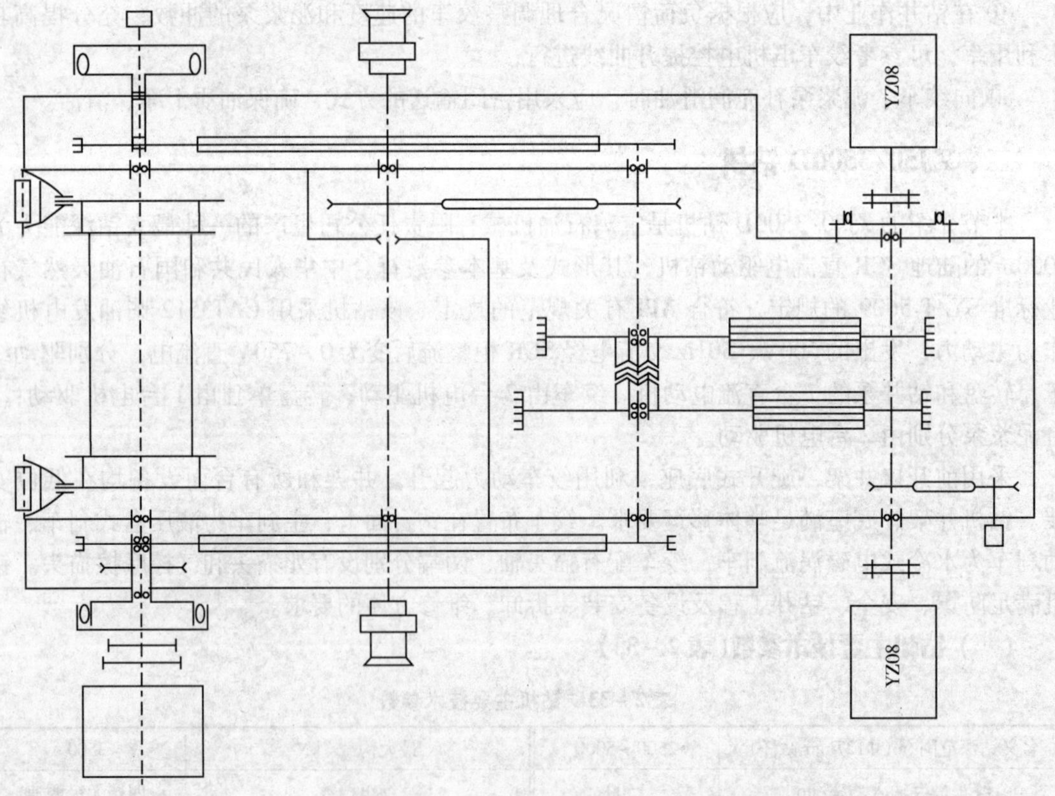

图 2－11　绞车传动流程图

主要技术参数见表 2－34。

表 2－34　JC－50D 绞车主要技术参数

额定输入功率/kW	1119(1500hp)	最大快绳拉力/kN	340
钢丝绳直径/mm	ϕ35 (1⅜in)	档数	4 正 4 倒(无级调速)
开槽滚筒尺寸(直径×长度)/mm	ϕ770×1287	刹车盘尺寸(外径×厚度)/mm	ϕ1650×76
电磁涡流刹车最大制动力矩/N·m	75000	质量/kg	
外形尺寸(长×宽×高)/(mm×mm×mm)		绞车主体	40100
绞车主体	7190×3250×3050	动力机组	12400
动力机组	5660×1542×1890		

绞车主要由绞车主体和动力机组两部分组成(图 2－12)，两部分之间采用法兰对接。搬家时拆成两部分分别运输。绞车为内变速、墙板式、全密闭、链条传动、四轴绞车。主刹车为液压盘式刹车，配双刹车盘，设常闭、常开刹车钳。辅助刹车为水冷式电磁涡流刹车。绞车滚筒为整体开槽式滚筒，并配有防碰系统。猫头轴左右两端分别配有死猫头和气控摩擦猫头。绞车的所有控制(电、气、液)均集中在司钻控制房内。

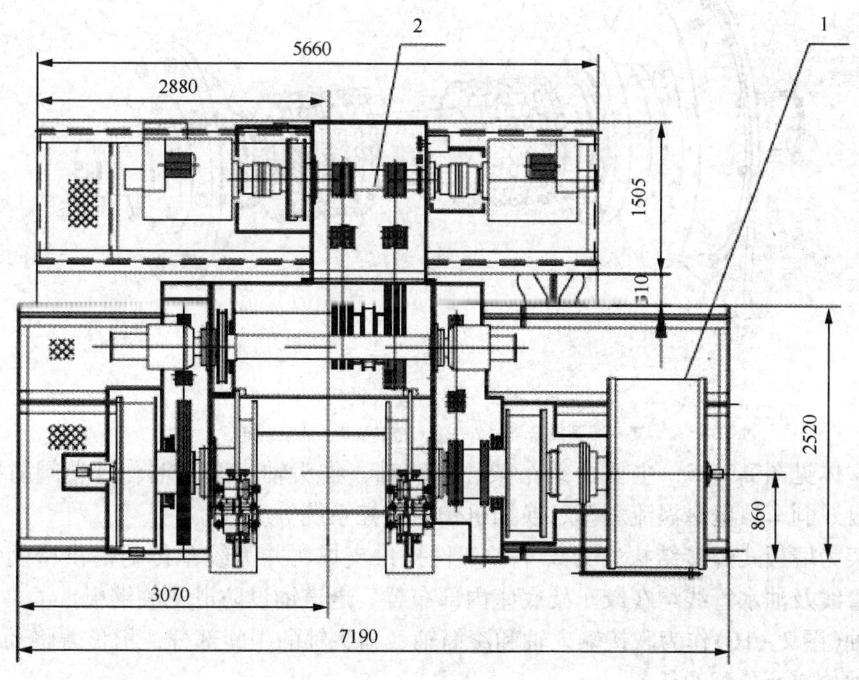

图 2－12　JC50D 绞车

1—绞车主体；2—动力机组

绞车动力机组结构见图 2－13，主要由两台 YZ08 直流电机、输入轴、机架组成。机架两端留有与绞车主体的对接法兰，底座内设有润滑油油池。2 台 YZ08 直流电机面对面安装在输入轴总成两端，电机与输入轴之间采用鼓形齿联轴器连接。

输入轴(图 2－14)上设有惯刹离合器。当电机动力摘掉后，惯刹离合器可快速刹住电机轴，方便进行换挡操作。注意：当电机正常工作时，不得挂合输入轴惯刹离合器，否则会造成设备损坏！电机启动前，应检查惯刹离合器是否已经脱开。输入轴油泵链轮用于驱动齿轮油泵。2 个输入链轮用于驱动绞车主体的传动轴。

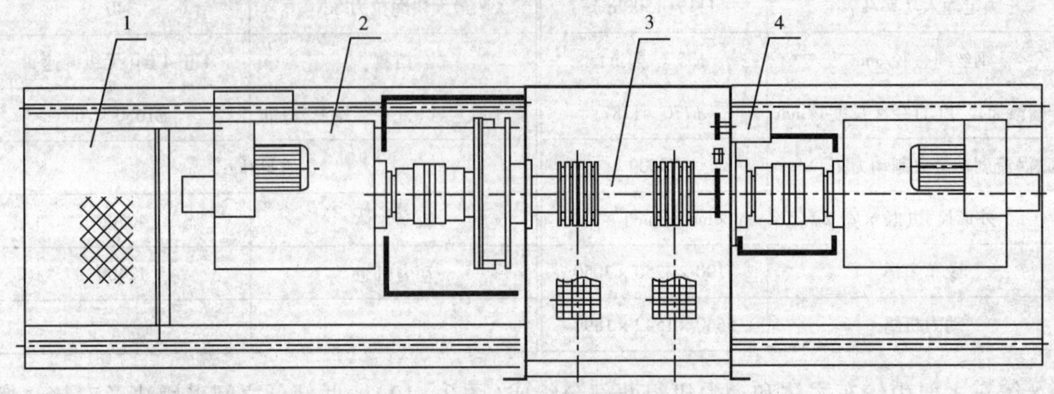

图 2－13　动力机组

1—机架；2—YZ08 直流电机；3—输入轴；4—润滑油泵

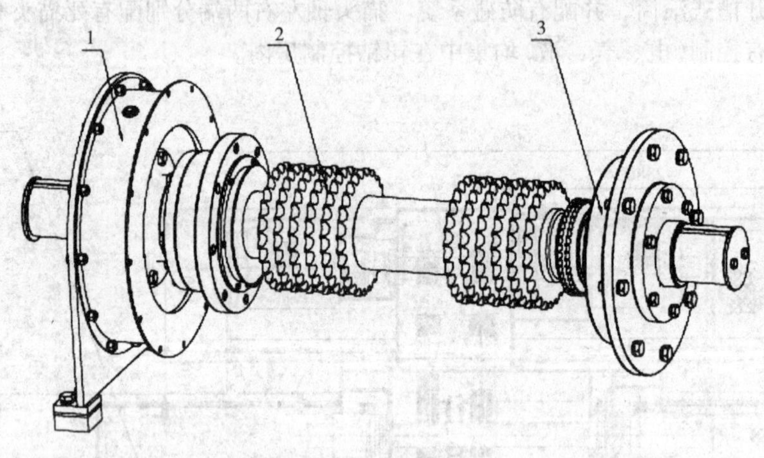

图 2－14　输入轴

1—惯刹离合器；2—输入链轮；3—油泵链轮

绞车主体见图 2－15，主要由绞车架、传动轴、猫头轴、滚筒轴、过卷阀防碰天车装置、液压盘式刹车、电磁涡流刹车、换挡机构、气控系统等组成。

绞车架为墙板式焊接结构，为绞车各部件提供支撑，并为绞车传动提供密闭链条传动箱。气控管线及油水管线均在绞车架底座内部布置。走道铺设防滑花纹钢板。

传动轴(图 2－16)作为联接输入轴和滚筒轴、猫头轴的中间部分，担负着将动力向滚筒轴和猫头轴传递及分配的任务。

空套链轮Ⅰ、Ⅱ分别由动力机组输入轴上的两个链轮驱动，通过换挡机构控制齿式离合器与空套链轮Ⅰ或Ⅱ挂合，可使传动轴实现两种速比。链轮Ⅰ、Ⅲ分别驱动滚筒轴低速端空套链轮和高速端空套链轮。由于传动轴可实现两种速比，这样通过滚筒高、低速离合器的挂合，可使滚筒轴实现四种速比。链轮Ⅱ通过链条传动驱动猫头轴。

猫头轴(图 2－17)左端为上扣猫头，右端为卸扣猫头，用于上卸钻具丝扣。该轴由传动轴驱动，可实现两种速比。

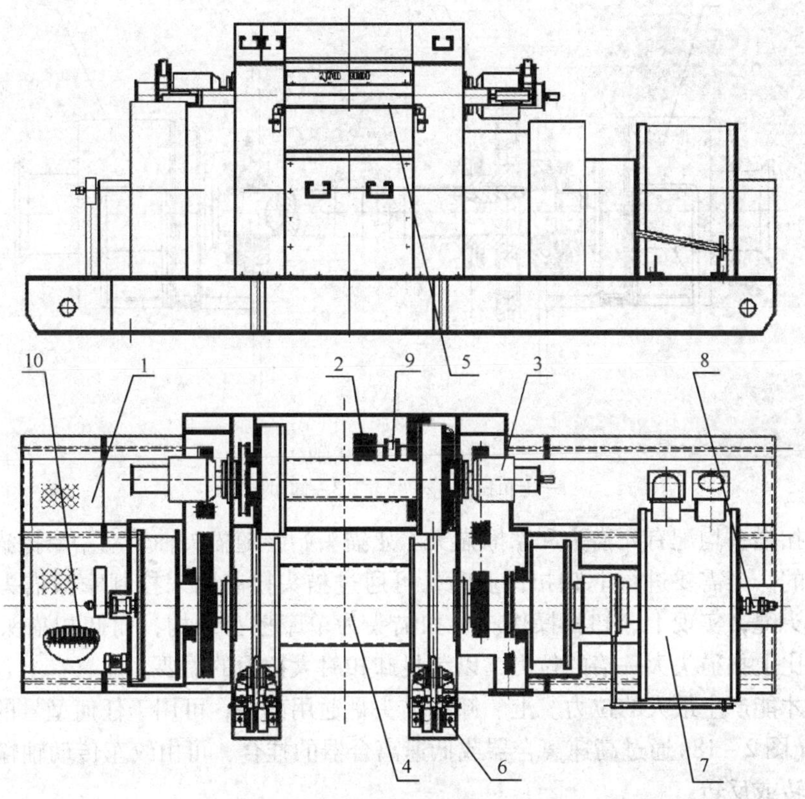

图 2－15　绞车主体

1—绞车架；2—传动轴；3—猫头轴；4—滚筒轴；5—过卷阀防碰天车装置；6—液压盘式刹车；7—电磁涡流刹车；8—冷却水管线，9—换挡机构；10—气控系统

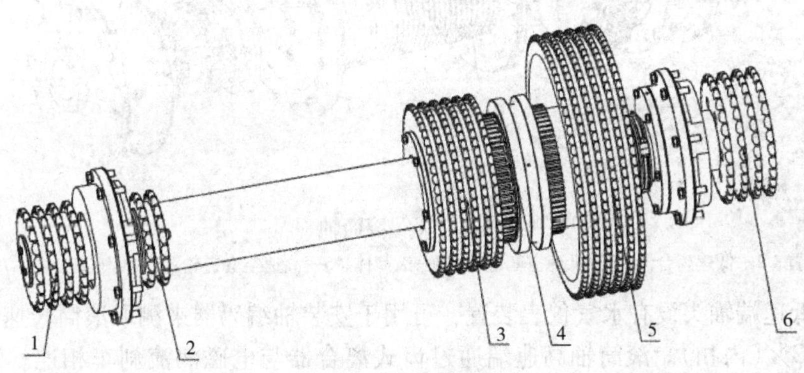

图 2－16　传动轴

1—链轮Ⅰ；2—链轮Ⅱ；3—空套链轮Ⅰ；4—齿式离合器；5—空套链轮Ⅱ；6—链轮Ⅲ

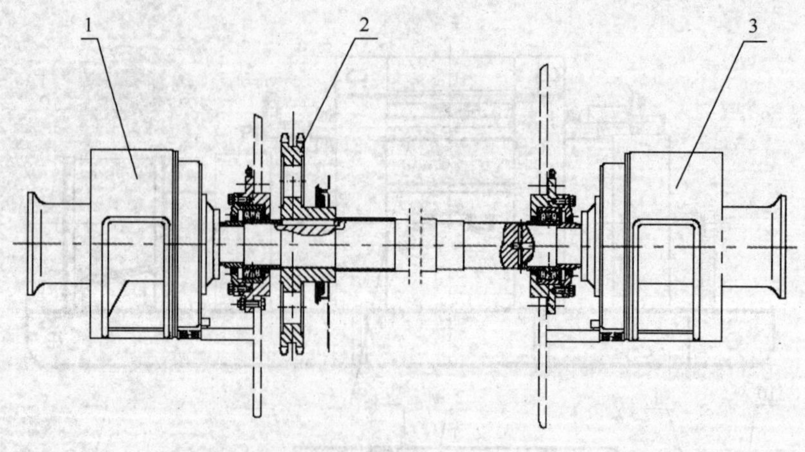

图 2-17　猫头轴

1—上扣猫头；2—链轮；3—卸扣猫头

上、卸扣猫头均配有死猫头和摩擦猫头。死猫头始终随猫头轴转动。摩擦猫头通常是与死猫头脱开的。当需要进行上卸扣作业时，可通过猫头控制阀来控制摩擦猫头与死猫头挂合，拉紧猫头绳，实现上、卸扣操作。上扣猫头为单摩擦盘结构，而卸扣猫头采用双摩擦盘，可产生比上扣猫头大一倍的拉力，以满足卸扣时大拉力的需要。注意：上、卸扣猫头在绞车低挡时才能产生最大的拉力。上、卸扣猫头是通用部件，可用于任何型号的绞车上。

滚筒轴(图 2-18)通过高速离合器或低速离合器的挂合，可由绞车传动轴输入动力，带动滚筒体正转或反转。

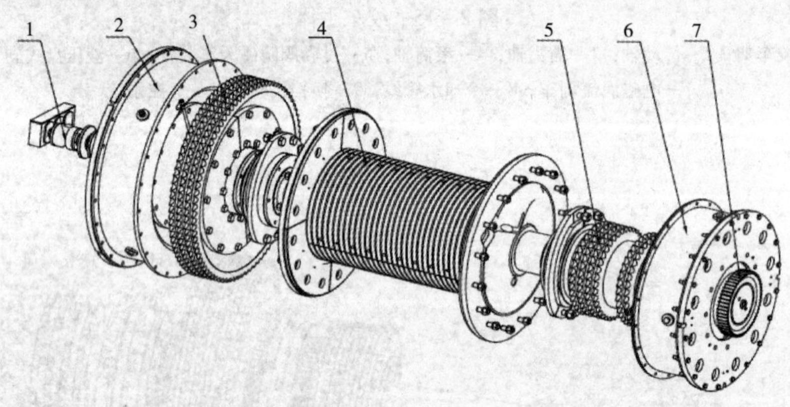

图 2-18　滚筒轴

1—水气仪表装置；2—低速离合器；3—低速空套链轮；4—滚筒体；5—高速空套链轮；6—高速离合器；7—齿式离合器

滚筒轴低速端轴头设有水气仪表装置，可用于安装轴编码器来测取滚筒转速信息。安装接口螺纹为 G¾(内扣)。滚筒轴高速端通过齿式离合器与电磁涡流刹车相连。滚筒体设有里巴斯绳槽。

在滚筒低速离合器上配有事故螺栓。当钻机气路或离合器出现故障时，可穿上事故螺栓，作为应急之用。事故螺栓将离合器与摩擦毂连为一个刚性体来传递动力，确保滚筒工作。

注意：在滚筒低速离合器使用事故螺栓时，切不可挂合滚筒高速离合器，应在滚筒高低速控制阀上挂警示牌，严禁操作，否则会造成设备损坏，严重时会造成人员伤亡的重、特大事故！

ZJ50D系列钻机的防碰天车装置采用三套独立的冗余系统：一种是安装在井架上段上限制游车上升位置的钢丝绳防碰装置；一种是绞车防碰过卷阀装置；另一种为游车数显防碰装置。三种装置联合使用，互为备份，确保钻井安全。

换挡机构：该机构固定在绞车架后侧猫头轴护罩内部。护罩后部留有供检查用的活门，顶部留有供检修时进人的活门。换挡机构用于控制传动轴齿式离合器的挂合、脱开及锁挡。所有动作均为气控，可在司钻控制台远程控制。

气控系统是绞车的重要组成部件，绞车绝大多数功能是通过气控系统实现的。经净化干燥处理后的压缩空气进入绞车后，分成两路：一路进入绞车内的各气控阀组和执行元件，另一路进入司钻控制台，为司钻控制阀供气。

2. ZP－375 转盘驱动装置

一台800kW的直流电动机经联轴器将动力输入链条箱输入轴，经一级链轮减速后输出，经万向轴带动转盘工作。链条箱由两副四排1½in链条经一级减速后输出两挡转速，转盘可实现两挡传动。主要技术参数见表2－35，传动原理图2－19。

表2－35 转盘驱动装置主要技术参数

电机型号及功率/kW	YZ08A800	档数	2+2R
链条箱减速比	两挡 $i=1.08$ 2.125	质量(含转盘质量)/kg	20865
外形尺寸/(mm×mm×mm)	5060×3074×1630		

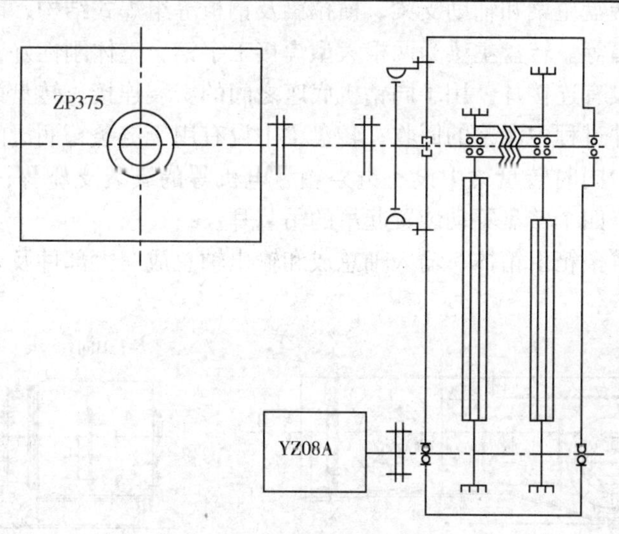

图2－19 转盘驱动装置传动示意图

ZJ50D钻机转盘驱动装置组成：直流电动机、万向轴、转盘链条箱、ZP375转盘总成、转盘梁、铺台、润滑系统以及控制部分等组成。整个转盘驱动装置安装在转盘梁上，构成一个独立的运输单元。结构见图2－20。传动采用两挡链条传动形式，链条、链轮润滑采用强制润滑方式，链条箱轴承采用润滑脂润滑。转盘驱动装置的所有控制(电、气、液)均集中在司钻控制房内，操作方便、灵活。

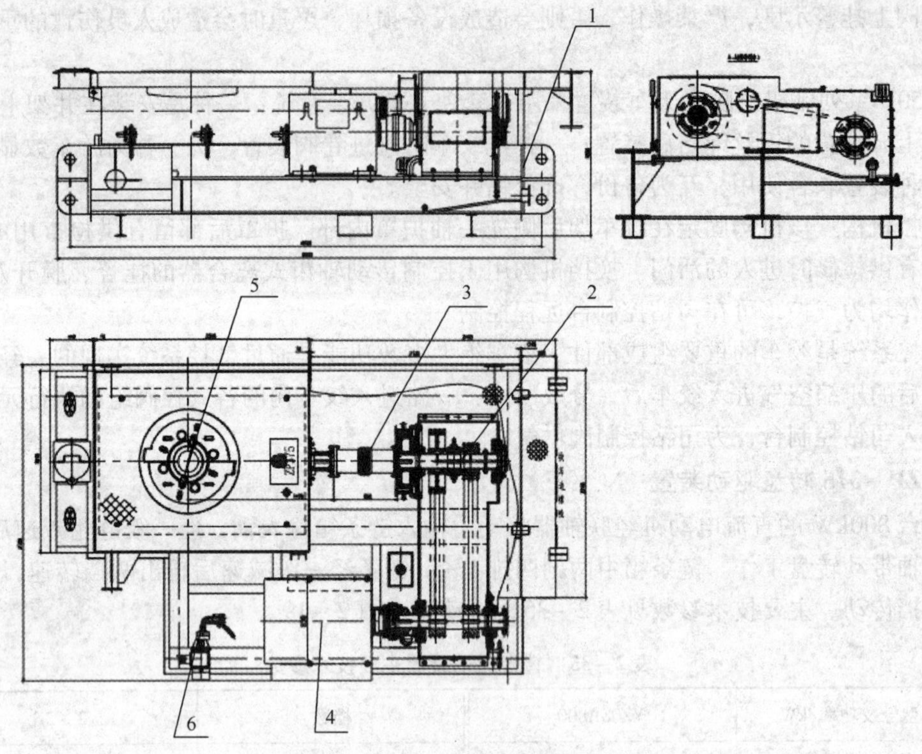

图 2－20　ZJ50D 钻机转盘驱动装置

1—转盘梁；2—转盘链条箱；3—万向轴；4—电机总成；5—ZP375 转盘总成；6—润滑系统

转盘梁为两个转盘主梁和辅助支梁、横拉梁及钢板等组焊式结构，能准确定位并支撑转盘、电动机、链条箱等。转盘主梁为两根大型焊接工字钢，整体刚性好，支撑能力强，在转盘主梁的两个端头设有连接耳，用于同钻机底座之间的安装连接。转盘梁下方转盘通孔周围设有挡板，便于钻井过程中泥浆的回收；转盘梁中设有用于链条箱润滑的油箱，油箱上设有油标和空气滤清器；同时转盘梁中设有链条箱、电机等的安装支座等；另外为方便安装运输，转盘梁四周设有四个转盘驱动装置起吊的吊装耳。

转盘驱动装置链条箱由箱体、输入轴总成和输出轴总成三大部件及附件组成。其结构如图 2－21 所示。

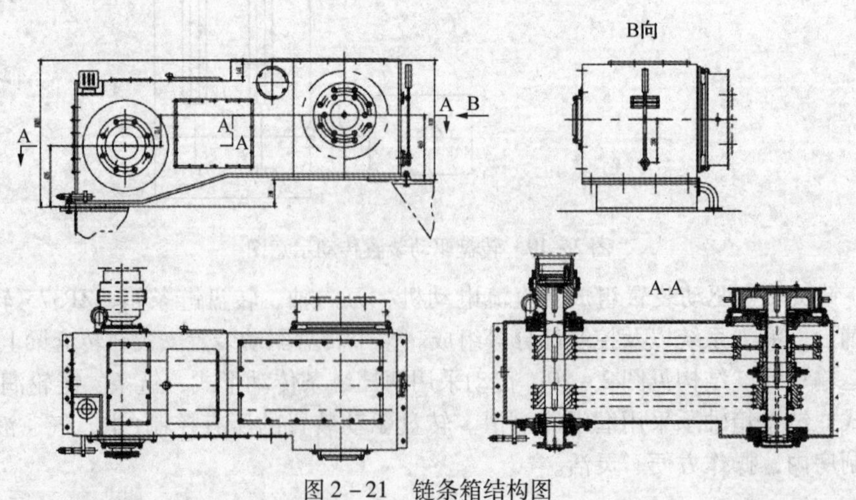

图 2－21　链条箱结构图

3. 井架

为前开口型，最大载荷(6×7 绳系，无风载，二层台无靠放立根) 3500kN，有效高度为45m，由井架主体、二层台、人字架和起升装置组成，配有立管台、液压套管台、休息台、死绳稳定器，悬吊扒杆，大钳平衡重、滑轮及 1 台二层台 5kN 气动绞车，同时还配有通往二层台、天车台的梯子、逃生装置及登梯助力机构和防坠落装置。

井架在整体移运时，配有左右连接杆，用于保证移运时片的整体刚性，在井架的最上端安装有用于牵引用的牵引装置，牵引装置上配有与牵引车相连的3½in 牵引销。

4. 底座

钻台高度为 9m，钻台面积为 13.725m×12.1m，转盘梁底面高度为 7.68m。底座为旋升式结构，由底座主体与坡道总成、斜梯、安全滑道、栏杆总成、铺台总成、导轨总成、起吊能力 500 kN 液压防喷器移动装置、储气罐、液压缓冲装置、起升装置等附件组成。

5. 电传动控制系统

柴油发电机组并网运行向交流母排上输出 600VAC，3 相，50Hz 交流电。由 4 套 SCR 柜将交流母排上的 600VAC 交流电转换成 0～750VDC 连续可调的直流电，通过接触器指配开关进行切换，采用一对二控制方式驱动 6 台串励直流电动机(绞车用 2 台直流电动机，2 台泥浆泵用 4 台直流电动机)，和一对一控制方式驱动 1 台串励直流电动机(转盘用)，拖动性能满足绞车、转盘、泥浆泵的传动要求。

系统采用 GCS 型 MCC 开关柜，通过辅助柴油发电机组接口的 480V50Hz 断路器采用电气互锁，向井场辅助交流用电设备和生活用电设施供电。

系统预留 600V，3 相，800kW 电源接口以备给交流顶驱装置供电。

系统控制回路中具有游车系统防冲顶、下砸自动控制保护功能。

全套系统按一座电气控制房设计，便于整体吊装或自背运输。

(三) 钻机的安装与调试

1. 设备安装顺序(图 2－22)

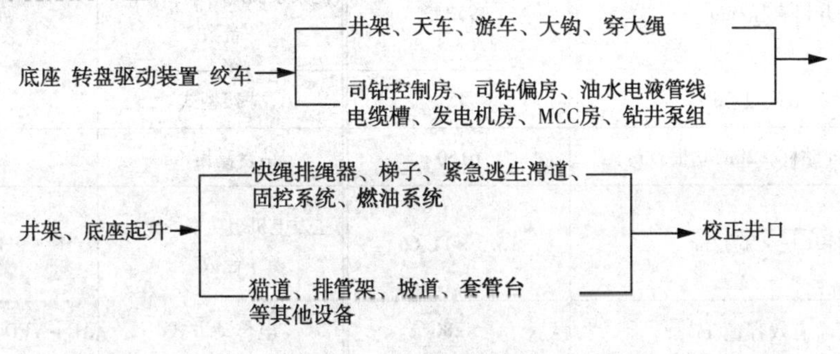

图 2－22　设备安装顺序

2. 安装找正要求(表 2－36)

表 2－36　安装找正要求

安装找正部位	设计要求
转盘开口中心与井眼中心对中，在任意方向允差	≤2mm
万向轴两法兰端面平行度允差(在依次相差 90°的四点测量)	≤1mm
万向轴倾斜角度允差	≤3°～5°

续表

安装找正部位	设计要求
绞车滚筒轴至井眼中心线前后距离4600mm，绞车底座滚筒中心标记相对绞车梁纵向井眼中心标记向左偏移80mm	±2mm
输出链轮与绞车输入链轮的平面度允差(A—中心距)	≤0.2A/100mm

3. 调试

钻机的调试依次为燃油系统的调试、动力系统的调试、电控系统的调试、空气系统的调试、水系统的调试、组合液压站的调试、液压盘式刹车的调试、绞车的调试。待井架及底座起升完成后继续完成防碰天车过圈阀的调试、天车防碰器的调试、伊顿刹车的调试、转盘驱动装置的调试、钻井泵组的调试、井口机械化工具的调试、外围控制装置的调试等。

三、ZJ50/3150DB 钻机

本节介绍的ZJ50/3150DB钻机是胜利油田高原石油装备有限责任公司设计制造，钻机设计符合SY/T 5609—1999《石油钻机型式与基本参数》标准及有关的API规范。

(一) 钻机主要参数

技术参数见表2-37。

表2-37 ZJ50/3150DB钻机主要技术参数

名义钻深范围/m	127mm钻杆	2800~4500	最大钩载/kN	3150
	114mm钻杆	3500~5000		
绳系		6×7(顺穿)	钻井钢丝绳直径/mm	φ35
绞车额定输入功率/kW		1100	绞车挡数	2+2R 无级调速
转盘开口直径/mm		φ952.5	泥浆泵额定功率(kW)×台数	1180×2
井架有效高度/m		45	井架型式	K型
立根容量(5in钻杆，28m立根)/m		6160	钻台高度/m	9
钻台面积(长×宽)/m^2		13.3×11.66	主发电机组功率(kW)×台数	1310×3
泥浆罐总有效容量/m^3		>280	电传动方式	AC-VFD-AC 一对一方式
绞车电机功率(kW)及额定转速(r/min)		800，740	转盘电机功率(kW)及额定转速(r/min)	800，740
带泵电机功率(kW)及额定转速(r/min)		1200，1000		

(二) 钻机主要部件

1. JC50DB 绞车

JC-50DB绞车是一种新型交流变频控制的单轴齿轮绞车。

(1) 主要技术参数(表2-38)

表 2－38　JC50DB 绞车主要技术参数

绞车额定输入功率/kW	1100	钻井钢丝绳直径/mm	ϕ35
最大快绳拉力/kN	340	绞车挡数	2＋2R 无级调速
滚筒转速/(r/min)	0～367.3	钩速/(m/s)	0～1.41
开槽滚筒尺寸(直径×长度)/mm	ϕ685×1138	刹车盘尺寸(直径×厚度)/(mm×mm)	ϕ1650×76
绞车外形尺寸(长×宽×高)/(mm×mm×mm)	6300×3380×2695	质量/kg	36846

(2) 传动原理

JC－50DB 绞车传动系统见图 2－23，分主传动和自动送钻两大系统。

1) 主传动系统

由两台 800kW 的交流电动机经联轴器同步将动力输入齿轮减速箱输入轴，经二级减速后传给滚筒轴，绞车整个变速过程完全由主电机交流变频控制系统实现。

2) 自动送钻系统

由 1 台 45kW 的交流电机驱动，经大传动比立式减速机和气胎离合器后，将动力传入齿轮箱体输入轴端，再经齿轮箱一级减速后带动滚筒轴完成自动送钻过程。

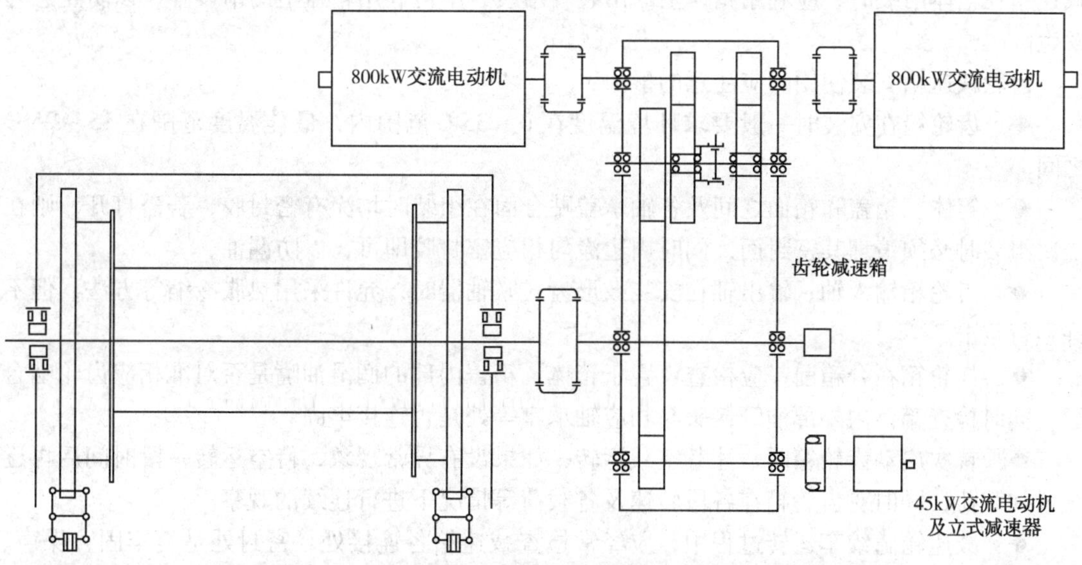

图 2－23　JC－50DB 绞车传动系统简图

(3) 结构组成

JC－50DB 绞车主要包括绞车架、滚筒轴、齿轮减速箱、交流变频电动机、自动送钻装置、液压盘式刹车、电气控制系统和润滑系统等。

① 绞车架。JC－50DB 绞车绞车架为墙板式箱型焊接结构，能准确定位电动机、滚筒轴、齿轮减速箱等。箱体的墙板上开有轴承座安装孔，轴承座定位可靠，安装连接方便。绞车底座主梁为加强型焊接工字钢，大大增强了绞车架的刚性和稳定性。底座上设置了四个吊耳，用以起吊绞车。底座右侧设有油箱，用于储存齿轮减速箱润滑机油等。各气控管线和油管线均在底座内部布置，在需要检修处均设有活盖板，各走道上铺设了花纹板，安全防滑。

② 滚筒轴。滚筒轴总成是绞车的关键部件，它由滚筒体、刹车盘、轴承座、轴等件组成。工作时，滚筒上缠有游动系统的钻井钢丝绳，通过控制轴的正反转使钢丝绳在滚筒体上

缠绳或退绳，以实现钻具起升或下放等目的。滚筒轴的转向和转速大小取决于两台主电机或45kW小电机的转向和控制速度，如果LT600×250气胎离合器摘开，主电机启动，则执行的是主电机输送的信号。如果LT600×250气胎离合器挂和，主电机停车，小电机启动，则执行的是小电机输送的信号。滚筒轴总成通过左轴承座和右轴承座用16条M30的螺栓固紧在主墙板上。滚筒体为铸焊式结构。筒体表面设有绳槽，可以使钢丝绳缠绕时排绳整齐，避免了相互间的挤压，能有效延长钢丝绳的使用寿命。滚筒右侧设有绳窝，快绳绳卡就放置在绳窝内，能够很方便的拆卸。

③ 齿轮减速箱。齿轮减速箱为二档机构。箱体带有一根自动送钻用的连接轴及齿轮，为四轴式结构，由输入轴、中间轴、输出轴、送钻轴、箱体、箱盖及传动齿轮等组成。箱体、箱盖均采用整体铸造结构，各齿轮均采用大模数硬面齿轮，齿轮及轴承润滑采用强制润滑。

减速箱箱体在大组装前应首先将输入轴、中间轴、输出轴、自动送钻轴总成等按要求分别组装在箱体上，调整齿轮位置，检查啮合情况及润滑油路、喷油嘴位置等，并将箱体、箱盖合箱面清理干净后合上箱盖，紧固合箱螺栓并整体起吊减速箱至绞车底座安装位置即可。减速箱在整体吊装时，应利用箱体上的吊装耳吊装，不可利用箱盖上的吊装耳，以防止意外发生。

齿轮减速箱安装使用时应注意的事项：

◆ 齿轮箱在安装时一般要求环境温度在0～35℃范围内，最佳温度范围在15～25℃之间。

◆ 箱体、箱盖和箱面之间及各轴承盖贴合面在组装时均涂有密封胶，若需打开，则在二次组装时必须清理其密封面，同时周边涂匀相应密封胶即可，以防漏油。

◆ 齿轮箱输入轴、输出轴在安装鼓形齿式联轴器时，允许采用热胀冷缩等方法，但不许强行重击。

◆ 齿轮箱在合箱前，应检查设置于箱体、箱盖内部的润滑油嘴是否对准相应齿轮啮合面，同时检查箱体内外部油管接头与相应轴承座等处是否连接牢固。

◆ 首次启动齿轮箱时，让其空载运转，如果没有异常现象，待空运转一段时间后再逐级增加载荷，同时对齿轮箱在各段转速及各载荷等情况下进行连续的观察。

◆ 减速箱随绞车运转过程中，应经常检查减速箱各连接处、密封处是否牢固，噪声、振动、温升等是否正常，如有异常应及时排除。

◆ 齿轮箱换挡变速前必须先停车，然后才能换挡变速。

齿轮箱每次在运转前，应首先启动润滑油泵，认真检查润滑油路及润滑压力表，润滑压力一般在0.25～0.35MPa。另外，每次在运转检查时，应打开箱盖上的观察窗，仔细检查箱体内各喷油嘴的位置及喷油油量情况，如发现异常，应设法排除。

④ 自动送钻装置。自动送钻装置主要由45kW交流变频电机、送钻减速机、LT600×250气胎离合器及电、气控制管线等零部件组成。在绞车中的功能主要有两个方面：一是当主系统发生故障时，该系统可进行应急操作，能提升最大钻柱重量；二是送钻时由数字化变频拖动系统设定恒扭矩，反拖滚筒，自动调速和保护，可达恒压稳速送钻的目的。

⑤ 主刹车机构。JC－50DB绞车采用液压盘式刹车，液压盘式刹车装置主要由液压控制部分和液压制动钳（制动钳分为工作钳和安全钳）两部分组成，液控部分由液压泵和操纵台组成，它是动力源和动力控制机构，为制动钳提供必需的液压动力。制动钳是执行机构，为

刹车盘(与滚筒连接为一体)提供大小可调节的刹车正压力，从而达到刹车之目的。液压操纵控制台安装在司钻控制房内。液压盘式刹车具有刹车力矩大，制动效能稳定，刹车副动作惯性小，刹车力矩可调节性好，刹车灵敏、可靠，操作轻便，调整维修方便等优点。

⑥ 防碰天车装置。JC－50DB 绞车采用气控过卷阀装置，过卷阀安装在滚筒上方，可沿轴向左右调整，过卷阀拨杆的长度依游车上升到极限高度时钢丝绳在滚筒上缠绳量来调整(游车上升距天车梁下平面 6 ~7m 处)。当游车上升处于极限高度时，快绳触碰拨杆，盘刹安全钳进行紧急刹车，将滚筒刹死。

注意：每班交接班前，应试验过卷阀是否正常工作。每次使用后，滚筒挂合前必须按下防碰释放阀，使盘刹刹车松开，并将过卷阀顶杆扳至垂直位置。

⑦ 润滑系统。滚筒体两侧支撑轴承和两个鼓齿联轴器、滚筒编码器测速小箱体齿轮等均采用脂脂润滑；送钻减速箱箱体齿轮和轴承为独立润滑系统(油泵和管线在箱体内部)，减速箱所有轴承和齿轮均采用强制喷油润滑。

机油润滑：绞车齿轮箱内共有三副齿轮和八副轴承，齿轮和轴承润滑方式采用机油润滑。机油润滑系统主要组成有电动齿轮油泵，吸入滤清器、吸油和回油管线及各种管线接头等，电动齿轮油泵安装在绞车底座上平面上。该泵通过吸入绞车底座内部油箱中的润滑油送至齿轮箱润滑各部位。为保证油路系统内部压力恒定，管路上设有压力表和溢流阀以及压力传感器。通常情况下，压力设定在 0.25 ~0.35MPa 范围。当系统压力低于 0.2MPa 时系统预警，系统通过压力传感器控制主刹车系统使主刹车制动，以免压力过低而导致减速箱因缺油而损坏。绞车底座油箱上设有油标，绞车在开始使用时及使用过程中应注意观察油标，油量低于下限时应及时补充润滑油，以防造成轴承烧坏等不良事故。

润滑脂(黄油)润滑：绞车主要黄油润滑部位包括滚筒两侧滚筒轴支撑轴承，连接电机与齿轮箱输入轴球笼型万向联轴器，齿轮箱输出轴与滚筒轴齿式联轴器，滚筒编码器测速小箱体齿轮，液压盘刹、自动送钻装置、电动机等部件。

⑧ 绞车气控系统。绞车气控系统主要包括自动送钻离合器控制、过卷防碰控制等二个部分。

自动送钻离合器控制：自动送钻离合器由两位定位式开关控制，当自动送钻开关置于自动送钻位置进行自动送钻时，便会断开绞车主电机，挂合自动送钻离合器，开启自动送钻电机。另外当游动系统进行至防碰高度时，就会摘掉自动送钻离合器并刹车。

防碰释放控制：防碰释放开关为一个两位复位式开关。当游动系统运行超过防碰高度时，缠绕在绞车滚筒上的钢绳会触动防碰过卷阀，过卷阀便将气信号输出，输出的气信号使压力开关接通产生电信号输入至 PLC 经逻辑运算后输出控制信号，断开绞车主电机和摘掉自动送钻离合器，同时液压盘刹刹车。为了恢复系统至正常工作状态，需连续按下防碰释放开关下放游动系统至防碰高度以下某个位置再松开防碰开关并刹车，检查防碰过卷阀并使其复位。

防碰天车控制：该钻机采用绞车滚筒过卷防碰阀、井架防碰开关和电子高度指示仪(由电控系统配套)的三重保险防碰天车装置。

井架防碰开关安装在井架上，由防碰钢丝绳直接驱动，当游动系统运行至防碰高度后，带动防碰钢丝绳使其与井架防碰开关阀的手柄脱开，井架防碰开关阀的手柄在重锤重力作用下使该阀切换至开启位置。只要过卷防碰阀和井架防碰开关阀任意一个打开，均能使防碰回路起作用，产生的防碰气信号驱动压力开关产生电信号经逻辑运算后输出控制信号，使主电机断电，并使液压盘刹刹车。电子高度指示仪用于模拟显示游动系统的运动位置，当游动系统运行至防碰高度后，便会输出防碰电信号经逻辑运算后输出控制信号，使绞车主电机断电，并使液压盘刹刹车。

2. 井架

前开口K型井架，主体各构件之间用销子连接，井架水平低位安装，可利用绞车动力整体起升。设计符合安装顶驱使用要求。井架与底座起升采用一套起升缓冲装置，先接井架缓冲装置起升井架，然后接底座缓冲装置起升底座。

3. 底座

底座采用旋升式起升结构，利用平行四边形运动原理进行设计，井架支腿固定在底座的上基座上，井架稳定性好。并实现高台设备和井架的低位安装。整个底座分为几个大块，各块之间均采用销子连接，结构简单、安装方便、好制造、易运输。底座后铺台下方安装了一个带操作台的空气缓冲罐，保证了钻台设备的用气需要。在转盘梁下方配有两台25t的液压防喷器吊装及移动装置，便于安装井口设备。

4. 电气传动控制系统

系统主要包括发电机控制系统、交流传动系统、PLC系统、MCC系统和司钻控制系统；主要由发电机控制柜、交流传动柜、变压器600V/400V、PLC柜、电源柜、供电柜、软启动柜、MCC柜、辅助电源柜、动力电缆、控制和通讯电缆、接插件、空调、VFD电控房体、司钻操作台等组成。系统采用先进、成熟的技术及结构。其系统输出特性，控制操作和各种保护功能，互锁功能等完全满足5000m钻机的工作参数和传动特性，达到钻井工艺要求，具有优异的调速性能、过载能力强、可靠性高、抗干扰能力强、设计布局合理、操作简便可靠、易于维护及维修等特点。采用正确可靠的防震、防潮、防沙措施，符合安全操作要求。

其他部件及钻机的安装调试等内容与其他型号钻机类似，为节省篇幅在此不再详述。

四、ZJ70/4500DB钻机

本节介绍的ZJ70/4500DB钻机是胜利油田高原石油装备有限责任公司设计开发的一种电传动控制钻机，可用于7000m井深的钻井作业。钻机设计符合SY/T 5609—1999《石油钻机型式与基本参数》标准及有关的API规范，能满足钻井新工艺的要求。

（一）钻机主要参数

技术参数见表2-39。

表2-39　ZJ70/4500DB钻机主要技术参数

项目			项目	参数
名义钻深范围/m	127mm钻杆	4000~6000	钻台高度/m	10.5
	114mm钻杆	4500~7000	钻台尺寸(长×宽)/(m×m)	13.3×11.66
最大钩载/kN		4500	储气罐容量/m^3	2×2.5+2.5
绳系		6×7(顺穿)	主发电机组功率/kW×台数	1310×4
钻井钢丝绳直径/mm		38	泥浆罐总有效容量/m^3	350

续表

名义钻深范围/m	127mm 钻杆	4000 ~ 6000	钻台高度/m	10.5
	114mm 钻杆	4500 ~ 7000	钻台尺寸（长×宽）/m×m	13.3×11.66
绞车额定输入功率/kW(hp)		1470（2000）	电传动方式	AC - VFD - AC 一对一方式
绞车挡数		2 + 2R 交流变频驱动无级调速	绞车电机型号(台数)	YJ13X5/X6（各一）
转盘开口直径/mm(in)		952.5（$37\frac{3}{4}$）	转盘电机型号(台数)	YJ13A3(各一)
泥浆泵额定功率(kW)×台数		1180(1600hp)×3	带泵电机型号×台数	YJ13X4(三台)
井架有效高度/m		45	绞车电机功率(kW)及额定转速(r/min)	800kW，740r/min
井架型式		K 型	转盘电机功率(kW)及额定转速(r/min)	800kW，740r/min
立根容量(5in 钻杆，28m 立根)		7000m(250 柱)	带泵电机功率(kW)及额定转速(r/min)	1200kW，1000r/min

（二）钻机主要部件

1. JC70DB 绞车

该绞车是一种新型交流变频控制的单轴齿轮绞车。绞车主要由交流变频电动机、齿轮箱、液压盘刹、滚筒轴、绞车架、自动送钻装置、气控系统、润滑系统等单元部件组成。如图 2 – 24 所示。

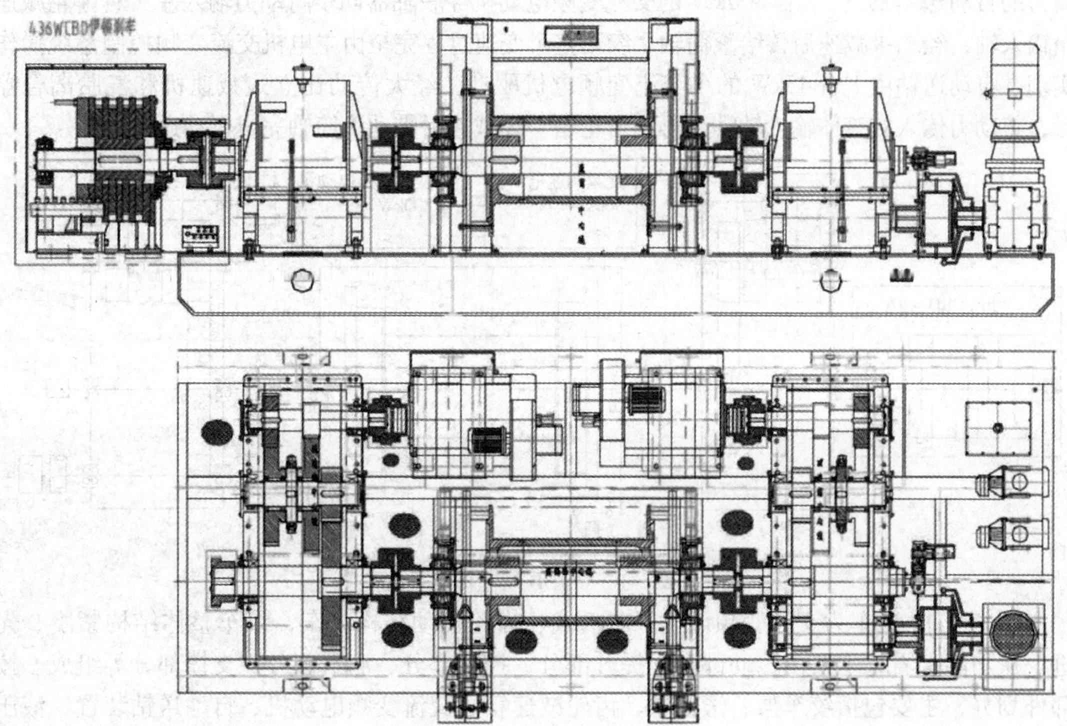

图 2 – 24　JC70DB 绞车结构简图

JC – 70DB 绞车为单滚筒结构，滚筒为开槽式。绞车动力由两台功率 800kW、转速范围为 0 ~ 1800r/min、YJ13X5/X6 型交流变频电动机驱动，变频调速范围宽。绞车为无级变速，无需专门的换挡机构，输入转速在范围 0 ~ 1800r/min 内可无级变速。主刹车为液压盘式刹车，配双刹车盘，刹车力矩大。取消了传统的辅助刹车机构，辅助刹车功能由主电机能耗制动实现。传动采用齿轮传动形式，齿轮采用大摸数齿轮，齿轮及轴承润滑采用强制润滑方式。配备了自动送钻装置，由45kW交流变频电动机提供动力给一台立式齿轮减速机减速后实现自动送钻。留有WCBD436伊顿刹车接口。电机、齿轮箱、滚筒轴及刹车系统等均安装在一个底座上，可构成一个独立的运输单元。所有控制(电、气、液)均集中在司钻控制房内，操作方便、灵活。技术参数见表2－40，传动原理见图2－25。

表2－40 JC－70DB绞车技术参数

额定输入功率/kW	1470	滚筒转速/(r/min)	0~362.9
钻井深度/m	4½in钻杆，4500~7000	钩速/(m/s)	0~1.56
	5in钻杆4000~6000	转盘转速/(r/min)	0~275
钢丝绳直径/mm	38	滚筒(开槽)尺寸(直径×长度)/(mm×mm)	770×1438.93
最大钩载/kN	4500	刹车盘尺寸(直径×厚度)/(mm×mm)	φ1650×76
最大快绳拉力/kN	485	绞车外形尺寸(长×宽×高)/(mm×mm×mm)	8230×3380×2695
绞车挡数	2+2R(无级调速)	质量/kg	49600

绞车传动分为两大体系，即由2台800kW主电机为动力的主传动系统和由45kW小电机为动力的自动送钻系统。2台800kW的交流变频电动机经联轴器同步将动力输入左、右齿轮减速箱输入轴，经二级减速后传给滚筒轴，绞车整个变速过程完全由主电机交流变频控制系统操作实现。自动送钻由1台45kW的小交流变频电机驱动，经大传动比立式减速机和气胎离合器后，将动力传入右箱体输入轴端，再经齿轮箱一级减速后带动滚筒轴完成自动送钻过程。

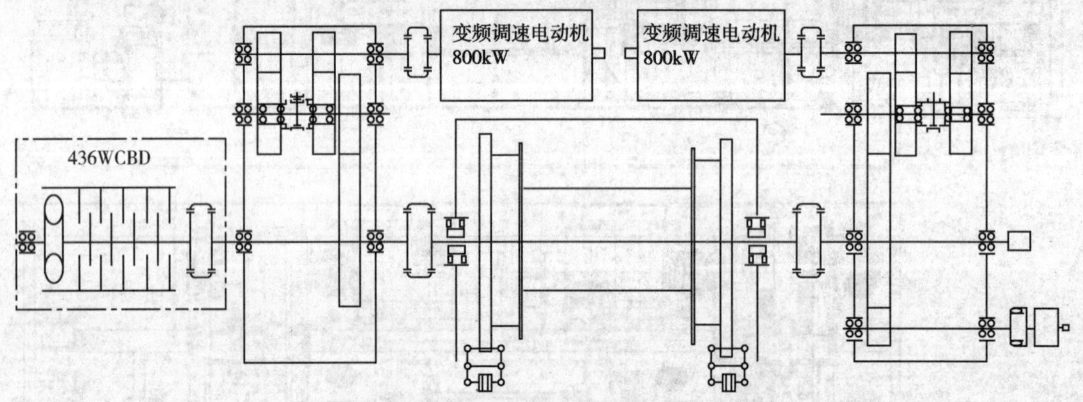

图2－25 JC－70DB绞车传动系统简图

JC－70DB绞车为交流变频调速、墙板式、齿轮传动结构绞车，绞车整体结构紧凑、先进。从功能上看，主要由传动部分、提升部分、控制部分、润滑部分、支撑部分等组成。按部件划分，主要包括绞车架、滚筒轴、齿轮减速箱、交流变频电动机、自动送钻装置、液压盘式刹车、伊顿推盘刹车、电气控制系统和润滑系统等。

滚筒轴总成是绞车的关键部件，它由滚筒体、刹车盘、轴承座、轴等件组成，如图2－26所示。工作时，滚筒上缠有游动系统的钻井钢丝绳，通过控制轴的正反转使钢丝绳在滚筒体上缠绳或退绳，以实现钻具起升或下放等目的。滚筒轴的转向和转速大小取决于两台主电机或45kW小电机的转向和控制速度，如果LT500×250气胎离合器摘开，主电机启动，则执行的是主电机输送的信号。如果 LT500 ×250 气胎离合器挂和，主电机停车，小电机启动，则执行的是小电机输送的信号。

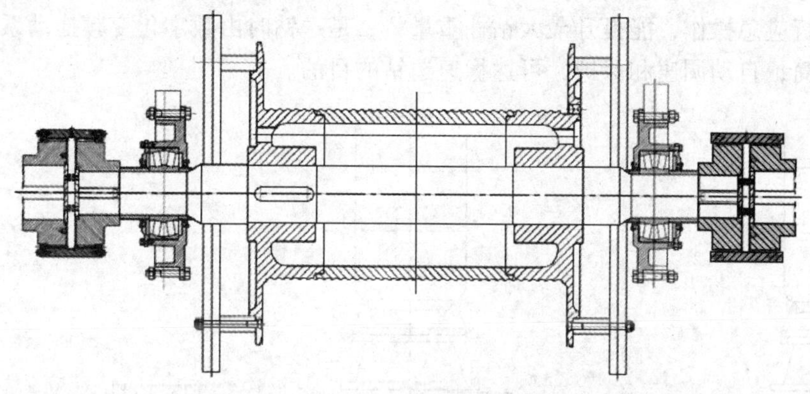

图 2 －26　JC －70DB 绞车滚筒轴

齿轮减速箱(基本参数见表 2 －41)分左、右两箱体，且均为二挡机构。右箱体带有一根自动送钻用的连接轴及齿轮，为四轴式结构；左箱体输出轴留有伊顿刹车接口，如果在需要安装伊顿刹车时，只需按要求将伊顿刹车装入，装好压板，连接好水冷却管线等即可。绞车左减速箱由输入轴、中间轴、输出轴、箱体、箱盖及传动齿轮等组成；绞车右减速箱由输入轴、中间轴、输出轴、送钻轴、箱体、箱盖及传动齿轮等组成。如图 2 －27、图 2 －28 所示。

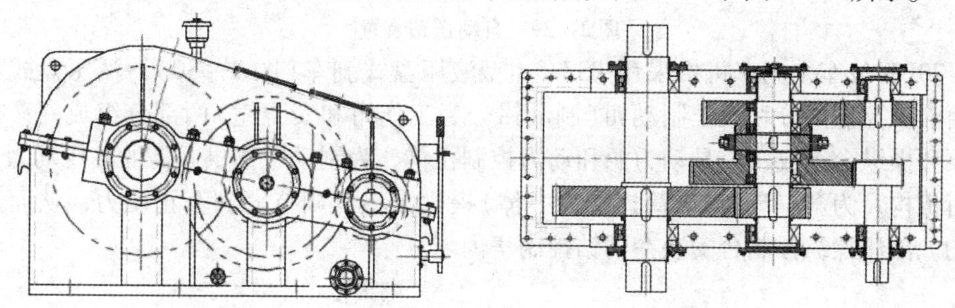

图 2 －27　绞车左减速箱

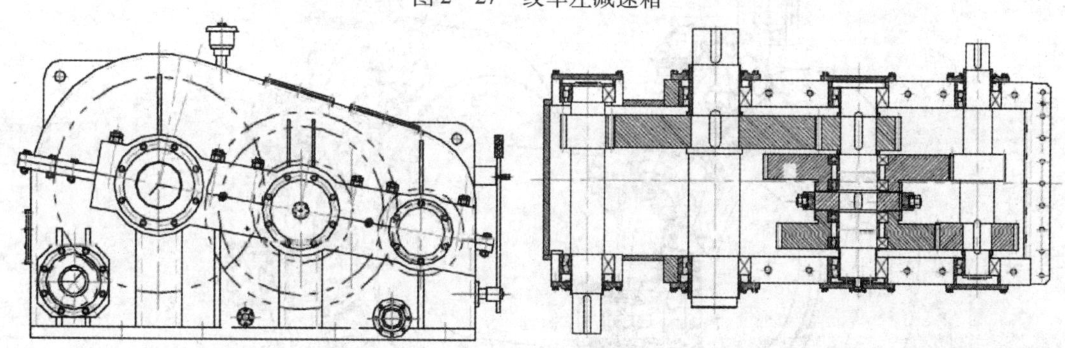

图 2 －28　绞车右减速箱

表 2 －41　齿轮减速箱基本参数

齿轮总传动比	$i_1 = 4.96$　$i_2 = 8.85$	额定输入扭矩/N · m	$T = 10303$
额定输入转速/(r/min)	$n = 740$	最大输入扭矩/N · m	$T_{max} = 12000$
工作最大转速/(r/min)	$N_{max} = 1800$	质量/kg	左箱体 10000，右箱体 11000

自动送钻装置主要由45kW交流变频电机、送钻减速机、LT500×250气胎离合器及电、气控制管线等零部件组成，如图2-29所示。自动送钻装置有两个功能，一是当主系统发生故障时可进行应急操作，能提升最大钻柱重量；二是送钻时由数字化变频拖动系统设定恒扭矩，反拖滚筒，自动调速和保护，可达稳速送钻的目的。

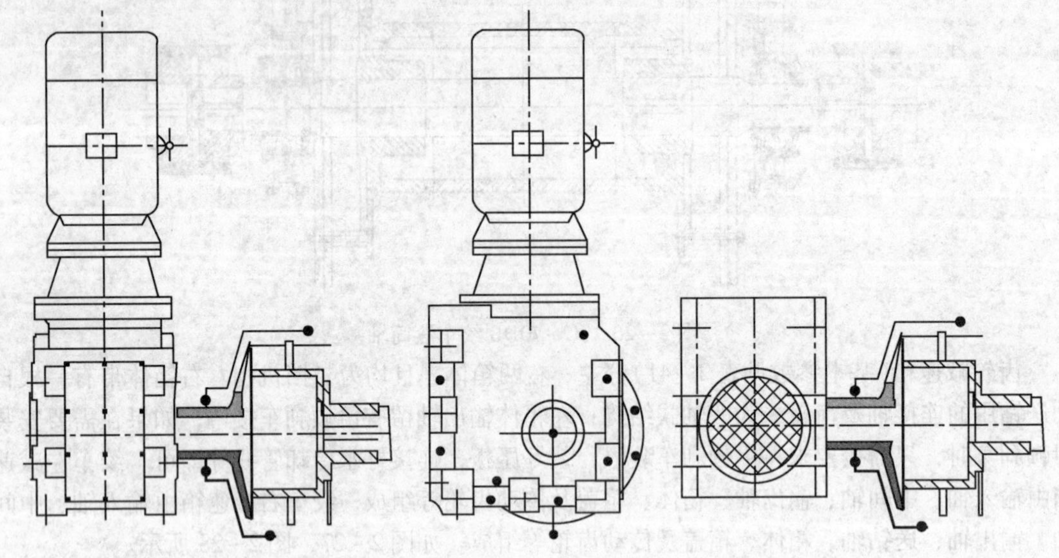

图2-29　自动送钻装置

JC-70DB绞车主刹车机构采用PSZ75B型液压盘式刹车(图2-30)，液压盘式刹车装置主要由液压控制部分和液压制动钳(制动钳分为工作钳和安全钳)两部分组成，液控部分由液压泵和操纵台组成，它是动力源和动力控制机构，为制动钳提供必需的液压动力。制动钳是执行机构，为刹车盘(与滚筒连接为一体)提供大小可调节的刹车正压力，从而达到刹车之目的。液压操纵控制台安装在司钻控制房内。

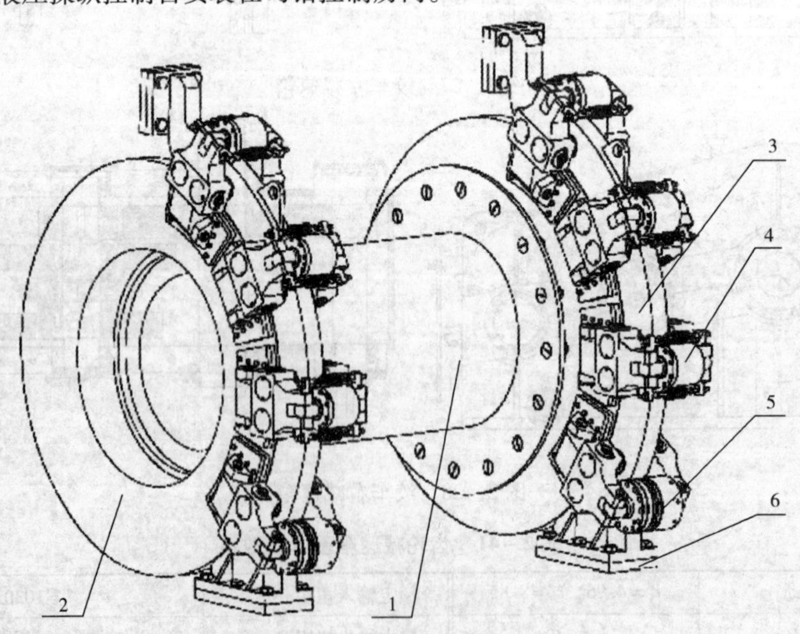

图2-30　液压盘式刹车制动执行机构

1—滚筒；2—刹车盘；3—钳架；4—工作钳；5—安全钳；6—过渡板

液控系统技术参数见表 2－42。

表 2－42　液控系统技术参数

系统额定工作压力/MPa	9.5	电加热功率/kW	1
系统单泵额定流量/L/min	15	冷却水流量/(m^3/h)	2
油箱容积/L	90	体积(长×宽×高)/(mm×mm×mm)	1140×948×1270
电机功率/kW	2×2.2	质量/kg	650
蓄能器容量/L	4×6.3		

常开式工作钳技术参数：单边最大正压力 N=75kN

常闭式安全钳技术参数：单边最大正压力 N=90kN

刹车块最大工作间隙 1mm

工作制动：通过操作刹车阀的控制柄，控制工作钳对制动盘的正压力，从而为主机提供大小可调的刹车力矩，实现送钻、调节钻压、调节起下钻速速度等。

紧急制动：遇到紧急情况时，按下红色紧急制动按钮，工作钳、安全钳全部参与制动，实现紧急刹车。正常起下钻过程中，严禁使用此按钮！

过卷保护：当大钩提升重物上升到某位置，由于操作员失误或其它原因，应该工作制动而未实施制动时，过卷阀会自动换向，实施紧急制动，避免碰天车事故。

驻车制动：当钻机不工作或司钻要离开工作台时，拉下驻车制动手柄，安全钳刹车，以防大钩滑落。

防碰装置的作用是当游动系统上到限定位置时，通过限位装置作用，紧急刹车，使游动系统停止上升，防止碰天车。JC－70DB 绞车采用气控过卷阀装置，过卷阀安装在滚筒上方，可沿轴向左右调整，过卷阀拨杆的长度依游车上升到极限高度时钢丝绳在滚筒上缠绳量来调整(游车上升距天车梁下平面 6～7m 处)。当游车上升处于极限高度时，快绳触碰拨杆，盘刹安全钳进行紧急刹车，将滚筒刹死。

润滑系统采用油脂润滑和强制喷油润滑。机油润滑：绞车左、右齿轮箱内共有六副齿轮和 14 副轴承，齿轮和轴承润滑方式采用机油润滑，绞车润滑原理如图 2－31 所示。绞车油箱内所加油品：环境温度 0～40℃推荐使用 L－CKC220(或 CKD220)重载荷(中极压)工业齿轮油(GB 5903—1995《工业闭式齿轮油》)。环境温度 －10～5℃推荐使用 L－CKC150 重载荷(中极压)工业齿轮油。润滑脂(黄油)润滑：绞车主要黄油润滑部位包括滚筒两侧滚筒轴支撑轴承，连接电机与齿轮箱输入轴球笼型万向联轴器，齿轮箱输出轴与滚筒轴齿式联轴器，滚筒编码器测速小箱体齿轮。润滑脂(黄油)油品为：环境温度 0～50℃，推荐使用 2 号锂基润滑脂 GB 7324—1994《通用锂基润滑脂》；环境温度 －30～5℃推荐使用 1 号锂基润滑脂。

检查及维护保养：当机械及电气设备进行运转时，所有的安全装置应处于良好状态。每班应对所有的安全装置进行检查，确认它们能正常工作。常见故障及排除方法见表2－43。

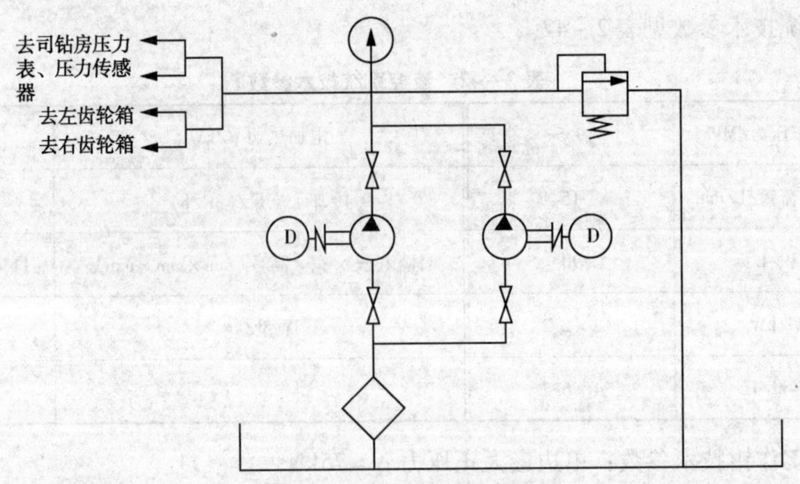

图 2－31　绞车润滑原理图

表 2－43　JC70DB 绞车常见故障及排除方法

序　号	故　障	原　因	排除方法
1	设备噪音大	①传动件磨损严重 ②轴承磨损严重或损坏	①修理或更换磨损件 ②更换轴承
2	轴承发热严重	①润滑不良 ②轴承磨损严重或损坏 ③活动轴承不活动	①调整润滑油量（或加注润滑脂） ②更换轴承 ③刮修轴承配合孔
3	漏油	①供油量太大 ②密封件损坏 ③回油不畅	①调小供油量 ②更换密封件 ③疏通回油孔
4	油泵不供油或油泵排量减少	①滤油器堵塞 ②油路堵塞 ③润滑油黏度太高 ④油箱内润滑油太少 ⑤油泵吸空（吸油口松动） ⑥油泵损坏	①清洗滤油器 ②疏通油路 ③更换润滑油 ④按规定加油 ⑤拧紧吸油口 ⑥更换油泵
5	气胎离合器打滑	①气路压力过低 ②摩擦片磨损严重 ③气胎漏气 ④气路不畅通或漏气	①调高气路压力 ②更换摩擦片 ③更换气胎 ④检修气路
6	气胎离合器脱开迟缓	①放气阀损坏或太小 ②弹簧片太软或损坏 ③气控阀损坏	①更换放气阀 ②更换弹簧片 ③检修或更换气控阀
7	其他	①气控系统故障 ②液压盘刹故障 ③伊顿刹车故障	①见气控系统使用说明书 ②见液压盘刹使用说明书 ③见伊顿刹车使用说明书

2. ZP375 转盘

ZP375 转盘主要是由转台装置、铸焊底座、输入轴总成、锁紧装置、主补心装置、上盖等零部件组成，技术参数见表 2－44。

表 2-44　ZP375 转盘技术参数

最大静负荷/kN	5850kN	齿轮传动比	3.56
通孔直径/mm	φ952.5(37½in)	外形尺寸/(mm×mm×mm)	2205×1810×718
最大工作扭矩/N·m	32562	质量/kg	6163(13587lbs)
最高转速/(r/min)	300		

3. TC450 天车

穿绳方式为顺穿，配四个 φ400mm 辅助滑轮，配起重量为 5t 的起重架。天车架设缓冲装置，并加护网。可安装顶驱，安装登梯助力装置。技术参数见表 2-45。

表 2-45　TC450 天车技术参数

最大钩载(6×7 轮系)/kN	4500	导向轮外径/mm	φ1524
适用钢丝绳直径/mm	φ38	主滑轮数/个	6
滑轮外径/mm	φ1524	导向轮数/个	1

4. 游车

技术参数见表 2-46。

表 2-46　YC450 游车技术参数

最大钩载(12 绳)/kN	4500	钢丝绳直径/mm	φ38
滑轮数量	6	质量/kg	8135
滑轮直径/mm	1524(60in)	尺寸/(mm×mm×mm)	3075×1600×800

5. 大钩

最大钩载 4500kN，主钩开口 220mm，安装有缓冲装置及安全装置。

6. 水龙头

最大钩载 4500kN，最大工作压力 35MPa，中心管内径 76mm（3in）。

7. JJ450/45-K4 井架

前开口"Π"型井架分 4 部分，主体各构件之间用销子连接。井架水平低位安装，可利用绞车动力整体起升。满足安装顶驱使用要求。配备二层台、套管扶正台、人字架、防坠落装置、大钳平衡重、二层台逃生装置、起升大绳、井架运输架等；二层台安装有 0.5t 气动绞车，指梁及管架都备有安全链。技术参数见表 2-47。

表 2-47　JJ450/45-K4 井架技术参数

最大钩载	4500 kN(6×7 绳系，无风，无立根)	二层台容量	7224m (5in 钻杆，28 m，立根 258 柱)
型式	"Π"形	二层台高度	26.5 m，25.5 m，24.5 m
工作高度	45m	抗风能力	无立根无钩荷风速 172km/h (93knots，>12 级风)满立根无钩荷风速 130km/h(70knots，12 级风)起放井架风速 30km/h(16knots，5 级风)
顶跨(正面×侧面)	2.2m×2.2m	人字架(距台面)高度	3.9m
底跨(正面×侧面)	9.0m×2.6m	井架理论质量	95743 kg

8. 底座(DZ450/9 – X)

底座的设计和制造符合 API Spec 4F 规范，技术参数见表 2 – 48。

表 2 – 48　DZ450/9 – X 底座技术参数

底座型号	DZ450/10.5 – X	转盘梁底面至地面净空高/m	9.1
钻台面高度/m	10.5	转盘梁载荷/kN	4500(450tf)
钻台面积/m^2	13.3 × 11.66	与转盘载荷同时作用的立根载荷/kN	2200(220tf)

DZ450/10.5 – X 底座与 JJ450/45 – K4 井架相配，配套井架下跨距 9m 旋升式结构，模块化设计。钻台及台面设备可低位安装，带有缓冲液压缸。底座采用旋升式起升结构，利用平行四边形运动原理进行设计，井架支腿固定在底座的上基座上。采用了高钻台、大空间结构，满足安装防喷器组高度的要求，并使泥浆回流管有足够的回流高度。在转盘梁下方配有 2 台 25t 的液压防喷器吊装及移动装置，便于安装井口设备。井架与底座起升采用一套起升缓冲装置，先接井架缓冲装置起升井架，然后接底座缓冲装置起升底座。

9. 钻机控制系统

钻机控制系统由司钻机控制室、外围仪表及气控阀件组成。包括电气系统、气动系统、液压系统的控制。司钻控制室是钻机控制核心，司钻控制室内的电控系统应安装在防爆控制箱内，通过电缆以插接件的方式与 VFD 房/MCC 房、触摸屏、钻井参数显示系统等联接。气动系统采用手动控制方式，主要是自动送钻离合器、转盘惯性刹车和转盘换档。部分气控阀件采用手动转阀，减少了操作台的安装尺寸，使布局更加合理，操作与维修更加方便。

10. F – 1600 钻井泵机组(F – 1600 钻井泵详见第五节)

每台泵组主要由 1 台 YJ13X4 交流变频电机、1 台 F – 1600 泥浆泵及窄 V 带传动装置、底座、护罩、安全阀、电动喷淋泵、泄压管线等组成。传动方式为，电机直接通过窄 V 带传动驱动泥浆泵工作。该结构对电机超载有较好的保护。电机的更换安装简单方便。传动中所配的联组窄 V 带能适应泥浆泵的各种工况要求，使用寿命长，传动效率高。技术参数见表 2 – 49。

表 2 – 49　F – 1600 钻井泵机组技术参数

窄 V 带型号	4 × 5ZV25J	型式	三缸单作用活塞式
窄 V 带长度/mm	8000	额定功率/kW	1180(1600hp)
传动比	2.358:1	冲程长度/mm	305
小皮带轮有效直径/mm	Φ530	额定冲次/min^{-1}	120
大皮带轮有效直径/mm	Φ1250	齿轮速比	4.206:1
泥浆泵型号	F – 1600	阀	API7K

(三) 钻机的安装与调试

钻机的正确安装直接关系到钻机能否正常工作和部件的使用寿命，要严格遵照钻机的安装程序、有关规定和技术要求进行安装。

1. 浇注钢筋混凝土基础

基础施工可参考提供的 ZJ70DB 钻机基础参考图进行施工。按钻机平面布置图要求准备好井场，应考虑井场运输道路、油水罐、值班房的摆放位置等。井场合理布置排水沟，地面有一定的承压强度。施工时严格遵守“钻机基础只准挖方、不准填方”的要求。按钻机基础图要求浇注钢筋混凝土基础。根据给定的井口位置划好基础中线和基础位置线，基坑挖好后应检查水平，压实后浇注钢筋混凝土基础，基坑耐压强度应不小于2MPa。基础上平面应水平，各基础水平面高差不大于3mm。

2. 钻机安装

钻机安装参照钻机平面图。基础需经检查合格后，划好基础中线和井口位置线，安装钻机各部件，安装时还应参照各配套部件安装部件的说明。钻机安装按图2－32的流程进行：

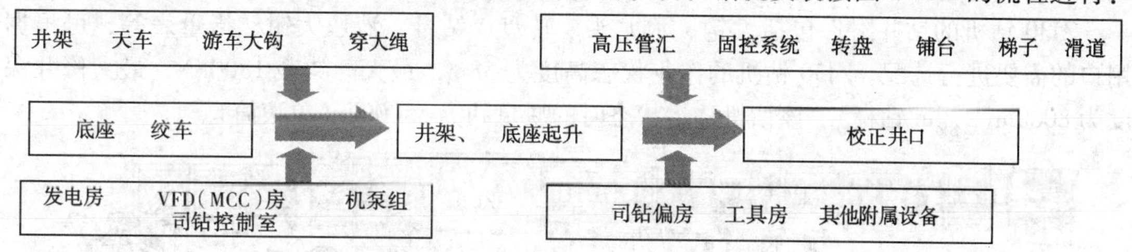

图2－32　ZJ70DB钻机安装流程图

3. 钻机调试

设备安装好后应进行调试，主要包括柴油发电机组的调试、机组并网调试、气源系统设备的调试、绞车调试、泥浆泵组的调试、井口机械化工具的调试、外围控制装置的调试等，各部分的调试应按说明书执行。

第四节　车装钻机

车装钻机为自行式钻机，主要有自走式底盘、车上作业机构、钻井附件等部分组成，具有井场移运安装方便等特点。目前，各厂家生产的车装钻机主要适用于1000～4000m深的钻井，本节以第四石油机械厂生产的ZJ30型车装钻机为例，介绍车装钻机的相关知识。

一、钻机简介

产品标准名称：车装钻机。

汽车目录标准型号(产品标牌型号)：SJX5550TZJ型。其中，SJX——企业代号(石油四机)；5——专用车代号；55——车辆总质量约为55×1000kg；0——设计顺序号；T——特种用途车辆；ZJ——钻井作业机。

企业自编型号：ZJ30型。其中，ZJ——钻井作业机；30——最大钻井深度3000m。

SJX5500TZJ修井机(以下简称ZJ30钻机)为自走式车装钻机(图2－33)，主要由自走式底盘、车上作业机构、钻井附件等部分组成，具备修井机的井场移运安装方便等特点，并具有满足钻井作业需要的高负荷、长时间连续作业等特性。

ZJ30钻机自走式底盘为14×8驱动型式专用底盘，采用单座平头驾驶室、重负荷载重桥及低端面轮胎。第一、三、四、五桥为带轮边减速器的双级减速驱动桥，第二桥为从动转向桥，第六、七桥为空气悬架的从动桥，前三桥为弹簧钢板平衡式悬架，四、五桥为钢性平衡梁悬架，大梁是用16Mn宽翼缘工字钢型材组焊而成的特别加强梁。

车上作业机构由发动机、液力传动箱、并车分动箱、角传动箱、转盘链条箱、绞车及绞车刹车系统、刹车冷却装置、Ⅱ型两节专冲扣缩式井架，5×6 游动系统、死绳固定器、液压小绞车及司钻控制的气路和液压系统、电路系统组成。钻机配备 2 台卡特彼勒柴油机、2 套阿里森液力传动箱和变矩器，可将动力分别传递给底盘的前后驱动桥、车上部分的绞车提升系统和转盘旋转系统。在移运行驶时，司机在驾驶室操作驾驶，在钻机和修井作业时，司钻通过操作台上的气、液控制阀件远距离操作控制作业机构。传动箱上的取力口通过驱动箱连接主油泵，可作为车上部分和辅助部件液压动力，发动机还配有 2 套空压机和发电机供主机的控制气源和仪表显示电源。

ZJ30 钻机的钻井附件包括大钩、水龙头、转盘、钻台、液压大钳、指重表等，可根据用户的需要进行选配。ZJ30 钻机的作业状态高度为 38m，最大静钩载 1800kN，最大修井深度为 8000m(2⅞in 钻杆)。该钻机移运状态时的质量约为 55000kg(单滚筒)。

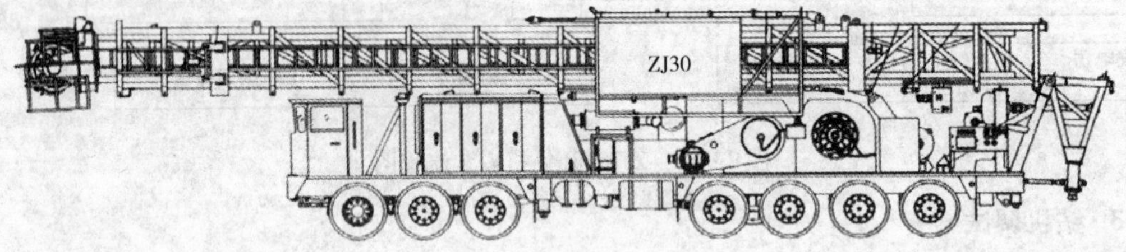

图 2-33　ZJ30 车装钻机

主机主要结构特点：

1. 自走式底盘

采用自行设计的专用自走式底盘，具有载荷分布合理，强度高，越野性能好等特点；采用优质重载宽轮距车桥、低断面轮胎、高强度主梁、液压助力转向、双管路制动，满足油田复杂路况，使用寿命长；采用标准型单座驾驶室。

2. 井架

井架设计符合 API-8C 规范；双节伸缩式 Π 型井架，液压起落伸缩，设置双重安全保护，操作安全方便；井架经过七种组合工况下的计算机有限元分析，强度、钢度和稳定性满足钻井作业要求；井架体经过喷抛丸处理，表面硬度、油漆附着力及防腐性能提高。

3. 动力传动系统

采用性能可靠的 CAT 发动机和 ALLISON 液力传动箱匹配，马力强劲，传动平稳；发动机油门、换挡采用远程气控方式；独特的双发动机齿轮并车分动箱结构设计，结构紧凑，充分发挥动力性能，传动可靠；采用独特没计的气动控制离合和刹车的转盘传动箱(车下部分)，具有 5 正 5 倒挡位。

4. 绞车系统

绞车系统有单滚筒和双滚筒两种形式可供选择；主滚筒采用里巴斯绳槽，排绳整齐，还可延长钢丝绳使用寿命；离合器为气囊推盘式，性能可靠；主滚筒刹车采用液压盘刹，辅助刹车采用进口气控水冷盘式刹车。

5. 电气液路系统

电、气、液路系统集中控制，操作方便，部分执行部件可采用远程气控；主要电、气、液元件采用进口件，质量可靠；气路管线采用铜管和扣压式接头、配备进口干燥器；作业照明有防爆、防漏电功能，线路采用钢管保护。

二、整机主要技术参数

主要技术参数见表 2 – 50。

表 2 – 50　整机主要技术参数

大修深度(2⅞in 钻杆)/m	8000	最大钩载(风力≤20m/s)/kN	1800
最大钻柱质量/kN	882(90t)	提升系统绳系	5 × 6 绳径 Φ29
发动机型号	CAT C15	发动机功率/kW	2 × 402(540hp/2100r/min)
井架作业状态高度(距地面)/m	38	钻台高度/m	6(整体折叠式)
大钩最大提升速度/(m/s)	1. 00(10 股绳) 1. 36(8 股绳)	最高车速(限制车速)/(km/h)	63(45km/h)
最小转弯半径/m	21	主车总质量/t	≈55(单滚筒)
主车移运外形尺寸(长 × 宽 × 高)/(mm × mm × mm)	15350 × 3300 × 2900	行驶最大推荐车速/(km/h)	35
工作环境温度/℃	–25 ~ 50	相对湿度/%	≥30

三、主要系统部件

(一) 绞车主滚筒

主滚筒主要由离合器、滚筒体、刹车盘和轴等零部件组成。主滚筒总成见图 2 – 34。主滚筒的旋转是通过操作滚筒离合器的气阀手柄来实现的。气控阀不仅控制离合器的离合，而且控制发动机的油门，把司钻阀手柄前推，当手柄转过 10°时，离合器开始挂合，滚筒旋转，手柄继续向前推，柴油机油门随着手柄旋转角度的增加而加大，把手柄推到终端，柴油机油门最大，也可以根据需要手柄停在 10°至终端位置，其过程是先降低油门，后脱开离合器。当气阀松开时，手柄自动复位，主滚筒的离合器脱开。

若将控制手柄从中间位置向后拉，只能控制油门，而不能挂合离合器，也可以根据操作需要将手柄停在任何角度位置上，这种操作只在单独使用空压机、液压油泵时才使用。

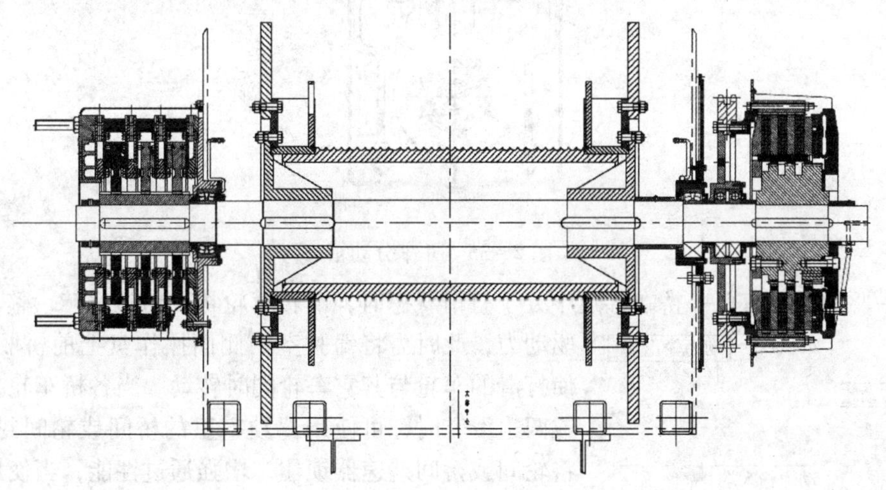

图 2 – 34　主滚筒总成

(二) 并车分动箱

并车分动箱是将两台发动机的动力并车后再分别输出到各动力输出端的动力分配装置。其结构为钢板焊接箱体，齿轮付传动机构，设有两个动力输入端，设有四个动力输出端，分别用于底盘前桥驱动、后桥驱动、绞车驱动和转盘驱动。两个输入端可分别驱动或同时驱动，四个输出端中，前后桥驱动输出端可单独或同时驱动底盘行驶，驱动绞车和转盘的两个输出端通过选择手柄可分别或同时驱动。

2 台发动机可随意单独使用或同时并车使用，当在钻井作业时，动力由上部两个输出端(图 2－35)，上输出端的动力用于驱动绞车，其档位的切换和挂合由司钻控制箱上的气控阀操作。下输出端的动力用于驱动转盘，当动力切换到车上时，此动力端联接的传动轴在链条箱下端经由推盘式离合器输到钻台上的转盘。链条箱上端的离合器是用于释放钻杆的反转力矩的。它的操作是由操作台控制的。

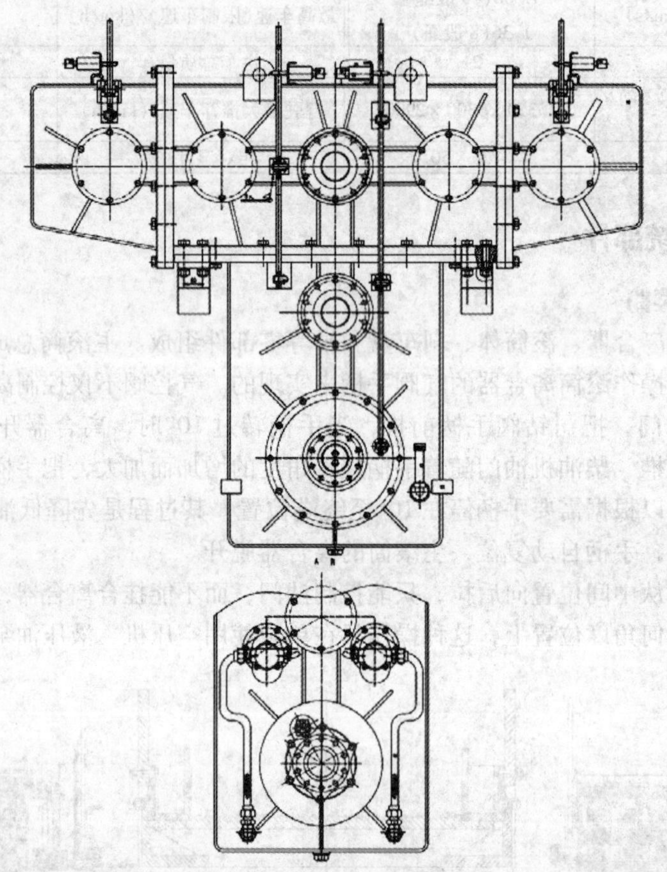

图 2－35　并车分动箱

当后驱动桥中有任一桥在移运中处于打滑状态时，滑转车轮将加倍施空转，整车将失去驱动力，此时需将驾驶室中侧面操作盘上前桥驱动挂合，使打滑的车轮与其它车轮同时转动。当各桥车轮发生单边或两边滑转时，可使用驾驶室里的桥间或轮间封锁开关，将轮间或桥间差速器锁住，增强通过性能，当使用封锁完毕后，将开关复位，以免损坏车桥。

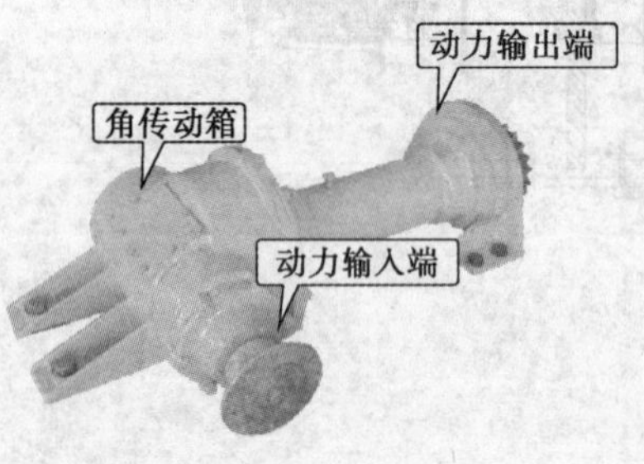

图 2－36　角传动箱

角传动箱(图 2－36)将并车分动箱的上部动力输出的动力，经一对伞齿轮将纵向动力变换为横向动力传递给绞车链条箱驱动绞车(单滚筒或双滚筒)工作。它的润滑和散热是由齿轮搅动箱体里面润滑油来完成的。

（三）转盘传动箱

转盘传动箱见图2－37，包括车上固定部分和转盘连接部分，主要是将底盘大梁间的传动轴动力通过两个链条箱输出到转盘上，具有气动控制离合、刹车、5正5倒防反转等功能。

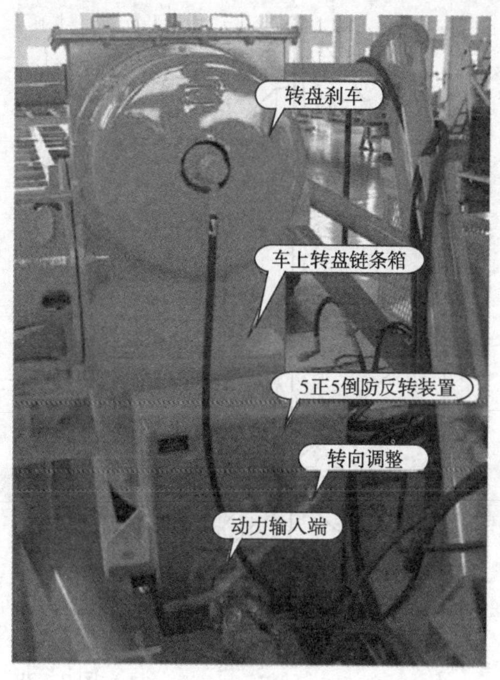

图2－37　转盘传动箱

（四）气路系统

气路系统主要包括空气压缩机、司钻操作台上的所有操纵阀、调压阀、减压阀、干燥器、防冻器、滤清器等。调压阀和减压阀在出厂前已经调好（最大系统气压调定为0.833MPa到0.95MPa之间）在使用中一般不要调节。该机配有防冻器，其内应装入0.685L乙醇，在气温低于0℃时才使用。

（五）液路系统

液路系统主要包括主油泵、起升液缸、伸缩液缸、吊钳液缸、支腿液缸、液压马达、液压油箱、滤清器、减压阀、溢流阀及各种液压操纵阀。溢流阀、减压阀及各压力调节部位的压力在出厂前已经调好，在使用中一般不要再调节。滤清器应定期检查和清洗，以保证液路系统工作的可靠性。在液压油中混入水分的限度（重量比小于0.05%）。污蚀度小于7.0～10.0mg/100mL。一般情况下液压油更换周期为一年半左右。如果液压油中混入水分的限度及污蚀度未超过限量时，可适当延长液压油使用周期。但不到换油时间，液压油中混入水分限度及污蚀度已超过限量，应提前更换液压油。

（六）液压小绞车

液压绞车是由双级行星齿轮减速机构，液压离合器，制动阀及液马达等组成的通用绞车。它主要用来起吊单根油管、钻杆和起吊钻井中使用的一些辅助工具。

四、主机使用说明及操作规程

（一）作业前的准备

① 根据井场的实际情况，选好钻机的停放位置，并按图示（图2－38、图2－39）打好四个绷绳地锚坑，锚坑深1.8m，上宽0.8m，上长1.3 m，下宽0.8m，下长1.6m。每个锚坑沿绷绳方向的承拉能力不小98kN。

② 井口周围停放钻机，井架基础和钻台的位置应略高，雨后不得积水。井架基础下土壤的承载能力不得小于382kN/m^2。对黏土和松砂土地面，由于土质软较松（尤其在雨后土壤的承载能力大大减小），因此，放置井架的地基应铺150～200mm厚的寸口石，并铺平。

③ 停放钻机的位置与井架底座及钻台的位置同样高，雨后不得积水。

④ 将钻台和井架基础摆放在选好的位置上，且钻台上转盘中心与井口对中。再将钻机开到现场摆放好，使两个井架千斤中心线到井口中心的距离为2.050m，见图2－40。

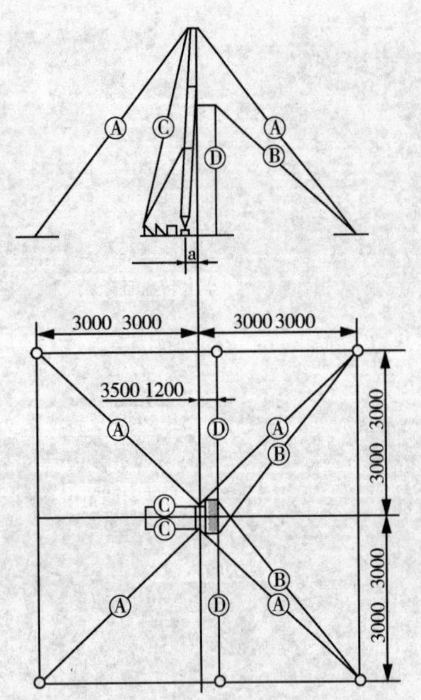

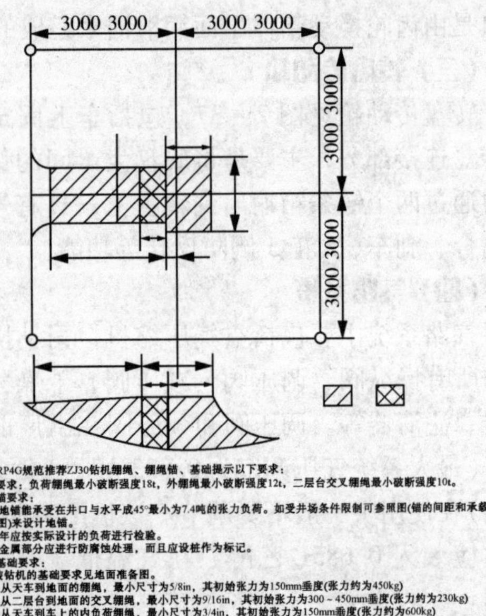

根据API RP4G规范推荐ZJ30钻机绷绳、绷绳锚、基础提示以下要求：

一、对绷绳要求：负荷绷绳最小破断强度18t，外绷绳最小破断强度12t，二层台交叉绷绳最小破断强度10t。

二、对绷绳锚要求：

1、所有地锚能承受在井口与水平成45°最小为7.4吨的张力负荷。如受井场条件限制可参照图(锚的间距和承载能力图)来设计地锚。

2、锚每年应按实际设计的负荷进行检验。

3、锚的金属部分应进行防腐蚀处理，而且应设桩作为标记。

三、对井架基础要求：

ZJ30车装钻机的基础要求见地面准备图。

A—四根从天车到地面的绷绳，最小尺寸为5/8in，其初始张力为150mm垂度(张力约为450kg)

B—两根从二层台到地面的交叉绷绳，最小尺寸为9/16in，其初始张力为300～450mm垂度(张力约为230kg)

C—两根从天车到车上的内负荷绷绳，最小尺寸为3/4in，其初始张力为150mm垂度(张力约为600kg)

D—两根从二层台到地面的附加绷绳，在风荷超过设计数值，或当排放的立根超过额定容量或二层台围有蓬布时，推荐其采用这两根绷绳，最小尺寸为9/16in，初始张力150～300mm垂度(张力约为230kg)。

*负荷支承面，所需的安全承载能力，最小为39吨/m，须找平，并作排水处理。

钻机安装面，离开井眼沿中心4m的坡度为1:20，所需的安全承载能力最小为29t/m²，整个地面需要作排水处理。

图 2－38　绷绳及地锚位置图

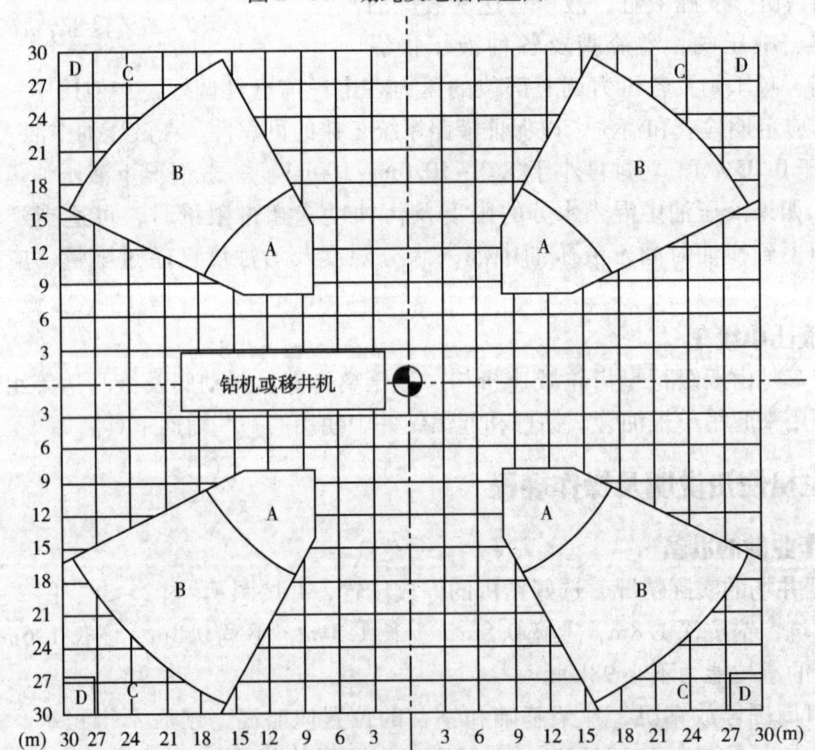

钻承载能力/t			
区域	双节井架	单节井架	杆式井架
A	15.6	7.0	7.0
B	11.5	5.0	5.0
C	9.0	5.0	5.0
D	7.4	5.0	5.0

图 2－39　锚的间距和承载能力图

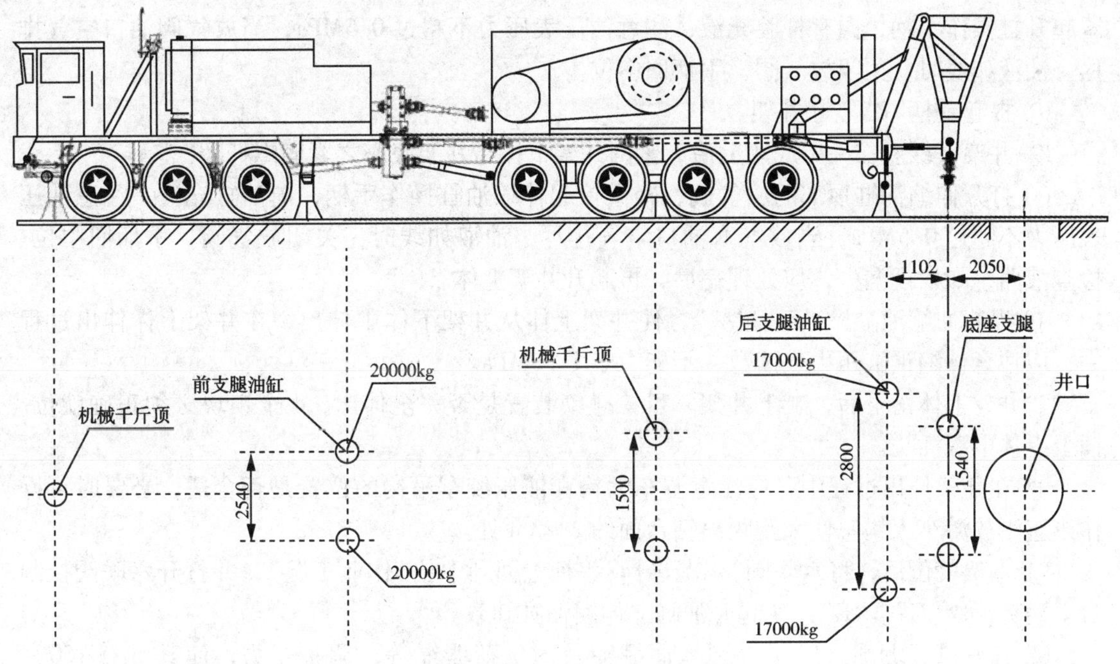

图2-40 作业状态集中负荷位置图

⑤ 扳动并车箱操作手柄，置作业位置，使其底盘驱动脱离，选择单机或并机工作。动力与车上作业部分接通。操作液压工况选择手柄，置调整位置。

⑥ 发动机怠速运转(阿里森传动箱处于空挡位置)，挂合主油泵。

⑦ 分别操纵液压千斤控制阀手柄，使各千斤伸出，并支承在各自的位置上，观察水平仪，调整各液压千斤使其底盘大梁前后左右都处于水平位置(此时各轮胎应基本不承受负荷)，最后锁紧液压千斤螺母，并泄去液压支腿油缸压力，使各机械千斤伸出、支稳并锁紧。

(二) 起落井架

井架主要由上体、下体、底座和天车等部件组成。井架的起放和井架上体的伸缩分别由起升液缸和伸缩液缸来完成。

1. 起井架

① 移动设备对准井口。

② 检查绷绳和锚杠，确保其型式和负载能力符合制造厂的要求。

③ 发动机转速控制在1200~1500r/min。

④ 调平车台，操作五联阀"工况选择"手柄，处在"调整"工况。打开六联阀控制箱针形阀，挂合主油泵，抬起起升油缸手柄，使系统空运转5~10min，以排除液压系统中的空气。关闭针形阀"C"、"E"。松开支腿锁紧螺母，支好垫块，控制支腿阀手柄，升高车台并调平，锁紧支腿螺母，车台调平完毕。

⑤ 调整井架底座与大梁间的拉杆，使底座位于3°倾角后，旋紧井架底座与大梁底座与井架基础上的各个拉杆。

⑥ "A"、"B"阀中位检查压力表，压力应≤0.7MPa。

⑦ 竖起井架前应排出起升油缸中的空气，打开两起升油缸顶部有杆腔放气阀，轻微下压起升缸操作手柄，向有杆腔充液，注意油压表压力不超过 0.5MPa，当放气阀油口空气排尽，油液如线时，关闭放气阀，手柄回中位。

⑧ 提起手柄“B”竖起井架。

⑨ 井架平缓座在井架底座上后，紧网井架下体与井架底座之紧固螺杆。

⑩ 打开伸缩油缸顶部的放气阀，轻微抬起伸缩油缸操作手柄，向油缸充液，注意油压表压力不超过 0.5MPa，当放气塞油口空气排尽，油液如线时，关闭放气阀，手柄回中位。检查液路，如发现漏失，应处理完后，再起升井架上体。

⑪ 提起伸缩油缸操纵手柄“A”，使井架上体从井架下体中伸出，在井架上体伸出过程中，应注意伸缩油缸压力表读数，不能大于 11.5MPa。

⑫井架上体落下后，爬上井架，目检碰锁装置是否完全伸出，4 个锁块必须正确就位。插上上体电源插头。

⑬ 在井架伸出过程中，应注意游车大钩和液压绞车吊钩的位置是否合适，必要时可操作绞车下放游车大钩，使大钩距离钻台面约 2 ~3m 处。

⑭ 井架就位后，将六联阀“工况选择”手柄置回到中位“作业工况”，并打开六联阀控制台上两针形阀“C”、“E”，使起升油缸、伸缩油缸卸载。

⑮ 挂好风载绷绳，二层台到地面绷绳及内负荷绷绳等，调整张力，使其具有 150 ~250mm 的垂度(绷绳预紧力约为 4.45 ~5kN 左右)。

⑯ 将起升油缸所伸出三级柱塞和活塞杆上涂轻质黄油或高粘度润滑油或用防水耐火帆布保护以防锈蚀。

2. 放井架

① 摘开井架部分的电路、放松内负荷绷绳，并解开二层台绷绳和风载绷绳。

② 发动机转速控制在 1200 ~1500r/min。

③ 操作三联阀“工况选择”手柄处于“调整工况”，挂合主油泵打开“C”阀抬起起升缸操作手柄，使主油泵空运转 5 ~10min 左右，排除液压系统窄气手柄回中位，关闭“C”阀。

④ 打开伸缩油缸顶部放气阀，提起操纵手柄“A”向油缸充液，注意压力表压力。不超过 0.5MPa，当伸缩油缸内空气排尽，油流如线时，关闭放气阀，手柄回中位。

⑤ 摘掉上体电源插头。

⑥ 先提起操纵手柄“A”，使上体上升，收回碰锁装置，然后，下压操纵手柄“A”降落井架上体，并握住它直到上体落到底部。

⑦ 在收回井架上体过程中，始终使游车大钩处于合适位置。

⑧ 井架上体收回后，将操作手柄“A”置于中位，松开井架下体与井架底座间的两锁紧螺杆。

⑨ 打开起升油缸顶部排气塞，然后按下操作手柄“B”，排放起升油缸三级有杆腔空气。

⑩ 小心按下手柄“B”，缓慢放倒井架，注意观察起升油缸回缩动作顺序，正确回流顺序是三级活塞，二级活塞，一级活塞。

在放倒井架过程中，当上部三级活塞回收到位后，井架靠自重回落，井架回落速度由油缸内的安全节流孔控制。

⑪ 将井架放倒在前支架上后，上好前支架“J”型螺栓和上体挡块及大钩挂绳。

⑫ 松开支腿锁紧螺母，操纵支腿控制阀手柄，回收支腿并锁紧螺母，打开针形阀

"C"、"E"。

⑬ 收起全部钢丝绳，拆除自走底盘与井架基础的安全拉杆或转盘传动轴。

五、自走底盘性能参数

1. 底盘(表 2－51)

表 2－51　底盘参数

载车驱动型式	14×8	载车外形尺寸/(mm×mm×mm)	15350×3300×2900
车上装置外形尺寸(含井架)/(mm×mm×mm)	20620×3300×4470	轴距/mm	1300＋1300＋4490＋1370＋1370＋1370
轮距/mm	前轮 2180	前悬/mm	1390
	后轮 2212(单胎)、1802(双胎)	后悬/mm	1795
最小离地间隙/mm	340	最小转弯半径/m	21
接近角/(°)	24	离去角/(°)	15
整机质量/t	≈82	最大能力车速/(km/h)	63
行驶最大推荐车速/(km/h)	35	最大爬坡度/(°)	32

2. 发动机(表 2－52)

表 2－52　发动机参数

发动机型号	CAT　C15	发动机功率/kW	402
缸数与排列	六缸直列	缸径与冲程/mm	137×165
排量/L	14.6	压缩比	14.5∶1
旋转方向	从飞轮端看反时针方向旋转	点火顺序	1－5－3－6－2－4
冷却方式	水冷	最大扭矩/N·m	1980(1400r/min)

3. 液力传动箱(表 2－53)

表 2－53　液力传动箱参数

传动箱型号	ALLISON S5610HR	变矩器型号	TC－580
齿轮箱传动比	第一档：4∶1	正常使用油底油温/℃	82～93
	第二档：2.68∶1	最高油底壳油温/℃	121
	第三档：2.01∶1	变矩器出口处最高油温	正常使用不得超 135℃，间隙使用减速器可起过 135℃，但任何情况下不得超过 165℃
	第四档：1.35∶1		
	第五档：1∶1		
	倒档：5.15		

4. 并车箱(表 2－54)

表 2－54　液力传动箱参数

传动比	提升系统 1∶1	额定转速/(r/min)	2100
	旋转系统 1.65∶1	额定扭矩/N·m	14450
	行车 1∶1		

第五节 钻 井 泵

我国钻机使用的钻井泵主要是宝鸡石油机械有限责任公司的 F－1300/1600 和兰州兰石国民油井公司的 3NB－1300/1600 三缸泵，青州石油机械厂也生产 SL3NB－1300/1600 三缸泵。本节以宝鸡石油机械有限责任公司生产的 F－1300 和 F－1600 型三缸单作用活塞泵为例，介绍钻井泵的结构原理与使用维护。F－1300 钻井泵和 F－1600 钻井泵的外形尺寸、机架和液力端均相同，只是动力端的轴承和齿轮副不同，设计制造符合 API Spec 7K《钻井及修井设备规范》的要求。液力端所有的易损件(阀体、阀座、缸套等)均可与符合 API 标准制造的相同规格的零件互换。

一、技术规范与性能参数

F－1300/1600 钻井泵的技术规范见表 2－55，性能参数见表 2－56。

表 2－55 F－1300/1600 钻井泵的技术规范

型 号	F－1300	F－1600
型式	三缸单作用活塞泵	
最大缸径/mm	180	180
额定功率/kW	960	1180
额定冲数/min^{-1}	120	120
冲程长度/mm	305	305
齿轮速比	4.206	4.206
阀腔	API 7#	API 7#
质量/kg	24572	24971

表 2－56 F－1300/1600 钻井泵的性能参数

冲数②/min^{-1}	缸套直径与额定压力							
	缸套直径/mm		$\phi180$	$\phi170$	$\phi160$	$\phi150$	$\phi140$	$\phi130$
	额定压力/MPa	F－1300	18.5	20.7	23.4	26.6	30.5	34.3
		F－1600	22.7	25.5	28.8	32.7	34.3	34.3
	额定功率②/kW		排量①/(L/s)					
	F－1300	F－1600						
130	1036	1275	50.42	44.97	39.83	35.01	30.50	26.30
120	956	1176	46.54	41.51	36.77	32.32	28.15	24.27
110	876	1078	42.66	38.05	33.71	29.62	25.81	22.25
100	797	980	38.78	34.59	30.64	26.93	23.46	20.23
90	717	882	34.90	31.13	27.58	24.24	21.11	18.21
1			0.3878	0.3459	0.3064	0.2693	0.2346	0.2023

注：①按容积效率 100% 和机械效率 90% 计算。② 推荐的冲数和连续运转时输入功率

二、三缸单作用活塞泵的结构

三缸单作用泵由动力端和液力端两大部分组成。

(一) 动力端

三缸单作用活塞泵动力端的主要部分由主动轴(传动轴)、被动轴(曲轴)、十字头等组成。

1. 主动轴(传动轴)

三缸泵主动轴(传动轴)总成如图2-41所示。轴的两端对称外伸,可以在任一端安装大皮带轮、链轮或万向轴联结器。两端的支承采用双列向心球面滚子轴承或单列向心短圆柱滚子轴承,可以保证有一定的轴向浮动。

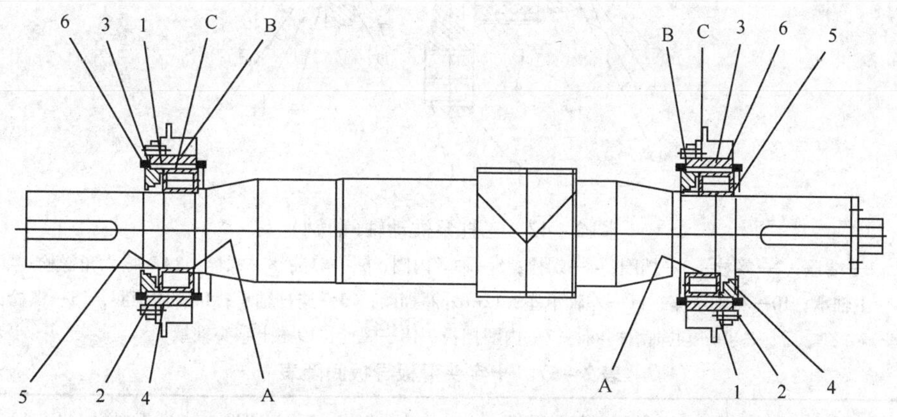

图2-41 三缸泵传动轴总成

1—垫圈;2—端盖垫圈;3—轴承套;4—端盖;5—耐磨套;6—螺栓

国产泵的传动轴多采用35CrMo锻钢件,小齿轮多采用42CrMo或40CrNiMo等高强度合金钢锻件,齿轮大多采用高度变位的渐开线人字短齿。

2. 被动轴(曲轴)

被动轴(曲轴)是钻井泵中最重要的零件之一,其上安装有大人字齿轮和3根连杆。大齿轮圈用绞制孔螺栓与曲轴上的轮毂紧固为一体。3个连杆轴承的内圈热套在曲轴上,连杆大头热套在轴承的外圈上。

国产三缸单作用泵的曲轴大体上有两种结构型式。一种是碳钢或合金钢铸造的整体式空心曲轴结构,其总成如图2-42所示。另一种是锻造直轴加偏心轮结构。国外三缸泵中有的采用锻焊结构曲轴,大人字齿轮多采用35CrMo铸钢件或42CrMoA锻造件,调质处理后的硬度大约为HB285~325。

3. 十字头总成

十字头是传递活塞往复动力的重要部件,同时,又对活塞在缸套内作往复平直运动起导向作用,使介杆、活塞等不受曲柄切向力的影响,减少介杆和活塞的磨损。曲轴通过连杆和十字头销带动十字头体,十字头体又通过介杆带动活塞。连杆由20Mn2或35CrMo钢铸造而成。十字头由QT60-2球墨铸铁或35CrMo钢铸造而成。连杆小头和十字头销之间装有圆柱滚子或滚针轴承。十字头体上有的装有铸铁滑板,在导板上往复滑动。导板通常是铸铁件,固定在机壳上,通过调节导板下部垫片使十字头体与导板间保持一定的间隙,如表2-57。当泵反转时,如果间隙过大,则十字头落到导板上将会产生过大的冲击。

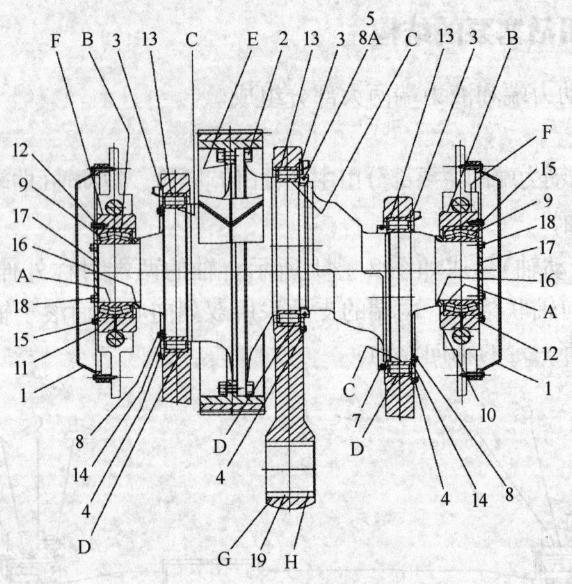

图 2-42　三缸泵被动轴(曲轴)

1—端盖；2—螺栓；3—挡圈；4—螺栓；5—轴承内圈；6—挡环；8—螺栓；8A—内六角螺栓；9—主轴承；10—右轴承座；11—左轴承座；12—外圈挡圈；13—连杆轴承；14—内挡圈；15—螺栓；16—主轴承档圈；17—内圈挡板；18—螺栓；19—十字头轴承

表 2-57　十字头滑板导板间隙表

型　号	宝石 F-1300/1600	兰石 3NB-1300/1600	青州 SL3NB-1300/1600
间隙/mm	0.25~0.40	0.25~0.50	0.26~0.38

(二) 液力端

单作用泵的每个缸只有一个吸入阀和排出阀，故其液力端结构比双作用泵液力端简单得多。目前的三缸单作用泵泵头主要有 I 型。

I 型泵头：图 2-43 所示为 I 型泵头的示意图，钻井泵液力端的结构如图 2-44 所示，国产 SL3NB-1300A、SL3NB-1600A、F-1300、F-1600 泵即属于此类型。这种直通形泵头的液力端结构紧凑，重量较轻，缸内余隙流道长度短，有利于自吸，但检修比较困难。

三、钻井泵的安装

安装前需有正确的布置方案，把泥浆泵、灌注泵、喷淋泵的位置方向，吸入和排出管线的走向都规划好。泥浆泵应放在水泥混凝土水平基础上，以利于动力端润滑油的正确分布。泵和动力源间的传动用三角皮带或者用多排链条，应十分精确。

1. 三角皮带传动

安装前，检查皮带轮槽。槽壁必须平直，槽内无污物。调整三角皮带的预紧力，当中心距为 2540mm(100in)时，在调整好中心距以后再增加中心距 13mm(½in)；当中心距为 3810mm(150in)时，在调整好中心距以后再增加中心距 19mm(¾in)。

2. 链传动

安装链条，必须对中准确。保证使用中链条的可靠润滑，F 系列泵的链条润滑油牌号是：环境温度高于 0℃(32°F)，SAE-30/N100；环境温度低于 0℃(32°F)，SAE-20/N68；

当温度低于－18℃(0°F)时，请向润滑油供应部门咨询。使用的润滑油应符合润滑油的有关规范和按规范编制的润滑手册。

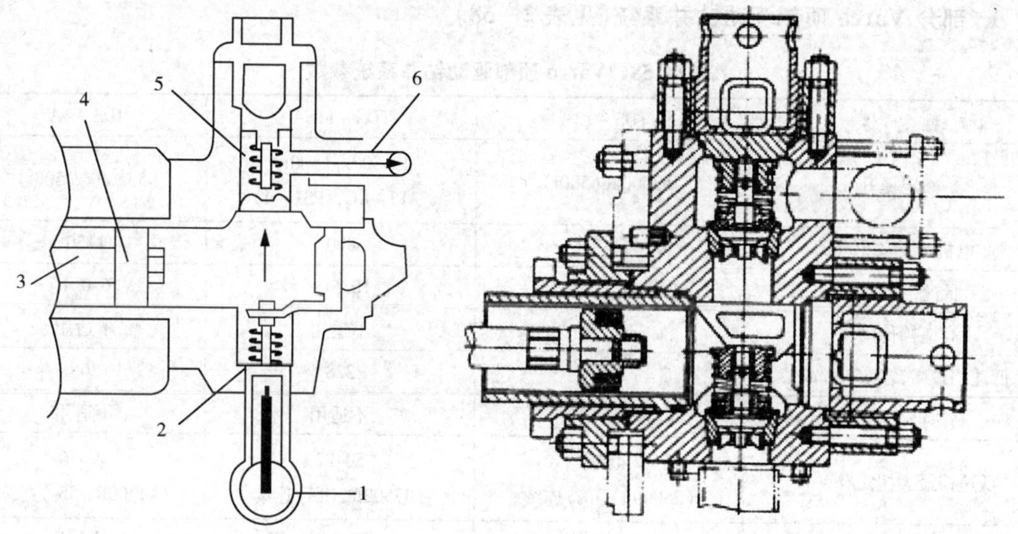

图2－43　I型泵头示意图

1—吸入管汇；2—吸入阀；3—活塞杆；4—活塞；5—排出阀；6—排出管汇

图2－44　1300型三缸单作用泵液力端结构

第六节　顶部驱动装置的原理与使用维护

20世纪80年代研制的顶部驱动钻井系统(TOP DRIVE DRILLING SYSTEM)，显著提高了钻井作业的能力和效率，已成为石油钻井先进装备。

一、顶部驱动装置简介

顶部驱动，是把钻井动力部分由转盘移到水龙头处。可从井架空间上部直接驱动钻具旋转，完成钻柱旋转钻进、循环钻井液、接立根、上卸扣和倒划眼等多种钻井操作。由于取消了方钻杆，无论是钻进还是起下钻，可以保持循环钻井液。可以进行立根钻进，可节省钻井时间20%～25%。

我国石油天然气行业标准对顶驱的定义是，石油钻机用顶驱装置由动力水龙头和管子处理装置等组成，能驱动钻杆旋转并具有旋紧或松开钻柱接头的功能，可以沿导轨上下移动(也可前移)，完成钻井作业(也可在小鼠洞作业)的装置。

顶部驱动钻井装置主体主要有三个部分组成：导轨滑动架总成、水龙头—钻井电机(或液压马达)总成和钻杆上卸扣装置总成。

二、顶部驱动装置的类型和参数

(一)顶部驱动装置的类型

根据顶部驱动装置的驱动形式区分，有液压驱动和电驱动两大类型。在电驱动顶驱中，又可分为直流(AC－SCR－DC)电驱动和交流变频(AC－VFD－AC)电驱动两种形式。在交流变频电驱动中，根据电机类型又可分为交流变频感应电动机驱动和交流变频永磁电动机驱动两种形式。

（二）基本技术参数

1. 部分 Varco 顶部驱动钻井系统(见表 2-58)

表 2-58 Varco 顶部驱动钻井系统参数

型号	TDS-12	TDS-11SA	IDS-4A
额定提升	453500kg(500t)	453500kg(500t) API-8C，PSL-1	453500kg(500t)
电机额定功率/hp	1150	800	1150
低速挡传动比	12.7:1	10.5:1	6.0:1
高速挡传动比	不适用	不适用	不适用
低速挡最高转速/(r/min)	213	228	265
高速挡最高转速	不适用	不适用	不适用
低速挡最大扭矩/N·m	74570 (55000ft-lbs)连续	50482 (37500ft-lbs)连续	59656 (44000ft-lbs)连续
高速挡最大扭矩/N·m	不适用	不适用	不适用
最大连续扭矩时的转速/(r/min)	93	125	230
最大间歇扭矩/N·m	115245 (85000ft-lbs)	50482 (37500ft-lbs)	90840 (67000ft-lbs)
静止锁紧制动/N·m	74570 (55000ft-lbs)	52878 (39000ft-lbs)	47455 (35000ft-lbs)
中心管直经/mm(in)	79.4(3⅛)	76.2(3)	76.2(3)
冲管/psi	7500	5000；7500	5000；7500
管子处理装置扭矩/N·m	115245 (85000ft-lbs)	101686 (75000ft-lbs)	101686 (75000ft-lbs)
钻杆直径/mm(in)	88.9~193.7 (3½~7⅝)	88.9~168.3 (3½~6⅝)	88.9~168.3 (3½~6⅝)
接头外经/mm(in)	88.9~228.6 (3½~9)	101.6~215.9 (4~8½)	101.6~215.9 (4~8½)
内防喷阀额定压力/bar(psi)	1034(15000)	1034(15000)	1034(15000)
上内防喷阀	6⅝API 常规右旋母扣 (遥控)	6⅝API 常规右旋母扣 (遥控)	6⅝API 常规右旋母扣 (遥控)
下内防喷阀	6⅝API 常规右旋公扣和 母扣(手动)	6⅝API 常规右旋公扣和 母扣(手动)	6⅝API 常规右旋公扣和 母扣(手动)
旋转角度/定位	360°/无限制	360°/无限制	360°/无限制
顶驱工作高度/mm	6045(19′10″)	5425(17.8′)	6949(22.8′)
吊环	250，350，500ton API	250，350，500ton API	250，350，500ton API
温度/℃	-20~+55	-20~+40	-20~+40
质量/kg(lbs)	16330(36000)	12247(27000)	14062(31000)

2. 部分 Canrig 顶部驱动钻井系统参数(见表 2－59)

表 2－59 Canrig 顶部驱动钻井系统参数

型号		6027E		8035E	1050E		1165E
额定钻深	m	3600		5000	7000		9000
	ft	12000		16000	24000		30000
额定负荷	tons	275		350	500		650
	tonnes	227		318	455		591
额定轴承负荷(API)	tons	166		323	413		472
	tonnes	151		294	375		429
连续输出功率	hp	600		900	1130		1130
	kW	450		670	840		840
传动比		5. 563: 1	9. 387: 1	5: 1	5: 1	7. 12: 1	7. 12: 1
最大连续扭矩	ft－lb	145000	24400	22000	30000	42700	42700
	N－m	196600	33100	29800	40700	57900	57900
最大间歇扭矩	ft－lb	17800	30000	24000	33700	48000	48000
	N－m	24100	40700	32500	45700	65100	65100
最高转速/(r/min)		320	200	265	265	185	185
卸扣扭矩	ft－lb	60000	60000	67500	71000	75000	90000
	N－m	81000	81000	91500	96000	101000	122000
质量	lb	19000		27000	28000		29000
	kg	8600		12300	12700		13200

3. 北京石油机械厂部分顶部驱动钻井系统参数(见表 2－60)

表 2－60 北京石油机械厂顶部驱动钻井系统参数

型号	DQ70BSE	DQ70BSC	DQ70BSD	DQ90BSC
驱动方式	交流变频驱动(AC VFD)	交流变频驱动(AC VFD)	交流变频驱动(AC VFD)	交流变频驱动(AC VFD)
名义钻井深度	7000 m (114mm 钻杆) / 22966 ft (4½drill pipe)	7000 m (114mm 钻杆) / 22966 ft (4½drill pipe)	7000 m (114mm 钻杆) / 22966 ft (4½drill pipe)	9000 m (114mm 钻杆)/ 29528 ft (4½drill pipe)
额定载荷	4500 kN / 500 ton (US)	4500 kN / 500 ton (US)	4500 kN / 500 ton (US)	6750 kN / 750 ton (US)
供电电源	600 VAC / 50 Hz (可选 60Hz)	600 VAC / 50 Hz (可选 60Hz)	600 VAC / 50 Hz (可选 60Hz)	600 VAC / 50 Hz (可选 60Hz)
额定功率(连续)	295 kW × 2/ 400 hp × 2	295 kW × 2 / 400hp × 2	368 kW × 2 / 500hp × 2	368 kW × 2 / 500hp × 2
转速范围/(r/min)	0～200	0～200	0～200	0～200
工作扭矩(连续)	50 kN · m / 36900 lbf. ft	50 kN · m / 36900 lbf. ft	60 kN · m / 44300 lbf. ft	70 kN · m / 51600 lbf. ft
最大卸扣扭矩	75 kN · m / 55300 lbf. ft	75 kN · m / 55300 lbf. ft	90 kN · m / 66400 lbf. ft	110 kN · m / 81100 lbf. ft

续表

型　号	DQ70BSE	DQ70BSC	DQ70BSD	DQ90BSC
背钳夹持范围	87 ~ 220 mm/2 7/8 ~ 6 5/8 in(drill pipe)	87 ~ 220 mm /2 7/8 ~ 6 5/8 in (drill pipe)	87 ~ 220 mm / 2 7/8 ~ 6 5/8 in (drill pipe)	87 ~ 220 mm / 2 7/8 ~ 6 5/8 in
液压辅助系统工作压力	16 MPa / 2280 psi	16 MPa / 2280 psi	16 MPa / 2280 psi	16 MPa / 2280 psi
中心管通孔直径	75 mm / 3 in	75 mm / 3 in	75 mm / 3 in	89 mm / 3 1/2 in
中心管通孔额定压力	35 MPa / 5000 psi	35 MPa / 5000 psi	52 MPa / 7540 psi	52 MPa / 7540 psi
本体工作高度	6.1 m / 20 ft	6.1 m / 20 ft	6.4 m / 21 ft	6.5 m / 21.3 ft
本体宽度	1594 mm / 5.23 ft	1663 mm / 5.46 ft	1778 mm / 5.83 ft	1778 mm / 5.83 ft
导轨中心距井口中心距离	930 mm / 3.05 ft	930 mm / 3.05 ft	930 mm / 3.05 ft	960 mm / 3.15 ft

4. 盘锦辽河油田天意石油装备有限公司部分顶部驱动钻井系统参数(见表 2－61)

表 2－61　盘锦辽河油田天意石油装备有限公司顶部驱动钻井系统参数

型　号	DQ－40LHTY－A	DQ－40LHTY－LA	DQ－50LHTY1	DQ－70LHTY1
驱动方式	交流变频驱动（AC VFD）	交流变频驱动（AC VFD）	交流变频驱动（AC VFD）	交流变频驱动（AC VFD）
额定载荷/kN	2250	2250	3150	4500
工作高度/m	5.12	5.12	5.90	6.07
电动机功率(连续)/kW	257	257	350	2×350
零转速扭矩(连续)	100%	100%	100%	100%
零转速过载能力(1min)	150%	150%	150%	150%
最大连续钻井扭矩(＜90r/min)/kN·m	26	26	36	57
最大卸扣扭矩/kN·m	39	39	50	80
刹车扭矩/kN·m	47	47	53	2×53
额定循环压力/MPa	35	35	35	35
IBOP 额定压力/MPa	70	70	70	70
主轴中心通道内径/mm	76	76	76	76
主轴中心与导轨中心距离/mm	510	510	690	992
主轴中心与前端最大距离/mm	452	452	475	505
电源电压	575～625VAC	575～625VAC	575～625VAC	575～625VAC
电源频率/Hz	47～53	47～53	47～53	47～53
额定工作电流/A	310	310	436	436×2
最大峰值电流/A	465	465	775	775×2
转速范围/(r/min)	0～180	0～180	0～180	0～220
适用环境温度/℃	－35～55	－45～55	－35～55	－35～55
适用海拔高度/m	≤1200	≤1200	≤1200	≤1200

5. 大庆景宏钻采技术开发有限公司部分顶部驱动钻井系统参数(见表2-62)

表2-62 大庆景宏钻采技术开发有限公司顶部驱动钻井系统参数

型　　号	DQ40B-JH	DQ50B-JH	DQ70BS-JH
驱动方式	交流变频驱动(AC VFD)	交流变频驱动(AC VFD)	交流变频驱动(AC VFD)
最大钩载/kN	2224	3150	4500
供电电源	600VAC50Hz	600VAC50Hz	600VAC50Hz
额定电流/A	415	465	350
最大电流/A	623	700	622
额定功率(连续)/kW	315	375	295×2
转速范围/(r/min)	0~180	0~180	0~230
工作扭矩(连续)/kN·m	33	40	55
最大卸扣扭矩/kN·m	50	60	82
背钳夹持范围/mm	Φ87~216	Φ87~216	Φ87~216
液压系统工作压力/mPa	16	16	16
IBOP额定压力/mPa	70	70	70
中心管通孔直径/mm	62	75	75
中心管通孔额定压力/mPa	35	35	35
主轴中心与导轨中心距离/mm	570	705	930
本体高度/m	4.8	5.0	5.5
工作高度(提环下平面至吊卡上平面)/m	5.2		5.2
适用环境温度/℃	-45~55	-35~55	-35~55
主体质量/t	8.5		
主体外形尺寸/(mm×mm×mm)	4830×1258×1235		

三、顶部驱动装置结构

以VARCO公司交流变频感应电动机TDS-11SA顶驱为例简述顶部驱动钻井装置的主要部件和选择件。不同类型的顶部驱动钻井系统虽然其驱动形式和制造厂家不同，但是它们的结构组成基本相同。

顶部驱动钻井装置主要包括水龙头-钻井电机总成、电机冷却系统、滑动架和导轨、管子处理装置、液压和气压控制系统、平衡系统、电气控制系统(图2-45)。

(一)水龙头-钻井电机总成

水龙头-钻井电机总成是顶部驱动装置的主体部件，主要由以下部件组成：

钻井电机和制动器：VarcoTDS-11SA和北石DQ70BSC顶驱的动力为两台400马力交流电动机(图2-46)；CANRIG1050E顶驱的动力为GE752直流电机。电机垂直安装在传动齿轮箱箱盖上。电机有一个双端轴，轴下端安装传动小齿轮，轴上端安装制动器。

电机顶部安装有一个液压盘式制动器(图2-47)，通过制动器外盖可以很容易检查和维护制动器。在定向作业中，盘式制动器还可以辅助钻柱定向。制动器由司钻控制台遥控控制。

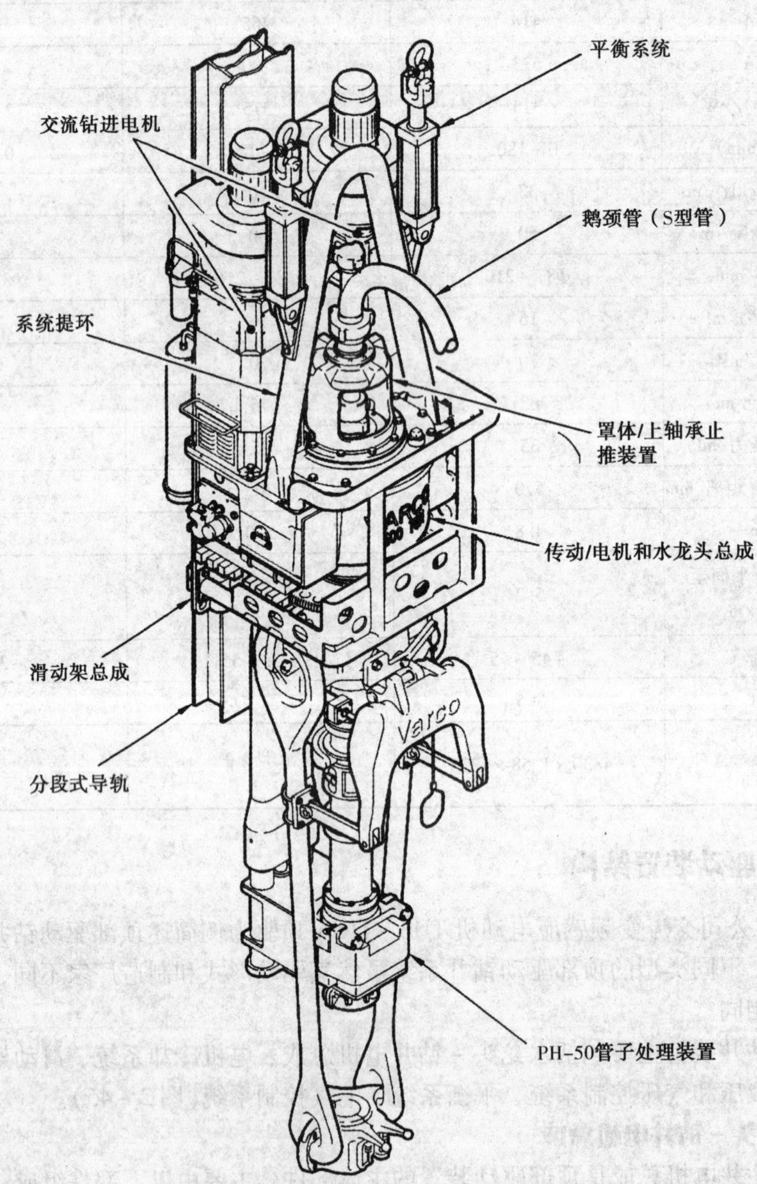

图 2－45　TDS－11SA 顶部驱动钻井系统

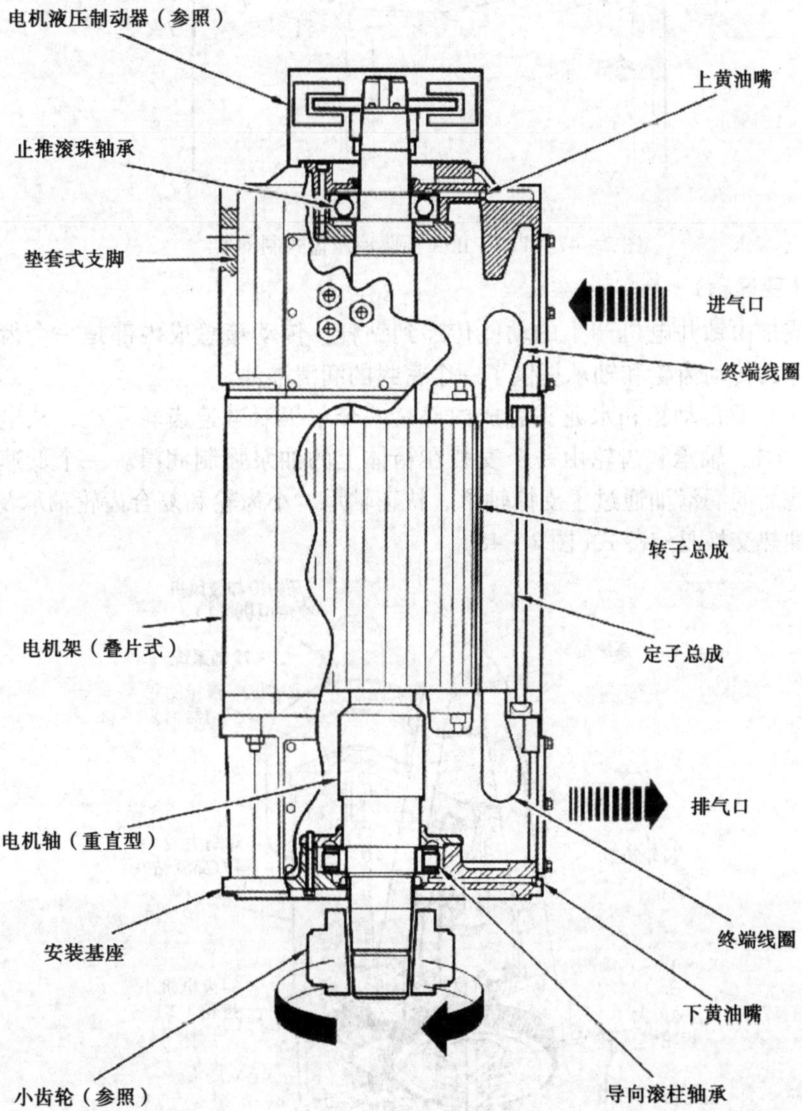

电机液压制动器（参照）
上黄油嘴
止推滚珠轴承
垫套式支脚
进气口
终端线圈
转子总成
电机架（叠片式）
定子总成
电机轴（重直型）
排气口
安装基座
终端线圈
下黄油嘴
小齿轮（参照）
导向滚柱轴承

图 2－46　典型交流电机

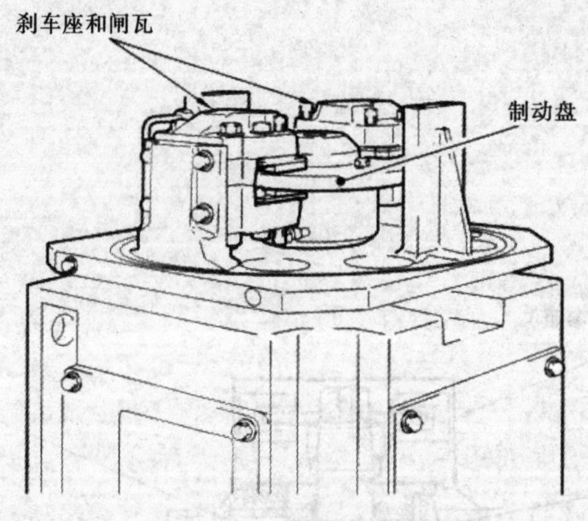

图 2－47　TDS－llSA 顶驱液压盘式制动器

1. 传动箱(变速箱)

传动箱总成把由钻井电机产生的动能传递到钻杆，传动箱总成内部是一个齿轮减速系统，传动箱箱体为传动齿轮和轴承提供了一个密封的润滑油池。

TDS－11SA 顶驱传动箱和水龙头总成内部是一个单级双减速齿轮系统，从电机到主轴的减速比为 10.5∶1，轴承和齿轮由一个安装在箱体上的油泵强制润滑。一个低速液压马达驱动油泵，过滤后的润滑油通过主支撑轴承、扶正轴承、小齿轮和复合齿轮轴承及齿轮的齿面连续循环，油热交换是空冷式(图 2－48)。

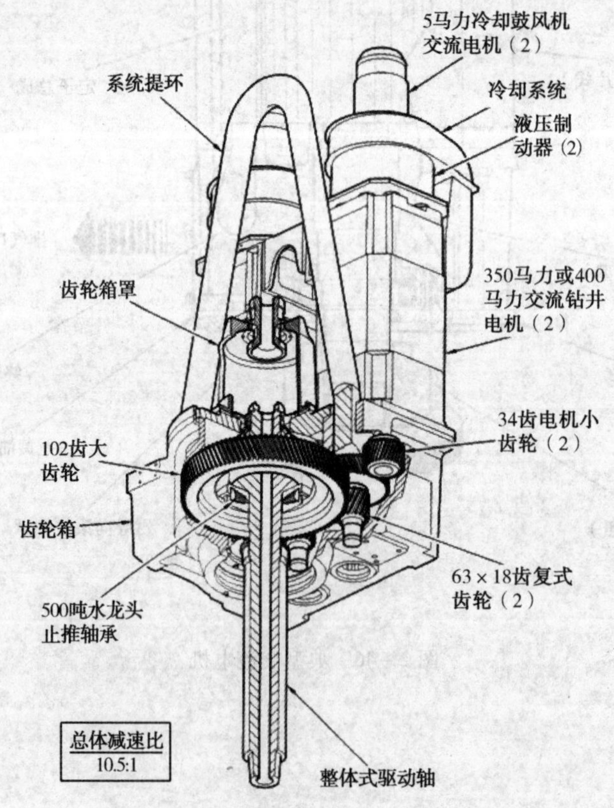

图 2－48　TDS—11SA 顶驱传动部分剖视图

北石 DQ70BSC 顶驱减速箱采用二级齿轮传动，传动比为 10.5:1，减速箱采用油泵强制润滑，润滑泵为摆线齿轮结构，可逆式，由一个主电机输出轴驱动，正反转都可输出润滑油。

2. 整体式水龙头总成

整体式水龙头的功能是整个钻井装置功能的集合。水龙头主止推轴承位于大齿圈上方的变速箱内部，上部台阶坐于主止推轴承上以支撑钻柱负荷。主轴和鹅颈管之间有一个标准冲管盘根总成，这样就可以使钻柱旋转。冲管盘根总成由电机罩体支撑并同齿轮箱相连，以增加水平支撑。锻制合金钢水龙头提环采用销钉联结在本体上，并与标准大钩相连，提环与本体装配处装有脂润滑黄铜衬套。可以使用加长的水龙头提环，以便在鹅颈管和大钩之间留出足够空间，方便操作人员加装电测盘根装置。

（二）电机冷却系统

电机冷却系统为风冷式。TDS－11SA 的电机冷却系统为一就地吸气式的离心鼓风机，配备有两台安装在钻井电机顶部的 5 马力的交流电机。冷却系统经过制动器吸进空气，经过刚性气道将空气排送到每台钻井电机顶部的风口，冷却空气然后通过开放型电机内部，最后从底部的百叶窗排出(图 2－49)。

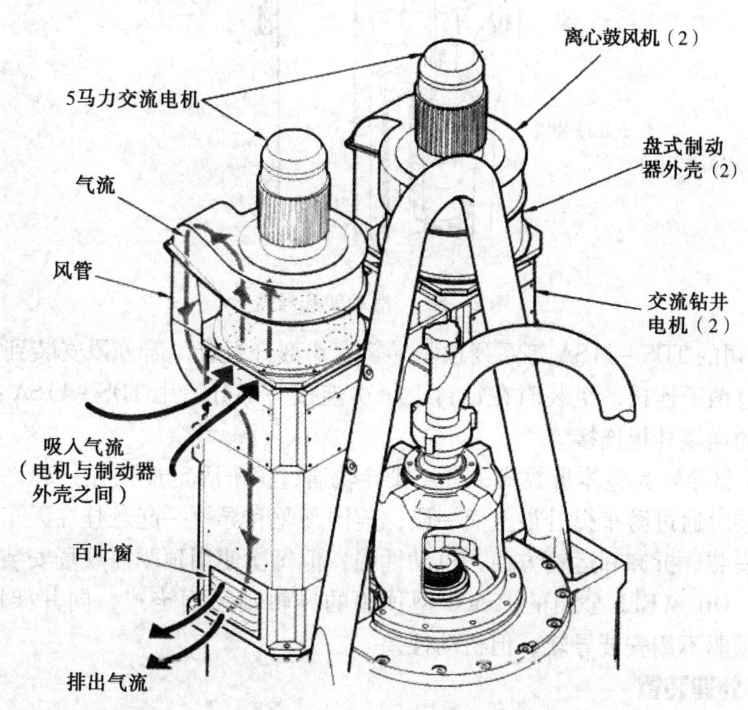

图 2－49　TDS－11SA 顶驱电机冷却系统

（三）滑动架和导轨

顶部驱动装置通过安装在齿轮箱体上的滑动架沿着悬立式导轨上下垂直移动，完成钻井作业，滑动架上安装有导向轮或导向滑轨(图 2－50)。

导轨悬挂在天车架上并一直延伸到离钻台大约 7 英尺处。导轨与一个安装在井架下部离钻台 10～15 英尺高的扭矩反作用梁连接，平衡由传动箱驱动钻杆时产生的扭矩。

常见的顶驱导轨分为分段式、折叠式和固定式导轨三种。

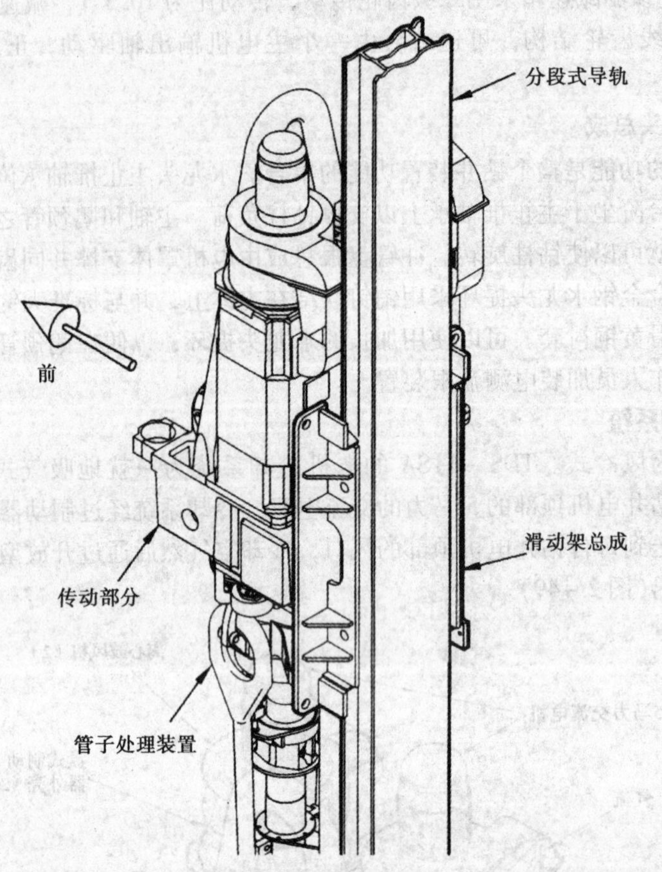

图 2-50　滑动架和导轨

VARCO 公司的 TDS-11SA 等系列顶驱导轨有 4 部分组成，需分段安装到天车上。导轨各部分之间通过销子连接，组装时在钻台上每次连接一部分，用 TDS-11SA 提升逐步与安装在天车架上的连接耳板连接。

CANRIG 顶驱导轨为整体折叠式，有 4 段导轨通过销子固定连接在一起，顶驱安装在最下面一段。安装时通过游车提升最上面一段，连同顶驱和导轨一起悬挂在天车架上。这两种导轨的优点是安装、拆卸和运输方便，机动性强，但每次使用顶驱需现场安装，拆卸。

NATIONAL OIL WELL 公司的 PS500 型顶驱的导轨则为固定式，同井架固定安装在一起。每次使用顶驱不用安装导轨，但机动性差。

(四) 管子处理装置

管子处理装置如图 2-51 所示，它由旋转吊环配接器、双向吊环倾斜装置、承载法兰盘、内防喷阀、背钳总成等部分组成。

1. 旋转吊环配接器

旋转吊环配接器在管子处理器的上部，是一个环形装置。在起钻或吊环倾斜装置定位、管子处理器围绕钻杆旋转时，保证了液压或气路管汇的连通。同时，也为吊环倾斜装置、扭矩背钳液缸、内防喷阀液缸提供了安装的位置。

旋转吊环配接器内有许多沟槽与钻杆主轴上的径向孔相互对应，允许管子处理器和主轴旋转时液压油或气路的畅通。主轴上端的径向通道与液压或气路阀板上的每一个孔相连，主轴上端的径向孔由旋转管汇内的密封槽密封，依次与连接管子处理器的各个启动器的管线相对应。

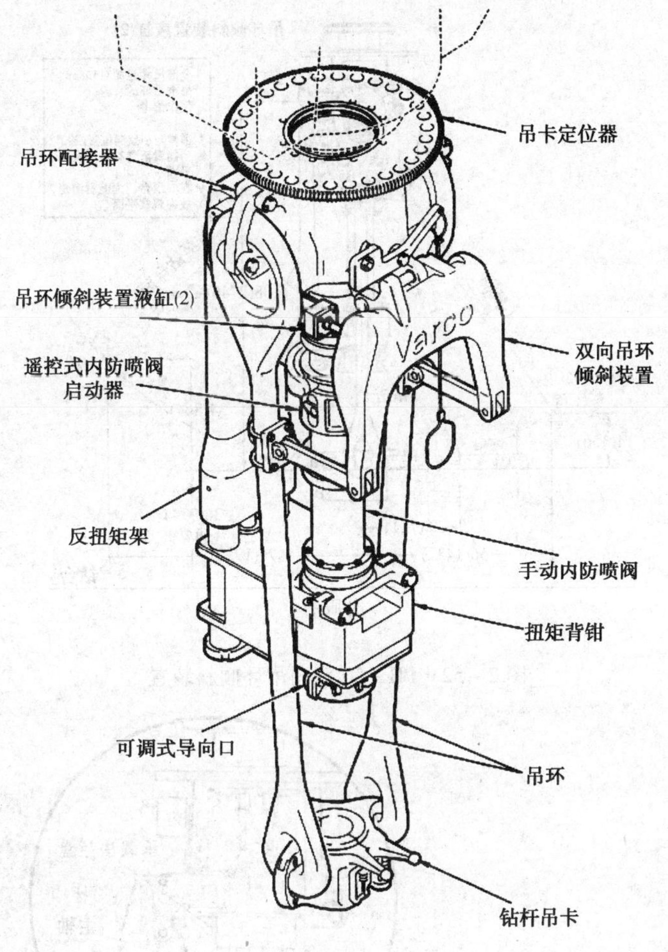

图 2-51　管子处理装置

旋转吊环配接器的旋转齿轮上有 24 个孔，由一个液压马达驱动可以任意方向旋转。当旋转到指定位置时有一个止动装置固定。司钻台上的一个电磁阀控制旋转吊环配接器的液压马达。

2. 双向吊环倾斜装置

双向吊环倾斜装置由两个液缸组成，液缸上端与旋转吊环配接器通过销子相连，下端与吊环通过耳板销子相连(图 2-52)。

止动装置限制了吊卡只能移动到井架工的位置，而此位置是可调节的。操纵止动装置可以将吊卡移动到小鼠洞的位置。司钻控制台上有一个 3 挡开关操纵吊环倾斜装置。通过两个液缸的换向，吊卡可以朝相反的方向充分延伸，这样就具有钻进到钻台面的能力。

3. 承载法兰盘

吊卡提升载荷由吊卡经吊环传递到安装在主轴的承载法兰盘上(图 2-53)。

4. 内防喷器(IBOP)

管子处理装置中的内防喷器的控制阀是一个球形、内部通的安全阀。在下部第二个手动阀可以辅助进行井控。两个球阀的直径均为 $6\frac{7}{8}$in，工作压力为 105MPa。从司钻台上一个电磁阀按扭遥控上部的内防喷器的打开和关闭。

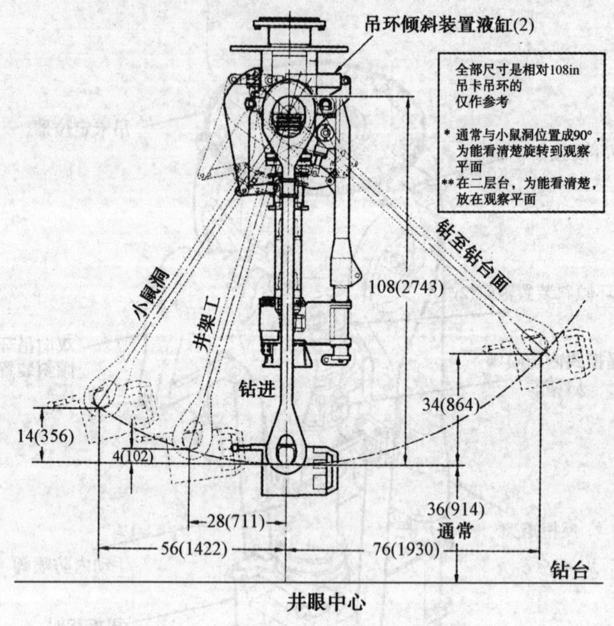

图 2－52　PH－50 双向吊环倾斜装置

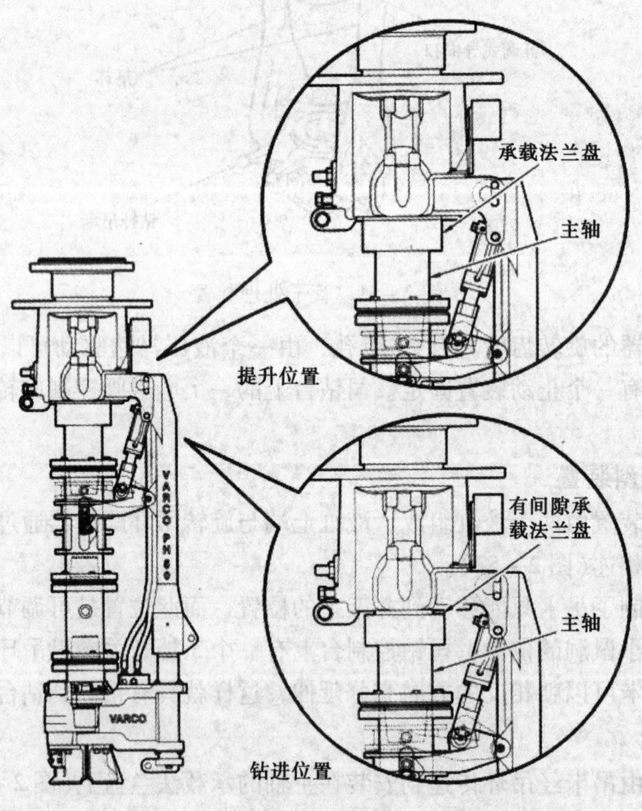

图 2－53　承载法兰盘和主轴放大图

VARCO 系列顶驱的内防喷器通过液缸驱动，液缸安装在扭矩反作用架上。通过一个启动环带动滑套上下移动驱动防喷器轴上球阀每一边的小曲柄旋转，关闭和开启球阀（图2－51）。CANRIG 1050E 顶驱的内防喷器为气动控制，执行器内活塞上下移动带动曲柄旋转，关闭和开启球阀。

下部特有的防喷阀与上部的球阀类型相同，除了它必须由一个扳手手动打开和关闭，两个球阀在钻进中且在连接钻杆时可以使用。在卸去扭矩背钳后使用大钳可以从上防喷器阀上拆去下防喷器阀。

在断开下防喷器后起升顶驱，有足够的空间安装合适的短节和阀件用于井控操作。使用钻井大钳从顶驱的上防喷器上拆去下防喷器后，下防喷器仍与钻杆连接用于井控过程。在系统中有一个过渡短节连接钻杆到下防喷阀上。

5. 背钳总成

TDS－11SA 顶驱和 CANRIGA 1150E 顶驱的背钳悬挂于旋转吊环配接器上（图2－51），扭矩平衡架支撑着背钳。它在保护短节的下轴节的底部，由一对钻杆引鞋和夹紧液缸组成，在钻柱与保护短节连接时用于夹紧钻柱接头。背钳本体安装在扭矩平衡架上，在钻杆上卸扣时可以上下移动并平衡上卸扣时产生的扭矩。

IDS－1 顶驱的背钳总成是一个独立的系统（如图2－54），也可称为 PH－60 扭矩扳手，它提供了卸开钻杆的手段。

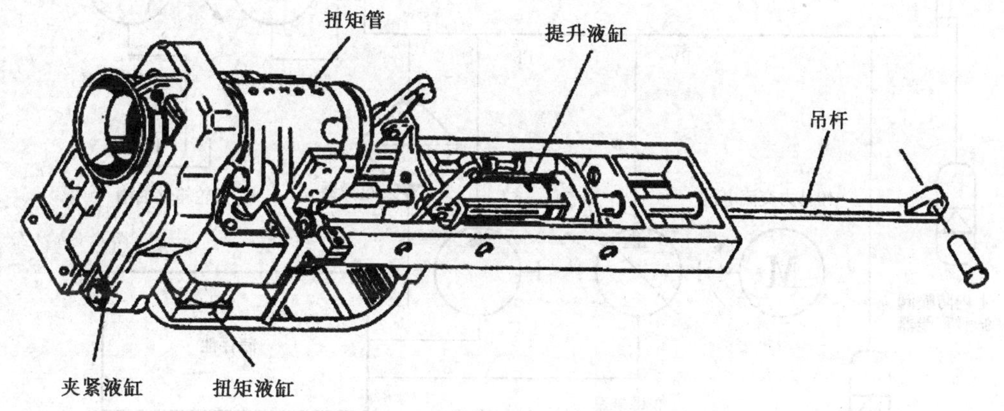

图2－54　IDS－1 顶部驱动装置扭矩扳手

通过一根吊杆悬挂于旋转吊环配接器上。扭矩扳手位于内防喷器下部的保护接头一侧，它的两个液缸连接在扭矩管和下钳头之间。钻杆上卸扣时，在扭矩扳手启动后，自动上升 2in 使扭矩管同上部内防喷器下方的公花键相啮合，为夹紧液缸提供反扭矩。扭矩液缸在 60000ft · lb（84N · m）的最大扭矩下可旋转25°，整个作业由司钻控制台上的的电按扭自动控制完成。

（五）液压和气压控制系统

TDS－11SA 顶驱的液压系统是一个自备循环的系统（如图2－55）。由交流电机驱动两个液压泵为液压系统供能。其中一个定量泵驱动润滑油系统马达，一个变量泵为交流钻井电机制动、旋转头、遥控防喷器、吊环倾斜装置和平衡系统提供液压动力。

安装在齿轮箱体上的阀板装有电磁阀、压力控制阀和流量阀。液压阀板控制着到 TDS－11SA的所有的液压压力。

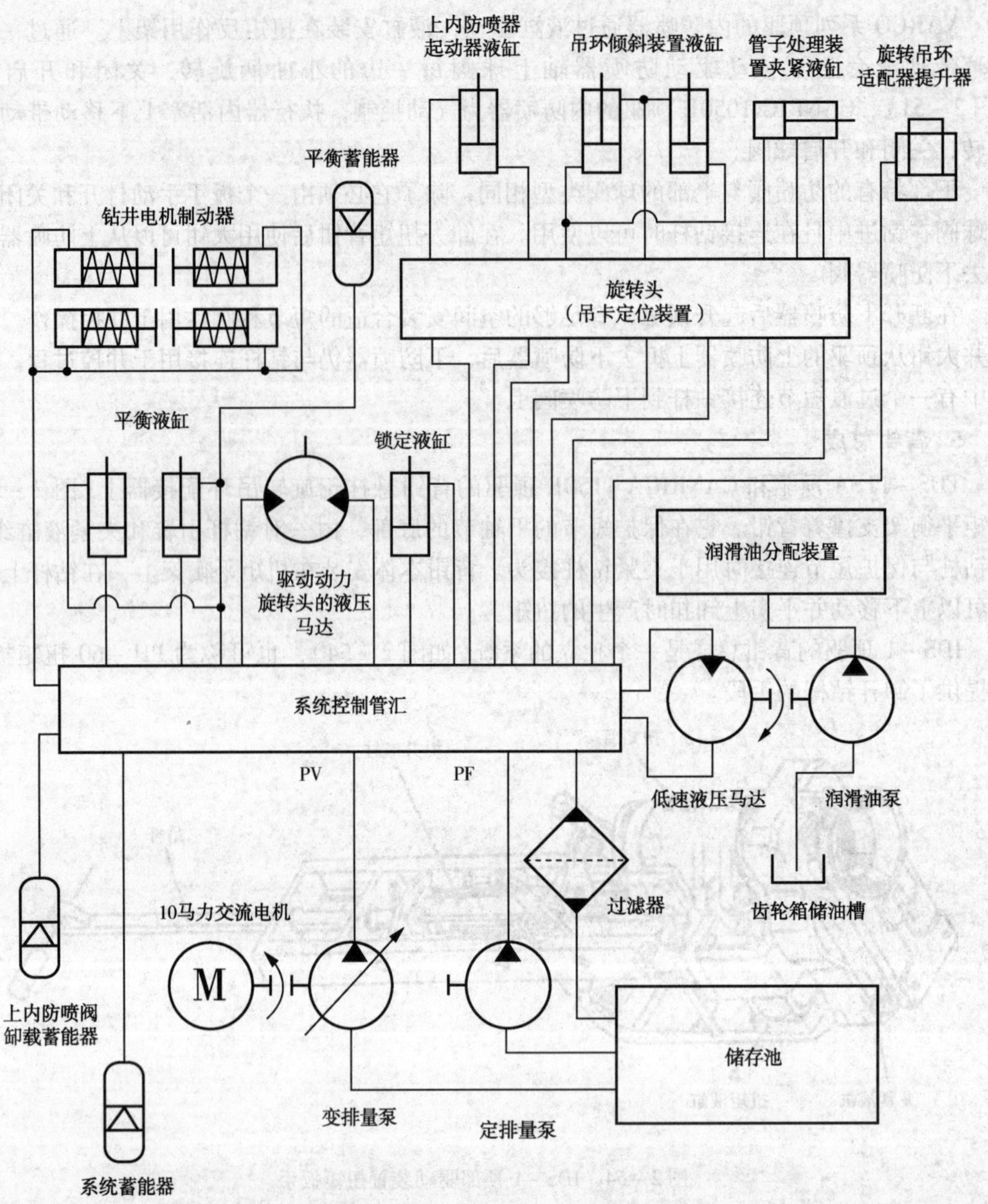

图 2－55　TDS－11SA 顶驱液压系统

一个由不锈钢制成的密闭储油池提供系统液压油，减少了在钻机搬迁时排油和加油的工作。储油池安装在 2 个交流钻井电机之间，装有温度传感器和油面指示器。

在齿轮箱体上有 3 个液动－气动蓄能器。平衡系统使用最大的蓄能器，中等的蓄能器卸载变量泵，最小的蓄能器迟缓启动内防喷阀。

CANRIG1050E 顶驱的液压系统则为一个独立系统，由 2 台 20hp 的电机驱动 2 台变量柱塞泵，通过液压管线与顶驱上的阀板相连接，为整个顶驱提供液压油。

（六）平衡系统

平衡系统总成如图 2－56 所示。它的主要作用是防止上卸钻杆时损坏接头丝扣，其次是在卸扣时可以帮助公扣接头从母扣接头中弹出，其功能相当于大钩补偿弹簧。

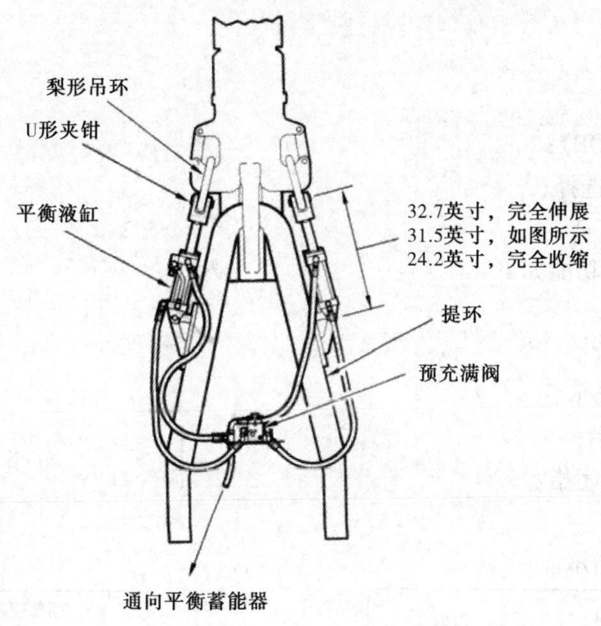

图 2－56　平衡系统

TDS－11SA 顶驱的平衡系统由两个液缸及连接件、液压蓄能器和液压管汇组成。液缸安装在整体式水龙头的提环和大钩吊耳之间，与蓄能器连接。蓄能器通过液压油充能并且保持一个预设的压力，其值由液压回路中控制面板预先设定。司钻控制台上的遥控阀可以操作液缸伸缩以辅助顶驱拆卸和安装。

当系统启动时，两个液缸支撑了项驱的大部分重量。在上卸扣时由于支撑了钻杆的大部分重量，减少作用在螺纹上的压力，从而保护了工具的螺纹不被损坏。其作用相当于常规钻机中的大钩弹簧的功能。在钻机安装时可以用一个手动阀伸长液缸活塞杆连接到耳板。

CANRIG1050E 型顶驱的平衡系统与它们的不同之处在于它位于旋转吊环配接器内，由两个液缸组成，只有在液压系统启动时有效。工作时不能提升起整个顶驱，只能平衡上卸扣时钻杆的大部分重量，不能避免工具接头的螺纹被损坏。

（七）电气控制系统

VARCO 系列顶驱控制系统分三个主要部分：VARCO 控制台(简写 VDC)、VARCO 控制房(简写 VEH)和各类电缆。TDS－11SA 顶驱的控制系统关系见图 2－57。

1. 控制台

VARCO 系列顶驱控制台壳体是用不锈钢制成的，配备油密式开关和指示灯，可以进行内加压防爆，能满足在危险环境下的使用要求。

（1）在司钻控制台上配备有以下装置

① 调速手轮，用于调节主马达转速。

② 钻井扭矩限制电位计，用于设定主马达输出的钻井扭矩值。

③ 上扣扭矩限制电位计，用于限定最大上扣扭矩。

（2）各种开关和按钮，功能如下

① 钻井、旋扣、扭矩模式选择；

② 吊环倾斜机构；

③ 主马达刹车；
④ 动力旋转头；
⑤ 背钳；
⑥ 遥控防喷阀(IBOP)；
⑦ 钻柱正转/反转选择；
⑧ 紧急停车。
(3) 各种指示灯，功能如下
① 低油压指示；
② 主马达过热指示；
③ 冷却风机故障指示；
④“自动复位”指示；
⑤ 上部 IBOP 阀关闭指示；
⑥ 刹车制动指示；
⑦ 变频传动故障指示。

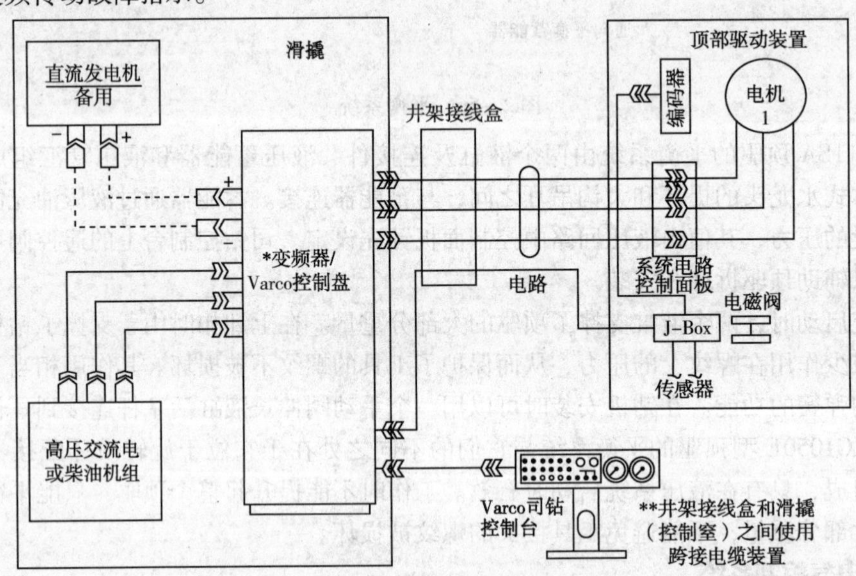

图 2－57　TDS－11SA 控制系统关系图

2. 控制房

在 TDS－11SA 控制房中包括控制系统(简写 VCP)和变频器(VFD)两部分。

(1) VARCO 控制系统

VARCO 控制系统包括以下部分

① 系统连锁“可编程逻辑控制器(简写 PLC)”；
② 动力旋转头逻辑控制器(简写 PLC)；
③ 断路器；
④ 电磁阀和控制台的 24V 直流供电电路；
⑤ 油泵和鼓风机马达启动器；
⑥ 220～120V 交流整流器。

VCP 是顶驱的控制中心，VCP 和变频器(VFD)之间的传输信号仅有两个模拟信号(转速和扭矩参数)和三个输入控制信号(传动系统设置、传动系统运行和反转)。系统报警和连锁功能对变频器不产生影响。通过 TDS－11SA 的编程工具可以对控制功能进行更改。

控制系统(VCP)接收来自司钻控制台的指令，并将这一指令信号传输给逻辑控制器(PLC)进行处理，然后由 PLC 对冷却马达、刹车、IBOP 和传感元件进行控制。PLC 通过对传感器状态进行审核，来实现连锁功能，防止司钻因错误操作造成事故。当 PLC 发现司钻指令错误时，会向司钻发出报警提示。

(2) 变频器

变频器组成：整流器和电容柜部分、矢量控制部分、逆变器部分。

整流器和电容柜部分将二相交流电变为直流，并将直流电存储在电容器中。

矢量控制部分监测钻井马达的运行情况，接受司钻控制台的调速手轮和扭矩限制的指令，同时控制整个电力单元的启动。

逆变器部分采用 PWM(脉冲宽度调制)方式将直流电改变为模拟交流电。

在控制台上采用调速手轮控制交流马达转速。调速手轮可以改变马达的电源频率和电压。由于钻井马达的转速是同电源频率成正比的，利用这一特性，实现了对马达转速的控制。同时供给马达的电压也会随着频率改变，每赫兹对应的电压变化值是一个定量。

3. 控制房内的基本操作步骤

① 进入变频房后，先打开空调，温度调节在 55～60℉之间。

② 先按 VCP 的整个控制柜的电源开关，然后依次按下 VCP 的主 PLC 和伺服 PLC 以及电瓶等的电源开关。

③ 合上主变频器的空气开关。

④ 把主变频器编码器的参数设定好后，按编码控制面板上的开始按钮，主变频器开始工作。

⑤ 设定好辅助变频器的参数后，按编码控制面板上的开始按钮，辅助变频器开始工作。

⑥ 其关闭过程与开启过程正好相反。

注意：当编码器中的各种参数设定好后，请不要随意调整，如果出现故障，请把编码器的控制开关打到“BY PASS”位置。

四、顶部驱动钻井装置的操作

(一) 钻进

1. 接立根钻进

接立根钻进是顶部驱动装置普遍采用的钻进方式。接立根钻进程序如下(图 2－58)。

① 钻完井中立根，提起钻柱，坐放卡瓦，停止泥浆循环，关闭上内防喷器，用钻井电机和管子处理器背钳卸开钻杆连接扣。

② 打开钻杆吊卡，提升顶驱并用吊环倾斜装置将吊卡摆至井架工位置，井架工将钻杆放入吊卡。

③ 提升立根离开放置区，下放对扣接下一根立根。

④ 用顶驱电机上扣、紧扣。

⑤ 启动钻进(DRILL)模式。打开扭矩大钳和内防喷器，提升取出卡瓦。开始循环恢复钻进。

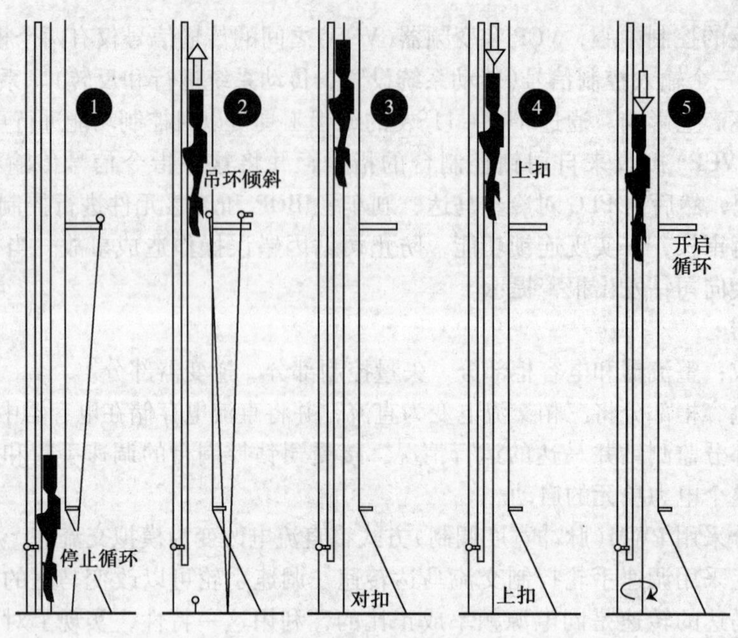

图 2－58　接立根钻进

2. 接单根钻进

通常有两种情况需要采用接单根钻进，一种是新井钻井，井架上没有接好的单根。另外一种是每 30 英尺必须进行侧斜。吊环倾斜装置将吊卡推倒小鼠洞上方提起单根，这样可保证接单根的安全：提高接单根钻进的速度。

按下列过程进行单根钻进(图 2－59)。

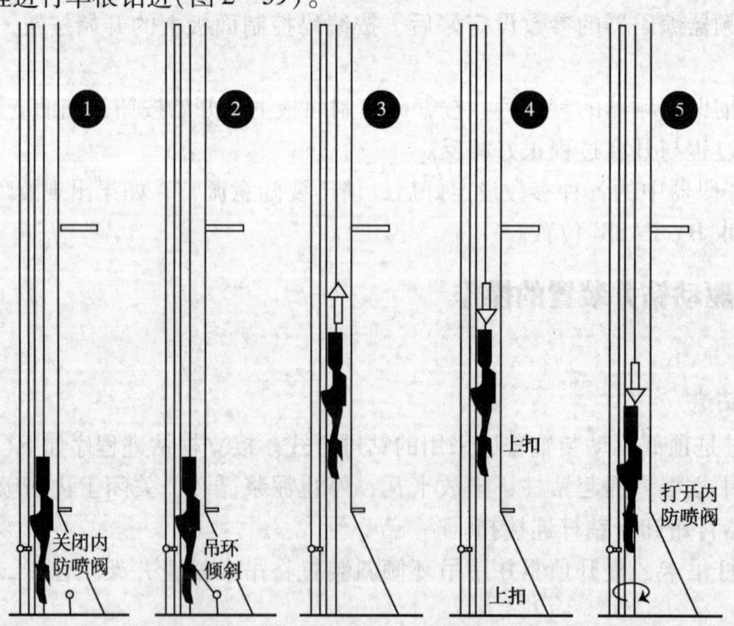

图 2－59　接单根钻进

① 钻完单根，坐放卡瓦于钻柱上，停止泥浆循环，关闭内防喷器，使用钻井电机在扭矩模式(TORQUE)反转，断开保护短节和钻柱间的连接。在 SPIN 模式下旋出接头。

② 打开吊卡提升顶部驱动装置，吊环倾斜使吊卡摆到鼠洞扣好单根。

③ 把单根提出鼠洞，当单根公接头漏出鼠洞时，吊环倾斜复位至井眼位置，将单根下端与钻柱对扣。

④ 对正钻台上钻柱接头，下放顶部驱动钻井装置，使单根底部进入引鞋，直到保护短节与单根的接头对正。打背钳承受反扭矩，用 SPIN 模式旋紧，使用钻井电机在 TORQUE 模式紧扣。

⑤ 取出卡瓦，打开内防喷器，开始泥浆循环恢复钻进。

（二）起下钻操作

起下钻采用常规的方式进行。为加强井架工扣吊卡的能力和减少起下钻时间，可以使用吊环倾斜装置使吊卡靠近井架工。起钻过程中如遇到缩径或键槽，可在井架任一高度用钻井电机将顶驱接到立根上，立即建立循环和旋转活动钻具，使钻具通过遇阻点。

（三）倒划眼起升操作

可以利用顶部驱动钻井装置倒划眼，防止钻柱黏卡和减少井下键槽卡钻。倒划眼并不影响正常起下钻排放立根，即不用接单根。这是因为顶部驱动和背钳能在井架内卸开 28m 立根。

倒划眼程序如下(图 2－60)。

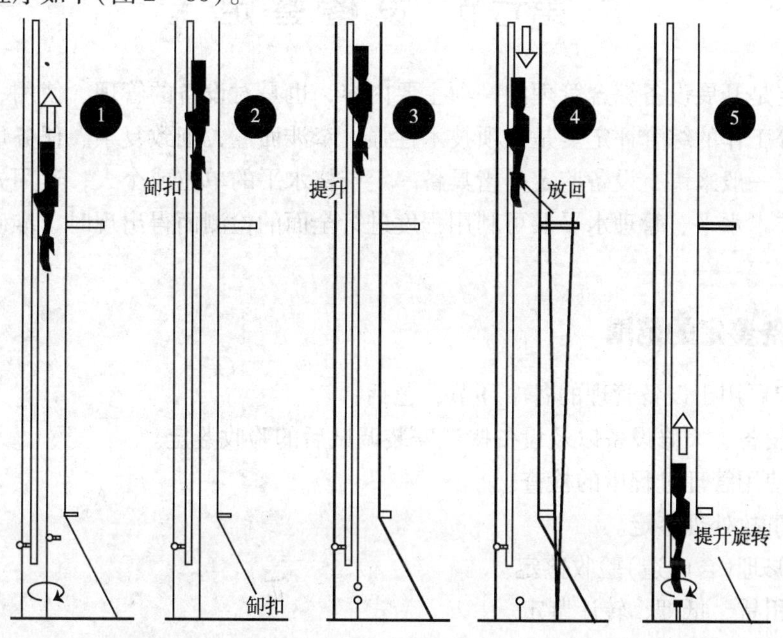

图 2－60　倒划眼

① 在循环和旋转的同时提升游车，直到出现第三个钻杆接头。停止循环和旋转。

② 坐放卡瓦，卸开钻台面上的连接扣，用钻井电机松扣。用顶部驱动电机和背钳卸开立根与顶驱的连接扣，然后用钻井电机旋扣。

③ 用钻杆吊卡提起立根。

④ 将立根排放在钻杆盒内。

⑤ 下放游车，将顶驱公接头插入钻杆母扣，用钻井电机旋扣和紧扣。恢复循环，提卡瓦，起升和旋转钻柱，继续倒划眼起升。

（四）井控操作程序

顶部驱动钻井装置可在井架内任一高度同钻柱相接，钻进中遥控内防喷器始终连接在钻柱中，根据需要可立即使用。起下钻井控程序如下。

① 一旦发现井涌，立即坐放卡瓦，将顶部驱动装置接入钻柱。

② 进行旋扣和紧扣。

③ 关闭遥控式上内防喷阀。

④ 下放钻柱至钻台，重新坐卡瓦。

⑤ 手动关闭下内防喷阀。

⑥ 用大钳从上内防喷阀上卸掉下内防喷阀和保护接头。

⑦ 在下内防喷阀的上部接入合适的转换接头、止回阀和循环短节。

⑧ 进行正常的井控操作程序。

（五）下套管操作

下套管作业必须使用4.6m的长吊环，以留有足够的空间在管子处理装置的下方安装注水泥头。下套管过程中可遥控内防喷器的开启和关闭，实现套管的灌浆。

第七节　设备鉴定

设备鉴定是开展设备综合管理的一项主要内容，也是对设备的管理、使用、保养、检修和安全生产等工作的综合评定。是一项技术性强、牵涉面广、细致复杂、任务量大的工作。

设备鉴定一般来讲，设备鉴定是指具备一定资格水平的单位或个人，运用先进技术手段对设备综合技术水平、管理水平及可利用程度进行全面的检测而得出现时、准确结论的技术活动。

一、设备鉴定的范围

设备鉴定可用于设备管理的各个环节，包括：

① 新购设备、大修设备以及设备搬迁安装调试后的验收鉴定。

② 设备使用管理过程中的检查。

③ 设备事故处理鉴定。

④ 设备修理(含改造)验收鉴定。

⑤ 设备租赁、抵押、转让鉴定。

⑥ 设备价值评估。

⑦ 设备报废鉴定。

二、鉴定的依据

进行设备技术鉴定的主要判定依据有以下3个方面：

① 相关的技术标准。

② 行业、企业设备生产、运行工艺技术要求。

③ 设备技术鉴定工程师的经验。鉴定工作主要依靠客观技术标准和技术文件，但总有些特殊、个别情况需鉴定人员根据工作经验作出补充判定。

三、设备鉴定记录

以钻井设备的管理、使用、保养、检修和安全生产等工作的检查为例，记录内容及参考格式见下表：

设备名称		规格型号		投产日期	
使用单位		使用地点		标识编号	
检查项目		检查结果			
设备外观及安装质量					
设备润滑情况					
设备调整情况					
设备运行情况					
总体评价及整改建议					

第三章 井控设备

井控设备系指实施油气井压力控制所需要的一整套装置、仪器、仪表和专用工具。井控设备能满足油气井压力控制的要求并在钻井施工过程中能对地层压力、地层流体、井下主要参数等进行准确监测和预报。当发生溢流、井喷时，实现迅速控制井口，循环排除井内溢流，泵入压井液重建井底与地层之间的压力平衡，从而确保了钻井人员、设备、环境以及油气井的安全。

第一节 井控设备概述

一、井控设备的功能

为了满足油气井压力控制的要求，井控设备应能对地层压力、溢流情况、施工参数等进行监测和报警。当发生溢流与井喷时，能迅速控制井口，重建井底与地层之间的压力平衡。即使发生井喷、井喷失控乃至着火事故，也应具备一定的处理条件。其功能主要是可以通过对油气井检测和报警，及时发现井喷预兆，尽快采取控制措施；可以保持井底压力始终略大于地层压力，防止溢流及井喷条件的形成；可以在溢流或井喷发生后，迅速关井控制井口并排除溢流，重新建立压力平衡；可以在油气井失控的情况下，进行灭火抢险等处理作业。

二、井控设备的组成与配套(图3－1)

井控设备主要包括以液压防喷器为主体的钻井井口装置(又称防喷器组合)、液压防喷器控制系统、以节流管汇为主的井控管汇、钻具内防喷工具、以监测和预报地层压力异常为主的井控仪器仪表、钻井液加重除气及灌注设备、井喷失控处理设备。

三、压力级别

压力级别是指防喷器的最大工作压力，其组合的压力级别应与裸眼井段中最高地层压力相匹配。含硫化氢的天然气井应选同压力级别的抗硫井口设备。目前，防喷器压力级别有6种，如表3－1所示。

表3－1 防喷器的压力级别

14MPa(2000 psi)	21 MPa(3000 psi)	35MPa(5000psi)
70MPa(10000psi)	105MPa(15000psi)	140MPa(20000psi)

四、公称尺寸

防喷器的公称尺寸(即通径)是指能通过防喷器中心通孔的最大钻具外径。防喷器组合的通径应一致，其大小取决于井身结构设计中的套管尺寸，即略大于所连套管的直径。目前，通径尺寸有10种，如表3－2所示。

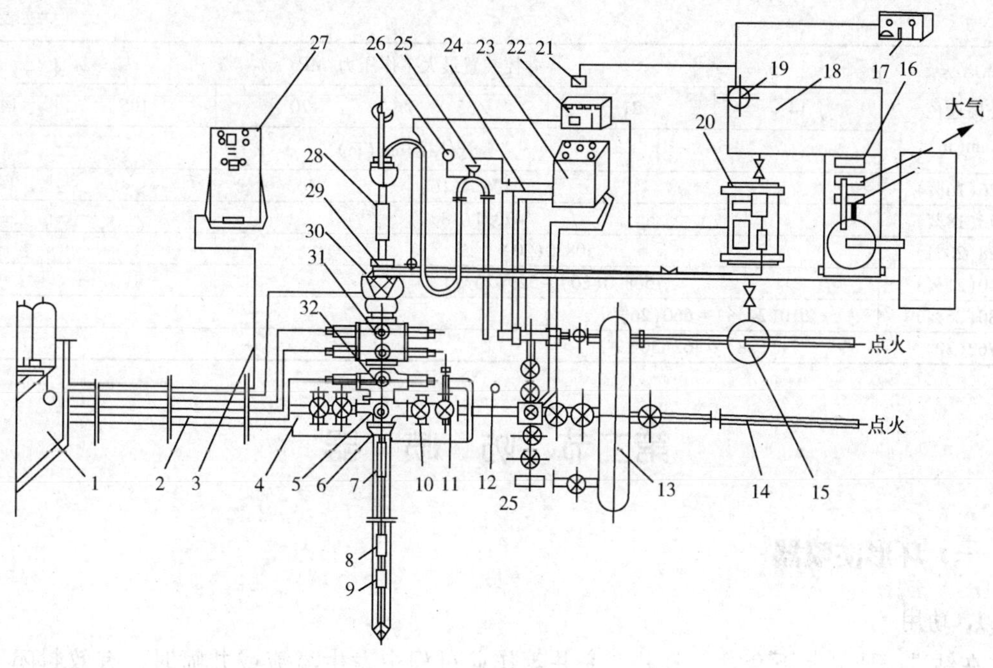

图 3－1 井控设备示意图

1—防喷器远程控制台；2—防喷器液压管线；3—防喷器气管束；4—压井管汇；5—四通；6—套管头；7—方钻杆下旋塞；8—旁通阀；9—钻具止回阀；10—手动闸阀；11—液动闸阀；12—套管压力表；13—节流管汇；14—放喷管汇；15—泥浆气体分离器；16—真空除气器；17—泥浆池液面监测仪；18—泥浆罐；19—泥浆池液面监测装置传感器；20—自动灌泥浆装置；21—泥浆池液面报警器；22—自灌装置报警箱；23—节流管汇控制箱；24—节流管汇控制管线；25—压力传感器；26—立管压力表；27—防喷器司钻控制台；28—方钻杆上旋塞；29—溢流管；30—万能防喷器；31—双闸板防喷器；32—单闸板防喷器

表 3－2 防喷器通径代号与公称尺寸

通径代号	公称尺寸	通径代号	通径代号
18*	180mm($7\frac{1}{16}$in)	48	476mm($18\frac{3}{4}$in)
23*	230mm(9 in)	53	528mm($20\frac{3}{4}$in)
28*	280mm(11 in)	54*	540mm($21\frac{1}{4}$in)
35*	346mm($13\frac{5}{8}$in)	68	680mm($26\frac{3}{4}$in)
43	426mm($16\frac{3}{4}$in)	76	760mm(30in)

注：其中带“*”为现场常用的。

五、防喷器与套管配套的组合形式

防喷器的通径、压力级别与套管直径的配套组合形式应符合表 3－3 的规定。

表 3－3 防喷器规格系列

井控装置公称通径/mm(in)	井控装置最大工作压力/MPa					
	14	21	35	70	105	140
	套管外径/mm(in)					
180($7\frac{1}{16}$)	114.3($4\frac{1}{2}$)～177.8(7)					
230(9)	193.7($7\frac{5}{8}$)～219.1($8\frac{3}{4}$)					
280(11)	219.1($8\frac{3}{4}$)～244.5($9\frac{5}{8}$)					
346($13\frac{5}{8}$)	298.4($11\frac{3}{4}$)～339.7($13\frac{3}{8}$)					—

续表

井控装置公称通径/mm(in)	井控装置最大工作压力/MPa					
	14	21	35	70	105	140
	套管外径/mm(in)					
426(16¾)	406.4(16)					—
476(18¾)	473.1(18⅝)					—
528(20¾)	508.0(20)				—	
540(21¼)	508.0(20)~529(20¾)				—	
680(26¾)	610(24⅛)~660(26)		—			
762(30)	711(28)~762(30)		—			

第二节　防　喷　器

一、环形防喷器

1. 功用

在钻进、取芯、下套管、测井、完井等作业过程中发生溢流或井喷时，有效封闭方钻杆、钻杆、钻铤、套管、电缆、油管等工具与井筒形成的环形空间，当井内无管具时能全封闭井口，可以使用18°台肩接头的对焊钻杆进行封井起下钻作业。

2. 工作原理

发生溢流关闭环型防喷器时，从控制系统来的高压油进入关闭腔，推动活塞上行，在顶盖的限制下，迫使胶芯向井眼中心运动，支撑筋相互靠拢，将其中间的橡胶挤向井口中心，实现密封钻具，或全封井口。打开时，从控制系统来的高压油进入开启腔，推动活塞下行，胶芯在本身橡胶弹性力作用下复位，将井口打开。

3. 环形防喷器类型与结构

现场常用环形防喷器的类型按其密封胶芯的形状可分为球型环形防喷器、锥型环形防喷器和组合型环形防喷器。主要由顶盖、壳体、胶芯、活塞等组成(图3-2、图3-3和图3-4)。

图3-2　球型环形防喷器

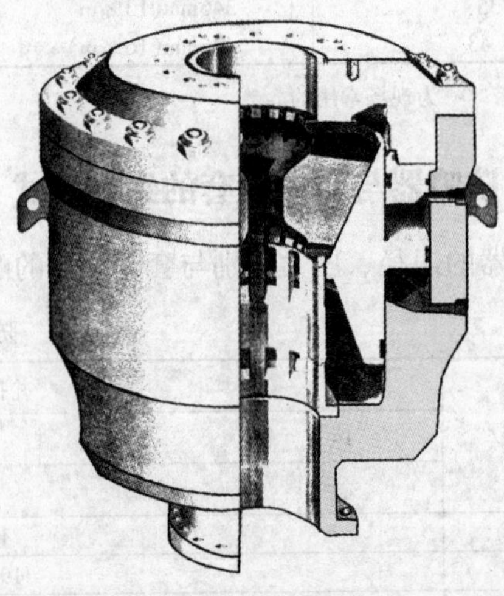

图3-3　锥型环形防喷器

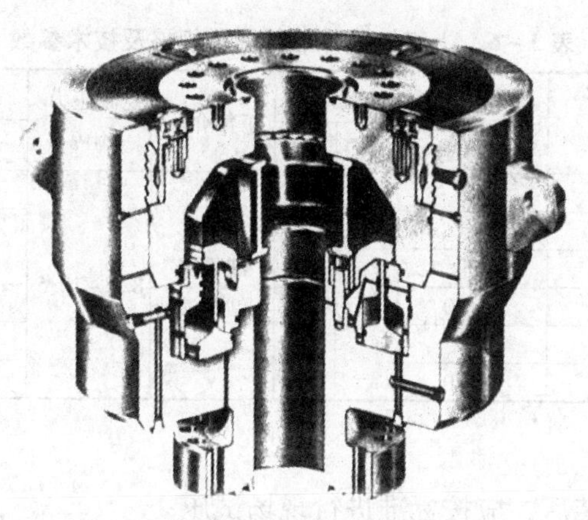

图 3－4　组合型环形防喷器

4. 环形防喷器规格及技术规范(表 3－4、表 3－5、表 3－6)

表 3－4　华北荣盛球型环形防喷器规格及技术参数

型　号	通径/mm(in)	工作压力/MPa	强度压力/MPa	液控压力/MPa	关闭油量/L	开启油量/L	顶部联接型式	底部联接型式	液压油进出口联接	整机质量/kg	外部尺寸/mm
FH 18－70	179.4(7 1/16)	70	105	≤10.5	65	53	栽丝	法兰	Z1"	4770	Φ1092×1073
FH 23－21	228.9(9)	21	42	≤10.5	34	22.8	栽丝	法兰	Z1"	2398	Φ902×838
FH 23－35	228.6(9)	35	70	≤10.5	42	33	栽丝	法兰	Z1"	3061	Φ1016×940
								法兰	Z1"	3146	Φ1016×970
								卡箍	Z1"	2986	Φ1016×860
FH 28－21	279.4(11)	21	42	≤10.5	50	39	栽丝	法兰	Z1"	2950	Φ1014×870
FH 28－35	279.4(11)	35	70	≤10.5	72	56	栽丝	法兰	Z1"	4460	Φ1146×1084
								法兰	Z1"	4675	Φ1146×1110
FH 35－35	346.1(13 5/8)	35	70	≤10.5	94	69	栽丝	法兰	Z1"	6415	Φ1271×1150
								法兰	Z1"	6745	Φ1271×1240

表 3－5　华北荣盛锥型环形防喷器规格及技术参数

型　号	通径/mm(in)	工作压力/MPa	强度压力/MPa	液控压力/MPa	关闭油量/L	开启油量/L	活塞行程/mm	顶部联接型式	底部联接型式	整机质量/kg	外部尺寸/mm
FHZ 18－21	1179.4(7 1/16)	21	42	≤10.5	13.9	11.2	115	栽丝	法兰	1927	Φ800×926
FHZ 18－35	1179.4(7 1/16)	35	70	≤10.5	13.9	11.2	115	栽丝	法兰	1943	Φ800×954
FHZ 23－35	2228.6(9)	35	70	≤10.5	27.4	15.9	125	栽丝	法兰	2791	Φ920×1040
FHZ 35－21	3346.1(13 5/8)	21	42	≤10.5	48.5	25.7	170	栽丝	法兰	3922	Φ1050×1117
FHZ 54－14	5539.8(21 1/4)	14	42	≤10.5	136.5	84.9	352	栽丝	法兰	7660	Φ1380×1437

表 3-6 上海神开环形防喷器规格及技术参数

型号	通径/mm(in)	工作压力/MPa	连接形式		工作介质	控制压力/MPa	外形尺寸/mm		质量/kg
			上端	下端			外径	高度	
FH18-35	180(7 1/16)	35	栽丝	法兰	油气水钻井液	8.5~10.5	737	790	1572
FH23-35	230(9)	35					998	1200	3540
FH28-35	280(11)	35					1138	1081	4300
FH28-35/70	280(11)	35/70					1138	1096	4423
FH35-35	346(13 5/8)	35					1270	1160	6517
FH35-35/70	346(13 5/8)	35/70					1270	1227	6843

5. 使用要求

① 防喷器在现场安装后，应按标准进行现场试压。

② 进入目的层后，每起下钻两次，要试关防喷器一次以检查封井效果。如发现胶芯失效或其他问题，应立即更换处理。

③ 在井内有钻具发生井喷时，可先用环型防喷器控制井口，但尽量不作长时间封井。

④ 防喷器处于封井状态时，允许上下活动钻具，但不允许旋转钻具。同样，在钻具转动时，不允许关闭防喷器，以防胶芯磨损。

⑤ 严禁打开环形防喷器来泄掉井口压力，以防刺坏胶芯。

⑥ 每次打开后，必须检查胶芯是否全开，以防挂坏胶芯。

⑦ 防喷器的开、关应使用标准的液压油并注意保持其清洁。

⑧ 推荐防喷器最大控制压力为 10.5 MPa。

⑨ 使用环型防喷器强行起下钻时的操作。

由于强行起下钻时胶芯的工作环境比较恶劣，胶芯磨损严重，为延长胶芯使用寿命，提高其过接头次数，应按如下程序进行操作：首先先以 10.5MPa 的液控油压关闭防喷器；其次逐渐减小关闭压力，直至有些轻微渗漏，然后再进行强行起下钻作业。注意在强行起下钻时应使用 18°台肩的对焊钻杆接头，但起下速度要慢，过接头时要更慢(不大于 0.2m/s)。当关闭压力达到 10.5MPa 时，胶芯仍漏失严重，说明该防喷器胶芯已严重损坏，应及时处理后再进行封井起下钻作业。

⑩胶芯的存放。根据新旧程序按时间顺序编号，先旧后新依次使用；存放在光线较暗又干燥的室内，远离有腐蚀性的物品；远离高压带电设备，以防臭氧腐蚀；让胶芯在松弛状态下存放，严禁弯曲、挤压和悬挂；检查，如发现有变脆、龟裂、弯曲、出现裂纹者不再使用。

6. 现场更换胶芯的方法

首先卸掉顶盖与壳体的连接螺柱，吊起顶盖；再在胶芯上拧紧吊环螺丝，吊出胶芯。若井内有钻具时，应先用割胶刀(借助于撬杠，并用肥皂水润滑刀刃)将新胶芯割开(图3-5)，割面要平整；最后装上顶盖，上紧顶盖与壳体的连接螺栓。

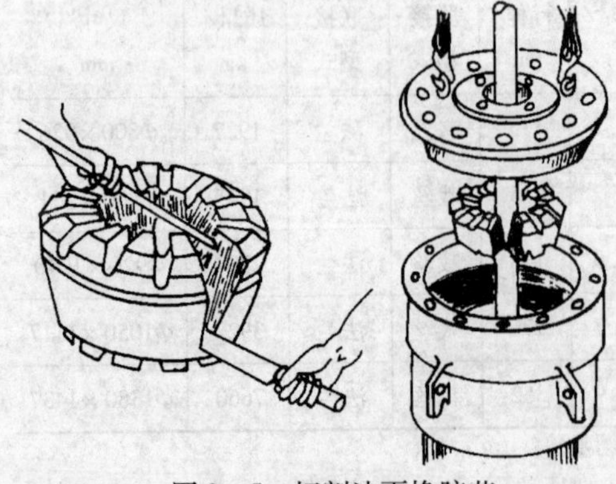

图 3-5 切割法更换胶芯

7. 故障判断与排除方法

(1) 防喷器封闭不严

若胶芯关不严，可多次活动解决：支撑筋已

靠拢仍封闭不严，则应更换胶芯；对有脱块、严重磨损的旧胶芯并可能影响胶芯正常使用时，则应更换胶芯；若打开过程中长时间未关闭使用胶芯，造成杂质沉积于胶芯沟槽及其他部位，应清洗胶芯，并按规程活动胶芯。

（2）防喷器关闭后打不开。

由于长时间关闭后，胶芯产生永久变形老化或固井后胶芯下有凝固水泥浆而造成。在这种情况下，只有清洗或更换。

（3）防喷器开关不灵活

若液控管线漏失，立即更换；若防喷器长时间不活动，有脏物堵塞，立即清除。

二、闸板防喷器

1. 闸板防喷器的功用

当井内有钻杆、油管和套管而发生溢流或井喷时，能封闭相应尺寸的管柱与井筒形成的环形空间；在井内无管柱时，能全封闭井口；当钻井四通两侧的闸门或防喷管汇失效时，可通过壳体旁侧出口接出管汇再次进行放喷、压井等作业；在特殊情况下剪切闸板可切断钻具，达到全封井口的目的；必要时，还可以用半封闸板封井下钻具及悬挂钻具。

2. 闸板防喷器结构

闸板防喷器主要有壳体、侧门、油缸、活塞、活塞杆、闸板、闸板轴、锁紧轴等部件组成。其结构特点是：壳体及侧门经铸造或锻造而成，强度高；自动清砂，摩擦阻力小；井压助封；闸板浮动密封，胶芯磨损少，闸板使用寿命长。

3. 闸板防喷器的工作原理及密封

（1）工作原理

当控制系统高压油进入闸板防喷器左右关闭腔时，推动活塞带动闸板轴及闸板总成沿着室内导向筋限定的轨道分别向井口中心移动，实现关井。当控制系统高压油进入闸板防喷器开启腔时，推动活塞带动闸板轴及闸板总成向离开井口中心方向移动，实现开井。闸板开、关由控制系统三位四通换向阀控制，一般在3～8s内完成开井或关井动作。

（2）开关闸板防喷器时液压油流程

① 关闭时：储能器→高压管排→防喷器主体关闭油口→主体油路→铰链座→侧门油路→液缸油路→缸盖油路→液缸关闭腔。

② 开启时：储能器→高压管束→防喷器主体开启油口→主体油路→铰链座→侧门油路→液缸开启腔。

（3）闸板防喷器的密封

只有这四道密封同时起作用，闸板防喷器才能有效封闭井口。其一是前密封，即闸板芯子前缘与钻具之间的密封；其二是顶密封，即闸板芯子顶部与壳体内台阶之间的密封；其三是侧密封，即壳体与侧门之间的密封；最后是轴密封，即闸板轴与侧门之间的密封。

4. 闸板防喷器的类型与技术规范

（1）类型

按照用途分，闸板防喷器可分为全封、半(管)封、变径和剪切闸板等；按照腔室数量分，闸板防喷器可分为单闸板、双闸板、叁闸板等。

（2）技术规范(表3－7、表3－8)

表 3－7　华北荣盛闸板防喷器技术规范

型　号	工作压力/MPa(psi)	试验压力/MPa(psi)	通径/mm	活塞直径/mm	开启所需油量/L	关闭所需油量/L	液控压力/MPa	闸板型式	上端连接形式	下端连接形式	锁紧方式	外形尺寸/mm			质量/kg
												长	宽	高	
FZ35－14	14（2000）	21（3000）	346	160	5.6	7.1	8.4～10.5（1200～1500）	H	栽丝	法兰	手动	2400	720	335	1360
FZ54－14			540	250	23.3	27.3			栽丝	法兰		3206	1090	705	4700
2FZ54－14					46.6	53.6			栽丝	法兰		3206	1180	1155	8980
FZ18－21	21（3000）	42（6000）	180	160	3.2	4		F	栽丝	栽丝		1520	540	280	798
2FZ18－21					6.4	8			栽丝	栽丝		1520	540	566	1660
FZ23－21			230	140	3.92	4.72		HF	栽丝	栽丝		1726	595	280	792
2FZ23－21					7.84	9.44			栽丝	法兰		1726	595	700	1800
FZ28－21			280	220	10.4	12		H	法兰	法兰		2070	675	690	1840
									法兰	法兰			970		1890
									栽丝	法兰			675	537	1700
									栽丝	法兰			970		1750
2FZ28－21					20.8	24			法兰	法兰				1070	3560
FZ35－21			346	220	11.7	13.3		S	法兰	法兰		2340	750	725	2180
									栽丝	法兰			750	555	2020
2FZ35－21					23.4	26.6			法兰	法兰			945	1140	3845
									栽丝	栽丝			844	790	3516
FZ53－21			527	250	23.3	27.3		H	栽丝	法兰		3206	1090	830	5230
2FZ53－21					46.6	54.6			栽丝	法兰		3206	1180	1280	9530
FZ18－35	35（5000）	70（10000）	180	160	3.2	4		F	栽丝	栽丝		1520	540	280	798
									栽丝	法兰		1520	540	450	900
2FZ18－35					6.4	8			栽丝	栽丝		1520	540	566	1660
FZ23－35			230	220	8.8	10		H	栽丝	法兰		2032	735	625	

续表

型号	工作压力/MPa(psi)	试验压力/MPa(psi)	通径/mm	活塞直径/mm	开启所需油量/L	关闭所需油量/L	液控压力/MPa	闸板型式	上端连接形式	下端连接形式	锁紧方式	外形尺寸/mm			质量/kg
												长	宽	高	
2FZ23 - 35	35 (5000)	70 (10000)	230	220	17.6	20	8.4 ~ 10.5 (1200 - 1500)	H	栽丝	栽丝	手动	2032	865	830	3980
FZ28 - 35			280	220	10.3	11.8		S	栽丝	法兰		2120	768	660	2190
2FZ28 - 35					20.6	23.6			栽丝	栽丝		2120	865	830	4255
FZ35 - 35			346	250	16.5	17.9		S	栽丝	栽丝		2400	800	475	3030
									栽丝	法兰		2400	800	680	3300
									法兰	法兰		2400	800	885	3570
									法兰	栽丝		2400	800	680	3300
2FZ35 - 35					33	35.8			栽丝	栽丝		2400	920	910	5300
									法兰	法兰		2400	920	1340	6020
									法兰	法兰		2400	1170	1340	6150
									法兰	栽丝		2400	920	1125	5600
									栽丝	法兰		2400	920	1125	5600
FZ18 - 70	70 (10000)	1050 (15000)	180	67	4.9	4.9		E	法兰	法兰		2100	514	778	1610
2FZ18 - 70					9.8	9.8			法兰	法兰		2100	514	1235	2903
FZ23 - 70			230	250	10.76	12.16		H	卡箍	卡箍		1958	915	705	3027
									法兰	法兰		1958	915	925	3350
2FZ23 - 70					21.52	24.32			法兰	法兰		1958	915	1015	5710
									卡箍	栽丝		1958	925	1345	6080
FZ28 - 70			280	250	14	15.4		H	法兰	法兰		2250	1020	1040	4870
									栽丝	法兰		2250	1020	808	4580
2FZ28 - 70					28	30.8			法兰	法兰		2250	1020	1470	7730
									栽丝	栽丝		2250	1020	996	7250
									栽丝	法兰		2670	1020	1233	7440
FZ35 - 70			346	340	29.4	33.2		HF	栽丝	法兰		2670	1110	960	6445
									法兰	法兰		2670	1240	1250	7070
2FZ35 - 70					58.8	66.4			栽丝	法兰		2670	1240	1485	11950
									法兰	法兰		3065	1240	1775	12510
FZ35 - 105	105	140	346	340	37	42			栽丝	法兰		3065	1115	1053	8260
2FZ35 - 105					74	84			栽丝	法兰		3065	1115	1650	14930

表 3-8　上海伸开闸板防喷器规格及技术参数

规格型号		FZ54-14	FZ18-21	FZ18-35	FZ23-35 2FZ23-35	FZ28-35 2FZ28-35	FZ35-35 2FZ35-35	FZ28-70 2FZ28-70	FZ35-70 2FZ35-70	FZ35-105 2FZ35-105
垂直通径/mm(in)		540($21^{1}/_{4}$)	180($7^{1}/_{16}$)	180($7^{1}/_{16}$)	230(9)	280(11)	346($13^{5}/_{8}$)	280(11)	345($13^{5}/_{8}$)	345($13^{5}/_{8}$)
工作压力/MPa		14	21	35	35	35	35	70	70	105
试验压力/MPa		21	42	70	70	70	70	105	105	140
液控压力/MPa		8.4~10.5								
油缸直径/mm		250	150	170	220	220	250	250	355	355
开启所需油量/L		2×11.7 4×11.7	2×1.6 4×1.6	2×1.6 4×1.6	2×5.2 4×5.2	2×5.2 4×5.2	2×7.4 4×7.4	2×6.6 4×6.6	2×19.9 4×19.9	2×19.9 4×19.9
关闭所需油量/L		2×13 4×13	2×2 4×2	2×2 4×2	2×5.45 4×5.45	2×5.45 4×5.45	2×8.3 4×8.3	2×7.4 4×7.4	2×20 4×20	2×20 4×20
闸板型式		HF	H	H	F	S	S	H	S	H
端部连接形式	顶部	栽丝					法兰/栽丝			
	底部	法兰	法兰/栽丝							法兰
螺　栓		M42×3	M30×3	M36×3	M42×3	M48×3	M42×3	M45×3	M48×3	M58×3
密封垫环		R73	R45	R46	R50	R54	BX160	BX158	BX159	BX159
闸板尺寸/mm(in)		全封 127(5) 340(13⅝)	全封 60(2⅜) 73(2⅞) 89(3½) 114(4½)	全封 60(2⅜) 73(2⅞) 89(3½) 114(4½)	全封 73(2⅞) 89(3½) 114(4½) 127(5) 140(5½)	全封 73(2⅞) 89(3½) 114(4½) 127(5) 178(7)	全封 73(2⅞) 89(3½) 127(5) 140(5½) 178(7) 245(9⅝)	全封 60(2⅜) 73(2⅞) 89(3½) 127(5) 140(5½) 178(7)	全封 73(2⅞) 89(3½) 127(5) 140(5½) 178(7) 245(9⅝)	全封 73(2⅞) 89(3½) 127(5) 140(5½) 178(7) 245(9⅝)
外形尺寸/mm	长	3366	1392	1554	2027	2315	2468	2335	3274	3074
	宽	1205	525 582	525 582	678 760	860	736/952 999/1214	986	1238	1305
	高	720 1310	280 705	280 736	560 782	670 860	735 998	820/1102 1060/1582	750/1275 1168/1450	1640/1985 1420/1075
质量/kg		5505 9950	716 1519	756 1617	1735 3200	2735 4990	3304/3338 6020/6604	3724/4170 6238/7195	7238 12590	10103 9160

5. 闸板防喷器的锁紧装置

闸板锁紧装置可分为手动锁紧装置和液压自动锁紧装置。

(1) 手动锁紧装置

手动锁紧装置是靠人力(两人同时)在底座两侧旋转手轮来锁紧和关闭闸板的。该装置只能锁紧或关闭闸板，而不能打开闸板(图3-6)。

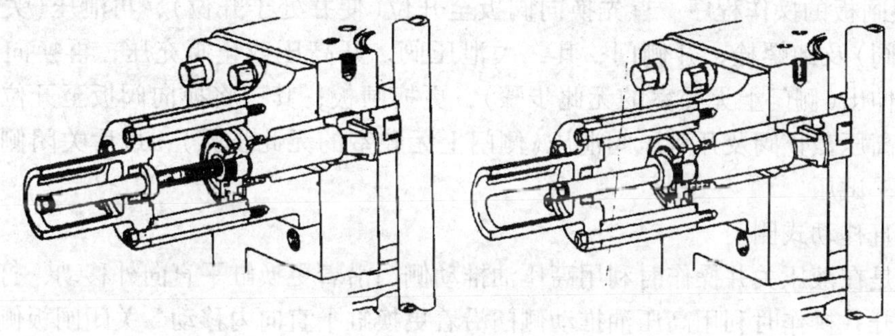

图3-6　手动锁紧装置

(2) 液压自动锁紧装置

液压自动锁紧装置是通过装于主活塞内的锁紧活塞和装于活塞径向四个扇形槽内的4个锁紧块来实现的。当液压油进入关闭腔时，推动主活塞和锁紧活塞向闸板关闭方向运动，由于锁紧块内外园周上都带有一定角度的斜面，内斜面与锁紧活塞斜面相接触，使锁紧块在锁紧活塞的推动下始终有向径向外部运动的趋势。一旦主活塞到达关闭位置后，锁紧块在锁紧活塞的径向承力作用下向外运动7mm而坐于液缸台阶上，锁紧块外斜面与液缸台阶斜面相接触，用时锁紧活塞向前运动经过锁紧块内径变成圆周接触，从而实现完全锁紧。打开闸板时，液压油作用于开启腔，首先使锁紧活塞向外运动，锁紧块外圈斜面与液缸台阶斜面产生使锁紧块向内收缩的分力使锁紧块实现解锁，主活塞才能带动闸板轴及闸板实现开启动作(图3-7)。

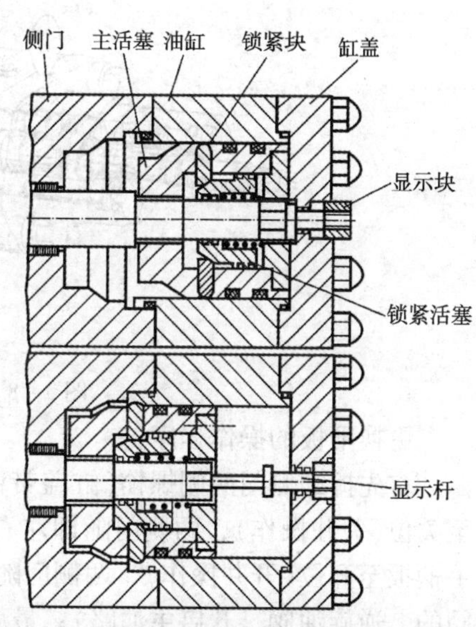

图3-7　液压自动锁紧装置

6. 闸板防喷器开关井操作

① 正常液压关井。遥控操作时应首先将司钻控制台上的气源总开关扳至开位不动，再(或同时)将所关防喷器手柄扳至关位；远程操作时，将远程控制台上的换向阀迅速扳至关位即可。

② 正常液压开井。遥控操作时应首先将司钻控制台上的气源总开关扳至开位不动，再(或同时)将所开防喷器手柄扳至开位；远程操作时，将远程控制台上的换向阀迅速扳至开位即可。

③ 长期关井(或手动关井)。先将控制系统上的换向阀迅速扳至关位，再手动锁紧。

④ 锁紧后的开井。先手动解锁，再液压开井。

7. 闸板防喷器侧门的操作

闸板防喷器的侧门分为铰链旋转式和平直移动式两种侧门。当拆换闸板、拆换闸板轴盘根、检查闸板以及清洗闸板室时，需要打开侧门进行操作。其拆换闸板操作程序如下：

（1）铰链旋转式侧门

① 侧门开关注意事项：其一侧门不应同时打开；其二侧门未充分旋开前严禁液压关井（侧门无腔室的无此步骤）；其三旋转侧门时，液控油路应处于泄压状态；其四旋开侧门后，使闸板伸出或缩入时，应固定侧门。

② 拆换闸板的操作程序：首先换向阀扳至开位（使井处于开位），再泄压（关高压截止阀，开泄压阀）及卸螺栓，开侧门；其二关泄压阀，开高压截止阀充压，再换向阀扳至关位，使闸板伸出（侧门上无腔室的无此步骤），更换闸板；其三将换向阀扳至开位，使闸板缩回，再关高压截止阀及开泄压阀泄压（侧门上无腔室的无此步骤）；最后关闭侧门，上紧螺栓，充压，试压。

（2）平直移动式侧门

其侧门是在液压关井操作时利用高压油推动侧门沿着更换缸平直向外移动，打开闸板侧门；在液压开井操作时利用高压油推动侧门沿着更换缸平直向内移动，关闭闸板侧门。如图3－8所示。

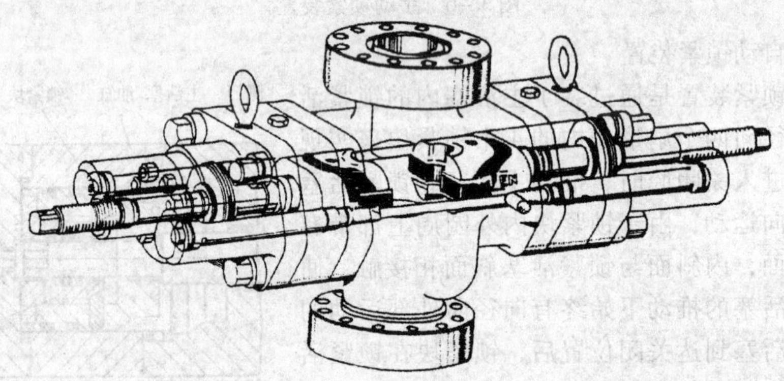

图3－8　平直移动式侧门闸板防喷器

更换闸板的操作程序：

首先拆卸侧门两侧螺栓（缸盖带油阀的，顺旋油阀，关闭主油路），再将换向阀手柄扳至关位（关井操作），两侧门随即左右移开；其次拆下旧闸板，装好新闸板；第三将换向阀手柄扳至开位（开井操作），两侧门随即向中间合拢；第四将换向阀手柄扳至中位（缸盖带油阀的，逆旋油阀，开启主油路）；最后上紧螺栓，试压。

8. 安装与使用要求

应根据井控规定要求的防喷器组合形式进行安装。并注意压力等级、金属材料和橡胶密封件的温度等级是否满足使用要求。当井口闸板防喷器只有两个闸板时，全封闸板最好装在管封闸板之上。应注意防喷器不要装反，应使箭头方向及闸板顶密封面朝上。防喷器手动锁紧装置的操作杆及手轮位于井架大门的两侧，壳体上旁侧法兰出口正对大门方向。手动锁紧装置应装全、固定牢靠、旋转灵活并标明锁紧及解锁方向和圈数。应保证钢圈及钢圈槽清洁、无损伤划痕，钢圈槽内涂以轻质油。在上紧连接螺栓时用力要均匀，对角依次按推荐扭矩值上紧。防喷器的开关与高压油管线及控制台手柄的开关应一致。防喷器应每班开关一次（环型和剪切闸板除外）、定期试压；其连接螺栓应定期紧固，以防松动。当井口憋有压力时，严禁打开防喷器泄压。当井内有钻具或管柱时严禁关闭全封闸板，以防损伤挤坏钻具、管柱、闸板芯子。

三、旋转防喷器

旋转防喷器是气体钻井、控压钻井、欠平衡钻井的专用井口压力控制设备，可以在钻具旋转、钻进状态下承受一定井口压力，实现带压钻进。两种旋转防喷器如图 3－9 所示。

图 3－9　旋转防喷器

（一）旋转防喷器的组成

典型的旋转防喷器系统有三个部分组成：第一部分为旋转防喷器主体，安装在井口防喷器组合的最上方。第二部分为冷却/润滑装置，也称为液压控制装置，为防喷器提供液压动力和冷却润滑。第三部分为远程控制台，显示旋转控制头的工作参数，检测旋转控制头的工作状态并进行控制。

（二）旋转防喷器的工作原理

在欠平衡等特殊工艺钻井中，井眼环空返出的流体由旋转防喷器的控制头导离井口，并有效地密封井口。

旋转控制头的密封方式主要有两种：一种是特制的密封胶芯与钻具之间过盈实现密封，井口压力起辅助密封作用（Williams7000 系列）。另一种是通过液压球形密封胶芯实现井筒与钻具的密封（Shaffer PCWD 系统）。

（三）Williams 型旋转防喷器

Williams 旋转防喷器性能指标见表 3－9。

表 3－9　Williams 旋转防喷器系列及主要性能指标

型　号	静态工作压力 $P_{max静}$/（psi/MPa）	动态工作压力 $P_{max动}$/（psi/MPa）	转速/（r/min）	壳体承压能力/（psi/MPa）
8000/9000	1000/7	500/3.5	100	
IP1000	1500/10.5	1000/7	100	
7000	3000/21	1500/10.5	100	5000/35
7100	5000/35	2500/17.5	100	10000/70

Williams 旋转防喷器使用高压耐磨密封胶芯，与钻具过盈配合，自撑式主动密封，井筒压力助封。可用于空气钻井、气体钻井、泥浆钻井，在高温条件下，使用特殊加工的高温胶芯。高压旋转动密封轴承总成与控制头底座采用液压卡箍连接，更换胶芯或轴承十分方便。轴承采用强制润滑，水冷却，工作可靠，寿命长。控制部分采用集中控制，现场摆放及安装方便。

Williams7100 型旋转防喷器系统技术规范见表 3－10、表 3－11、表 3－12。

表 3－10　7100 型旋转防喷器控制头技术规范

序　号	项　目	技术规范	备　注
1	额定静态工作压力	5000psi/35MPa	
2	额定连续旋转工作压力	2500psi/17.5MPa	
3	额定间歇旋转压力	2500psi/17.5MPa	
4	钻具额定旋转速度	150r/min	
5	底部连接法兰	$13\frac{5}{8}$in－5M	
6	胶芯	$2\frac{7}{8}$in，$4\frac{1}{8}$in	用于 $3\frac{1}{2}$in 钻杆、用于 5in 钻杆
7	高度	$69\frac{7}{16}$in/1764mm	
8	外径	990mm	
9	质量	2700kg	
10	旁通法兰直径	$7\frac{1}{16}$in－5000psi	
11	测试管连接法兰直径	$2\frac{1}{16}$in－5000psi	

表 3－11　7100 旋转防喷器系统冷却/润滑动力装置技术规范

序　号	项　目	性能参数	备　注
1	冷却液出口温度	0～5℃	
2	冷却液回水口温度	40～60℃	
3	冷却液排量	4L/min	
4	润滑油最大压力	3000psi/21MPa	
5	润滑油排量	0～1L/min	

表 3－12　7100 旋转防喷器司钻监控台技术规范

序　号	项　目	性能参数	备　注
1	油泵工作油压	3000psi/21MPa	
2	油泵工作排量	2L/min	
3	工作气源压力	100psi/0.7MPa	

Williams 7100 型旋转防喷器系统安装，见图 3－10。

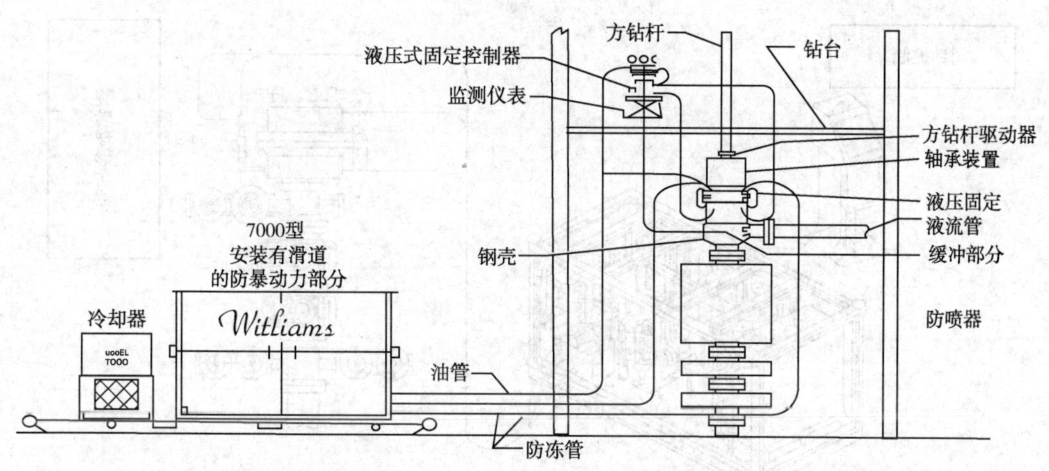

图 3-10　Williams 7100 型旋转防喷器系统安装示意图

(四) Shaffer　PCWD 旋转防喷器

将球形防喷器技术与液压及电控技术相结合，形成了一种新型的旋转防喷器产品，称作 PCWD(随钻压力控制)系统，额定工作压力静压 35MPa(5000psi)、动压 17. 5MPa(2500psi)。

使用球型密封胶芯通过外部液压系统加压实现与钻具的密封，低压密封性能良好。胶芯内径可以在 0 ~ 11in 之间变化，一种胶芯可适应多种尺寸的钻具(包括封零)，起下钻具、换钻头方便。具备常规环形防喷器的功能，进行欠平衡施工时，可以代替环形防喷器，从而减少了井口装置的高度和安装时间。

Shaffer PCWD 旋转防喷器系统由旋转球形防喷器(RSBOP)、液压控制装置(HCU)和司钻控制盘(DCP)三部分构成，技术规范见表 3-13，防喷器安装见图 3-11。

表 3-13　Shaffer PCWD 旋转防喷器技术规范

序　号	项 目 名 称	技 术 规 范	备　注
1	额定静态工作压力	5000psi/35 MPa	
2	额定旋转工作压力	2000psi/14MPa	200r/min
		3000psi/21MPa	100r/min
3	通径	11in	
4	上部法兰	API11in 5M	
5	底部法兰	API13⅝in 5M	
6	侧部输出口	API1 - 1$^{13}/_{16}$ in 10M	
7	高度	1289mm	上下法兰间的距离
8	外径	1320mm	
9	总质量	5980kg	
10	壳体螺栓	4½in/115m	
11	密封件(胶芯)质量	227kg	
12	密封件(胶芯)高度	320mm	

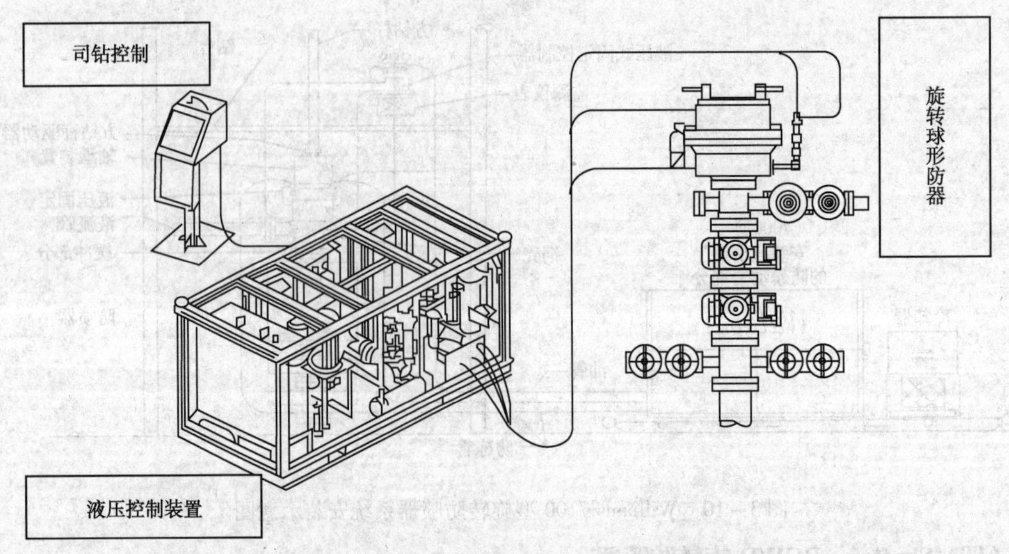

图 3－11　Shaffer　PCWD 旋转防喷器系统安装示意图

第三节　钻具内防喷工具

在钻井过程中防止钻井液沿钻柱水眼向上喷出，以防水龙带及地面管线被高压憋坏，造成井喷失控。

一、方钻杆旋塞

上旋塞为左旋螺纹，连接于方钻杆上部。下旋塞为右旋螺纹，连接于方钻杆下部。上下旋塞结构相同，均是球阀。主要由阀体、阀座、球芯轴、调节衬环、大小阀盖及各种密封组成(图 3－12)。其开启和关闭多半采用手动方式。顶驱系统上的旋塞也有采用液动或气动远程控制的。关闭时可防止井内流体沿钻具上窜。为防止起下钻过程中钻具内井喷，起下作业前钻台上应另备一个下旋塞(此时该阀被称为钻具安全阀)及相应的配合接头。

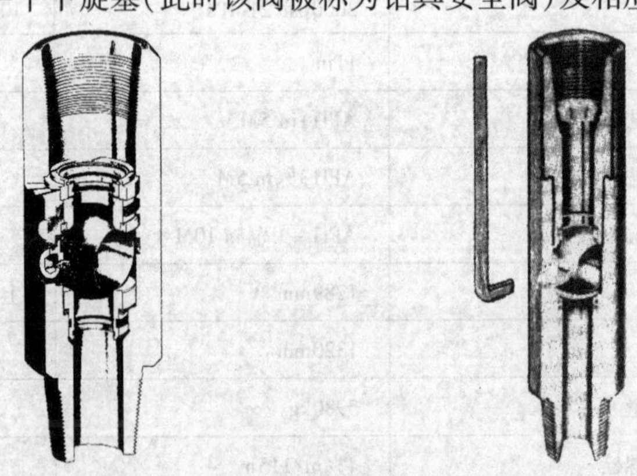
图 3－12　方钻杆上、下旋塞

方钻杆旋塞的额定工作压力应与防喷器额定压力相一致，并且旋塞内径应大于或等于方钻杆内径。旋塞扳手应放于钻台方便取用的位置。上、下旋塞的规格和技术参数见表3－14、表 3－15 和表 3－16。

表 3-14　四方方钻杆上旋塞阀规格及技术参数

方钻杆规格/mm(in)	上端左旋内螺纹下端左旋外螺纹连接扣型规格		外径/mm(in)		最小孔径/mm(in)			
			±6.4(±1/4)	±6.4(±1/4)	最大工作压力35MPa		最大工作压力70MPa和105MPa	
	标准	选用	标准	选用	标准连接	选用连接	标准连接	选用连接
63.5($2^1/_2$)	$6^5/_8$REG	$4^1/_2$REG	200.07($7^7/_8$)	146.0($5^3/_4$)	76.2(3)	50.8(2)	63.5($2^1/_2$)	44.4($1^3/_4$)
76.2(3)	$6^5/_8$REG	$4^1/_2$REG	200.07($7^7/_8$)	146.0($5^3/_4$)	76.2(3)	50.8(2)	63.5($2^1/_2$)	44.4($1^3/_4$)
88.9($3^1/_2$)	$6^5/_8$REG	$4^1/_2$REG	200.07($7^7/_8$)	146.0($5^3/_4$)	76.2(3)	50.8(2)	63.5($2^1/_2$)	44.4($1^3/_4$)
108.0($4^1/_4$)	$6^5/_8$REG	$4^1/_2$REG	200.07($7^7/_8$)	146.0($5^3/_4$)	76.2(3)	50.8(2)	63.6($2^1/_2$)	44.4($1^3/_4$)
133.4($5^1/_4$)	$6^5/_8$REG		200.07($7^7/_8$)		76.2(3)		63.6($2^1/_2$)	
140.0($5^1/_2$)	$6^5/_8$REG		200.07($7^7/_8$)		76.2(3)		63.2($2^1/_2$)	
152.4(6)	$6^5/_8$REG		200.07($7^7/_8$)		76.2(3)		63.2($2^1/_2$)	

表 3-15　六方方钻杆上旋塞阀规格及技术参数

方钻杆规格/mm(in)	上端左旋内螺纹下端左旋外螺纹连接扣型规格		外径/mm(in)		最小孔径/mm(in)			
			±6.4(±1/4)	±6.4(±1/4)	最大工作压力35MPa		最大工作压力70MPa和105MPa	
	标准	选用	标准	选用	标准连接	选用连接	标准连接	选用连接
76.2(3)	$6^5/_8$REG	$4^1/_2$REG	200.07($7^7/_8$)	146.0($5^3/_4$)	76.2(3)	50.8(2)	63.5($2^1/_2$)	44.4($1^3/_4$)
88.9($3^1/_2$)	$6^5/_8$REG	$4^1/_2$REG	200.07($7^7/_8$)	146.0($5^3/_4$)	76.2(3)	50.8(2)	63.5($2^1/_2$)	44.4($1^3/_4$)
108.0($4^1/_4$)	$6^5/_8$REG	$4^1/_2$REG	200.07($7^7/_8$)	146.0($5^3/_4$)	76.2(3)	50.8(2)	63.6($2^1/_2$)	44.4($1^3/_4$)
133.4($5^1/_4$)	$6^5/_8$REG		200.07($7^7/_8$)		76.2(3)		63.6($2^1/_2$)	
152.4(6)	$6^5/_8$REG		200.07($7^7/_8$)		76.2(3)		63.2($2^1/_2$)	

表 3-16　方钻杆下旋塞阀规格及技术参数

四方方钻杆用			六方方钻杆用		
方钻杆规格/mm(in)	上端右旋内螺纹下端右旋外螺纹连接扣型规格	最小孔径/mm(in)	方钻杆规格/mm(in)	上端右旋内螺纹下端右旋外螺纹连接扣型规格	最小孔径/mm(in)
63.5($2^1/_2$)	NC26($2^3/_8$IF)	31.8($1^1/_4$)	76.2(3)	NC26($2^3/_8$IF)	38.0($1^1/_2$)
76.2(3)	NC31($2^7/_8$IF)	44.4($1^3/_4$)	88.9($3^1/_2$)	NC31($2^7/_8$IF)	44.4($1^3/_4$)
88.9($3^1/_2$)	NC38($3^1/_2$IF)	57.2($2^1/_4$)	108.0($4^1/_4$)	NC38($3^1/_2$IF)	57.2($2^1/_4$)
108.0($4^1/_4$)	NC46(4IF)	71.4($2^{13}/_{16}$)	108.0($4^1/_4$)	NC46(4IF)	76.2(3)
108.0($4^1/_4$)	NC50($4^1/_2$IF)	71.4($2^{13}/_{16}$)	133.4($5^1/_4$)	NC50($4^1/_2$IF)	82.6($3^1/_4$)
133.4($5^1/_4$)	$5^1/_2$FH	82.6($3^1/_4$)	152.4(6)	$5^1/_2$FH	82.6($3^1/_4$)
133.4($5^1/_4$)	NC56	82.6($3^1/_4$)	152.4(6)	NC56	88.9($3^1/_4$)
152.4(6)	$5^1/_2$FH	71.4($2^{13}/_{16}$)			

二、钻具止回阀

钻具止回阀(回压凡尔)主要用于控制钻具水眼倒喷，溢流时该阀自动处于关闭状态。

当泵压大于钻具内回压时此阀被打开，可进行正常循环压井，但在停泵或地面循环管线爆裂时此阀立即关闭。钻具止回阀按结构形式分，有箭形（FJ）、投入式（FT）、球形（FQ）止回阀、浮阀等（图 3 – 13、图 3 – 14、图 3 – 15 和图 3 – 16）。

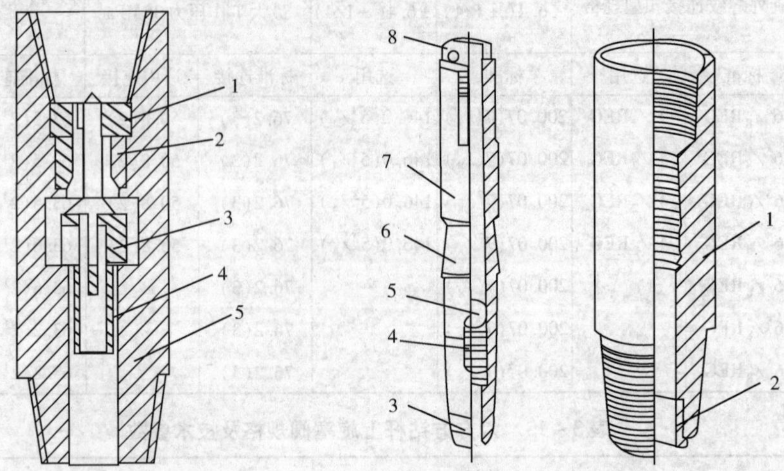

图 3 – 13　箭形止回阀

1—压帽；2—导向密封套；3—密封箭；4—导向套；5—本体；

图 3 – 14　投入式回压阀

1—本体；2—压帽；3—弹簧座；4—弹簧；5—密封球；6—阀芯；7—锁紧卡瓦；8—阀芯压帽

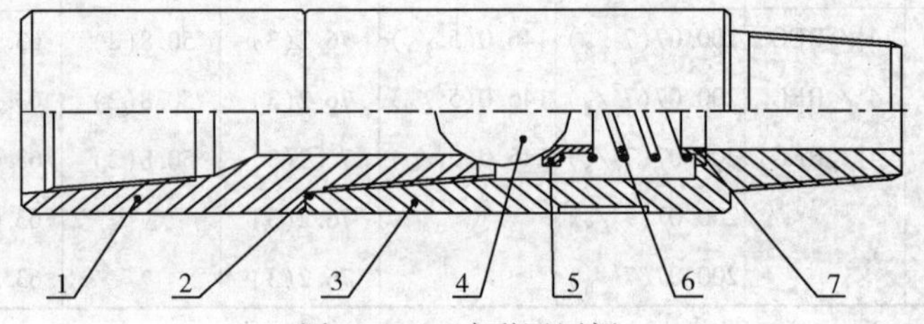

图 3 – 15　球形回压阀

1—上阀体；2—O 形密封圈；3—下阀体；4—密封钢球；5—支撑座；6—弹簧；7—弹簧座

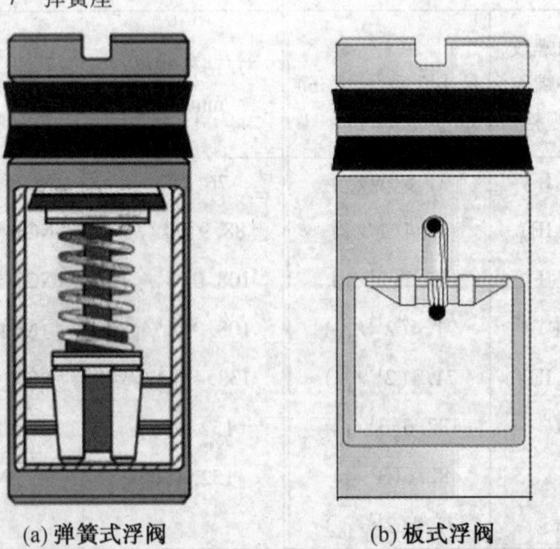

(a) 弹簧式浮阀　　(b) 板式浮阀

图 3 – 16　浮阀

常用的有箭型回压阀（其规范见表 3 – 17）、投入式止回阀（其规范见表 3 – 18）及浮阀（其规范见表 3 – 19）。

表 3-17　箭形回压阀规格及技术参数

规格型号	外径/mm	内径/mm	连 接 扣 型	额定压力/MPa
FJ121/35	121	59	NC38	35
FJ127/35	127	59	NC8	35
FJ162/35	162	65	NC50	35
FJ168/35	168	76	NC50	35
FJ168/70	168	70	NC50	70
FJ190/105	190	89	$5^1/_2$FH	105

表 3-18　投入式回压阀规格及技术参数

型　号	连 顶 接 头			止回阀外径/mm	止回阀内径/mm	工作压力/MPa	长度/mm
	外径/mm	内径/mm	扣型				
HY80/36	80	30	PAC2 -$^7/_8$	36	8	35	
HY121/54	121	52	NC38	54	16	35	
HY159/54	159	52	NC46	54	16	70	
HY165/54	165	52	NC46	54	16	70	
HY159/80	159	80	NC50	84	29	35	
HY165/80	165	80	NC50	84	29	35	
HY203/84	203	84	NC56	84	32	35	600
HY241/114	241	102	7 -$^5/_8$REG	114	54	35	600
FT168/35	168		NC50	68	28.5	35	600
FT127/35	127		NC38	52	19	35	600
FT168/70	168		NC50	68	28.5	70	600
FT127/70	127		NC38	52	19	70	600
FT190/105	190		$5^1/_2$FH	68	28.5	105	600
FT127/105	127		NC38	52	19	105	600

表 3-19　浮阀规格及技术参数

阀芯总成代号	规格(直径×长度)/mm	压 力 级 别
1R	43×149	
1F-2R	48.4×158	
2F-3R	62×165	
3F	72×254	
3 1/2IF	79.3×254	70MPa
4R	88.9×211	
5R	98.4×248	
5F-6R	122×298	
6F	144.5×372	

为防止钻具内溢流无法连接，应配备推杆式止回阀(其规格及技术参数见表 3-20)。在连接时使内部处于连通状态，便于快速连接使用，如图 3-17 所示。

表 3-20 推杆式止回阀规格及技术参数

规格/in	外径/in	内径/in	连接螺纹	长度/mm	质量/kg
$3^1/_2$	$3^3/_8\sim3^3/_4$	$1^1/_2$	$2^3/_8$IF	660	27
4	$4^1/_8\sim4^1/_4$	$1^3/_4$	$2^7/_8$IF	710	40
5	$4^3/_4\sim5^1/_4$	2	$3^1/_2$IF	760	57
$6^1/_2$	$6^1/_4\sim6^3/_4$	$2^1/_2$	4IF	840	110
$6^5/_8$	$6^3/_8\sim7$	$2^{13}/_{16}$	$4^1/_2$IF	840	120
7	$7\sim7^1/_2$	$2^{13}/_{16}$	$5^1/_2$IF	840	140
8	8	$2^{13}/_{16}$	$6^5/_8$REG	865	180
$9^1/_2$	$9^1/_2$	$2^{13}/_{16}$	$7^5/_8$REG	865	220

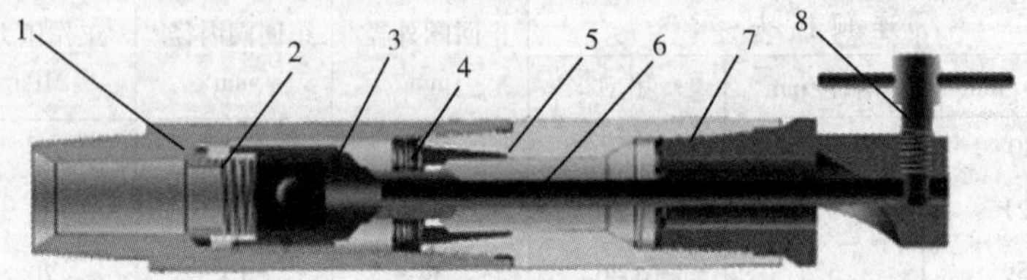

图 3-17 推杆式止回阀

1—下接头；2—弹簧；3—阀体；4—阀座；5—下接头；
6—释放杆；7—释放工具；8—释放手柄

三、钻具旁通阀

钻开油气层前将钻具旁通阀接在靠近钻头的钻柱处，压井作业中钻头水眼被堵时，利用旁通阀可建立新的循环通道继续实施压井作业。使用方法是：一旦发现钻头水眼被堵而无法解堵时，卸掉方钻杆投球后再接方钻杆使球落至钻具旁通阀阀座处(若钻头水眼未堵死，可用小排量泵送)，开泵后只要泵压升高到一定压力值就剪断固定销，使阀座下行直到排泄孔全部打开，泵压随即下降，从而建立新的循环通道。

第四节 液压防喷器控制系统

液压防喷器控制系统是控制井口防喷器组、液动放喷阀的主要设备，是钻井作业中防止井喷、排除溢流和压井过程中必不可少的装置。控制装置的作用是预先制备与储存足量的压力油，开关防喷器设备时可控制压力油的流动方向，使防喷器得以迅速开关动作。在操作中，若油压降低到一定程度时，控制装置将自动启动补充压力，使液压油始终保持在规定的压力范围内。其主要有远程控制台、司钻控制台及辅助控制台等。远程控制台位于井口左侧25m以外的安全处，司钻控制台位于钻台上司钻操作台后侧，辅助控制台位于值班队长房内，作为应急备用。如图 3-18 和图 3-19 所示。

一、控制系统的类型及选择

从司钻控制台上通过远程台来控制防喷器开关的方式(即控制系统遥控方式)共有两种常用形式：气控液型、电控液型。目前国内钻井所用控制系统多为气控液型、国外电动钻机和海上钻井所用控制系统有电控液型。常用气控液型控制系统型号、技术参数、配置及表示方法见表 3-21、表 3-22 所示。

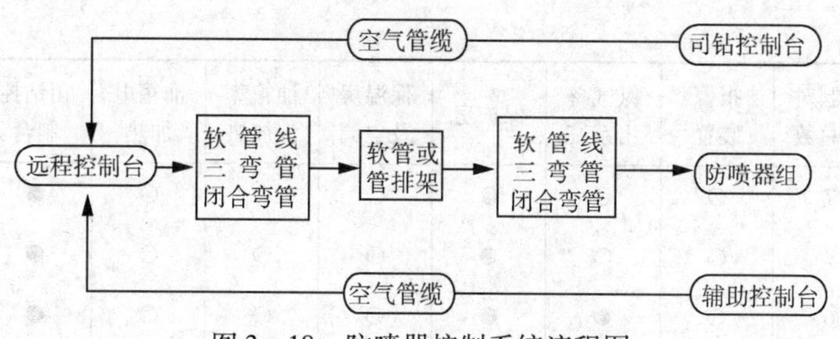

图 3-18　防喷器控制系统流程图

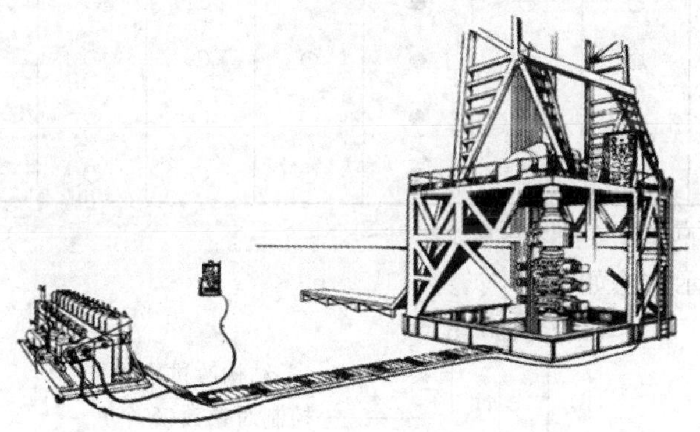

图 3-19　防喷器控制系统组成示意图

表 3-21　北石控制系统常用系列规格及技术参数

型号＼参数	控制对象及数量				储能器组/L		电动机功率/kW	泵组流量		系统标称压力/MPa
	环型	闸板	放喷	备用	标称总容积	可用油量		电动油泵/(L/min)	气动油泵/(mL/冲)	
FKQ960-8	1	3	3	1	60×16	480	18.5×2	46×2	60×2	21
FKQ840-8	1	3	3	1	60×14	420	18.5	46	60×2	21
FKQ1280-7	1	3	2	1	80×16	640	18.5×2	46×2	60×2	21
FKQ800-7N	1	3	2	1	40×20	400	18.5	46	60×2	21
FKQ800-7B	1	3	2	1	40×20	400	18.5	46	60×2	21
FKQ640-7	1	3	2	1	80×8	320	18.5	46	60×2	21
FKQ800-6N	1	3	2		40×20	400	18.5	46	60×2	21
FKQ800-6F	1	3	2		80×10	400	18.5	46	60×2	21
FKQ640-6G	1	3	2		40×16	320	18.5	46	60×2	21
FKQ640-6E	1	3	2		80×8	320	18.5	46	60×2	21
FKQ480-5	1	3	1		80×6	240	18.5	35	60×2	21

表 3-22　北石控制系统配置一览表

型号＼参数	控制对象总数	报警装置	氮气备用系统	保护房	保温房及空调	油箱蒸汽加热	油箱电加热	司钻控制台	辅助控制台	管排架及软管
FKQ960-8	8	○	○	●	○	○	○	●	○	○
FKQ840-8	8	○	○	●	○	○	○	●	○	○
FKQ1280-7	7	○	○	●	○	○	○	●	○	○
FKQ800-7N	7	○	●	●	○	○	○	●	○	○

续表

型号 \ 参数	控制对象总数	报警装置	氮气备用系统	保护房	保温房及空调	油箱蒸汽加热	油箱电加热	司钻控制台	辅助控制台	管排架及软管
FKQ800－7B	7	○	○	●	○	○	○	●	○	○
FKQ640－7	7	○	○	●	○	○	○	●	○	○
FKQ800－6N	6	○	●	●	○	○	○	●	○	○
FKQ800－6F	6	○	○	●	○	○	○	●	○	○
FKQ640－6G	6	○	○	●	○	○	○	●	○	○
FKQ640－6E	6	○	○	●	○	○	○	●	○	○
FKQ480－5	5	○	○	●	○	○	○	●	○	○

注：其中"●"为基本配置，"○"为可选配置。

控制系统型号表示方法如下：

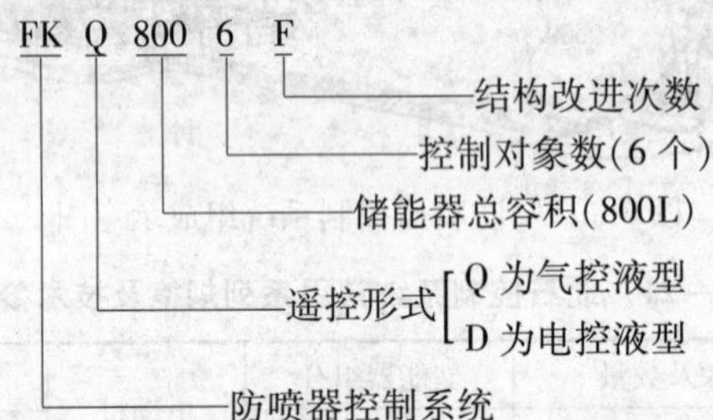

控制系统型号的选择应根据控制对象数量的多少进行选择，除满足选择的防喷器组合所需要的控制对象外，还要有备用接口。

二、FKQ8006F型控制系统的工作原理与使用维护

1. FKQ8007B型控制系统的技术规范

系统额定压力：21MPa；

管汇最高压力：34.5MPa；

系统减压范围：0～14MPa；

储能器预充 N_2 压力：(7±0.7)MPa；

液/电自动开关调压范围：18.5～21MPa；

液/气自动开关调压范围：18.5～21MPa；

气源压力：0.65～0.8MPa；

电源：(380±19)V，50Hz。

2. FKQ8006F型控制系统的工作原理及油/气路流程

将远程控制台上电控箱的主令开关旋到"自动"位置时，整个系统便由液电自动开关控制，即处于自动控制状态，使储能器压力始终保持在18.5～21MPa。如果系统压力低于18.5MPa时，液电自动开关将自动启动电动油泵，给储能器打压。当系统压力达到21MPa时，液电自动开关将自动切断电泵的电源，停止给储能器打压。

注意：电控箱的主令开关旋到"手动"位置时，电动油泵不会自动停止打压，操作者应注意观察系统压力，当达到21MPa时，将主令开关旋到"停止"位置，以防危险。

管汇减压调压阀的二次油压的调整范围为0～14MPa，一般为10.5MPa。若将油路旁通阀从“关”位扳到“开”位，可以使管汇的压力升至储能器的压力，此操作主要用于剪切闸板。此时管汇减压调压阀将不起作用。

在电机失效或需联合打压时，系统可以用气动油泵打压供油。启动时先打开气泵进气阀，压缩空气经分水滤气器、油雾气、气路四通、进入液气自动开关。如果此时输出油压低于18.5MPa时，液气自动开关将自动开启，压缩空气进入气泵，驱动其上下往复运动，排出的压力油经单向阀储能器及管汇。当输出油压升至21MPa时，在回压的作用下，液气自动开关将自行关闭，切断气源，气泵停止泵油。控制系统液/气路流程如图3－20所示。

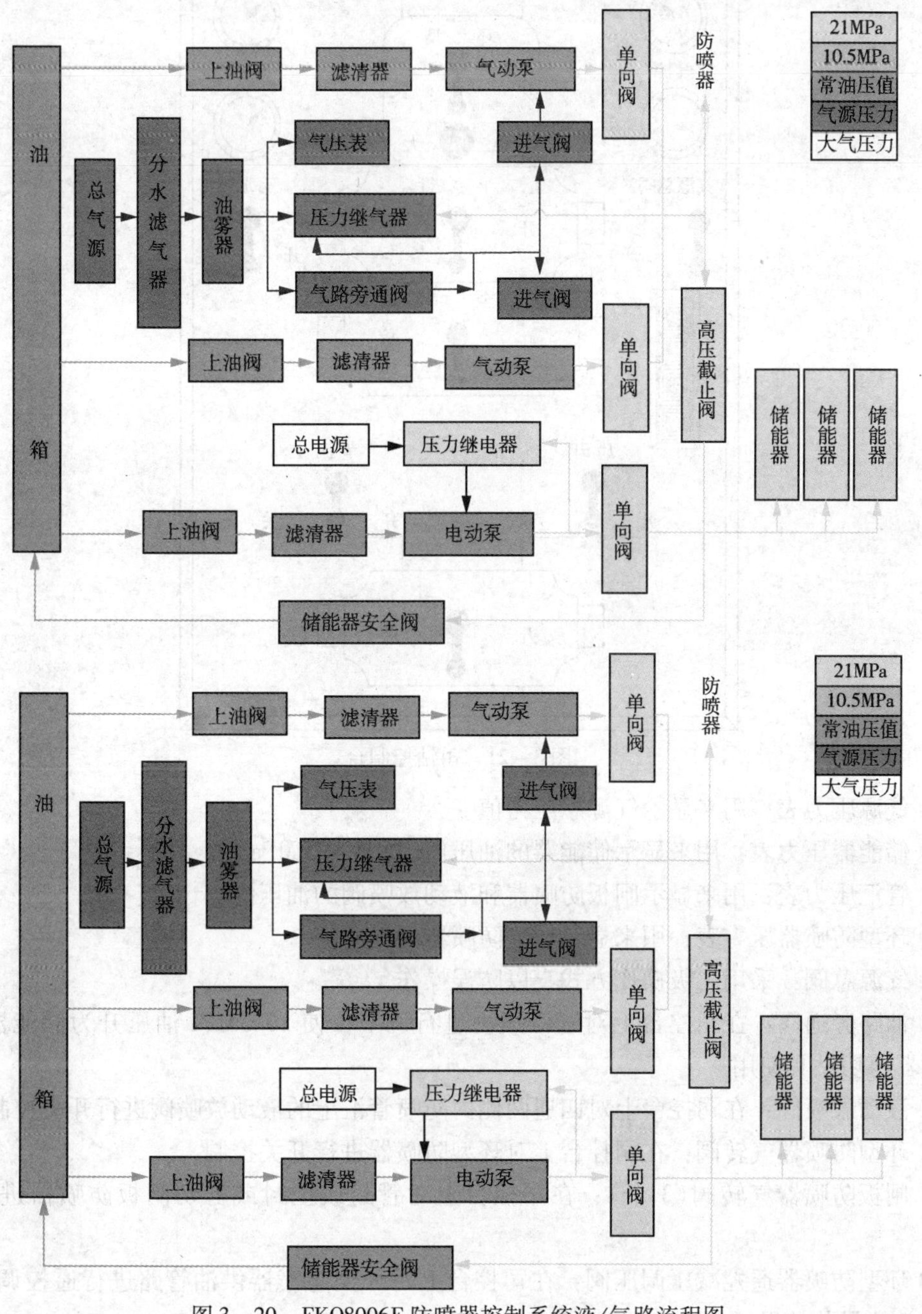

图3－20　FKQ8006F防喷器控制系统液/气路流程图

三、FKQ8006F 型控制系统的主要部件及其使用注意事项

1. 司钻控制台

(1) 组成与功用

司钻控制台安装于钻台上，它能使司钻极方便地对防喷器实现遥控操作，迅速无误地控制井口。是司钻的首选操作装置。它主要由如下组成(图 3－21)：

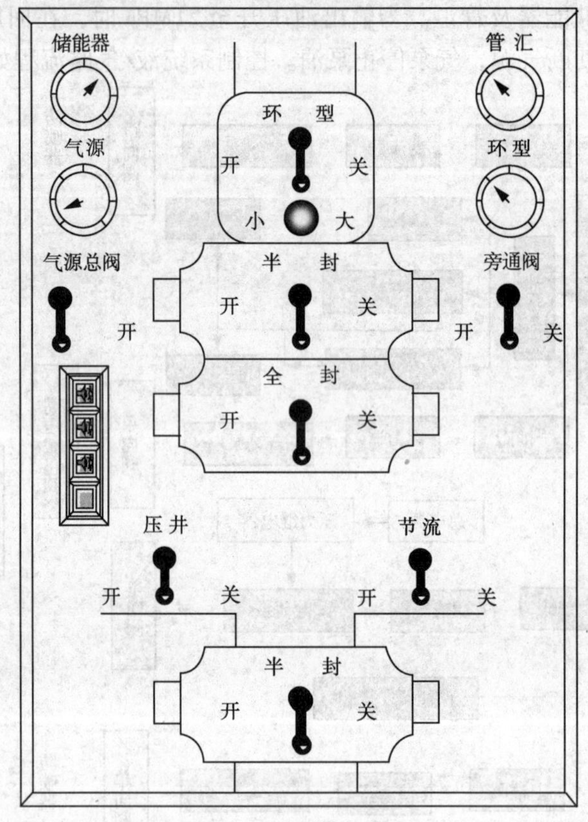

图 3－21 司钻控制台

① 气源压力表：用来显示气源总压力值。

② 储能器压力表：用来显示储能器的油压值(18.5～21MPa)。

③ 管汇压力表：用来显示闸板防喷器和液动放喷阀的油压值。

④ 环型防喷器压力表：用来显示环型防喷器的油压值。

⑤ 气源总阀：采用二级操作方式，以防误操作。

⑥ 油路旁通阀：在司控台上对管汇压力进行调节，使 10.5MPa 油压升为储能器油压，供防喷器剪切钻具使用。

⑦ 液动放喷阀：在司控台上对四通两侧内防喷管汇上的液动放喷阀进行开关控制。

⑧ 环型防喷器气转阀：在司控台上对环型防喷器进行开关控制。

⑨ 闸板防喷器气转阀(3 个)：在司控台上对管封或全封或剪切闸板防喷器进行开关控制。

⑩ 环型防喷器遥控减压调压阀：在司控台上对环型防喷器供油管路进行遥控调压，以实现有效的封井效果。

⑪ 报警仪及监视仪：在司钻控制台上对远程控制台的低油压、低气压、低油位和电动泵的运转进行监视报警(详见远程控制台)。

(2) 工作特点

工作介质为压缩空气，保证操作安全、低压无污染；各气转阀的阀芯机能均为 Y 型，并能自动复位；每个气转阀手柄下面均配有形象化的标牌，能清晰地显示出各气转阀所控制的对象，以防操作失误；司钻控制台的气转阀均采用二级操作方式，并且扳动气转阀必须保持 3s 以上，以确保远程控制台上的换向阀换向到位。每个气转阀分别与一个显示气缸相连，以便显示防喷器和液动阀的开关位置。

2. 远程控制台

(1) 组成与功用

远程控制台主要由储能器组、油泵组、管汇及阀件和油箱及底座组成。其功用是：油泵组预先将油箱中液压油泵入储能器组，使储能器瓶充满并保存足够数量和足够压力的液压油。当需要开关防喷器或液动放喷阀时，操作相应的三位四通换向阀即可向所需油缸迅速输送高压油，以推动防喷器或液动阀的活塞，实现井口的开关控制。

(2) 工作特点

该系统配有两套独立的动力源，即电动泵和气动泵，以备断电或电机异常时使用；储能器储备了足够数量、压力的液压油，用以实现防喷器或液动阀的多次开关；电动泵和气动泵均带有自动启动、停止开关；每个防喷器或液动阀的开关均由三位四通换向阀来控制。该系统既可以在司钻台上气动摇控换向，又可直接手动换向；储能器上端采用大口结构，便于现场拆装胶囊；远程控制台的控制管汇上备有压力源接口，可以在需要时引入压力源；电动泵备有吸油口，开泵后通过吸油软管从外来油桶向油箱泵油。

3. 储能器

在防喷器使用之前，由油泵组给储能器组打压，储备了足够数量和压力的液压油，用以实现防喷器或液动阀的多次开关。储能器瓶采用大口结构，紧固环固定方式，垂直安装；工作介质为氮气 - 石油基液压油；工作温度为 - 10 ~ + 70℃；预充气压为 7 ± 0.7MPa；工作压力为 21MPa；额定压力为 31.5MPa。储能器检测与预充氮气程序如图 3 - 22 所示。

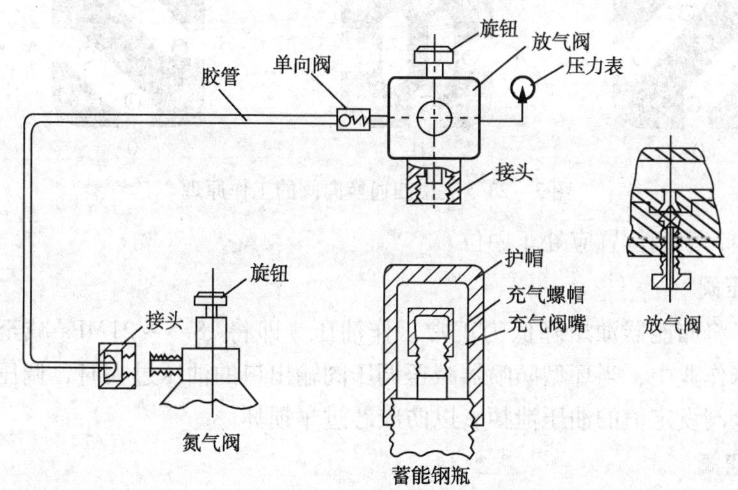

图 3 - 22　储能器充氮示意图

4. 电泵

电动泵是控制系统油泵组的主泵，正常情况下均用电泵为储能器组打压并维持一定的油压值。它有自动启动、自动停止的功能，无需专人看管。在正常打压过程中即使自动开关失灵，溢流阀可以迅速溢流，以防超载。

电泵为卧式三缸单作用柱塞泵、往复式油泵，由三相异步防爆电动机驱动。其额定压力21MPa。

5. 气动泵

气动泵是控制系统油泵组的辅助油泵，当电泵失效或需联合打压时，才使用气泵为储能器充压。它也有自动启动、自动停止的功能，无需专人看管。在正常打压过程中即使自动开关失灵，溢流阀可以迅速溢流，以防超载。

气动泵主要由上部的气动马达和下部的抽油泵组成。气动马达由钻机气源供气。其下部的液力端为单柱塞、立式、往复式抽油泵。

其工作特点是：上行吸油，同时排油；下行排油。即间歇吸油，连续排油。气泵活塞与油缸内腔断面的面积比为50:1。

6. 三位四通换向阀

三位四通换向阀为转阀机构，用于使储能器高压液压油流入防喷器油缸关闭腔（或开启腔），实现关井（或开井）操作；同时使防喷器油缸开启腔（或关闭腔）液压油流回远程台油箱。既可以通过与之所连的气缸在司钻台遥控操作，也可以在远程台直接操作。

动作原理（图3-23）：该阀共有4个油口，上方为高压油口P，下方为回油O，左右为A和B两个工作油口，分别与防喷器的开、关油腔相连。其手柄共有开位、中位和关位三个位置。当该阀手柄处于中位时，阀体上的P、O、A、B四个油口被阀盘封盖堵死，互不相通。当手柄处于关位时，阀盘使P与B、A与O分别连通，压力油由P经B再沿管路进入防喷器的关闭油腔，关井防喷器，与此同时防喷器开启油腔里的存油则沿管路由A经O流回油箱。手柄处于开位时，阀盘使P与A、B与O分别连通，开启防喷器。

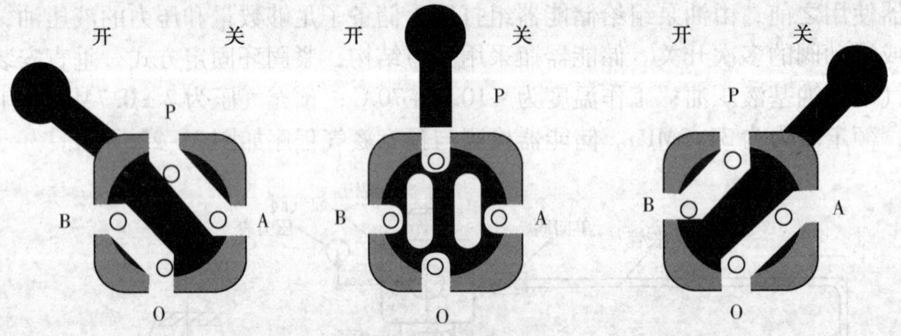

图3-23　三位四通换向阀的工作原理

正常钻井中，手柄位置应处于中位。

7. 减压调压阀

在正常时，将储能器油压降低为正常工作油压，即将18.5~21MPa减至10.5MPa；在封井下钻等特殊作业中，当环型防喷器减压调压阀输出口的油压过大时，调压阀输出口迅速泄载，将超出该阀设定值的油压泄掉，以防胶芯过早损坏。

8. 油路旁通阀

在远程控制台供油管路中，油路旁通阀与减压调压阀并联相接。正常供油时油路旁通阀处于关位。当经减压调压阀的二次油压不能满足开关要求时，打开旁通阀，此时直接利用储能器的一次高压油进行开关井操作。

9. 安全阀

远程控制台上共有两个安全阀，即储能器安全阀(23MPa)和管汇安全阀(34.5MPa)。当油泵输出油压超过其预设值时，该阀开启，起过载泄压作用，分别用于保护储能器组和系统管汇及阀件。

10. 压力继电器

压力继电器又称液电自动开关，用来对电动油泵的启动、停止实现自动控制。当电泵输出油压超过21MPa时电泵自动停止泵油；当电泵输出油压低于18.5MPa时电泵自动启动泵油，再次向储能器输入高压油，直至21MPa时停止泵油。

11. 压力继气器

压力继气器又称液气自动开关，用来对气动油泵的启动、停止实现自动控制。当气泵输出油压超过21MPa时气泵自动停止泵油；当气泵输出油压低于18.5MPa时气泵自动启动泵油，再次向储能器输入高压油，直至21MPa时停止泵油。

12. 气动压力变送器

其作用是将远程台储能器油压、管汇油压和环型防喷器油压的高压信号变成安全的低压气信号，输送到司钻控制台上(或辅助控制台上)进行二次显示，以利远程监视。

13. 报警装置

控制系统可配置安装安全报警装置，对储能器压力、气源压力、油箱液位和油泵组运转情况进行监视。当低于上述设备的预设值时，可以在远程台和司钻台上发出声、光报警信号警示操作人员采取应急处理措施，确保整个控制系统安全可靠。

四、FKQ8006B型控制系统的常见故障与处理(表3-23)

表3-23 控制系统的常见故障与处理措施

事故现象	原因	处理措施
控制装置运行时有噪音	系统液压油中混有气体	空运转，循环排气
		检查胶囊有无破裂，及时更换
控制系统电机不启动	电源参数不符合要求	检修电路
	电控箱电器元件损坏、失灵或熔断丝烧断	检修电控箱或更换熔断丝
电泵启动后系统不升压或升压太慢，泵运转时声音不正常	油箱液面过低，泵吸空	补足液压油
	泵上油闸门未(全)打开	检查管路，打开闸阀
	泵上油管线滤油器堵塞	清洗滤油器
	管汇泄压阀未关死	关闭管汇泄压阀
	电泵故障	检修电泵
电动油泵不能自动停止	液电自动开关油管或接头堵塞或漏油	检查液电自动开关油管
	液电自动开关失灵	调整或更换液电自动开关
减压调压阀出口压力过高	阀内密封环的密封面上有污物	旋转手轮，使密封盒上下移动多次，挤出污物
在司钻台上不能开关防喷器或相应动作不一致	气缆管芯接错、管芯折断或堵死连接法兰密封垫圈串气	检查气缆

第五节　节流压井管汇

节流压井管汇是实施油气井压力控制技术必不可少的井控设备。在钻井施工中，一旦发生溢流或井喷，通过节流管汇控制一定的井口压力，循环排出井内溢流并泵入压井液，来维持井底压力。在无法正常循环的情况下可通过压井管汇泵入压井液实现反循环压井，以便恢复井底的平衡。

一、节流管汇(JG)的作用

① 压井时实施节流循环，控制井口回压(立压和套压)，维持井底压力≥地层压力，并且保持不变，制止溢流。

② 起泄压作用，降低井口压力，实现“软关井”。

③ 起分流放喷作用，将溢流物引出井场以外，防止井场着火和人员中毒，确保钻井安全。

二、压井管汇(YG)的作用

① 全封闸板关井时，用其向井眼内强行泵入加重钻井液，实现反循环压井。

② 井喷时用其向井眼内强行泵入清水，以防燃烧起火。

③ 井喷着火时用其向井眼内强行泵注灭火剂，以助灭火。

三、内防喷管线和放喷管线的作用

内防喷管线的作用主要是将钻井四通与节流压井管汇连接起来，实现节流、压井作业。在节流管线一侧的防喷管线应安装一个液动闸阀，以便安全遥控。放喷管线的作用主要是将井内溢流引出井场进行处理，以防危及井眼和井场安全。内防喷管线及放喷管线应使用经探伤合格的管材，并且采用螺纹与标准法兰连接，不允许使用软管线且不允许现场焊接。含硫天然气井应采用抗硫材质管线。

四、节流压井管汇的典型组合形式

节流管汇的压力等级和组合形式应与全井防喷器最高压力等级相匹配。14MPa、21MPa、35MPa 压力等级的节流管汇分别如图 3－24、图 3－25、图 3－26 所示；70MPa 压力等级的节流管汇如图 3－27、图 3－28 所示；105MPa 压力等级的节流管汇如图 3－29、图 3－30 所示。

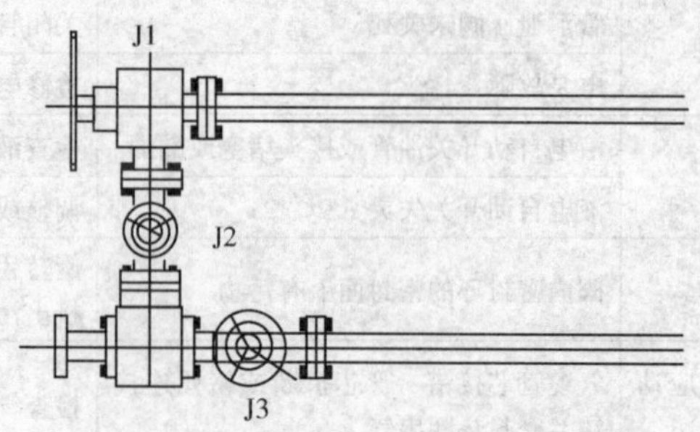

图 3－24　14MPa 的节流管汇示意图

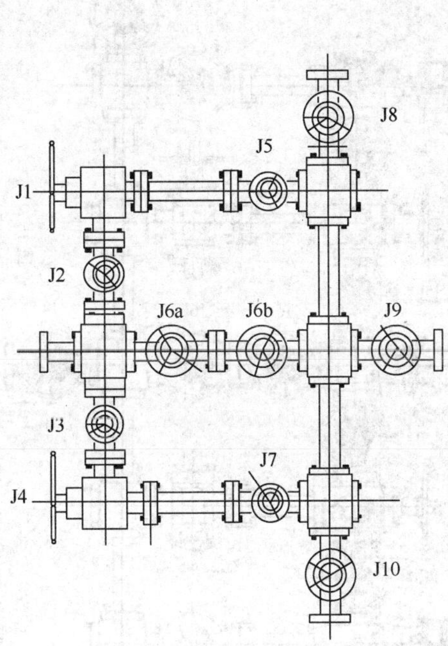

图 3-25　21MPa 节流管汇示意图

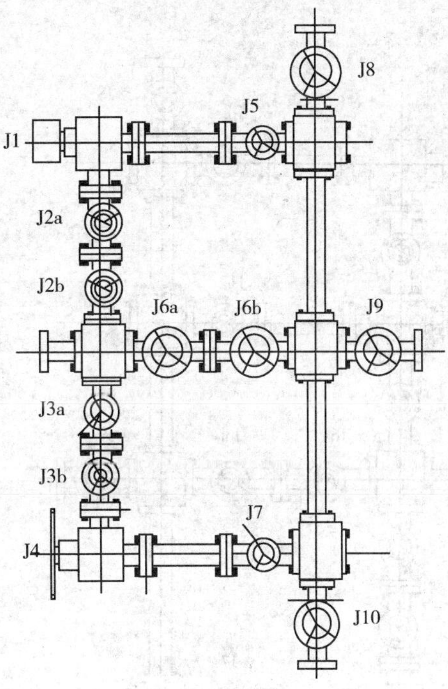

图 3-26　35MPa 节流管汇示意图

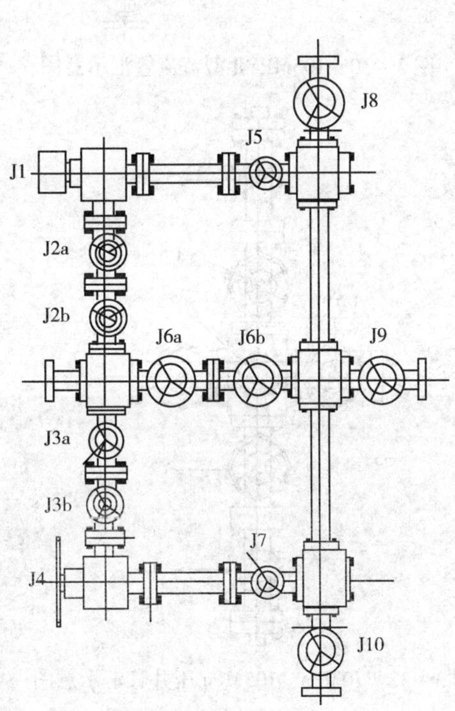

图 3-27　70MPa Ⅰ型节流管汇示意图

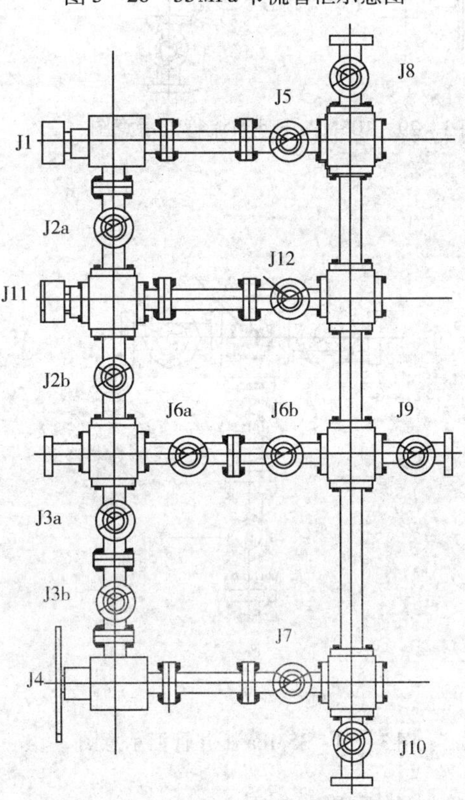

图 3-28　70MPa Ⅱ型节流管汇示意图

压井管汇的压力等级和组合形式应与全井防喷器最高压力等级相匹配，其基本形式如图 3-31、图 3-32 所示；

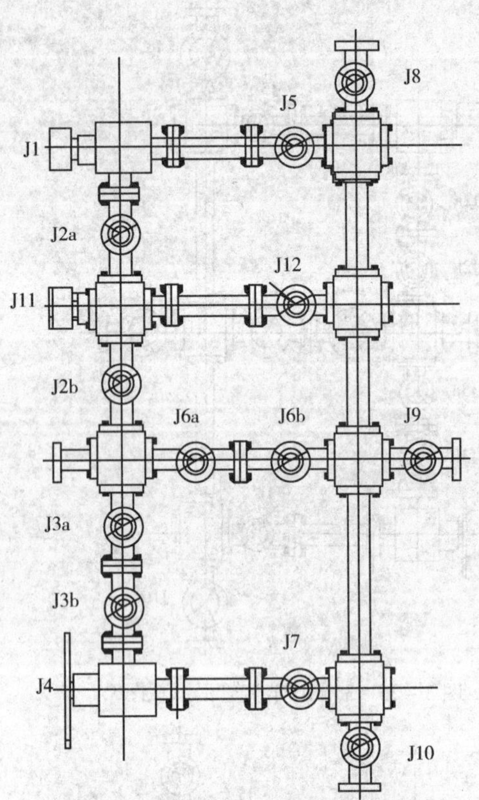

图 3-29　105MPaⅠ型节流管汇示意图

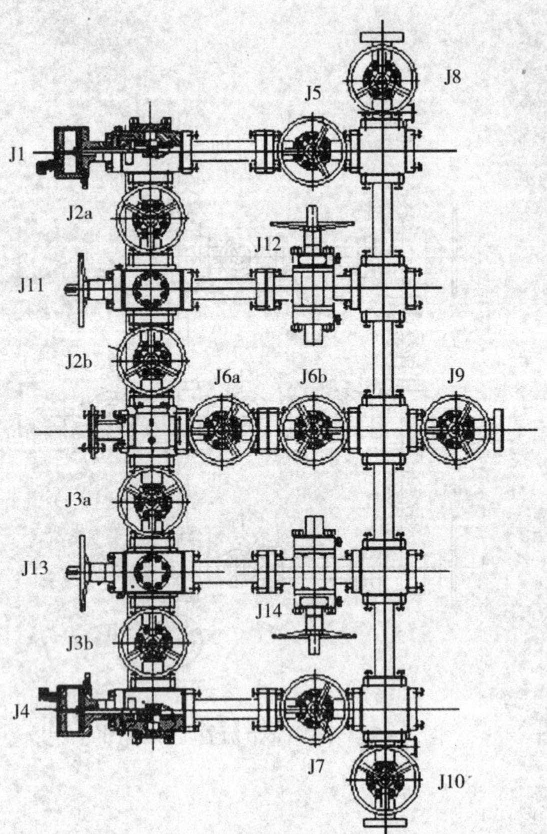

图 3-30　105MPaⅡ型节流管汇示意图

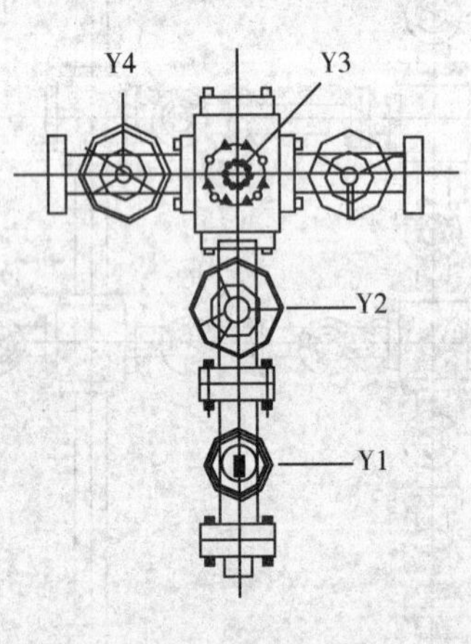

图 3-31　35MPa 压井管汇示意图

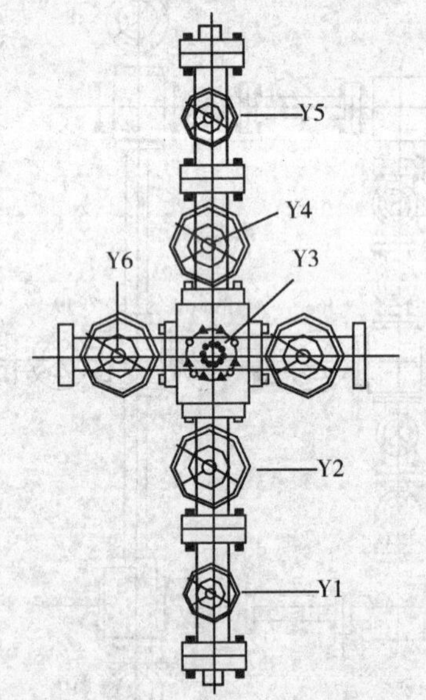

图 3-32　70MPa、105MPa 压井管汇示意图

五、平板阀

在钻井四通两侧防喷管线上的平板阀主要起连通井口和管汇的作用。根据开关方式的不同，平板阀可以分为手动、液动和液动/手动平板阀三种。其可以在远程台上开关操作，也

可在司钻台上遥控开关操作。手动平板阀需近距离操作，费时费力不安全，常做为备用阀，尤其是在高压高温井、各种可能有易燃易爆或有毒气体出现的井中。根据平板阀的结构及使用特点，平板阀在使用中应注意：其一，平板阀在使用时，应全开或全闭，不能处于半开半闭状态。其二，关闭平板阀时应在顺时针转动手轮到底后回转手轮约¼圈；打开平板阀时应在逆时针转动手轮到底后回转手轮约¼圈。其三，当节流（压井、放喷）管汇中有两个串联的放喷阀组合时，应首先使用其下游的平板阀，上游的平板阀作为备用。其四，为了保证阀板与阀座之间可靠的密封和得到良好的润滑，须定期给阀腔补灌特种润滑密封脂，起到防锈抗腐、润滑减磨的作用。

六、节流阀

节流阀主要用于控制井口压力，以平衡地层压力，实现压井作业。由于石油钻井的特殊性，要求节流阀必须具有抗冲蚀、抗酸耐碱、抗高温高压、不易堵塞锈蚀等性能，以便节流循环，排除溢流和压井。根据驱动方式的不同，节流阀可以分为手动节流阀和液动节流阀；根据阀芯结构方式的不同，节流阀又可以分为筒式节流阀和双盘式节流阀（图3－33、图3－34）。

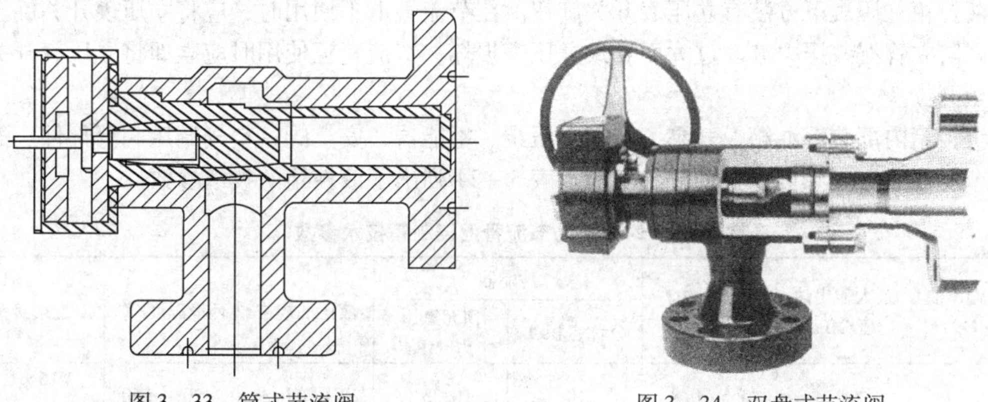

图3－33　筒式节流阀　　　图3－34　双盘式节流阀

1. 节流阀使用注意事项

节流阀常规位置处在“半开”位；控制溢流期间，根据井口压力要求节流阀可以在任何位置；手动关闭节流阀为顺旋；手动打开节流阀为逆旋；液动关闭节流阀时应左手将节流阀液控箱上的换向阀扳至关位，同时右手旋转调速阀来控制节流阀的关闭速度；液动打开节流阀时应左手将节流阀液控箱上的换向阀扳至开位，同时右手旋转调速阀来控制节流阀的开启速度。

2. 液动节流管汇控制装置（图3－35）

该装置又称液控箱，位于钻台上立管一侧，节流管汇的上方，用于遥控液动节流阀的开关及开关速度，维持井底压力≥地层压力，并且保持不变，制止溢流。液控箱板上装有立压表、套压表、阀位开启度表、油压表、气压表、三位四通换向阀、调速阀、泵冲计数器等五表两阀一器。其中气压表显示输入的压缩空气气压值；油压表显示液控油压值；阀位开启度表用来显示液动节流阀的开启程度；立压表显示关井立管压力；套压表显示关井套管压力；三位四通换向阀用来改变压力油的流动方向，遥控液动节流阀开关或维持开度不变；调速阀用来遥控液动节流阀开关动作的速度；泵冲计数器用来显示泵速和累计泵冲，指示循环进程。

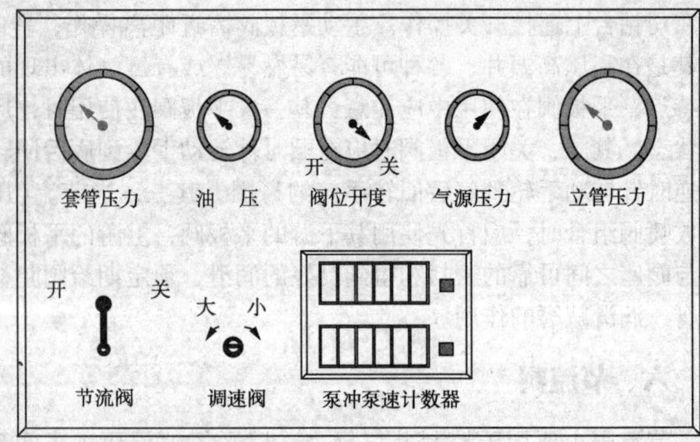

图 3-35 液控箱及面板示意图

液控箱中的气泵与储能器能制备不高于 3MPa 的压力油，并利用三位四通换向阀遥控节流管汇上的液动节流阀。操作时，司钻只需在钻台上用左手操作三位四通换向阀，右手调节调速阀手轮，同时观察立压表、套压表及阀位开度表的变化，即可实施压井作业。

液控箱立压表下方装有立压表开关旋钮。在节流管汇不使用时，应将立压表开关旋至关位，以防立管泥浆压力波动过大而导致立压表损坏。节流管汇使用时应立即将立压表开关旋钮旋至开位。

液控箱内部装有油箱、气泵、备用手压泵、蓄能器、安全阀、空气调压阀等部件。液控箱调节妥当后，气泵可以自动补油工作。表 3-24 列出了液控箱的技术参数。

表 3-24 液动节流管汇控制箱技术参数

额定输出油压/MPa	最大输出油压/MPa	气源压力/MPa	蓄能器		液压油规格	环境温度/℃	连接接头
			公称容积/L	预充氮压力/MPa			
2.6～3	4	0.6～0.8	10	0.35	20 号液压油	-20～+60	M16×1.5 M22×1.5

① 当气泵发生故障时可利用手压泵提供液压，以供急需。

② 3 个变送器出厂时已调好，现场使用时一般无需再做调整。值得注意的是，立压表与套压表的两个气动压力变送器在连接气管管线时应“高进低出”，切勿接错。

③ 钻入油气层前，井控设备进入“待命”工况时，液控箱应调试就绪，“待命”备用，此时有关闭阀件与显示仪表的状况为表 3-25 所示：

表 3-25 有关阀件与显示仪表的状况

项　目	显　示	项　目	显　示
气源压力/MPa	0.65～0.8	换向阀 1	中位
油压力/MPa	2.6～3	换向阀 2*	中位
立管压力/MPa	0(60/100/120)	调速阀	1/4～1
套管压力/MPa	0(60/100/120)	阀位开度 1	1/4
气泵调压阀/MPa	0.4～0.6	阀位开度 2*	1/4
传感调压阀/MPa	0.35	油压泄压阀	关闭
油量	≥80%		

注：带“*”的为双液动节流阀。

④ 设备停用时应将箱内两个空气调压阀的输出气压调节回零，打开泄压阀使油压表回零，立压表开关旋钮至关位。

第六节　井控设备安装与试压

一、井控设备的安装

① 对于高压天然气井、新区预探井、含硫化氢天然气井等特殊情况下应安装剪切闸板。

② 井口防喷器组合连接时，必须保证防喷器通孔中心与天车、转盘的垂直偏差≤10mm，以防井口装置偏磨。装好后用16mm钢丝绳和反正螺丝在井架底座的对角线上绷紧。

③ 具有手动锁紧机构的闸板防喷器应装齐手动操作杆，靠手轮端应支撑牢固，其中心与锁紧轴之间的夹角不大于30°。挂牌标明开、关方向和到底的圈数。

④ 井口闸板防喷器旁侧出口面向井架前大门。

⑤ 防喷器四通两翼应至少各装两个闸阀，紧靠四通的闸阀应处于常开状态。

⑥ 选择和安装井控设备的压力级别应等于或高于所钻地层最高地层压力的等级。含硫化氢的天然气井要选用同压力级别的抗硫井口装置及控制管汇。

⑦ 根据油气井的特殊性，选择和安装单四通和双四通。高压含硫化氢天然气井应使用双四通，下四通旁侧出口应位于地面以上。

⑧ 套管头的安装应保证四通和防喷管线在各次开钻中的位置不变，并且其压力等级要等于或大于最高地层压力。含硫化氢的天然气井应使用抗硫套管头。选择时应以地层流体中硫化氢含量为依据，并考虑能满足进一步采取增产措施压力增高的需要。

⑨ 防喷器顶部安装防溢管时，用螺栓连接，不用的螺孔用螺钉堵住。防溢管与顶盖的密封用密封垫环或专用橡胶圈。

⑩ 防喷器远程控制台安装要求：安装在面对井架大门左侧、距井口不少于25m的专用活动房内，距放喷管线或压井管线应有1m以上距离，并在周围留有宽度不少于2m的人行通道，周围10m内不得堆放易燃、易爆、腐蚀物品；管排架与防喷管线及放喷管线的距离不少于1m，车辆跨越处应装过桥盖板；不允许在管排架上堆放杂物和以其作为电焊接地线或在其上进行焊割作业；总气源应与司钻控制台气源分开连接，并配置气源排水分离器；严禁强行弯曲和压折气管束；电源应从配电板总开关处直接引出，并用单独的开关控制；储能器完好，压力达到规定值，并始终处于工作压力状态；严禁井场运输车辆碾压防喷器控制系统的地面管排管线；控制系统的液、气管线应保证清洁、畅通；控制系统远程台电缆的铺设与连接应符合井场安全用电要求。

⑪ 钻井液回收管线应使用标准管线，其出口应接至钻井液罐并固定牢靠，转弯处应使用角度大于120°的铸(锻)钢弯头，其通径不小于78mm。

⑫ 节流压井管线和放喷管线应使用专用标准管线，采用标准法兰连接，不准使用软管线，且现场不允许在现场焊接。含硫化氢天然气井应采用抗硫材质管材；寒冷地区在冬季应采取相应的防冻措施。

⑬ 节流压井管汇长度若超过7m应打基墩固定。

⑭ 节流压井管汇。面对井架大门时节流管汇应位于井口钻井四通的右翼；压井管汇位于井口钻井四通的左翼；当压井管汇与钻井泵连接时，其连接管汇的走向应从井架后方绕过；节流管汇控制台安装在节流管汇上方的钻台上，套压表及变送器安装在节流管汇五通

上；立管压力变送器垂直于钻台平面安装。

⑮ 放喷管线安装要求：放喷管线的布局要考虑当地季节风向、居民区、道路、油罐区、电力线及各种设施等情况；放喷管线至少应有两条，其通径不小于78mm。高压含硫化氢天然气井应不少于4条放喷管线，保持每条管线畅通，并向互为大于90°夹角的两个方向接出。放喷管线出口应接至距井口100m以远的放喷池内，应保证两种有效点火方式；放喷管线尽量平直引出，如因地形限制需要转弯，转弯处应使用角度大于120°的铸(锻)钢弯头；两条放喷管线走向一致时，应保持大于0.3m的距离，并分别固定，出口方向应朝不同的方向；放喷管线出口应接至距井口100m以上的安全地带，并且距各种设施不小于50m；放喷管线每隔10~15m转弯处、出口处用水泥基墩加地脚螺栓或地锚或预制基墩固定牢靠，悬空处要支撑牢固；若跨越10m宽以上的河沟、水塘等障碍，应架设金属过桥支撑；水泥基坑的长×宽×深尺寸为0.8m×0.8m×1.0m，遇地表松软时，基础坑体积应大于1.2m³；水泥基墩的预埋地脚螺栓直径不小于20mm，长度大于0.5m；放喷管线上所有平板阀应挂牌编号。

二、井控设备试压

1. 试压目的

检查及测试井口防喷器、井控管汇及地面管线的承压强度、连接质量和设备整体强度，以确保其在整个钻井过程中不刺不漏；检查及测试井口防喷器各个密封部件在溢流初期关井的情况下是否能产生有效地密封，做到早期封井，以尽快平衡地层压力。

2. 试压频率

应在井口设备安装之后、承压部件更换之后、钻开油气层之前、下套管之前及正常作业之中定期试压，试压介质为清水或钻井液。

3. 试压设备

井口试压专用工具主要有：试压堵塞器、试压泵、试压三通等。试压堵塞器结构分为皮碗试压器和塞形试压器，如图3-36、图3-37所示。其主要用途是在试压时，隔离井口与井眼的连通，以防过大的井口压力将薄弱井段压裂。

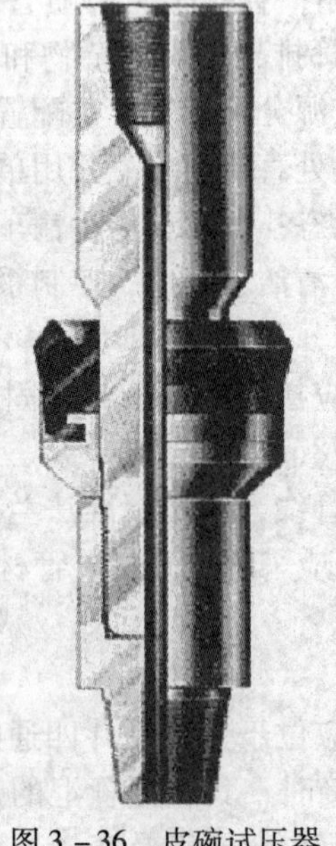

图3-36　皮碗试压器

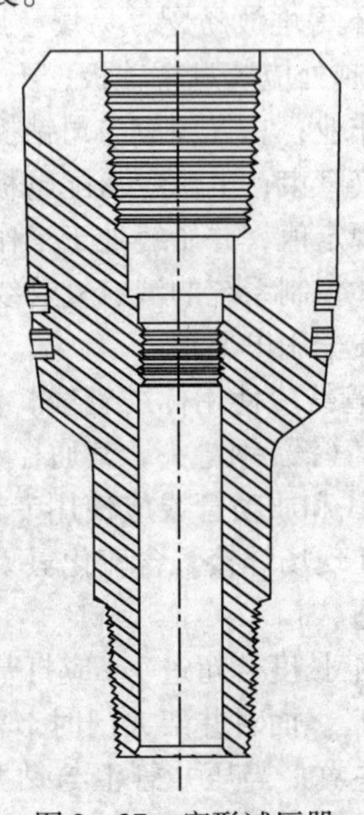

图3-37　塞形试压器

皮碗试压器可以与试压泵联合使用，也可以借助钻机上提钻具试压。可以试环形防喷器、管封闸板防喷器、井控管汇及阀件等，但无法对全封或剪切全封试压。试压前必须先校核所试钻杆的强度再进行试压作业，以防拉断所试钻杆。表3－26列出了皮碗试压器的性能参数。

表3－26　皮碗试压器主要性能参数

参数名称 \ 规格	177.8	244.5	339.7
上下接头连接扣型	NC38	NC50	NC50
最大承载能力/N	1140000	2470000	2470000
适应套管规格/mm	177.8	244.5	339.7
皮碗有效承压面积/cm^2	131.62	284.16	706.45
额定密封压力/MPa	35	35	35

塞形试压器又称悬挂式堵塞器。它必须与相应的套管头联合配套使用。根据其结构外形的不同，又可将塞形堵塞器分为锥形试压器和台肩式试压器。塞形试压器的试压范围比皮碗试压器更为广泛，安全，既可以试管封闸板防喷器、环形防喷器、井控管汇及阀件，又可以试全封或剪切全封闸板防喷器等诸多井控设备。

试压泵为井口防喷器现场试压提供高压源。试压泵按动力不同可分为气动试压泵和电动试压泵(图3－38和图3－39)。气动试压泵的原理是利用压缩空气推动气马达活塞做上下往复运动，实现吸排液过程，完成多级升压。目前现场最典型的试压泵为QST系列气动试压泵，其输出压力与气源压力成正比，通过对气源压力的调整，便可得到所需的介质压力。当气源压力达到预定值时，气泵便停止泵压，这时输出压力就稳定在预调压力上。通过调节气泵进气量控制升压速度。因此，该装置具有介质输出压力可调、升压速度可控、体积小、排量大、操作简单、性能可靠、适应范围广等优点。表3－27、表3－28分别是二者的主要参数。

图3－38　气动试压泵

图3－39　电动试压泵

表3－27　QST系列气动试压泵主要参数

型　号	气泵配备	气源压力/MPa	输出压力/MPa
QST28	1：40	0.7	28
QST42	1：60	0.7	42
QST70	1：40和1：100	0.7	70
QST140	1：60和1：200	0.7	140
QST200	1：200	0.7	200

表 3-28　CB 系列电动试压泵主要参数

<table>
<tr><th>型　号</th><th>额定压力/MPa</th><th>理论流量/(L/h)</th><th>柱塞直径/mm</th><th>行程/mm</th><th>往复次数/min⁻¹</th><th>电机型号及功率</th></tr>
<tr><td>CB250-15</td><td>250</td><td>180</td><td rowspan="2">ϕ14</td><td rowspan="3">60</td><td rowspan="2">108</td><td rowspan="3">Y180L-6
15kW</td></tr>
<tr><td>CB300-15</td><td>300</td><td>140</td></tr>
<tr><td>CB400-15</td><td>400</td><td>105</td><td>ϕ12</td><td>88</td></tr>
</table>

试压三通又称方钻杆旋塞阀试压短节。在井口设备试压时，通过试压三通将试压泵与试压钻具相连，向井口泵入试压介质，从而实现对方钻杆旋塞阀、地面管汇和井口等设备进行试压的目的。

第四章 钻井新技术

随着石油勘探开发的不断深入和发展，我国钻井队伍不断壮大、装备水平不断提高、管理水平不断迈上新台阶，包括定向井钻井、水平井钻井、大位移井钻井、分支井钻井、鱼骨状水平分支井钻井、欠平衡钻井、气体钻井、深井超深钻井及防斜打直等钻井新技术快速发展，逐渐接近国际先进水平，在一些关键技术方面达到了国际先进水平。在钻井技术不断进步的同时，勘探开发不断提出新的、更高的要求，面临的市场竞争和技术挑战形势也越来越严峻，钻井技术必须不断追求新的技术突破和整体水平的提高，发挥综合应有作用。

第一节 定向井钻井技术

沿着预先设计的斜度和方向钻达目的层位的钻井方法，称为定向钻井。20 世纪 30 年代初，在滩海陆岸向海里打定向井开采海上油田的尝试成功之后，定向井得到了广泛的应用，其应用领域大体有以下三种情况。

1. 地面环境条件的限制

当地面上是高山、湖泊、沼泽、河流、沟壑、海洋、农田或重要的建筑物等，难以安装钻机，进行钻井作业时，或者安装钻机和钻井作业费用很高时，为了勘探和开发它们下面的油田，最好是钻定向井。

2. 地下地层条件的要求

对于断层遮挡油藏，定向井比直井可发现和钻穿更多的油层；对于薄油层，定向井和水平井比直井所钻遇的油层裸露面积要大得多。另外，侧钻井、多底井、分支井、大位移井、侧钻水平井、径向水平井等定向井的新种类，显著地扩大了勘探效果，增加了原油产量，提高了油藏的采收率。

3. 处理井下事故的要求

当井下落物或断钻事故最终无法捞出时，可从上部井段侧钻打定向井；特别是遇到井喷着火用常规方法难以处理时，在事故井附近打定向井(称作救援井)，与事故井贯通，进行引流或压井，从而可处理井喷事故。

随着定向井钻井技术的发展，定向井建井周期和总成本已接近钻直井的水平，定向钻井已成为油田勘探开发的极为重要的手段。

一、定向井的基本概念

定向井井眼轨道，是指在一口井钻进之前人们预想的该井井眼轴线形状。定向井井眼轨迹是指一口已钻成井的实际井眼轴线形状。搞清井眼轨迹有关参数的概念及这些参数之间的关系，对于井眼轨道设计，井眼轨迹测量、计算和控制，都是至关重要的。

（一）井眼轨迹的基本参数

一口实钻井的井眼轴线乃是一条空间曲线。为了进行轨迹控制，就要了解这条空间曲线的形状，就必须进行轨迹测量，即“测斜”。目前常用的测斜方法并不是连续测斜，而是每隔一定长度的井段测一个点，这些井段被称为“测段”，这些点被称为“测点”。测斜仪器在每个点上测得的基本参数有三个，即井深、井斜角和井斜方位角，这三个参数就是井眼轨迹的基本参数。

1. 井深

指井口(通常以转盘面为基准)至测点的井眼长度，也有人称之为斜深，国外称为测量井深(MeasureDepth)。井深是以钻柱或电缆的长度来量测。

井深既是测点的基本参数之一，又是表明测点位置的标志。井深常以字母 Dm 表示，单位为米(m)。井深的增量称为井段，以 ΔDm 表示。

两个测点之间的井段称为测段。一个测段的两个测点中，井深小的称为上测点，井深大的称为下测点。井深的增量等于下测点井深减去上测点井深。

2. 井斜角

在井眼轴线上某测点作井眼轴线的切线，该切线向井眼前进方向延伸的方向为井眼方向线，井眼方向线与重力线之间的夹角就是井斜角。井斜角表示了井眼轨迹在该测点处倾斜的大小，井斜角通常以希腊字母 α 表示，单位为度(°)。

一个测段内井斜角的增量总是下测点井斜角减去上测点井斜角，以 $\Delta\alpha$ 表示。如图 4－1 所示，A 点的井斜角为 α_A，B 点的井斜角为 α_B，AB 井段的井斜角增量为 $\Delta\alpha=\alpha_B-\alpha_A$。

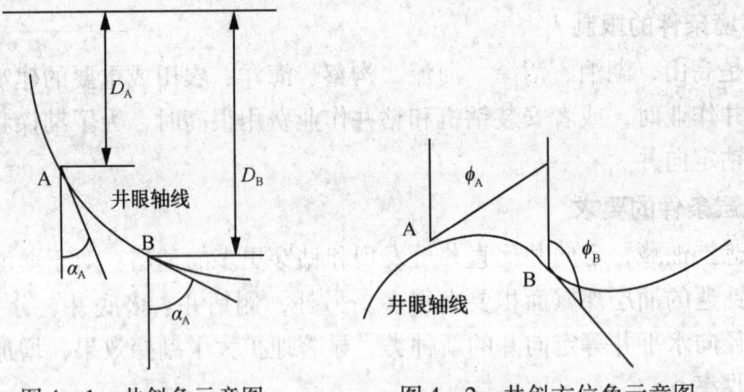

图 4－1　井斜角示意图　　图 4－2　井斜方位角示意图

3. 井斜方位角

某测点处的井眼方向线投影到水平面上，称为井眼方位线，或井斜方位线。以正北方位线为始边，顺时针方向旋转到井眼方位线上所转过的角度，即井斜方位角，通常以字母 ϕ 表示。

一个测段内井斜方位角的增量总是下测点井斜方位角减去上测点井斜方位角，以 $\Delta\phi$ 表示。如图 4－2 所示，A 点的井斜方位角为 ϕ_A，B 点的井斜方位角为 ϕ_B，AB 井段的井斜方位角增量为 $\Delta\phi=\phi_B-\phi_A$。

(二) 井眼轨迹的计算参数

所谓井眼轨迹计算参数是根据测量的井眼基本参数计算出来的参数。井眼轨迹的计算参数可用于描述轨迹的形状和位置，也可用于井眼轨迹绘图。

1. 垂直深度

垂直深度简称垂深，是指井眼轨迹上某点至井口所在水平面的距离。垂深的增量称为垂增，垂深常以字母 D 表示，垂增以 ΔD 表示。如图 4－1 所示，A、B 两点的垂深分别为 D_A、

D_B，AB 井段的垂增 $\Delta D = D_B - D_A$。

2. 水平投影长度

水平投影长度简称水平长度或平长，是指井眼轨迹上某点至井口的长度在水平面上的投影，即井深在水平面上的投影长度。水平长度的增量称为平增，平长以字母 L_p 表示，平增以 ΔL_p 表示，平长和平增是指曲线长度。

3. 水平位移

水平位移简称平移，指井眼轨迹某点至井口所在铅垂线的距离，或指井眼轨迹上某点至井口的距离在水平面上的投影，此投影线称为平移方位线。水平位移常以字母 S 表示，如图 4－3所示。A、B 两点的水平位移分别为 S_A、S_B，在国外将水平位移称作闭合距，而我国油田现场常特指完钻位置的水平位移为闭合距。

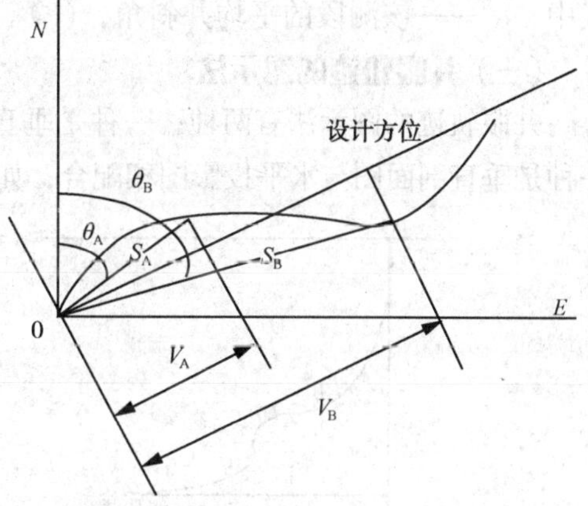

图 4－3　平移及其方位角示意图

4. 平移方位角

平移方位角是指平移方位线所在的方位角，即以正北方位为始边顺时针至平移线上所转过的角度，常以字母 θ 表示。如图 4－3 所示，A、B 两点的平移方位角为 θ_A、θ_B。

在国外将平移方位角称作闭合方位角，而我国油田田现场常特指完钻位置的平移方位角为闭合方位角。

5. N 坐标和 E 的坐标

N 坐标和 E 坐标是指井眼轨迹上某点在以井口为原点的水平面坐标系里的坐标值。此水平面坐标系有两个坐标轴，一是南北坐标轴，以正北方向为正方向；一是东西坐标轴，以正东方向为正方向，如图 4－3 所示，A、B 两点的水平坐标分别为 N_A、E_A 和 N_B、E_B。水平坐标增量，以 ΔN、ΔE 表示。

6. 视平移

视平移也称投影位移，是水平位移在设计方位线上的投影长度，视平移用字母 V 表示。如图 4－3 所示，A、B 两点的视平移分别为 V_A、V_B。

7. 井眼曲率

井眼轨迹可以用曲率表示其弯曲状况，井眼曲率是指井眼轨迹曲线的曲率。由于实钻井眼轨迹是任意的空间曲线，其曲率是不断变化的，所以在工程上常常计算井段的平均曲率。井眼曲率也有人称作“狗腿严重度”，“全角变化率”。实质是一样的，只是叫法不同而已。

对一个测段(或井段)来说，上、下二测点处的井眼方向线是不同的，两条方向线之间的夹角(注意是在空间的夹角)称为“狗腿角”，也有人称为“全角变化”。狗腿角被测段(或井段)除即可得到该段的井眼平均曲率。显然，所取测(井)段越短，平均曲率就越接近实际曲率。

在国外，计算井眼曲率，先用式(4－1)计算狗腿角，然后代入式(4－2)求之。

$$\cos\gamma = \cos\alpha_A \cdot \cos\alpha_B + \sin\alpha_A \cdot \sin\alpha_B \cdot \cos(\phi_B - \phi_A) \tag{4-1}$$

$$K_c = 30\gamma / \Delta Dm \tag{4-2}$$

式中　γ——该测段的狗腿角，(°)；

K_c——该测段的平均井眼曲率，(°)/30m。

由于式(4－1)是根据平面圆弧曲线假设而推导的，所以计算的狗腿角乃是最小狗腿角，计算的井眼曲率也是最小曲率。我国钻井行业标准规定狗腿角用下式计算，然后代入式(4－2)求井眼曲率。

$$\gamma = (\Delta\alpha^2 + \Delta\phi^2 \cdot \sin^2\alpha_c)^{1/2} \tag{4-3}$$

式中　α_c——该测段的平均井斜角，(°)。

（三）井眼轨迹的图示法

井眼轨迹的图示法有两种：一种是垂直投影图与水平投影图相配合，如图4－4(a)所示：一种是垂直剖面图与水平投影图相配合，如图4－4(b)所示，不管哪种都必需有水平投影图。

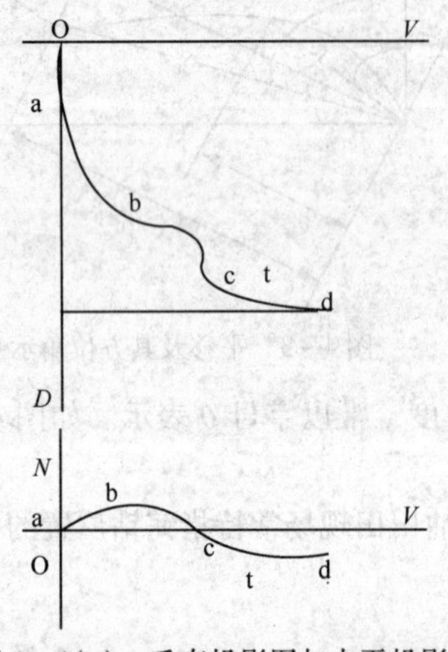

图4－4(a)　垂直投影图与水平投影图　　　　图4－4(b)　垂直剖面图与水平投影图

1. 水平投影图

水平投影图相当于机械制图中的俯视图，就是将井眼轨迹这条空间曲线投影到井口所在的水平面上。图中的坐标为N坐标和E坐标，以井口为坐标原点，所以只要知道一口井轨迹上所有各点的N、E坐标值就可以很容易画出该井轨迹的水平投影图。

2. 垂直投影图

垂直投影图相当于机械制图中的侧视图，即将井眼轨迹这条空间曲线投影到铅垂平面上。图中的坐标为垂深D和视平移V，也是以井口为坐标原点。但是经过井口的铅垂平面有无数个，应该选择哪个呢？我国钻井行业标准规定，选择设计方位线所在的那个铅垂平面。这样的垂直投影图与设计的垂直投影图进行比较，可以看出实钻井眼轨迹与设计井眼轨道的差别，便于指导施工中轨迹控制。显然，只要计算出一口井轨迹上所有各点的垂深和视平移就可以很容易画出该井轨迹的垂直投影图。

3. 垂直剖面图

垂直剖面图可以这样来理解，设想经过井眼轨迹上每一个点作一条铅垂线，所有这些铅垂线就构成了一个曲面，这种曲面在数学上称作柱面。此曲面有一个显著的特点，就是可以展平到一个平面上，当此柱面展平时就形成了垂直剖面图。

实际的垂直剖面图并不是按照先做柱面然后展平的办法得到，垂直剖面图的两个坐标是垂深D和水平长度上L_p。实际上，只要计算出一口井轨迹上所有各点的垂深和水平长度就可以很容易画出该井轨迹的垂直剖面图。

二、井眼轨迹测量及计算

在钻井实施过程中，我们需要及时了解已钻井眼的轨迹形状，以便判断其发展趋势，及时采取措施进行轨迹控制。一口井钻完后，也需要知道井眼轨迹的形状，知道是否打中了预计的目标层。这都需要进行轨迹测量(也称测斜)，并根据测量数据进行轨迹计算。

(一) 测斜仪及测斜方法

目前常用的测斜仪分为单点测斜仪、多点测斜仪和随钻测斜仪三类。

单点测斜仪通常是用钢丝或电缆从钻柱内送入井下，一次下井只能测一个井深(即靠近钻头)处的参数，常用于定向和轨迹控制。

为了轨迹计算而进行的轨迹测量常用多点测斜仪，即一次下井可记录井眼轨迹上多个井深处的井斜参数—井斜角和井斜方位角。多点测斜仪的下入，在裸眼井中用电缆送入到井底，然后在上提过程中每隔一定长度进行静止测量。多点测斜仪也可在起钻前从钻柱内投入到靠近钻头处，然后在起钻过程中利用每起一个立柱静止卸扣的时间进行测量和记录。目前，常用的电子单、多点测斜仪是同一种仪器，可设置为单点和多点测量方式应用。在定向施工中，常用 MWD(随钻测量仪器)进行随钻跟踪测量井眼轨迹参数。

随钻测斜仪(MWD、LWD)是随同钻柱一同下入井内，在钻进过程中不断地连续地进行测量，并实时将测量数据传到地面上，可准确地进行井眼轨迹测量和控制。

(二) 对测斜计算数据的规定

我国钻井行业标准对测斜计算数据有以下规定。

1. 测点编号

测斜是自下而上进行的，测点编号却规定自上而下。第一个井斜角不等于零的测点作为第一测点，向下类推编号。每个测点参数皆以该点编号作为下标符号。

2. 测段编号

测段编号也是自上而下编号，且规定第 $i-1$ 点与第 i 之间所夹的测段为第 i 测段。所以，若有 n 个测点，就有 n 个测段。每个测段的参数皆以该段的编号作为下标符号。

3. 第 0 测点

根据测段编号的方法，第 1 测段应该是第 0 测点与第 1 测点之间所夹的测段。第 0 测点不是实测的，而是人为规定的。当第 1 测点的井深大于 25m 时，规定第 0 测点的井深比第 1 测点的井深小 25m，而且井斜角规定为零。当第 1 测点的井深小于或等于 25m 时，规定第 0 测点的井深和井斜角均为零。

4. 测斜数据

用于进行轨迹计算的测斜数据，应是用多点测斜仪测得的数据。用磁性测斜仪测得的井斜方位角，必须经过当地当年的磁偏角校正之后才能进行轨迹计算。当某个独自点的井斜角等于零时，该点的井斜方位角是不存在的。为了计算的需要，规定该点用其上一点的井斜方位角。

三、井眼轨迹计算的方法

1. 井眼轨迹计算的顺序

井眼轨迹计算的最终要求是算出每个测点的坐标值。为此必须首先算出每个测段的坐标增量，然后累加才能求得测点的坐标值。具体的计算是从第1个测段开始，由于第1测段的上测点第0测点的坐标值是已知的，如算出第1测段的坐标增量之后就可算出第1测点的坐标值，逐段向下进行。

2. 测段计算方法

如何计算出测段的4个坐标增量，这是一个较为复杂的问题。至今国内外已经提出的计算方法有20多种，而且所有这些计算方法还没有一种可以说是绝对准确的。我国钻井行业标准规定，手工计算时用平均角法，计算机计算时用校正平均角法。这里只介绍平均角法。

平均角法假设测段是一条直线，该直线的方向是上下二测点处井眼方向的"和方向"(矢量和)。根据这种假设，测段计算公式如下：

$$\Delta D = \Delta D_m \cdot \cos\alpha_c \tag{4-4}$$

$$\Delta L_p = \Delta D_m \cdot \sin\alpha_c \tag{4-5}$$

$$\Delta N = \Delta D_m \cdot \sin\alpha_c \cdot \cos\phi_c \tag{4-6}$$

$$\Delta E = \Delta D_m \cdot \sin\alpha_c \cdot \sin\alpha\phi_c \tag{4-7}$$

式中 α_c——平均井均角，$\alpha_c = (\alpha_{i-1} + \alpha_i)/2$；

ϕ_c——平均井斜方位角，$\phi_c = (\phi_{i-1} + \phi_i)/2$。

四、定向井井眼轨道设计

(一) 定向井轨道分类

根据轨道的不同，定向井可分为二维定向井和三维定向井两大类。所谓二维定向井是指设计的轨道都在一个铅垂平面上变化，即设计轨道只有井斜角的变化而无井斜方位角的变化。三维定向井则既有井斜角的变化又有井斜方位角的变化。

二维定向井又可分为常规二维定向井和非常规二维定向井。常规二维定向井的井段形状都是由直线和圆弧曲线组成，非常规二维定向井的井段形状除了直线和圆弧曲线外，还有某种特殊曲线，例如悬链线、二次抛物线等等。

三维定向井又可分为纠偏三维定向井和绕障三维定向井。

在实际工程中，最常见的是常规二维定向井。我国钻井行业标准化委员会对常规二维定向井的轨道设计制定了标准。

(二) 常规二维定向井轨道设计

1. 设计原则

(1) 能实现钻定向井的目的

钻定向井的目的是多种多样的，或为了钻穿多套含油层系，扩大勘探成果；或为了延长目标段的长度，增大油层的裸露面积；或为使老井复活，或处理井下事故进行侧钻；或受限于地面条件而移动井位，或为节约土地而钻丛式井，或为扑灭邻井大火而钻救援井，等等。轨道设计首先要考虑实现本井的目的。

(2) 有利于优快安全钻井

要注意选好造斜点，要选择硬度适中，无坍塌、无缩径、无漏失等复杂情况的地层开始造斜。在可能的条件下，尽量减小最大井斜角，以便减小钻井的难度，但最大井斜角一般不小于15°，否则井斜方位不易稳定。在选择井眼曲率值时，要权衡造斜工具的造斜能力，减小起下钻和下套管的难度，以及缩短造斜井段的长度等各方面的要求。

（3）要满足采油工艺的要求

在可能的情况下，减小井眼曲率，以改善油管和抽油杆的工作条件。进入目的层井段的井斜角应尽量小，最好是垂直井段，以利于安装电潜泵、坐封封隔器及其他井下作业。

2. 轨道类型

按照我国钻井行业标准的规定，常规二维定向井轨道有三种类型：三段式、多靶三段式和五段式，如图 4－5 所示。

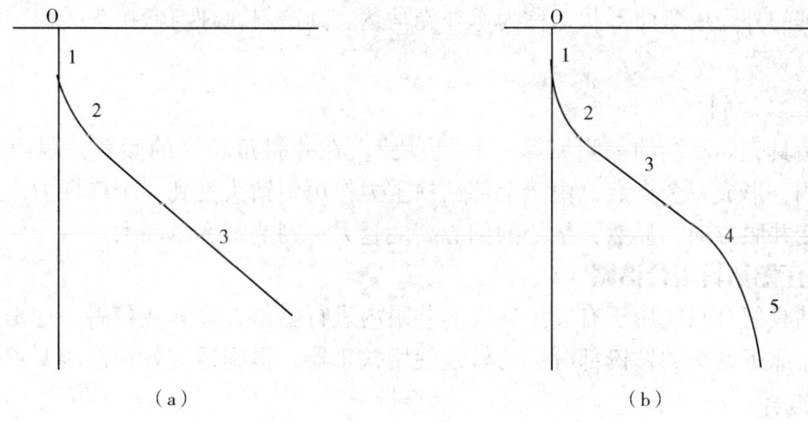

图 4－5　二维定向井轨道类型

3. 设计步骤

① 充分掌握原始资料，主要包括该地区的地质剖面，目的层位的垂直井深、总水平位移、方位、自然造斜率和工具造斜能力等。

② 根据各剖面的特点和井眼轨道确定原则，选定一种轨道类型。

③ 造斜点位置应选择在比较稳定的地层。若水平位移较大，井比较浅，造斜点离井口近一点；若水平位移较小，井比较深，造斜点离井口远一点。

④ 如果使用常规钻具组合，造斜率选(2°～3°)/30m，降斜率选 1.5°/30m。以利于用转盘钻实现增降斜。

⑤ 最大井斜角原则上控制在 15°～30°范围内。井斜角小于 30°，难稳定方位；井斜角在 30°～50°范围内，钻速慢，难调方位；井斜角大于 60°，易出现井壁坍塌，起下钻、下套管及电测困难。

⑥ 计算各井段的井斜角、方位角、垂深和水平位移等参数。

⑦ 绘制垂直剖面和水平投影图。

五、井眼轨迹控制

（一）动力钻具造斜

动力钻具又称井下马达，包括涡轮钻具、螺杆钻具、电动钻具三种，目前我国常用的是前两种。动力钻具接在钻铤之下，钻头之上。在钻井液循环通过动力钻具时，驱动动力钻具转动并带动钻头旋转破碎岩石。动力钻具以上的整个钻柱可以不旋转，为定向造斜提供了有利条件。动力钻具造斜有三种形式：

1. 弯接头造斜

在动力钻具和钻铤之间接一个弯接头（又称斜接头），使此部位形成一个弯曲角。这种结构一方面迫使钻头倾斜，造成对井底的不对称切削，从而改变井眼方向；另一方面井壁迫使弯曲部分伸直，使钻头受到钻柱的弹性力的作用，从而产生侧向切削，改变井眼方向。

造斜率的大小与以下因素有关；弯接头弯角越大，造斜率越高；弯曲点以上钻柱的刚度越大，造斜率越高；弯曲点至钻头的距离越小且重量越小，造斜率越大。此外，造斜率大小还与井眼间隙、地层因素、钻头结构等因素有关。

2. 弯外壳动力钻具造斜

动力钻具的外壳成弯曲形状，称为弯外壳马达。其造斜原理与弯接头类似，而且比弯接头的造斜能力更大。

3. 偏心垫块造斜

在动力钻具壳体下端的一侧加焊一个“垫块”。在井斜角较大的倾斜井眼内，使此垫块处在井壁下侧，形成一个支点，由于上部钻柱重力作用使钻头受到一个杠杆力，从而产生侧向切削，改变井眼方向。显然，垫块的偏心高度越大，则造斜率越高大。

（二）扶正器钻具组合造斜

扶正器钻具组合只能用于有一定斜度的井眼内进行增斜、降斜或稳斜。这是在转盘钻的基础上，利用靠近钻头的钻铤部分，巧妙地使用扶正器，得到适应各种性能要求钻具组合。

1. 增斜组合

按照增斜能力的大小分为强、中、弱三种。结构如图 4－6 所示，配合尺寸见表 4－1 所列。在使用中要注意：钻压越大，增斜能力越大；L_1 越长，增斜能力越小；近钻头扶正器直径减小，增斜能力也减小，使用时应保持低转速。

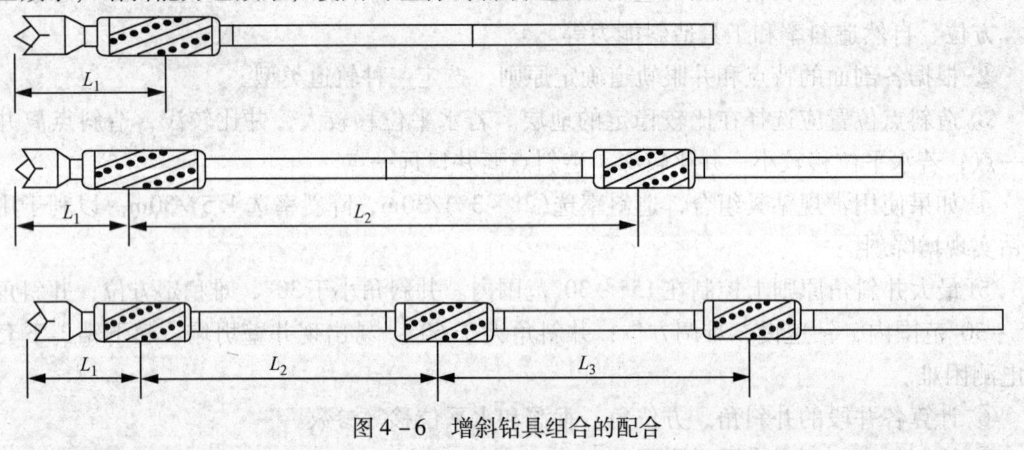

图 4－6　增斜钻具组合的配合

表 4－1　增斜钻具组合的配合尺寸

钻 具 组 合	L_1/m	L_2/m	L_3/m
强增斜组合	1.0～1.8		
中增斜组合	1.0～1.8	18.0～27.0	
弱增斜组合	1.0～1.8	9.0～18.0	9.0

2. 稳斜组合

按照稳斜能力的大小分为强、中、弱三种，结构如图 4－7 所示，配合尺寸见表 4－2 所列。在使用中要注意保持正常钻压和较高转速，更强的稳斜组合，可使用双扶正器串联起来作为近钻头扶正器。

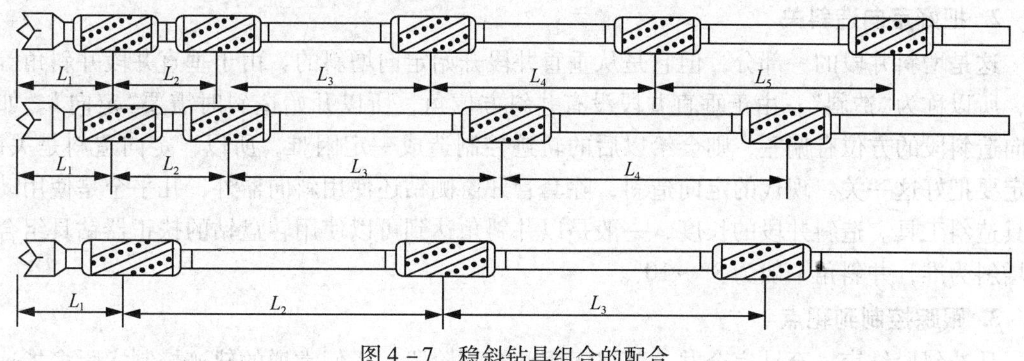

图 4－7　稳斜钻具组合的配合

表 4－2　稳斜钻具组合的配合尺寸

钻 具 组 合	L_1/m	L_2/m	L_3/m	L_4/m	L_5/m
强稳斜组合	0.8～1.2	4.5～6.0	9.0	9.0	9.0
中稳斜组合	1.0～1.8	3.00～6.0	9.0～18.0	9.0～27.0	
弱稳斜组合	1.0～1.8	4.5	9.0		

3. 降斜组合

按照降斜能力的大小分为强、弱两种，结构如图 4－8 所示，尺寸见表 4－3 所列。在使用中要注意保持小钻压和较低转速。对于强降斜组合，L_1 越长则降斜能力越强，但不得与井壁有新的接触点。

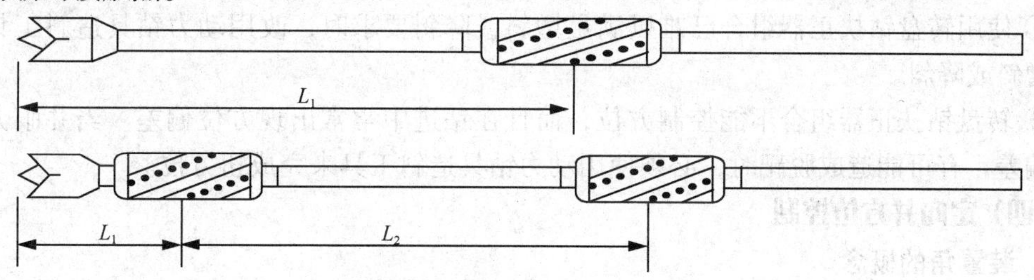

图 4－8　降斜钻具组合的配合

表 4－3　降斜钻具组合的配合尺寸

钻 具 组 合	L_1/m	L_2/m
强降斜组合	9.0～27.0	
弱降斜组合	3.0～6.0	18.0～27.0

（三）定向井轨迹控制的基本方法

二维定向井的设计轨道一般是由四种井段组成：垂直井段、增斜井段、稳斜井段和降斜井段。显然，不同的井段将使用不同的工具，有不同的轨迹控制方法。总的说，一口定向井的轨迹控制过程，可分为三个阶段。

1. 打好垂直井段

在钻垂直井段时要求实钻轨迹尽可能接近铅垂线，也就是要求井斜角尽可能小。定向井的垂直井段可以按照打直井的方法进行轨迹控制，而且比打直井要求更高，因为定向井垂直井段的施工质量是以后轨迹控制的基础。

2. 把好定向造斜关

这是增斜井段的一部分，但它是从垂直井段开始定向增斜的。由于垂直井段井斜角等于零，所以称为“造斜”；由于垂直井段没有井斜方位角，所以开始造斜时需要“定向”。如果定向造斜段的方位有偏差，则会给以后的轨迹控制造成一定困难，所以，定向造斜是关键，一定要把好这一关。现代的定向造斜，除套管开窗侧钻还使用斜向器外，几乎全是使用动力钻具造斜工具。造斜井段的长度，一般是以井斜角达到可以使用转盘钻的扶正器钻具组合继续增斜为准，井斜角一般为8°~10°。

3. 跟踪控制到靶点

从造斜段结束，至钻完全井，都属于跟踪控制阶段，人们常说的轨迹控制实际多指这一阶段。这一阶段的任务是在钻进过程中，不断了解轨迹的变化发展情况，不断地使用各种造斜工具或钻具组合，使井眼轨迹离开设计轨道“不要太远”。“不要太远”一词的意义在于，一方面如果“太远”就可能造成脱靶，成为不合格井；另一方面如果始终要求井眼轨迹与设计轨道误差很小，势必要频繁地测斜，频繁地更换造斜工具，这将会大大增加钻井周期，增加成本，而且还有可能造成井下复杂情况，得不偿失，所以这里的原则就是：既要保证中靶，又要加快钻进速度。

跟踪控制阶段还有一个原则，是尽可能使用转盘钻的扶正器钻具组合来进行控制，这是因为转盘钻的钻速比动力钻具要高，且安全，所以在造斜段结束之后，一般都换用转盘钻继续增斜，并在需要稳斜和降斜的时候，仍然使用转盘钻来完成。

只有在下列两种情况下，才使用动力钻具进行控制；

① 使用转盘钻扶正器组合已难以满足增斜或降斜要求时，改用动力钻具造斜工具进行强力增斜或降斜。

② 转盘钻扶正器组合不能控制方位，而且在钻进中常常出现方位偏差。当井眼方位有较大偏差，有可能造成脱靶时，必须使用动力钻具造斜工具来完成扭方位。

（四）定向井方位控制

1. 装置角的概念

造斜工具在井底的位置，通常用装置角 ω 表示出来。造斜工具的装置角是指原井斜方向所在平面顺时针旋转到造斜工具弯曲方向所在平面转过的角度。

2. 装置角的确定

设目前井底的井斜角为 α_1，井斜方位角为 ϕ_1，希望经过一定长度的钻进后使井斜和方位达到 α_2 和 ϕ_2，且已知造斜工具的造斜率 k_c。现在确定造斜工具的装置角 ω 和需要钻进的井段长度 ΔD_m，计算方法有两种，解析法和图解法，下面列出了解析法计算公式：

$$\cos\gamma = \cos\alpha_1\cos\alpha_2 + \sin\alpha_1\sin\alpha_2\cos\Delta\phi \quad (4-8)$$

$$\cos\omega = (\cos\alpha_1\cos\gamma - \cos\alpha_2)/(\sin\alpha_1\sin\gamma) \quad (4-9)$$

3. 装置角对井斜角和方位角的影响

造斜工具的装置角 ω 从0°到360°，对井斜角 α 和方位角 ϕ 的影响是有规律的。为便于记忆，我们用如图4-9所示的直角坐标系表示出来。设原井斜方位的装置角 ω 为0°，为保持与装置角方向相同，取顺时针方向旋转以此为Ⅰ、Ⅱ、Ⅲ、Ⅳ象限。从图中可以看出，方位角 ϕ 在Ⅰ、Ⅱ象限增加，$\Delta\varphi$ 为正值；在Ⅲ、Ⅳ象限减小，$\Delta\phi$ 为负值。井斜角 α 在Ⅰ、Ⅳ象限增加，$\Delta\alpha$ 为正值；在Ⅱ、Ⅲ象限减小，$\Delta\alpha$ 为负值。

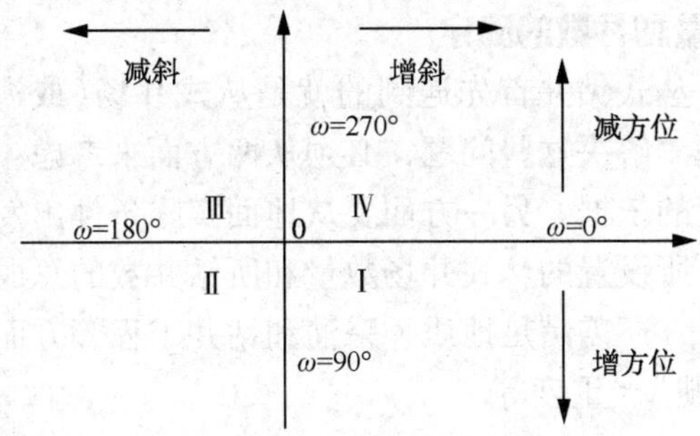

图 4-9　ω 对井斜角和方位角的影响

4. 造斜工具定向

在使用动力钻具造斜工具进行造斜、增斜和降斜，以及扭方位时都要给造斜工具定向。定向方法可分为两大类：地面定向法和井下定向法。地面定向法工序复杂，准确性差，目前已经很少用了。井下定向法是将造斜工具下到井底，然后从钻柱内下入仪器测量工具面在井下的实际方位，如果实际方位与预定方位不符，亦可在地面上通过转盘将工具面扭到预定的定向方位上。这种方法工序简单，准确性高。下面着重介绍井下定向法。

（1）工具面的标记方法

要把仪器下到造斜工具内部测量工具面的方位，必须在造斜工具的内部给工具面作个标记。这种标记方法有定向齿刀法、定向磁铁法和定向键法三种。这里只介绍常用的定向键标记方法。

定向工具内有一个定向键，定向键所在的方位就是造斜工具的工具面方位。测量时设法测到定向键的方位，就可以知道造斜工具的工具面方位了。测量仪器的罗盘面上有一个“发线”，最下段有一个“定向鞋”，定向鞋上有一个“定向槽”，安装仪器时使“发线”与“定向槽”在同一个母线上。当仪器下到井底时，定向鞋的特殊曲线将使定向槽自动卡在定向键上，从而使罗盘面上的“发线”方位能表示造斜工具的工具面方位。

（2）定向键法应用

① 陀螺仪 + 定向键标记。这种方法在钻柱上无需接专用的无磁钻铤，所以在磁性异常地区或丛式井间磁性干扰严重的情况下，不管是直井定向还是斜井定向，都可使用。但由于陀螺仪较为“娇贵”，操作较复杂，使用费用也较高。

② 磁罗盘测斜仪 + 定向键标记。这是常用的定向方法。从原理上讲，此法既可用于直井内定向，也可用于斜井内定向。在磁异常或磁干扰严重的地区，此法定向不够准确。由于磁干扰的缘故，此法必须使用无磁钻铤。

③ 随钻测斜仪 + 定向键。这是目前最先进的定向方法。它可以做到随钻定向，即在钻进过程中随时指示出造斜工具的工具面方位及其变化情况。目前用的随钻测斜仪分为有线和无线两种。由于仪器的使用费很高，所以仅在高难度的定向井、水平井等要求较高的井内使用。

六、丛式井钻井技术

丛式井是指在狭小的井场范围内布置几口、十几口或几十口井所形成的丛式井组。就丛式钻井中每一单井而言，就是一口定向井(直井或水平井可认为是定向井的特例)，对于多井密集的丛式钻井，还应该考虑以下原则。

（一）丛式井位置、数量和井数的确定

无论是海上或是陆地，丛式钻井首先遇到的就是丛式井场（或海上平台）的数量和位置以及各井场的井数分配问题。解决这些问题，必须从两方面来考虑：一方面要满足地质开发的要求，这是丛式井网布置的依据。另一方面要从地面实际条件出发，井场必须设在指定的位置。但是无论哪种情况，所设置的丛式井场数量和所钻井数的总成本必须最低。

当然在丛式井场布井时，还需满足地质、采油和钻井工程等方面提出的限制条件，如井眼轨道的最大井斜角、“狗腿”严重度等。

（二）井眼防碰技术

防止井眼相碰是丛式井设计和施工的关键。为此，我们应该注意以下几个方面：

1. 井网类型

丛式井的井网大致有两类：一是辐射型，一是锥散型。开发整个油区，丛式井场位置无所限制，可以在地面均匀设置井场，井网布置常采用辐射型，即以丛式井场为中心，各井像轮辐一样向四周钻进。这种布井方式井眼相互干扰较小，不易相碰。如果地面限制较严，各井只能从井场向同侧成锥形钻向目的层位，即锥散型井网（或叫普通型井网）。这类井网井眼间干扰较大，必须从造斜点、最大井斜角、井眼轨道、钻井顺序等各方面进行考虑，防止井眼相碰。

2. 井眼轨道设计

辐射型井网多采用二维平面的井眼轨道设计，而锥散型井网或老油田打调整井，有时必须采用二维空间的井身设计，或多造斜率的二维平面轨道设计，以保证井眼互不干扰。

三维空间的轨道设计是利用矩阵坐标转换转化成空间平面上的轨道设计，或者从水平投影图开始，设计一些特殊的空间井眼轴线（如空间螺旋线）。目前这种设计已开始向任意的空间井眼曲线发展。

3. 井口布置

丛式井的井口布置方式很多，如正方形布井，成排布井等等。丛式井场范围有限（尤其是海上平台），井口距离一般不超过2.5m。如果造斜点浅（100～300m），井口距离可以缩小到1～2m；反之，井口距离应稍大一些，以防止由于测斜累积误差而使实际井眼相碰。前苏联在里海曾经发生相碰事故34次，很难处理，有的井甚至因此而报废。

高压地区井口布置要考虑安全设施，防止井喷失火株连整个丛式井场。在目前的油田开发条件下，井口布置还必须为油田后期的采油、修井、增产等处理措施留下适当的位置。

4. 造斜点位置

选择不同的造斜深度是防止井眼相碰较好的措施之一。邻井间方位角相差较大，造斜点可以相距近一点；反之，则要求造斜点相距较远。但是造斜点的选择还取决于地层条件，油层深度、水平位移，以及对最大井斜角和井眼曲率的限制，所以必须综合考虑。

垂直井段的施工质量对造斜点位置也有影响，一般要求垂直井段的井斜角不得超过行业标准规定的值。

5. 造斜率与最大井斜角

距丛式井场或平台中心越远的井，造斜率越高，最大井斜角越大，再与不同的造斜点相配合，很容易将井眼分开。但是，正如前面所述，最大井斜角不能任意选取，它将受地质、测井、钻井工艺、采油等多方面的限制。采用多造斜率的井眼轨道有助于防止密集丛式井眼相碰。

6. 钻井次序

丛式井网常将造斜点深、水平位移小的井安排在中心区，优先钻进，然后依次向外扩展，最后钻造斜率高、井斜角大的边缘井，以便在已钻井实际井眼轨迹出现误差时，有修正后续井眼轨道的余地。

7. 控制安全圆柱(或叫行进圆柱)

以设计井眼轴线为中心，使其与实际井眼轴线的水平位移和方位角误差值不超过一定的范围，保证井眼准确钻达靶心。人们习惯于沿井眼前进方向规定一些半径值，作为安全范围，所以称为安全圆柱。一般规定，井口至造斜点，半径不超过4~5m，造斜井段的安全半径不超过15~30m，稳斜段到靶心，半径不超过7.5~15m。随着生产技术水平的发展，安全圆柱的半径将日益减少。

8. 提高测斜仪器的精度

改进定向钻井工艺技术，提高测量精度也是防止井眼相碰的重要措施。

9. 使用电子计算机绘制井眼防碰图

上述设计原则固然是防止井眼相碰的有效措施，但是在设计密集丛式井时，还必须以每口设计井的井眼轴线为中心，观察它与邻井的最小距离是否超过允许规定的数值，切实保证井眼不碰、不窜，这就是绘制井眼防碰图的意义。

在丛式井施工中，也可以将实际井眼轴线的测斜资料输入计算机，绘制出设计井与实际井的误差值，观察其是否在安全圆柱内，这种防碰图具有更大实用价值。

七、大位移井钻井技术

(一) 大位移井的概念

随着定向井技术的不断发展，出现了大位移井。大位移井是指水平位移大于3000m，位移与垂深之比大于或等于2的定向井。井斜角大于或等于86°的大位移井称为大位移水平井。

大位移延伸井有三个主要特点：一是水平位移大，能较大范围地控制含油面积，开发相同面积的油田可以大量减少陆地及海上钻井平台数；二是穿越油层的井段长，有些大位移井在油藏中穿越的距离有上千米甚至数千米，泄油面积大，采收率比常规开发井高出许多，而且可以使单井产量大幅度提高；三是主要用于海上油田和在陆地上开发滩海油田。与其他井型相比，在油气勘探中起到了投资少、见效快和其他钻井方式无法替代的作用。大位移井是定向井、水平井、深井、超深井钻井技术的综合体现，大位移井技术代表了当今世界钻井技术的最新水平。

(二) 大位移延伸井的关键技术

1994年在美国新奥尔良SPE69届年会上，对大位移井钻井技术进行了全面的系统的总结，归纳起来有10项关键技术包括：扭矩/摩阻、钻柱设计、水力学与井眼净化、套管漂浮技术等方面。

随着近年来大位移井的实施，一些技术不断成熟，现在大位移井钻井工艺的难点和重点集中在：扭矩/摩阻、轨道设计、定向控制、水力学和井眼净化、套管漂浮技术等方面。

1. 大位移井的特点

研究表明，大位移井突出的特点是大井眼处在大斜度长裸眼稳斜段(如ϕ311.2mm井眼），大井斜裸眼稳斜段长（表4－4），该特点决定了扭矩/摩阻是大位移井钻井工程问题的核心，它制约着钻井作业的各个阶段。

表4－4　大位移延伸井

井　　号	稳斜角/(°)	稳斜裸眼长度/m	占总井深比例/%
中国南海西江24－3－A14	79	5024	54
挪威北海33/9C－2	84	5331	61
英国WF M11	83	7400	69

2. 大位移井眼轨道优化设计

合理的井眼轨道设计是大位移井取得成功的关键之一。尽量降低扭矩/摩阻，增加井眼延伸长度，并减少井眼的狗腿严重度，以有利于完井作业。国外在大位移井设计中，推荐悬链曲线轨道。在理论上认为，纯悬链线轨道的特征是井壁与钻具之间接触力为零，由此得出井壁与钻具之间的摩擦力为零。但用这种方法钻大位移井并非如此，一是钻柱底部有效张力导致钻柱受压；二是悬链曲线比一些传统井眼轨道引导出更长的井眼轨道，因而他们通常采用准悬链线轨道。它的做法是在浅层段以低造斜率(1.0°～1.5°)/30m造斜，随井深增加，逐步增加到(2.5°～2.75°)/30m，井斜变化率的增加率(曲率变化率)为0.5°/400m，使最后的井斜角比传统的60°井斜角高，可达到80°～84°。造斜率如超过2.5°/30m，可能出现高的接触力。如WF油田F8、F19和F20三口井的设计造斜率是0.5°/400m，最后稳斜角分别为80.2°、80.5°和82.3°。实践证明，准悬链线井身轨道可减少钻井扭矩，增加钻具的滑动能力，增加套管下入重量20%～50%。

但是，随着近期对大位移井理论研究的不断深入和大量计算机模拟数据的对比结果，悬链线和准悬链线并非是大位移井的最优轨道，除井眼轨道类型外，影响大位移井可钻深度的主要参数还有：造斜点、造斜率、稳斜角和斜井眼长度等轨道参数。较低的造斜率(小于3°/30m)、高稳斜角是大位移井的趋势。表4－5是一些大位移井的具体做法。

表4－5　大位移井的造斜率选择

井　　号	造斜点深度/m	造斜率/[(°)/30m]	稳斜角/(°)	造斜段总长/m	总测量深度/m
挪威33/9C－2		1.5～2.5	80～84		8716
挪威33/9C－16	450(ϕ660.4mm)	0.4	76～77	2337	6200
挪威30/6C－26A	286(ϕ577.85mm)	1.0～1.5	79～80	4080	9327
中国西江24－3－A14	436(ϕ406.4mm)	2.0	78～86	1200	9238
日本0ki－2	300(ϕ444.5mm)	1.4	78	1658	4984
澳大利亚NRA21	168	1～1.5	70	2500	6180

注：括号内为井眼尺寸。

此外，井眼轨道还与具体作业有关，如下ϕ244.5mm套管或连续油管，高造斜点较好；如ϕ215.9mm井眼下钻和钻进，则低造斜点轨道较合适(见表4－6)，表明造斜点的选择位置。

表4－6　造斜点选择位置一览表

作　业	ϕ311.2mm井眼下钻	ϕ215.9mm井眼下钻	ϕ139.7mm下套管	ϕ244.5mm下套管	完井下套管	连续油管作业
最优位置	高造斜点	低造斜点	低造斜点	高造斜点	高造斜点	高造斜点

3. 扭矩/摩阻

扭矩/摩阻是大位移井钻井工程问题的核心。

(1) 大斜度长裸眼稳斜井段增加了下行阻力

大位移井的特点是大斜度长裸眼稳斜井段很长，在井斜角较大的情况下，管柱(钻杆、套管、尾管、油管等)躺在下井壁，增加了下行阻力，甚至不能靠自重下到井底。这种不能靠自身重力使钻柱向下滑动时的井内摩擦系数叫临界摩擦系数。一般情况下，临界摩擦系数为0.16~0.32。挪威C-10井临界摩擦系数为0.25，英国WF油田高润滑油基钻井液在ϕ311.2mm井段临界摩擦系数为0.21，相对临界井斜角为78°，WFM11井的临界摩擦系数为0.13。表4-7为WF油田不同作业时的井内摩擦系数，与临界摩擦系数对比表明，高临界摩擦系数时必须靠下推钻柱才能下入井中。

表4-7 WF油田不同作业时的井内摩擦系数表

作　业	下ϕ244.5mm套管	ϕ215.9mm井眼滑动钻进	ϕ215.9mm下尾管	下有油管传递射孔枪	下完井管柱
摩擦系数	0.3/0.28	0.18/0.11	0.26/0.04	0.09	0.12/0.15

(2) 大斜度长裸眼稳斜井段的屈曲阻力

管柱不能靠自身重力向下滑动，需要加压才能向下滑动，结果在大位移井的许多作业中都可能导致管柱屈曲。WF油田一口大位移井的ϕ215.9mm井段定向钻进，摩阻力分析表明，总共有75%左右的钻柱发生屈曲。一些传统的扭矩/阻力模拟，都假定管柱保持非屈曲状态。当超过临界屈曲载荷时，扭矩/阻力模型必须考虑管柱屈曲的影响。

如英国BP公司根据压杆屈曲段扭矩和阻力的弯曲梁模型，开发了应用程序，它能够预测正弦和螺旋屈曲的临界值、正弦屈曲向螺旋屈曲的过渡、钻具屈曲的区段、屈曲严重度、相关的侧向力和阻力、管柱锁死状态等。这种模型在WFM1以前的所有井都是成功的，预测值与实际值对应良好，只是M2井在储层段有一定偏差。

(3) 扭矩/摩擦预测精度和摩擦系数

影响扭矩/摩擦预测精度的因素包括：井眼条件、套管程序、钻柱组合、钻井操作参数等，要把所有这些参数对扭矩/摩阻的影响程度进行精确定量是十分困难的。如果预测值的典型误差在20%以内，就可认为是很理想的。同时，扭矩/摩阻的预测结果，在很大程度上也取决于摩擦系数的选取，因为很多复杂多变因素隐藏在摩擦系数中。WF油田实测地面扭矩分析研究表明，摩擦系数是多变的，在同一井中不同井段的局部摩擦系数完全不一样，就是在同一井段摩擦系数的上下限波动也很大。表4-8是WF油田一些井的轴向摩擦系数上下波动的情况。

表4-8 WF油田井下轴向摩擦系数上下波动情况表

井眼尺寸/mm	上下限	F20井		F21井		M2井	
		套管	裸眼	套管	裸眼	套管	裸眼
ϕ311.2	下限	0.22	0.12	0.14	0.10	0.07	0.12
	上限	0.42	0.16	0.34	0.13	0.17	0.15
ϕ215.9	下限	0.11	0.52	0.14	0.09	0.17	0.07
	上限	0.17	0.55	0.19	0.10	0.30	0.08

在深入研究扭矩/摩阻预测模型的同时，应加强使用现场数据校正预测模型，并在可能的限度内，用现场数据完全实时地与预测模型作比较。在WF油田，对完成井的数据用了两种不同的方法来分析，第一种方法是综合预测法，就是将大位移井的地面扭矩绘成图，连接这些数据点，并用趋势线来预测邻井相同井段的扭矩值，结果 ϕ215.9mm 井段数据比较分散，但也能看出趋势来。第二种方法是摩擦系数拟合法，就是把邻井的数据用BP公司的模拟程序来拟合，分析正钻井的扭矩值，并计算出该井段扭矩的上下限。

研究表明，连续随机变化的地面扭矩监测数据与理论模型预测值之间还无法找到一种好的拟合，这可能是无法了解在动态条件下和多种载荷条件下的管柱力学特点造成的。

（4）降低摩阻和扭矩的措施

扭矩/摩阻是制约大位移井的关键因素，根本的办法是在实际钻井作业中采取综合措施来降低摩阻和扭矩。综合措施包括：在油基钻井液中增加油水比，在水基钻井液中使用润滑剂和玻璃微珠，以增加钻井液的润滑性；用钻杆轴承短节可降低扭矩10% ~15%，用旋转钻杆保护器可降低扭矩25% ~30%，用钻柱降扭矩短节可降低扭矩29% ~40%；在靠近垂直井段使用钻铤或加重钻杆；使用水力加压器连续控制钻压；使用加长马达减少钻头泥包等。

4. 大位移井井眼轨迹控制的方式和工具

（1）大位移井要求旋转模式钻进

普通定向井施工，井斜和方位的改变主要是采用滑动钻进，65%的时间是滑动模式钻进，而只有35%时间是旋转模式钻进。然而，在大位移井钻进作业中，滑动钻进时，由于钻柱不旋转、井眼清洁差。导致扭矩/摩阻增加，加压加不上，使滑动钻进无法进行，并造成局部狗腿，而狗腿又会使扭矩/摩阻增加。因此，要求在大位移井中滑动钻进的层段和次数要降到最少。如WF油田在 ϕ445mm 井眼，旋转钻进的进尺已从60%增加到70%；在 ϕ311mm 的井眼造斜段和稳斜段，旋转钻进的进尺已从60%增加到86%，有的井已达到96%，见表4－9。

表4－9　大位移井旋转钻进/滑动钻进的比值

井　　号	挪威33/9C－10	WFM2	WFM3	WFM5	中国西江24－3－A14
比值	86/14	85/15	73/27	97/3	82/18

滑动钻进机械钻速低，在WF油田滑动钻进平均钻速4 ~5m/h，而旋转钻进平均钻速6 ~12m/h，最高达20m/h。

旋转钻进能极大地减轻轴向摩阻，增加大钩载荷，使钻压能更顺利地传递到钻头，可以采用常规钻具组合，但为了更换下部钻具组合而频繁起下钻（起1趟钻要几十个小时）费用是很高的，所以在超大位移井往往不使用常规钻具组合。

（2）井下可变径稳定器

使用可变径稳定器（HVGS）有助于旋转钻进，这种可变径稳定器是通过调整钻压和钻井液动压力来调整翼片外廓直径，而且直径可调整范围只有最大、最小两个位置，所以应用范围和效果都受到一定的限制。

目前，有代表性的大位移井（WF油田M5井、M11井和南海西江24－3－A14井）中用的可变径稳定器，可调翼片外廓直径位置是6个，调节范围从12.7mm到31.75mm。它与MWD系统配合使用，井下可变径稳定器接到地面指令后启动控制装置，使翼片外廓直径在设计调整范围内变动，这是目前国外最先进的Hallibaton生产的遥控多位可变径稳定器。

我国可变径稳定器的研究工作还处在探索阶段，目前研制的是以开停泵为控制方式的可变径稳定器，已达到20世纪90年代初的国外先进水平。

可变径稳定器在大位移井中可减少起下钻次数，提高单趟钻具组合(BHA)的进尺，缩短建井周期，提高大位移井综合经济效益。我国南海西江24－3－A14井，每个底部钻具组合平均进尺718m，平均每千米使用1.4种底部钻具组合。

可变径稳定器井斜控制能力与稳定器直径和至钻头的距离有关。某公司带可变径稳定器的导向马达钻具组合的增斜与降斜能力，说明井下可变径稳定器至钻头的距离增大，调整井斜角的能力减弱。西江24－3－A14井，在5972－6760m井段使用的可变径稳定器(φ311.2mm井眼)定向，效果分析表明，叶片直径位置调整与井斜角的变化对应较好。

5. 钻柱设计

由于钻大位移延伸井存在一定的特殊性，因而要求钻柱设计必须重点考虑钻柱的高抗扭矩，只有钻柱强度足够时，顶部驱动系统才能充分发挥作用，通过不同的方法可以设计出抗高扭矩的钻柱。

(1) 钻具接头应力平衡法

钻杆接头具有公称上扣扭矩，它是以达到最小的台肩预压力，同时螺纹达到最大的连接拉力为基础计算的。如果上扣扭矩增加，接头公扣在上扣时承受较大的压力，因而在以后能承受的拉力就较小了。当可靠的预测操作拉力低于公称上扣扭矩的最大拉力时，可采取降低拉力载荷，以增大上扣扭矩和钻井扭矩，这种方法称做“应力平衡法”。这种方法能提高钻杆接头的负载能力，但又带来了螺纹表面黏扣的危险。为此，需要保证钻杆接头镀层的质量，采用合适的螺纹脂。

(2) 高扭矩的螺纹脂

已上扣的接头轴向受到台肩以下的磨擦系数控制，当钻杆接头材料一定时，接头台肩扭矩的摩擦系数主要由使用的钻杆螺纹脂类型决定，具有高摩擦力的螺纹脂在接头应力相同时可得到高的钻杆扭矩。

(3) 高扭矩接头

增加钻杆接头扭矩的直接方法，是提高供扭矩的接头台肩，双台肩的接头能增加扭矩，双台肩的钻杆接头比普通钻杆接头的扭矩提高40%～60%，广泛用于大位移延伸井施工中；另一种方法是采用楔形螺纹钻杆接头。

(4) 选用高强度钻杆材料

钢级达到S－135钻杆被认为是普通钻杆，只有承压达到1138MPa才被称为高强度钻杆，比普通钻杆增加扭矩和拉力38%，高强度钻杆对冶炼技术要求高，实际应用受到限制，但随着冶炼技术的不断进步，使高强度钻杆的应用成为可能。必须强调大位移延伸井作业必须做好钻柱设计，搞好材料选刚、质量控制和检查，确保钻柱材料质量是做好井下钻柱事故预防的第一步。

6. 井眼稳定

钻大位移延伸井时，在大斜度井段维持井眼稳定需要的钻井液密度很难预测，然而利用邻井资料进行理论上模拟与实际相结合可以提供指导，但这样的预测带有很大的不确定性。研究表明，大位移井眼方向和地层最大水平应力方向平行时是最不利的情况，对井眼稳定性有很大的影响。砂岩对井眼轨迹相当敏感，为了井壁稳定，需要使用过平衡钻井。在大斜度井段钻进时，通常避免降低钻井液密度，若钻到上部地层底部，需要的钻井液密度比上部地层高时，就应在钻到之前将钻井液密度提高，以确保上部地层能承受。在接近地应力平衡时，降低钻井液密度能震动地层，使地层破坏，若井眼不受高密度钻井液的支配，地层破坏也许不会发生。钻井液和地层间的化学作用也影响井壁稳定，水基钻井液和泥岩经常产生强的化学作用造成井壁失稳。大位移井眼不稳定有各种原因，需要进一步研究。

7. 井眼净化

井壁的稳定性依赖于钻井液性能，高效钻井液必须具有良好的携岩能力、抑制性和润滑性，方能保证井眼的正常施工。大位移延伸井井眼清洁主要参数是钻井液的携岩性能和排量、钻井液水力参数和流变性，固控设备和必要的技术措施也是净化井眼的关键。

（1）泵排量

大位移延伸井和其他类型井一样，排量是净化井眼的主要参数，应用井眼净化模型来确定井眼净化所需的最小排量和最优钻井液流变性，井眼干净，钻屑和砂岩均能带出；若井眼不干净，钻屑堆积在井眼的下井壁，钻柱在岩屑床上转动时，阻力就会增大，造成井下不安全隐患。

（2）钻井液流变性

适当的钻井液流变性对任何钻井都十分重要，对大位移延伸井更是如此，充分的携岩性能显得更为重要。在钻大位移井中，井斜较大，大斜度井段长，对钻井液的要求更高，要保证钻井液流型为层流或紊流，避免使用过渡流，因为过渡流携岩效果差。

（3）钻柱转动

随着井底位移不断增大，大位移延伸井在大井眼内不可能达到最大排量，需采用其他净化技术。例如转盘高转速旋转和倒划眼等。但要注意高的转盘转速无疑对井眼净化带来好处，但也增加了钻具的震动，加快了钻柱的疲劳破坏，增加了钻机动力的消耗，增加了井下发生钻具事故的几率，因而不可取。然而，加大排量，达到半优化，适当增加转盘转速时，井眼净化效果明显。

（4）起钻前充分循环钻井液

大斜度井需要多循环钻井液保持井眼干净。起钻前，应充分循环钻井液，直到井内钻屑几乎全部返出，这样才能起钻顺利，同时靠短起下钻清洗井眼的次数也会减少，提高时效。起钻前如果不充分循环钻井液，导致井眼净化不好，严重的会导致起下钻严重阻卡。

（5）固相控制

在大位移井中，钻屑将在钻具和套管间或井壁间的钻井液中长时间停留，要保持钻井液的良好清洁状态，就必须有好的固控设备，用好固控设备是保证钻井液中低固相含量的有效方法。

8. 完井技术

在大位移井的钻井过程中，完井技术是大位移延伸井成败的关键之一，安全下入套管和顺利固井作业成为关键技术问题，采用项部驱动装置或漂浮下套管的方法，分级注水泥是行之有效的措施。实际施工中还应注意以下几个方面：

（1）避免套管磨损

套管磨损是大位移钻井施工中应该高度重视的问题，在设计上应考虑防止套管磨损技术措施。实验表明硬化材料和铬合金的交替使用在一定程度上保护套管和钻杆，但是在全世界广泛使用的碳化钨表面处理的套管在最好条件下也会造成套管磨损。另一种意见认为尖锐的油层砂子也会造成套管的磨损，实际经验表明新一代便合金钻杆能解决这些问题。

(2) 下套管方案的选择

大位移延伸井最佳下套管方案应考虑3个主要条件，即设备能下入套管的最大重量、下入套管重量的摩阻损失及机械损失，这些将决定套管下深的极限。能下入套管的重量决定于井下的复杂情况，在垂直深度段可测到临界摩擦角，其大小由总的润滑情况决定，临界角随着岩性、钻井液和其他因素而变化，一般地说，临界角的范围是70°~72°，超过这个角度，需要向下加推力才能使套管下入井内，这个增加的推力载荷就是下入套管重量的摩阻损失。套管悬浮新技术的采用，可以减少很多套管重量，也可以减少摩阻损失。因此，这种套管悬浮的新方法更适合于大位移延伸井的下套管作业。

应用顶部驱动系统也是下套管的方法之一，它能够循环钻井液，上下活动和旋转套管及下压套管。使用顶部驱动应急操作，可以提供机械破坏岩屑床和井下障碍，并能消除下钻的摩阻。

(三) 装备配套和要求

大位移延伸井随着位移的增加，井下的摩阻和扭矩也大幅度增加，井眼的稳定和净化问题也随之突出，因而对施工大位移井的设备提出了较高的要求。根据国外成功的经验，大位移延伸井适合海上和滩海油气田的勘探与开发，这样，钻井设备应选择负荷能力较大、操作性能较好的电动钻机，并安装顶部驱动系统，液力系统要配备大功率泥浆泵，保证大排量和高泵压的循环能力，固控设备应选用高性能设备，确保钻井液的净化效果。

(四) 旋转导向钻井系统

定向钻井发展到现在可分为四个阶段：造斜器钻井、带弯接头的井下马达钻井、导向马达钻井、旋转导向钻井。导向马达钻井只能靠滑动方式控制井眼方位，带可变径稳定器的导向马达系统钻大位移井能减少起下钻次数，提高旋转钻进的比例，但仍摆脱不了滑动钻进方式来满足方位调整的需要。而旋转导向钻井系统能克服导向马达钻进的不足，通过连续旋转马达和钻头，直接沿期望的轨道钻进，是多种新技术新工艺的完美结合，是一种全新的钻井系统。该系统是确保大位移井顺利施工的核心工具。

旋转导向钻井技术是20世纪末发展起来的一项尖端自动化钻井新技术，它代表当今世界钻井技术发展最高水平之一，其采用旋转导向钻井系统在旋转钻井方式下实现井斜和方位的调整，从根本上消除了滑动导向，解决了滑动导向"托压"、井眼不规则、携岩困难等难题，大大提高了钻井效率和开发效益。

按照国际惯例，旋转导向钻井系统的导向方式分为两种：推靠钻头式(Push the Bit)和指向钻头式(Point the Bit)两种。

推靠钻头式(Push the Bit)：通过偏置机构(Bias Units)在钻头附近偏置钻头直接给钻头提供侧向力。

指向钻头式(Point the Bit)：通过偏置机构(Bias Units)向外偏置近钻头处钻柱，从而间接偏置连接钻头的心轴使其弯曲或向内直接偏置连接钻头的心轴使其弯曲，从而使钻头指向井眼轨迹控制方向。

根据偏置机构是否随钻柱一起旋转，可将目前世界上的旋转导向钻井系统细分为4大类：静态偏置推靠钻头式、动态偏置(调制式)推靠钻头式、静态偏置指向钻头式和动态偏置指向钻头式，其各自代表性系统分别是：Baker Hughes 公司的 AutoTrak RCLS、Schlumberger 公司的 PowerDrive SRD、Halliburton 公司的 Geo-Pilot 以及 Schlumberge 公司的 Power

Drive Xceed。

静态偏置指向式 Geo - Pilot 系统：主要由驱动心轴、不旋转外筒、偏心环偏置机构等组成，靠控制驱动心轴弯曲特征来实现钻头轴线的有效导控，其优点是造斜率由工具本身确定，不受钻进地层岩性的影响，在软地层及不均质地层中效果明显，缺点是驱动心轴承受高强度的交变应力，容易发生疲劳破坏。另外，高精度加工是保证这种系统导向效果的关键。

静态偏置推靠式 AutoTrak RCLS 系统：主要由旋转心轴、不旋转外套、支撑翼肋等组成，靠支撑翼肋改变钻头上的侧向力。这种系统的优点是可以利用成熟的控制技术来实现支撑翼肋的控制，但是井下复杂条件使得这种系统具有许多缺点，如位移工作方式、不旋转外套、结构复杂等。

动态偏置推靠式 PowerDrive SRD 系统：主要由测量控制稳定平台和偏置执行机构组成，相对静态式而言，在结构设计方面更为简单，小型化趋势好，可适用于小井眼的导向钻井；其全旋转工作方式使钻柱对井壁没有静止点，从而可以保证这种系统更能适合各种复杂的井下环境，但其导向翼肋伸缩频繁，给钻具与井壁造成震动与冲击，液压缸和分配阀等元件采用钻井液作为工作介质，元件磨损厉害，延长工具使用寿命是一个突出问题。

动态偏置指向式 PowerDrive Xceed 系统：主要由电控及传感器、偏置结构、驱动心轴等组成，靠控制驱动心轴弯曲特征来实现钻头轴线的有效导控，全旋转工作方式使钻柱对井壁没有静止点，从而可以保证这种系统更能适合各种复杂的井下环境，钻井极限井深更深，速度更快，在大位移井、三维多目标井及其他高难度特殊工艺井中更具竞争力。造斜率由工具本身确定，不受钻进地层岩性的影响，在软地层及不均质地层中效果明显；缺点是工作寿命有待进一步提高。

相对于国外 20 世纪 90 年代已开始旋转导向钻井系统商业应用，国内 20 世纪 90 年代末才开始旋转导向钻井技术调研及前瞻性研究，21 世纪初国家科技部和中石油、中石化、中海油都纷纷立项进行旋转导向工程样机的研发，但目前都还处于现场试验及改进完善阶段，未实现工程化应用。

中石化胜利石油工程有限公司钻井工艺研究院从 1998 年开始对旋转导向钻井技术进行调研及前瞻性研究，先后与西安石油大学、美国 APS 公司合作承担完成了多项国家 863 课题和国家科技重大专项课题。经过多轮次的试制、升级及试验，已研制出 RSM 旋转导向钻井系统工程样机及地面综合测试台架，已进行多口井现场试验，目前正在升级改进；自主研发的捷联式旋转导向钻井系统也已完成 2 口井现场试验，目前正在升级改进。

总之，目前，国外大位移井钻井已发展到一个较高水平，据分析，国外大位移井的发展方向不再以增大位移与垂深比为主要目标，而是采用先进的导向钻井系统、优质钻井液、先进的工具和工艺技术，以提高施工速度和轨迹控制精度，减少事故，降低成本为主要发展方向。

第二节　水平井钻井技术

水平井钻井技术是定向井钻井技术的延伸和发展，是 20 世纪 80 年代国际石油界迅速发展并日臻完善的一项综合性配套技术，它包括水平井油藏工程和优化设计技术、水平井井眼轨迹控制技术、水平井钻井液与油层保护技术、水平井测井技术和水平井完井技术等一系列重要技术环节，综合了多种学科的一些先进技术成果。

随着水平井技术的不断完善和其他相关技术的快速发展，水平井技术已作为国内外新油田提高综合开发效益、老油田挖潜增效的主要手段。国内外存在许多边际油田和低品位油气资源，利用直井、定向井和常规水平井技术开发效益低甚至没有效益，为了有效动用这部分油气资源，必须利用大位移及长水平段水平井技术及其他特殊工艺技术措施，尽可能多地暴露和保护油气层，改善油气渗流特征，提高单井产量、单井控制储量和油气采收率，达到少井高产的目的，以最大限度地降低综合开发成本。水平井钻井主要是以提高油气产量或提高油气采收率为根本目标，

如今，水平井钻井技术已日趋完善，由单个水平井向整体井组开发转变，并以此为基础发展了水平井配套技术，与欠平衡等钻井技术、多分支等完井技术相结合，形成了多样化的水平井技术。另外，石油行业对钻井技术低成本、低污染、精确轨迹、高产量的技术需求，促使水平井数量和水平段长度逐年增长。钻井技术发展趋势已经由传统的建立油气通道发展到采用钻井技术手段来实现勘探开发地质目的，提高单井产量和最终采收率。从已经投产的水平井来看，绝大多数水平井确实带来了十分巨大的经济效益。

一、水平井分类及钻井特点

水平井也是定向井的一种，但由于水平井特有的轨道形状、钻进工具、技术难度均超过了普通定向井的范畴，所以人们将水平井钻井技术单列出来。

（一）水平井的基本概念

1. 定义

水平井是指井眼轨迹达到水平以后，井眼继续延伸一定长度的定向井。这里所说的“达到水平”，是指井斜角达到86°以上，并非严格的90°；这里所说的“延伸一定长度”，一般是在油层里延伸，并且延伸的长度要大于油层厚度的6倍。据研究，只有在油层延伸的长度大于油层厚度的六倍，水平井才有更大经济效益。

2. 水平井的分类

水平井的分类是根据从垂直井段向水平井段转弯时的转弯半径（曲率半径）的大小进行的，如表4－10所示。

表4－10　水平井分类

类　别	造斜率/[(°)/30m]	井眼曲率半径/m	水平段长度/m
长半径	<6	>280	300～1700
中半径	6～20	280～85	200～1000
中短半径	20～60	85～30	2000～500
短半径	≥60	≤30	100～300

3. 各类水平井的特点

（1）长半径水平井

长半径水平井可以用常规定向钻井的设备、工具和方法钻成，固井、完井也与常规定向井相同，只是难度增大而已。若使用导向钻井系统，不仅可较好地控制井眼轨迹，也可提高钻速。主要缺点是摩阻力大，起下管柱难度大。此类水平井的数量将越来越少。

（2）中半径水平井

中半径水平井在增斜段均要用弯外壳井下动力钻具进行增斜，必要时要使用导向钻井系

统控制井眼轨迹。固井完井方法也可与常规定向井相同，只是难度更大。由于中半径水平井摩阻力小，所以目前在已钻水平井中，中半径水平井数量最多。

(3) 短半径和中短半径水平井

短半径和中短半径水平井主要用于老井侧钻、老井复活、提高采收率。少数也有打新井的。此类水平井需用特殊的造斜工具，目前有两种钻井系统：柔性旋转钻井系统和井下马达钻井系统。另外完井的困难较大，只能裸眼或下割缝筛管。由于中靶精度高，增产效益显著，此类水平井将越来越多。

(4) 超短半径水平井

超短半径水平井也被称为径向水平井，仅用于老井复活。通过转动转向器，可以在同一井深处水平辐射地钻出多个(一般为 4 个以上)水平井眼。这种井增产效果显著，而且地面设备简单，钻速也快，很有发展前途，但需要有特殊的井下工具和钻进工艺以及特殊的完井工艺。

4. 水平井的经济效益与应用前景

① 水平井的突出特点是井眼穿过油层的长度长，所以油井的单井产量高。据统计，全世界水平井的产量平均为邻井(直井)的6倍，有的高达几十倍，而且水平井的渗流速度小，出砂少，采油指数高，因而可以大大提高采收率。

② 水平井可使一大批用直井或普通定向井无开采价值的油藏具有工业开采价值。例如，一些以垂直裂缝为主的裂缝油藏，一些厚度小于几米的薄油层，还有一些低压低渗油藏。另外，海上油田投资大，成本高，直井开采无效益，用水平井开发却有开采价值。

③ 水平井可使一大批死井复活。许多具有气顶或底水的油藏，油井经过一段开采之后，被气锥或水锥淹没而不出油，实际上油井周围仍有大量的油(称为死油)。在老井中用侧钻水平井钻到死油区，可使这批死井复活，重新出油，这是一项非常鼓舞人心的应用前景。

④ 水平井作为探井亦具有广阔的前景。穿过十多个油层，相当于多口直探井。随着水平井技术的发展，大位移水平井、水平分支井、侧钻水平井、径向水平井等技术的成熟，在提高勘探开发的速度和提高油藏采收率方面，水平井起到极其重要的作用。

(二) 水平井钻井的特点

1. 轨迹控制要求高、难度大

要求高，是指轨迹控制的目标区要求高。普通定向井的目标区是一个靶圆，井眼只要穿过此靶圆即为合格。水平井的目标区则是一个扁平的立方体，不仅要求井眼准确进入窗口，而且要求井眼的方位与靶区轴线一致，俗称“矢量中靶”。

难度大，是指在轨迹控制过程中存在“两个不确定性因素”。轨迹控制的精度稍差，就有可能脱靶。所谓“两个不确定性因素”，一是目标垂深的不确定性，即地质部门对目标层垂深的预测有一定的误差；二是造斜工具的造斜率的不确定性。这两个不确定性的存在，对直井和普通定向井来说，不会有很大的影响，但对水平井来说，则可能导致脱靶。

这一方面要求精心设计水平井井眼轨道，一方面要求具有较高的轨迹控制能力。

2. 管柱受力复杂

① 由于井眼的井斜角大，井眼曲率大，管柱在井内运动将受到大的摩阻，致使起下钻困难，下套管困难，给钻头加压困难。

② 在大斜度和水平井段需要使用“倒装钻具”，下部的钻杆将受轴向压力，压力过大将

出现失稳弯曲，弯曲之后摩阻更大。

③ 摩阻力、扭矩和弯曲应力将显著增大，使钻柱的受力分析、强度设计和强度校核比直井和普通定向井更为复杂。

④ 由于弯曲应力很大，在钻柱旋转条件下应力交变，将加剧钻柱的疲劳破坏。这就要求精心设计钻柱，严格按规定使用钻柱。

3. 钻井液密度选择范围变小

① 地层的破裂压力和坍塌压力随井斜角和井斜方位角的变化而变化。在原地应力的三个主应力中，垂直主应力不是中间主应力的情况下，随着井斜角的增大，地层破裂压力将减小，坍塌压力将增大，钻井液密度选择范围变小，易出现井漏和井塌。

② 随着水平井段的增长，井内钻井液柱的激动压力和抽吸压力将增大，也会导致井漏和井塌。

4. 岩屑携带困难

由于井眼倾斜，岩屑上返过程中将沉向井壁的下侧，堆积起来形成"岩屑床"。特别是在井斜角45°~60°的井段，已经形成的"岩屑床"会沿井壁下滑，造成岩屑堆积，从而堵塞井眼。

5. 完井电测困难

在大斜度和水平井段，测井仪器不能靠自重下入井底。钻进过程中的测斜和随钻测量，均可利用钻柱将仪器送至井下。完井电测时需用钻柱把仪器送至井内，射孔测试时亦可利用油管将射孔枪送至井下。

6. 保证固井质量的难度大

一方面由于大斜度和水平井段的套管在自重作用下贴在下井壁，居中困难；另一方面水泥浆在凝固过程中析出的自由水将集中在井眼上侧，从而形成一条沿井眼上侧的"水槽"，大大影响固井质量。

目前此问题的解决方法是：在套管上加足够的特制扶正器，使用"零自由水"水泥浆。

7. 完井方法选择和完井工艺难度大

水平井井眼曲率较大时，套管将难以下入，无法使用射孔完井法，将不得不采用裸眼完井、筛管完井、衬管完井等完井方法，这将使完井方法不能很好地与地层特性相适应，将给采油工艺带来困难。

二、水平井轨道类型

水平井的造斜段一般可分为三段，如图4-10所示，即上造斜段(2段)、稳斜段(3段)和下造斜段(4段)。根据不同情况的需要，可将上述三段组合成9种不同形式的井眼轨道。

1. 一般造斜轨道

一般造斜轨道由3段组成，第1段为上造斜段，其初始井斜角为α_1，终止井斜角为α_2，曲率半径为R_1，长度为S_1；第2段为稳斜段，井斜角为α_2，长度为S_2；第3段为下造斜段，其初始井斜角为α_2，终止井斜角为α_3，曲率半径为R_3，长度为S_3。

2. 垂直造斜点轨道

垂直造斜点轨道由3段组成，其特点是造斜由垂直井眼开始，其上造斜段初始井斜角为$\alpha_1=0$，其他与一般造斜轨道相同。

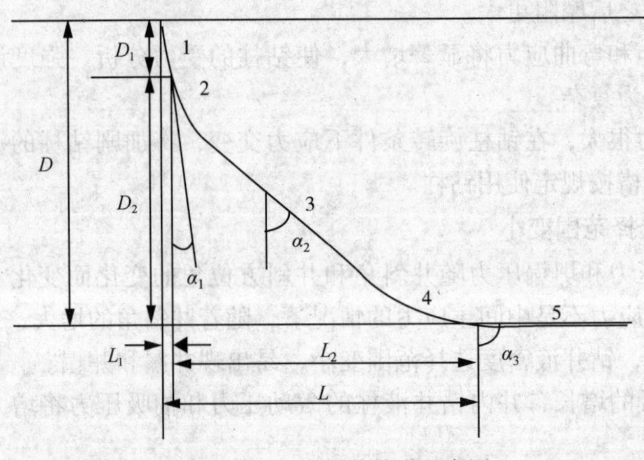

图 4－10　水平井轨道示意图

3. 目的层段水平轨道

目的层段水平轨道由 3 段组成，特点是下造斜段水平进入目的层，即下造斜段终止角 $\alpha_3=90°$。

4. 稳斜加下造斜段轨道

稳斜加下造斜段轨道由 2 段组成，其特点是利用已经钻斜的直井作为第一段，$\alpha_1=\alpha_2$。

5. 上造斜段加稳斜段轨道

上造斜段加稳斜段轨道由 2 段组成，其特点是充分利用地层自然造斜规律，先钻出上造斜段，再稳斜钻之目的层，$\alpha_2=\alpha_3$。

6. 单一稳斜轨道

单一稳斜轨道只有 1 段组成，其特点是 $\alpha_1=\alpha_2=\alpha_3$。

7. 双圆弧造斜轨道

双圆弧造斜轨道由 2 段组成，其特点是无稳斜段，$S_2=0$。

8. 单圆弧造斜轨道

单圆弧造斜轨道只有 1 段组成，其特点是无稳斜段和下造斜段，$\alpha_2=\alpha_3$，$S_2=0$。

9. 单圆弧加水平造斜段

单圆弧加水平造斜段由 2 段组成，其特点是无下造斜段，$\alpha_2=\alpha_3=90°$。

三、水平井井眼净化

在水平井中，岩屑易在井眼的低边形成岩屑沉积床，增大钻柱的摩阻和扭矩，下套管和固井困难，易造成卡钻等一系列问题，使得水平井井眼净化成为突出问题。

（一）影响井眼净化的因素

1. 井斜角

井斜角小于 45°时，不易形成岩屑床；井斜角在 45°～60°之间，环空返速较低时，井眼的低边形成岩屑沉积床，且向下滑动易形成堆积；井斜角大于 60°时，极易形成岩屑沉积床，但岩屑沉积床稳定。

2. 钻柱偏心

由于钻柱贴在井眼的低边，对岩屑运移不利，从而加快了岩屑床的形成。

3. 钻井液的流态和黏度

层流状态下，黏度的提高，会减缓岩屑床的形成，且岩屑床较薄；紊流状态下，岩屑床的形成与黏度基本上无关。

4. 钻进速度

在通常的钻速范围内，钻进速度对岩屑运移和岩屑床的影响不大。

5. 岩屑颗粒尺寸

岩屑颗粒越大，岩屑清除越难，岩屑床越厚。

6. 环空尺寸

在一定的流量条件下，环空越大，流速越低，越易形成岩屑床。

（二）提高井眼净化效果的方法

1. 提高环空返速

在各种井斜条件下，提高钻井液的环空返速都能提高钻井液的清除岩屑能力，改善井眼净化效果。

2. 增大钻杆尺寸

增大钻杆尺寸能提高环空流速，所以能改善井眼净化效果。

3. 加大钻井液密度

在保持钻井液其他性能不变的情况下，增大钻井液密度，提高了钻井液对岩屑的悬浮能力，能改善井眼净化效果。

4. 划眼起下钻

周期性划眼起下钻能起到搅动岩屑的作用，有利于把岩屑从井眼中消除。

5. 使用高速金刚石钻头

高速金刚石钻头产生细颗粒、粉末状的岩屑，岩屑颗粒小，便于携带，有利于改善井眼净化效果。

四、水平井完井方法

由于水平井的井身特点，水平井具有与直井不同的完井特点。

（一）长半径水平井完井

长半径水平井钻进的方法和钻直井基本是一样的，可用转盘钻进弯曲段和水平段。井筒中下套管、固井也无困难，完井方法可采用直井的所有方法。通常可以在井中下套管固井再用射孔的方法打开产层。

在完钻后测井时，测井仪器是很难用电缆送入水平井眼中的，为此可用钻具将测井仪器送入，边起钻边测井。

在长半径的水平井筒中比较容易地下入套管，可采用正常的下套管固井的方法封闭井底，再用射孔枪射开产层。射孔枪难以用电缆送入水平井筒中，可以用油管传输射孔的工艺射开产层。

（二）中半径水平井的完井

中半径的水平井由于增斜段的半径小，需要用弯接头、动力钻具等造斜钻具组合钻进。钻具起下时的摩阻增大，弯曲应力也大。完井方法的确定，要看套管在弯曲段的受力情况而定。如果要下套管固井时，应当校核套管的弯曲应力和套管螺纹的密封性，保证套管的下入。当套管在弯曲段穿过时有一定的危险，则不能下套管完井。

当不能下套管完井时，可选择裸眼完井、衬管完井、封隔器衬管完井等完井方法，具体选择完井的方法与下面介绍的短半径水平井完井相同。

（三）中短半径和短半径水平井完井

由于受弯曲井段的限制，中短半径和短半径水平井是无法在水平井筒中下套管的。所以采用的完井方式只有裸眼完井、衬管完井、封隔器完井等几种方法可供选择。

1. 裸眼完井

水平井的裸眼完井是最简单的井底结构。一般把套管下到接近进入水平段的地方，注水泥封固，用小钻头钻开水平井段，裸眼完成。裸眼完井适用于较坚硬岩石的产层，如石灰岩产层等，这种完井方式特别适合垂直裂缝发育良好的坚固岩石油气层。

2. 衬管完井

水平井衬管完井的井底结构，如图 4－11 所示。完井时可先钻到水平段 A 点(水平段的起始点)套管，再用小钻头钻开水平段，下衬管。也可直接钻完水平井段，下套管只下到水平段顶部，水平段下入衬管。衬管用密封悬挂器(悬挂封隔器)挂在最后一层套管上，用封隔器密封环型空间。

衬管要加扶正器，使其居中，衬管可以是割缝的，也可以是绕丝筛管。

衬管完井方法简单，可支撑地层岩石，防止井壁坍塌，是较好的完井方法。

3. 封隔器完井

在裸眼水平井段中下筛管并在筛管的适当部位安放裸眼封隔器，使封隔器张开实现井段分隔，其作用是支撑弱的地层，按层段进行生产控制。这种井底结构，如图 4－12 和图 4－13 所示。

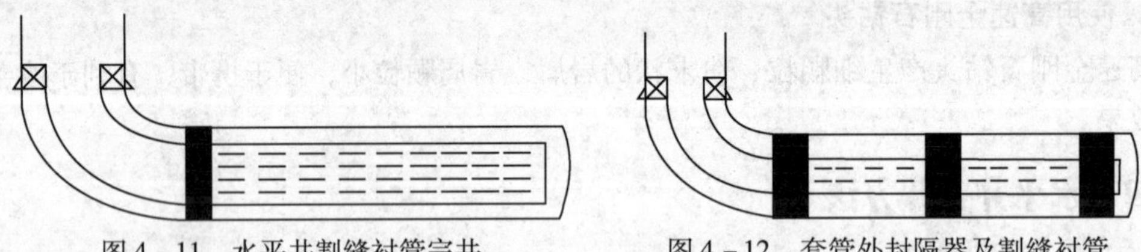

图 4－11　水平井割缝衬管完井　　　图 4－12　套管外封隔器及割缝衬管

4. 砾石充填完井

在裸眼水平井眼下入筛管，并在环形空间充填砾石以支撑地层和防止地层出砂。

在水平井中进行砾石充填是比较困难的。砾石充填完井，如图 4－14 所示。

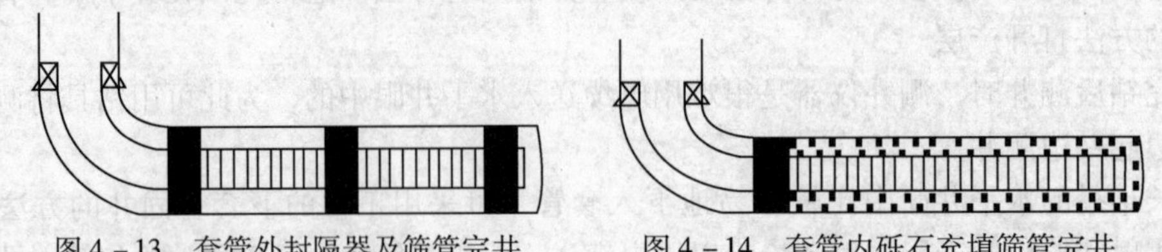

图 4－13　套管外封隔器及筛管完井　　　图 4－14　套管内砾石充填筛管完井

（四）超短半径水平井的完井

超短半径水平井钻井是用一根很细的高压冲蚀管在其中打入高压流体，管体处于塑性或半塑性状态，能在极短的距离内由垂直弯成水平，也有的超短半径水平井是用高压软管弯过弯曲段的。由于弯曲段很短，弯曲剧烈，井眼直径很小，很难再用其他管柱送入水平井眼进行完井。用高压软管冲成井眼后将软管拔出，只能裸眼完井。用钢管冲成井眼后，如有必要，可将钢管留在井中，用电化学腐蚀的方法，将喷嘴腐蚀掉，并把水平井眼中的钢管腐蚀成割缝衬管，再从上部切断，形成衬管完井，也可以在水平井眼中充填砾石。这一工艺很复杂，成本很高。

如果在一个油层中不同的方位上钻多个井眼，各个井眼有干扰，就更不能用分别下管柱的完井方法，只能用裸眼完井。

五、短半径水平井技术

短半径水平井是在中长半径水平井技术基础上发展起来的一项钻井新技术，该技术能成倍地提高油井产量和提高采收率，改善井网布置，合理有效地开发各类油藏，不但可以节约钻井及油田开发综合成本，尤其是对难以开发的薄油气层，极大地提高了采收率和经济效益。

（一）短半径水平井的特点

短半径水平井的定义，一般是指造斜井段的造斜率大于1°/m的水平井，即曲率半径小于57.3m，又称大曲率水平井。

短半径水平井具有井眼小、造斜率高、曲率半径和靶前位移短等特点。短半径水平井的主要特点和优缺点见表4－11。

表4－11　短半径水平井的特点

工艺特点	优　　点	缺　　点
造斜率>1°	井眼曲率段最短	非常规的井下工具
曲率半径<57.3m	中靶准确度高	穿透油气层段短
井眼尺寸：ϕ95.25mm～ϕ152.4mm	从一口直井可以钻多口水平分支井	井眼尺寸受到限制
钻井方式：高造斜率马达方式或者转盘钻柔性组合	造斜点与油层距离最小	井眼方位控制受到限制
钻杆：ϕ73mm	可用于浅油气层	要求使用动力水龙头或者顶部驱动系统
测斜工具：柔性测斜仪或MWD	全井斜井段最短	施工难度大
地面设备：动力水龙头或顶部驱动系统	不受地面条件的限制	非常规的完井方法

（二）短半径水平井装备及工具

1. 钻机和钻杆

目前，有两类钻机用于短半径水平井施工：一类是修井机和小型钻机，一类是连续管作业装置。在ϕ114.3mm井眼中侧钻水平井可使用改装的修井机，并配备一套动力水龙头；另外还需要带有固控设备的泥浆循环系统，但容量和处理能力相对较小。选择的钻井泵应能满足段铣作业中清洗和冷却的要求。

在裸眼井段，常采用带有CS－Hydril或PH－6工具接头的ϕ60.3mm油管作为钻柱。PH－6接头比CS－Hydril接头抗扭强度高，这在磨铣阶段中有好处，但它的内径较小，大多数仪器不能通过。为此，可使用变径钻杆，在弯曲段和水平段用ϕ67.7mm并带有CS－Hydril接头的钻柱，在直井段使用ϕ73mm的钻杆。

在较大尺寸井眼或深井中钻短半径水平井，可使用常规钻机和配套钻具。

2. 井下马达

短半径水平井的造斜率一般都比较高，需要采用特殊结构的井下马达才能满足设计要求。常用的井下马达有大角度的单弯或双弯马达以及铰接马达。

进入20世纪80年代，短半径水平井受到世界各国的广泛重视，相继开发了新的钻井系统，普遍的做法是将用于中、长半径水平井的螺杆马达引入了短半径水平系统的研究之中。典型的公司有 Eastman christensen 公司、Preussag 公司、Anadrill schlumberger 公司，并相继研制出了与之配套使用的柔性有线随钻和柔性 MWD，使得水平段长度达到400m，在薄油层、复杂断块和小区块油藏中发挥了积极的作用，促进了套管开窗侧钻短半径水平井的发展。

Eastman christensen 公司的铰接螺杆马达系统，可以钻曲率半径为12～15m 的短半径水平井。其工具特点是把在中半径水平井内使用很有效的容积式钻井液马达长度缩短到1m，并用专门的万向接头铰接起来，造斜段用一节马达，稳斜段用两节马达，钻头、近钻头稳定器及万向接头稳定器构成决定曲率半径的三个接触点，配单弯或双弯的外壳，造斜率可达4. 8°/m，有 ϕ120. 65mm 和 ϕ95. 25mm 两种规格，可供 ϕ177. 8mm 和 ϕ139. 7mm 套管内侧钻短水平井使用。

Pneussag 公司的铰接马达系统，该系统与 Eastnman christenson 公司铰接马达系统主要不同点在于造斜段总成的结构。它主要由旋转的内驱动管和不旋转的外铰接管两部分组成。旋转内驱动管内铠装有胶管，既可在一定角度内弯曲，又可循环钻井液。不旋转的铰接外管可单向弯曲一定角度而不发生方位变化，既可按井眼轨迹弯曲，不可向钻头传递转压。钻头、近钻头稳定器垫块及单身弯曲铰接接头稳定器构成决定曲率半径的3个接触点，不配备弯外壳（或弯接头）。有 ϕ120. 65mm 和 ϕ171. 45mm 两种规格，可供 ϕ177. 8mm 和 ϕ244. 5mm 套管内侧钻短半径水平井。

Anadrill schlumberger 公司的铰接马达系统。该系统主要由短螺杆马达、上下铰接头及造斜段总成组成。造斜段总成主要由近钻头稳定器压力驱动的活塞和可调直径稳定器构成，其中可调直径稳定器在钻台上可以调整直径，压力驱动的活塞在钻井液柱压力作用下外凸块的外凸程度不同。这样在造斜与稳斜施工时只用一根钻具即可满足要求，共有两种规格3种造斜率，用于 ϕ177. 8mm 套管内钻的 ϕ120. 65mm 钻头，造斜率2. 43°/m；用于 ϕ139. 7mm 套管内侧钻的 ϕ88. 9mm 钻头，造斜率为2. 66°/m。

3. 测量仪器

短半径水平井的高造斜率，采用常规仪器难以通过井下钻柱，必须使用小尺寸或柔性连接的测斜仪。

斯佩里森（Sperry－Sun）公司在以发展测量仪器为主的基础上已转为提供定向井与水平井钻井全面服务，该公司短半径水平井技术也处于领先地位，目前生产井主要集中在加拿大北部和俄罗斯部分油田，总体水平仍以测量仪器见长，该公司的 MWD 和 ESS 采用了与贝克休斯基本相同的柔性连接方式，最大特点是下井脉冲发生器本体和探管本身尺寸较小，在变径为小井眼仪器和短半径水平仪器时，不需另行设计，只是将蘑菇头、孔板和涡轮发电机的定子、转子改造为合适的尺寸即可，节约了大量的配套费用。

4. 开窗侧钻工具

开窗侧钻工具有两种。一种是套管段铣器，它的工作原理是利用铣刀将套管段铣一定井段，然后填井侧钻；另一种是下斜向器，采用非磁性类仪器定向直接将斜向器坐封在套管上，利用特殊工具开窗侧钻。

5. 液力加压器

液力加压器是通过钻井液的液压力产生钻压，开泵时，液力加压器使下部井底钻具组合与钻柱的其余部分相分离，以便提供一个恒定的、可控的钻压，减少轴向振动和冲击。液力加压器能够解决短半径水平井的钻进加压难题，提高机械钻速和钻头使用寿命，改善施工条件和减少井下事故。

（三）短半径水平井钻井技术

1. 井身轨道设计

（1）短半径水平井

只要油藏工程允许，且目的层之上无水层或复杂地层时，水平井施工应采用中短半径，即曲率半径选择在40~50m为宜，不宜选择国外的18~22m，更不必搞超短半径井(12m)水平井。从现场角度讲，过分小的曲率半径，施工难度过大，几乎没有回旋余地，井眼轨迹略有失控则需填井重钻，损失重大。

（2）适宜的造斜率

造斜率的选择，是满足曲率半径要求的关键，按国家"九五"重点攻关项目的要求，造斜率要达到(1°~3°)/m。实践证明，造斜率(1°~3°)/m的短半径井水平井是经济、稳妥的实施方案。

（3）三段制井身轨道设计应留有余地

井身轨道的选择，实际是造斜率的优化。尽管短半径水平井斜井段(造斜段)较短，考虑到现场施工中增斜井段铰接马达的不稳定性或初始不稳定性、地层因素的不确定性、施工操作的不规范性，应在井身轨道的设计中留有调整余地。目前，短半径水平井井身轨道的设计以三段制为最佳选择。即：第一增斜段造斜率(1°~1.5°)/m，第三增斜段(并进入A靶点)造斜率为(2°~2.25°)/m，中间段(调整段)设计造斜率1°/m左右。

（4）避免设计三维井身轨道

严格讲，三维井身轨道不适合短半径水平井，因为在相当短而造斜率又高的斜井段中进行较大的方位调整往往是不现实的，在水平段更是如此。为此，要求在进入造斜点前，直至钻完水平段，整体轨道一直保持二维剖面。即使该井需要调方位而出现三维轨迹时，也要在造斜点之前完成。

2. 套管开窗侧钻

① 对于深井、硬地层，宜使用造斜器、利用开窗铣进行套管开窗侧钻。它有开窗位置准确、侧钻成功率高(要求斜向器锚定牢固)的优点，但测量仪器受磁干扰，初始定向难，有时要使用陀螺单点进行井眼高边定向(误差稍大)。

② 对于浅井、软地层，宜使用段铣方式，利用段铣工具将套管铣掉10~20m，然后注入水泥塞，采用造斜马达侧钻。其优点是可以克服磁干扰，仪器定向方便，但当水泥塞硬度不及地层时，侧钻点易滑移，影响井眼轨迹控制。

总之，开窗处应满足：①套管外水泥环封固良好；②套管处无扶正器；③井斜角、方位角对轨迹有利。

3. 钻井方式与钻具组合

（1）钻井方式

出于对钻具强度及高造斜率井眼轨迹控制的考虑，短半径水平段宜以滑动钻进为主、旋转钻进为辅的方式进行，旋转钻进多为有效传递钻压、消除摩阻、划眼等，但理论计算和现场实践证明，中短半径水平井允许使用转盘钻进。

(2) 钻具组合

设计钻具组合应考虑以下原则：用无磁承压钻杆替代无磁钻铤；用 PH 双级密封扣油管代替普通钻杆置于斜井段、水平段；造斜点以下所有转换接头均应专门车制相应高钢级 PH6 双级密封扣；钻进水平段时，为施加钻压需接倒置钻具，一般以钻铤或加重钻杆接于直井段；每趟钻都要用随钻震击器。

4. 井眼轨迹控制

(1) 造斜马达的匹配

短半径水平井轨迹控制，应十分重视造斜马达造斜率与 GVDK 曲线准确匹配。施工中不允许用试钻做法，因为在短而造斜率高的井眼中，若工具与造斜率不匹配，极易导致轨迹脱轨，从而造成填井重钻。对于井下动力马达，掌握其造斜率，除用公式计算外，还要根据实践经验，两者具有很强的互补性。

(2) 铰接式动力马达的局限性

当用铰接式动力马达调整方位时，因其铰接结构功能不尽人意，远不及弯外壳动力马达。尤其在短半径水平井中，在高造斜率的斜井段，方位更不易调整，若必须进行方位调整，应考虑改用弯外壳动力马达。同时，铰接马达一旦钻遇地质断层，会顺层面漂移，造成井斜、方位失控。

(3) 常规动力钻具应用

结合我国实际，中短半径水平井施工的井下动力马达，不一定非要使用国外引进的铰接式动力马达，完全可以采用国产常规弯外壳井下动力马达，实践证明既经济又有效。国产弯外壳动力马达实际通过的井眼尺寸见表 4－12。

表 4－12　国产弯外壳动力马达实际所通过的井眼尺寸

套管尺寸	弯外壳动力马达角度	应用井
ϕ139.7mm	ϕ95mm×2.75°单弯 ϕ95mm×3°单弯 ϕ95mm×1.75°×1°双弯	L11－23CP1 H90－CP1 P40－41CP1
ϕ177.8mm	ϕ95mm×3°单弯 ϕ95mm×3.5°单弯 ϕ95mm×2.5°×1°双弯	BG40－CP1

(4) 随钻监测轨迹

短半径水平井的井眼轨迹，要严格做到随钻随测，及时掌握轨迹动态，不允许先钻后补测。对于高造斜率的斜井段，如果钻进时，增斜率稍有失控，井眼轨迹将很难控制。目前常用小尺寸 MWD 进行随钻跟踪监测。

① 随钻随测过程中随时用计算机对测量零长井段井眼轨迹进行预测。

② 在随钻测量正常时，也要定期专门下测量仪器，(MWD、ESS)补测零长段轨迹数据。

(5) LWD 应用

短半径水平井，目前完井电测尚难进行，所以对地层及油藏位置准确性差的井，所使用的测量仪，除用 MWD 外，同时还应使用带地质参数(中孔隙度、自然 γ、电阻率、岩石密度)的 LWD，做到随钻监测地层。

(6) 防止出新眼

短半径水平井下钻时易发生阻卡，划眼不慎会产生新井眼，故钻进松软地层井段时需做到：第一增斜段造率设计不宜太高，一般不设计倒置的井眼轨道。钻中间调整段宜用短而柔的钻具组合。凡改变钻具组合时相应定出安全措施。增加通井、短起下钻次数。已出新井眼可用原造斜钻具组合，定点定向找回，确认无效时应填井重钻。

(7) 防止出现键槽

力争打出一个平滑井眼，对全角变化率大的拐点应定期破槽，对造斜器开出的窗口要修平与加长，严防健槽卡钻。

5. 钻井液与净化

要彻底排出多年老井试油、采油、井下作业等多种污染液(油、气、水、酸、碱)等，严格通井洗井。配置优质钻井液，要求流动性好，动/塑比合理。保证安全的循环排量：井眼尺寸为 ϕ118 ~ ϕ121mm 和 ϕ150 ~ ϕ152mm 时，循环排量分别为 8 ~ 9L/s 和 12 ~ 15L/s。强化四级净化(高目数振动筛、高效除砂器、除泥(气)器、离心机)。

第三节　分支井钻井技术

分支井技术是 20 世纪 90 年代国际上发展起来的一项集地质、钻井、完井和采油于一体的崭新的开采技术。所谓分支井就是在一个主井眼内钻出两个或多个井眼，主井眼可以是直井、斜井或水平井，分支井眼为水平井的分支井称为分支水平井。与目前比较成熟的水平井、侧钻水平井技术相比具有更大的优越性，一方面可以发挥水平井高效、高产的优势，增加泄油面积，挖掘剩余油潜力，提高采收率，改善油田开发效果。另一方面可共用一个直井段同时开采两个或两个以上的油层或不同方向的同一个油层，在更好地动用储量的同时比水平井更节省投资。

分支井对油藏开发而言，有助于制定合理的开发方案，以较低的成本有效开发多产层的油藏，形状不规则油藏，低渗、稠油、薄层、枯竭油藏及裂缝油藏等。从钻井角度看，其各分支井眼享有共同的井口及上部井段，可以降低钻井成本，减少占用土地及有利于环境保护。因此分支井技术不仅是扩大多层断块油藏、枯竭油藏、边底水油藏和其他油藏的储量开采程度，合理改善油藏开发效果，提高原油产量，降低生产成本的需要，也是提高油田整体开发效益的重要途径之一。

进入 20 世纪 90 年代以来，钻井技术迅速发展变化以适应降低作业成本，提高勘探开发总体效益的需求形势。为了实现高效益低成本开发老油田中的剩余资源，以及低渗、超薄、海洋、稠油等特殊油藏的目的，水平井钻井、完井技术得到了完善和成熟，在此基础上，又促进了多底井、分支井的诞生与发展。

分支井具有 2 个以上的井底，可最大限度地扩大油藏裸露面积。但其最显著的特点是享有共同的井口及上部井段，因而可以缩短钻井时间，降低钻井成本，减少占用土地及有利于环境保护等。是改善油田开发效果，提高油田和整体经济效益的重要途径。

一、分支井的类型、特点及适应条件

分支井也称多底井，即在一主井眼中钻出两个或多个分支井眼，分支井眼是水平井的分

支井称作分支水平井。

（一）分支井的类型

一般来说分支井可以分为多种类型，不同类型又各具特点，分支井的各种类型如图4－15所示。

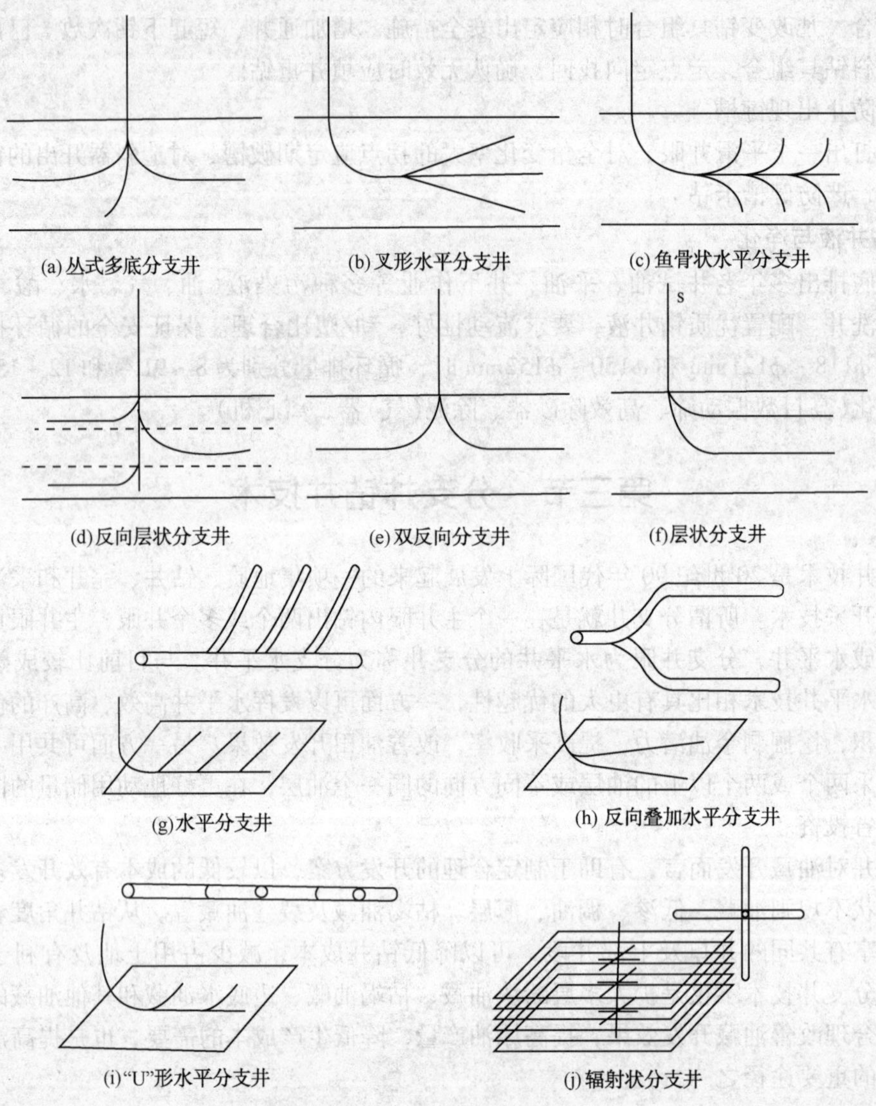

图4－15　分支井类型示意图

1. 反向分支井

反向水平分支井是以大约相差180°方向钻井，该类水平井可以开采单个油藏也可以开采不同的油藏。如果一口直井钻入一个产层，而且产层面积较大，这时钻反向分支井眼是一种行之有效的方法，因为钻两口位移1000m的分支井要比钻一口位移2000m的水平井更容易些。

2. 叠加状(层状)分支井

叠加状分支井最适合开采垂向不渗透的层状油藏，不同层都通过从同一直井中钻成的单个分支井眼开采。分支井既可在裸眼中用侧钻的方法钻成，也可通过套管开窗或钻穿套管窗口来完成。

3. 水平多分支井

水平多分支井是从一个水平主井眼中钻几个分支井眼，此类井是近几年来出现的最有前途的一种分支井，它比一口水平井具有更好的油藏暴露程度，更好的油藏泄油区及更小的压差。在沼泽环境中所需井槽、滩地及钻井平台数量较少，对于裂缝性油藏，分支井增加了穿越和开采不同裂缝系统的机遇，这种方法还能用于蒸汽驱。

4. 丛式多底分支井

这些井是从同一口直井中按不同方位利用斜的或弯曲的分支井技术钻成的，分支井眼的产能要超过一口直井。丛式分支多底井的好处在非均质地层中更多些，当这些储层的空间分布杂乱或不确定时，它要比一口长水平井段更能满足接触更多油藏的要求。

总之，对于给定油藏，选择何种类型的分支井开采最佳，一般应综合考虑钻井、完井、采油及油藏等方面的因素，只有这样才能设计出最佳的分支井，从而极大地提高产能，降低钻井成本，缩短钻井时间。

（二）分支井的技术优点

分支井与直井或水平井相比，有一个显著的特点即：分支井眼享有共同的井口和上部井段，因此可以较大幅度降低油气开发成本，充分挖掘油田生产能力，提高油气采收率，从而提高油气开发的综合经济效益。

分支井的主要优点包括：有利于制订更合理的开采方案；加大油藏与井眼的接触距离，增加油藏泄油面积；适合开采层状、圈闭断块、顶存油及小油藏的油气藏；可替代长水平段水平井以降低井底流动阻力，提高产量；减少井位、占地面积及配套设备的数量，减少搬迁、钻主井眼等工序，大幅度降低综合费用；可以减少海上平台井槽的数量，进而缩减平台的数量和尺寸；可用尽量少的井开采形状不规则的油藏；可以增加单井钻遇不同裂缝体系的可能；可在一口井内实现注采结合，提高采收率；能够应用新的提高采收率的开发方案，如在一垂直井眼中采用蒸汽驱替辅助重力驱替采油或在分隔层位利用井下重力进行抽水分离及井下处理技术；特别适合特殊油藏及老油区挖潜增效。

分支井使水平井的优势得到更为有效地发挥，分支井技术可以利用多方向的多分支延伸，大大增加钻遇油层裂缝的机会，提高产层裸露范围和泄油面积，解决由于摩阻或井壁因素的影响使常规水平井段长度受到限制的问题；另一方面，利用多方向多分支井眼可以大大增加油藏泄油面积的优势，可以有效开发因水锥等原因造成的死油区以及老井中原射孔段以上的“阁楼油”，开发小块状或透镜体油气层、薄油气层、低压低渗和高黏度稠油层，使许多在经济开采极限以下的不可动用储量得以开发。

（三）分支井技术的难点

分支井技术之所以具有上述的优点，也存在以下的技术难点：分支井地质油藏筛选条件更加苛刻，对储量要求更高；对钻井、完井的要求更高、更复杂；分支井的产能会因各分支间的干扰而受到影响；各分支间配产难度大；分支井眼的连通、封隔和选择性再进入难度大。

（四）分支井的适应条件

钻分支井是以提高产能和采收率、降低成本为前提，下列条件适宜钻分支井：设计水平位移较大的井；地面为环境敏感地区，不允许建多个井场；老井侧钻；适合多种油藏类型：重油或稠油油藏、层状油层体系、断块/孤立油藏、衰竭油藏、低渗油藏、天然裂缝油藏和存在一个或多个垂向不渗透隔层的油藏。

二、分支井钻井技术

（一）分支井钻井及完井级别分级（TAML）

按照分支井完井技术的难易程度，分支井可分为6级，如图4－16所示。

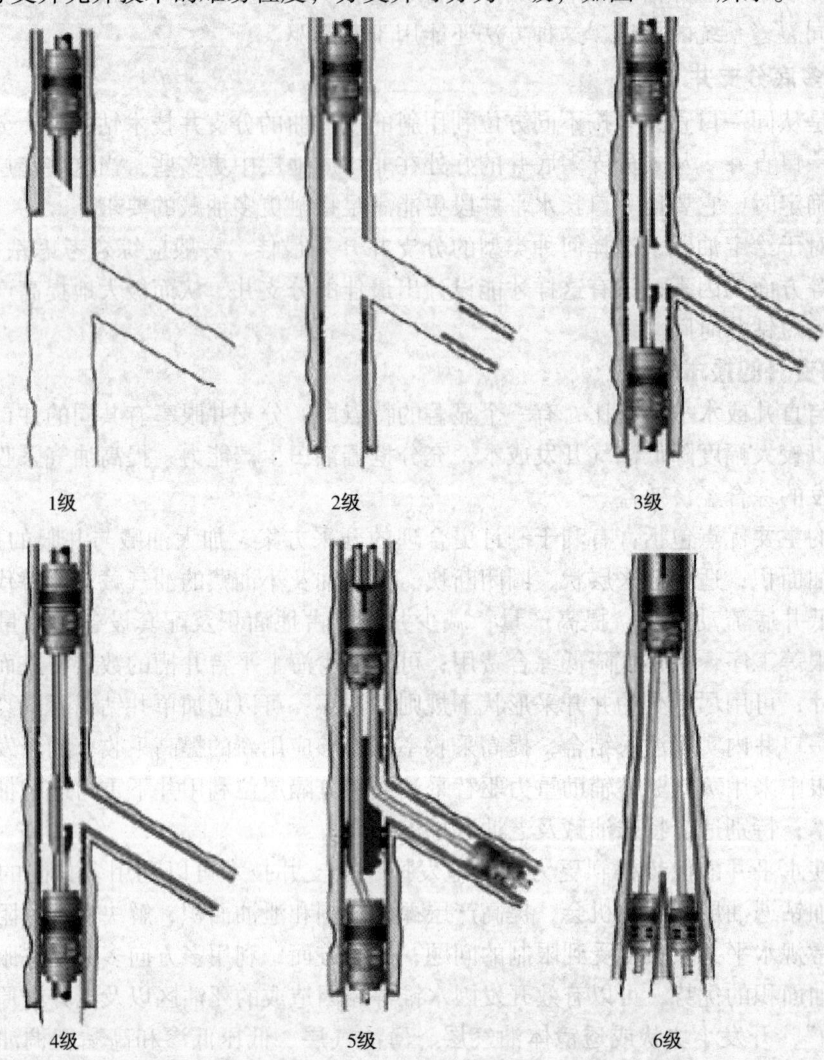

图4－16　分支井钻井及完井级别分级（TAML）示意图

1. Ⅰ级完井

裸眼井眼内钻分支井眼，且分支井眼裸眼完井。

特点：施工工艺简单，成本投入低；井眼易坍塌，无法实现选择性再进入和选择性分采，对分支井眼实施增产措施困难。

2. Ⅱ级完井

从套管内钻分支井眼，分支井眼裸眼完井。

特点：施工工艺较Ⅰ级完井复杂，成本投入较低；主井眼与分支井眼连接处易坍塌，无法实现选择性再进入和选择性分采，对分支井眼实施增产措施困难。

3. Ⅲ级完井

从套管内钻分支井眼，分支井眼内下入尾管，将分支尾管连接到主井眼的套管上，但连接部位不密封或不注水泥。

特点：施工工艺较Ⅱ级完井复杂，成本投入较低；无法实现选择性再进入和选择性分采，对分支井眼实施增产措施困难。

4. Ⅳ级完井

从套管内钻分支井眼，分支井眼内下入尾管，分支尾管顶部连接到主井眼套管上，在连接部位注水泥。

特点：施工工艺较Ⅲ级完井复杂，成本较前三级完井投入高；主井眼与分支井眼连接处易坍塌，可实现选择性再进入和选择性分采，可对分支井眼实施增产措施。

5. Ⅴ级完井

主井眼内下入生产油管，分支井眼内下入完井管柱，在分支井尾管与主井眼油管之间形成机械连接与密封。

特点：施工工艺较Ⅳ级完井复杂，成本较Ⅳ级完井投入高；可实现选择性再进入和选择性分采，可对分支井眼实施增产措施。

6. Ⅵ级完井

主井眼内下入生产油管，分支井眼内下入完井管柱，分支井尾管与主井眼油管在连接部位实现直接连接和机械密封、液压封隔，或者用井下分支装置压力封隔。

特点：施工工艺较Ⅳ级完井复杂，成本较Ⅳ级完井投入高；可实现选择性再进入和选择性分采，可对分支井眼实施增产措施。

（二）分支井油藏、地质及工程设计技术

分支井地质及油藏工程设计技术包括：适合分支井开采的资源量评价技术；适合分支井技术开采的油藏及地质筛选技术；分支井优化设计技术；分支井开采特征及效果评价技术。

（三）分支井钻井工艺技术

分支井钻井工艺技术包括：分支井工程设计技术；分支井定向开窗侧钻技术；分支井井眼轨迹控制技术；分支井井眼轨迹测量技术；分支井井下专用工具研制技术。

（四）分支井钻井液技术

分支井钻井液技术包括：适合分支井钻井的钻井液、完井液体系及相配套的处理剂；钻井液有效携带和悬浮岩屑技术；钻井液抑制性及防塌性技术；钻井液有效降低摩阻及提高润滑性能技术；分支井油层保护技术。

（五）分支井完井及采油技术

分支井完井及采油技术包括：分支井固井完井及裸眼封隔工艺技术；分支井防砂技术；分支外采油工艺技术；分支井眼修井作业技术。

（六）分支井工具及装置

（1）可回收式复合一体斜向器总成

该工具包括套管开窗复式铣锥、斜向器、定位坐封装置及回收装置等。它可实现一次斜向器的定位坐放、套管开窗、窗口修复，钻完分支井眼后，可实现斜向器的回收。

（2）井下分支装置

该装置是 Baker oil Tools 和 Nationa oil Well 公司于 1993 年联合研制的，包括可回收斜向

器、尾管悬挂分离器、分离头及转向装置等，它可实现反向(方向相差180°)双分支井眼的导向定位、钻井施工后双分支井眼回接至井口，并可实现分支井眼的分采及作业，该装置适用于新井钻双分支井。

(3) 预开窗分支钻井系统

该系统是由 Shell 加拿大有限公司与加拿大 Tool Master 有限公司联合研制的，主要包括工具坐放段、窗口段分、定位和注水泥装置、斜向器及送入、可回收工具等。该系统有预留窗口，不需开窗既可钻反向分支井眼，可减少分支井眼的钻井费用。此系统仅适合新井，不适合老井。

(4) 分支井回接系统(LTBS)

该系统是由 Sperry—Sun 钻井服务公司、CS 资源公司及 Cardium 工具服务公司联合研制的，主要包括带活门和内承压系统的套管预留窗口接头、可回收斜向器、分支井段定位悬挂器及送入、回收工具等。LTBS 系统目前有三种规格即：178mm 系统、244mm 系统和 273mm 系统，可分别钻出井眼尺寸为 ϕ121mm、ϕ165mm 和 ϕ200mm 的多个分支井眼。该系统可实现主井眼和分支井眼的机械连接、水力密封和选择再进入，其缺点是操作复杂，可靠性需进一步提高。

(5) Halliburton 分支井钻井系统

该系统主要包括定向短节、可回收斜向器(实心和空心)、开窗工具、分支井封隔器、再进入工具及过窗口工具等。它既适合新井也适用于老井，可从主井眼中钻出 2~5 个分支井眼，并实现了分支井封隔性、再进入性和液压密封性的“三性”。

除上述分支井钻井系统外还有短半径、超短半径分支水平井钻井系统、径向分支水平井钻井系统以及多底分支井钻井系统等。

总之，20 世纪 90 年代以来，国外在分支井技术的开发研究方面，做了大量的工作，研制了多种分支井新工具和装置，并进行了试验及应用，为各种类型分支井的钻井开发提供了有力的技术支撑和必要的条件。

三、鱼骨状水平井钻井技术

鱼骨状水平井是一种特殊形式的分支井，是指在水平段侧钻出两个或两个以上水平分支井眼的水平井。从三维立体图上看，各分支井眼与主井眼之间呈鱼骨状分布；从水平投影图上看，各分支井眼与主井眼呈羽状分布，国外也将其称为羽状水平井，如图 4－17 所示。鱼骨状水平井技术充分体现了分支井的技术优势，具有最大限度地增加油藏泄油面积、充分利用上部主井眼、节约钻井费用等显著优点。

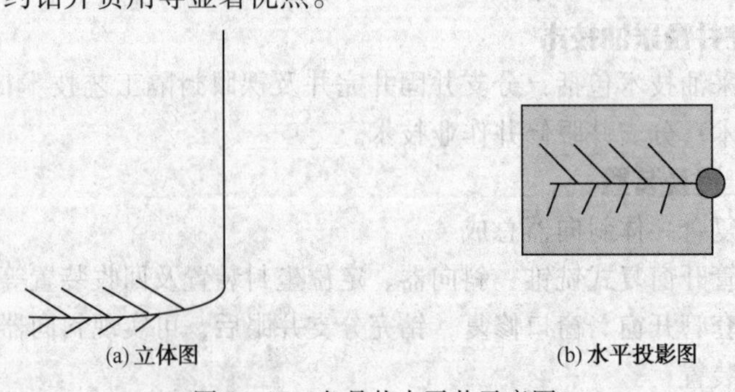

图 4－17　鱼骨状水平井示意图

（一）鱼骨状水平井钻井设计技术

鱼骨状水平井钻井设计技术包括：鱼骨状水平井整体方案设计技术；鱼骨状水平井井身结构优化设计技术；鱼骨状水平井井眼轨道优化设计技术。

（二）鱼骨状水平井钻井工艺技术

1. 鱼骨状水平井定向侧钻技术

鱼骨状水平井主要采用前进式或后退式两种钻进方式。

①“前进式”钻进方式特点：岩屑封堵已钻井眼的可能性比较小；提高了顺利下入钻具及防砂筛管的成功率，后期完井相对较为主动；可以最大限度地减小可能的井眼损失，取得最佳的开发效果；如果分支井眼与主井眼处理不当，再次下钻时在分支窗口处可能会进入分支井眼，而不是既定的主井眼，造成井下复杂情况的发生。

②“后退式”钻进方式特点：不会出现下钻进入分支井眼的情况，施工风险相对较低；适合于鱼骨状水平井主井眼采用裸眼完井方式的井；先期完成井眼可能会被分支窗口处的岩屑堆积封堵，严重情况下可能失去先期完成井眼。

2. 鱼骨状水平井侧钻工艺技术

（1）鱼骨状水平井侧钻点的选择

鱼骨状水平井侧钻点的选择原则：侧钻点应该选择在同油层中物性较好的地方；应选择在油层相对较厚的地方，以避免侧钻后钻出油层；侧钻点间隔须保证在侧钻不顺利及实际侧钻点下移的情况下不会对下步施工造成大的影响。

（2）侧钻窗口处理技术

“前进式”鱼骨状水平井钻井施工的关键是如何成功侧钻主井眼，悬空侧钻技术决定着鱼骨状水平井的成败。目前，国内的鱼骨状水平井多下入筛管进行完井作业，所以在此类井型中，悬空侧钻后的井眼轨迹必须保证在钻柱或完井管柱下入过程中，当到达每一个分支井眼侧钻点处，都能顺利进入主井眼而不是各分支井眼。

保证侧钻的新主井眼位于分支井眼的下方，这样每次下钻到分支侧钻点处，钻具才能依靠自身重力的作用顺利进入主井眼而不是各分支井眼。因此必须保证分支井眼与主井眼之间开始分离的夹壁墙快速形成并具有不易坍塌的特性。施工中的井眼再进入措施、悬空侧钻技术、新主井眼要保证后继施工作业等都是处理窗口的关键技术。

3. 鱼骨状水平井井眼轨迹控制及预测技术

（1）测斜数据处理

由于分支井对于实钻井眼轨迹的计算精度要求较高，所以采用了较为精确的圆柱螺线法，国外也有一些公司采用最小曲率法进行实钻轨迹数据处理。圆柱螺线法假设相邻两测点间的井段是一条等变螺旋角的圆柱螺线，螺线在两端点处分别与上、下两测点处的井眼方向相切。

（2）井底预测

在分支井施工过程中，使用 MWD 随钻监测，钻头至测量点之间约有 11 ~ 20m 左右的距离，如果使用带地质参数的 LWD，不能实时测量的井段更长。对实钻井眼井底的预测是进行待钻井眼校正设计和制定下一步施工措施的基础。

（三）鱼骨状水平井钻井完井液技术

鱼骨状水平井与普通水平井技术的主要区别在于，普通水平井发展依赖于钻井工艺的进步，而鱼骨状水平井的发展主要依赖于完井技术的进步。要提高钻井完井效果，以及开采效益，鱼骨状水平井钻井液完井液的润滑、防塌、携岩、环保、油层保护等性能起着重要的作用，钻井周期相对较长，井壁稳定性要求高，不能造成井壁坍塌；携岩能力强，不能使固相颗粒沉积；低滤失性，不能造成油气损害及卡钻事故；润滑性能好，能够减少钻具扭矩及阻力；不能污染环境及油层，钻井液性能稳定性要好。

四、国内首口Ⅳ级分支水平井钻井技术实践

Zl－ZP1 井位于桩 1 块中部构造的较高位置。该区块先后有 9 口井(包括一口水平井)投入开发，大部分井开井即见水，含水迅速上井至 90% 以上，其主要原因是该层为底水油藏，油水黏度比大，油流动阻力大，底水很快以水锥形式使油井水淹。因此设计用双分支水平井开发该构造的含油富集区，以起到控制更大的含油面积，抑制底水锥进，增大泄油面积，改善开发效果，提高采收率的作用。

Zl－ZP1 井身结构见图 4－18，该井于 2000 年 9 月顺利完井，这是中石化集团公司依靠自己的力量独立完成的国内第一口分支水平井(属Ⅳ级完井)，填补了国内在该技术领域的空白。该井第一分支完钻井深 1945m，水平位移 44.8m，水平段长 236.02m，最大井斜角 93.2°；第二分支完钻井深 1872m，水平位移 86.06m，水平段长 186.62m，最大井斜角 91.2°。

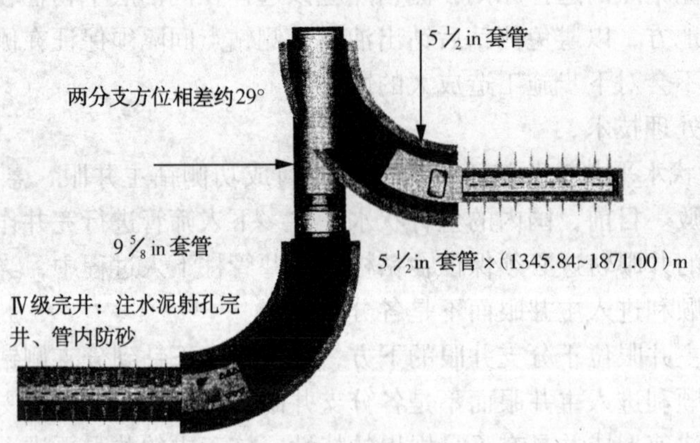

图 4－18　Zl－ZP1 井井身结构示意图

L46－ZP1 井位于梁家楼油田梁 46 块中部，用于开发该块沙三中 1^0、1^1 和 1^2 小层局部构造高点剩余油富集区。梁 46 块先后有 11 口井投产，开发效果并不理想，因此设计利用分支水平井技术同时开采纵向上的多个油层，以改善开发效果，提高产能和采收率。

L46－ZP1 井设计为多层同向双分支结构，两分支均为双阶梯类型，由于油层薄，所在井区井点稀，目的层深度预测困难，有相当的施工难度。该井 2001 年 3 月顺利完井，第一分支(L46－ZP1－1 井)完钻井深 3595m，水平位移 566.26m，水平段长 331.06m，最大井斜 95°；第二分支(L46－ZP1－2 井)完钻井深 3622m，水平位移 628.18m，水平段长 329.29m。这是国内第二口分支水平井(属Ⅳ级完井)，两分支均采用管外封隔器加筛管的方式完井。其井身结构见图 4－19。

通过理论研究和现场技术实践探索，形成了适合油田开发钻井工艺技术特点和装备水平的分支井钻井完井技术。

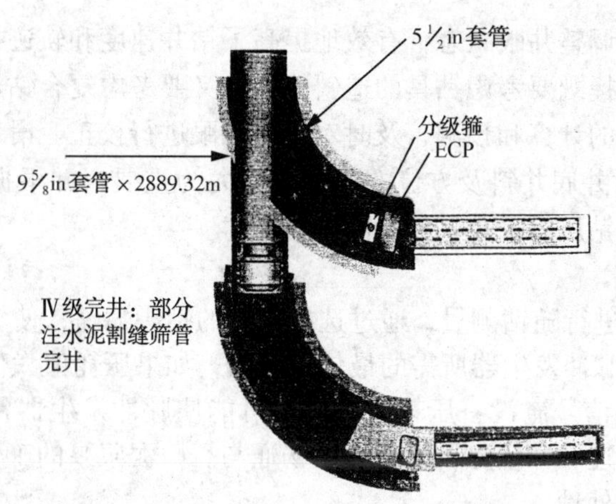

图4－19　L46－ZPl井井身结构示意图

（一）分支井工程设计技术

（1）地质及油藏工程设计

国内在分支井钻井的尝试刚刚起步，分支水平井尚属空白，因此必须借鉴国外分支井的经验，确定适合分支井技术开采的油藏及地质条件，对筛选出的区块精细断裂系统和微构造研究、精细地层对比划分、储层参数研究和储层非均质研究，建立目标区块三维地质模型；利用生产动态和数值模拟方法开展剩余油分布规律研究，确定分支井的平面位置和合适的分支类型，在油藏研究的基础上，对分支井的不同分支进行优化研究，以确定各分支的水平段长度及延伸方向。

（2）井身结构和井眼轨道设计

尽管国外有些分支井出于环保要求和经济技术等因素的考虑，分支井眼的半径较小，且与钻常规井眼（如8½in）具有几乎相同的效益。但是为便于处理钻井和后续作业过程中出现的复杂情况，在可能的情况下，应尽量钻较大尺寸的分支井眼。技术套管的下入深度，除考虑地质要求和施工安全外，还要考虑分支井眼的开窗点及特殊工具的坐放位置。基于这些考虑，Zl－ZPl井采用了主井眼钻ϕ311.2mm井眼下ϕ244.5mm技术套管，分支井眼钻ϕ215.9mm井眼挂ϕ139.7mm套管或割缝筛管的井身结构，尾管悬挂器的位置由上分支开窗点位置和所采用的回接系统的要求确定。

在井眼轨道设计方面，由于存在开窗位置限制和套管附近磁干扰的问题，采用了不同于常规水平井和侧钻井的轨道设计原则和设计方法。

（3）分支井钻柱设计

分支井钻柱设计应满足下列要求：最大限度地降低扭矩和摩阻；钻杆应有较高的抗拉强度，尽量采用钢级为S－135的钻杆；直井段应有一定数量的加重钻杆，以保证在以定向方式钻进时，能施加钻压，克服井眼摩阻；采用无磁承压钻杆代替无磁钻铤，最大限度地降低MWD短节以及井下马达的弯曲应力。

为确保钻进时井下安全，钻柱设计必须谨慎，并提出明确无误的施工要求，参照同地区定向井或常规水平井的钻柱设计，是保证分支井成功的基础。

（二）导向钻进及MWD测量技术

（1）导向钻进技术

两口井的造斜段及水平段均采用MWD＋单弯动力钻具的导向组合钻进，该组合通过连续滑动钻进、滑动和复合钻进相结合的方式实现增斜、降斜和稳斜，既达到了连续钻进的目的，又可随时根据需要调整井眼状态，有效地提高了钻井速度和轨迹控制精度。

导向组合钻具的选择既要考虑钻具的造斜能力，又要考虑复合钻进时的井下安全。施工中要实时进行井眼轨迹的计算和预测，及时对待钻井眼进行校正。滑动钻进时，测点距井底尚有约 14m 的距离，对井底井斜及方位的预测显得尤为重要，并根据预测情况确定滑动或复合钻进以及通过调整钻压等来控制钻具的造斜能力。

（2）MWD 测量技术

采用负脉冲 MWD 进行随钻测量，通过选择合适的钻头喷嘴，使钻头压耗和井下动力钻具压耗之和满足 MWD 脉冲发生器所需的最佳压耗值，如果压耗值太低，脉冲发生器产生的信号过弱，容易被干扰信号淹没：压耗值过高，可能使脉冲发生器释放阀关闭，发不出信号。由于仪器靠泥浆传递脉冲信号，循环管路畅通与否、泥浆泵的工作状况和排量等因素将直接影响信号的接受和处理。

（三）分支井定向回接与开窗侧钻技术

（1）定向回接系统

在两口井的设计和施工中，突破了以往下地锚、坐斜向器的开窗侧钻方式，采用在尾管悬挂器顶部加装一个特殊的定向回接接头，通过专门设计的回接工具与斜向器连接，实现了开窗侧钻和分支井眼的再进入。

定向回接系统由尾管悬挂器、定向回接接头、定向接头、打捞接头、防阻塞接头和斜向器组成。用陀螺测出定向回接筒上的键槽方位，根据分支井眼的设计方位，在地面调整好斜向器的方位，定向回接系统组合成一个整体入井坐键，斜向器不用二次定向即可开窗侧钻。

（2）开窗侧钻技术

该分支水平井是在 ϕ244.5mm 套管内开窗侧钻第二分支井眼，利用一体式铣锥一次完成开窗和修窗工作。一体式铣锥利用销钉和定向回接系统上部的斜向器连接，由一趟送入管柱送入，坐键、坐封后，通过施加一定的钻压剪断销钉，即可进行开窗磨铣工作。

（四）分支水平井钻井液技术

分支井施工要求钻井液在裸眼井段静止时间较长，因而要求钻井液具有较好的稳定性能、流变性能、油层保护性能。目前水平井所普遍采用的混原油的正电胶钻井液无法满足这些要求。通过正交试验进行分支井水平井钻井液配方优选试验，最终确定了以多元醇为主处理剂的聚合醇仿油基钻井液作为分支井钻井液配方。

分支井钻井液以多元醇为主处理剂、两性离子聚合物为辅助处理剂，多元醇在钻井液中的加量只有 3%，两性离子聚合物配成胶液维护，即可提供正常的润滑性及抑制防塌性能。应用证明该钻井液对油层保护能够起到积极作用。

（五）分支井塑性水泥固井技术

分支水平井对窗口部分的固井质量要求很高，为此对塑性水泥添加剂进行了研究，并研制出了 PS－1 塑性水泥体系，在 Z1－ZP1 井上得到了成功应用。应用表明，该技术在能保证与常规水泥强度大小相同的情况下，抗冲击韧性强度可提高 15%，大大提高了分支井眼及主井眼的固井质量，较好地改善了在后期完井及采油作业过程中对水泥环的冲击破坏，并且可以减少射孔对水泥环的冲击伤害，从而降低气窜或水窜的可能。

（六）分支井眼再进入工艺技术

1. 斜向器的回收工艺

Z1－ZP1 井的两个分支井眼均采用下套管固井射孔方式完井。在第二分支井眼固井后，窗口位置 ϕ244.5mm 套管内重叠一部分 ϕ139.7mm 套管，斜向器顶部以上的部分采用领眼磨鞋磨铣(图4－20)，斜向器顶部以下的部分采用套铣筒套铣(图4－21)，套铣筒进入打捞接头后，将切断的套管及斜向器组合一起回收，从而实现各分支井眼与主井眼的连通。

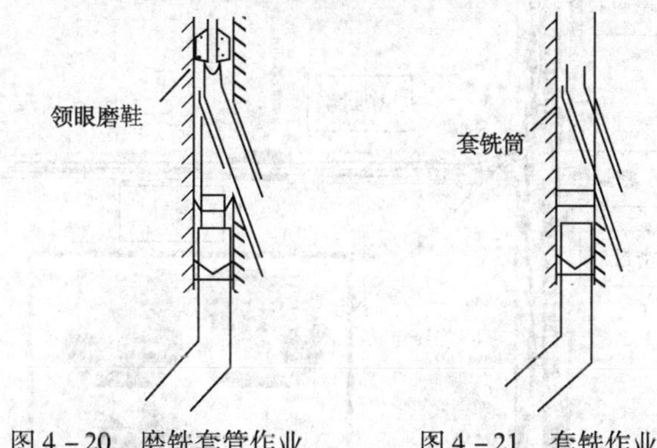

图4－20　磨铣套管作业　　　　图4－21　套铣作业

2. 分支井眼的再进入工艺

该分支水平井都是在直井段ϕ244.5mm套管内侧钻第二分支井眼，所以进入造斜点低的分支井眼(下分支)不需要特殊的工艺。

在分支井后期的完井、采油和进行增产作业时，如果需要进入造斜点高的分支井眼(上分支)，可将再进入斜向器和定向接头等连接成新的定向回接系统，坐放后即可方便地进入上分支。

(七) 分支井特殊工具研制

在分支井技术的探索和试验过程中，研究和开发了系列的井下特殊工具，主要包括定向回接工具，如带回接筒的尾管悬挂器、侧键槽工具、坐键及打捞接头等，开窗工具，如斜向器、复式铣锥等，磨、套铣工具，如领眼磨鞋、铣鞋和套铣工具等。

五、高级别分支井技术新进展

Ⅴ级和Ⅵ级分支井技术具有“三性”特点：即能够实现分支井眼与主井眼连接处的完整机械支撑和液力密封性能；具备了完井后分支井眼的选择性再进入功能。

1. Ⅴ级分支井技术

Ⅴ级分支井完井的关键部件是分支井眼连接系统，该系统通过井下插接公板和母板的连接方式，在窗口处形成机械支撑和液力密封。Ⅴ级分支井在施工下分支井眼时可以采用常规的完井方式：固井后射孔或下筛管完井；上部分支井井眼采用主井眼套管内侧钻的方式完成，然后下入完井管杆和配套的Ⅴ级分支井完井工具。整个Ⅴ级分支井系统在完井后，能够通过5处密封实现了技术套管与地层的完全液力封隔(图4－22)，Ⅴ级分支井系统密封部件见表4－13。

表4－13　Ⅴ级分支井系统密封部件

序　号	说　明
密封1	ϕ244.5mm主套管封隔器
密封2	井眼连接系统
密封3	ϕ244.5mm主套管锚定封隔器
密封4	密封插头
密封5	裸眼封隔器

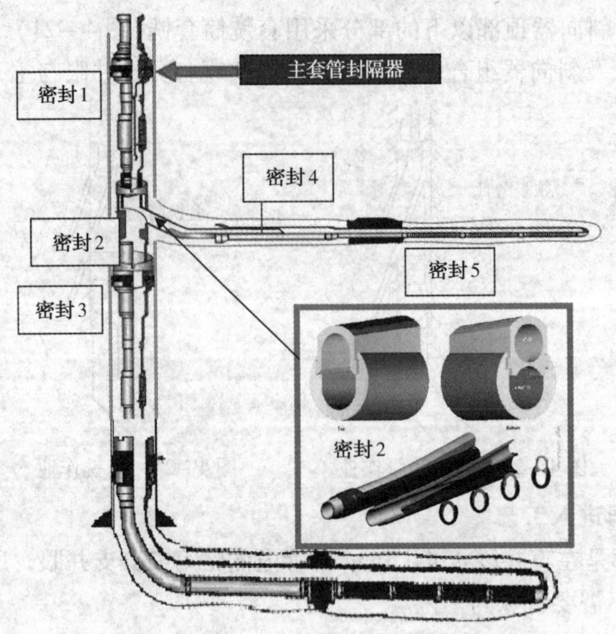

图4－22　Ⅴ级分支井完井结构图

2. Ⅵ级分支井技术

与Ⅴ级分支井系统不同，Ⅵ级分支井系统通过关键部件—地面预压成型的“井眼连接总成”(图4－23)来实现两个分支井眼的机械连接和液力密封。该装置在下井前已经通过加工成一个整体，无需像Ⅴ级分支井眼连接系统那样井下安装，相对施工简单。Ⅵ级分支井在完成上部主井眼的扩眼后才能下入井眼连接总成，并通过下入膨胀整形工具膨胀整形恢复两个分支腿的尺寸(图4－24)。由于膨胀整形工艺的要求，分支腿在所选材料承压能力较弱，只能达到10MPa。

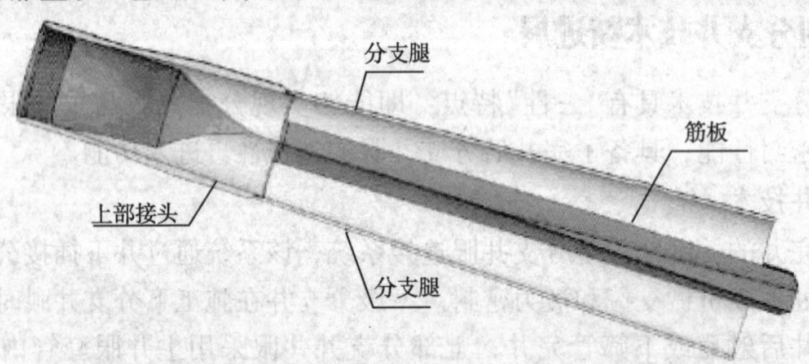

图4－23　Ⅵ级分支井井眼连接总成

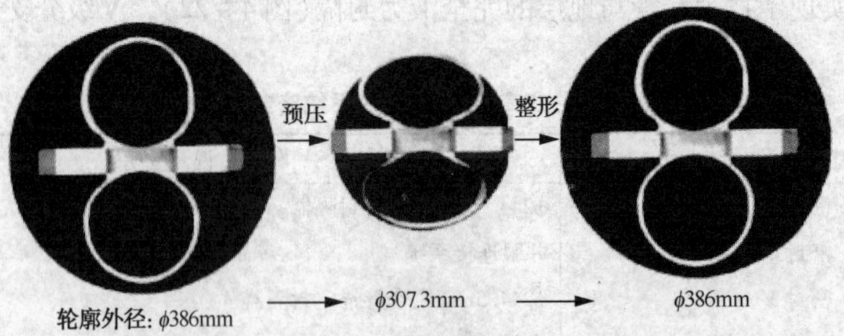

图4－24　Ⅵ级分支井眼连接系统成形过程

Ⅵ级分支井通过不同的完井方式可以实现对两个分支井眼的分采或者合采。分支井眼可以根据实际情况采用射孔、下防砂筛管等多种常规完井方式。图4－25(a)中所示的完井井身结构设计可以通过控制井下的液压控制阀实现对两个分支井眼的选择性开采。图4－25(b)中所示的完井井身结构设计为Ⅵ级分支井双管完井，可以方便的通过控制地面的管汇阀门实现两口井的分采。

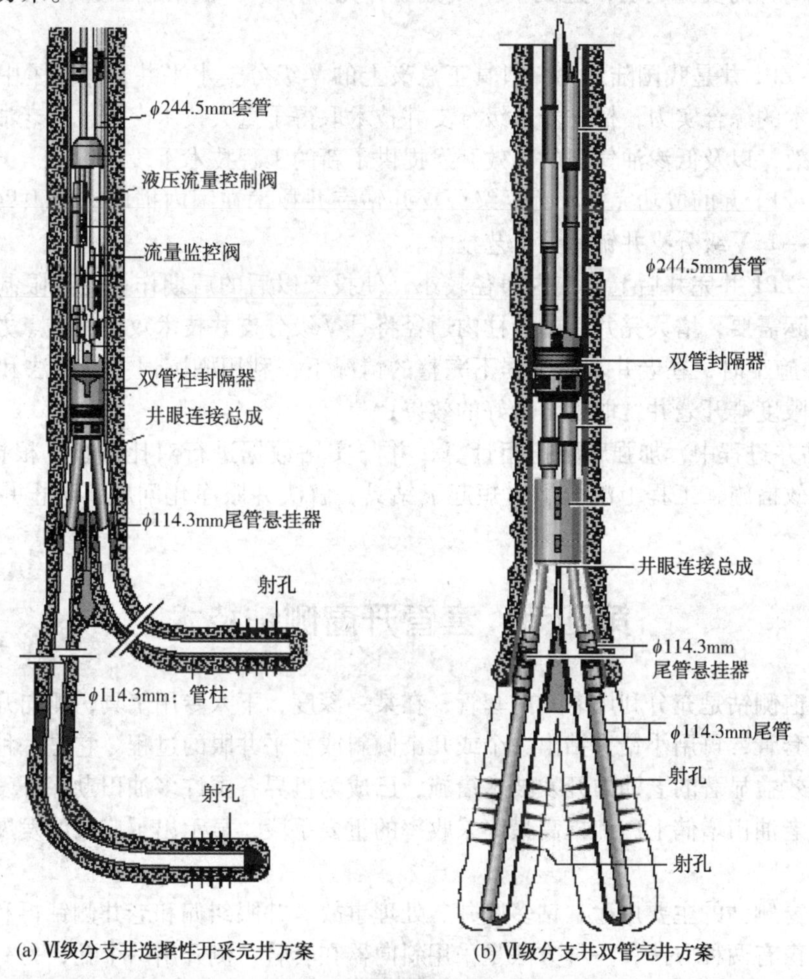

(a) Ⅵ级分支井选择性开采完井方案　　(b) Ⅵ级分支井双管完井方案

图4－25　Ⅵ级分支井完井结构图

3. 高级别分支井钻井技术进展

进入21世纪，国内油田相继开展了高级别分支井钻井技术研究，“十一五”期间，中石化胜利油田组织开展了高级别分支井技术研究，分别承担了中石化重点项目“高级别分支井钻井技术研究”和国家重大专项“复杂结构井钻井配套技术”项目，经过三年的攻关，分别研制成功了Ⅴ级和Ⅵ级分支井系统，其中Ⅴ级分支井系统进行了试验应用。研制了Ⅴ级分支井工具，形成了Ⅴ级分支井钻井工艺技术，在H3－ZP1井开展现场试验，实现国内Ⅴ级分支井技术方面的突破，验证了Ⅴ级分支井技术对复杂地质环境的适应性、可行性、可靠性，为今后该技术的推广应用打下基础。

H3－ZP1井为平面四靶点水平井，钻探目的是开发河3－斜36断块沙二63及沙二75含油气情况，动用该层系位剩余油，目的层相当于河3－6井电测深度2056.7～2064.1m及2111.3～2117.6m井段13.7m/2层油层。利用分支水平井技术完善区块开发效果，提高产能及采收率。H3 - ZP1 井于 2011 年 4 月 22 日开钻，5 月 23 日第一分支完钻，完钻井深 2489m，垂深 2116.21m，井斜 93°，方位 225.05°，水平位移 472.26m；6 月 8 日第二分支完钻，完钻井深 2400m，垂深 2067.80m，井斜 89.17°，方位 232.56°，水平位移 476.77m。至 2013 年 3 月 11 日该井进行了上、下分支井眼的分采投产，实现了分支井眼的再进入。

H3 - ZP1 井的实验成功，达到了Ⅴ级分支井完井水平，根据施工过程，总结得到以下认识：

① H3 - ZP1 井是我国陆地第一口真正意义上的Ⅴ级分支水平井，体现了中石化集团公司钻完井技术的综合实力，标志着Ⅴ级分支井技术取得了重大技术突破，为老油田的继续稳产和挖潜增效，以及低渗油气田的高效开发提供了新的工程技术手段。

② H3 - ZP1 井的成功完井，为Ⅴ级分支井钻完井技术在国内推广应用积累了宝贵的经验，形成了一套Ⅴ级分支井钻完井工艺技术。

③ H3 - ZP1 井完井后上分支内通径较小，使投产以后的后期作业受到限制，因此为了满足生产实际需要，增大完井后的管柱内通径将是Ⅴ级分支井技术攻关的重点方向。

④ 本井施工时，在老井基础数据不完整的情况下，利用椭圆误差分析法和法向防碰绕障技术最大限度避开老井，取得了良好的效果；

⑤ 在钻井过程中，加强摩阻扭矩计算，并与实钻数据进行对比分析，根据分析结果，及时采取有效措施，工程上配合适时短起下钻具，解决井眼净化问题，防止井下复杂情况发生。

第四节　套管开窗侧钻技术

套管开窗侧钻是充分利用老井的套管，在某一深度，下入专用工具，侧向开出一个窗口或铣掉一段套管，再用小钻头钻出一个或几个倾斜或水平井眼的过程。它是一种投资少、见效快、经济效益显著的老油田开发技术措施，已成为世界各国许多油田勘探开发中重新认识老油田、使老油田增储上产和提高最终采收率的重要手段，显示出了广阔的发展前景及推广应用价值。

套管开窗侧钻的主要用途；钻多底井、处理事故、井眼纠偏和老井侧钻再利用等。

套管开窗有两种方法，一种方法是采用斜向器在套管一侧开出一个孔，另一种方法是用段铣器将一段套管段铣掉再侧钻。

一、套管开窗的原则

（一）选井原则

开窗侧钻井必须经过井史分析，通井、试压确定其上部井段有利用价值。选井原则为：井斜角度小，井斜方位变化不大；套管完好，无变形、无漏失、无穿孔与破裂等现象；固井质量良好，无窜槽；存在岩石较硬、适宜开窗的地层，且该层位无高压、不漏失等。

（二）开窗或段铣的位置

侧钻开窗部位必须在预钻进油层或套管损坏部位 30m 以上。确定原则：对出砂井和严重窜漏井，开窗位置要高，倾角还要加大些，以利于侧钻出一定的水平位移，避开原井眼的影响；侧钻开窗位置过高，要钻进较长一段井眼才能进入目的层位，给钻进和封固都带来较大的困难，所以侧钻井眼不易太长。对出砂井和严重窜漏井，侧钻长度要加大，水平位移必须大于出砂与窜漏的径向范围；侧钻开窗位置过低，要避开原井眼的影响，就必须加大增斜力度，使钻进的难度大大增大，故不可取；侧钻开窗位置应避开套管接箍，一方面套管接箍处不利于开窗，另一方面套管接箍处开出的窗口不稳固。

二、套管内侧钻工具

套管内侧钻的主要工具有斜向器、送斜器、开窗铣锥、段铣器等工具。

（一）斜向器（定向器）

斜向器是带有一定斜度（一般为3°~4°）和一定技术要求的斜面的半圆柱体，在侧钻中起导斜和造斜作用。斜向器按套管尺寸区分有 ϕ127mm、ϕ152.4mm、ϕ177.8mm 等，按斜面断面形状分有平面斜向器和凹面斜向器，按使用材料可分钢材、生铁和铸钢三种，按固定斜向器方法来分有水泥固定与卡瓦固定两种。斜向器结构特性是用断面形态、表面硬度、斜度、长度、尾部结构等表示。

1. 断面形状

目前，斜向器斜面断面形状有弧面和平面两种，弧面的优点是定向性能好，开窗锐锥工作平稳，窗口比较规则。缺点是钻具负荷大，制造比较困难，平面的优缺点与弧面相反，定向侧钻用弧面较好。

2. 斜面硬度

斜向器斜面的硬度一般比套管硬度略高些，开窗时斜向器与套管均匀切削，窗口较规则。表面太硬，开窗距离短，易提前外滑造成侧钻完井工作困难，表面过软则窗口长，开窗时间长，有时侧钻不出去，一般硬度为RC260~300较为合适。

3. 斜向器的斜度和斜面长度

斜向器的斜度，主要以侧钻目的和要求而定，但又受套管尺寸制约，井底位移大的，斜向器的斜度要大些（一般在3°~4°范围内）。

钻具刚性大，井眼小，斜向器的斜面要求长一些，以利于钻井固井工作顺利进行，反之则短一些。

4. 尾部结构

斜向器尾部结构的主要作用是固定斜向器。目前常用的有两种尾部结构，一种是在斜向器下部接一根6~8m长的废旧钻杆或油管，周围焊上一些螺旋形的钢筋，并钻少量水眼，使水泥浆能灌入管内以达到水泥浆把尾管结构内外固死的目的；第二种是在定向器尾部接上一套悬挂式卡瓦装置或加压式卡瓦装置，利用卡瓦紧贴套管壁，用以达到固定斜向器的目的。它的优点是可以省去注水泥塞工序，可以在送斜向器时任意调整斜向器深度，但结构复杂，操作麻烦。

（二）送斜器

送斜器是带斜面（斜度与斜向器相同）的半圆柱体，其作用是将斜向器送至预计深度，然后利用钻具重量顿断与斜向器连接的两个铜销钉，达到留斜向器在井下的目的。有的送斜器无循环通道，因此只有先注水泥塞，在水泥初凝前把斜向器送到井底。如果送斜器、斜向器均有循环通道，则下好斜向器后再注水泥塞，顿断销钉，这样施工安全，并减少了一道专门注水泥塞工序。

（三）铣锥

铣锥是磨铣套管开窗的工具，如图4-26所示，其作用是铣切套管形成窗口。侧钻常用的铣锥有单式铣锥和复式铣锥。对铣锥的基本要求是；开窗快、耐磨性好、几何形态利于切削、切削的负荷小、不易卡钻、便于排屑。铣锥的最大直径尽量与裸眼钻头直径相同，以便开窗后不扩眼。复式铣锥由4级不同锥度的锥体组成。最下一级是锥体头部，锥度20°~30°具有底部切削刃，其作用是引导铣锥铣进，防止提前滑出套管；第二段锥度6°~10°，刀刃长度最长，是向下磨铣套管的主要段；第三段锥体斜度与定向器斜度基本相同，其作用是稳定铣锥扩大窗口；最上一段锥度为零，主要作用是修整窗口。

单式铣锥是在复式铣锥开出窗口后，用于继续加长窗口的工具，主要工作面是底部刀刃，侧面斜度与定向器斜面一致的侧面刀刃起扩大作用，用它可沿定向器斜面加长窗口到最大位置。

（四）段铣器

段铣器主要由刀片、活塞和磨鞋体组成，如图4-27所示，其工作原理是开泵循环，在循环压力作用下，活塞压缩弹簧下行，使支撑头张开刀片，转动钻具即可切割套管，套管被切断后，刀片完全张开，泵压下降，加压磨铣套管。现有TDX-140、TDX-178、TDX-245三种尺寸规格。

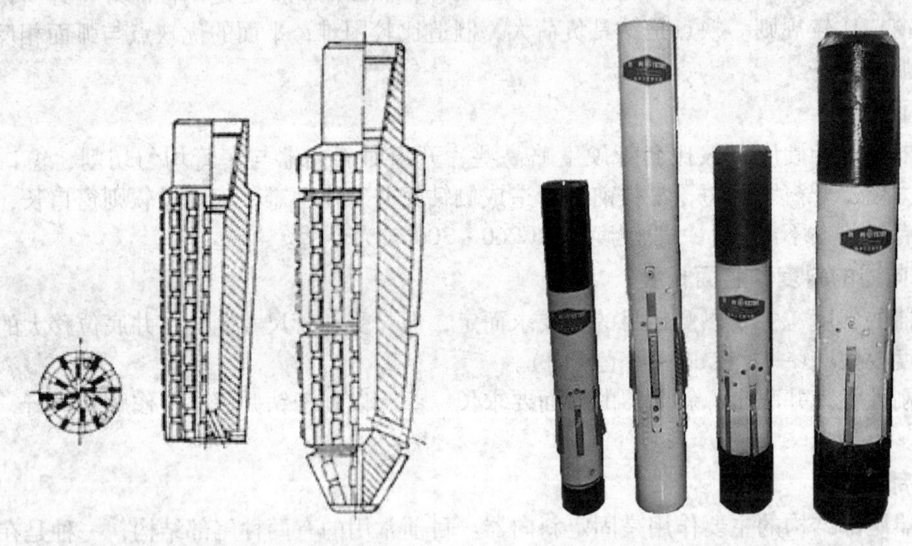

图4-26　套管开窗铣锥　　　　图4-27　套管段铣器

（五）组合式开窗工具

如图4-28所示，组合式开窗工具由斜向器和铣锥一体组成。具有以下特点：开窗作业仅需一趟钻；工作平稳，磨铣套管时扭矩稳定；性能可靠、操作简单；开窗速度平均0.5m/h，与铣锥相比缩短开窗时间60%~80%。现有ϕ118mm、ϕ152mm两种规格尺寸。

三、套管开窗侧钻技术

套管内侧钻施工主要包括侧钻前井眼准备、固定斜向器、套管开窗、裸眼钻井、下尾管困井、完井六项工序。

（一）侧钻前井眼准备工作

1. 通井

了解套管完好情况，为开窗选位和尾管超覆高度等提供参考资料，且为下斜向器创造条件，因此通井规直径要比斜向器直径大2~4mm，大直径部分不得小于斜向器长度。

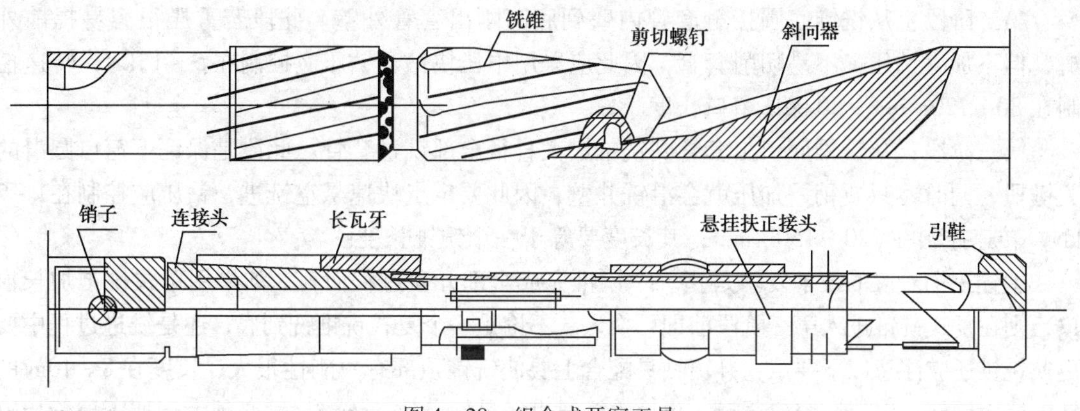

图 4-28　组合式开窗工具

2. 测陀螺

测量上部井段的井斜和方位，准确计算老井井眼轨迹，根据陀螺数据设计侧钻井眼。

3. 挤封原井射孔层

侧钻前挤封原井眼油(水)层，防止原井眼油水层互串影响分注分采效果，并为斜向器准备一个准确而坚固的井底，以控制侧钻开窗位置(对斜向器用水泥固定法而言)。

4. 上部套管试压

了解套管完好情况，为开窗高度和下尾管高度提供资料，为下尾管固井试压打好基础。注水井试压 12MPa，油井试压 10MPa，30min 后压降不超过 0.5MPa。

(二) 固定斜向器

斜向器固定方法有两种。一种是用水泥固定法，优点是构造简单、制造容易、固定可靠；缺点是施工麻烦、时间长。另一种是卡瓦固定法，优缺点与水泥固定法相反。用水泥固定斜向器的方法较多，但无论用哪种，其固定后必须达到如下要求；斜向器位置要准确，与开窗位置相差不能大于 0.1m；固定要牢，在侧钻过程中，斜向器的斜面方位与深度不能偏移；斜向器顶部一定要沿套管边垂直；侧钻时斜向器斜面方位要符合要求。

水泥固定定向器就其施工方法不同，分为两种；

1. 注水泥浆送入法

先注入水泥浆后提钻，再用送斜器把斜向器送到预计深度，顿击剪断连接销钉，提钻候凝。

2. 送入注灰法

斜向器与送斜器均有循环通道时，可先将斜向器下到预定位置，然后注水泥浆将销钉剪断提出送斜器候凝。此法优点为固定斜向器施工简便可靠，但送斜器与斜向器构造复杂，制造困难。

用水泥固定斜向器时应注意：第一全部工作必须在水泥初凝之前完成；第二定向器销钉要能在钻具负荷冲击下剪断；第三，起下操作平稳，防止中途遇阻顿断销钉。

(三) 套管开窗

开窗分三个阶段，各阶段的技术要求如下：

第一阶段：从铣锥磨铣斜向器顶部到磨铣套管内壁接触段。此段开始时要轻压慢钻，使铣锥先磨铣出一个均匀接触面，然后用中压进行磨铣，钻压应控制在 1～5kN，转速控制在 60～80r/min。

第二阶段：从铣锥底圆接触套管内壁到底圆刚出套管外壁。此段若重压很容易提前外滑，但不加大钻压又不易切削套管，因此应采用中压快钻，钻压应控制在5～15kN，转速控制在80～120r/min，以保证窗口长度。

第三阶段：从铣锥底引出套管到铣锥最大直径全部铣过套管。此段是保证下窗口圆滑的关键段，同时，只要稍一加压就会滑铣井壁，因此要定点快速悬空铣进，钻压应控制在1～2kN，转速控制在120～150r/min，其长度要等于一个铣锥长度。

上述三个阶段的技术要求是指一个铣锥完成全部开窗过程而言。如果用单式铣锥加长窗口，则在复式铣锥进入第三阶段前即可换入。不论是一个复式铣锥铣到底，还是铣进过程中要更换铣锥还应注意以下要点：开窗钻具配合上要使铣锥顶部有一刚性很大、长度在8～10m的钻铤或大钻杆，以保证窗口质量；更换铣锥时直径最好一致，铣锥尺寸必须大于所下尾管接箍8mm；修窗口时，铣锥悬空铣进，高速转动容易脱扣，因此，钻具丝扣必须上紧；开窗之前必须对地面设备、泥浆性能、钻井仪表、井下钻具等做好全面检查，保证完好，使开窗工作顺利进行到底。

（四）段铣套管

将套管鞋下至预定开窗位置，开泵打开刀片，转动钻具定点切割套管。当泵压下降，套管被切断后，刀片完全张开，加压10～30kN，磨铣套管长度20～25m。

（五）裸眼钻进

侧钻裸眼钻进与普通定向井钻进基本相同，但侧钻裸眼又有其特点，就是钻进时井斜较大，钻具在窗口附近有一个侧向力，使钻具紧靠井壁和窗口，钻具与窗口、斜向器、套管总是摩擦着，摩擦阻力大，钻具与井眼间隙很小，钻井液循环通道在窗口处更小，循环压耗大，钻杆易在窗口处卡、断，且不容易打捞，因此在施工中应特别注意以下要点：裸眼内钻具要进行精选，避免发生钻具折断；起下大直径钻具通过窗口时，操作要平稳缓慢，防止顿碰提挂窗口；经常检查窗口位置上下的钻具，防止磨断钻杆，在钻进进尺缓慢时，更要防止磨断窗口钻杆事故；特别注意泥浆性能的调整与钻压、转速、排量参数的优选配合；因故停钻，钻具一定要提到窗口井段以上；严格执行防断、防卡、防掉、防喷措施。

（六）下尾管固井

下尾管固井包括电测、试下尾管、下尾管、注灰浆、倒开尾管、关井候凝。

下尾管固井与一般下套管固井不同的特点是尾管与井壁的间隙小、井斜大，注灰管柱下大上小，注灰完成后要有效地将注灰管与尾管分离，因此施工中应注意以下几点：

1. 完井电测

电测前应充分洗井以调整泥浆性能，电测在窗口遇阻时，不得强顿和硬提，以免造成割挂电缆事故。

2. 试下尾管

用常规管柱连接衬管试下，衬管长度应大于20m，试下至井底。试下中如遇阻，不能强顿，必须提出重新划眼，直至试下合格。

3. 下尾管

若使用正反扣接头下尾管时，在入井之前，应对正反扣接头进行检查，确保正反扣接头上扣卸扣灵活，能顺利倒开。下钻过程中，严禁旋转下部钻具，防止将尾管倒掉落井。

若使用丢手接头时，应对丢手接头进行试验，合格之后再使用。

4. 固井

下尾管到预定位置后，立即循环洗井，同时上下活动管柱，且应注意以下要点：循环调整钻井液性能，使泥浆黏度与切力符合设计要求；注水泥量应按理论计算值的 1.2～1.5 倍计算；注水泥时两端注隔离液，提高顶替效率；替钻井液时，由于井眼小，钻具偏心比较严重，因此可考虑用复合式胶塞低速法注水泥技术，且注水泥浆过程中要上下活动钻具，以保证尾管固结质量；替完水泥浆之后，按尾管连接结构与工艺要求，将尾管与钻具脱开，然后上提钻具至预定高度洗井，待多余水泥浆返出地面之后关井候凝。

（七）完井

同常规井完井方式一样，开窗侧钻井的完井方法有裸眼完井法、砾石充填完井法、筛管完井法、割缝衬管完井法等。

第五节　欠平衡钻井技术

欠平衡钻井是指在钻井过程中钻井流体的循环压力(包括液柱压力和循环回压)，低于地层的孔隙压力，允许产层流体流入井眼，并可将其循环到地面，地面可有效控制，这一技术称为欠平衡钻井技术。欠平衡钻井技术是为了适应当代油气层保护和合理开发需求而蓬勃发展起来的一种钻井技术，其优势是：消除钻井液滤液和固相通过井壁渗入到储层中的主动力——正压差，降低污染，提高产能；减少压差卡钻，提高机械钻速；解决井漏，尤其是漏、喷并存等井下复杂问题；实时进行地质评价，及时发现油气层。

欠平衡钻井技术按照使用的钻井循环流体不同可以分为液体欠平衡钻井、充气欠平衡钻井、泡沫欠平衡钻井和氮气欠平衡钻井技术，不同的技术适用于不同压力体系的地层。

液体欠平衡钻井使用液相钻井液，适合于压力系数 1.05 以上储层，但是对于低渗透地层，为避免循环压耗和压力波动产生的过平衡伤害，推荐使用于压力系数 1.10 以上的低渗透储层。

充气欠平衡钻井在液相钻井液中注入氮气，以降低钻井液密度达到欠平衡条件。由于充气钻井液降低密度的能力有限，因此适合于压力系数 0.80～1.10 储层。

氮气、泡沫欠平衡钻井使用氮气或氮气泡沫作为钻井液，可以最大限度的降低钻井液密度，因此适合于低压、衰竭储层。对于压力衰竭的低渗透储层，压力系数通常仅为 0.7～0.8，有的甚至更低，常规钻井方法正压差过大，储层损伤严重。采用氮气、泡沫钻井技术，可有效保护油气藏，泡沫钻井液还可用于排液和洗井。氮气泡沫配合节流控制可以比较容易的实现当量钻井液密度在 0.2～0.8g/cm^3 范围内的调整，可以满足欠平衡压差控制的需要，最大限度地保护油气层。此外，由于环空压力较低，机械钻速也会大幅度增加，减少地层浸泡时间。

全过程欠平衡钻井技术可以在钻、完井过程中全程保护储层，是目前最好的欠平衡钻井技术。低渗透储层在钻完井过程中易受伤害，而且伤害往往难以恢复。欠平衡钻井在钻进时避免了钻井流体伤害地层，但是当起下钻柱、电测、完井时，有时会处于过平衡状态，大大影响了欠平衡的效果。随着不压井起下钻装置及井下套管阀在欠平衡钻井中的应用，出现了全过程欠平衡钻井技术。即在钻进、起下钻、测井、完井作业过程中，始终保持井筒压力小于或等于地层孔隙压力。避免了起下钻、测井、完井作业前的压井作业，消除了由此导致的储层污染，最大限度地保护了油气层。

一、欠平衡钻井的优点

欠平衡钻井具有以下优点：

（1）保护油气层

欠平衡钻井过程中，驱使钻井液中的固相和液相进入产层的正压差消除了，因此，减少了固相与液相侵入产层近井地带造成的地层伤害。尤其在钻水平井井段时，产层长时间被浸泡在钻井液中，欠平衡钻井更能较好地保护产层。在储层能量较低的衰竭油气藏开发中，井筒周围一旦发生伤害，即使采用增产措施，这些伤害仍是不易消除的。欠平衡钻井技术从源头上减小储层伤害，是有效的技术手段。

（2）解决井漏问题

在井漏循环失返或漏失量很大的情况下，常规钻井首先采取堵漏措施或采用清水强钻技术。在高漏失地层堵漏效果往往不好，清水强钻也只有在条件合适，水源充足的情况下才能实施，而且也无法满足地质录井的要求，欠平衡钻井技术采用低密度钻井流体就可以降低漏失程度和解决漏失问题。

（3）解决漏喷并存问题

对于上漏下喷、上喷下漏或漏喷同层的复杂情况，处理井漏与井涌之间的矛盾非常突出，常规钻井采用反复堵漏、压井技术处理这类问题，处理过程中会导致油气层的严重污染。采用欠平衡钻井设备，将钻井液密度控制在地层压力系数附近，就能很好解决这个问题。在钻探古生界潜山油藏时，往往会发生这种复杂情况，欠平衡钻井技术在这种地层的应用已经见到了良好的应用效果。

（4）有助于地质评价

油气流入井中是最直接的发现油气层的方法。欠平衡钻井由于保护了储层，减少了近井地带的污染，亦有助于地质录井、测井等油气层评价方法。

（5）提高机械钻速

欠平衡钻井技术还有一个很重要的作用就是消除压持效应，提高机械钻速，国内目前对之还未引起足够重视。

二、欠平衡钻井流程与装备

（一）欠平衡钻井循环流程

欠平衡钻进循环流程如图4－29所示。

（二）欠平衡钻井装备

根据欠平衡钻井的特点，钻进时储层流体必然随钻井液从钻具与井口之间的环空中上返，因此欠平衡钻井需要专用装备对井底压力进行调节、对井口返出流体进行控制和处理。欠平衡钻井装备主要由井口压力控制设备和地面流体处理设备、气体注入设备等部分组成，见表4－14。

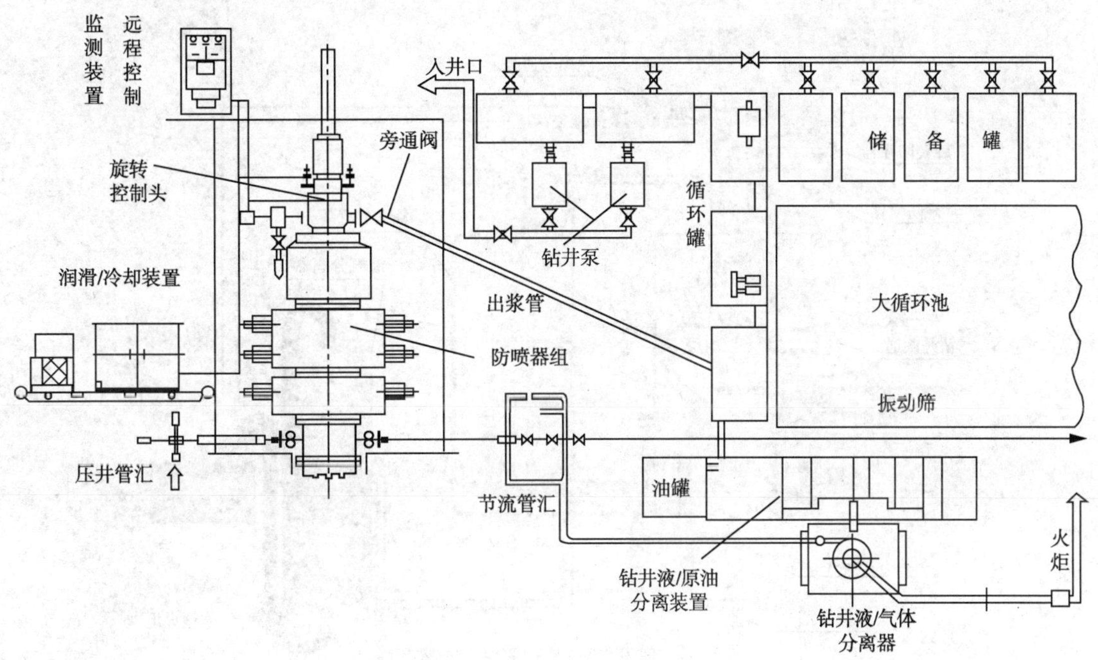

图 4－29　欠平衡钻井循环流程

表 4－14　欠平衡装备的组成及作用

名　称	组　成	作　用
井口压力控制设备	旋转防喷系统防喷器组专用节流管汇内防喷工具液控旁通阀	承受、控制一定的井口压力，确保井口安全
地面流体处理设备	除气设备脱油设备清除固相设备气体燃烧设备	对返回的流体进行四相（钻井液、气、油、固相）分离，满足欠平衡钻井工艺的要求
流体产生、注入、处理设备	制氮设备充气设备泡沫设备等	制造低密度流体，并注入井内，为实施欠平衡钻井提供低密度流体

1. 井口压力控制设备

井口压力控制设备布置如图 4－30 所示。

(1) 旋转防喷系统

旋转防喷系统一般包括旋转防喷装置、润滑/冷却动力装置和远程检测控制装置。旋转防喷装置安装在防喷器组合之上，是欠平衡钻井的必需设备，作用是封闭钻具(六方钻杆、钻杆等)与井口之间的环空，用于在井口有一定套压的情况下实现带压起下钻、保持继续钻进或完成其他作业，同时旋转防喷装置也是井口与钻台之间的一道安全屏障。

旋转防喷装置是压力密封主体，包括旋转控制头（被动密封）和旋转防喷器（主动密封）两种结构形式。旋转控制头利用锥形密封胶芯及多组旋转密封结构来封闭钻具与井口之间的环空。旋转防喷器利用外部液压源提供的压力推动、挤压密封胶芯，封闭钻具与井口之间的环空。目前国内常用设备包括 Williams 7000 系列控制头、胜利油田 SLXFD 系列控制头、四川石油管理局 XK/FS 系列控制头及 PCWD 型旋转防喷器。国内应用最广的旋转防喷系统是 7100 型旋转控制头。

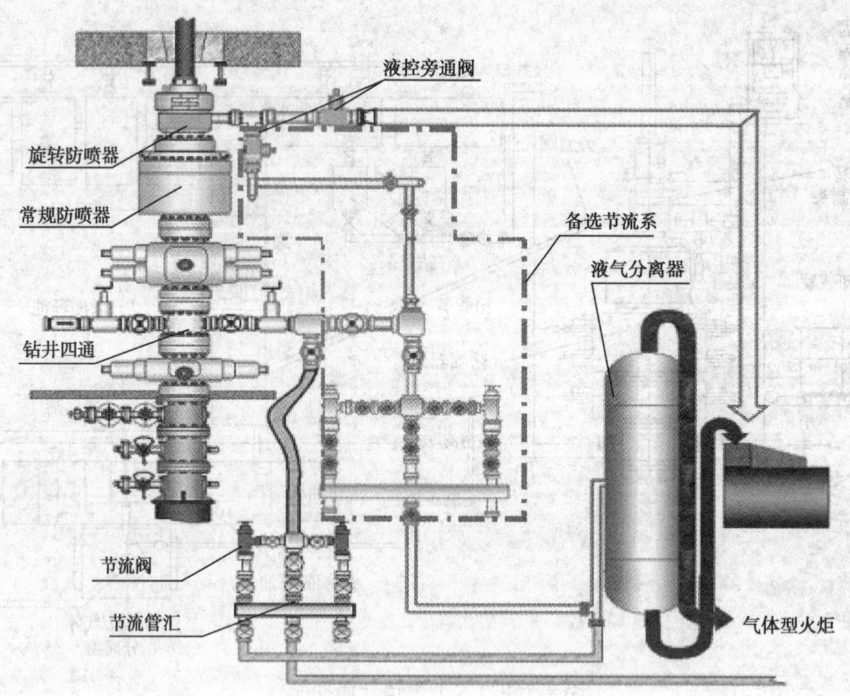

图4-30 井口压力控制设备布置示意图

胜利油田自1997年开始引进欠平衡钻井装备，并在引进设备的基础上自行研制、配套欠平衡设备，目前已经成为中国石化集团公司最大的欠平衡服务单位，拥有五套Williams公司的7100型旋转控制头(图4-31)和三套Shaffer公司的PCWD旋转防喷器(图4-32)，静压为35MPa，动压为17.5MPa，是目前世界上压力等级最高的旋转防喷器。在引进配套设备基础上，结合胜利钻井装备和施工特点，又分别研制开发了国内第一台能承受静压35MPa、动压17.5MPa的SLXFD型旋转防喷导流系统(图4-33)。近年来，随着欠平衡钻井应用范围的增加，又先后研制了多种压力等级、多种通径的旋转控制头，目前压力等级系列有14MPa、21MPa、35MPa，通径系列有680mm、540mm、350mm、280mm，专用胶芯完全国产化，性能达到国外同类产品的最高水平，形成适合ϕ139mm、ϕ127mm、ϕ89mm、ϕ73mm钻具的系列产品。

图4-31 7100型旋转控制头

图4-32 PCWD旋转防喷器

(2) 防喷器组

防喷器组主要包括单闸板防喷器、双闸板防喷器、旋转防喷器等。

图 4－33　SLXFD－Ⅰ型旋转防喷导流系统

（3）欠平衡专用节流管汇

欠平衡压力钻井所用节流管汇与常规钻井基本一样，但与常规钻井时相比，其工作条件更加恶劣，工作时间显著增多，携带岩屑等固相的流体持续通过节流阀，造成节流阀的冲蚀和磨损，因此节流管路的通径不能小于 100mm，节流阀通径不能小于 65mm，至少配备两个并联的节流阀，且必须配备至少 1 只以上液动节流阀、节控箱及附件。其作用是根据工艺要求和井口压力情况，控制地层流体进入井眼的速度，把井口套压控制在允许的范围内或实施节流放喷。

（4）内防喷工具

主要包括上、下方钻杆旋塞，投入式止回阀、箭形回压阀等。其作用是在欠平衡钻井作业时防止钻具内井喷。

（5）液控旁通阀

用于欠平衡循环和非欠平衡循环流程的快速倒换。

2. 地面流体处理设备

地面流体处理设备主要包括：大处理量的液气分离器、常规固控设备（振动筛、旋流器、除气器和离心机等）、脱油设备和气体燃烧处理系统等。其作用是对欠平衡压力钻井井口返出流体进行四相分离。地面流体处理设备具体组成如表 4－15 所示。

表 4－15　地面流体处理设备组成

分　类	组　成	分　类	组　成
钻井流体分离装置	液气分离器 振动筛 除气器 旋流器 离心机 搅拌机 撇油罐	气体燃烧设备	自动点火装置 火炬 防回火装置 气管线

国内引进了一系列地面处理设备(图 4－34)，包括：Brandt 公司的 ATL－1000 线性振动筛、A－4522 型液气分离器、DG－10 真空除气器，西门子公司的自动点火装置、防回火装置、地面管汇等设备。

图 4－34　引进的地面处理设备

在引进配套设备基础上，又自主研制了 SLYQF－300 型钻井液/气体分离器(图 4－35)；研制了 SLYYF－300 型钻井液/原油分离装置；研制开发了 SLQR－1 型气体点火燃烧系统，该系统使用交流电和太阳能两种电源、封闭式打火头，提高了装置的可靠性。

3. 气体注入设备

充气、泡沫和氮气欠平衡钻井都需要气体注入设备，包括空气压缩机、增压机、膜分离制氮设备、雾化泵、泡沫发生器、化学药剂注入泵等，详见第六节气体钻井技术。

图 4－35　SLYQF－300 型液气分离器

4. 全过程欠平衡钻井装置

目前国内外一般采用强行起下钻法和井下隔离法两种方式实现全过程欠平衡钻井，采用的相应装置分别为强行起下钻装置和井下隔离系统。

(1) 强行起下钻装置

强行起下钻作业需要不压井起下钻作业装置。不压井起下钻作业装置有独立型和钻机(修井机)辅助型两类。独立型不压井起下钻作业装置又叫不压井修井机,整个管柱都采用液压系统起下,起下管柱的时间长;钻机辅助型不压井起下钻作业装置在管重状态下采用钻机的起升系统起下管柱,作业时间缩短。另外,独立型不压井起下钻作业装置不能排放立柱,起下作业时每根管子都需要提起或放下,作业时间长,而钻机辅助型不压井起下钻作业装置可以在井架中排放立柱,提高了作业效率。因此,钻机辅助型不压井起下钻装置更有效、更轻便。在欠平衡钻井中一般都采用液压钻机辅助型(hydraulic rig assist, HRS)不压井起下钻作业装置。

HRS 包括举升系统、卡瓦组、防喷器组合工作台 4 部分,举升系统的主要部件是液缸,冲程一般为 1.5 ~ 3.7m;卡瓦组包括固定和移动两套卡瓦,每套卡瓦各有正反两个卡瓦,分别叫重力卡瓦和防顶卡瓦;防喷器组包括环形和闸板防喷器以及平衡放压四通。HRS 是一个整体,通过转换短接和升高短接与旋转防喷器连接,1 ~ 2h 就可安装在钻台上。HRS 自带的防喷器组在过胶芯和强行起下钻作业时用于密封管柱,而其下的常规防喷器组只作为备用。四川石油管理局研制的不压井起下钻装置不带防喷器组,采用旋转控制头密封管柱。

(2) 井下隔离系统

井下隔离系统主要包括:套管阀以及辅助设备、完井装备和工具、不压井测井工具等。其中套管阀包括:套管阀体、地面控制系统、控制管线、套管头安装、套管悬挂短节、拼接短节和张开锁定工具等。胜利油田自 2005 年开始进行全过程欠平衡钻井装备研究,目前已形成配套产品,包括自行研制的井下套管阀及配套装置(图 4 - 36)、欠平衡钻井用钻采四通(图 4 - 37)、带压测井井口装置及连接装置(图 4 - 38)等。

图 4 - 36 井下套管阀及配套装置

图 4－37　欠平衡钻井用钻采四通

图 4－38　带压测井井口装置及连接装置

三、欠平衡钻井技术展望

1. 欠平衡钻进过程的自动控制

欠平衡钻井技术正朝着压力控制自动化的方向发展。欠平衡钻井技术自动控制技术主要采用专用测量装置对地层产出流体的流量进行实时测量，通过实时的水力学计算模块计算所需要的井口回压，自动调节节流阀提供相应的井口回压，使井底欠压差值始终满足设计，这既能避免或减少井喷、井漏、压差卡钻现象，又能最大限度保护储层，提高在窄压力窗口下有效钻进的能力。

2. 全过程欠平衡钻井技术

欠平衡钻井在钻进时避免了钻井流体伤害地层，但是当起下钻柱、电测、完井时，有时会处于过平衡状态，大大影响了欠平衡的效果。随着不压井起下钻装置及井下套管阀在欠平衡钻井中的应用，形成了全过程欠平衡钻井技术，即在钻进、起下钻、测井、完井作业过程中，始终保持井筒压力小于或等于地层孔隙压力。避免了起下钻、测井、完井作业前的压井作业。全过程欠平衡钻井技术可以在钻井、完井过程中确保油气层处于欠平衡状态，可以最大限度的保护油气层。

3. 水平井欠平衡钻井技术

对于低渗透油气藏，由于直井的泄油面积有限，即使能做到油层无污染，其单井产量也是有限的。而且胜利油田的低渗透油气藏比较复杂，陆相盆地多构造层和多旋回性形成了多含油气结构层系，沉积的多韵律性造成了含油层段多、含油井段长的特点。需要分层开采、分层注水和封隔水淹层，常规开发造成层间压力差距大，主力层往往由于开采多而造成压力衰竭、钻井时正压差过大，污染严重。

水平井不仅能够提高低渗透油藏的泄油面积，还可以单层开采，是提高单井产能的良好手段，但由于水平井钻井的污染相对来说要严重得多，采用欠平衡技术可以确保水平井的效果。国内外的经验已经证明了水平井技术 + 全过程欠平衡技术是低渗透油藏最有效的开发技术，这将是下一步开发低渗透油气藏的发展方向。

第六节　气体钻井技术

气体钻井是欠平衡钻井技术中特殊的一种。气体钻井指用空气、氮气、天然气、废气等非凝析气体作为钻井循环介质的钻井，根据所使用的气体不同分别称为空气钻井、氮气钻井、天然气钻井、柴油机尾气钻井。在实际施工中，由于地层出水，气体钻井往往需要转换为雾化钻井或泡沫钻井。因此，气体、雾化和泡沫钻井是系列技术，气体钻井技术通常包含纯气体钻井、雾化钻井和泡沫钻井。

雾化钻井中，雾是气体，是连续相，液体是分散相，从黏滞性上讲与气体差不多少。泡沫是以液体为连续相、气体为分散相的均匀网状系统，是一种密度低、黏滞性好、可压缩的非牛顿流体。按体积分数划分比较有实用价值，根据经典的划分，稳定泡沫的气体体积分数(整个环空)是 0.55 ~0.97，气体体积分数大于 0.97 即为雾和不稳定泡沫，而空气钻井指干空气钻井，也叫粉尘钻井。Weatherford 公司的分类标准为：气体钻井气体体积分数是 0.99 ~1，雾化钻井气体体积分数是 0.96 ~0.99，泡沫钻井气体体积分数是 0.55 ~0.99。通过两相流分析，能够判断整个环空的流体属性。

一、气体钻井的优越性及适用范围

气体钻井的主要优点有：

(1) 提高机械钻速

井底呈负压差，大大降低了岩石中的应力，提高了岩石的可钻性，从而可大幅度地提高机械钻速。

(2) 延长钻头使用寿命

井底呈负压差，减小了压持作用，提高了钻头的破岩效率。

(3) 降低钻井成本

使用气体作为循环介质，提高了钻井速度，缩短了钻井周期，同时降低了钻井液费用；此外，减少了钻头的使用数量。

(4) 减少地层损害

对地层没有液相侵入问题，对地层的损害降到了最小，对岩芯污染小，有利于地层评价。

(5) 有利于环保

钻井作业清洁卫生，有利于环境保护。

虽然气体钻井具有许多优点，但只有在一定条件下使用才能产生较大的效益。实践表明，气体钻井主要适用于：

(1) 不出水的坚硬地层

在硬地层中，采用气体钻井可以大幅度地提高机械钻速。由于地层水能使黏土颗粒凝结膨胀，容易造成环空堵卡，所以出水地层不适于气体钻井。

(2) 严重漏失地层

对于严重漏失地层，常规钻井方式难以实施，采用气体钻井能避免井漏的发生。

(3) 严重缺水地区

由于气体钻井是以气体作为循环介质，对水的需求量降到了最低，所以特别适合于沙漠、高原等缺水地区。

(4) 地层压力低且分布规律清楚的地层

气体钻井的静气柱压力极小，较高的地层压力会加重井控设备的负担；此外，如果不清楚地层压力的分布规律，钻井施工的安全性就难以得到保证。因此，对于地层压力较高和分布规律不是很清楚的地层，不适合采用气体钻井技术。

(5) 稳定地层

考虑到井壁稳定问题，不稳定的地层不适合采用气体钻井技术。

(6) 少量出水的地层

出于对井壁稳定和井下安全的考虑，如果地层的出水量小于 $0.5m^3/h$，可通过增加气体流量排水；如果出水量在 $0.5 \sim 8m^3/h$ 范围内，建议采用雾化钻井方法；当出水量更大时，可采用泡沫钻井或充气钻井。

二、气体钻井的流程和专用装备

气体钻井设备所使用的特殊设备是气体钻井的主要必备设备，这些设备与常规钻井设备配合使用，方能完成气体钻井的整个工艺过程。

(一) 气体钻井装备

气体钻井设备主要包括井口控制与导流系统、气体/泡沫发生与注入系统和地面配套处理系统三部分。

1. 井口控制与导流系统

井口控制与导流系统是指旋转防喷导流系统(低压旋转防喷器)(图 4－39)。其主要作用是防止返出气体及岩屑从井口溢出，确保安全和环保。

图 4－39　旋转导流控制系统

2. 气体/泡沫发生与注入系统

主要包括：空气压缩机(图 4－40)、增压机(图 4－41)、雾化泵(图 4－42)、膜分离制氮设备(图 4－43)、泡沫发生器、化学药剂注入泵、连接管汇(图 4－44)及其他辅助设备。

其作用是为气体钻井提供满足工艺要求的具有一定流量和压力的气体介质和化学药品。并能够根据施工要求进行参数计量、调节和控制。

图 4 - 40　空气压缩机

图 4 - 41　增压机

图 4 - 42　雾化泵

图 4 - 43　膜分离制氮系统

图 4 - 44　地面连接管汇、排砂管线、管汇撬其配套的弯头、三通

3. **地面配套处理设备**

主要包括排砂管线、岩屑取样器、点火装置、火炬和喷淋除尘系统等。

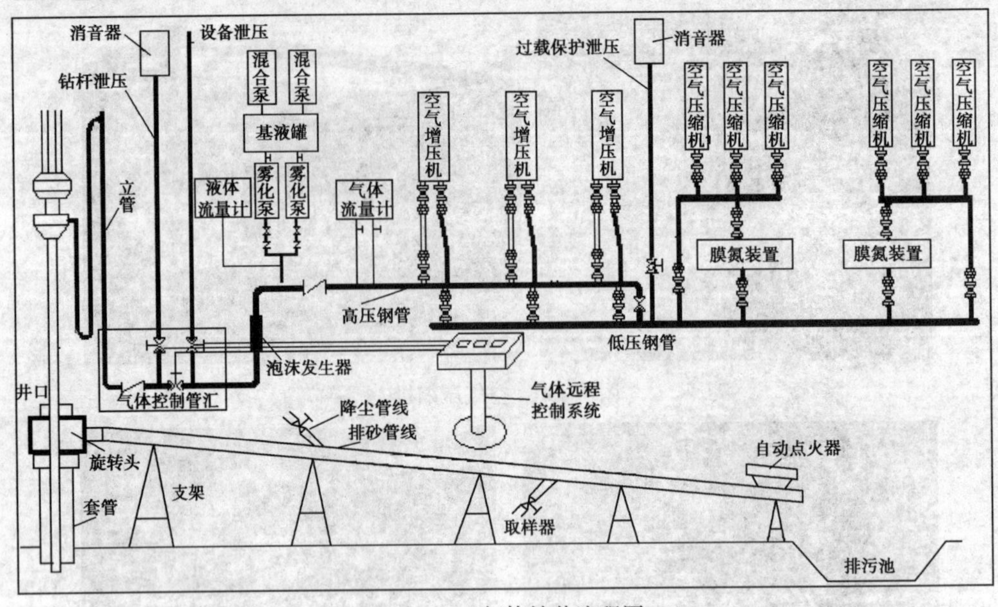

图4－45　气体钻井流程图

（二）气体钻井流程

气体钻井循环流程如图4－45所示，气体经空气压缩机加压后，进入膜氮装置，然后通过增压机进一步增大压力。从增压机出来的气体，与雾化泵加入的液体一起，通过控制管汇、立管，进入钻具内。气体经钻具内部通过钻头，携带岩屑，在压力作用下，沿井壁与钻具之间的环空往上运动。由于井口旋转控制头/导流装置密封了井口，携带岩屑的气体运动至井口时，只能通过旁通阀，经专用排砂管线进入沉砂池。

需要注意的是，并非所有的气体钻井都需要用到以上所有设备。膜氮装置仅在采用氮气作为循环流体时才使用，雾化泵仅在雾化/泡沫钻井时才可能用到。另外，由于空气压缩机本身具备一定的承压能力，有时并不需要通过增压机增压。

（三）气体钻井方式与装备组合

气体钻井根据不同工况可以分为干空气钻井、氮气钻井、空气雾化（泡沫）钻井。各种气体钻井方式及相应设备见表4－16。

表4－16　气体钻井方式与设备对应表

气体钻井方式	需要配备的设备
干空气钻井	空气压缩机、增压机、连接管汇及其他辅助设备
氮气钻井	空气压缩机、增压机、膜分离制氮设备、连接管汇及其他辅助设备
空气雾化（泡沫）钻井	空气压缩机、增压机、雾化泵、连接管汇及其他辅助设备
氮气泡沫钻井	空气压缩机、增压机、膜分离制氮设备、雾化泵、连接管汇及其他辅助设备

三、空气锤钻井技术

空气锤钻井技术属气体钻井技术的一个分支，它是将压缩空气既作为循环介质，又作为破碎岩石的能量，能显著提高机械钻速。空气锤钻进由于钻压较低，可以减少井斜的发生。

（一）空气锤简介

空气锤是空气锤钻井技术中的主要器具，其性能好坏决定了空气锤钻井技术的成败。目前气体钻井中应用的空气锤为无阀式空气锤，其结构简单、拆装方便。空气锤的工作原理比较简单，空气经空压机和增压机加压后，进入空气锤内腔，在活塞的上下两腔形成压力差来推动活塞上下往复运动，实现对锤头的冲击做功，达到破岩的目的。一般冲击频率在 1000 ~ 1500 冲/min 范围内。

气体钻井中实施空气锤钻井作业时，应根据井眼尺寸所需的空气量来选择工作参数匹配的空气锤，普光气田空气钻井使用的空气锤规格参数如表 4 – 17。

表 4 – 17　空气锤规格及参数

型　号	QL120	适用井眼尺寸/mm	$\phi311 \sim \phi470$
扣型	6⅝in API Reg	外径/mm	$\phi273.1$
长度(不包括钻头)/m	1. 84	柱塞质量/kg	159
长度(包括钻头)/m	2. 08	柱塞冲程/mm	127
长度(有钻压时)/m	2. 03	最大压差/MPa	1. 75
质量(不包括钻头)/kg	650	最大喷嘴尺寸/mm	19

（二）空气锤钻井参数

① 钻压：钻压的作用是为了克服空气锤在促使活塞下行时在气缸内所产生向上推举力，以保证冲击功有效地传递给钻头进行破岩。因此钻压的大小，主要取决于所用空气锤在气缸内所产生的压力大小。过大和过小都会影响空气锤钻进的正常工作。过大会引起钻头的过早磨损，球齿掉落，回转困难；过小将影响冲击功的有效传递。一般钻压在 20 ~ 50kN 范围内，钻进效率最佳。

② 转速：空气锤钻井主要以冲击动载来破碎岩石，回转仅是为了改变硬质合金齿破岩的位置，所以合理的回转速度应保证在最优的牙齿冲击间隔范围内破碎岩石。若转速过低，不仅会产生重复破碎，影响钻进效率，而且锤头球齿也易发生凿入碎岩坑穴中，造成回转困难，产生憋跳，使锤头损坏。若转速过高，不仅使冲击碎岩的作用减弱，而且会造成锤头的严重磨损。一般转速控制在 20 ~ 50r/min 范围内。

③ 注气量：空气锤钻进时，注入的压缩空气有两个作用，其一是提供空气锤活塞运动的能量；其二是携带岩屑、冷却钻头。注气量的选取首先应满足所钻井眼所需的气量，其次根据所需气量和井眼大小来选择匹配的空气锤。

（三）空气锤钻井注意事项

空气锤钻井必须注意以下几点：空气锤入井前必须试运转，出井后必须卸出内部零件进行保养；空气锤钻井中，要求均匀送钻，确保空气锤处于稳定状态，进而延长其使用寿命。若有憋跳现象，可适当降低钻压或提高转速；每接单根前，用榔头敲击钻杆，除去内部杂物；同时向钻具内加入 300 ~ 500mL 润滑机油，冷却和润滑空气锤，确保其正常工作；起下钻时操作平稳，裸眼井段控制起下钻速度，严禁划眼；每钻完 1 个单根，上提钻具离井底 0. 5 ~ 1m 循环，使空气锤从冲击状态变为吹孔状态。

四、井下燃爆监测技术

（一）井下燃爆监测的机理

在气体钻井中，地层产出的可燃油气与注入的作为循环介质的含氧气体混合，就有发生井下燃爆的可能。而可燃混合气体发生燃爆的浓度界限与气体本身组分、物性，井下的温度、压力条件和环空边界的热力学性质等因素有关，并不是所有在燃爆界限内的可燃气体混合物都会发生井下燃爆，只有在井下达到燃爆着火条件时才会发生燃爆。因此，及时监测返出气体中是否含有可燃气体是进行井下燃爆监测的基础。

基于地震资料和邻井资料分析对地层的认识，在大多数井以提高机械钻速为目的的长井段气体钻井工程中，钻遇较大油气储层的可能性不大，绝大多数井钻遇的都是没有开采价值的产量很小的油气层，但是这些小油气层也是引起井下燃爆事故的根源。

由于油气层的产量较小，可燃气体的浓度不太可能急剧增大到突破燃爆界限的上限，而总是处于可燃爆界限之中，成为井下燃爆的危险源。通过在线监测，及时发现返出气体中的可燃气体成分，是进行井下燃爆监测的基础。但是在井下燃爆的监测过程中，仅仅监测返出气体中是否含有可燃气体是不够的。油气层释放的可燃气体在从井底返出到地面的过程中，如果达到了燃爆条件，就有可能发生井下燃爆，返出气体中由于井下的燃烧消耗而不含有可燃气体，这样，地面仅仅监测可燃气体的浓度就可能失去对井下发生的燃爆现象的监测，从而造成井下事故。当可燃气体浓度在井下处于其可燃界限范围内，无论是多组分可燃气体与含氧气体的预混燃烧，油滴、油滴群与含氧气体的扩散燃烧；滤饼圈、钻具台阶、流场死角等因素形成的相对静止封闭的闭口系统的燃烧；流动系统中的开口系统的燃烧；井下钻具与岩石间互相撞击或岩石与岩石间相互撞击产生的燃烧；钻具与井壁互相摩擦时产生的局部高温源的点火燃烧；钻头摩擦生热及钻头牙齿散热不良，或者某颗岩屑由于摩擦温度升高都将成为井下可燃气体燃爆的点火源而引起着火燃爆。在钻遇油气层时，可燃气体在环空上返流动过程中与含氧气体发生化学反应而产生热量传递给混合气体，从而使混合气体自发着火燃爆。当发生井下燃爆时，由于返出气体中的二氧化碳浓度增大，如果发生不完全燃烧，返出气体中的一氧化碳浓度也将增大。所以通过监测返出气体中的氧气浓度、二氧化碳浓度、一氧化碳浓度能够及时地发现井下燃爆迹象，为避免井下燃爆而引起的井下事故提供决策依据。

（二）井下燃爆监测系统

气体钻井过程中，井下发生燃爆之后，由于燃爆发生在地表下几千米处，环空气体的可压缩性使得地面不可能直接观察到任何有关燃爆的迹象，只有在钻具被烧熔或者井壁坍塌之后，才会突然发生类似于卡钻事故，而此时井下钻具已经严重损坏，造成了严重的井下事故。然而，井下燃爆的发生和造成井下事故并不是瞬间突发完成的，而是有一个时间过程。所以，井下燃爆的监测就是要及时地发现井下燃爆迹象，防止可燃气体在井下的连续燃烧而造成井下事故。井下燃爆监测系统有以下几个主要部分组成：

① 仪器正常工作的保证系统。降尘除水装置：安装在气体钻井中井下气体返出的排屑管线上，保证取样气体清洁干燥，防止钻井过程中产生的岩屑对气体分析仪器造成误差。防泥包、防冲蚀装置：在直接进入排屑管线的取样口处，设有迎流防护罩，防止冲蚀和泥包，但不影响测量和取样。气体流量计：通过气体流量计可调节分析的气流量大小并监视样气的有无，确保监测系统的样气取自于井下返出气体。

② 仪器的参数监测系统。可燃气体成分系统：可燃气体部分——烃类气体浓度。井下燃爆检测部分——氧气、一氧化碳、二氧化碳等，以及识别地层产出二氧化碳与井下燃烧产生二氧化碳的区别。有害气体检测部分——硫化氢。

③ 数据发射和接收系统。各监测传感器或传感器单元组合，都通过无线方式将数据发

射至接收模块，也包括有可能存在的综合录井数据的获取和共享。系统也配有有线传输作为应急备用。

④ 监测与分析系统。安装有配套监测、分析软件的计算机，对各种原始数据进行监测、记录和分析，以适当形式显示监测动态结果，分析判断井下状态，并进行提示、报警等。应用西南石油大学研制的多功能气体检测仪对返出气体的连续在线监测，在发现井下可燃气体浓度升高到可燃浓度界限前，及时切断入井气体，或者改变气体注入量来改变油气的混合比例，可以避免井下失火燃爆的发生；同时，还可以监测返出气体中氧气浓度、一氧化碳浓度、二氧化碳的浓度以及气体的返出温度、压力进行随钻监测，当发现可燃气体浓度突然降低，氧气浓度同时降低，二氧化碳和一氧化碳浓度、温度同时升高，说明井下已经发生燃爆现象，应及时停止气体注入，井下自动灭火，即可控制井下持续燃烧事故的发生，避免造成严重的井下事故。

五、钻井方式转换

地层出水量多大应进行钻井方式转化，在国际上还没有统一标准。由于不同井眼直径所采用的气体流量不同，其能对付的出水量也是不同的，理论上根据多相流模型，可以确定整个井眼任一点的气体体积分数，根据气体体积分数确定不同钻井方式所能处理的出水量。空气的气体体积分数大于99%，雾的气体体积分数约97% ~99%，泡沫的气体体积分数为55% ~97%。地层水很难计量，可根据岩屑取样口岩屑的润湿程度，排屑管出口的滴水情况和井下产生泥环导致的立管压力及钻进扭矩变化迹象综合判断。

天然气浓度大于3%或井下连续发生两次燃爆，空气钻井应转化成雾化、泡沫或常规钻井液钻井。天然气在大气压下的燃烧浓度是5% ~15%，但上限随着压力的升高而增加，当压力为2.1MPa，其上限达到30%。空气钻井天然气浓度上限取3%应当说是很安全的，但根据天然气浓度并不保险，因为在接单根时，井下将积聚气体，局部浓度也可能超过3%。防止井下燃烧的关键是消除火源，而泥环是井下燃烧的主要原因，消除泥环是关键，雾化、泡沫钻井能有效地消除泥环。

天然气产量连续高于$8\times10^4m^3/d$，氮气钻井应压井转换为常规钻井液钻井，目前根据产层气体钻井的经验，随钻天然气产量$10\times10^4m^3/d$仍能保持安全钻井。

发现硫化氢应终止气体钻井并转化成常规钻井液钻井。

六、复杂情况诊断与处理

（一）井下异常情况的征兆

① 地层出水。当地层微量出水时它的征兆主要表现为：取样器取出的砂样变潮，排砂口间断性喷出潮湿的岩屑；机械钻速略有变慢；转盘扭矩略有增大；立管压力略升高；注气压力略有升高。当地层出水量较大时它的征兆主要表现为：取样器处岩屑带水，排砂口间断性喷出岩屑团并有水流出；机械钻速降低；转盘扭矩明显增大；立管压力大幅升高；注气压力大幅升高。

② 地层坍塌、掉块。井壁坍塌时它的征兆主要表现为：钻具上提下放遇阻，坍塌严重时卡钻；转盘扭矩突增；立管压力突升；注气压力剧增；取样器无砂样；排砂口间断有大颗粒岩屑返出，坍塌严重时无返出。

③ 泥环的产生。泥环是气体钻井所特有的现象。在干空气钻井中，钻屑处于干燥的粉

尘状态，如果只有少量地层水产出，岩屑不能完全被润湿，则结块成团，不能被及时带出井外，而是在钻杆与钻铤的连接部位堆积而形成泥环。如不及时处理，会酿成卡钻事故。在地层产天然气的情况下，泥环是造成井下燃烧的主要原因。

出现泥环的征兆与井壁坍塌、掉块相类似，需要结合地层出水情况综合判断。主要表现注气压力增大；转盘扭矩增大；排屑管出口喷出的岩屑减少甚至无岩屑返出；上提、下放钻具阻力增大。

（二）井下异常情况的处理

① 气体钻井时发现岩屑湿润应立即停止钻进，上下活动钻具，消除可能形成的泥环，同时循环干燥井眼。如果井眼不能干燥，应通过增大注气量提高携岩和携液效率，如果能够有效携带岩屑，可以进行试钻进。如果出液量大，通过增大注气量不能有效携岩，应转化为泡沫或钻井液钻井。

② 气体钻井时如果出现轻微坍塌掉块，可以采用控制机械钻速或进行划眼，防止卡钻。同时可适当加大气体注入量，提高携带效率，满足井眼清洁的需要。如果地层出现大量掉块，则立即上提钻具至坍塌层之上，先循环观察，然后划眼下放，仍不能满足井眼安全钻井的要求，则停止气体钻井，转换为钻井液钻井。

③ 空气钻进时如果发现天然气侵入井内，应立即停止钻进，钻具提离井底，观察出气量的大小。若循环时全烃含量小于3%，继续钻进；若全烃含量大于3%，应停止钻进并循环排气，待天然气含量降至3%以下时再恢复钻进，否则应转换钻井方式。

④ 空气钻井发生井下燃爆时，应立即上提钻具，停止供气，通过切断氧气供给灭火。火灭后，重新供气循环，将井内燃烧过的气体循环出井，然后再次钻进。如果连续第二次发现井下燃烧，则停止空气钻井，转化为氮气或钻井液钻井。

⑤ 氮气钻井应通过全烃含量和氮气注入量计算天然气产量，氮气钻井天然气产量不高于$8\times10^4m^3/d$。当天然气含量持续上升时，可适当循环排气观察，防止一次钻开太多的气层。如果天然气产量连续高于$8\times10^4m^3/d$，则停止钻进，关闭半封闸板防喷器，大排量注入储备钻井液，适当节流控制，并通过放喷管线放喷，待见到钻井液有明显的返出，倒换到液气分离气排气。当井内完全充满钻井液后，关井求压，确定压井钻井液密度，然后实施常规压井作业。

第七节　深井、超深井钻井技术

按国际通用概念，井深超过4500m（15000ft）的井为深井，井深超过6000m（20000ft）的井为超深井，井深超过9000m（30000ft）的井为特深井。我国20世纪90年代前曾把井深超过4000m（原石油部）或5000m（原地矿部）的井称为深井，把井深超过5000m（原石油部）的井称为超深井。现在我国深井钻井统计在概念上已经与国际接轨。

随着油气勘探开发工作不断向深部地层扩展，深井、超深井钻井的规模日益扩大。在国外目前已完成的钻井中大约有一半是深井（美国深井中有一半是探井）。因此，深井钻井已成为油气勘探钻井的重要组成部分。在国内，20世纪90年代实施"油气并举"和"限产压井"战略性决策特别是实施"西气东输"长期战略决策后，深部天然气探井钻井活动高涨。

由于深井要钻穿多套地层压力系统，具有高温、高压、高陡、高密度（高矿化度）及含H_2S气体等特点，因此深井钻井是一项非常复杂的系统工程，在经济和技术上具有很大的风险性。为顺利钻成深井，必须有完善的钻井设计、先进的技术装备、训练有素的复合人才和严谨科学的管理。而要做到这些，首先必须建立起深井知识体系结构(约10年跃上一个新台阶)。因此，深井超深井钻探，不仅对国民经济有很大的实用价值，而且在一定程度上代表着一个国家的工业水平和科学技术水平。

一、深井、超深井钻井的难点

(一) 深井、超深井的地质不确定性

深井、超深井具有地质不确定性，对钻井技术和装备性能提出更高的要求。深层主要存在以下不确定性：

1. 地层压力的不确定性

井身结构和分段钻井液密度是决定一口井成败的关键，确定这两者的主要因素是全井的孔隙压力和破裂压力能否提供准确。

2. 地层状态和岩性的不确定性

如地层倾角的大小、裂缝发育的程度、泥页岩和岩膏层井段的长短等。

3. 地层分层深度和完井深度的不确定性

将会影响到各层套管的下入深度与分段钻井液密度，甚至造成已达到钻机极限载荷而仍未钻达设计目的层的后果。

(二)深井、超深井钻井技术难点

钻探深井、超深井主要存在以下技术难点：提高地层压力和地应力预测监测的精度问题；确定复杂地质条件下深探井的合理井身结构问题；一旦同一裸眼井段内打开两套或更多套地层压力系统后的有效处理问题；高陡构造高效防斜问题；提高上部大尺寸井眼和深部井段钻井速度问题；提高长井段小间隙高密度条件下的固井质量问题；减少技术套管磨损和破裂后的处理问题；严重井漏、井塌、缩径的有效处理问题；含硫气井的安全钻进问题；高密度($>2.0g/cm^3$)，抗高温($>150℃$)，抗污染钻井液性能及处理问题。

二、提高深井、超深井钻井速度的难点

(一) 深井、超深井钻速慢的原因

深井、超深井钻速慢的原因有：地质因素和井身结构设计不合理造成复杂情况影响钻速；大直径井眼机械钻速低；深部致密硬塑性泥页岩等难钻地层钻速低；小直径井眼机械钻速低。

(二)提高深井钻速的手段

1. 深井大尺寸井眼提高钻速问题

在复杂地质条件下的深井钻井中，目前 $\phi 444.5$mm 钻头的钻深已达3500mm以上，$\phi 311.2$mm 钻头的钻深也达到6500m以上。随着大尺寸井眼的加深，钻井速度慢的问题也愈加明显。

在现有条件下，大尺寸井眼钻速低，主要有以下几方面问题：

(1) 大井眼中的水力学问题

与常规 $\phi 215.9$mm 井眼相比，在水力参数、井底清洗和岩屑携带能力方面明显不足。

水力参数对比，目前大尺寸井段所用钻杆和钻铤基本都是沿用了 $\phi 311.2$mm 井眼所用的

钻具，由于大尺寸井眼排量大，沿程水力损失大幅度增加，如井深2000m时，ϕ127mm钻杆，钻井液密度1.25g/cm^3，塑性黏度15mPa·s。不同井眼尺寸采用相同钻具时，水力参数有很大差别(表4－18)。

表4－18　不同尺寸井眼的水力参数对比

井眼尺寸/mm	ϕ215.9	ϕ311.2	ϕ444.5
钻铤尺寸及长度/(mm×m)	177.8×81＋ 158.75×108	228.6×54＋203.2×81＋ 177.8×81	228.6×54＋203.2×81＋ 177.8×108
排量/(L/s)	30	40	48
泵压/MPa	20	20	20
循环压耗/MPa	7.8	11.9	16.9
钻头压降/MPa	12.2	8.1	3.1
喷速/(m/s)	136	110.7	68.2
井底水功率/kW	366.3	324.1	147.7
比水功率/(kW/cm^2)	1.0	0.426	0.095
水功率利用率/%	61	40.5	15.4

岩屑携带能力对比，随着井眼尺寸增大，环空返速减小，携带岩屑的最大粒径也减小。这对于上部存在砾石层或含砾石的泥岩、砂岩地层的大尺寸井眼来说，对机械钻速影响较大(表4－19)。

表4－19　不同尺寸井眼岩屑的携带能力对比

井眼尺寸/mm	ϕ215.9	ϕ311.2	ϕ444.5
环空返速/(m/s)	1.25	0.63	0.34
岩屑举升效率/%	0.83	0.67	0.38
携带岩屑最大粒径/mm	24	12	6.5

(2) 大井眼中的机械能量不足问题

对旋转钻井来说，破岩机械能量主要以钻压和转速的乘积来衡量。由于目前受使用的钻具限制，大尺寸钻头上施加的钻压普遍不足。现场资料表明，目前我国ϕ444.5mm牙轮钻头所加钻压与ϕ311.2mm钻头基本相当，而ϕ444.5mm钻头钻1m的破岩量是ϕ311.2mm钻头的204%，是ϕ215.9mm钻头的423%。从表4－20中可以看出，ϕ444.5mm钻头仅相当于ϕ215.9mm钻头的73%。另外，在易斜井段往往采用钟摆钻具组合轻压吊打，破岩能量就更不足。

表4－20　不同尺寸井眼的破岩能量对比

钻头尺寸/mm	破岩体积/cm^3	破岩体积比/%	钻压/kN	比钻压	转速/(r/min)	比钻压×转速	比值/%
ϕ215.9	36644	100	120～160	5.56～7.41	70	389.2～518.7	100
ϕ311.2	75999	207	180～240	5.79～7.72	70	405.3～540.2	104
ϕ444.5	155180	423	180～240	4.05～5.40	70	283.5～378	73

（3）提高深井大尺寸井眼机械钻速的措施

强化水力参数，合理使用喷嘴组合，改善井底清洗状况：

采用大尺寸钻杆，降低沿程压耗，解放水力能量。计算表明，对于 2500m 井深的 ϕ444.5mm井眼，50L/s 排量，如果采用 ϕ127mm 内平钻杆或 ϕ168.28mm 苏制钻杆，与 ϕ127mm 钻杆相比，沿程压耗分别降低 9.3MPa 和 13.7MPa。

使用大尺寸钻铤，强化钻井参数，提高井底破岩能量。当 ϕ444.5mm 钻头比钻压提高到 ϕ215.9mm 钻头和 ϕ311.2mm 钻头的比钻压 0.79kN/mm 时，其总钻压将达到 350kN。国外大尺寸钻头一般都在这样的钻压下使用，国内钻压加不上去的原因之一是缺少 ϕ254mm 以上大尺寸钻铤。

采用中转速大扭矩的井下动力钻具，通过提高转速来提高机械钻速。

（三）深井防斜打快问题

井斜问题一直是制约钻井速度的主要问题之一，除了目前比较先进的自动垂直钻井系统外，在常规方法上仍没有特别显著的措施，仍然是通过底部钻具组合设计防斜。

目前研究较多的是动力学防斜，在动力学防斜方面采用的工具主要是偏轴接头、偏重钻铤、偏钻铤等。主要原理是使底部钻具产生公转或涡动来保证钻头沿井眼方向钻进。研究表明，这些工具安放的位置、组合方式、采用的钻压和转速是影响防斜效果的主要因素。另外，这些措施在斜井眼内的纠斜效果不好。

三、国内外深井、超深井钻井装备

（一）国内深井、超深井钻井装备

我国陆上深井、超深井钻井装备发展经历了三个阶段：第一发展阶段是 1975 年以前；第二发展阶段是从 1976 年到 1985 年；第三发展阶段是从 1986 年至今。

目前我国 4000m 以上深井主要采用三种类型的钻机：国产 ZJ45 钻机、罗马尼亚 F－320 钻机及从美国引进的 5000m、7000m 电驱动钻机。国产 6000m 电驱动钻机已投入使用，1990 年又从罗马尼亚购买了 F－400 钻机，对 F－320 钻机的部分设备如钻井泵、柴油机、固控设备、涡轮变矩器等采用国产设备进行了改造。1990 年代后期又批量生产了国产电动钻机：ZJ50D，ZJ70D 及 5000m 的交流变频钻机。2009 年我国自主研发了 12000m 的电动钻机。在井控装备方面，各油气田井控装备主要以 35MPa、70MPa 液压防喷器为主，少数装备了 105MPa 和 140MPa 的液压防喷器。深井钻机一般配备振动筛和除砂器二级净化装置，部分钻机配备了振动筛、除砂器和除泥器(或清洁器)三级净化装置，少量钻机配备了离心机(仿 414 型)四级净化装置。在钻井仪表方面，1980 年代初，随着钻机的引进，开始引进美国马丁·代克和陀特克多参数仪；国内重庆仪表厂，江汉仪表厂以及上海神开科技有限公司先后开发了国产的多参数仪。

（二）国外深井、超深井钻井装备

国外钻 6000m、7000m、8000m、10000m 以及 15000m 的深井电动钻机、装备和工具配套都比较先进、精良，深井电驱动钻机占总钻机数的 23%。据不完全统计，现在世界上可钻 9144m 以上的钻机近百台，其中美国拥有钻深达 9144m 的钻机 80 多台，钻深达 10668m 的钻机 8 台，Arapahoe 钻井公司生产的一台钻机可钻深度为 22860m，国外超深井钻机具有采用可控硅直流电机驱动；配备了大功率的三缸柱塞式泥浆泵；配备了大通径的转盘等特点。8000m 以上的超深井，需采用高强度钛合金、铝合金钻杆。研制了 176MPa 的防 H_2S 井口防喷器和高压旋转控制头。研制的工作压力达211MPa的采油树投入应用。美国纳伯斯(Nabors)钻井公司研制了输入功率2250hp、最大工作压力137.9MPa的五缸钻井泵。国外在深井、超深井钻井装备方面远远超过国内水平。

(三)国外深井、超深井石油钻机发展前景

自动化石油钻机将会进一步扩大发展，钻机数量将会大量增加；智能石油钻机将会有较大的发展，使用数量将增加到20台以上；遥控石油钻机也会有一定发展。到2010年，世界特深井石油钻机将会有更大的技术发展，将会全部采用AC-SCR-DC电驱动型式和铝合金钻杆进行钻井。目前全世界有500多台连续管石油钻机，其中美国占37%。新型一次防沙全封闭空调沙漠石油钻机将会得到进一步发展，使用数量不断增加，将在钻井实践中取得更好的使用效果。

(四)我国深井超深井石油钻机与装备的发展方向

在沙漠石油钻机方面，兰州石油化工机器总厂研制了ZJ60L型和ZJ60DS型沙漠石油钻机，ZJ60DS型沙漠石油钻机将会有更大的发展。此外，为适应更深地层沙漠地区钻井，应研制ZJ80DS型沙漠打油钻机，钻井深度为8000m。

在海洋石油钻机方面，应批量生产1320-VE型和1625-DE型海洋石油钻机，以满足海洋深层开发钻井的需要。将会适当地发展8000m电驱动钻机。同时适当地发展与高科技相关的深井超深井钻井装备，包括：与地层压力预测和随钻测量相关的设备；能快速显示回流增减的流量监控系统；完善现有套管程序的方案；大尺寸高压井控系统；动力钻具钻井方式；以遥控变径稳定器为核心的井眼轨迹自动控制系统；用于各种地层和不同钻井方式的新型高效钻头等。

四、深井、超深井先进钻井工具

(一)螺杆钻具

我国北京石油机械厂和大港机械厂先后引进了美国迪纳钻具生产线，目前可生产深井用的多种型号的螺杆钻具，性能指标有了很大提高。1996年大港油田研制成功耐温达175℃螺杆钻具。美国贝克休斯INTEQ公司研制的高速螺杆钻具(表4-21)。该螺杆钻具既具有涡轮钻具的优点(高转速，对温度不敏感)，又有普通螺杆钻具的优点(转速与排量成正比)，其输出功率是涡轮钻具的2倍多。采用新的橡胶定子制造工艺，可承受190℃高温。

表4-21 高速马达性能数据

工具尺寸/mm	排量/(L/min)	转速/(r/min)	压降/MPa	作业扭矩/Nm	输出功率/kW
ϕ120.65	500~1200	520~1250	10.5	1300	170
ϕ171.45	1000~2000	450~900	13.5	3900	368
ϕ241.3	1500~3200	365~780	19.5	5000	408

(二)涡轮钻具

1. ϕ175型涡轮钻具

ϕ175型涡轮钻具是我国研制的一种新型涡轮钻具，采用新材料和新结构，具有中速、大扭矩、较低的压降，轴承组寿命长等优点，适合深井超深井和高温条件下作业。该钻具在塔里木油田进行了应用实验，显著提高了机械钻速。

2. 带齿轮减速器的新型涡轮钻具(图 4－46、图 4－47)

俄罗斯技术人员研制了一种齿轮减速器涡轮钻具，现已在美国、德国等国家得到了实际应用，在俄罗斯的西伯利亚更取得了较好的效果。齿轮减速器可承受 250～300℃高温，在科拉超深井中成功应用。

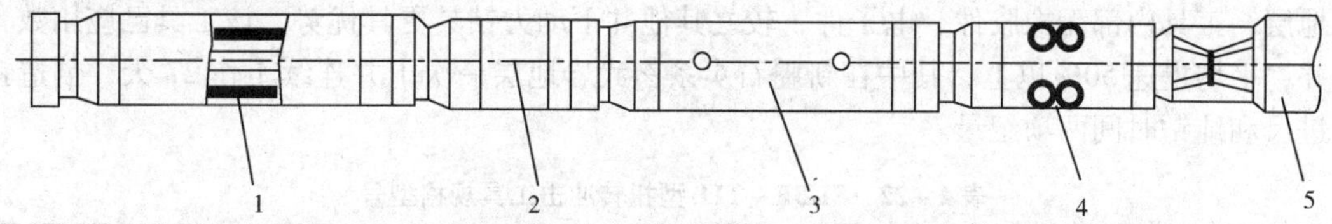

图 4－46　TRM－195 齿轮减速器涡轮钻具结构示意图

1—涡轮节；2—上部轴承总成；3—RM－195 充油齿轮减速器；4—下部轴承总成；5—钻头

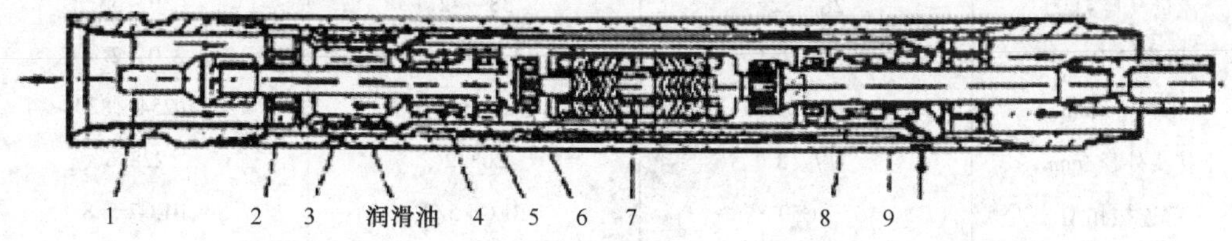

图 4－47　RM－195 充油齿轮减速器

1—离合器；2—径向滑动轴承；3—充油孔；4—端面密封；5—滚动轴承；6—输入轴；7—行星齿轮；8—输出轴；9—壳体

3. Maurer 公司研制的抗高温涡轮钻具

1980 年代初，美国的拉斯阿拉莫斯国家实验室在新墨西哥州的花岗岩地层钻了几口高温地热井。Maurer 工程公司为其研制了抗高温涡轮钻具，成功地钻成了温度高达 316℃的地热井。1998 年末技术人员在该涡轮钻具中添加了一个变速箱，研制成新型涡轮钻具。1999 年 9 月改进的涡轮钻具在墨西哥的 PEMEX 井进行了现场实验。

（三）旋冲钻井装置

旋冲钻井是利用井下冲击器高频锤击钻头，辅以旋转刮削进行联合破岩。具有以下特点：能有效提高硬岩层钻进速度；能防止硬地层及复杂地层钻井中的井斜问题；能够减缓钻头磨损，延长钻头寿命，减少钻具损坏，降低钻井成本。

目前使用的冲击器分为：阀式正作用冲击器；阀式反作用冲击器；阀式双作用冲击器(含活阀式和节流式)；射流式冲击器；射吸式冲击器；气动冲击器；机械式冲击器。

（四）扭转冲击工具

扭转冲击工具是一种安全、经济钻井提速工具，与 PDC 钻头配合使用，形成一种新的钻井工程提速提效配套技术，加装在 PDC 钻头上方，稳定 PDC 钻进过程，即可实现机械钻速显著提升，即使功能失效，也就相当于一节短钻铤，不影响正常钻进。其工作原理：利用部分钻井液的流体能量，产生一定频率的圆周往复冲击，并施加于 PDC 钻头上。能够消除 PDC 钻头的卡滑，使得原来大量消耗在钻柱扭转震荡上的能量转移至钻头，成为有效的破岩能量；增加剪切冲击破岩方式和能量，PDC 破岩机理突破原有“机械剪切”，转变成“机械剪切＋剪切冲击”，有利于各向异性的岩石破碎；稳定的钻进过程有利于延长钻头等钻具及井下仪器的使用寿命，减少起下钻次数和钻具费用，降低安全成本。

中石化胜利石油工程有限公司钻井工艺研究院研制的SLBF－TIT型扭转冲击工具(图4－48)已形成系列化(表4－22)具有：工具采用钻井液直接驱动锤击的结构方式，有独特的技术优势，属自主创新，中石化专家组评定认为该技术成果整体达到国际领先水平；大幅节约钻井日费，减少起下钻次数和钻头等费用，安全成本低；适合PDC钻进的地层，工具内部无橡胶件、电子件，较之其他井下动力钻具更具优势。该工具已应用数十口井，平均提速50%以上，其中在新疆石炭系玄武岩地层一次下井连续工作27天，创造钻井进尺和纯钻时间两项纪录。

表4－22　SLBF－TIT型扭转冲击工具规格型号

型　　号	SLBF－TIT216型	SLBF－TIT241型	SLBF－TIT311型
适用井眼尺寸/mm	215.9	241.3	311.1
流量/(L/s)	28～32	38～42	50～55
压降/MPa	2.0～2.4	2.0～2.4	2.0～2.4
外形尺寸/mm	Φ190×720	Φ210×770	Φ254×820
上接头外径/mm	177.8	203.2	228.6
上部连接扣型	NC50	REG6 5/8	REG7 5/8
下部连接扣型	REG4 1/2	REG6 5/8	REG6 5/8

图4－48　扭转冲击工具

五、钻井技术应用

深井、超深井井身结构设计中，应留有1～2层套管余地，可采取自上而下和自下而上相结合的设计方法，确保安全顺利钻达目的层。“动力钻具＋MWD”导向钻进技术，是目前国内控制长井段段易斜地层的最有效方法，可大幅度提高机械钻速。金刚石钻头技术、复合钻井技术、旋冲钻井技术是提高复杂深井钻井速度的有效途径。岩石力学实验可以为金刚石钻头设计与应用、钻头选型、钻井方式优选及钻井参数优选等提供理论依据。对于新区及复杂构造地区，进行岩石力学实验是必要的。水泥浆充填管外封隔器完井工艺技术，能有效地保护油气层，提高油井的开采效率，满足后期生产作业的需要。优质复合钻井液体系具有良好的配伍性、抑制性和润滑性，能够有效地稳定井壁、保护油气层，也有利于提高钻井速度。深井、超深井钻井是复杂的系统工程，存在高风险性、高投入性，综合应用先进技术时要充分考虑其适用性，需要针对每口井建立一个独立可控、安全高效的技术系统，同时纳入高层技术系统管理与监督，使之协同发展。

六、需要开展的研究工作

我国深井、超深井钻井技术近几年发展较快，但与国外相比还有相当的差距，应在以下方面开展深入研究：开展深井钻井模拟实验研究；井身结构设计优化，分段确定钻井液密度；加快深井钻井装备改造步伐，增强深井钻井实力；优化钻井技术措施，提高深井、超深井机械钻速；采用高效钻头提高钻速，提高单只钻头进尺；探索深井下部井段的高效钻井方式；进一步开展抗高温、高压、抗盐膏侵水基钻井液的实验研究，解决深井钻井液高温热稳定性；加强防斜打快钻井技术的理论研究及应用；进一步加强准确、实用的随钻地层压力预测方法的应用研究，实现近平衡钻井；开展液动冲击旋转钻井技术的综合应用研究；加大计算机在钻井设计计算和管理中应用研究的力度，建立深井钻井数据库和程序库；加大优选参数钻井技术在深井钻井中的应用研究；加快气动卡瓦(液)、钻头自动给进(送钻)装置，自动起下钻装置的研究；加强深层长段泥页岩井壁稳定，高压盐水层、岩盐层和盐膏层的安全快速钻井的试验研究；加快深井事故报警系统和事故预防与处理专家系统的研制开发；加强深井钻井工艺技术配套应用综合研究；深井抗高温不分散钻井液、钻井液固控装置、高压高功率钻井液泵；深井钻井参数和水力参数优选(高泵压配强化钻井参数研究)、深井高效钻头(如高速牙轮钻头等)、底部钻具组合及井下动力钻具(配 PDC 钻头)的应用研究；钻井数据采集、传输、处理分析控制网络系统(经专家系统分析，把指令反馈到井队，实现实时优化钻井)(可调直径)扶正器、减震器、随钻震击器的应用研究；全套防喷设备、自动防斜垂直钻井系统的应用研究等。

第八节　防斜打直技术

所谓井斜就是指井身轴线偏离了铅垂方向的现象。在新区、深层油气开发面临的一项主要难题是高陡构造、大倾角地层等易斜地层的防斜打快问题。井斜问题已成为制约这些地区提高钻井速度、降低钻井成本、顺利实现勘探开发目标的关键因素之一。我国西部和南方海相地区这一问题表现得更加突出。地质构造复杂多变、地层老，岩石致密坚硬，岩性复杂且泥岩、砂岩、白云岩、碳酸岩交互，岩性变化大。受多期构造运动影响，高陡构造地层倾角大，自然造斜较强，易发生井斜。实践证明，要钻绝对垂直的井是不可能的，但超过允许范围的井斜会造成多方面的危害。井斜的危害包括：

对勘探工作的影响：井斜过大就会造成井深误差，使地质资料不真实；导致地质工作得出错误的结论而漏掉油气层，尤其对小油区显得更为突出。井斜过大还会使井眼偏离设计井位，打乱油气田的开发布井方案，使采收率降低。

对钻井工作的影响：如果井斜过大，钻柱容易发生疲劳破坏；井较深时，钻具靠在井壁一侧将其磨出键槽而造成卡钻事故，井斜过大还会造成下套管困难和影响固井质量。

对采油工艺的影响：井斜过大会影响井下的分层开采及注水工作，如下封隔器封隔困难或密封不好；对采油井会使油管和抽油杆磨损加剧，甚至造成严重井下事故。

一、井斜的原因及其规律

影响井斜的原因是多方面的，但主要原因有三方面：一是客观原因。由于所钻地层的倾斜和非均质性使钻头受力不平衡而造成的井斜；二是技术原因。下部钻具受压发生弯曲变形使钻头偏斜并加剧钻头受力不平衡而导致井斜；三是主观原因。因操作不合理而造成的井斜。

(一) 地质因素对井斜的影响

1. 地层各向异性对井斜的影响

地层各向异性是指在同一沉积层内，地层在不同方向上强度的相对差异。一般在平行于层理的方向上岩石破碎比较困难，在垂直于层理的方向上岩石破碎比较容易。因而，钻头将保持沿着岩石容易破碎的方向前进。图 4－49(a)中，由于地层水平，井眼不容易发生倾斜；图 4－49(b)中，地层呈垂直状态，由于垂直层面的强度较小，所以井壁岩石容易破碎，钻头稳定性差，钻进时易井斜，且方位不稳定，而一般性倾斜地层，将引起钻头破碎速度不一致而发生井斜，如图 4－50 所示。

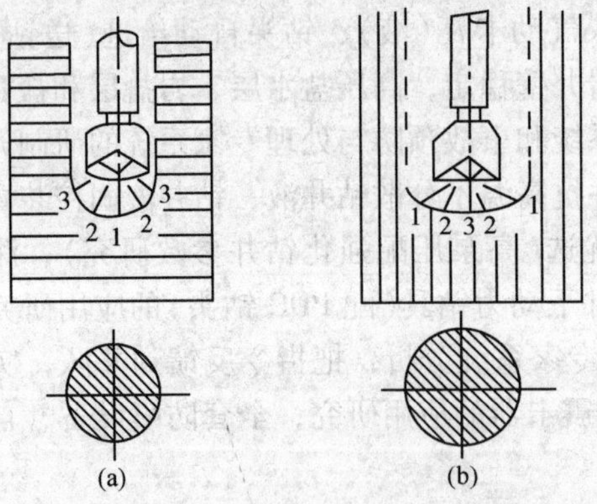

图 4－49　地层各向异性的造斜作用

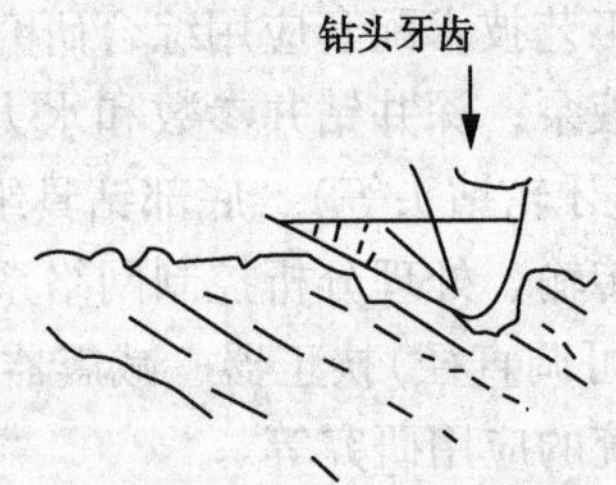

图 4－50　岩层沿斜面破碎

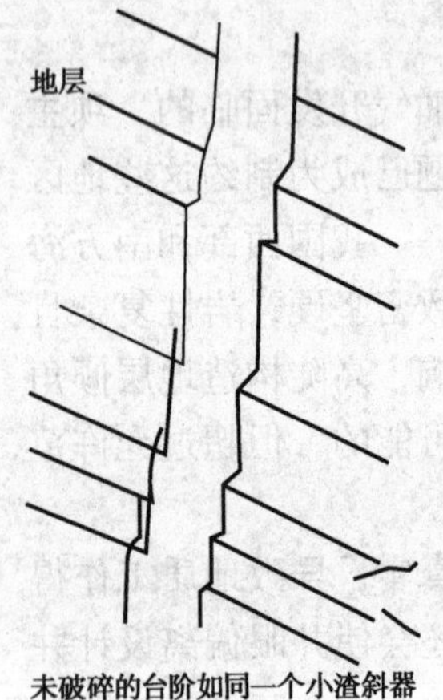

图 4－51　地层的“小变向器”造斜作用

2. 倾斜层状地层对井斜的影响

当钻头在倾斜的层状地层中钻进时，钻至每个层面交界处，地层上倾一侧的岩石因不能长时间支撑钻压而趋向沿垂直层面发生破碎。在井眼上倾一侧的小斜台很容易被钻掉，而在井眼下倾一侧的层面上残留一个小斜台，如图 4－51 所示。它对钻头施加一个横向作用力。将其推向地层的上倾方向，从而引起井斜，这就是所谓地层的“小变向器”作用。这样，钻头每钻至一个倾斜层面都会出现这一现象，而且地层倾角越大，成层性越强，钻压越大，造成的井斜也就越大。此外，产生井斜的同时还会减小井眼的有效直径，造成其他事故隐患。

3. 岩石软硬交错对井斜的影响

岩性变化影响井斜的趋势如图 4－52 所示。

当钻头从软地层进入硬地层时，见图 4－52(a)，在 A 侧先遇到硬岩石，钻头工作刃阻力大、吃入少，钻速慢；而 B 侧还在软地层，工

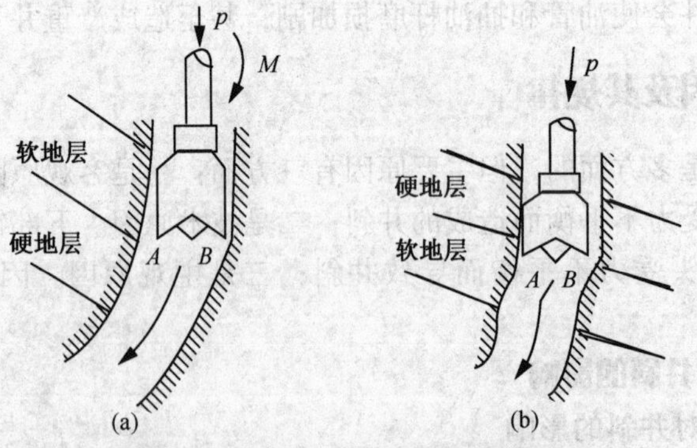

图 4－52　岩性变化对井斜的影响

作刃阻力小、吃入多，钻速快；因此，钻进将沿着地层上倾方向发展。图 4－52(b)为当钻头从硬地层到软地层时井眼的倾斜趋势，开始由于 A 侧地层软，钻头吃入多，钻速快；B 侧地层硬，钻速慢，井眼有向地层下倾方向倾斜的趋势。当钻头快要钻出硬地层时，由于类似前面所

述小变向器作用，迫使钻头仍回到地层上倾方向钻进，而且往往在界面处形成狗腿。

此外，在钻遇断层、地层不整合界面时也会使井眼倾斜，常出现狗腿。在地质构造运动剧烈的破碎带钻进时，由于破碎带的岩石软硬交错，使钻头受力不均，工作不稳定，也易发生井斜。

综上所述，在影响井斜的地层因素中，起引导作用的是地层倾角，其他因素对井斜的的影响都与地层倾角有关。根据钻井实践可得到地层倾角对井斜的影响规律为：地层倾角小于45°时，井眼一般沿地层上倾方向偏斜；地层倾角大于60°时，井眼将向下倾方向偏斜；地层倾角在45°～60°之间时，井眼偏斜将不稳定；如单从地层因素考虑，井斜角最大也不会超过地层倾角。

（二）下部钻柱弯曲对井斜的影响

钻井实践证明，采取轻压吊打，井斜较小，但势必降低机械钻速，这是因为下部钻铤所受压力很小而处于直线稳定状态。当下部钻柱在较大钻压作用下发生弯曲时，是引起井斜的另一个重要原因。而且弯曲程度越严重，井斜也越严重。它对井斜的影响表现在两个方面：一方面下部钻柱弯曲使钻头相对于井眼轴线偏斜，其钻进的方向偏离原井眼方向，直接导致井斜。另一方面下部钻柱弯曲使钻压改变了作用方向，即不再沿井眼轴线方向施加给钻头，而是偏离了一个角度(钻头倾斜角)，从而使钻压产生一个引起井斜的横向偏斜力(称为增斜力)导致井斜，如图4－53所示。

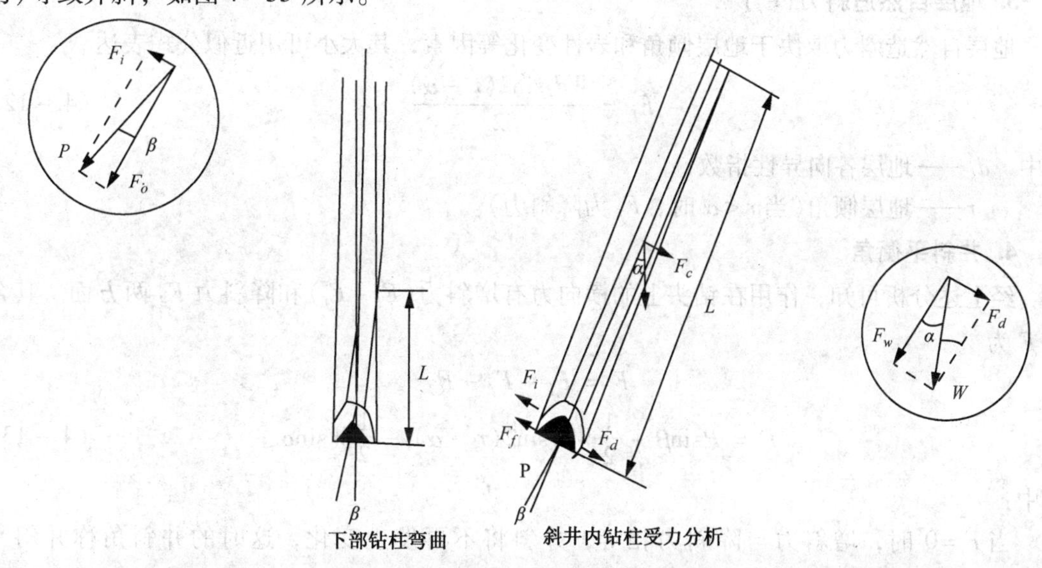

图4－53　下部钻柱弯曲对井斜的影响

总之，下部钻具组合自身特性(包括与井眼的间隙)及钻压决定了它的弯曲程度和对井斜的影响。因此，在钻进过程中，应该严格控制钻压，保持送钻均匀，并尽量增大下部钻柱的刚度，以减少因钻铤弯曲对井斜的影响。

（三）其他原因对井斜的影响

实践证明，对井斜的影响除了上述两方面的因素外，还有设备安装质量、操作技术水平及防斜措施不当等因素。例如在安装时，天车、转盘和井口不在同一铅垂线上，或者转盘安装不平；方钻杆弯曲、接头螺纹歪斜；在易斜井段措施不当或送钻不均匀等等。但所有因素都属于人为造成的，在施工中是可以避免的。

（四）井斜后井眼的发展趋势分析

由于地层因素对井斜的影响是客观存在无法改变的，因此井斜是不可避免的，但只要合理地选择下部钻具结构，制定相应的技术措施和提高操作水平，就能有效的控制井斜，为此，有必要了解发生井斜后的井眼发展趋势与人为因素的量化关系。

井斜后井眼的发展趋势取决于钻头上的受力情况，如图4－53，假设井斜角为α，钻铤稳定地靠在井壁低侧，切点为T；钻头可自由转动和向任一方向切削，但横向受约束。在切点以下钻铤重力W的作用下，钻头上所受的横向力有：

1. 钻压形成的增斜力(F_i)

钻压P沿钻头轴线，与井眼轴线成一钻头倾斜角β，P可分解为F_o和F_i。对井斜有影响的是F_i，它将使井斜增大，称为增斜力。其大小为

$$F_i = P\sin\beta \tag{4-10}$$

2. 切点以下钻铤重量产生的钟摆力(F_d)

钻铤切点以下重力W可分解为F_w和F_o。对井斜有影响的是F_d，它将起到钟摆作用，而使井斜减小，故称为钟摆力或降斜力。将其平移至钻头上为F_d

$$F_d \approx \frac{W\sin\alpha}{2} \tag{4-11}$$

3. 地层自然造斜力(F_f)

地层自然造斜力取决于地层倾角和岩性变化等因素，其大小可用近似公式表达

$$F_f = \frac{Wd_k\sin2(r-\alpha)}{2} \tag{4-12}$$

式中　d_k——地层各向异性指数；

r——地层倾角(当$r<\alpha$时，F_f为降斜力)。

4. 井斜平衡角

经上述分析可知，作用在钻头上的横向力有增斜力(F_i+F_f)和降斜力F_d两方面。其合力F为

$$F = F_i + F_f - F_d$$

$$F = P\sin\beta + \frac{1}{2}Wd_k\sin2(r-\alpha) - \frac{1}{2}W\sin\alpha \tag{4-13}$$

其中：

当$F=0$时，增斜力与降斜力相等，井斜将不再发生变化，这时的井斜角称井斜平衡角；

当$F>0$时，井斜角将增大，但由于井斜角的增大，降斜力也相应增大，最终将会达到一个大于原α的新井斜平衡角；

当$F<0$时，井斜角将减小，最终将会达到一个小于原α的新井斜平衡角。

通过以上分析，可得出影响井斜平衡角的三个具体因素：

① 钻压。增大钻压将加大钻铤的弯曲，使切点下移，钻头倾角增大，使增斜力加大；同时切点以下钻铤重力减小，使钟摆力减小，因此，钻压增大会使井斜角明显增大。

② 钻铤与井眼的间隙。当钻压不变时，改用大尺寸钻铤后，不易弯曲，切点上移，一方面钻头倾角减小，使增斜力减小；另一方面切点以下钻铤的长度和单位重力都增加，使钟摆力大大增加。因此，使用大尺寸钻铤可明显减小井斜；同时在保持原井斜的情况下，可增大钻压，提高钻速。

③ 地层因素。在各向异性地层中，井斜平衡角还取决于地层倾角和地层造斜系数。

二、控制井斜的措施

在容易出现井斜的地区钻直井，应该采取综合性的防斜工艺技术措施才能收到预期的效果。控制井斜的主要任务就是在保证较高机械钻速的前提下，使井斜角不超过允许标准。

目前，钻直井有两种基本的下部钻具组合，即钟摆钻具和满眼钻具。塔式钻具是钻表层和技术套管井段时常用的一种下部钻具组合，但是这种钻具只要井眼发生偏斜，即成为最简单的钟摆钻具，即光钻铤钟摆钻具。选择下部钻具组合方式的主要依据是地层特性和井斜控制的具体要求。

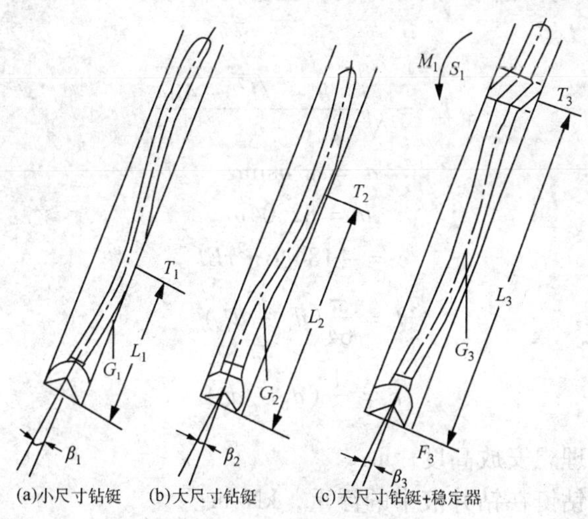

图 4-54 钟摆钻具组合

（一）钟摆钻具控制井斜

1. 钟摆钻具的工作原理

钟摆钻具在已斜井眼中，利用切点以下钻铤重力产生的横向分力将钻头推向井壁低的一侧，以达到逐渐减小井斜的效果。运用这一原理组合的钻具称为钟摆钻具。在斜井眼中，光钻铤组合就是一种最简单的钟摆钻具。如图 4-54(a)。

利用钟摆钻具增大钟摆力的途径主要是增大切点以下钻铤的重力，其方法有两个：一是使用大尺寸或壁厚大的钻铤。如图 4-54(b)所示，在同一钻压下 T_2 高于 T_1，$L_2 > L_1$，则 $G_2 > G_1$，钟摆力增大；二是在比 T_1 略高的位置上安装一个稳定器，以提高切点的位置来增大钟摆力，如图 4-54(c)所示。此外，稳定器还可对下部钻铤起扶正的作用，以减小钻头倾斜角，限制增斜力的增大，有时在严重易斜地层，为了增加下部钻铤的刚性和提高钻具的防粘卡能力，还常用多稳定器钟摆钻具组合，即在单稳定器钟摆组合支点稳定器之上间隔一定长度再安放一只或多只稳定器。

2. 稳定器位置的确定

钟摆钻具控制井斜的技术关键就是稳定器安放位置要适当。如果位置偏低，则钟摆力小，效果差；如果位置偏高，则稳定器以下钻铤可能与井壁形成新的切点，使其失效。因此，稳定器的理想安装位置应该是，在稳定器以下钻铤不与井壁接触的前提下尽量提高些。

目前常用的钟摆钻具组合有三种组合方式，现分述如下。

（1）光钻铤钟摆钻具

无稳定器的单一尺寸或复合钻柱就是最简单的钟摆钻具组合，通常是在钻表层井段时使用。它的关键是选择最下面 1 ~2 柱钻铤的尺寸。设计时应尽量采用可安全使用的大外径厚壁钻铤，这不仅可以增大钟摆力，并可减小钻铤的挠度，有利于钻头稳定工作。

（2）单稳定器钟摆钻具组合

这种钻具组合是目前最为广泛采用的，其稳定器的安装位置是指稳定器至钻头的距离。稳定器的理想安装高度取决于井眼尺寸、钻铤尺寸、稳定器直径、井斜角、钻压及钻井液密度等因素，当稳定器以下采用同一尺寸钻铤，且稳定器与井眼的间隙较小时，可用下式计算稳定器的理想安放高度 L_s。

$$L_s = \sqrt{\frac{-b + \sqrt{b^2 - 4ac}}{a}} \tag{4-14}$$

$$a = \pi^2 q\sin\alpha$$

$$b = 82.04p$$

$$c = -184.6\pi^2 rEI$$

$$I = \frac{\pi}{64}(d_c^4 - d_{ci}^4)$$

$$r = \frac{1}{2}(d_b - d_c)$$

式中 L_s——稳定器的理想安放高度，m；

q——单位长度钻铤在钻井液中的浮重，kN/m；

α——井斜角，(°)；

p——钻压；

EI——钻铤的抗弯刚度，m^2；

E——弹性模量，$2\times10^8 kN/m^2$；

r——钻铤和井径的视半径，m；

d_b——钻头直径，m；

d_c——钻铤外径，m；

d_{ci}——钻铤内径，m。

应当指出的是，在实际钻井过程中稳定器外径与井眼之间隙不可能保持为零。故在设计时，稳定器的实际安放高度应比计算值低 10% ~20%。

(3) 多稳定器钟摆钻具组合

这种组合方式现场应用的方法是，在单稳定器钟摆组合的支点稳定之上，每间隔一根钻铤可安放一只稳定器，构成双稳定器或多稳定器钟摆组合。

3. 钟摆钻具的使用特点

① 钟摆钻具能比较成功地应用于地层造斜力不强的地层，在使用钻铤的条件下，能保证在较高钻压下钻出高质量的井眼。与光钻铤相比，使用钟摆钻具可以提高钻压而不会造成井斜的增大，一般在用高钻压钻进的平缓地层，钻压可提高 50%；在只能用轻压钻进的易斜地层，钻压可提高 20%，从而相应地提高了机械钻速。

② 为了充分发挥钟摆钻具的作用，应根据实际情况尽可能采用在大尺寸钻铤加稳定器，这样形成的钟摆长而重、降斜效果好。在钟摆钻具结构确定后，降斜效果主要受钻压大小的

制约，钻压越大钻头上的增斜力越大，相应地降斜力变小了，若钻压过大，使稳定器下面形成新的切点，其将失效，所以在操作中必须严格控制钻压。

此外，要求井场应配备好不同长度的钻铤短节，校正好指重表并做好及时检验井身质量的有关工作。实践证明，钟摆效果与钻头工作是否稳定有密切关系。当地层岩性变化或钻井液性能不好、钻头运转不正常时，降斜效果往往较差。所以当岩性变化时，除要做好防斜工作外，还应保证钻井液性能良好，排量稳定。

③ 钟摆钻具既能控制井斜又能纠斜。在易斜的地层钻进，当井斜超过一定极限时，可采用钟摆钻具降斜。现场常用钟摆组合见表4－23，对于ϕ215.9mm 井眼、ϕ177.8mm 钻铤，常用钻具组合见图4－55。

表4－23　推荐的常用钟摆组合

井眼直径/mm	稳定器高度/m	井眼直径/mm	稳定器高度/m
≥ϕ339.7	≈36(四根钻铤)	ϕ193.7～ϕ244.5	≈18(二根钻铤)
ϕ244.5～ϕ311.2	≈27(三根钻铤)	≤ϕ152.4	≈9(一根钻铤)

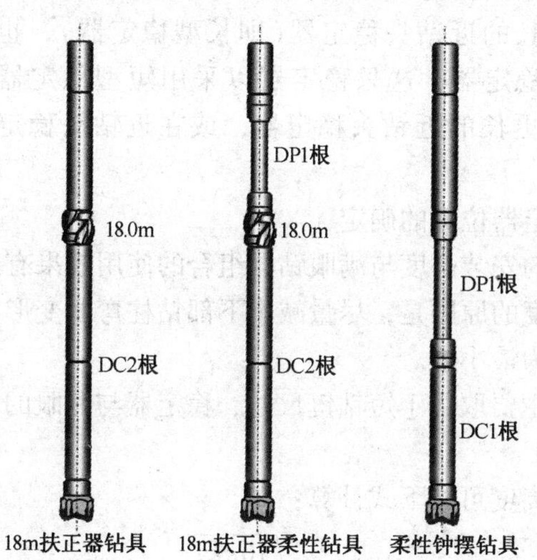

图4－55　常用钻具组合

④ 钟摆钻具缺点是在直井内无防斜作用。它类似于光钻铤，由于刚度小，不能有效地控制井斜变化率。在地层倾角很大、倾斜严重地层中钻进时，由于增斜力往往大于钟摆力而易将井打斜。因此，这时不得不采用轻压钻进，从而使钻速显著降低。

（二）刚性满眼钻具控制井斜

刚性满眼钻具是为了防止井斜角和井眼曲率过大，所采用的一种安装在钻柱底部的刚性较强、钻具与井眼之间的间隙较小，以便使钻具中心线尽可能重合的钻具。

1. 刚性满眼钻具的工作原理

刚性满眼钻具一般是由3～5个外径与头直径相近的稳定器与一定长度外径较大的厚壁钻铤所组成。其防斜原理归纳起来有两条：一是由于这种钻具比光钻铤的刚性大，并能填满井眼，因而在大钻压下不易弯曲，能保持钻具在井眼内居中，减小钻头倾斜角，所以它能减小和限制由于钻柱弯曲产生的钻头偏斜及增斜力；二是在地层横向力的作用下，稳定器能支撑在井壁上，可有效地限制钻头的横向位移，同时还能在钻头处产生一个抵抗地层力的纠斜力。这就如同三点决定一条直线的道理一样。

为了发挥满眼钻具的防斜作用，在钻具上至少要有三个稳定点，即除了在靠近钻头装一个稳定器外，其上面应至少再安放两个稳定器才能保证钻具的直线性。

满眼钻具在不同的井眼与地层中其作用情况有所不同。在铅直或接近铅直的井眼中，当地层造斜力不很大时，满眼钻具能保持在井眼内为刚直居中状态，使钻头沿着铅垂的方向钻进：在增斜或降斜的地层中，满眼钻具能够限制井斜的增大或减小速度，以使井眼不至于出现狗腿或键槽。

2. 刚性满眼钻具稳定器位置的确定

满眼钻具的组合设计，主要是指在下部钻具组合中，合理地选择钻铤尺寸，稳定器尺寸、数量和安放位置，以达到能实施较高钻压钻进的目的。

(1) 近钻头稳定器

靠近钻头的稳定器应采用井底型稳定器并紧接钻头，其间不应加装转换接头或其他工具(如随钻打捞杯等)。

为了增强近钻头稳定器抗衡弯曲偏斜力及限制钻头横向切削的作用，在中等易斜地层应采用有效稳定长度较长的近钻头稳定器(即长型稳定器)，也可以在短型近钻头稳定器之上直接装一只钻柱型稳定器，这只稳定器以采用短型稳定器为最好；在严重易斜地层则应采用有效稳定长度更长的近钻头稳定器，或在近钻头稳定器之上直接装两只钻柱型稳定器。

(2) 中稳定器与上稳定器位置的确定

中稳定器与上稳定器的安装高度与满眼钻具组合的使用效果有重要的关系，确定中稳定器与上稳定器理想安放高度的原则是，尽量减小下部钻柱弯曲变形，从而使钻头倾斜角和作用在钻头上的弯曲偏斜力为最小值。

中稳定器的理想位置主要取决于短钻铤尺寸、稳定器与井眼的间隙、井斜角及钻井液密度等因素。

中稳定器的理想安放高度可按下式计算：

$$L = \sqrt[4]{\frac{16\varepsilon EI}{W_u \sin\alpha}} \tag{4-15}$$

式中 L——中稳定器的安放高度(与钻头的距离)，m：

ε——中稳定器与井眼的间隙值，m；

EI——短钻铤的抗弯刚度，kN/m^2；

W_u——单位长度短钻铤在钻井液中的重力，kN/m；

α——井斜角，(°)。

设计计算中，应根据实际条件尽可能用适当的短钻铤，使中稳定器的实际安放高度接近理想高度。

上稳定器安放在中稳定器的上部，一般相距一个钻铤单根，长度约 9m 左右。在距钻头 27～28m 处安放的上部稳定器，主要起到防“卡”作用。常用的满眼钻具组合见图 4－56。

(3) 影响满眼钻具效果的因素

稳定器与井眼之间的间隙。稳定器与井眼之间的间隙同满眼钻具组合的使用效果关系甚为重要，应当严格控制，特别是在严重易斜地层，一般这一间隙越小越好，尤其是近钻头稳定器和中稳定器，与井眼之间的实际间隙过大，往往导致满眼钻具组合失效。通常，近钻头稳定器和中稳定器直径与钻头直径的差应不大于3mm，上稳定器直径与钻头直径的差应不大于6mm。

稳定器与井壁之间的支撑长度。稳定器与井壁之间应有足够的接触面积和长度，才能使钻头得到稳定、钻铤居中。稳定器与井壁支撑面的大小应视地层情况而定，如果地层坚硬而均质且斜向力较小，可采用短型稳定器；如果地层松软或斜向力较大，则应采取长型稳定器，以防稳定器吃入地层，造成满眼钻具失效。

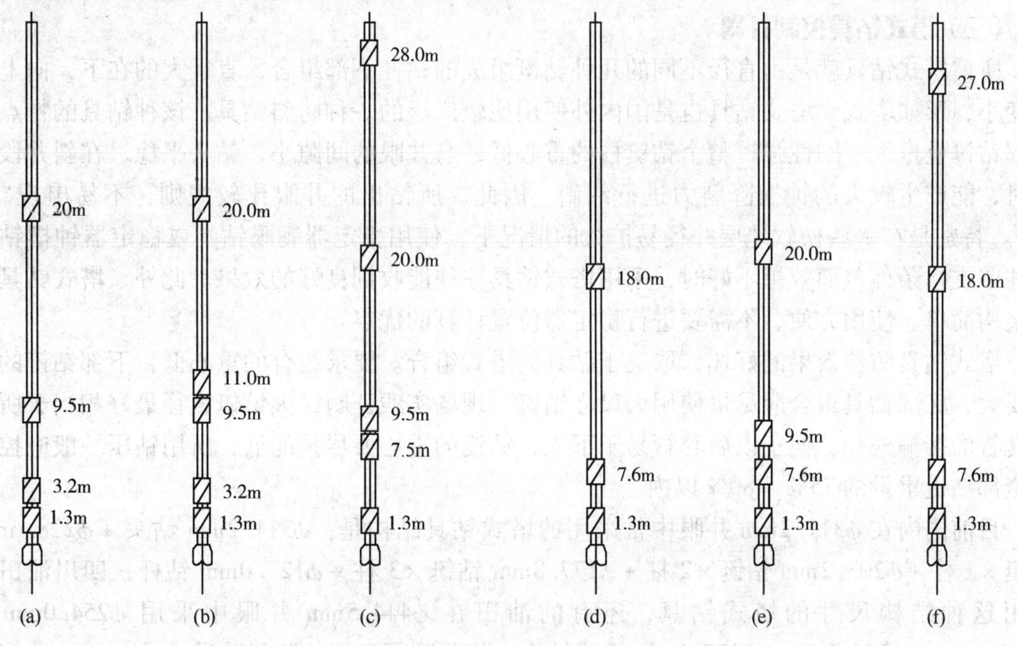

图4-56　常用满眼钻具组合

满眼部分钻铤的抗弯刚度。不管什么样的满眼钻具组合方式，一旦下部钻铤发生弯曲，就会使钻头倾斜角增大而影响防斜效果，因此，为了提高满眼组合的抗弯刚度，在上稳定器之上适当位置根据需要可以再加稳定器。满眼组合部分的钻铤，特别是短钻铤，应采用最大外径厚壁钻铤。

3. 刚性满眼钻具使用特点

在采用稳定器满眼钻具防斜打直井时，首先要根据本地区及邻井资料，在基本掌握所钻地层倾角、岩性特征、各岩性的造斜能力等基础上，做好钻具组合设计，钻井中还必须注意以下工作要点：

① 下钻前要认真检查稳定器和钻头尺寸，如磨损过大应立即更换，以确保稳定器与井眼的间隙符合设计要求。

② 坚持“以快保满，以满保直”。开钻前要搞好设备安装质量和高压试运转、钻具检查，以免中途停钻或发生事故。钻进中采取强化措施，不仅要钻速快而且井径要规则。如果打打停停，井眼容易冲大而失去满眼的条件。只有“满”得到保证，才能把井打直。此外起下钻或中途停钻循环时，应将钻头提离井底一定高度，并适当减小排量，而且不得停留在某一井深长时间循环，以防冲大井眼。

③ 合理加压均匀送钻，正确处理好地层交界面，防止井径扩大造成井斜。

④ 井眼要直，注意测斜。由于满眼钻具本身不具有降斜作用，它的刚性大且填满井眼，

如果井已经钻斜，仍继续使用满眼钻具，就会使井眼一直斜下去而钻成斜直井。所以开钻井口和上部井段一定要打直。同时钻进中要按规定测斜，随时检查所钻井段的质量是否符合规定。当发现井斜超过标准时，必须及时改变钻具组合。

⑤ 在易斜的地层用满眼钻具钻进时，往往会出现井斜逐渐增大，当接近或达到井斜标准时，必须改用钟摆钻具并控制钻压，使井斜角缓慢降下来。但是一旦恢复满眼钻进时，满眼部分下至钟摆钻具钻进的井段时常遇阻，甚至卡钻，必须引起重视。

（三）塔式钻具控制井斜

所谓塔式钻具就是由直径不同的几种钻铤组成的钻柱下部组合，直径大的在下，向上逐渐变小，形如塔式。塔式钻具也是国内外使用比较广泛的一种防斜钻具。该种钻具的特点是底部钻铤重量大、刚性强、整个钻铤柱的重心低，与井眼的间隙小，钻头平稳。在斜井段钻进时，能产生较大的钟摆降斜力进行纠斜。因此，所钻出的井眼比较规则，不易出现“狗腿”。特别是在一些松软地层井径易扩大的情况下，使用稳定器满眼钻具或稳定器钟摆钻具因井壁支撑条件差而效果不好时，采用塔式钻具往往能收到良好的效果。此外，塔式钻具还有结构简单、使用方便、不需要进行稳定器位置计算的优点。

塔式钻具防斜效果的好坏，取决于钻具的塔式组合。要求组合的重心低，下部钻铤的重最要大，底部钻具组合应尽量使用大尺寸钻铤，现场实践证明，大钻铤直径最好相当于所要下套管的接箍外径，便于以后套管易于下入，钻铤的重心要尽量的低，所用钻压一般应控制在全部钻铤重量的75%～80%以内。

目前国内在ϕ311.2mm井眼中常采用的塔式钻具结构是：ϕ311.2mm钻头＋ϕ228.6mm钻铤×1柱＋ϕ203.2mm钻铤×2柱＋ϕ177.8mm钻铤×3柱＋ϕ127.0mm钻杆，四川油田也采用这种结构尺寸的塔式钻具，还有的油田在ϕ444.5mm井眼中采用ϕ254.0mm＋ϕ228.6mm＋ϕ203.2mm＋ϕ177.8mm塔式结构，均收到了良好的防斜效果。

塔式钻具也存在一些问题。例如，底部钻具组合环空间隙小，循环钻井液时泵压高，对井壁冲刷严重。在易塌地层及钻井液性能较差时，容易造成卡钻。另外，由于钻铤尺寸不同，使得起下钻操作不太方便，所有这些问题在使用过程中都应给以足够的重视。

（四）控制井斜的其他措施

1. 方钻铤

在钻头之上安放方钻铤形成的满眼钻具是一种防斜能力很强的钻具组合，在严重易斜井段能取得较好的效果。

方钻铤的防斜原理与稳定器满眼钻具类似，方钻铤的尺寸与普通圆钻铤相同时，前者断面呈方形，截面积、刚度、抗弯能力均较大，因而使钻头的稳定能力更强，同时方钻铤与井壁是连续接触，井壁的支撑能力和限制钻头横向位移的作用更好，所以它能有效地限制井眼曲率的增大。

一般在钻头之上加1～3根方钻铤，每根9m左右，其对角尺寸与井眼的间隙为1～1.5mm，超过3mm将失效，每条方形棱处倒圆，并加焊硬质合金。

方钻铤防斜钻具组合为：钻头＋牙辊扩大器＋方钻铤1～3根＋稳定器＋普通钻铤＋钻杆＋方钻杆

在方钻铤之间可以加稳定器。牙辊扩大器和稳定器的作用是：修整井壁，保持井径规则，减小方钻铤棱边的磨损，减小旋转时的扭矩。

使用方钻铤时，存在泵压高，发生卡钻后不易处理等问题，应给予充分的注意。

2. 偏重钻具

（1）偏重钻铤

偏重钻铤就是在普通钻铤上的一侧钻一排盲孔，造成一边重一边轻。当钻具旋转时就产生一个朝向重边的离心力，且转速越高，离心力越大。钻具每转一圈就产生一次钟摆力和离心力的重合，这样对井壁就产生较大的冲击力，使井斜角减小。用这种偏钻铤可以组成钟摆钻具进行纠斜，我国大庆、胜利、江汉和青海等油田使用均取得了较好的效果。

偏重钻铤的钻具组合为：钻头 + 偏重钻铤 1 根 + 普通钻铤 + 钻杆 + 方钻杆。

偏重钻铤的使用特点是：它是一种防斜钻具，可用于易斜地层，并能使用较大钻压，也可用于纠斜；在钻定向井时，若需降斜或降斜至垂直，使用它也很有效，而且还可加较大钻压；组合简单、使用操作方便、工作安全可靠，不易出现卡钻现象；使用时要特别注意防止泥包，以免影响防斜效果。

（2）偏轴接头

偏轴接头是一端或两端径扣轴线与接头本体轴线有偏轴距的接头，钻具结构见图 4－57。偏轴接头一般连接于钻头与钻铤轴线之间，使钻头与钻铤轴线之间不再重合，形成偏重。当钻具转动时，就形成了朝向偏重侧的离心力，达到大钟摆力进行纠斜的目的。

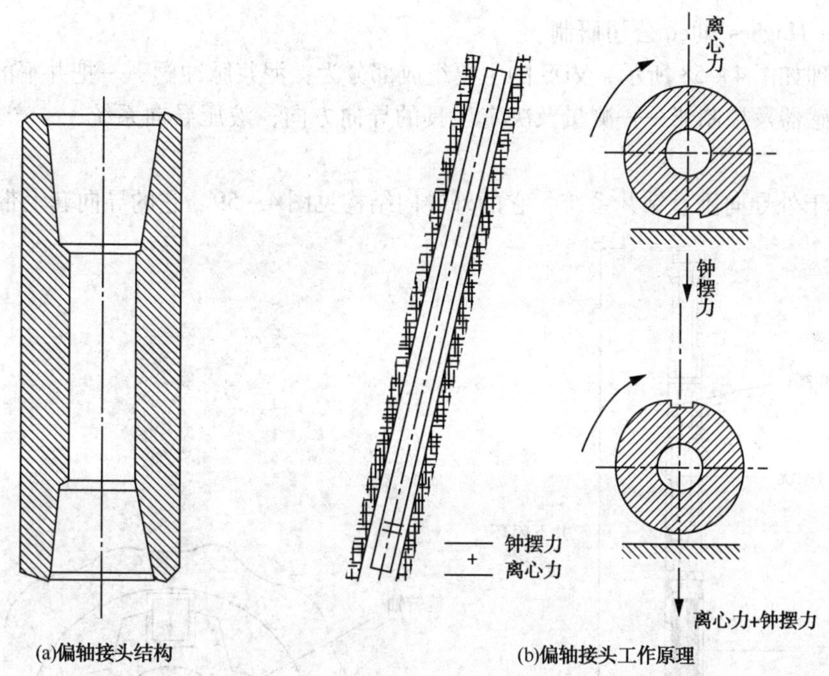

图 4－57　偏轴接头

偏轴接头钻具的特点是结构简单、使用方便，不像偏重钻具那样要钻出盲孔，对钻键造成损坏，并且纠斜时随钻压的减小纠斜力增加显著。

胜利油田在倾角 30°～50°的地层使用上述两种偏重钻具，所钻井的井斜不大于 5°。

3. 动力钻具定向纠斜

动力钻具定向纠斜利用动力钻具加弯头等造斜工具组成造斜钻具，向原井斜的相反方位造斜钻进，以达到纠斜之目的。应用范围包括：在一些严重易斜地层，井斜角较大，用一般纠斜方法难以控制时可采用；当井斜过大，需要将原井眼堵死，重新侧钻新井眼，然后继续钻进时可采用；纠斜部位可以从井底开始，也可以从上部井段进行悬空侧钻纠斜。

使用中注意事项包括：定向侧钻一定要准确，造斜工具的弯曲方位与原井斜的方位相差180°；开始纠斜时要轻压，控制钻速，造出台肩后再正常钻进；不宜用大弯曲角的弯接头，避免出现狗腿；纠斜时的实际降斜率应控制在(0.5°～1°)/10m之内。当井斜角降至2°左右时，可以用其他钻具正常钻进。

三、自动垂直钻井系统

进入21世纪后，国外一些石油公司已经研制出了能实时控制井斜的若干自动垂直钻井系统，并且在现场得到了很好的应用。中国石化集团胜利油田成功研制具有自主知识产权的垂直钻井系统，捷联式自动垂直钻井系统和机械式自动垂直钻井系统，并在现场进行了试验应用，取得了良好的效果。

1. 国外自动垂直钻井系统

(1) VDS自动垂直钻井系统

用于1988年联邦德国的大陆超深井科学钻探计划(KTB计划)中，由德国国家能源部委托美国Baker Hughes Inteq公司研制。

结构原理如图4－58所示，VDS的主要组成部分为：泥浆脉冲阀——把井下的信息传递到地面：传感器及控制器——测量及决定工具的导向方向；液压导向系统——产生降斜力，纠正井斜。

VDS属于外导向垂直钻井系统，它的外导向结构见图4－59。它的导向套上带有四个靠

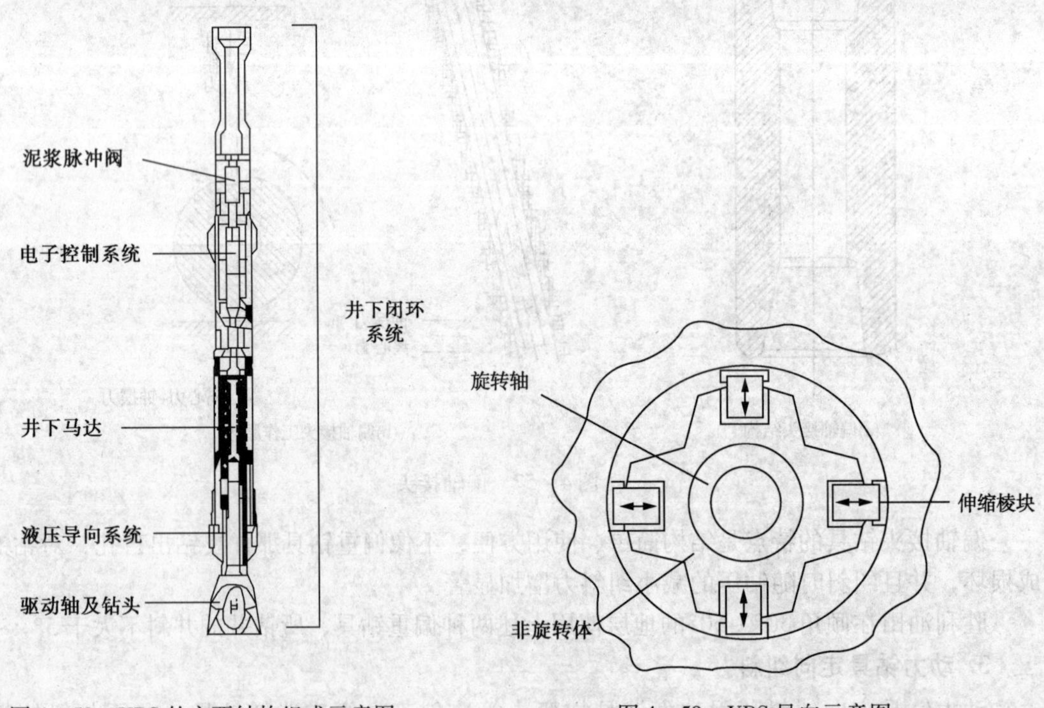

图4－58　VDS的主要结构组成示意图　　图4－59　VDS导向示意图

液压驱动的棱块，该导向系统采用了“负液压导向”。就是当工具在完全垂直的井眼中工作时，四个棱块都受到泥浆压力的作用而象弹簧一样支撑于井壁，这样使得工具与井眼对中。如果发生井斜，需要导向作用时，井眼低边处的液压缸泥浆供给被切断，相应的棱块缩回到最小直径位置，这样就使得对面的棱块把钻头推向井眼低边，以达到纠斜目的。

(2) PowerV 直井钻井系统

为满足旋转导向钻井系统的钻直井需要，Schlumberger Oilfield Service 公司在其原来的PowerDrive®系列的基础上，改进形成了其 PowerV 直井钻井系统。

PowerV 结构原理主要有 2 个组成部分，即上端的 ControlUnit(简称 CU)、下端的 BiasUnit(简称 BU)。在两者中间还有 1 个辅助部分 ExtensionSub(加简称 ES)，如图 4-60 所示。CU 是 PowerV 的指挥中枢，内部有钻井液驱动的发电机，还有陀螺、钻柱转速传感器、流量变化传感器等。可以独立于外面的钻铤而旋转或者静止不转。

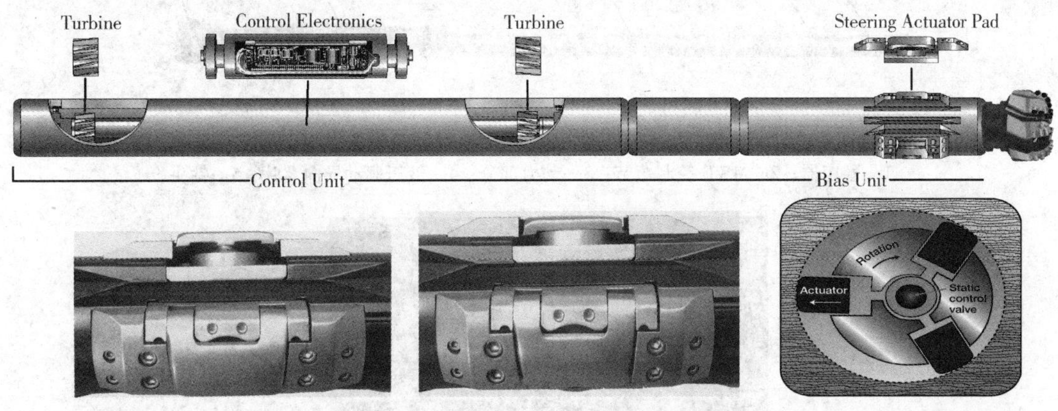

图 4-60 PowerV 整体结构示意图

开泵后，发电机发电，陀螺测量到井底的井斜角和方位角，然后按照地面工程师的要求把其内部的电子控制部分固定在某一个方位上，从而实现无论钻柱如何旋转，CU 内部的控制轴始终对准在需要的方位上，这个方位加上一个校对值后就是地面工程师所需要的高边工具面角的反方向。如果需要调整控制轴的方位角，可由地面工程师给 PowerV 发送命令，CU 对命令进行编排、核对，如果与预先设定的某个指令吻合，就开始执行这个新的工作指令。

BU 是一个纯机械执行装置，下接钻头，上接 CU，主要由 1 个钻井液导流阀和 3 个伸缩块组成，伸缩块的伸缩动力由钻井液提供，并由控制阀分配。伸缩块的伸出由钻井液导流阀控制。钻井液导流阀为一盘阀，由上、下两部分组成。上盘阀由控制轴带动，阀上有高压阀孔，与高压钻井液相通。高压阀孔做成如图 4-61 所示弧形长孔形状，目的是使高压钻井液作用在翼肋上的力具有一定的作用时间，以保证侧向控制力的作用效果。高压阀孔的圆心角为 200°，下盘与导向机构轴体相固联，上面有 3 个直径相同的圆孔，圆孔下的通道通向伸缩块的活塞室，3 个圆孔间的相位相差 120°。

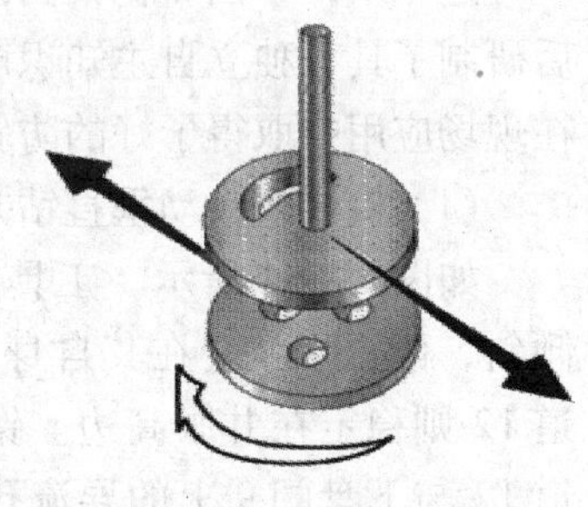

图 4-61 导流阀结构

钻进时 Power V 系统自动感应井斜，自动设定并调整仪器的侧向力，使井斜快速返回垂直状态。它解决了由滑动钻进和钻压限制造成低钻速和狗腿度大的问题，允许施加更高的钻压，从而大幅度提高钻速。

(3) VertiTrak 直井钻井系统

VertiTrak 垂直井眼钻井设备如图 4－62 所示。它采用井下井斜传感器和反作用于地层自然造斜趋势的可膨胀翼片来实施闭环导向。该系统包括一个导向装置、高性能的马达部分和近钻头 MWD 井斜传感器。当井眼偏斜仅有 0.1°时，井斜传感器就会感应到井斜。利用测量数据，内部微处理器可以计算出克服井眼偏斜所需的力。随之的反应是，液压管线将压力传送给三个可膨胀控制翼片，从而导向井眼回到垂直。导向翼片可产生足够的力克服井斜，高推力的弹簧加压翼片可以产生一个与钻井参数和地层趋势互不干扰的连续不断的轨迹控制，如图 4－63 所示。

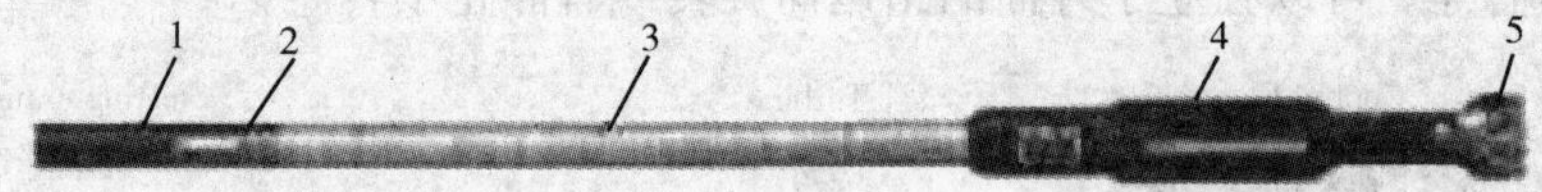

图 4－62　新型闭环集成钻井系统的主要构件

1—稳定器；2—MWD 控制短节；3—动力部分；4—液压驱动导向翼片；5—钻头

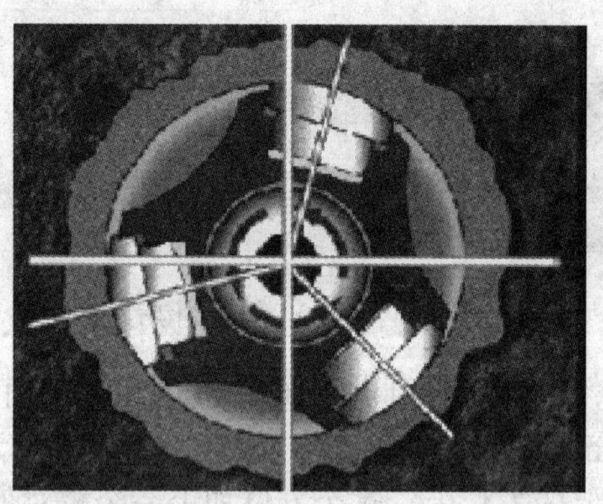

图 4－63　三导向翼片克服井斜示意图

2. 中国石化集团公司胜利油田自动垂直钻井系统

近年来，中国石化集团公司组织开展了自动垂直钻井系统的研制，以胜利油田为代表先后研制了具有独立自主知识产权的机械式自动垂直钻井系统和捷联式自动垂直钻井系统，并在现场应用中取得了好的防斜效果。

(1) 机械式自动垂直钻井工具

如图 4－64 所示，工具的上端和下端分别与钻柱和钻头相联，其原理是如果井眼发生倾斜，配重 4 就会在其自身重力作用下，稳定在倾斜井眼的低边，上盘阀 8 的扇形偏心流道 12 则稳定在井眼高边。钻柱带动壳体 10 和下盘阀 9 旋转，当上盘阀 8 上的扇形偏心流道 12 与下盘阀 9 上的导流孔 11 重合时，钻柱内外高低压流体间的通道被打开，高压钻井液进入活塞缸 17，推动活塞 15 靠向高边井壁，井壁的反作用力使得钻头在井眼低边井壁上的切削量增加。当钻柱带动壳体 10 和盘阀 9 转动，使得下盘阀 9 上的导流孔 11 与上盘阀 8 上的扇形偏心流道 12 错开，钻柱内外高低压流体间的通道被关闭，高压钻井液不能驱动活塞 15 推靠井壁，因此钻头在井眼低边井壁以外区域的切削量不会增加。钻柱持续旋转，上述过程循环往复，活塞 15 被钻井液循环在钻柱内外形成的压差驱动，周期性推靠高边井壁，对钻头施加指向井眼低边的周期性侧向力，使得钻头在井眼低边井壁上切削量增加，实现在钻进过程中对井斜的适时修正。

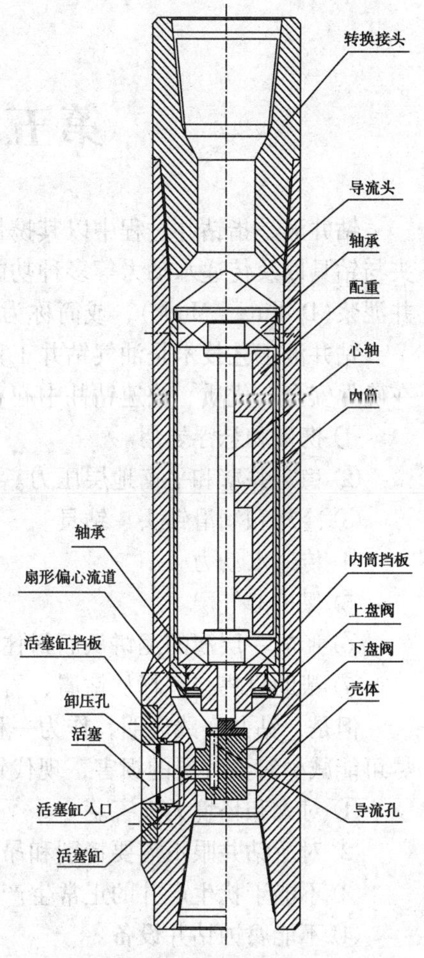

图 4－64　结构原理示意图

(2) 捷联式自动垂直钻井系统

如图 4－65 主要由基于旋转基座的测控短节、井下发电机、无刷力矩电机、旋转变压器和防斜纠斜执行机构等组成。在稳定平台的控制下，力矩电机驱动执行机构中的盘阀对过流的钻井液进行控制，利用活塞驱动翼肋推靠井壁，产生具有纠斜作用的侧向推靠力，以实现有效的防斜、纠斜功能。

四、发展趋势

为适应防斜打快、提高钻井效益的要求，井斜控制技术的发展趋势主要表现在以下三个方面。

① 推广并完善既能解放钻压又能防斜打直，将二者能有效的统一起来的垂直钻井技术。

② 国外石油公司研发的自动垂直钻井系统在现场应用中已经取得了良好的效果，国产自动垂直钻井系统处于试用阶段，还没进入产业化应用阶段，在国外公司“只租不卖”的情况下，国内应加快具有自主知识产权的自动垂直钻井系统的完善、推广和产业化应用的步伐。

③ 目前应用于现场的自动垂直钻井系统在数据的双向通信、导向块的使用寿命、工具工作的可靠性和稳定性等方面仍存在一些问题，需尽快完善。

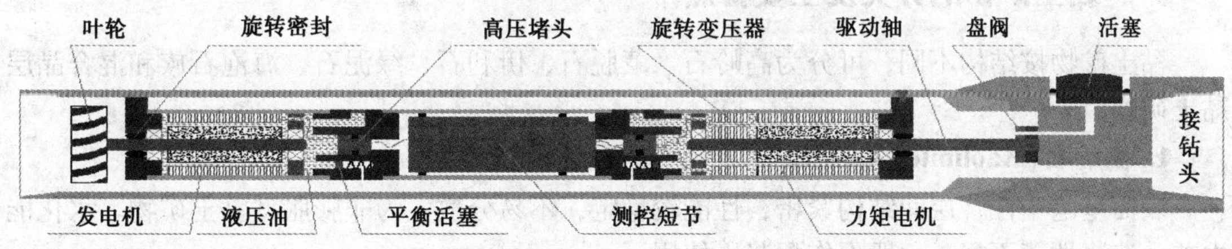

图 4－65　捷联式自动垂直钻井系统结构原理图

第五章　钻　井　液

钻井液是指钻井过程中以其携带和悬浮钻屑、稳定井壁和平衡地层压力、冷却和润滑钻头与钻具以及传递水动力等多种功能满足钻井需要的各种循环流体的总称。钻井液又称做钻井泥浆(Drilling　Muds)，或简称为泥浆(Muds)。

钻井液工艺技术是油气钻井工程的重要组成部分。随着钻井难度的逐渐增大，该项技术在确保安全、优质、快速钻井中起着越来越重要的作用。钻井液最基本的功用有以下几点：

① 携带和悬浮岩屑。

② 稳定井壁和平衡地层压力。

③ 冷却和润滑钻头、钻具。

④ 传递水动力。

⑤ 保护油气层。

⑥ 形成一层簿的泥饼从而封住所钻开地层的孔隙和裂缝。

⑦ 帮助收集与解释从钻屑、岩芯与测井所得到的信息。

但是，钻井实践表明，作为一种优质的钻井液，仅做到以上几点是不够的。为了防止和尽可能减少对油气层的损害，现代钻井技术还要求钻井液必须具有：

① 对人和环境无损害。

② 对所钻井眼不需要特别和昂贵的完井方法。

③ 不能干扰生产井的正常生产。

④ 不能腐蚀钻井设备。

一般情况下，钻井液成本只占钻井总成本的7%～10%，然而先进的钻井液技术往往可以成倍地节约钻时，从而大幅度地降低钻井成本，带来十分可观的经济效益。

第一节　黏土胶体化学基础

一、黏土矿物的分类及主要特点

黏土矿物按结构不同，可分为高岭石、蒙脱石、伊利石、绿泥石、海泡石族和混合晶层黏土矿物。

1. 高岭石(Kaolinite)

表面呈电中性，层间结构紧密，性能较稳定，不易分散。为非膨胀型黏土矿物。水化能力差，造浆性能不好，一般不作配浆土使用。

2. 蒙脱石(Montmorillonite)

层间结构，表面带负电，为膨胀型黏土矿物。根据交换性阳离子的不同，可分为钠蒙脱石、钙蒙脱石、镁蒙脱石和铵蒙脱石(简称为钠土、钙土、镁土和铵土)等。

3. 伊利石(Illite)

也称水云母，是最丰富的黏土矿物，存在于所有的沉积年代中，在古生代沉积物中占优势。表面带负电，非膨胀型黏土矿物。水化作用仅限于黏土矿物表面。

4. 绿泥石(Chlorite)

通常绿泥石无层间水，而某些降解的绿泥石中有某种层间水和晶格膨胀，在古生代沉积物中含量丰富。

5. 海泡石族(Attapulgite)

俗称抗盐黏土，包括海泡石、凹凸棒石、坡缕缟石(又名山软木)。纤维状结构，具有较大的内表面，水分子可以进入内部孔道，在淡水和盐水中均易水化膨胀，热稳定性好。

6. 混合晶层黏土矿物

混合晶层黏土矿物比单一黏土矿物更易分散、易膨胀，特别是其中有一种成分为膨胀性时，更是如此。

二、黏土矿物的主要性质

1. 黏土的吸附作用

吸附作用是黏土的主要性质之一。

(1) 物理吸附

其吸附作用是由于分子间范德华引力产生的，吸附以后吸附剂不发生变化，这种作用称为物理吸附。物理吸附与物质的分散度有关，分散度超高，吸附现象就越明显、越激烈。

(2) 化学吸附—离子交换吸附

黏土颗粒表面吸附的离子与周围介质中的离子之间所发生当量交换作用，使黏土的性质发生了改变，这种吸附作用就叫化学吸附，也称为离子交换吸附。这种交换吸附反应是可逆的。黏土颗粒表面的离子可以象水溶液中的离子一样，继续发生交换。离子交换反应可以在水溶液中发生，也可以发生在非水溶液中。

黏土矿物离子交换的能力，以每克或每 100g 黏土矿物所吸附的可交换离子的毫摩尔数来衡量，称为离子交换容量(CEC)。由于黏土矿物的性质在很大程度上依赖于它所吸附的交换性阳离子，因此有关阳离子的交换反应最为普遍和重要。

影响阳离子交换反应的因素有很多，与黏土矿物种类和颗粒的大小、阳离子大小、浓度、价数及其在晶体构造中的位置、阴离子的性质和浓度、介质的 pH 值和温度等有关。通常高岭石的反应最快，蒙脱石和凹凸棒石较慢，伊利石最慢。

温度升高可使交换反应速度稍微加快，但加热会使交换容量降低。高岭石、伊利石的阳离子交换容量随颗粒变细而增加；颗粒的大小对蒙脱石的阳离子交换容量影响不大，研磨可使蒙脱石颗粒变细，阳离子交换容量稍有增加，但长时间的研磨容易引起晶格破坏，交换容量反而降低。

吸附态的阳离子可以部分电离，电离率大的离子交换性强，一般二价离子比一价离子的电离率小，交换能力差。

阳离子交换反应符合质量作用定律，增加代换离子的浓度，可使交换反应顺利进行；pH 值升高，阳离子交换能力增大。常见的阳离子交换顺序为：

$$Li^+ < Na^+ < K^+ < Rb^+ < Cs^+ < Mg^{2+} < Ca^{2+} < Ba^{2+} < H^+$$

2. 吸附水的性质

黏土矿物的表面能吸附水，它吸附的阳离子也多以水合阳离子的形式存在。水的吸附与黏土矿物的性质、可交换阳离子的类型与温度等因素有关。

在黏土颗粒表面，水分子呈现出高度的定向排列，其有序的程度是由里向外递减。水在黏土矿物上吸附时会放出吸附热。

3. 黏土矿物的水化膨胀性质

不同的黏土矿物具有不同的膨胀性。根据黏土在水化条件下的膨胀性，可将它们大致分为膨胀型黏土和非膨胀型黏土。高岭石在水化时，只有少许膨胀或不膨胀，属于非膨胀型黏土；钠蒙脱石则相反，在水中的膨胀体积多达原干土体积的许多倍，钙蒙脱石和镁蒙脱石具有中等的膨胀性，属于膨胀型黏土。伊利石较为复杂，有些不具有膨胀性，有些则具有膨胀性。

4. 黏土矿物受热后的性质

黏土矿物中的水分，按其存在状态可分为结晶水、吸附水和自由水三种类型。

结晶水：是黏土结晶构造中的水。一般温度升高到300℃以上时，这部分水才能被释放出来。

吸附水：在分子间力和静电引力作用下，具有极性的水分子定向排列在黏土颗粒表面，在黏土颗粒周围形成一层水化膜。这部分水随着黏土颗粒一起运动，所以也称束缚水。加热在200℃左右基本上能够去除。

自由水：这部分水存在于黏土的孔隙或通道中，不受黏土的束缚，在重力作用下可以在黏土颗粒间自由运动。将黏土风干或稍微加热即可除去。

高岭石在400～600℃时失去结晶水，结构被破坏；伊利石在100～200℃失去吸附水，550～650℃失去结晶水，850～950℃继续失去结晶水，晶格被破坏；蒙脱石在100～300℃失去吸附水，在550～750℃失去结晶水，900～1000℃晶格被破坏。

5. 黏土矿物与有机化合物间的反应

黏土矿物能够吸附某些有机化合物和高分子化合物。有机化合物与黏土矿物的结合方式很多，但归纳起来不外乎静电引力和范德华力两种。

（1）静电引力

① 阳离子键合。

一般黏土矿物的表面带有负电荷，通过吸附有机阳离子以中和其电性，这些阳离子是可以交换的。反应如下式：

$$RNH_3^+ + M^+ - 黏土 \rightleftharpoons RNH_3^+ - 黏土 + M^+$$

RNH_3^+ 是有机阳离子，伯胺、仲胺、叔胺对黏土的亲合力依次增加。有机阳离子吸附在黏土颗粒带负电的表面上，取代了原来存在于黏土表面的无机阳离子，这种反应是定量进行的。胺基牢牢地吸附在黏土表面上，碳氢链也附在黏土表面上。交换吸附完成后，黏土复合体表面基本为碳氢链所覆盖，发生润湿反转，黏土由亲水变为亲油，黏土悬浮体破坏，复合体沉淀；继续加入季铵盐，黏土重新胶溶，其电位变为正的，钻井液体系由负电转变为正电钻井液体系，这时黏土的亲油性降低。

有机阳离子的吸附通常不受黏土阳离子交换容量的限制，有机阳离子可以在黏土表面成层吸附，交换吸附后，还可以发生物理吸附。

② 阴离子键合。

黏土颗粒表面一般是排斥阴离子的，但黏土颗粒边缘断键处可能带正电，因此能够吸附有机阴离子。钻井液中有很多阴离子型处理剂，就是通过阴离子键合作用与黏土颗粒结合，从而改善钻井液的性能。

（2）范德华力是分子间的作用力

6. 黏土矿物的其他性质

（1）光学性质

黏土矿物具有一定的折光率。使用适当的有机溶剂浸泡以后浸液的折光率发生改变。可据此对黏土矿物进行鉴定。

天然的和经过某些化学方法处理或热处理的黏土矿物吸附某些有机物后能产生色变，这种方法也可以用来鉴定黏土矿物。例如，将土样用盐酸酸化后用结晶紫溶液染色，呈绿色后又变为黄色或棕黄色的是蒙脱石；呈墨绿色的是伊利石；呈紫色的是高岭石。

（2）电学性质

黏土矿物表面带有负电荷，因此具有一定的电学性质。

（3）溶解性

一般来说，酸可以从黏土矿物上溶去碱金属、碱土金属、铁和铝离子。碱则可以使 SiO_2 溶解。某些黏土矿物在电过程中会引起分解。

（4）密度

高岭石的密度在 $2.60 \sim 2.68g/cm^3$，伊利石在 $2.7 \sim 3.1g/cm^3$，蒙脱石在 $2.2 \sim 2.7g/cm^3$。

（5）X 衍射

黏土矿物都有自己特征的 X 衍射图谱，根据图谱的特征可以鉴定黏土矿物的种类。

三、黏土的水化作用

黏土的水化作用又称黏土的水化膨胀作用，是指黏土颗粒的表面吸附水分子，使黏土表面形成水化膜，黏土晶层间的距离增大，产生膨胀以至分散作用。是影响水基钻井液的性能和井壁稳定的重要因素。

1. 黏土水化作用产生的原因及其方式

（1）黏土表面直接吸引水分子而水化

黏土与分散介质水之间存在着界面，根据能量最低原则，钻井液中的黏土颗粒必然要吸附水分子和其他有机处理剂分子于自己的表面，以最大限度地降低体系的表面能。

黏土颗粒表面通常带负电，而水分子又是极性分子，因此水分子可以受黏土表面静电引力的作用，定向排列在黏土颗粒表面。此外，黏土晶层里有氧和氢氧根，均可以与水分子形成氢键而吸引水分子。

（2）黏土表面间接吸引水分子而水化

为保持电中性，黏土颗粒表面吸附着若干阳离子，这些阳离子的水化，间接地给黏土颗粒带来了水化膜。

2. 黏土水化膨胀的过程

黏土的水化膨胀可分为两个阶段：表面水化和渗透水化。

（1）表面水化

表面水化是由黏土晶体表面（膨胀性黏土表面包括内表面和外表面）吸附水分子与交换性阳离子水化而引起的，也称为晶格膨胀。引起表面水化作用的力是水化表面能，水分子是依靠氢键一层一层与黏土结合的。

黏土表面的吸附水与自由水的性质不同，其结构带有晶体性质，在黏土表面 10×10^{-8}cm 以内水的比容比自由水小3%，黏度比自由水大。

交换性阳离子以两种方式影响黏土的表面水化。第一，许多阳离子本身是水化的，即它们本身有水分子的外壳。第二，它们与水分子竞争，键接到黏土颗粒表面，并且倾向于破坏水的结构，但 Na^+ 和 Li^+ 例外，它们与黏土键接很松驰，倾向于向外扩散。由于黏土表面水分子与黏土间形成的氢键较弱，阳离子与水分子间是靠静电引力结合在一起，结构较牢固，因此交换性阳离子的水化是引起黏土表面水化的主要原因。黏土的阳离子交换能力(Cation Exchange Capacity 简写 CEC)是表示黏土活性的一个参数，CEC 值越高，黏土在一定浓度下的造浆能力越强。各种黏土矿物的 CEC 值见表 5－1。

表 5－1　各种黏土矿物的 CEC 值

黏土矿物	CEC 值/(meq/100g 黏土)
蒙脱土	70～130
蛭石	100～200
伊利石	10～40
高岭石	3～5
绿泥石	10～40
凹凸棒石，海泡石	10～35
钠蒙脱土(中国，夏子街)	82.30
钙蒙脱土(中国，高阳)	103.70
钙蒙脱土(中国，潍坊)	74.03
钙蒙脱土(中国，渠县)	100.00

(2) 渗透水化

由于晶层之间的阳离子浓度大于溶液内部的浓度，因此当黏土颗粒表面吸附的阳离子浓度高于介质中阳离子的浓度时，就产生一个渗透压，使水发生浓差扩散，形成扩散双电层。这种扩散程度受电解质的浓度差影响。渗透水化引起的体积增加比表面水化大得多。例如，在表面水化范围内，每克干黏土大约可吸收 0.5g 水，体积增大 1 倍。但是在渗透水化的范围内，每克干黏土大约可吸收 10g 水，体积增大 20～25 倍。渗透水化可以用半透膜理论和平衡理论来解释。

3. 影响黏土水化作用的因素

① 黏土颗粒晶体的部位不同，水化膜也不相同。黏土颗粒所带的负电荷大部分都在层面上，于是层面上吸附的阳离子也多，其水化膜较厚；在黏土颗粒的端面上带电量较少，故水化膜薄。总之，黏土晶体表面的水化膜厚度是不均匀的，其层面上厚，端面处薄。

② 黏土矿物不同，其水化膨胀程度不同。蒙脱石的阳离子交换容量高，水化膨胀最厉害，分散度也高；伊利石的膨胀性较小，水化膨胀较差；高岭石、绿泥石的膨胀性更小，水化膨胀更差。

③ 水化膨胀程度与黏土本身的特性有关。一般认为，黏土水化的程度与黏土本身的比表面积、阳离子交换容量和交换性阳离子组成等因素有关，而不取决于其表面电荷密度。膨胀型黏土矿物的吸水量随颗粒的增大，比表面积减小而增加，非膨胀型黏土矿物不遵循这一

规律。这是由于蒙脱石是在晶层之间吸水，颗粒越小，比表面积越大，所以吸水越多；而伊利石为层理发育，水分沿毛细缝进入，颗粒越大，毛细缝越多，则吸水越多。

④ 黏土水化与其阳离子的关系。黏土颗粒吸附的阳离子不同，形成的水化膜的厚度也不同。钠土的水化膜最厚，钾土与铵土水化膜最薄。这是因为钠离子的水化能高，而钾离子和铵离子的水化能低。

⑤ 钻井液中可溶性盐及钻井液处理剂的影响。钻井液中可溶性盐的增加，一方面使黏土颗粒的电位降低，直接吸引水分子的能力降低，另一方面使进入黏土颗粒吸附层的阳离子增多，使这些阳离子的水化膜减薄。总之，钻井液中可溶性盐的增加，导致黏土颗粒的水化作用减弱。

⑥ 钻井液与 pH 值的关系。黏土颗粒表面靠氢键吸附氢氧根，氢氧根又会通过氢键与静电作用发生水化。因此目前公认，提高钻井液的 pH 值，会加剧黏土矿物的水化膨胀，加速硬脆性页岩的裂解掉块。研究结果表明：当 pH 值在 9 以下时，对黏土矿物水化影响不大，而 pH 值达到 11 以上时，则会使黏土矿物的水化膨胀作用加剧，促进泥、页岩的掉块，造成井壁不稳定。

⑦ 有机处理剂一般都有较多的亲水基团，被黏土颗粒吸附后，构成水化膜。

⑧ 温度和压力对黏土矿物水化膨胀的影响

四、膨润土浆的配制工艺技术

1. 黏土的造浆率

黏土的造浆率是指每吨黏土可配出黏度为 15mPa · s 的钻井液数量，用 m^3/t 表示，之所以选择 mPa · s 浆率的规定值，是因为各类黏土的黏度曲线临界部分出现在 15mPa · s，黏度达到 15mPa · s 之前，大量加入黏土，黏度增加很少。黏度超过 15mPa · s，加入少量的黏土对黏度就会产生显著影响。1t 优质膨润土可配出黏度为 15mPa · s 钻井液 $16m^3$，1t 低造浆黏土仅可配出 $1.6m^3$ 的钻井液，相差近 10 倍。用优质膨润土配浆，密度为 1.03 ~ 1.04g/cm^3 时，黏度即为 10 ~ 15mPa · s，而用低造浆黏土配浆，密度必须达到 1.32 ~ 1.34g/cm^3 时，黏度才能达到相同的数字。

2. 膨润土的鉴定方法

(1) 实验室鉴定方法

在 100g 蒸馏水加入 6g 膨润土，用高速搅拌机搅拌 15min，在不加任何处理剂的情况下，测其性能要达到如下标准，见表 5 – 2。

表 5 – 2 常规膨润土浆的性能标准

项　目	标　准
塑性黏度 *PV*/mPa · s	≥15
表观黏度 *AV*/mPa · s	≥18
静切力 *G*(10s/10min)/Pa	0 ~ 15
滤失量(1MPa，30min)/mL	≤15
膨润土密度/(g/cm^3)	2.7
膨润土细度	≤4.0%

(2) 现场鉴定方法

如现场无检测设备，可在水中加入 0.5% 左右的纯碱(Na_2CO_3)后，将 5.0% 膨润土配成密度为 1.05g/cm³ 的膨润土浆，钻井液漏斗黏度大于 30s，滤失量小于 10mL 即可。

3. 膨润土浆的配制工艺

膨润土浆的配制要点是要在选定黏土的基础上，加入适量的纯碱和其他处理剂，以提高黏土的造浆率。纯碱的加入量依黏土中钙的含量而异，可通过小型实验获得，一般不超过钻井液体积的 1%（钙质膨润土除外，例如用四川渠县钙质膨润土配浆，所需纯碱量高达 5% ~7%）。加入纯碱的目的是除去黏土中的钙离子，把钙质土转化为钠质土，使黏土粒子水化作用增强，黏土分散更细。

$$Ca(土)+Na_2CO_3 \rightarrow Na(土)+CaCO_3\downarrow$$

因此，原浆加纯碱一般呈现黏度增大，滤失量降低；如果随着纯碱加入，滤失量反而增大，这说明纯碱过量了。有的黏土只加纯碱还不行，需要加点烧碱，其作用是把黏土中的氢质土转化为钠质土。

膨润土浆的配制程序如下：①确定选用何种膨润土。②根据钻井液要求和膨润土类型，利用下面的公式计算所需的膨润土量、水量及所需纯碱量。③将水放入容器中，搅拌条件下先加入计算量的纯碱，然后再缓慢加入计算量的膨润土，搅拌彻底后，氧化 24h 即可。配制一定数量的钻井液所需的黏土及水量为：

$$所需黏土量：W=\rho_{土} V_{浆}(\rho_{浆}-1)/(\rho_{土}-1)$$

$$所需水量：V=V_{浆}\rho_{浆}-W$$

式中 $\rho_{土}$、$\rho_{浆}$——分别为黏土和钻井液的密度，g/cm³；

$V_{浆}$——要配制的钻井液量，m³。

常规膨润土浆的配方见表 5 - 3

表 5 - 3 常规膨润土浆的配方

材料与处理剂	功用	用量/(kg/m³)
膨润土	造浆	25.0 ~ 50.0
烧碱	控制 pH 值	0.7 ~ 1.5
CMC(选用)	提黏、降滤失	1.0 ~ 3.0
纯碱	促进膨润土水化和控制 Ca^{2+} 含量 < 150mg/L	2.0 ~ 3.0

常规膨润土浆的性能见表 5 - 4

表 5 - 4 常规膨润土浆的性能

项目	性能
漏斗黏度 *FV*/s	30 ~ 50
API 失水/mL	不控制
静切力 *G*/Pa	5 ~ 15/10 ~ 30
pH 值	8 ~ 10
塑性黏度 *PV*/mPa·s	8 ~ 12
动切力 *YP*/Pa	3 ~ 10

4. 几种情况下配浆与混浆

(1) 大井眼配浆开钻

一口井首次开钻，井眼尺寸大于 660.4mm、444.5mm 等一般都要求配浆开钻。有些清水钻进并自然造浆，有些工艺复杂的井需配浆开钻，而所有探井均要求配浆开钻。对于地表十分疏松，为防止井径扩大及地层垮塌，避免套管下不到井底的现象发生，不论生产井还是探井、评价井一律要求配浆开钻。

（2）盐水/海水配浆

对于矿化度大于5000～10000mg/L的盐水。由于盐含量较高，即便用优质膨润土也配不出性能较好的膨润土浆。现场要取水样分析化验，若水的矿化度较高（一般 Cl^- 含量大于5000mg/L），用现场水配浆就会很困难，此时有两种办法：①要求有关方面送淡水配浆；②用抗盐土配浆。

海上石油钻探过程中及滩海等个别淡水较缺的区块，钻井施工过程中钻井液工作一般做法：配胶液用现场水即可；若需用膨润土浆最好用淡水配高浓度膨润土浆，经充分预水化后再根据需要加入钻井液中，达到改善钻井液性能的目的。

（3）钻井过程中膨润土浆使用

在钻探过程中，若遇311mm以上大井眼施工，应特别注意：一方面控制地层造浆，不要使钻井液膨润土含量过高，另一方面絮凝剂加量要适当，以防膨润土含量过小，造成钻井液黏度、切力过低，悬浮及携带能力变差。此时要求一定要充分了解钻井队设备状况，掌握好大循环（双路循环）改小循环的时机，同时一定要充分了解地层岩性，将有关钻井液工作提前做好，以防工作被动。

若遇到改小循环后钻井液膨润土含量过低，而所钻地层造浆性又差，井眼又大（不小于311mm），由于地层松软，机械钻速较高，消耗钻井液数量又大，此时就要根据现场实际情况。如果膨润土含量低，钻井液黏切低，携带能力差，就应该及时往钻井液中混入高浓度的优质膨润土浆，使钻井液性能及时恢复良好，满足井下要求。一般情况下，444.5mm井眼要求膨润土含量不小于45g/L，311mm井眼膨润土含量不小于35g/L；预防各类事故发生，确保井下安全。在深部地层钻进过程中，由于地层不造浆或造浆差、盐水侵等各种原因造成钻井液膨润土含量低，这时就要根据具体情况加入一定量的预水化膨润土浆，确保钻井液性能稳定。

第二节　钻井液体系与处理剂

一、钻井液的体系

随着钻井液工艺技术的不断发展，钻井液的种类越来越多。

① 按其密度大小可分为非加重钻井液和加重钻井液。

② 按与黏土水化作用的强弱可分为非抑制性钻井液和抑制性钻井液。

③ 其固相含量的不同，将固相含量较低的叫做低固相钻井液，基本不含固相的叫做无固相钻井液。

④ 按钻井液中流体介质和体系的组成特点来进行分类，总体上分为水基钻井液、油基钻井液、气体型钻井流体、合成基钻井液等类型。

1. 水基钻井液（Water－based Drilling Fluids）

固体颗粒悬浮在水和盐水中。油可分散在水中，水是连续相。

(1) 分散钻井液(Dispersed Drilling Fluids)

加有分散剂的水基钻井液。其主要特点是:

① 可容纳较多的固相，较适于配制高密度钻井液。

② 容易在井壁上形成较致密的泥饼，故其滤失量一般较低。

③ 某些分散钻井液，如以磺化栲胶、磺化褐煤和磺化酚醛树脂作为主处理剂的三磺钻井液具有较强的抗温能力，适于在深井和超深井中使用。

(2) 不分散钻井液(Non - Dispersed Drilling Fluids)

由水、膨润土、高聚物(选择性絮凝剂)组成，不添加分散剂来分散钻屑和黏土颗粒的水基钻井液。

(3) 钙处理钻井液(Calcium - treated Drilling Fluids)

经石灰、石膏或氯化钙等处理剂处理的水基钻井液。该钻井液的组成特点是体系中同时含有一定浓度(质量浓度)的 Ca^{2+} 和分散剂。

(4) 盐水钻井液(Salt - water Drilling Fluids)

氯化钠含量大于1%(质量分数)的水基钻井液。盐水钻井液是用盐水(或海水)配制而成的。

(5) 饱和盐水钻井液(Saturated Salt - water Drilling Fluids)

常温下氯化钠含量达到饱和的水基钻井液。它可以用饱和盐水配成，亦可先配成钻井液再加盐至饱和。

(6) 聚合物钻井液(Polymer Drilling Fluids)

以聚合物作为主处理剂的水基钻井液。

(7) 钾基聚合物钻井液(Potassium - based Polymer Drilling Fluids)

钾基聚合物钻井液是一类以各种聚合物的钾盐和 KCl 为主处理剂的防塌钻井液。

2. 油基钻井液(Oil - based Drilling Fluids)

以油(通常使用柴油或矿物油)作为连续相的钻井液称做油基钻井液。目前含水量在5%以下的普通油基钻井液已较少使用，而主要使用油水比在(50~80):(50~20)范围内的油包水乳化钻井液。与水基钻井液相比较，油基钻井液的主要特点是能抗高温，有很强的抑制性和抗盐、钙污染的能力，润滑性好，并可有效地减轻对油气层的损害等。

3. 气体型钻井流体(Gas - typed Drilling Fluids)

气体型钻井流体主要适用于钻低压油气层、易漏失地层以及某些稠油油层。其特点是密度低，钻速快，可有效保护油气层，并能有效防止井漏等复杂情况的发生。通常又将气体型钻井流体分为以下4种类型:

(1) 空气或天然气钻井流体(Air/Natural Gas Drilling Fluids)

即钻井中使用干燥的空气或天然气作为循环流体。

(2) 雾状钻井流体(Mist Gas Drilling Fluids)

即少量液体分散在空气介质中所形成的雾状流体。它是空气钻井流体与泡沫钻井流体之间的一种过渡形式。

(3) 泡沫钻井流体(Foam Drilling Fluids)

钻井中使用的泡沫是一种将气体介质(一般为空气)分散在液体中，并添加适量发泡剂和稳定剂而形成的分散体系。

(4) 充气钻井液(Aerated Drilling Fluids)

有时为了降低钻井液密度，将气体(一般为空气)均匀地分散在钻井液中，便形成充气钻井液。显然，混入的气体越多，钻井液密度越低。

4. 合成基钻井液(Synthetic Drilling Fluids)

合成基钻井液是以合成的有机化合物作为连续相，盐水作为分散相，并含有乳化剂、降滤失剂、流型改进剂的一类新型钻井液。由于使用无毒并且能够生物降解的非水溶性有机物取代了油基钻井液中通常使用的柴油，因此这类钻井液既保持了油基钻井液的各种优良特性，同时又能大大减轻钻井液排放时对环境造成的不良影响，尤其适用于海上钻井。

5. 保护油气层的钻井液(Drilling－in Fluids)

这是指在储层中钻进时使用的一类钻井液。当一口井钻达其目的层时，所设计的钻井液不仅应能满足钻井工程和地质的要求，而且还应满足保护油气层的需要。比如，钻井液密度和流变参数应调整至合理范围，滤失量应尽可能低，所选用的处理剂应与油气层相配伍，以及选用适合的暂堵剂等。

6. 钻井液的组成

钻井液的基本组成见表5－5。

表5－5 钻井液的基本组成

水基钻井液	油基钻井液	气体型钻井流体
水相：淡水或盐水 活性固相：黏土 钻井液处理剂	油相：柴油或原油 悬浮剂 钻井液处理剂	气体：空气、氮气等 泡沫 稳定泡沫

二、常用钻井液处理剂

对于每一口油气井，都必须按照一定的配方，使用各种配浆原材料和化学处理剂配制成所需要的钻井液，或者将它们添加到正在使用的钻井液中，以随时调节和维护钻井液的性能。随着钻井液体系的不断更新，配浆原材料和处理剂的品种也在不断地增加。目前，国内外都在积极研制和开发各类新型、高效、无毒和多功能的化学处理剂，其产品的性能、质量和技术水平实际上代表了钻井液工艺技术的发展水平。据统计，1972年我国钻井液材料和处理剂总共只有21种，1975年以后开始取得突破性进展，到1983年底增至76种，1993年增加到16类共260种。近几年在各种新型聚合物、正电胶和聚合醇等高效处理剂的研究方面，又分别取得了新的进展。

一般来讲，钻井液配浆原材料是指在配浆中用量较大的基本组分，例如膨润土、水、油和重晶石等。钻井液处理剂则是指用于改善和稳定钻井液性能，或为某种性能需要而加入的化学添加剂。处理剂是钻井液的核心组分，往往很少的加量就会对钻井液性能产生极大的影响。

钻井液原材料和处理剂的种类品种繁多。目前主要有以下两种分类方法。

第一类分类方法是按其组成分类。通常分为钻井液原材料、无机处理剂、有机处理剂和表面活性剂四大类。其中无机处理剂又可分为氯化物、硫酸盐、碱类、碳酸盐、磷酸盐、硅酸盐和重铬酸盐和混合金属层状氢氧化物(即正电胶)类等。有机处理剂通常可分为天然产品、天然改性产品和有机合成化合物。按其化学组分又可分为下列几类；腐植酸类、纤维素类、木质素类、丹宁酸类、沥青类、淀粉类和聚合物类等。

第二类分类方法是按其在钻井液中所起的作用或功能分类。我国钻井液标准化委员会根据国际上的分类法，并结合我国的具体情况，将钻井液配浆材料和处理剂共分为以下16类，即①降滤失剂(Filtration Reducer)；②增黏剂(Viscosiner)；③乳化剂(Emulsifier)使油水乳化产生乳状液；④页岩抑制剂(ShaleInhibitor)；⑤堵漏剂(LostCirculation Material)；⑥降黏剂(1imer)；⑦缓蚀剂(Corrosionld1ibitor)；⑧黏土类(Clay)；⑨润滑剂(LubltCarlo)；⑩加重剂(Weighting Agent)；⑪杀菌剂(Bactericide)；⑫消泡剂(Defoamer)；⑬泡沫剂(Foaming Agent)；⑭絮凝剂(Flocculant)；⑮解卡剂(Pipr－Freeing Agent)；⑯其他类(Others)等。

这16类处理剂所起的作用各不相同，但在配制和使用钻井液时，并不同时使用这些处理剂，而仅仅根据需要使用其中的几种。有时，一种处理剂在钻井液中同时具有几种作用。例如，有的降失水剂同时兼有增黏或降黏作用，絮凝剂同时兼有增黏剂的作用等。本章将以上两种分类方法结合起来，除介绍常用的配浆原材料和无机处理剂外，重点介绍几类重要的有机处理剂，即降黏剂、降滤失剂、页岩抑制剂、絮凝剂和堵调剂等。

1. 钻井液配浆原材料

膨润土是水基钻井液的重要配浆材料。有的文献将膨润土定义为具有蒙脱石的物理化学性质，含蒙脱石不少于85%的黏土矿物；一般要求1t膨润土至少能够配制山黏度为15mPa·s的钻井液16m^3。钠膨润土的造浆率一般较高，而钙膨润土则需要通过加入纯碱使之转化为钠膨润土后方可使用。目前我国将配制钻井液所用的膨润土分为三个等级；一级为符合API标准的钠膨润土；二级为改性土，经过改性符合要求；三级为较次的配浆土，仅用于性能要求不高的钻井液。

由于无机盐对膨润土的水化分散具有一定的抑制作用，因此膨润土在淡水和盐水中的造浆率不同，盐水造浆率一胶要低一些。将膨润十先在淡水中预水化，然后再加入盐水中，可以提高其在盐水中的造浆率。

膨润土在淡水钻井液中具有以下作用：①增加黏度和切力，提高井眼净化能力；②形成低渗透率的致密泥饼，降低滤失量；③对于胶结不良的地层，可改善井眼的稳定性：④防止井漏。

海泡石、凹凸棒石和坡缕缟石是较典型的抗盐、耐高温的黏土矿物，主要用于配制盐水钻井液和饱和盐水钻井液。用抗盐黏土配制的钻井液一般形成的泥饼质量不好，滤失量较大。因此，必须配合使用降滤失剂。海泡石有很强的造浆能力，用它配制的钻井液具有较高的热稳定性。此外，海泡石还具有一定的酸溶性(在酸中可溶解60%左右)，因此，在保护油气层的钻井液中，还可用做酸溶性暂堵剂。在我国，由于目前这几种抗盐黏土的矿源相对较少，因此在钻井液中的应用尚不普遍。

有机土是由膨润土经季铵盐类阳离子表面活性剂处理而制成的亲油膨润土。有机土可以在油中分散，形成结构，其作用与水基钻井液中的膨润土类似。

2. 加重材料

(1) 常用的钻井液加重材料

加重材料(Weighting Material)又称加重剂，由不溶于水的惰性物质经研磨加工制备而成。为了对付高压地层和稳定井壁，需将其添加到钻井液中以提高钻井液的密度。加重材料应具备的条件是自身的密度大，磨损性小，易粉碎；并且应属于惰性物质，既不溶于钻井液，也不与钻井液中的其他组分发生相互作用。

钻井液的常用加重材料有以下几种：

1）重晶石粉（Barite）

重晶石粉是一种以 $BaSO_4$ 为主要成分的天然矿石，经过机械加工后而制成的灰白色粉末状产品。

按照 APl 标准，其密度应达到 4.28g/cm³，粉末细度要求通过 200 目筛网时的筛余量 < 3.0%。重晶石粉一般用于加重密度不超过 2.30g/cm³ 的水基和油基钻井液，它是目前应用最广泛的一种钻井液加重剂。

2）石灰石粉（Limestone）

石灰石粉的主要成分为 $CaCO_3$，密度为 2.7 ~ 2.9g/cm³。易与盐酸等无机酸类发生反应，生成 CO_2、H_2O 和可溶性盐，因而适于在非酸敏性而又需进行酸化作业的产层中使用，以减轻钻井液对产层的损害。但由于其密度较低，一般只能用于配制密度不超过 1.68g/cm³ 的钻井液和完井液。

3）铁矿粉（Hematite）和钻铁矿粉（11menite）

前者的主要成分为 Fe_2O_3，密度 4.9 ~ 5.3g/cm³；后者的主要成分为了 $TiO_2 \cdot Fe_2O_3$，密度 4.5 ~ 5.1g/cm³。均为棕色或黑褐色粉末。因它们的密度均大于重晶石，故可用于配制密度更高的钻井液。如果将某种钻井液加重至某一给定的密度，当选用铁矿粉时，加重后钻井液中的固相含量（常用体积分数表示）要比选用重晶石时低一些。例如，密度为 4.2g/cm³ 的重晶石将某种钻井液加重到 2.28g/cm³，其固相含量为 39.5%；而使用密度为 5.28g/cm³ 的铁矿粉将该钻井液加至同样密度时，固相含量仅为 30.0%。加重后固相含量低有利于流变性能的调控和提高钻速。此外，由于铁矿粉和钛铁矿粉均具有一定的酸溶性，因此可应用于需进行酸化的产层。

由于这两种加重材料的硬度约为重晶石的两倍，因此耐研磨，在使用中颗粒尺寸保持较好，损耗率较低。但另一方面，对钻具、钻头和泵的磨损也较为严重。在我国，铁矿粉是用量仅次于重晶石的钻井液加重材料。

4）方铅矿粉（Galena）

方铅矿粉是一种主要成分为 PbS 的天然矿石粉末，一般呈黑褐色。由于其密度高达 7.4 ~ 7.7g/cm³，因而可用于配制超高密度钻井液，以控制地层出现异常高压。由于该加重剂的成本高、货源少，一般仅限于在地层孔隙压力特殊情况下使用。如我国滇黔桂石油勘探局在官 -3 井使用方铅矿，配制为 3.0g/cm³ 的超高密度钻井液。

（2）加重材料用量的计算

下面以重晶石为例，讨论在各种情况下确定加重材料用量的方法。

对于某一给定的钻井液体系，加重前、后的体积关系可用下式表示：

$$V_2 = V_1 + V_B = V_1 + \frac{m_B}{\rho_B} \tag{5-1}$$

式中，V_1、V_2 分别表示加重前、后的钻井液的体积，m_B 和 ρ_B 分别为重晶石的质量和密度。与此同时，钻井液在加重前、后的质量关系可表示为：

$$\rho_2 V_2 = \rho_1 V_1 + m_B \tag{5-2}$$

式中，ρ_1 和 ρ_2 分别表示加重前、后的钻井液密度。

由式（5 -2），$m_B = \rho_2 V_2 - \rho_1 V_1$ 将其代入式（5 -1）可得到 V_2 的计算式：

$$V_2 = V_1 \frac{(\rho_B - \rho_1)}{(\rho_B - \rho_2)} \tag{5-3}$$

求出 V_2 后，重晶石用量可由下式求得：

$$m_B = (V_2 - V_1)\rho_B \tag{5-4}$$

然而有时因受现场泥浆池容积的限制，加重前必须排掉一部分钻井液。这种情况下，首先根据加重后可以容纳的体积 1/2，用下式求出应保留的原浆的体积：

$$V_1 = V_2 \frac{(\rho_B - \rho_2)}{(\rho_B - \rho_1)} \tag{5-5}$$

然后仍用式(5－4)求出重晶石的用量。

下面讨论另一种情况。钻井液加重后，对低密度固相的容纳量会大大降低。因此，为了减少加重钻井液的维护费用，加重前应尽可能降低低密度固相的含量。为此，有时在加重之前采取加水稀释的措施。此时加重前、后钻井液的体积关系可用下式表示：

$$V_2 = V_1 + V_W + \frac{m_B}{\rho_B} \tag{5-6}$$

式中，V_W 表示稀释水的体积，其余符号意义同前。

而加重前、后钻井液的质量关系可表示为：

$$\rho_2 V_2 = \rho_1 V_1 + \rho_B V_W + m_B \tag{5-7}$$

此外，低密度固相的原体积分数 f_{c1} 与所要求达到的新体积分数 f_{c2} 存在下关系：

将以上三式组成联立方程，可分别求得：

$$f_{c2} V_2 = f_{c1} V_1 \tag{5-8}$$

将以上三式组成联立方程，可分别求得：

$$V_1 = V_2 \left(\frac{f_{c2}}{f_{c1}}\right) \tag{5-9}$$

$$V_W = \frac{(\rho_B - \rho_2)V_2 - (\rho_B - \rho_1)V_1}{\rho_B - \rho_W} \tag{5-10}$$

$$m_B = (V_2 - V_1 - V_W)\rho_B \tag{5-11}$$

式中 m_B——所需加重剂的重量，t；

ρ_B——所需加重剂的密度，g/cm³；

ρ_1——加重前钻井液密度，g/cm³；

ρ_2——加重后钻井液密度，g/cm³；

V_1——加重前钻井液的体积，m³；

V_2——加重后钻井液的体积，m³。

(3) 配浆水和油

水是配制各种钻井液都不可缺少的基本组分。在水基钻井液中，水是分散介质，大多数处理剂均通过溶解于水而发挥其作用；在泡沫钻井液中水也是作为连续相，空气在起泡剂和稳泡剂的作用下分散在水中；在油包水乳化钻井液中，水是分散相，往往水中又含有一定量的无机盐，如氯化钠和氯化钙等。在雾流体中，水是作为分散相，成小颗粒状分散于气中。

实践证明，钻井液性能与配浆水的性质密切相关。多数情况下，为节约成本，都是就地取水。但地区不同水质相差很大，水中的各种杂质，如无机盐类、细菌和气体等对钻井液的性能有很大影响。

例如：无机盐会导致膨润土的造浆率降低，以及钻井液的滤失量增大；细菌：淀粉类处理剂发酵，聚合物处理剂容易降解，细菌的大量繁殖还会对油气层造成损害；气体的存在则会加剧钻具的腐蚀等。因此，配制钻井液时必须预先了解配浆水的水质，不合格的水需经过适当处理后才能使用。

自然界的水分类：

① 按来源分：地面水和地下水。

② 按其酸碱性分：酸性水、中性水和碱性水。

③ 按所含无机盐的类别分：NaCl 型、$CaCl_2$ 型、$MgCl_2$ 型、Na_2SO_4 型和 $NaHCO_3$ 型水等。

在钻井液工艺中，根据水中可溶性无机盐含量的多少，一般将配浆水分为以下三类：含盐量较少(总盐度低于 10000mg/L)的淡水，钻井液称做淡水钻井液；含盐量较多的盐水，与之对应钻井液称作盐水钻井液；含盐量达饱和的饱和盐水，与之对应钻井液称为饱和盐水钻井液。此外，常将含 Ca^{2+}、Mg^{2+} 较多的水称为硬水。

原油、柴油和低毒矿物油也是配制钻井液时常用的原材料。在油基钻井液中，常选用柴油和矿物油作为连续相。在水基钻井液中，也常混入一定量的原油或柴油，以提高其润滑性能，并起降低滤失量的作用。在使用过程中，应注意油品的黏度不宜过高，否则钻井液的流变性不易调控。此外，还应考虑油品的价格和对环境可能造成的影响。对于探井，应考虑其荧光度对油气显示的影响。在选用原油时，应考虑其凝固点以及石蜡、沥青质含量等，以免对油气层造成不良的影响。

3. 无机处理剂

按钻井液标准委员会制订的分类方法，无机处理剂被划分在其他类。无机处理剂的数量较多，本节仅介绍较常用的几种。

(1) 常用的无机处理剂

1) 纯碱

即碳酸钠(Sodium Carbonate)，又称苏打粉(SodaAsh)，分子式为 Na_2CO_3。无水碳酸钠为白色粉末，密度为 2.5g/cm^3，易溶于水，在接近 36℃ 时溶解度最大，水溶液呈碱性(pH 值为 11.5)，在空气中易吸潮结成硬块(晶体)，存放时要注意防潮。纯碱在水中容易电离和水解。其中电离和一级水解较强，所以纯碱水溶液中主要存在 Na^+、CO_3^{2-}、HCO^-；和 OH^-，其反应式为：

$$Na_2CO_3 = 2Na^+ + CO_3^{2-}$$

$$CO_3^{2-} + H_2O = HCO^- + OH^-$$

纯碱能通过离子交换和沉淀作用使钙黏土变为钠黏土，即

$$\text{Ca—黏土} + Na_2CO_3 \longrightarrow \text{Na—黏土} + CaCO_3 \downarrow$$

由于上述反应可有效地改善黏土的水化分散性能，因此加入适量纯碱可使新浆的滤失量降低，黏度、切力增大。但过量的纯碱会导致黏土颗粒发生聚结，使钻井液性能受到破坏。其合适加量需通过造浆实验来确定。

此外，在钻水泥塞或钻井液受到钙侵时，加入适量纯碱使 Ca^{2+} 沉淀成 $CaCO_3$，从而使钻井液性能变好，即

$$Na_2CO_3 + Ca^{2+} = CaCO_3 \downarrow + 2Na^+$$

含羧钠基官能团(—COONa)的有机处理剂在遇到钙侵(或 Ca^{2+} 浓度过高)而降低其溶解性时，一般可采用加入适量纯碱的办法恢复其效能。

2) 烧碱

烧碱(Caustic Soda)即氢氧化钠(Sodium Hydroxide)，分子式为 NaOH。其外观为乳白色晶体，密度为2.0~2.28g/cm³，易溶于水，溶解时放出大量的热。溶解度随温度升高而增大，水溶液呈强碱性。烧碱容易吸收空气中的水分和二氧化碳，并与二氧化碳作用生成碳酸钠，存放时应注意防潮加盖。

烧碱主要用于调节钻井液的 pH 值，与丹宁、褐煤等酸性处理剂一起配合使用，使之分别转化为丹宁酸钠、腐植酸钠等有效成分。还可用于控制钙处理钻井液中 Ca^{2+} 的浓度等。

3) 石灰

生石灰即氧化钙(Calcium Oxide)，分子式为 CaO。吸水后变成熟石灰，即氢氧化钙 $Ca(OH)_2$(Calcium Hydroxide)。CaO 在水中的溶解度较低，常温下为0.16%，其水溶液呈碱性。并且随温度升高，溶解度降低。

在钙处理钻井液中，石灰用于提供 Ca^{2+}，以控制黏土的水化分散能力，使之保持在适度絮凝的状态；在油包水乳化钻井液中，CaO 用于使烷基苯磺酸钠等乳化剂转化为烷基苯磺酸钙，并调节 pH 值。但需注意，在高温条件下石灰钻井液可能发生固化反应，使性能不能满足要求，因此在高温深井中应慎用。此外，石灰还可配成石灰乳堵漏剂封堵漏层。

4) 石膏

石膏的化学名称为硫酸钙(Calcium Sulfate)，分子式为 $CaSO_4$。有熟石膏(Gypsum，$CaSO_4 \cdot 2H_2O$)和无水石膏(Anhydrite，$CaSO_4$)两种。石膏是白色粉末，密度为2.31~2.32g/cm³。常温下溶解度较低(约为0.2%)，但稍大于石灰。40℃以前，溶解度随温度升高而增大；40℃以后，溶解度随温度升高而降低。吸湿后结成硬块，存放时应注意防潮。

在钙处理钻井液中，石膏与石灰的作用大致相同，都用于提供适量的 Ca^{2+}。其差别在于石膏提供的钙离子浓度比石灰高一些，此外用石膏处理可避免钻井液的 pH 值过高。

5) 氯化钙

氯化钙(Calcium Chloride)的分子式为 $CaCl_2$，通常含有六个结晶水。其外观为五色斜方晶体，密度为1.68g/cm³，易潮解，且易溶于水(常温下约为75%)。其溶解度随温度升高而增大。在钻井液中，$CaCl_2$ 主要用于配制防塌性能较好的高钙钻井液。用 $CaCl_2$ 处理钻井液时常常引起 pH 值降低。

6) 氯化钠

氯化钠(Sodium Chloride)俗名食盐，分子式为 NaCl，为白色晶体，常温下密度约为2.20g/cm³。纯品不易潮解，但含 $MgCl_2$、$CaCl_2$ 等杂质的工业食盐容易吸潮。常温下在水中的溶解度较大(20℃时为36.0g/100g 水)，且随温度升高，溶解度略有增大，见表5-6。

表5-6 不同温度下 NaCl 在水中的溶解度 g/(100g 水)

温度/℃	0	10	20	30	40	50	60	70	80	90	100
溶解度/g	35.7	35.8	36.0	36.3	36.6	37.0	37.3	37.8	38.4	39.0	39.8

食盐主要用于配制盐水钻井液和饱和盐水钻井液，以防止岩盐井段溶解，并抑制井壁泥页岩水化膨胀。此外，为保护油气层，还可用于配制无固相清洁盐水钻井液，或作为水溶性暂堵剂使用。

7）氯化钾

氯化钾（Potassium Chloride）的分子式为 KCl，外观为白色立方晶体，常温下密度为 1.98g/cm^3，熔点为776℃。易溶于水，且溶解度随温度升高而增加。KCl 是一种常用的无机盐类页岩抑制剂，具有较强的抑制页岩渗透水化的能力。若与聚合物配合使用，可配制成具有强抑制性的钾盐聚合物防塌钻井液。

8）硅酸钠

硅酸钠（Sodium silicate）俗名水玻璃或泡花碱。分子式为 $Na_2O \cdot nSiO_2$，式中 n 称为水玻璃的模数，

即二氧化硅与氧化钠的分子个数之比。n 值越大，碱性越弱。n 值在 3 以上的称为中性水玻璃，n 值在 3 以下的称为碱性水玻璃。

水玻璃通常分为固体水玻璃、水合水玻璃和液体水玻璃等三种。固体水玻璃与少量水或蒸汽发生水合作用而生成水合水玻璃。水合水玻璃易溶解于水变为液体水玻璃。液体水玻璃一般为黏稠的透明液体，随所含杂质不同可以早无色、棕黄色或青绿色等，现场使用的水玻璃的密度为 1.5～1.6g/cm^3，pH 值为 11.5～12，能溶于水和碱性溶液，能与盐水混溶，可用饱和盐水调节了水玻璃的黏度。水玻璃在钻井液中可以部分水解生成胶态沉淀，其反应式为：

$$Na_2O \cdot nSiO_2 + (y+1)H_2O \longrightarrow nSiO_2H_2O \downarrow + 2NaOH$$

该胶态沉淀可使部分黏土颗粒（或粉砂等）聚沉，从而使钻井液保持较低的固相含量和密度。水玻璃对泥页岩的水化膨胀有一定的抑制作用，故有较好的防塌性能。

当水玻璃溶液的 pH 值降至 9 以下时，整个溶液会变成半固体状的凝胶。其原因是水玻璃发生缩合作用生成较长的带支键的—Si—O—Si—链，这种长链能形成网状结构而包住溶液中的全部自由水，使体系失去流动性。随着 pH 值的不同，其胶凝速度（即调整 pH 直至形成胶凝所需时间）有很大差别，可以从几秒到几十小时。利用这一特点，可以将水玻璃与石灰、黏土和烧碱等配成石灰乳堵漏剂，注入已确定的漏失井段进行胶凝堵漏。因此，水玻璃是一种堵漏剂。

此外，水玻璃溶液遇 Ca^{2+}、Mg^{2+} 和 Fe^{3+} 等高价阳离子会产生沉淀，与 Ca^{2+} 的反应可用下式表示：

$$Ca^{2+} + Na_2O \cdot nSiO_2 \longrightarrow CaSiO_3 \downarrow + 2Na^+$$

所以，用水玻璃配制的钻井液一般抗钙能力较差，也不宜在钙处理钻井液中使用。但它可在盐水或饱和盐水中使用。研究表明，利用水玻璃这个特点，还可使裂缝性地层的一些裂缝发生愈合或提高井壁的破裂压力，从而起到化学固壁的作用。

硅酸盐钻井液是防塌钻井液的类型之一，在国内外应用中均取得很好的效果。配制硅酸盐钻井液的成本较低，且对环境无污染。

9）重铬酸钠和重铬酸钾

重铬酸钠（Sodium Dichromate）又叫红矾钠，分子式为 $Na_2Cr_2O_7 \cdot 2H_2O$。其外观为红色或橘红色针状晶体，常温下密度为 2.35g/cm^3，有强氧化性，易溶于水［25℃时溶解度为 190g/（100g 水）］。重铬酸钾（Potassium Dichromate）又称红矾钾，分子式为 $K_2Cr_2O_7$。外观为橙红色三斜晶体，常温下密度为 2.68g/cm^3，有强氧化性，不潮解，易溶于水［25℃时溶解度为 96.9g/（100g 水）］。

这两种重铬酸盐的化学性质相似，其水溶液均可发生水解而呈酸性，其化学反应式为

$$Cr_2O_7^{2-} + H_2O \rightleftharpoons 2CrO_4^{2-} + 2H^+$$

加碱时平衡右移，故在碱溶液中主要以 CrO_4^{2-} 的形式存在。

在钻井液中 CrO_4^{2-} 能与有机处理剂起复杂的氧化还原反应，生成的 Cr^{3+} 极易吸附在黏土颗粒表面，又能与多官能团的有机处理剂生成络合物（如木质素磺酸铬、铬腐植酸等）。在抗高温深井钻井液中，常加入少量重铬酸盐以提高钻井液的热稳定性，有时也用做防腐剂。但铬酸盐有毒，因而限制了它的广泛使用。

10）混合金属层状氢氧化物。

混合金属层状氢氧化物（Mixed Metal Layered Hydroxide Compounds，简称为 MMH）由一种带正电的晶体胶粒所组成，常称为正电胶。目前，其产品有溶胶、浓胶和胶粉等三种剂型。实验表明，该处理剂对黏土水化有很强的抑制作用，与膨润土与水所形成的复合体具有独特的流变性能。

（2）无机处理剂在钻井液中的作用机理

无机处理剂都是水溶性的无机碱类和盐类，其中多数可提供阳离子和阴离子，也有一些与水形成胶体或生成络合物。它们在钻井液中的作用机理可归纳为以下方面：

1）离子交换吸附

主要是黏土颗粒表面的 Na^+ 与 Ca^{2+} 之间的交换。这一过程对改善黏土造浆性能、配制钙处理钻井液以及防塌等方面都很重要，对钻井液性能的影响也较大。例如，在配制预水化膨润土浆时，常加入适量 Na_2CO_3。其目的是，通过 Na^+ 浓度的增加，使之能够与钙蒙脱土颗粒表面的 Ca^{2+} 发生交换，从而使黏土的水化和造浆性能提高，分散成更小的颗粒，表现为钻井液的黏度、切力升高，滤失量降低；相反地，若在分散钻井液中加入适量 $Ca(OH)_2$ 和 $CaSO_4$ 等处理剂，随滤液中 Ca^{2+} 浓度的提高，一部分 Ca^{2+} 会与吸附在黏土颗粒上的 Na^+ 发生交换，致使钻井液体系转变为适度絮凝的粗分散状态，从而控制黏土的水化与分散。

2）调控钻井液的 pH 值

每种钻井液体系均有其合理的 pH 值范围。然而在钻进过程中，钻井液的 pH 值会因发生盐侵、盐水侵、水泥侵和井壁吸附等各种原因而发生变化，其中 pH 值趋于下降的情况更为常见；因此，为了使钻井液性能保持稳定，应随时对 pH 值进行调整。添加适量的烧碱等无机处理剂是提高 pH 值的最简单的方法，而使用酸式焦磷酸钠（SAPP）、$CaSO_4$ 或 $CaCl_2$ 等无机处理剂时，则会使钻井液的 pH 值有所下降。

3）沉淀作用

如果有过多的 Ca^{2+} 或 Mg^{2+} 侵入钻井液，将会削弱黏土的水化和分散能力，破坏钻井液的性能。此时，可先加入适量烧碱除去 Mg^{2+} 然后用适量纯碱除去 Ca^{2+}。这种沉淀作用还可用来使某些因受到污染而失效的有机处理剂恢复其作用。例如褐煤碱液和水解聚丙烯酸盐，如遇钙侵会分别生成难溶于水的腐植酸钙和聚丙烯酸钙。此时，可以加入适量纯碱，使上述处理剂恢复其作用效果，这是由于所生成的 $CaCO_3$ 的溶解度比腐植酸钙和聚丙烯酸钙的溶解度小得多，因而可使处理剂的钙盐重新转变为钠盐。

4）络合作用

利用某些无机处理剂的络合作用，同样可以有效地除去钻井液中的 Ca^{2+}、Mg^{2+} 等污染离子。例如，在受到钙侵的钻井液中加入足量的六偏磷酸钠，则可通过下面的络合反应除去 Ca^{2+}。

$$Ca^{2+} + (NaPO_3)_6 \xlongequal{} [CaNa_2(PO_3)_6]^{2-} + 4Na^+$$

该反应所生成的络离子$[CaNa_2(PO_3)_6]^{2-}$相当稳定，将Ca^{2+}束缚起来，相当于从钻井液的滤液中除掉了Ca^{2+}。

对于用褐煤碱液或铁铬木质素磺酸盐等处理的钻井液，还可以利用络合反应提高其抗温性能。例如，加入少量重铬酸盐可使上述钻井液的热稳定性明显提高，其中主要作用机理是氧化和络合。通过络合能有效地抑制腐植酸钠和铁铬木质素磺酸盐的热分解。

5）与有机处理剂生成可溶性盐

由于许多有机处理剂，如丹宁腐植酸等在水中溶解度很小，不易吸附在黏土颗粒上，因而不能发挥其效能。只有通过加入适量烧碱，使之转化为可溶性盐，如单宁酸钠和腐植酸钠，才能充分发挥其效能。这也是钻井液应始终保持碱性环境的一个重要原因。

6）抑制溶解的作用。

在钻遇岩盐和石膏地层时，常使用盐水钻井液利石膏处理的钻井液：对于大段的盐膏层，甚至使用饱和盐水钻井液。其目的一是为了增强钻井液抗污染的能力，二是为了抑制和防止上述可溶性岩层的溶解，使井径保持规则。

4. 有机处理剂

（1）降黏剂

降黏剂又称为解絮凝剂(Deflocculants)和稀释剂(Thinners)。钻井液在使用过程中，常常由于温度升高、盐侵或钙侵、固相含量增加或处理剂失效等原因，使钻井液形成的网状结构增强，钻井液黏度、切力增加。若黏度、切力过大，则会造成开泵困难、钻屑难以除去或钻井过程中激动压力过大等现象，严重时会导致各种井下复杂情况。因此，在钻井液使用和维护过程中，经常需要加入降黏剂，以降低体系的黏度和切力，使其具有适宜的流变性。钻井液降黏剂的种类很多。根据其作用机理的不同，可分为两种类型，即分散型稀释剂和聚合物型稀释剂。在分散型稀释剂中主要有丹宁类和木质素磺酸盐类，聚合物型稀释剂主要包括共聚型聚合物降黏剂和低分子聚合物降黏剂等。

① 单宁类。统称为单宁酸钠或单宁碱液，即单宁在钻井液中的有效成分，简称符号为NaT。

② 本质素磺酸盐类。铁铬木质素磺酸盐(Ferrochrome Lignosulfonate)俗称铁铬盐，代号为FCLS。铁铬盐的性质：由于铁铬盐分子中有磺酸基，Fe^{3+}和Cr^{3+}与木质素磺酸盐又形成了相当稳定的整合物，所以铁铬盐是一种抗盐、抗钙的有效降黏剂；能用于淡水、海水和饱和盐水钻井液中，并可用于各种钙处理钻井液中；因为分子中磺酸基的硫原子直接与碳原子相连，Fe^{3+}和Cr^{3+}与木质素磺酸之间有螯合作用(木质素磺酸分子与金属离子络合时，一个分子同时有两个官能团与同一个离子络合称为螯合)，所以铁铬盐的热稳定性很高，可以抗150℃以上的高温；铁铬盐的水溶性与其磺化度有关。磺化度越高，水溶性则越大；铁铬盐具有弱酸性，加入钻井液时会引起钻井液的pH值降低，因此需配合烧碱使用。一般情况下，应将铁铬盐钻井液的pH值控制在9~11的范围内。

③ XY-27。XY-27经常与两性离子包被剂FA-367及两性离子降滤失剂JT-888等配合使用，构成目前国内广泛使用的两性离子聚合物钻井液体系。同时，它在其他钻井液体系，包括分散钻井液体系中也能有效地降黏。两性离子聚合物稀释剂还兼有一定的降滤失作用，能同其他类型处理剂互相兼容，如可以配合使用磺化沥青或磺化酚醛树脂类等处理剂，以改善泥饼质量，提高封堵效果和抗温能力。

两性离子降黏剂还具有一定的抑制页岩水化的作用，这是因为分子链中的有机阳离子基团吸附于黏土表面之后，一方面中和了黏土表面的一部分负电荷，削弱了黏土的水化作用；另一方面这种特殊分子结构使聚合物链之间更容易发生缔合，因此，尽管其相对分子质量较低，仍能对黏土颗粒进行包被，不减弱体系抑制性。此外，分子链中大量水化基团所形成的水化膜，可阻止自由水分子与黏土表面的接触，并提高黏土颗粒的抗剪切强度。

(2) 降滤失剂

降滤失剂又称为滤失控制剂(Filration Control Agent)、降失水剂。在钻井过程中，钻井液的滤液侵入地层会引起泥页岩水化膨胀，严重时导致井壁不稳定和各种井下复杂情况，钻遇产层时还会造成油气层损害。加入降滤失剂的目的，就是要通过在井壁上形成低渗透率、柔韧、薄而致密的滤饼，尽可能降低钻井液的滤失量。降滤失剂是钻井液处理剂的重要剂种，主要分为纤维素类、腐植酸类、丙烯酸类、淀粉类和树脂类等。

1) 纤维素类

纤维素是由许多环式葡萄糖单元构成的长链状高分子化合物，以纤维素为原料可以制得一系列钻井液降滤失剂，其中使用最多的是钠羧甲基纤维素(Sodium Carboxymethyl Cellulose)，简称 CMC。

钠羧甲基纤维素的聚合度是决定其相对分子质量和水溶液黏度的主要因素。在相同的浓度、温度等条件下，不同聚合度的 CMC 水溶液的黏度有很大差别。聚合度越高，其水溶液的黏度越大。工业上常根据其水溶液黏度大小，将 CMC 分为三个等级，即：

高黏 CMC：在25℃时，1%水溶液的黏度为400～500mPa·s。一般用做低固相钻井液的悬浮剂、封堵剂及增稠剂。其取代度约为0.6～0.65，聚合度大于700。

中黏 CMC：在25℃时，2%水溶液的黏度为50～270mPa·s。用于一般钻井液，既起降滤失作用，又可提高钻井液的黏度。其取代度约为0.84～0.85，聚合度为600左右。

低黏 CMC：在25℃时，2%水溶液黏度小于50mPa·s。主要用做加重钻井液的降滤失剂，以免引起黏度过大。其取代度约为0.8～0.9，聚合度为500左右。

取代度是决定钠羧甲基纤维素的水溶性、抗盐和抗钙能力的主要因素。从原理上说，葡萄糖环链节上的三个羟基都可以醚化，但以第一羟基的反应活性最强。取代度一般用被醚化的经基数表示，最大值为3。如果两个链节上只有一个羟基被醚化了，则取代度为0.5。取代度小于0.3时不溶于水，小于0.5时难溶于水，在0.5以上时水溶性随取代度增加而增大。通常用做钻井液处理剂的 CMC 的取代度在0.65～0.85之间。取代度为0.80～0.85的高水溶性 CMC 适用于处理高矿化度钻井液。

纯净的钠羧甲基纤维素为白色纤维状粉末，具有吸湿性，溶于水后形成胶状液。它是长期以来国内外广泛使用的一种性能良好的降滤失剂。一般可抗温130～150℃，若加入抗氧剂可将其抗温能力有所提高。

近年来，在提高 CMC 的抗温、抗盐能力方面作了不少研究工作。一方面在 CMC 的生产或使用过程中掺入某些抗氧剂。例如常用的有机抗氧剂有乙醇胺、苯胺、已二胺等，无机抗氧剂有硫化钠、亚硫酸钠、硼砂、水溶性硅酸盐和硫黄等。这些抗氧剂复配使用可以将 CMC 的抗温性提高20～30℃。另一方面也可在 CMC 分子中引入某些基团。例如，CMC 与丙烯腈反应引入氰乙基后，再加入 $NaHSO_3$ 引入磺酸基，所得产品的抗温、抗盐能力有明显提高。此外，还可使用甲醛使 CMC 适度交联以提高其抗温性等。

2）腐植酸类

① 褐煤碱液又称为煤碱剂，由经过加工的褐煤粉加适量烧碱和水配制而成，其中的主要有效成分为腐植酸钠。除了起降滤失作用外，还可兼作降黏剂。当主要用做降失水剂使用时，浓度可配制得高一些。当用做降黏剂时，浓度可适当低些。

褐煤碱液降滤失量的机理是：含有多种官能团的阴离子型大分子腐植酸钠吸附在黏土颗粒表面形成吸附水化层，同时提高黏土颗粒的电位，因而增大颗粒聚结的机械阻力和静电斥力，提高钻井液的聚结稳定性，使其中的黏土颗粒保持多级分散状态，并有相对较多的细颗粒，所以能形成致密的泥饼。此外，黏土颗粒上的吸附水化膜具有堵孔作用，使泥饼更加致密。

② 铬腐植酸是褐煤与 $Na_2Cr_2O_7$（或 $K_2Cr_2O_7$）反应后的生成物，反应时褐煤与 $Na_2Cr_2O_7$ 的质量比为 3:1 或 4:1。在 80℃以上的温度下，分别发生氧化和螯合两步反应。氧化使腐植酸的亲水性增强，同时 $Cr_2O_7^{2-}$ 被还原成 Cr^{3+}；然后再与氧化腐植酸或腐植酸进行螯合。铬腐植酸在水中有较大的溶解度，其抗盐、抗钙能力也比腐植酸钠强。

铬腐植酸也可在井下高温条件下通过在煤碱剂处理的钻井液中加重铬酸钠转化而得。试验表明，它既有降滤失作用，又有降黏作用。特别是它与铁铬盐配合使用时（常用配比为铬褐煤：铁铬盐 = 1:2），有很好的协同效应。据报导，由铁铬盐、铬腐植酸和表面活性剂（如 P－30 或 Span－80 等）组成的钻井液具有很高的热稳定性和较好的防塌效果，曾在 6280m 的高温深井（井底温度为 235℃）和易塌地层中使用，效果良好。

③ 磺甲基褐煤。褐煤与甲醛、Na_2SO_3（或 $NaHSO_3$）在 pH 值为 9～11 的条件下进行磺甲基化反应，可制得磺甲基褐煤，其代号为 SMC。所得产品进一步用 $Na_2Cr_2O_7$ 进行氧化和螯合，生成的磺甲基腐植酸铬处理效果会更好。

由于引入了磺甲基水化基团，与煤碱剂相比，磺甲基褐煤的降滤失效果更进一步增强。磺甲基褐煤是我国用于深井的“三磺”处理剂之一。其主要特点是具有很强的热稳定性，在 200～230℃的高温下能有效地控制淡水钻井液的滤失量和黏度。其缺点是抗盐效果较差，在 200℃单独使用时，抗盐不超过 3%。但与磺甲基酚醛树脂配合处理时，抗盐能力可大大提高。

④ 褐煤树脂 SPNH。产品描述：褐煤树脂又称 SPNH，是以褐煤和腈纶废丝为主要原料，通过采用接枝共聚和磺化的方法制得的一种含有羟基、亚甲基、羰基、磺酸基、羧基和腈基等多种官能团的共聚物，用于控制水基钻井液的滤失，有广泛的 pH 值使用范围，可抗温 180℃以上。

3）丙烯酸类聚合物

① 水解聚丙烯腈。聚丙烯腈（Polyacrylonitrile）是制造腈纶（人造羊毛）的合成纤维材料，目前用于钻井液的主要是腈纶废丝经碱水解后的产物，外观为白色粉末，密度 1.14～1.15g/cm^3，代号为 HPAN。

水解聚丙烯腈处理钻井液的性能，主要取决于聚合度和分子中的羧钠基与酰胺基之比（即水解程度）。聚合度较高时，降滤失性能比较强，并可增加钻井液的黏度和切力；而聚合度较低时，降滤失和增黏作用均相应减弱。为了保证其降滤失效果，羧钠基与酰胺基之比最好控制在 2:1～4:1。

由于 Na－HPAN 分子的主链为 C－C 键，还带有热稳定性很强的腈基，因此可抗 200℃以上高温。该处理剂的抗盐能力也较强，但抗钙能力较弱。当 Ca^{2+} 浓度过大时，会产生絮状沉淀。

除 Na－HPAN 外，目前常用的同类产品还有水解聚丙烯腈钙盐(Ca－HPAN)和聚丙烯腈铵盐(NH_4－HPAN)。Ca－HPAN 具有较强的抗盐、抗钙能力，在淡水钻井液和海水钻井液中都有良好的降滤失效果。NH_4－HPAN 除了降滤失作用外，还具有抑制黏土水化分散的作用，因此常用做页岩抑制剂。

② PAC 系列产品是指各种复合离子型的聚丙烯酸盐(PAC)聚合物，实际上是具有不同取代基的乙烯基单体及其盐类的共聚物，通过在高分子链节上引入不同含量的羧基、羧钠基、羧胺基、酰胺基、腈基、磺酸基和羟基等共聚而成。该系列产品主要用于聚合物钻井液体系。由于各种官能团的协同作用，该类聚合物在各种复杂地层和不同的矿化度、温度条件下均能发挥其作用。只要调整好聚合物分子链节中各官能团的种类、数量、比例、聚合度及分子构型，就可设计和研制出一系列的处理剂，以满足降滤失、增黏和降黏等要求。其中应用较广的是 PACl41、PACl42 和 PACl43 三种产品。

PACl41 是丙烯酸、丙烯酰胺、丙烯酸钠和丙烯酸钙的四元共聚物。它在降滤失的同时，还兼有增黏作用，并且还能调节流型，改进钻井液的剪切稀释性能。该处理剂能抗 180℃的高温，抗盐可达饱和。

PACl42 是丙烯酸、丙烯酰胺、丙烯腈和丙烯磺酸钠的共聚物。在降滤失的同时，其增黏幅度比 PACl41 小。主要在淡水、海水和饱和盐水钻井液中用做降滤失剂。在淡水钻井液中，其推荐加量为 0.2%～0.4%；在饱和盐水钻井液中，推荐加量为 1.0%～1.5%。

PACl43 是由多种乙烯基单体及其盐类共聚而成的水溶性高聚物，其相对分子质量为 150 万～200 万，分子链中含有羧基、羧钠基、羧钙基、酰胺基、腈基和磺酸基等多种官能团。该产品为各种矿化度的水基钻井液的降滤失剂，并且能抑制泥页岩水化分散。在淡水钻井液中的推荐加量为 0.2%～0.5%；在海水和饱和盐水钻井液中，推荐加量为 0.5%～2%。

③ 丙烯酸盐 SK 系列产品。该系列产品为丙烯酸盐的多元共聚物。其外观为白色粉末，易溶于水，水溶液呈碱性。主要用做聚合物钻井液的降滤失剂。但不同型号的产品在性能上有所区别。例如，SK－1 可用于无固相完井液和低固相钻井液，在配合用 NaCl、$CaCl_2$ 等无机盐加重的过程中，主要起降滤失和增黏的作用。SK－2 具有较强的抗盐、抗钙能力，是一种不增粘的降滤失剂。SK－3 主要用在当聚合物钻井液受到无机盐污染后，作为降黏剂，同时可改善钻井液的热稳定性，降低高温高压滤大量。

4）酚醛树脂类

该类产品是以酚醛树脂为主体，经磺化或引入其他官能团而制得。其中磺甲基酚醛树脂是最常用的产品。

① 磺甲基酚醛树脂分子的主链由亚甲基和苯环组成，又引入了大量磺酸基，故热稳定性强，可抗 180～200℃的高温。因引入磺酸基的数量不同，抗无机电解质的能力会有所差别。目前使用量很大的 SMP－1 型产品可用于矿化度小于 1×10^5mg/L 钻井液，而 SMP－2 型产品可抗盐至饱和，抗钙也可达 2000mg/L，是主要用于饱和盐水钻井液的降滤失剂。此外，磺甲基酚醛树脂还能改善滤饼的润滑性，对井壁也有一定的稳定作用。其加量通常在 3%～5%之间。

② 磺化木质素磺甲基酚醛树脂缩合物(SLSP)。该产品是磺化木质素与磺甲基酚醛树脂的缩合物，代号为 SLSP。合成 SLSP 的反应一般分两步进行。首先合成磺甲基酚醛树脂，其原料和反应步骤同前，第二步再与磺化木质素缩合得到 SLSP。

SLSP 与磺甲基酚醛树脂有相似的优良性能，但在原来树脂的基础上引入了一部分磺化木质素。所以 SLSP 在降低钻井液滤失量的同时，还有优良的稀释特性。该产品的投产还有助于解决造纸废液引起的环境污染问题，成本也有所下降。缺点是该产品在钻井液中比较容易起泡，必要时需配合加入消泡剂。

5）淀粉类

淀粉（Starch）的结构与纤维素相似，也属于碳水化合物，是最早使用的钻井液降滤失剂之一。淀粉从谷物或玉米中分离出来，它在 50℃以下不溶于水，温度超过 55℃以上开始溶胀，直至形成半透明凝胶或胶体溶液。加碱也能使它迅速而有效地溶胀。其他化学性质与纤维素相似，同样可以进行酯化、醚化、羧甲基化、接枝和交联反应，从而制得一系列改性产品。

在某些钻井液中，加入淀粉不仅可以降低滤失量，而且还有助于提高钻井液中黏土颗粒的聚结稳定性。淀粉在淡水、海水和饱和盐水钻井液中均可使用。经过预先胶化的淀粉，在加热时会导致外部的支链壳破裂，于是释放出内部的直链淀粉。直链淀粉更易吸水膨胀，形成类似于海绵的囊状物。因此，淀粉的降滤失机理一方面是它吸收水分，减少了钻井液中的自由水；另一方面是形成的囊状物可进入泥饼的细缝中，从而堵塞水的通路，进一步降低了泥饼的渗透性。

淀粉在使用时，钻井液的矿化度最好大一些，并且 pH 值最好大于 11.5，否则淀粉容易发酵变质。若这两个条件均不具备时，可在钻井液中加入适量的防腐剂。在高温下，淀粉容易降解，效果变差。如果温度超过 120℃，淀粉将完全降解而失效，故它不能用于深井或超深井中。高矿化度体系对细菌侵蚀有抑制作用，国内外在温度较低、矿化度较高的环境下，已广泛使用淀粉作为降滤失剂。在饱和盐水钻井液中，淀粉是经常使用的一种降滤失剂。

羧甲基淀粉（Carboxymethyl Starch）是淀粉的改性产品，代号为 CMS。在碱性条件下，淀粉与氯乙酸发生醚化反应即制得羧甲基淀粉。从现场试验情况看，CMS 降滤失效果好，而且作用速度快。在提黏方面，对塑性黏度影响小，. 而对动切力影响大，因而有利于携带钻屑。并且由于价格便宜，选用它作降滤失剂可降低钻井液成本。尤其是钻盐膏层时，可使钻井液性能稳定，滤失量低，并具有防塌作用。改性淀粉也更适于在盐水钻井液中使用，尤其在饱和盐水钻井液中效果最好。

羟丙基淀粉（Hydroxy Propyl Starch）的代号为 HPS。在碱性条件下，淀粉与环氧乙烷或环氧丙烷发生醚化反应，便制得羟乙基淀粉或羟丙基淀粉。由于这种改性淀粉的分子链节上引入了羟基，其水溶性、增黏能力和抗微生物作用的能力都得到了显著的改善。经丙基淀粉为非离子型高分子材料，对高价阳离子不敏感，抗盐、抗钙污染能力很强。在处理被污染的钻井液时，比 CMC 效果更好。HPS 可与酸溶性暂堵剂 QS－2 等配制成无黏土相暂堵型钻井液，有利于保护油气层。在阳离子型或两性离子型聚合物钻井液中，HPS 可有效地降低钻井液的滤失量。此外，HPS 在固井、修井作业中可用来配制前置隔离液和修井液等。

抗温淀粉 DFD－140 是一种白色或淡黄色的颗粒，分子链节上同时含有阳离子基团和非离子基团，而不含阴离子基团。DFD－140 抗温性能较好，在 4% 盐水钻井液中可以稳定到 140℃，在饱和盐水钻井液中可以稳定到 130℃，并且可与几乎所有水基钻井液体系和处理剂相配伍。

综上所述，降滤失剂的种类和品种很多，性能和生产成本也各不相同，在进行钻井液配方设计时，必须根据地层情况和钻井的要求，合理选用降滤失剂。

(3) 增黏剂

钻井液流变性与携带岩屑有直接关系。为了保证井眼清洁和安全钻进，钻井液的黏度和切力必须保持在一个合适的范围。当黏度过低时，一种方法是通过增大膨润土含量来提黏。但在聚合物钻井液中，该法会引起钻井液密度的固相含量增大，不利于实现低固相和提高机械钻速，对油气层保护也有不利影响。因此，经常采用添加增黏剂的方法。增黏剂均为高分子聚合物，由于其分子链很长，在分子链之间容易形成网状结构，因此能显著地提高钻井液的黏度。

增黏剂除了起增黏作用外，还往往兼作页岩抑制剂(包被剂)、降滤失剂及流型改进剂。因此，使用增黏剂常常有利于改善钻井液的流变性，也有利于井壁稳定。增黏剂种类很多，这里只介绍两种重要的增黏剂，即 XC 生物聚合物和羟乙基纤维素。

1) XC 生物聚合物

XC 生物聚合物又称做黄原胶，是由黄原菌类作用于碳水化合物而生成的高分子链状多糖聚合物，相对分子质量可高达 5×10^{6}，易溶于水。是一种适用于淡水、盐水和饱和盐水钻井液的高效增黏剂，加入很少的量(0.2% ~0.3%)即可产生较高的黏度，并兼有降滤火作用。它的另一显著特点是具有优良的剪切稀释性能，能够有效地改进流型(即增大动塑比，降低 n 值)。用它处理的钻井液在高剪切速率下的极限黏度很低，有利于提高机械钻速；而在环形空间的低剪切速率下又具有较高的黏度，并有利于形成平板形层流，使钻井液携带岩屑的能力明显增强。

一般认为，XC 生物聚合物抗温可达 120℃，在 140℃温度下也不会完全失效。据报导，国外曾在井底温度为 148.9℃的油井中使用过。其抗盐、抗钙能力也十分突出，是配制饱和盐水钻井液的常用处理剂之一。有时它需与三氯酚钠等杀菌剂配合使用，因为在一定条件下，空气和钻井液中的各种细菌会使其发生酶变，从而降解失效。

2) 羟乙基纤维素

羟乙基纤维素(代号 HEC)是一种水溶性的纤维素衍生物。外观为白色或浅黄色固体粉末。它无嗅、无味、无毒，溶于水后形成黏稠的胶状液。

该处理剂是由纤维素和环氧乙烷经羟乙基化制成的产品，主要在聚合物钻井液中起增黏作用。其显著特点是在增黏的同时不增加切力，因此在钻井液切力过高致使开泵困难时常被选用。增黏程度一般与时间、温度和含盐量有关，抗温能力可达 107 ~121℃。

(4) 页岩抑制剂

概括地讲，处理剂在钻井液中所起的作用主要有两个：一是维持钻井液性能稳定，二是保持井壁稳定。凡是能有效地抑制页岩水化膨胀和分散，主要起稳定井壁作用的处理剂均可称做页岩抑制剂，又称防塌剂。这里简要介绍几种重要的有机防塌剂。

1) 沥青类

沥青是原油精炼后的残留物。将沥青进行一定的加工处理后，可制成钻井液用的沥青类页岩抑制剂，其主要产品有以下几种。

① 氧化沥青为黑色均匀分散的粉末，难溶于水，多数产品的软化点为 150 ~160℃，细度为通过 60 目筛的部分占 85%。主要在水基钻井液中用做页岩抑制剂，并兼有润滑作用，一般加量为 1% ~2%。此外，还可分散在油基钻井液中起增黏和降滤失作用。

氧化沥青的防塌作用主要是一种物理作用。它能够在一定的温度和压力下软化变形，从而封堵裂隙，并在井壁上形成一层致密的保护膜。在软化点以内，随温度升高，氧化沥青的降滤失能力和封堵裂隙能力增加，稳定井壁的效果增强。但超过软化点后，在正压差作用下，会使软化后的沥青流入岩石裂隙深处，因而不能再起封堵作用，稳定井壁的效果变差。因此，在选用该产品时，软化点是一个重要的指标。应使其软化点与所处理井段的井温相近，软化点过低或过高都会使处理效果大为降低。

② 磺化沥青。目前使用的磺化沥青(Sulfonated Asphalt)实际上是磺化沥青的钠盐，代号为SAS它是常规沥青用发烟 H_2SO_4 或 SO_3 进行磺化后制得的产品。沥青经过磺化，引入了水化性能很强的磺酸基，使之从不溶于水变为可溶于水。磺化时应控制产品中含有的水溶性物质约占70%，既溶于水又溶于油的部分约占40%。磺化沥青为黑褐色膏状胶体或粉剂，软化点高于80℃，密度约为1g/cm^3。

磺化沥青的防塌机理是：磺化沥青中由于含有磺酸基，水化作用很强，当吸附在页岩晶层断面上时，可阻止页岩颗粒的水化分散：同时不溶于水的部分又能起到填充孔喉和裂缝的封堵作用，并可覆盖在页岩表面，改善泥饼质量。但随着温度的升高，磺化沥青的封堵能力会有所下降。磺化沥青还在钻井液中起润滑和降低高温高压滤失量的作用，是一种多功能的有机处理剂。

③ 天然沥青和改性沥青。国内外使用天然沥青和各种化学改性沥青产品稳定井壁已有多年的历史。不同沥青类产品稳定井壁的机理不同。沥青粉的主要作用机理是，在钻遇页岩之前，往钻井液中加入该种物质，当钻遇页岩地层时，若沥青的软化点与地层温度相匹配，在井筒内正压差作用下，沥青产品会发生塑性流动，挤入页岩孔隙、裂缝和层面，封堵地层层理与裂隙，提高对裂缝的粘结力，在井壁处形成具有护壁作用的内、外泥饼。其中外泥饼与地层之间有一层致密的保护膜，使外泥饼难以被冲刷掉，从而可阻止水进入地层，起到稳定井壁的作用。

此外，为了提高其封堵与抑制能力，可将沥青类产品与其他有机物进行缩合。如磺化沥青与腐植酸仰的缩合物KAHM，俗称高改性沥青粉，在各类水基钻井液中均有很好的防塌效果。

2）钾盐腐植酸类

腐植酸的钾盐、高价盐及有机硅化物等均可用做页岩抑制剂，其产品有腐植酸钾、硝基腐植酸钾、磺化腐植酸钾、有机硅腐植酸钾、腐植酸钾铝、腐植酸铝和腐植酸硅铝等。其中腐植酸钾盐的应用更为广泛，腐植酸钾是以褐煤为原料，用KOH提取而制得的产品。外观为黑褐色粉末，易溶于水，水溶液的pH值为9~10。主要用做淡水钻井液的页岩抑制剂，并兼有降黏和降滤失作用。抗温能力为180℃，一般加量为1%~3%。

3）聚合物类

① 聚丙烯酰胺钾盐K-PAM。聚丙烯酰胺的钾盐又称K-PAM，是一种水溶性的高分子聚合物，常被作为钻井液的抑制、流型调节、包被剂，由于含有 $CONH_2$、$COOK^+$、COOH、K^+、NH_4^+ 等基团，具有较强的页岩稳定性。

② 部分水解聚丙烯酰胺PHPA。部分水解聚丙烯酰胺的钠盐是一种水溶性的高分子聚合物，常被作为钻井液的抑制、流型调节、包被剂，由于它分子量高又含有较多的基团，所以具有较强的页岩稳定性，可抑制黏土分散，稳定井眼。

4）聚合醇类

聚合醇防塌剂用作水基钻井液的页岩抑制剂、具有浊点在钻井液中可始终保持亲油疏水分散于水的状态，可吸附于黏土表面，抑制页岩水化分散。可吸附于钻具表面在钻具表面形成极压润滑膜，达到润滑、降低扭矩、减少泥包，改善钻井液的滤失量和泥饼质量。为非离子高分子化合物，可吸附于钻井液中胶体颗粒表面，使钻井液胶体颗粒为电中性可保持较好的护胶稳定性，抗污染能力强。分子可通过氢键吸附于井壁表面，抑制微裂缝产生，稳定井壁。

页岩抑制剂类产品还有许多。例如，各种聚合物类和聚合醇类有机处理剂，硅酸盐类、钾盐类和正电胶等无机处理剂都是性能优良的页岩抑制剂。

(5) 堵漏剂

为了处理井漏，在现场还需使用各种类型的堵漏剂。堵漏剂又称为堵漏材料，通常将其分为以下三种类型：

1) 纤维状堵漏剂

常用的纤维状堵漏剂有棉纤维、木质纤维、甘蔗渣和锯末等。由于这些材料的刚度较小，因而容易被挤入发生漏失的地层孔洞中。如果有足够多的这种材料进入孔洞，就会产生很大的摩擦阻力，从而起到封堵作用。但如果裂缝太小，纤维状堵漏剂无法进入，只能在井壁上形成假泥饼。一旦重新循环钻井液，就会被冲掉，起不到堵漏作用。因此，必须根据裂缝大小选择合适的纤维状堵漏剂的尺寸。

2) 薄片状堵漏剂

薄片状堵漏剂有塑料碎片、云母片和木片等。这些材料可能平铺在地层表面，从而堵塞裂缝。若其强度足以承受钻井液的压力，就能形成致密的泥饼。若强度不足，则被挤入裂缝，在这种情况下，其封堵作用则与纤维状材料相似。

3) 颗粒状堵漏剂

颗粒状堵漏剂主要指坚果壳(即核桃壳)具有较高强度的碳酸盐岩石颗。这类材料大多是通过挤入孔隙而起到堵漏作用的。

堵漏剂种类繁多。与其他类型处理剂不同的是，大多数堵漏剂不是专门生产的规范产品，而是根据就地取材的原则选用的。堵漏剂的堵漏能力一般取决于它的种类、尺寸和加量。根据试验结果，不同堵漏剂的堵漏能力如表 5－7 所示，可供参考。

一般来讲，地层缝隙越大、漏速越大时，堵漏剂的加量亦应越大。纤维状和薄片状堵漏剂的加量一般不应超过 5%。为了提高堵塞能力，往往将各种类别和尺寸的堵漏剂混合加入，但各种材料的比例要掌握适当。

表 5－7　各种堵漏剂的堵漏能力

堵漏剂名称	形状	尺　寸	质量浓度/(kg/m)	最大堵塞缝隙/mm
坚果壳	颗粒状	5mm～10 号筛目占 50%	57	5.20
塑料碎片	颗粒状	10～100 号筛目占 50%	57	5.20
石灰石粉	颗粒状	10～100 号筛目占 50%	114	3.18
硫矿粉	颗粒状	10～100 号筛目占 50%	980	3.18
坚果壳	颗粒状	10～16 号筛目占 50%	57	3.18
多孔隙珍珠石	颗粒状	5mm～10 号筛目占 50% 10～100 号筛目占 50%	172	2.69
赛璐珞粉	薄片状	19mm 薄片	23	2.69
锯末	纤维状	6mm 大小	29	2.69

续表

堵漏剂名称	形状	尺寸	质量浓度/(kg/m)	最大堵塞缝隙/mm
树皮	纤维状	13mm 大小	29	2.69
干草	纤维状	12.5mm 大小	29	2.69
棉子皮	颗粒状	粉末	29	1.53
赛璐珞粉	薄片状	13mm 大小	23	1.42
木屑	纤维状	6mm 大小	23	0.91
锯末	纤维状	1.6mm 大小	57	0.43

第三节　钻井液性能及其测试

按照 API 推荐的钻井液性能测试标准，需检测的钻井液常规性能包括：密度、漏斗黏度、塑性黏度、动切力、静切力、API 滤失量、HTHP 滤失量、pH 值、碱度、含砂量、固相含量、膨润土含量和滤液中各种离子的质量浓度等。

一、钻井液密度

钻井液密度(Drilling Fluid Density)是指每单位体积钻井液的质量，常用 g/cm^3(或 kg/m^3)表示。在钻井工程上，钻井液密度(Drilling Fluid Density)和钻井液比重(Mud Weighi)是两个等同的术语。控制密度对于预防井喷是必不可少的，有时，为了稳定井壁也必须控制密度。加入重晶石等加重材料是提高钻井液密度最常用的方法。在加重前，应调整好钻井液的各种性能，特别要严格控制低密度固相的含量。一般情况下，所需钻井液密度越高，则加重前钻井液的固相含量及黏度、切力应控制得越低。加入可溶性无机盐也是提高密度较常用的方法。如在保护油气层的清洁盐水钻井液中，通过加入 NaCl，可将钻井液密度提高至 $1.20g/cm^3$ 左右。

为实现平衡压力钻井或欠平衡压力钻井，有时需要适当降低钻井液的密度。通常降低密度的方法有以下几种：①最主要的方法是用机械和化学絮凝的方法清除无用固相，降低钻井液的固相含量。②加水稀释。但往往会增加处理剂用量和钻井液费用。③混油。但有时会影响地质录井和测井解释。④钻低压油气层时可选用充气钻井液等。

钻井液密度是用一种专门设计的钻井液比重秤(Mud balance)测得的，比重秤的外观如图 5-1 所示。

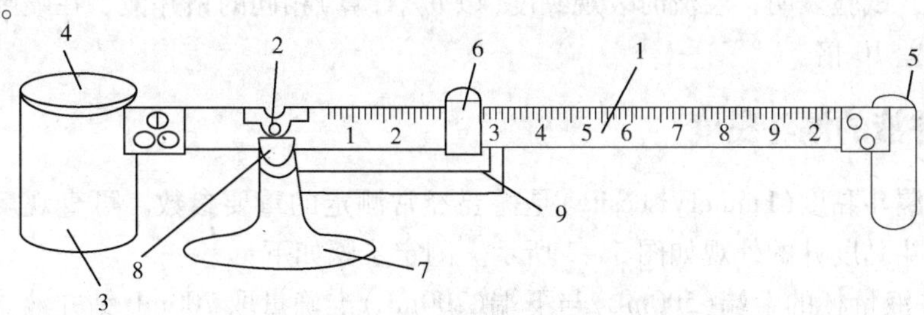

图 5-1　钻井液比重秤构造图

1—秤杆；2—主刀口；3—泥浆杯；4—杯盖；5—校正筒；6—游码；7—底座；8—主刀垫；9—挡壁

使用前首先对钻井液比重秤进行校正：①用淡水注满洁净、干燥的样品杯：②盖上杯盖并擦干样品杯外；③刀口放在刀垫上，将游码左侧边线对准刻度 1.00g/cm^3；④如不平衡，在平衡圆柱中加上或取下一些铅粒，使之平衡。

测定时，①将密度计放置在水平面上；②测量并记录钻井液温度；③在密度计的样品杯中注满待测钻井液，盖上杯盖，缓缓拧动压紧，为使钻井液中的气泡不留在样品杯中，必须使过量的钻井液从杯盖的小孔中溢出；④用手指压住杯小孔，冲洗并擦干样品杯外部；⑤把密度计上的刀口放在底座的刀垫上，移动游码，直到平衡(水平泡位于中央)；⑥记录读值；⑦倒掉钻井液、洗净，擦干以备用。

二、钻井液的流变性

钻井液的流变性(Rheological Properties of Drilling Fluids)是指钻井液流动和变形的特性。该特性通常是由不同的流变模式及其参数来表征的，最常用的流变模式为宾汉和幂律模式。其中宾汉模式的参数为塑性黏度(Plastic Viscosity)和动切力(Yield Point)；幂律模式的参数为流性指数(Flow Behavior lndex)和稠度系数(Consistency lndex)。此外，漏斗黏度(Funnel Viscosity)、表观黏度(Apparent Viscosity)和静切力(Gel Strength)等也是钻井液的重要流变参数。由于钻井液的流变性与携岩、井壁稳定、提高机械钻速和环空水力参数计算等一系列钻井工作密切相关，因此它是钻井液最重要的性能之一。

流变性能的调整通常是通过钻井液处理剂来实现。而钻井液流变性是用一种专门设计的直读式施转黏度计测得的，测定时，将待测钻井液倒入样品杯后放置在仪器的样品托架上，调节高度使钻井液液面正好在转筒的测量线处。将黏度计的转速调至600r/min，待读值稳定后读取并记录。再把转速调至300r/min，待读值稳定后读取并记录。按相同的方法读取并记录200r/min、100r/min、6r/min，3r/min下的读值。在600r/min下搅拌10s，静置10s后，在3r/min下读取并记录最大读值，再在600r/min搅拌10s，并静置10min后读取并记录3r/min下的最大读值。

钻井液的流变性是影响机械钻速的一个重要因素。研究表明，这种影响主要表现为钻头喷嘴处的紊流流动阻力对钻速的影响。如前所述，有的文献将这种流动阻力简称为水眼黏度。由于钻井液具有剪切稀释作用，在钻头喷嘴处的流速极高，一般在150m/s以上，剪切速率达到10000s^{-1}以上。在如此高的剪切速率下，紊流流动阻力变得很小，因而液流对井底冲击力增强，更加容易渗入钻头冲击井底岩层时所形成的微裂缝中，有利于减小岩屑的压持效应和井底岩石的可钻强度，从而有利于提高钻速。需要指出，各种钻井液的剪切稀释性存在着很大差别，试验表明，层流时表观黏度(以 θ_{600} 计算)相同的钻井液，在喷嘴处的紊流流动阻力竟可相差10倍。

三、钻井液的漏斗黏度

钻井液的漏斗黏度(FunnelViscosity)是需要经常测定的重要参数。可直观反映钻井液黏度的大小，漏斗黏度计的外观如图5-2所示。测定步骤如下：

① 用钻井液量杯的上端(500mL)与下端(200mL)准确量取700mL钻井液。将左手食指堵住漏斗口，使钻井液通过筛网后流入漏斗中。

② 将钻先液量杯500mL的一端置于漏斗口的下方；在松开左手食指的同时，右手按动秒表。注意在钻井液流出过程中，应始终使漏斗保持直立。

③ 待钻井液量杯500mL的一端流满时，按动秒表记录所需时间。

所记录的时间即漏斗黏度，其单位为s。漏斗黏度计的准确度常用纯水进行校正。在常温下，纯水的漏斗黏度为26s±0.5s。需注意，由于体积计量单位的不同，国外所用漏斗黏度计的尺寸与国内有所区别。国外使用的漏斗称为马氏(Marsh)漏斗，是将1夸脱钻井液的流出时间称为漏斗黏度。

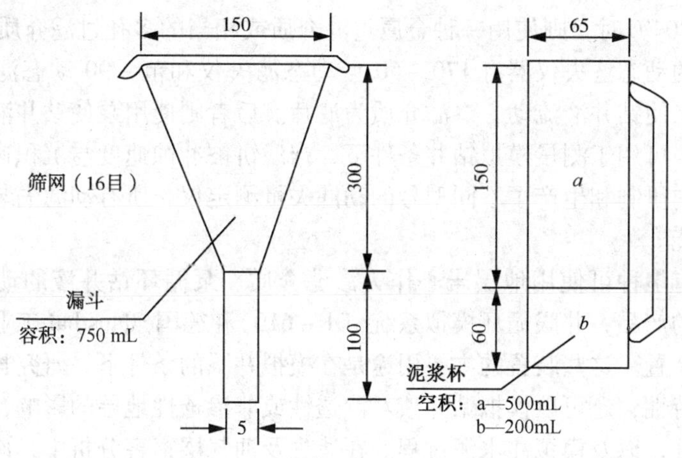

图5-2　漏斗黏度计(单位：mm)

四、钻井液的滤失造壁性

在钻井过程中，当钻头钻过渗透性地层时，由于钻井液的液柱压力一般总是大于地层孔隙压力，在压差作用下，钻井液的液体便会渗人地层，这种特性常称为钻井液的滤失性(Filtration Properties of Drilling Fluids)。在液体发生渗滤的同时，钻井液中的固相颗粒会附着并沉积在井壁上形成一层泥饼(Mud Cake)。随着泥饼的逐渐加厚以及在压差作用下被压实，会对裸眼井壁有效地起到稳定和保护作用，这就是钻井液的所谓造壁性。由于泥饼的渗透率远远小于地层的渗透率，因而形成的泥饼还可有效地阻止钻井液中的固相和滤液继续侵入地层。在钻井液工艺中，通常用一个重要参数——滤失量(Water Loss or FiltrationRate)来表征钻井液的渗滤速率API滤失量测定仪是最常用的低温低压条件下评价钻井液滤失量的装置(图5-3)，其渗滤面积为45.8cm^2，实验渗滤压差Δp为6.89MPa(100psig)，测试温度为室温。以30min渗滤出的滤液体积作为API滤失量标准。为了能获得可比性结果，必须使用直径为90mm的符合标准的滤纸。

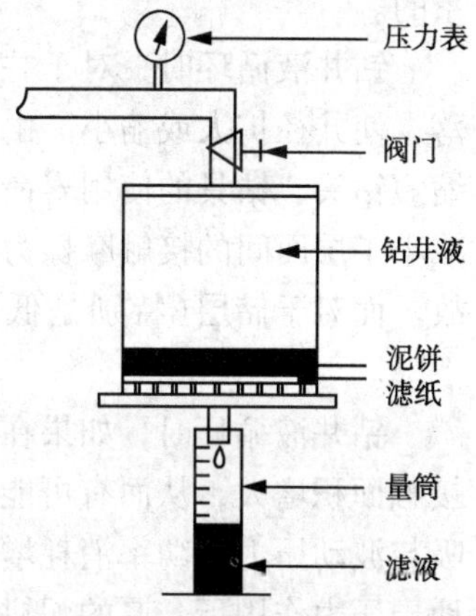

图5-3　API滤失量测定仪

滤失量测量结束后，应小心地拆开泥浆杯，倒掉钻井液并取下滤纸，尽可能减少对滤饼的损坏；用缓慢水流冲洗滤纸上的滤饼；然后测量并记录滤饼厚度，同时对滤饼的外观进行描述。虽然对滤饼的描述带有主观性，诸如硬、软、韧、致密等注释，但对于了解滤饼的质量仍是重要的信息。C. Marx等人发明了将滤饼迅速冷冻处理后，利用扫描电镜观察滤饼微观结构的方法。这种方法被普遍用于滤饼结构的研究，由于费用较高，常规评价不采用此方法。

对于深井钻井液，必须进行高温高压条件下的滤失量评价。API 给出了测量高温高压条件下 API 滤失量的标准，测量仪器为 Baroid 公司生产的高温高压滤失仪，测量压差为 3.5MPa，测量时间为 30min。由于渗滤面积只有低温低压滤失仪的一半，因此，按照 API 标准，应将 30min 的滤失量乘以 2 才是 HTHP 滤失量。当温度低于 204℃时，使用一种特制的滤纸；当温度高于 204℃时，则使用一种金属过滤介质或相当的多孔过滤介质盘。

普遍接受使用的动态滤失仪器有 170－50 型动态滤失仪和范－90 动态滤失装置。前者是利用转动的叶片来使钻井液流动，渗滤介质为滤片。后者则使用泵使钻井液循环流动，过滤介质为陶瓷滤芯，可用于测量模拟钻井条件下，当滤饼被冲蚀速度与沉积速度相等时的动态滤失量。目前国内研制和生产了不同型号的动滤失量测定仪，所有动滤失装置同时都具有模拟高温高压的功能。

另外国内外还有多种可使用地层岩心作为渗滤介质、泵循环钻井液的动态循环滤失装置；如 Laurel 公司的产品，井眼循环模拟系统（DF－610）和德国 Clausthal 工业大学石油工程所研制的动态循环装置。这些装置的主要用途是在模拟井眼的条件下，研究长距离或长时间循环实验中流体的特性，还可以模拟钻井液对渗透性或非渗透性地层的影响，高温高压条件下滤饼的动滤失特性，以及模拟注水泥过程。在滤失及油气层损害分析中，研究钻井液与岩石的作用。该类系统通常配有数据采集系统，可采用人工和计算机对过程进行控制、安全设置及报警。

为了维持井眼的稳定以及减少钻井液固、液相侵入地层与损害油气层，就必须控制钻井液的滤失性能，其有效途径是在井壁上形成薄而致密的泥饼。如果井内钻井液滤失性控制不当，必然要产生两方面问题，即滤失量过大和泥饼过厚。这两者之间既有区别，又是相互联系的。

钻井液循环时，对于井壁为泥页岩的地层，滤失量过大会引起地层岩石水化膨胀、剥落，使井径扩大或缩小。由于井径扩大或缩小，又会引起卡钻、钻杆折断，降低机械效率，缩短钻头、钻具的使用寿命等问题。对于裂隙发育的破碎性地层，滤液渗入岩层的裂隙面，减小了层面间的接触摩擦力，在钻杆的敲击下，碎岩块落入井内，常引起掉块卡钻等井内事故。而对于储层（特别是低渗和黏土含量高的储层），滤失量过大则会引起储层渗透率的下降。

钻井液循环时，如果在井壁上形成的泥饼过厚，则会减小井的有效直径，钻具与井壁的接触面积增大，从而有可能引起各种钻井问题，如旋转时扭矩增大、起下钻遇阻以及高的抽吸与波动压力、功率消耗增加，甚至引起井壁垮塌或造成井漏、井涌等事故。在液柱压力和地层压力作用下，厚的泥饼易引起压差卡钻事故，而处理卡钻事故的费用是相当昂贵的。此外，泥饼过厚会造成测井工具、打捞工具不能顺利下至井底；同时泥饼过厚，还会影响测试结果的正确性，甚至会影响发现低压生产层。

由此可见，钻井液的滤失控制是钻井液工艺中的一个十分重要的问题，这里首要的是控制泥饼的厚度，而泥饼的厚度是随滤失总量的增加而增厚的，故应控制钻井液的滤失量。然而，滤失量并不是决定泥饼厚度的唯一因素，对于不同的钻井液，泥饼厚度相同，而滤失量却不一定相同；反之，滤失量相同，泥饼厚度亦可能不同。滤失量过大固然不好，但过小的滤失量也会造成钻井液成本增加，钻速下降。

需要指出，钻井液滤液矿化度不同，对井壁岩层稳定性的影响也是不同的。与淡水滤液、碱性强的滤液相比较，高矿化度、碱性弱的滤液和含高聚物(例如聚丙烯酰胺)的滤液不易引起井壁岩层的膨胀和坍塌。实践证明，即使滤失量大些，使用这类钻井液要安全得多。因此，对于井壁稳定来说，不仅要注意滤失量的大小，还要考虑滤液的性质及其对井壁稳定造成的影响。

综上所述，钻井液形成的泥饼一定要薄、致密、坚韧；而钻井液的滤失量则要控制适当，应根据岩石的特点、井深、井身结构等因素来确定，同时应考虑钻井液的类型。

在影响钻井液滤失的因素中，井温和地层的渗透性是无法改变的，其余的因素则可以人为控制。可以通过改善泥饼的质量(渗透性和抗剪强度)、确定适当的钻井液密度以减少液柱压差、提高滤液黏度、缩短钻井液的浸泡时间、控制钻井液返速和流态(形成平板型层流)等方法来减少钻井液的滤失量，并形成薄而韧的泥饼。在钻井液工艺中，控制和调整钻井液滤失性能的关键在于改善泥饼的质量，这里既包括增加泥饼的致密程度，降低其渗透性，同时又包括增强泥饼的抗剪切能力和润滑性。主要调整方法是根据钻井液类型、组成以及所钻地层的情况，选用适合的降滤失剂和封堵剂。获得致密性与渗透性小的泥饼的一般方法是：

① 使用膨润土造浆。膨润土颗粒细，呈片状，水化膜厚，能形成致密的渗透性小的泥饼，而且可在固相较少的情况下满足对钻井液滤失性能和流变性能的要求。一般情况下，加入适量的膨润土可以将钻井液的滤失量控制到钻井和完井工艺要求的范围。膨润土是常用的配浆材料，同时也是控制滤失量和建立良好造壁性的基本处理剂。

② 加入适量纯碱、烧碱或有机分散剂(如煤碱液等)，提高黏土颗粒的 ξ 电位、水化程度和分散度。

③ 加入 CMC 或其他聚合物以保护黏土颗粒，阻止其聚结，从而有利于提高分散度。同时，CMC 和其他聚合物沉积在泥饼上亦起堵孔作用，使滤失量降低。

④ 加入一些极细的胶体粒子(如腐植酸钙胶状沉淀)堵塞泥饼孔隙，以使泥饼的渗透性降低，抗剪切能力提高。

我国在钻井液降滤失剂的使用方面已形成自己的特色。在分散型钻井液中，常用的是低黏 CMC；若降滤失量的同时还希望提高黏度，可选用中或高黏度的 CMC。聚合物钻井液中使用的降滤失剂均为由单体合成的聚合度相对较低的聚合物，目前其产品种类繁多，并已形成系列。如常用的聚丙烯腈盐类(有钠、钙及胺盐等)、聚丙烯酸盐类(有钠、钙及钾盐等)，还有近年来推广使用的阳离子和两性离子聚合物等。在深井和超深井下部井段，可选用抗温能力强的磺化褐煤(SMC)、磺化酚醛树脂(SMP-1)以及酚醛树脂和腐植酸缩合物(SPNH)。在饱和盐水钻井液中可选用 SMP-2。另外还经常使用沥青类产品来改善泥饼质量，降低泥饼的渗透性，增强泥饼的抗剪切强度和润滑性，在水基和油基钻井液中均可使用。

五、钻井液的 pH 值和碱度

1. 钻井液的 pH 值(pH Value)

通常用钻井液滤液的 pH 值表示钻井液的酸碱性。由于酸碱性的强弱直接与钻井液中黏土颗粒的分散程度有关，因此会在很大程度上影响钻井液的黏度、切力和其他性能参数。在实际应用中。大多数钻井液的 pH 值要求控制在 8~11 之间，即维持一个较弱的碱性环境。这主要是由于有以下几方面的原因：①可减轻对钻具的腐蚀；②可预防因氢脆而引起的钻具和套管的损坏；③可抑制钻井液中钙、镁盐的溶解；④有相当多的处理剂需在碱性介质中才能充分发挥其效能，如丹宁类、褐煤类和木质素磺酸盐类处理剂等。

通常使用 pH 试纸测量钻井液的 pH 值。如要求的精度较高时，可使用 pH 计。

2. 钻井液的碱度(Alkalinity)

由于使钻井液维持碱性的无机离子除了 OH^- 外，还可能有 HCO_3^- 和 CO_3^{2-} 等离子，而 pH 值并不能完全反映钻井液中这些离子的种类和质量浓度。因此在实际应用中，除使用 PH 值外，还常使用碱度(Alkalinity)来表示钻井液的酸碱性。引入碱度参数主要有两点好处：一是由碱度测定值可以较方便地确定钻井液滤液中 OH^-、HCO_3^- 和 CO_3^{2-} 三种离子的含量，从而可判断钻井液碱性的来源；二是可以确定钻井液体系中悬浮石灰的量(即储备碱度)。在实标应用中，也可用碱度代替 pH 值，表示钻井液的酸碱性。具体要求是：

① 一般钻井液的 P_f 最好保持在 1.3~1.5mL。

② 饱和盐水钻井液的 P_f 保持在 1mL 以上即可，而海水钻井液的 P_f 应控制在 1.3~1.5mL。

③ 深井抗高温钻井液应严格控制 CO_3^{2-} 的含量，一般应将 M_f/P_f 的值控制在 3 以内。

钻井液的碱度测定：

(1) 滤液碱度 P_f、M_f 的测定

取 1ml 或多些的滤液于滴定瓶中，加入 2 滴或更多的酚酞指示剂溶液，如果指示剂变成粉红色，则用刻度移液管逐滴加入 0.01mol/L 硫酸并不断搅拌，直至粉红色恰好消失为止。如果样品颜色较深干扰指示剂颜色变化，则可用 pH 计测定，pH 值降至 8.3 即为滴定终点。以单位体积(mL)滤液所消耗的 0.01mol/L 硫酸的体积数(mL)，记录滤液的酚酞碱度 P_f。测完 P_f 后的样品中加入 2~3 滴甲基橙指示剂溶液，用刻度移液管逐滴加入标准硫酸并不断搅拌，直至指示剂颜色从黄色变为粉色为止。也可用 pH 计测定，pH 值降至 4.3 即为滴定终点。以每单位体积(mL)滤液所消耗的 0.01moL 硫酸的体积数(mL)(包括到达 P_f 终点所消耗量)，记录滤液的甲基橙碱度场。

(2) 碱度测定的替代方法(按上述方法测定 P_f 碱度)

用移液管取 1mL 滤液于滴定瓶中，然后加入 25mL 去离子水。用移液管取 2mL 的 0.1mol/L 氢氧化钠溶液加入滴定瓶中并充分搅拌。用高范围 pH 试纸(或 pH 计)测定 pH 值，如果 pH 值等于或大于 11.4 则按下步骤进行测定。如果 pH 值小于 11.4，则再加入 2mL 的 0.1mol/L 氢氧化钠溶液，而后按下步骤进行测定(注：为避免较大误差，需要精确量取氢氧化钠溶液)。用小量筒量取 2mL 氯化钡溶液，加入到滴定瓶中。边搅拌加入 24 滴酚酞指示剂溶液。立即用标准的 0.02mol/L 盐酸溶液滴定混合液至粉红色滴一次消失(或 pH 计使 pH 值降至 8.3)。短时间后颜色可能重新出现，但不要重新滴定。以达到酚酞终点所消耗的 0.02mol/L 盐酸的体积数(mL)，记录滤液的替代碱度 P_1。取完全相同量的水和实际参比样品，不加滤液，而后按上述测定 P_1 的步骤，测定空白碱度 P_2。以实际混合液达到酚酞终点所消耗的 0.02mol/L 盐酸的体积数(mL)，记录滤液的替代碱度 P_2。

六、钻井液固相含量

钻井液固相含量(Solid Content of Drilling Fluids)通常用钻井液中全部固相的体积占钻井液总体积的百分数来表示。固相含量的高低以及这些固相颗粒的类型、尺寸和性质均对钻井时的井下安全、钻井速度及油气层损害程度等有直接的影响。因此，在钻井过程中必须对其进行有效的控制。

1. 钻井液中固相的类型

一般情况下，钻井液中存在着各种不同组分、不同性质和不同颗粒尺寸的固相。根据其性质的不同，可将钻井液中的固相分为两种类型，即活性固相(ActiveSolids)和惰性固相(Interi Solids)。凡是容易发生水化作用或易与液相中某些组分发生反应的称为活性固相，反之则称为惰性固相。前者主要指膨润土，后者包括石英、长石、重晶石以及造浆率极低的黏土等。除重晶石外，其余的惰性固相均被认为是有害固相，是需要尽可能加以清除的物质。

2. 钻井液固相含量与井下安全的关系

在钻井过程中，由于被破碎岩屑的不断积累，特别是其中的泥页岩等易水化分散岩屑的大量存在，在固控条件不具备的情况下，钻井液的固相含量会越来越高。过高的固相含量往往对井下安全造成很大的危害，其表现主要有以下几个方面：

① 使钻井液流变性能不稳定，黏度、切力偏高，流动性和携岩效果变差。

② 使井壁上形成厚的泥饼，而且质地松散，摩擦系数大，从而导致起下钻遇阻，容易造成粘附卡钻。

③ 泥饼质量不好会使钻井液滤失量增大，常造成井壁泥页岩水化膨胀、井径缩小、井壁剥落或坍塌。

④ 钻井液易发生钙侵和黏土侵，抗温性能变差，维护其性能的难度明显增大。

此外，在钻遇油气层时，由于钻井液固相含量高、滤失量大，还将导致钻井液侵入油气层的深度增加，降低近井壁地带油气层的渗透率，使油气层损害程度增大，产能下降。

3. 钻井液固相含量对钻速的影响

大量钻井实践表明，钻井液中固相含量增加是引起钻速下降的一个重要原因。此外，钻井液对钻速的影响还与固相的类型、固相颗粒尺寸和钻井液类型等因素有关。

关于固相类型对钻速的影响，一般认为，重晶石、砂粒等惰性固相对钻速的影响较小，钻屑、低造浆率劣土的影响居中，高造浆率膨润土对钻速的影响最大。

4. 钻井液固相含量的测定

钻井液固相含量通常是用一种专门设计的固相测定仪进行测定的。测定时，样品杯内部和螺丝扣处用高温硅酮润湿剂涂敷一层，以便容易消洗和减少样品蒸馏时的蒸气损失。用已除泡的钻井液倒满样品杯(为了除泡，加入2~3滴消泡剂至欲测钻井液中并缓慢搅拌)。再加上一滴消泡剂并把盖子盖在样品杯上，转动盖子直至完全封住为止，注意不要堵住盖子的上孔，安装好蒸馏器。把洁净、干燥的量筒放在茶馆器冷凝排出口下，加入二滴润湿剂以便油水分离。接通电源，开始加热蒸馏，直至量筒内的液面不再增加后继续加热10min，记录收集到的油水体积(毫升)。根据收集到的油、水体积和所用钻井液体积，计算出钻井液中油和水体积百分数的公式为：

$$V_w = \frac{100(\text{水的体积},\mathrm{cm}^3)}{\text{样品体积},\mathrm{cm}^3} \tag{5-12}$$

$$V_w = \frac{100(\text{油的体积},\mathrm{cm}^3)}{\text{样品体积},\mathrm{cm}^3} \tag{5-13}$$

$$V_s = 100 - (V_w + V_0) \tag{5-14}$$

式中 V_w——水的体积百分数；

V_0——油的体积百分数；

V_s——固相体积百分数。

为了得到悬浮固相的体积分数以及在这些悬浮固相内加重材料和低密度固相的相对体积，还需进行一些附加计算。

悬浮固相的体积百分数计算：

$$V_{ss} = V_s - V_w \frac{C_s}{1680000 - 1.21C_s} \quad (5-15)$$

式中 V_{ss}——悬浮固相的体积百分数；

C_s——氯离子浓度，mL/L；

低固相体积百分数的计算：

$$V_{Lg} = \frac{1}{D_b - D_{Lg}} \cdot 100D_f + (D_b - D_f)V_{ss} - 100(D_f - D_o)V_0 \quad (5-16)$$

式中 V_{Lg}——低密度固相体积百分数；

D——钻井液密度，g/cm^3；

D_f——滤液密度，g/cm^3（对氯化钠溶液，$D_f = 1 + 0.0000109C_s$）；

D_b——加重材料的密度，g/cm^3：（重晶石：4.2；碳酸钙：2.65）；

D_{Lg}——低密度固相的密度，g/cm^3（如果是未知的，可采用2.6）；

D_o——油的密度，g/cm^3（如果是未知的，可采用0.84）。

加重材料体积计算：

$$V_b = V_{ss} - V_{Lg} \quad (5-17)$$

低密度固相，加重材料及悬浮固相浓度的计算：

$$V_{Lg} = 0.00977D_{Lg}V_{Lg} \quad (5-18)$$

$$V_b = 0.00977D_bV_b \quad (5-19)$$

$$C_{ss} = C_{Lg} + C_b \quad (5-20)$$

式中 C_{Lg}——低密度固相的浓度，g/cm^3；

C_b——加重材料的浓度，g/cm^3；

C_{ss}——悬浮固相的浓度，g/cm^3。

七、钻井液含砂量（Sand Content of Drilling Fluids）

钻井液含砂量是指钻井液中不能通过200目筛网，即粒径大于0.076mm的砂粒占钻井液总体积的百分数。在现场应用中，该数值越小越好，一般要求控制在0.5%以下。这是由于含砂量过大会对钻井过程造成以下危害：

① 使钻井液密度增大，对提高钻速不利。

② 使形成的泥饼松软，导致滤失量增大，不利于井壁稳定，并影响固井质量。

③ 泥饼中粗砂粒含量过高会使泥饼的摩擦系数增大，容易造成压差卡钻。

④ 增加对钻头和钻具的磨损，缩短其使用寿命。

钻井液含砂量通常是用一种专门设计的含砂量测定仪进行测定的。测定时，将待测钻井液注入含砂量管中至“钻井液”刻度线处（25mL），再注入水至“水”刻度线处，用手指堵住含砂量管口，剧烈摇动。将混合物倾入洁净、润湿的筛网上，使水和小于200目的固相通过筛网而排除掉，必要时用清水振击筛网，用清水洗筛网上的砂子，直到水变清亮。将小漏斗套在有砂子的一端筛网上，并把漏斗排出口插入含砂量管口内，缓慢倒置。用水把砂子全部冲入含砂管内，静置使砂子下沉。读出并记录含砂量（%）。注明取样位置。如果砂子外的粗固相(如堵漏材料)残留在筛网而进入含砂量管时，应在报告中注明。

八、钻井液中膨润土的含量

膨润土作为钻井液配浆材料，在提黏切、降滤失等方面起着重要作用，但其用量又不宜过大。因此，在钻井液中必须保持适宜的膨润土含量(Bentonite Content of Drilling Fluids)。其测定方法是，首先使用亚甲基蓝(Methylene Blue)法测出钻井液的阳离子交换容量(Cation Exchange Capacity)，再通过计算确定钻井液中膨润土的含量。亚甲基蓝是一种常见染料，在水溶液中电离出有机阳离子和氯离子，其中的有机阳离子很容易与膨润土发生离子交换。其分子式为 $C_{16}H_{18}N_3SCl \cdot 3H_2O$。试验程序：

① 把 2mL(或相当于消耗 2 ~10mL 亚甲基蓝溶液的量)的钻井液加到盛有 10mL 水的锥形瓶中。

② 加入 15mL 3% 的过氧化氢和 0.5mL 稀硫酸，慢煮沸 10min，但不能蒸干，用水稀释至 5mL。

③ 每次以 0.5mL 的量把亚甲基蓝溶液加到锥形瓶中并旋摇 30s，在黏土颗粒仍在悬浮的条件下，用搅拌棒取一滴液体滴在滤纸上，当染料在颗粒周围现出蓝色环时，即已达到滴定终点，见图 5 - 4。

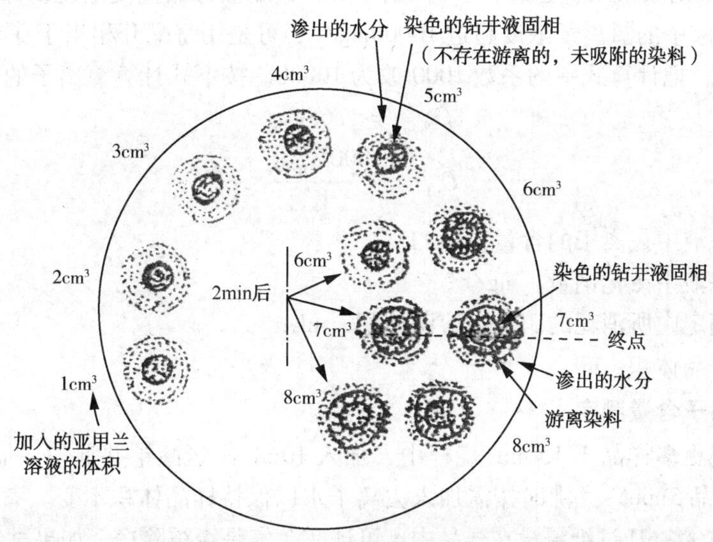

图 5 - 4 亚甲基蓝测定法

④ 在旋摇锥形瓶 2min，再取一滴滴在滤纸上，如果蓝色色环仍然是明显的，则确实达到终点。如果色含不再出现，则继续③的试验，直至摇 2min 后取一滴滴在滤纸上而出蓝色环为止。钻井液中膨润土含量计算：

(1) 吸蓝量计算公式

$$MBC = \frac{\text{滴定所用亚甲基蓝溶液体积(mL)}}{\text{钻井液体积(mL)}}$$

(2) 钻井液中膨润土含量的计算

$$\text{钻井液中膨润土含量(g/L)} = \frac{1000}{70}MBC = 14.3MBC$$

九、钻井液滤液

在钻遇岩盐层或盐水层过程中，NaCl 等无机盐进入钻井液后会在不同程度上对钻井液造成污染，破坏其性能。因此，需要用硝酸银滴定法对钻井液滤液(Drilling Fluids FIiltrate)中的 Cl^- 质量浓度进行检测。

Ca^{2+} 和 Mg^{2+} 均为二价阳离子。与一价的 Na^+ 相比，在相同浓度下它们对钻井液的稳定性和性能会造成更大的影响。除钙处理钻井液外，它们在其他类型钻井液中都是应尽可能清除的污染物。

1. 氯离子含量测定

① 取 1mL 或数 mL 的滤液于滴定瓶中，加入 2 ~ 3 滴的酚酞指示剂溶液，如果指示剂变成粉红色，则边搅拌边用移液管逐滴加入，直至粉红色恰好消失为止。如果样品颜色较深，则先加入 2mL 0. 01moL/L 硫酸或 0. 02moL/L 硝酸标准溶液并不断搅拌，而后加入 1g 碳酸钙并搅拌。

② 加入 25 ~ 50mL 的蒸馏水和 5 ~ 10 滴络酸钾溶液。在不断搅拌下，用移液管逐滴加入硝酸银标准溶液，直至颜色变为橙红色并能保持 30s 为止，记录到达终点所消耗的硝酸银溶液的 mL 数。如果硝酸银用量超过 10mL，则取少一些滤液样品重复上述步骤。

注：如果滤液中的氯离子浓度超过 10000mg/L，可是用每毫升相当于 0. 01g 氯离子的硝酸银溶液，此时，把计算式中的系数 1000 改为 10000。按下式计算氯离子的含量：

$$C_{NaCl} = 1.65C_{Cl} \tag{5-21}$$

$$C_{Cl} = \frac{1000V_{AgNO_3}}{V} \tag{5-22}$$

式中 C_{Cl}——滤液中氯离子的含量，mg/L；

C_{NaCl}——滤液中氯化钠量，mg/L；

V_{AgNO_3}——滴定中所消耗的硝酸银溶液体积，mL；

V——样品体积，mL。

2. 钙、镁离子含量测定

取 1. 0mL 或更多样品于 150mL 烧杯中，加入 10mL 次氯酸钠并混匀，加入 1mL 冰乙酸并混匀。煮沸样品 5min。煮沸时按需加入去离子水以保持样品体积不变。煮沸的目的是为了除去过量的氯气。将 pH 试纸浸没在样品中，可证实氯气是否被除净。如果试纸被漂白，则需要继续煮沸。冷却样品并用去离子水冲洗烧杯内壁。用取离子水稀释样品至 50mL，加入约 2mL 硬度缓冲溶液并混合均匀。(注意：可溶性铁的存在可能干扰终点的确定，如果怀疑有铁离子存在，则用掩蔽剂(体积比为 1∶1∶2 的三乙醇胺、四乙烯基戊胺和水的混合液)每次滴定加入 1. 0mL 即可)。加入足够的硬度指示剂(2 ~ 6 滴)并混匀，如果钙或镁离子存在，将出现酒红色。边摇动边用 EDTA 溶液滴定至终点。钙指示即将由红色变成蓝色。继续加入 EDTA 溶液时不再有红色到蓝色的颜色变化，即为最恰当的终点。所消耗的 EDTA 体积将用下式计算。

钙离子的总硬度：

$$H_t = \frac{400V_E}{V} \tag{5-23}$$

式中 H_t——以 Ca^{2+} 计的总硬度，mg/L；

V_E——滴定中所消耗的 EDTA。

第四节 油气层保护

油气层损害的主要表现形式为油气层渗透率的降低，包括油藏岩石绝对渗透率和油气相对渗透率的降低。渗透率降低越多，油气层损害越严重。一方面，油气层损害是不可避免的。在钻井、完井、修井、实施增产措施和油气开采等各个作业环节中，均可能由于工作流体与储层之间物理的、化学的或生物的相互作用而破坏储层原有的平衡状态，从而增大油气流动的阻力。但另一方面，油气层损害又是可以控制的。通过实施保护油气层、防止污染的技术和措施，完全可能将油气层损害降至最低限度。

一、保护油气层的重要性

钻井的目的就是勘探和开发油气田，因此在钻井过程中油气层保护的好坏直接关系到能否及时发现油气层和对储量的正确估算，有利于油气井产量和油气田开发经济效益的提高，有利于油气井的增产稳产。油气层损害的类型及产生原因见表5－8。

表5－8 井下作业过程中油气层损害程度的相对大小

油气层损害原因	建井阶段				油藏开采阶段		
	钻井与固井	完井	修井	增产措施	中途测试	开采	注液开采
钻井液固相颗粒堵塞	* * * *	* *	* * *		*		
微粒运移	* * *	* * * *	* * *	* * * *	* * * *	* * *	* * * *
黏土水化膨胀	* * * *	* *	* * *				* *
乳化堵塞/水锁	* * *	* * * *	* *	* * * *	*	* * * *	* * * *
润湿反转	* *	* * *	* * *	* * * *			* * * *
相对渗透率下降	* * *	* * *	* * * *	* * *		* *	
有机垢	*	*	* * *	* * * *		* * * *	
无机垢	* *	* * *	* * * *	*		* * * *	* * *
外来颗粒堵塞		* * * *	* * *	* * *			* * * *
次生矿物沉淀				* * * *			* * *
细菌堵塞	* *	* *	* *			* *	* * * *
出砂		* * *	*	* * * *		* * *	* *

注："*"越多表示损害越严重。

由表5－8中可以看出，微粒运移引起的损害是最普遍的，其次是乳状液堵塞和水锁，再次是润湿反转和结垢等引起的损害。在钻井和固井作业中，损害最严重的是钻井液固相颗粒堵塞和黏土的水化膨胀。

二、油气层损害的因素

1. 油气层的潜在损害因素

① 油气层的孔隙度和渗透率。对于渗透率较高的油气层，可推断其孔隙尺寸较大且连通性较好，胶结物含量较低，这种情况下受固相侵入而造成的损害较大；而对于低渗透率的油气层，由于其孔隙尺寸小且连通性差，胶结物含量高，因此固相造成的损害不是主要的，

而容易发生诸如黏土水化膨胀、微粒运移和水锁等损害。

② 油气层的敏感性矿物。敏感性矿物是指油气层中容易与外来流体发生物理和化学作用并导致油气层渗透率下降的矿物。敏感性矿物的类型基本上决定了油气层损害的类型。按照矿物引起敏感的因素不同，可将敏感性矿物分为速敏、水敏、盐敏、酸敏和碱敏等，分类情况及主要的损害形式见表5－9。这些敏感性矿物含量越高，对油气层损害程度越大。当其他条件相同时，油气层渗透率越低，敏感性矿物造成损害的程度会越大。

表5－9　油气层中常见的敏感性矿物及其损害形式

敏感性类型		敏感性矿物	主要损害形式
速敏性		高岭石、毛发状伊利石、微晶石英、微晶长石、微晶白云母等	分散运移、微粒运移
水敏性和盐敏性		蒙脱石、绿蒙混层、伊蒙混层、降解伊利石、降解绿泥石等	晶格膨胀、分散运移
酸敏性	盐酸酸敏	绿泥石、绿蒙混层、铁方解石、铁白云石、赤铁矿、黄铁矿等	$Fe(OH)_3$ 沉淀、非晶质 SiO_2 沉淀、微粒运移
	氢氟酸酸敏	方解石、白云石、浮石、钙长石、各种黏土矿物等	CaF_2 沉淀、非晶质 SiO_2 沉淀
碱敏性（$pH>12$）		钾长石、钠长石、斜长石、微晶石英、蛋白石、各种黏土矿物等	硅酸盐沉淀、形成硅凝胶

③ 油藏岩石的润湿性。润湿性是油藏岩石最重要的表面特性，它一般分为亲水性和亲油性及中性等三种润湿情况。其中前两个作用可造成油气的有效渗透率降低和注水过程中水驱油效率降低等损害，而后一作用对微粒运移有较大影响。

④ 油气层流体性质。除油气层岩石外，油气层流体也是引起损害的潜在因素。因此在进行钻井液等工作流体设计时，必须全面了解地层水、原油和天然气的性质。

以上介绍的潜在损害因素是油气层固有的特性，若没有外因作用来诱发它们，则不会造成油气层损害。

2. 固体颗粒堵塞造成的损害

当井眼中钻井液的液柱压力大于油气层孔隙压力时，钻井液中的固体颗粒就会进入油气层，其结果会堵塞油气层而引起损害。特别在泥饼形成之前，固体颗粒侵入的可能性更大。

由于在油气层中含有许多粒度极小的黏土和其他矿物的微粒。在未受到外力作用时，这些微粒附着在岩石表面被相对固定。但在一定外力作用下，它们可脱离岩石表面而随孔隙中的流体一起运动，当运动到小孔隙时滞留并堵塞孔隙，以致破坏了油气通道。

3. 钻井液与油气层岩石不配伍造成的损害

① 水敏性损害。当进入油气层的钻井液滤液与油气层中的水敏性矿物不相配伍时，将使这类矿物发生水化膨胀和分散，从而导致油气层的渗透率降低。

② 碱敏性损害。当高pH值的钻井液侵入油气层后，与油气层中的碱敏性矿物发生相互作用造成油气层渗透率下降的现象称为碱敏性损害。

③ 酸敏性损害。由于酸化作业时所使用的酸化液与油气层岩石不配伍而导致油气层渗透率下降的现象称为酸敏性损害。

④ 油气层岩石润湿反转造成的损害。在外来流体中某些表面活性剂或原油中沥青质等

极性物质的作用下，岩石表面会发生从亲水变为亲油的润湿反转。

4. 钻井液与油气层中流体不配伍造成的损害

① 无机垢堵塞。如果钻井液与油气层流体各含有不相配伍的离子时，便会在一定条件下形成无机垢，堵塞油气层孔隙。常见的无机垢类型有 $CaCO_3$、$CaSO_4 \cdot 2H_2O$、FeS 等。在钻井、完井、修井和油气开采等各作业环节中，都可能遇到无机垢堵塞问题。

② 有机垢堵塞。当钻井液性质与油气层的原油不配伍时，可导致形成有机垢而堵塞油气孔隙。有机垢一般以石蜡为主要成分，同时还有含量不等的沥青质、胶质、树脂及泥砂等。

③ 乳化堵塞。若使用含有表面活性剂的钻井液，表面活性剂会在油气层界面产生吸附而使其界面性质发生改变，从而增加油气流动阻力。

④ 细菌堵塞。在各作业环节或油气开采过程中，地层中原有的细菌或随外来流体一起侵入的细菌在遇到适宜的生长环境时，便会迅速繁殖，所产生的菌落和黏液可堵塞油气孔道而对油气层造成损害。常见的细菌类型有硫酸盐还原菌、腐生菌和铁细菌等。

5. 油气层岩石毛细管阻力造成的损害

当油和水两相在岩石孔隙中渗流时，水滴在流经孔隙窄小处遇阻，从而导致油相渗透率降低，这种损害形式称为水锁效应。对于低渗透和特低渗透油气层，水锁效应往往损害很大。水锁效应通常是由于钻井液等外来流体的滤液侵入而引起的，因此，应尽量控制钻井液滤失量是防止水锁效应损害的有效措施。

三、保护油气层的钻井液类型及其应用

钻开油气层的完井液实际上就是钻开油气层的钻井液，它必须具有保护油气层，保证井下安全和钻井工作顺利进行的功能。因此，完井液实际上是钻井液技术与油气层保护技术的综合应用技术。

因此，在钻井过程中，必须根据油藏特性及潜在问题，在充分认识所钻油气层在钻井过程中伤害机理的基础上，准确分析伤害的原因，然后有针对性地采取钻井作业措施，方能做到保护油气层的效果，以保证油气层的及时发现和使油气层保持原有产能，从而使保护油气层系统工程的第一个环节达到预期效果。

1. 水基钻井完井液

水基钻井完井液是目前国内外油田使用最普遍的一类钻井完井液，这类钻井完井液现已形成无固相清洁盐水完井液、无膨润土相聚合物钻井完井液、低膨润土相聚合物钻井完井液、改性钻井完井液、阳离子聚合物钻井完井液、屏蔽暂堵型钻井完井液、两性离子聚合物钻井完井液、正电胶/阳离子聚合物钻井完井液和水包油型钻井完井液等比较成熟的类型。

2. 改性钻井液完井液

改性钻井完井液是将打开油气层前使用的常规钻井液经过改性处理，使其成为具有一定保护油气层效果的钻井完井液。技术要点是：①降低钻井液中黏土和无用固相的含量，尽量调节固相颗粒的级配，使其与油气层孔喉匹配。选用合适的暂堵剂类型和加量，无酸敏的地层可选用酸溶性暂堵剂，有酸敏的地层可选用油溶性暂堵剂，特殊情况可选用水溶性暂堵剂。加量以形成有效的暂堵泥饼为宜。②增加钻井液滤液防止水化膨胀损害的抑制性，对低渗特低渗储层还应加入适当的表面活性剂，降低钻井液的界面张力，从而减轻水敏和水锁损

害。降低钻井液的失水量，改善流变性和泥饼质量，调节 pH 值在 75 ~ 8. 5 之间，以减少滤液侵入量和防止碱敏损害。通过调节钻井液配方，使钻井液对钻屑的回收率大于90%，对岩心的渗透率恢复值大于70%。

3. 低膨润土聚合物钻井完井液

膨润土对油气层具有一定的堵塞损害，但使用膨润土来调节钻井液的流变性和降低失水量，可以减少其他钻井液添加剂的用量，而降低钻井液的成本，同时，膨润土的加入对形成致密的泥饼，减少钻井液滤液对储层的损害深度也具有帮助作用。该钻井液的特点就是把其中的膨润土含量降低到一个适当范围，使膨润土对储层损害的影响尽量减小，而又不严重影响钻井液的成本和性能。这种钻井液中的膨润土含量一般为2% ~3%，通过加入抑制黏土膨胀的处理剂和其他添加剂达到保护油气层的作用。与改性钻井液相比，这种钻井液的优点是与油气层的配伍性更好、固相含量较低、抑制水化膨胀的能力强、保护油气层的效果更好、应用较广泛。缺点是成本较高，要求用套管将储层上部地层封隔才能取得好的效果。

4. 无膨润土聚合物暂堵型钻井完井液

无膨润土聚合物钻井完井液中不含膨润土。这类钻井完井液主要由水相(一般为盐溶液)、低损害聚合物和暂堵剂固相颗粒组成，其密度采用加入不同种类的可溶性盐类和通过改变盐类的加量来进行调节，这种盐溶液也可以起到防止水敏损害的作用。加入低损害聚合物的目的是控制和调节钻井液的流变性，以及与暂堵剂配合形成好的滤饼，以降低钻井液的滤失量。加入暂堵剂颗粒的目的是让其与加入的聚合物配合在井壁周围形成比较好的暂堵性滤饼，以阻止钻屑和钻井液滤液进入储层深部引起损害。暂堵剂颗粒的粒径一般要求要有适当的分布，最好要与油气层孔喉大小分布匹配，暂堵剂的加量以可以快速形成暂堵性滤饼为宜，且要求暂堵剂形成的滤饼可以通过适当的方式(如酸溶、水溶、油溶或压力反派等)加以解除。按使用的暂堵剂不同，这类钻井液又分为以下四种。

(1) 酸溶性暂堵型无膨润土钻井完井液

这种钻井完井液使用的暂堵剂是酸溶性暂堵剂。常用的酸溶性暂堵剂有细目或超细目的碳酸钙、碳酸铁、氧化铁等的粉末。这种暂堵剂形成的内、外滤饼在投产前可以用酸溶的方法解除。

(2) 油溶性暂堵型无膨润土钻井完井液

这种钻井完井液使用的暂堵剂是油溶性暂堵剂。常用的油溶性暂堵剂是油溶性树脂粉末，其在油中的溶解率大于85%。这种暂堵剂形成的内、外滤饼在投产前可以通过储层产出的原油流动加以溶解除出，也可以通过注入柴油或亲油的表面活性剂加以溶解而解堵。这类钻井完井液体系特别适用于有酸敏性的稀油油藏和凝析油藏，一般不用于气藏，若用于气藏，则需要增加油溶解堵工序或使用油基射孔液。

(3) 水溶性暂堵型无膨润土钻井完井液

该种钻井完井液使用的暂堵剂是水溶性暂堵剂。常用的水溶性暂堵剂是细目或超细目的氯化钠和硼酸盐的粉末。这种暂堵剂在井壁形成的内、外滤饼在投产前可以用低矿化度的水溶解除出。这类钻井完井液体系仅适用于加有盐溶解抑制剂和缓蚀剂的盐水体系。

(4) 油、水都不溶性暂堵型无膨润土钻井完井液

该种钻井完井液使用的暂堵剂是油、水都不溶的单向压力暂堵剂。常用的不溶性暂堵剂有改性纤维素和各种粉碎为极细的改性果壳及木屑等的粉末。这种暂堵剂在压差作用下进入油气层，以其与油气层孔喉直径相匹配的颗粒暂时堵塞孔喉。当油气井投产时，在反排压差

作用下，将单向压力暂堵剂从孔喉中反排出来，而实现解堵，从而达到保护油气层的目的。

这类暂堵型钻井液一般用于渗透率很高的孔隙油气藏和裂缝性油气藏，且要保证暂堵得较好，还常与磺化沥青、油溶性树脂等一起使用。

5. 屏蔽暂堵钻井完井液

屏蔽暂堵钻井完井液实际上是在暂堵型钻井液和改性钻井液基础之上，发展起来的新型保护油气层的钻井完井液技术，其核心是通过向钻井液中加入粒径与油气层孔喉大小和分布相匹配的刚性及可变形固相粒子，对普通钻井液进行改性，使改性钻井液中的固相粒子可以很快地在一定正压差作用下，在井壁附近形成可被射孔弹穿透的、非常致密的泥饼，从而阻止钻井液中的固相和滤液继续侵入储层深部造成损害。这种致密泥饼可以在投产前通过射孔解除，从而使这种改性的钻井液具有保护油气层的效果。

该项技术将钻井中钻井液固相含量高和钻井液液柱压力大于储层孔隙压力对油气层损害严重的不利因素，转化成了使钻井液形成致密泥饼，达到保护油气层目的所必须的条件。

实施屏蔽暂堵钻井液完井液方案的技术要点是：收集或测定或估算待钻储层的孔喉大小及其分布资料：钻开油气层前，向钻井液中加入2% ~3%的粒径大小为储层孔喉直径1/2 ~2/3的刚性架桥粒子(超细碳酸钙、单向压力封闭剂等)，1.5% ~2%粒径为孔侯直径1/4的填充粒子，1% ~2%的可变形粒子(如油溶性树脂、磺化沥青、氧化沥青、石蜡等)对钻井液进行改性。调节钻井液的密度，使钻井液的液柱压力与储层孔隙压力之差为3MPa左右后，再钻开油气层，以利于形成有效的屏蔽暂堵泥饼。投产前采用可以穿透屏蔽带的射孔弹打开油气层，解除屏蔽暂堵泥饼的堵塞。该项技术的优点是成本低、适用多压力层系储层、工艺比较简单、具有一定保护储层的效果。缺点是地下孔喉资料很难取得和多层系储层有时孔喉相差较大，给暂堵剂粒径的选择带来不准确性，以及该项技术目前还不适用于裂缝性油气层和要进行中途测试的探井。该项技术特别适用于多压力层系储层的长裸眼井段钻井，以及采用射孔完成的孔隙型油气藏。由于屏蔽暂堵型钻井完井液就是在普通的水基聚合物钻井液中加入屏蔽暂堵剂改性而成，所以其配方就是在无固相清洁盐水和水包油钻井液以外的水基钻井液中加入屏蔽暂堵剂即可。加入屏蔽暂堵剂后，钻井液的黏度有所提高，但影响不严重；滤失量一般降低，有利于保护油气层。

6. 无固相清洁盐水钻井完井液

无固相清洁盐水钻井完井液是指体系中不含黏土矿物和其他粒径大于2μm的固相颗粒的盐水钻井完井液。这种钻井完井液主要由水、可溶性盐类、低损害聚合物和缓蚀剂组成。其中的可溶性盐类用于调节密度和防止储层水敏损害，选择不同种类的盐类和改变其加量，可将钻井液的密度在1.0 ~2.4g/cm^{3}范围内进行调节。聚合物用于调节钻井液的流变性和控制失水量，缓蚀剂用于减轻盐水对钻具的腐蚀。这种钻井完井液的优点是不含黏土和粒径大于2μm的固相，基本可以消除固相对油气层的损害，滤液为一定浓度的盐溶液，对黏土矿物的水化膨胀具有一定的抑制作用，可以基本消除水敏损害，保护油气层的效果好。

第五节 复杂情况下钻井液处理技术

钻井过程中必须将主要的钻井液性能维持在规定的数值范围内，如密度、黏度、流变性、抗温性和造壁性等。但许多因素会影响钻井液的性能。高温、高压、污染物(凡是会进入钻井液并使它的性能变坏的物质)都是影响性能的客观因素。

一、黏土污染与处理

在容易造浆地层快速钻进时，由于钻井液抑制能力差、固控设备使用效果低、处理不及时，导致钻井液中黏土含量超过容量限，引起钻井液性能恶化。钻井液发生黏土污染时，表现为密度增加；黏度、切力急剧上升甚至失去流动性，严重时引起缩径，起钻拔活塞，MBT值很高。

因此，首先应该要预防黏土污染情况的发生。参考地质和工程设计的相关数据，充分了解所钻地层的岩性特点和钻井施工工艺，搞好钻井液设计，选用质量优良性能好的高中低分子聚合物处理剂，胶液配制比例合适，使钻井液体系的包被抑制性非常强；其次要使用好固控设备，振动筛筛布要尽可能细，以80～100目为好；除砂器、除泥器、离心机要全负荷运转，并且要观察工作压力是否正常，定时测量进出口密度，保证清除固相效果良好；第三要及时处理维护。

如果一旦发生黏土污染，可采取以下措施进行处理：首先要分析产生黏土污染的原因，有的放矢地进行处理。处理剂质量差，则更换处理剂；固控设备运转效果差，则需要停钻修理，必要时可以更换设备。其次如果条件允许，可以放掉部分井浆，补充一定量新浆；如果条件不允许，则可以采取在地面循环罐集中处理，逐步顶替置换的方式进行处理。最后如果确实需要使用稀释剂处理，稀释剂品种选用要慎重，所用的稀释剂应该是非分散型的。

二、盐水浸污染与处理

地层中存在高压盐水层。当钻遇到高压盐水层时，由于钻井液液柱压力小于盐水层压力，或者在钻进时处于平衡，而起钻时由于抽吸的作用，使钻井液液柱压力减小导致欠平衡，盐水侵入钻井液中。就会产生盐水污染钻井液的情况，当盐水污染钻井液时，钻井液黏度、切力突然增大，流动性变差；大量地侵入时，钻井液密度下降、黏度下降，钻井液体积显著增加，液面上涨。滤液中Ca^{2+}、Mg^{2+}、Cl^-、SO_4^{2-}等离子含量增加，钻井液表面有泡沫；失水量增大，滤饼增厚；pH值降低；当钻井液柱严重小于盐水层压力，井口会出现外溢，甚至发生井涌。

对于盐水污染钻井液预防是最好的处理。在钻开盐水层前，应根据盐水层的压力调整钻井液密度，使钻井液液柱压力大于盐水层流体压力3.0～4.0MPa，同时要注意观察钻井液性能变化，加强性能测试，尤其是Cl^-含量的测量。在确保压住盐水层的情况下钻进。一旦发生盐水侵可采用如下方法处理：首要对钻井液滤液进行分析，确定盐水的性质，选择正确的处理剂。钻井液变稠时，使用高碱比稀释剂处理，调整性能降低黏度、切力，便于加重以压住盐水层；同时还要补充抗盐抗钙降失水剂，提高钻井液的抗污染稳定性，改善滤饼质量，防止井下复杂化。钻井液变稀时，应立即加重，同时过量地补充抗盐抗钙降失水剂，提高钻井液的抗污染稳定性，提高黏度、降低失水（如加纯碱、CMC、膨润土浆、抗盐土或抗盐土浆等）以保护胶体；若盐水大量侵入对钻井液造成破坏，应考虑换钻井液。

三、盐污染与处理

所钻地层中存在盐层，而钻井液体系为淡水钻井液，抗盐污染能力差。就会发生盐污染，盐污染后钻井液的现象主要体现在：盐侵入不多时（小于1%），黏度、切力和失水量变化不；滤液中Ca^{2+}、Mg^{2+}、Cl^-、SO_4^{2-}等离子含量增加，钻井液表面有泡沫；含盐量大于

1%时，黏度、切力和失水量随含盐量增大而迅速上升，滤饼增厚；当含盐量达到某个数值时，黏度、切力达到最大值，钻井液显著增稠。当盐含量超过某个数值后，黏度、切力随含盐量增大而下降，失水量则继续增大。pH 值随含盐量增加逐渐降低，并且稳定性差，烧碱消耗量明显增加。

对于盐污染钻井液处理，如果所钻地层含盐段较长时，则应设计使用油基钻井液、油包水钻井液、饱和盐水或欠饱和盐水钻井液；如果所钻地层含盐段较短而又使用普通水基钻井液时，则应在钻入盐层前提前进行预处理，提高钻井液抗盐能力，使得钻井液在钻遇盐层时，性能不会发生大的变化。一旦发生盐侵，钻井液的黏度、切力和失水量增大时，首要对钻井液滤液进行分析，确定盐层的性质，选择正确的处理剂，降低黏切，与此同时，加入护胶剂和抗盐抗钙降失水剂，提高钻井液的抗污染稳定性，调整维护钻井液性能；必要时，可考虑转化钻井液体系。

四、钙污染与处理

在钻进石膏层和水泥塞时，Ca^{2+} 进入钻井液，含量超过一定数值时，钻井液性能遭到破坏，从而造成钙污染。钙污染后的现象为：钻井液中 Ca^{2+} 浓度显著增加；黏度和切力上升，流动性变差，有时还会产生泡沫；当 Ca^{2+} 超过某个数值后，黏度、切力随 Ca^{2+} 增大而突然下降；滤失量显著增大，滤饼变虚、变厚、变脆；钻石膏层时，pH 值降低；钻水泥塞时，pH 值升高。

对于钙污染钻井液处理：根据钻井实际情况，以一定比例的纯碱、烧碱、抗盐抗钙降滤失剂复配成胶液，进行处理，调整黏度、切力，特别注意慎用稀释剂。补充抗盐抗钙降滤失剂和防塌剂，复配成胶液，按循环周处理，控制滤失量，提高防塌能力。钙侵污染严重时，可按比例使用硫酸钠进行处理，以避免纯碱加量过大，造成 HCO_3^- 和 CO_3^{2-} 的污染。加入适量护胶剂，保持钻井液胶体稳定性。必要时，逐步转化为抗钙钻井液体系。避免水泥污染最简单的方法是用清水钻水泥塞或用钻井液钻水泥塞时，把污染的那段钻井液放掉。

五、油、气污染与处理

钻遇到含油、气层时，由于钻井液柱压力小于油、气层压力，油、气流体不断进入钻井液中。就会发生油、气污染钻井液。污染后的现象为：密度下降；黏度、切力上升；槽面上可观察到油花，钻井液中有气泡；当钻井液遭到严重油、气侵时，钻井液体积显著增加，液面上涨。井口会出现外溢，甚至发生井涌；有综合录井仪时，气测值明显上升。对于盐污染钻井液处理方法：①提高密度，平衡压力；②配制含稀释剂胶液，按循环周处理，降低黏度、切力，有利于排气；③侵入的油量少时，可提高 pH 值或加入适量乳化剂，将原油乳化；④加入消泡剂；使用除气器。

六、H_2S 污染与处理

钻遇含有 H_2S 的地层时，由于钻井液柱压力小于流体压力，H_2S 流体不断进入钻井液中，这是主要原因；即使压力平衡，含有 H_2S 的钻屑在上升过程中，由于液柱压力减小，H_2S 必然要得到释放，进入钻井液中。因此，只要地层含有 H_2S。钻井液必然会遭受 H_2S 污染，H_2S 气侵的现象：①有臭鸡蛋气味；②H_2S 气侵后，如果钻井液处于碱性状态，密度无大变化；若侵入过多，维护处理不及时，pH 值降到中性后，H_2S 气侵相当于普通气侵，密度下降；③黏度、切力升高，气泡多，流动性变差；④pH 值下降；⑤钻井液颜色变暗变黑。

H_2S 气侵的预防和处理：对于钻 H_2S 地层，当然应当以预防为主。对于生产井，地质和工程设计都可以预告，早作准备，不打无把握之仗。但对于探井很可能会打遭遇战，如果发生了 H_2S 侵问题，必须按以下原则处理：①保持 $pH > 10$；②配制高碱比的稀释剂，调整钻井液性能，降低黏度和切力；③在地层压力和破裂压力预测的基础上，选择合适的钻井液密度，压死 H_2S 地层；④加入碱式碳酸锌、海绵铁等处理剂；⑤放喷点火。

七、松软地层划眼的原因和预防

松软地层钻井，极易发生划眼现象，就目前常用钻井液类型而言，其预防措施：①不高不低。系指固相不能高了，返速不能低了。钻进中严格控制钻井液固相，具体地说应严格控制钻井液自然密度小于 1.15g/cm^3，相当于固相含量小于 10%。环空返速应大于 1.2m/s。当然低返速还是高返速应以地层而异，也应以钻井液类型而异。②不大不小。系指黏切不能大了，失水不能小了。黏切大，失水小，减弱了钻井液的对井壁的冲刷净壁能力。一般明化镇地层以漏斗黏度小于 35s，失水保持在 15mL 左右即可。③不长不短。系指松软地层裸眼段，机械清壁的间隔时间不能长了。若钻进时间长就应及时短起下，而短起下的距离不能短。短起下间隔时间一般不应超过 48h，又必须起过所钻地层。④不快不慢。不快系指为了控制井眼内的钻屑总量，机械钻速不宜过快；不慢系指为减少局部井径扩大，应避免慢慢腾腾定点循环。

八、PDC 钻头发生泥包的原因及预防措施

众所周知，PDC 钻头泥包后会给钻井工作带来严重危害。主要表现在：①严重影响钻井速度。PDC 钻头一旦泥包，被迫起钻，耽误钻进，尤其在深井钻井中，4000～5000m 井深，起下一趟钻，需要 16～20h，经济损失大。更为严重的是，多起下一趟钻，无疑会增加发生井下复杂的几率，存在潜在危害。②PDC 钻头和/或扶正器泥包后，将会造成更为严重的起钻挂卡遇阻程度，甚至造成卡钻事故。③PDC 钻头和/或扶正器泥包后，下钻容易造成漏失；开泵困难，容易憋泵；起钻拔活塞，抽吸压力大，容易造成井塌；有时还会诱使地层流体侵入井眼，造成井涌或井喷事故。

PDC 钻头泥包的原因分析：①地层原因。在地层中存在易吸水膨胀、塑性强的泥岩、膏泥岩。这种岩性，井径不易扩大，膨胀后导致井眼缩径(资料介绍，硬石膏吸水后体积膨胀 30%)，但其强度却不是很高，软而且黏性很大，所以在下钻时，下到此井段遇阻现象不是很明显，但软泥却很容易堵塞水眼，填充流道，继续下钻过程中，越挤越死；短起钻时，则极易出现阻卡现象，包扶正器，包钻头。②井眼轨迹不好，井眼不直。在现在常规钻井条件下，无法保证井眼绝对的直，总是存在一定的井斜。因此，下钻过程中，钻具在重力作用下，不会居中下行，总是顺井眼轨迹贴井壁下行，钻头就会不断地刮地层，刮泥饼，遇到缩径段，情况变的更为严重。③钻井液性能差。如果钻井液使用的聚合物质量差，包被絮凝效果不好，导致钻井液固相含量高，钻屑尤其是黏土颗粒细分散，黏度切力大；固控设备特别是离心机使用不足，细颗粒含量比例大，导致钻井液性能差；润滑剂、清洁剂加量不足或根本就没加，钻井液本身及泥饼润滑性差，黏滞系数和摩擦系数大，则很容易产生泥包。④钻井液处理剂复配不当。正常钻进中钻井液的维护，在提高钻井液稳定性和防塌能力的同时，不合理多品种和过量使用降失水剂和防塌剂，会造成固相和钻井液处理剂之间的胶联，而产

生泥包。⑤钻速快，而钻井液携带能力差，或者是泵排量不足，返速低。钻进中环空钻井液中的钻屑浓度升高分散严重，固相含量急剧上升，虽然此时钻井液的性能参数和润滑性较好，但形成的泥饼表面粗糙质量较差。造成钻头处钻屑堆集，在钻头高速旋转和井底高温双重作用下，也可能会在钻进过程中产生泥包。⑥钻头本身结构原因。因为 PDC 钻头自身清洁能力差，流道相对深，钻屑或软泥岩很容易塞进流道。⑦井径小，新的 PDC 钻头下井前躺钻，因钻头的磨损严重，导致井径缩小。新的 PDC 钻头下钻过程中，中途就发生泥包。

防止 PDC 钻头泥包的措施：在可钻性好、胶结性差、渗透性强、弱膨胀、强分散类型地层钻井，容易产生阻卡。在红泥岩、灰绿色泥岩、膏泥岩等易吸水强膨胀、高塑性地层，则容易产生泥包，需要从钻井液和工程方面共同采取措施加以解决。

1. 钻井液措施

① 大、中、小分子量配伍的具有包被絮凝作用的聚合物钻井液。②低黏低切，良好的流变性能，大排量，高返速，既保证携带钻屑，又有利于冲刷井壁，保证井壁不黏糊过多的钻屑，保证井眼清洁。③高效固控，保证钻井液清洁。④适当控制失水，形成真实滤。⑤加强短程起下钻工作(PDC 钻进时很难作到这一点)。⑥润滑剂、清洁剂及早加入，作用效果明显。尤其是在下 PDC 钻头前的那一趟钻，充分循环完起钻前，专门配制润滑剂 2%、清洁剂 0.5%，同时聚合物适量的钻井液 30 ~ 40m^3，打入井底。⑦除非必要，维持低密度。

2. 工程措施

① 准备一个畅通的井眼。钻进过程中控制钻进速度，坚持扩划眼制度，有效修复井壁。②在下 PDC 钻头前的那一趟钻，充分循环后，先短起到套管鞋，然后再下到井底。充分循环，振动筛基本无砂后(一般不少于两倍的上返时间)，将专门配制的润滑钻井液打入井底，起钻。③要对起出旧钻头和入井新 PDC 钻头测量直径，防止因钻头的磨损严重，导致小井眼。④尽可能减少空井时间。利用起钻的间隙，作好下钻的一切准备工作。起完钻后，尽快下钻。⑤下钻快慢结合。在套管内，尽量提高下钻速度。下钻出套管后，适当控制下钻速度，以防止下钻速度快，钻井液倒返，钻屑进入钻杆堵水眼。下钻预防堵水眼是防泥包的关键所在。⑥下钻出套管后，派专人观察返浆情况并作好记录。如果正常，继续下钻；如果发现不正常，则立即接方钻杆开泵冲下过此点，不要存有侥幸心理，强下硬压。一旦泥包水眼被堵，重新开泵时很难顶通。⑦不论下钻正常与否，最后余一柱时，甩掉上单根，接方钻杆上提开泵冲下，防止堵水眼。⑧下钻到底循环一定时间后，调整参数，钻头井底造型，正常钻进。⑨PDC 钻头短起下钻不同于牙轮钻头。一旦出现严重遇阻现象，应及时接方钻杆开泵循环，以防堵水眼和泥包钻头，在开泵状态下上提下放，将此遇阻井段搞畅通，同时将刮下来的钻屑和泥饼携带出来，清洁井眼(注意①如果下 PDC 发生泥包，则必须下决心立即下一趟牙轮钻头通井，调整钻井液，为下 PDC 作好井眼准备。②根据每个地区的地层特点，认真分析钻进时钻屑特性，对容易发生泥包的井段，在钻进时以及起钻时，对该井段进行重点处理)。

九、HCO_3^- 和 CO_3^{2-} 污染

在深井钻探过程中钻井液 HCO_3^- 和 CO_3^{2-} 来源：①当钻遇含有 CO_2 气体的地层时，会有大量 CO_2 气体侵入钻井液中；②钻遇含有较多 HCO_3^- 和 CO_3^{2-} 地下水层，部分地下水侵入钻井液中；③使用的处理剂含有 Na_2CO_3 和 $NaHCO_3$ 成分；④处理剂的热解断链；⑤钻井液配

制用水属于 HCO_3^- 和 CO_3^{2-} 水型。

1. HCO_3^- 和 CO_3^{2-} 污染后钻井液性能的特征

随钻井液温度的升高，钻井液性能极不稳定，pH 值下降，黏切上升，钻井液流动性差，触变形变强，静止时呈“豆腐块”状。钻井液在流动过程中含大量小气泡并且不宜消除，钻井液失水量增加且难以控制，泥饼虚厚。使用六速黏度计所测定数据不准确。处理调整钻井液时，使用多种稀释剂和降失水剂进行反复处理，其效果不明显，现场判断常常误认为因钻进时间长而造成的钻井液老化和处理剂质量问题引起的抗温抗污染能力差，造成钻井液性能不稳定。膨润土与固相含量均在正常范围，加水对性能调整无效。黏切居高不下，钻井施工过程中起钻有挂卡现象，下钻到底开泵困难，开泵循环并且返出大量虚泥饼并伴有井壁掉块。对钻井液滤液分析有大量 HCO_3^- 存在。

2. 预防 HCO_3^- 和 CO_3^{2-} 污染的方法

① 加强对处理剂质量的检测分析，必要时对纯碱进行检测。

② 在处理 Ca^{2+} 和水泥污染时，不要加入过量的纯碱。

③ 在 $pH>11$ 的条件下不使用青石粉。

④ 钻遇 CO_2 含量较高的地层时，应适当提高钻井液的密度。

⑤ 井温较高的井，应选用优质的抗温处理剂。

3. 不同情况下 HCO_3^- 和 CO_3^{2-} 污染后的处理方法

原则上主要根据钻井液中 HCO_3^- 和 CO_3^{2-} 的污染程度和井下地质岩性情况，处理深井钻井液中 HCO_3^- 和 CO_3^{2-} 的污染。

① 当钻井液滤液分析所测得 HCO_3^-、CO_3^{2-} 含量小于 2.37×10^3 时，钻井液受到 HCO_3^- 和 CO_3^{2-} 轻度污染，对钻井液影响不大性能基本稳定。通常可以通过提高 pH 值大于 11.7 进行维护性处理，使 HCO_3 变化为 CO_3^{2-}，形成 $CaCO_3$ 沉淀。

② 当钻井液滤液分析所测得 HCO_3^-、CO_3^{2-} 含量大于 2.37×10^3 或高达上万时，钻井液受到 HCO_3^- 和 CO_3^{2-} 严重污染，虽然使用多种稀释剂和降失水剂进行大幅度地反复处理，无论如何调整 pH 值，都不能有效控制钻井液的性能。有时还会有滤液中共存有 HCO_3^-、CO_3^{2-} 和 Ca^{2+}、Mg^{2+} 的情况（由于钻井液中富含处理剂，使钻井液中的 HCO_3^- 和 CO_3^{2-} 与 Ca^{2+}、Mg^{2+} 不能有效地结合）。在这种情况下，处理方法主要是向钻井液中提供一定数量的 Ca^{2+}，使其在碱性环境下形成碳酸盐沉淀，清除 HCO_3^- 和 CO_3^{2-}。这可以通过滤液碱度分析中，所测得 HCO_3^-、CO_3^{2-} 和 Ca^{2+}、Mg^{2+} 含量，计算出钻井液中能够中和 HCO_3^- 和 CO_3^{2-} 所需 Ca^{2+} 的含量。

表 5－10　与 1 毫克当量 CO_3^{2-}/HCO_3^- 反应的加量　　kg/m^3

名　称	化　学　式	相对分子质量	所 需 加 量
石灰	CaO	14	0.037
氯化钙	$CaCl_2$	111	0.0555
石膏	$CaSO_4\cdot2H_2O$	172	0.086
烧碱	$NaOH$	40	0.040

表 5－10 中，虽然能够使用的处理剂很多，但现场最好使用对钻井液性能影响较小的石

灰(主要成分 CaO)进行调整处理。

在现场调整处理过程中，要根据测得的数据计算出相应的加量，考虑受到钻井液 pH 值、固相含量和井下温度的影响；首先做好小型实验获取数据，在对钻井液调整处理前，取一罐钻井液($40m^3$)再做大型实验，然后按照循环周加入，保证钻井液性能基本稳定和井下安全。

③ 现场能够使用的处理剂很多，浅井和中深井最好使用对钻井液性能影响较小的石灰(主要成分 CaO)进行调整处理。处理前，首先做好小型实验获取数剧，按照循环周加入。

④ 当钻进下部易垮塌和破碎的泥岩、膏泥岩和含煤线地层时，钻井液受到 HCO_3^- 和 CO_3^{2-} 严重污染，在此情况下，可使用适量的超细水泥作处理剂，一方面分散在钻井液中的超细水泥小颗粒，在易垮塌地层较大的孔隙和微裂缝起到充填搭桥作用。另一方面超细水泥中的硅酸根和 CaO 组分向钻井液中提供一定数量的 Ca^{2+}。在井壁表面形成一层坚固的保护层，有效地封堵孔隙和微裂缝，阻止钻井液滤液进一步侵入地层，有利于井壁稳定，并能起到保护油气层作用。

第六章　钻井设计与技术指标

第一节　钻 井 设 计

钻井设计是钻井施工作业必须遵循的原则，是组织生产和技术协作的基础，是搞好单井预算和决算的重要依据。钻井设计的科学性、先进性程度，关系到油气井的成败和效益，直接影响着油气井的质量、成本，乃至油气井的长期安全。钻井科学技术的提高，在一定程度上依靠着钻井设计水平的提高。本节主要介绍与钻井设计相关的内容。

一、钻井设计的内容

钻井设计主要包括地质设计、工程设计，钻井地质设计是工程设计的依据。

1. 钻井地质设计

① 应明确提出设计依据、钻探目的、设计井深、目的层完钻层位及原则、完井方法、取资料要求、井身质量、油层套管尺寸及钢级、壁厚的要求、阻流环位置及各层套管水泥返高的要求。

② 应提供全井地层孔隙压力与破裂压力梯度曲线与邻区、邻井资料，试油压力资料、地质分层及岩性、矿物成分、地质剖面、油气水层、地质倾角及故障提示等资料，提供500m 内注水井情况。

③ 调整井地质设计应提供地质分层、地质要求及邻近油、水井地下压力动态数据资料、设计井位图示、地下复杂情况、故障提示等，地质分层数据误差应控制在 10m 以内。

2. 钻井工程设计

① 应以地质设计为依据，有利于取全、取准地质与工程资料，有利于发现、保护油气层，有利于保证钻井工程质量，满足作业要求，满足油、气、水井长期开采的需要。

② 应根据钻探深度与施工中最大负荷选择钻机，施工中钻机最大负荷不得超过钻机额定负荷能力的 80%。

③ 应根据地质提供的地层孔隙压力梯度曲线与破裂压力梯度曲线或邻井试油压力资料，设计钻井液密度、水泥浆密度和套管程序。钻井液密度的确定，应以裸眼井段的最高地层压力为基准，再增加一个附加值。附加值按下列原则确定：油水井为 0.05 ~ 0.10g/cm^3，气井为 0.07 ~ 0.15g/cm^3。

探井设计应根据地质设计提出随钻地层压力监测 dc 指数压力监测要求应通过随钻压力监测及时调整钻井液密度；根据地质要求进行岩芯录井，设计合理的取芯工具，保确岩芯收获率。

① 应包括井场环境的保护要求和装备配套要求。

② 应按地面条件设计井型，达到满足钻井要求、合理占用土地。

成本预算和施工进度计划应建立在本地区合理的定额基础之上，根据物价因素每年进行一次定额指数的修订与核算。

二、钻井工程设计

钻井工程设计主要包含：钻机的选择、井身结构的确定、钻头尺寸类型与数量、钻具组合、钻井参数、井控、钻井液设计、固井设计、成本预算等主要内容，地层压力监测、地层漏失试验、油气层保护、钻井质量、安全环保、钻井施工进度计划、全井成本预算等也是钻井设计的重要组成部分。现重点介绍以下几个方面内容：

（一）钻机的选择

选择钻机的主要技术依据，是钻机的技术特性和所钻井的井身结构、钻具组合、套管重量以及钻井工艺技术要求，确保钻机的安全性、可靠性。选用的方法：一是根据设计井深，每层管柱的总重量不超过选定钻机额定负荷的80%；二是定向井、水平井、特殊工艺井应考虑井深、井斜角及水平位移的大小等因素，保证安全负荷余量。

（二）井身结构设计

井身结构设计是钻井工程设计的最重要内容，包括套管层次及下入深度以及井眼尺寸（钻头尺寸）与套管尺寸的配合，应根据地层压力情况科学设计。

1. 地层地质情况

在井身结构设计前，要掌握整个井身剖面的地质情况，如地质年代、岩石结构、地层倾角和走向等，还要掌握岩石的物理特性，如岩石的密度、孔隙度和渗透率等资料。

地层的孔隙压力和破裂压力梯度是选择钻井液密度的重要参考数据，也是井身结构设计选择套管柱下入深度的重要参数。因此，准确预测地层的孔隙压力和破裂压力是科学设计井身结构的基础。

随着地层压力检测技术的发展，目前已出现了多种预测地层孔隙压力和破裂压力的方法。大体可归纳为以下三种：用地震资料做区域分析；用邻井资料进行对比；实时评价，如随钻测量的实时测量数据。

2. 井身结构设计原则

井身结构设计是钻井方案的核心，不仅关系到安全钻井，而且关系到油气井的效益。设计原则主要有四项：应能有效地保护油气层，使不同压力梯度的油气层不受钻井液损害；满足工程需要，避免漏、喷、塌、卡等复杂情况的发生，为全井顺利钻进创造条；钻下部高压地层时所用的较高密度钻井液产生的液柱压力不致压裂上一层套管鞋处薄弱的裸露地层；下套管过程中，不致引起压差卡套管事故。

3. 井身结构设计方法及步骤

（1）确定套管层次和下入深度

套管层次和下入深度设计的实质，是确定两相邻套管下入深度的差值。设计原则是在裸眼段钻进中及井涌压井时应不会压裂地层而发生井漏，在钻进和下套管时不发生压差卡钻。各层套管柱下入深度的确定原则：一是导管的下入深度。主要用于建立井口，防止浅层坍塌；二是表层套管的下入深度。取决于表层的漏失层、含水砂层、非胶结地层或浅气层的深度，在一些国家还取决于政府的特殊规定；三是技术套管的下入深度。要根据深层的地层压力，以能承受合理的井涌压力为原则；既能保证新钻井眼钻井液密度能够平衡地层压力，又不能压裂上面的地层，在确定技术套管的下入深度前，要确定地层的破裂压力梯度，所下的技术套管要能封住易破裂层。各种压力中必须考虑因抽吸引起的当量钻井液密度的变化，还要确定在下套管时是否会出现问题。在通常情况下，最大的压差点是最容易发生卡套管的点；四是油层套管的下入深度。主要决定于完井方法和油气层的深度与层数，满足采油要求和安全完井要求。

(2) 套管尺寸与井眼尺寸

套管尺寸及井眼尺寸的选择和配合，涉及钻井工程技术水平与勘探、开发的具体要求。井身结构设计时着重考虑以下三点：一是生产套管应满足采油方面的要求，应根据生产层的产能、油管大小、增产措施和井下作业等要求，确定套管尺寸与完井方法；二是对探井和复杂地层开发井，井身结构设计时要留有余地，以满足地质加深、取芯及工程等方面的要求；三是各层套管与钻头尺寸应合理匹配，确保钻井安全。

（三）井控设计

井控设计是钻井工程设计的重要组成部分。主要内容包括：满足井控要求的钻前工程及合理的井场布置，合理的井身结构，适合地层特性的钻井液类型和合理的钻井液密度，满足井控安全的井控装备系统等等。科学合理的井控设计，应有全井段的地层孔隙压力梯度、地层破裂压力梯度、浅气层资料以及已开发地区分层地层压力动态数据为基础的资料。同时，对影响井控安全的各种因素以及成本、应急计划、井场布置等方面，都是井控设计考虑的因素。

井控设计的依据：一是地质设计提供的地层与压力情况、当前钻井技术水平、井控设备能力、钻井地区环境及气候状况等，二是必须在国家及行业有关法律法规要求范围内编制。

（四）下部钻具组合设计

钻井作业中，经常作用于钻杆且数值较大的力是拉力，所以钻杆设计主要考虑钻柱自身重量的拉伸载荷，并通过一定的设计系数来考虑起下钻时的动载及其他力的作用。对于下部钻具，随着井深的不同和钻井作业工况的不同，主要受到压力的作用。下部钻具结构的受力状况，对井眼的影响至关重要。

1. 下部钻具组合设计的基本要求

① 能有效地控制井斜，保证井身质量。

② 钻头工作稳定性高，能施加较大的钻压，有利于提高钻速。

③ 钻具组合简化，利于井下安全，并降低钻具费用。

④ 定向井下部钻具组合，应满足井眼轨迹控制的要求。

2. 下部钻具组合的设计

下部钻具组合的设计，应根据设备状况、井型、井别、井深等条件，满足预防钻具故障、提高钻头工作效率，实现安全快速钻井，完成各种井下作业要求。

下部钻具组合包括：钻头、稳定器、动力钻具、减震器、随钻震击器、钻铤、无磁钻具（或部分加重钻杆）等。在选择这些钻具时应考虑其直径、长度、水眼直径、钢级、壁厚等因素，进行强度校核。钻具的力学特性满足井身轨迹控制的需要。

（五）钻井参数设计

在井身结构和钻头确定之后，钻井参数的设计是影响钻井质量、速度、成本和安全的重要因素。通过开展喷射钻井、优选参数钻井技术攻关与应用，建立了钻井参数，能够定量地优选优配钻井参数，使钻井设计从经验阶段发展到科学阶段。

钻进参数可分为固定参数和可调参数两大类。

① 固定参数主要指地层参数，包括地层的可钻性、地层对钻压、转速、水力参数和钻

井液参数的敏感指数，以及地温梯度、地层的化学组分对钻井液的适应性等。另外，地层的孔隙压力和破裂压力对平衡压力钻井也是重要条件。所有钻井参数的优选优配，都是以这些地层固有参数为依据的。

② 可调参数主要指钻进中的三大类参数，包括机械参数——钻头类别、钻压与钻速；水力参数——泵型选择、泵压、排量和水眼组合；钻井液性能和流变参数——主要指钻井液体系、密度、初切力、n 值、K 值、塑性粘度等流变参数。

（六）钻井液设计

钻井液设计是钻井工程设计的重要组成部分，也是钻井液现场施工的依据。设计合理钻井液方案，是成功钻井和降低钻井费用的关键。

① 钻井液的设计原则：有利于安全、优质、高效钻井，有利于取全、取准地质、工程等各项资料，有利于减少对油气层的损害，有利于环境保护。

② 钻井液设计依据：地质部门提供的地层岩性与矿物组分剖面，全井段地层孔隙压力、破裂压力和坍塌压力剖面，地温梯度，地层水分析数据，油气层特性与动、静流动试验数据，地层理化特性分析数据，地质与钻井工程设计及定额，邻井钻井井下复杂情况和钻井液技术资料，调整井区块压力数据及停注排液情况，适用的钻井液新技术、新工艺等。

③ 钻井液设计内容：地质分层、井段及井下复杂情况提示，钻井液类型、配方及性能指标，钻井液处理与维护方法，钻开油气层技术措施，固控设备及使用要求，钻井液材料储备要求，以及复杂情况的处理措施等。

④ 钻井液体密度设计：利于近平衡压力钻井，油层密度附加值 $0.05 \sim 0.1 g/cm^3$，气层密度附加值 $0.07 \sim 0.15 g/cm^3$。钻井液密度设计的关键是地质要提供准确的地层孔隙压力系数，调整井应考虑注水压力的影响，有些地层还要满足井壁防塌的需要。

（七）固井设计

固井设计是固井施工和科学完井的基础和前提。固井设计中主要考虑的因素有井深和井身尺寸参数、地层压力、流体性质、井眼状况、温度等资料。固井设计包括套管柱及强度设计，水泥及水泥浆流变学设计，注水泥设计，固井工艺技术要求。

1. 套管柱设计

套管柱设计是固井设计的重要内容，主要包括套管的强度设计和校核两大部分。影响套管柱设计的基本载荷是轴向拉力、外挤压力和内压力。定向井、水平井的套管柱设计，总体原则上与垂直井相同，但由于套管是下入弯曲井眼，在弯曲井眼内引起的弯曲应力对套管的抗拉强度及抗内压强度产生不利影响。稠油热采井套管的设计，要充分考虑套管的作业环境，因为在热采井中套管处于高温高压的状态下，会使套管发生变形、错位、破裂、泄漏以及脱扣等损坏。

套管设计原则上要从以下几个方面考虑：满足钻井作业、油气层开发和产层改造的工艺要求，载荷及安全储备，经济性好。

在套管设计中，国内使用较多的方法是等安全系数法，国外还有边界载荷法、最大载荷法、AMOCO 方法等，这些设计方法各有特点。

2. 水泥及水泥浆流变参数设计

API 标准把油井水泥分为 A、B、C、D、E、F、G、H 和 J 九类。固井水泥浆体系主要是根据这九类水泥的基本性能配加以水泥添加剂，改善水泥浆性能以提高固井质量和满足不同类型固井的需要。根据适用的不同井深和不同的井下环境，这些水泥可分为普通型水泥、中抗硫酸盐型水泥和高抗硫酸盐型水泥三类。

水泥浆流变参数设计，主要是确定水泥浆顶替最佳流态/过流动阻力计算和平衡压力固井设计，取得好的顶替效率。设计中着重考虑环空流速分布和顶替压力、密度和浮力效应、环空几何形状等几方面影响因素。

3. 水泥添加剂

水泥添加剂主要用于调整水泥稠化时间、密度、滤失量、流变性或增加强度、增加热稳定性等。根据作用可分为以下几类：速凝剂、减轻剂、加重剂、缓凝剂、防漏剂、降失水剂、减阻剂、特种添加剂、膨胀剂、热稳定剂等。

4. 注水泥设计

注水泥设计，主要包括注水泥方案的选择与确定、水泥浆设计与计算、井眼准备、工具附件使用、注水泥装备选择及注水泥作业程序设计等。除了常规注水泥工艺外，还有一些复杂情况及特殊工艺固井，如尾管固井、分级注水泥、高压气井固井、高温井及热采井固井、低压易漏井固井、小井眼固井、注水(气)油田的调整井固井以及挤水泥作业等。合理的注水泥设计，必须考虑影响注水泥的因素，见表6－1。

表6－1　注水泥设计考虑的项目

项　目	
井眼	井深，井径，井斜及方位变化，地层性质，特殊岩性，复杂井段
钻井液	类型，性能，密度，设计水泥浆的相容性
套管	尺寸，壁厚，下入深度，浮箍，阻流环，引鞋位置，扶正器，刮泥器，分级注水泥或尾管悬挂器位置
套管下入处理	下入速度，中途循环，注水泥前洗井时间，排量
水泥浆	类型，水泥量，配浆方式，外加剂及水泥浆流变性能，前置液设计，试验要求
配浆设备	水泥车(水泥泵)台数，混和型式，单双塞，注水泥的套管活动方式，顶替液，排量流态设计

从表6－1中可以看出，在注水泥设计中要考虑的因素很多，在设计时对这些影响因素要逐项分析，合理设计。

注水泥一般程序为：注前置液→注水泥浆→注压塞液(压胶塞)→顶替钻井液→碰压→候凝，部分特殊工艺井施工程序因工艺不同而有所不同。

5. 固井工具附件

固井工具附件，是指为套管下入和保证固井质量而使用的井口工具和连接于套管串中的套管附件，如吊卡、卡盘、水泥头等工具和引鞋、阻流环、磁性定位等附件。特殊工艺井涉及到专用附件：如分级箍、尾管悬挂器、管外封隔器等。

(八) 成本预算

钻井工程总费用包括钻井工程费、钻前劳务费、钻井液服务费、管具劳务费、固井劳务费、技术服务费等。

钻井工程费用由工程直接费、间接费、风险费、计划利润、定额编制测定费、基地服务费、税金构成。其中，直接工程费由直接费和其他直接费构成，间接费由企业管理费和财务费用构成。

钻前劳务费包括井架基础施工作业费、井场土方、道路土方工程费和钻前施工补偿费。

钻井液技术服务费主要是指为钻井施工提供专业服务的费用，不包括钻井队自己的钻井液费用，主要有特殊井钻井液技术服务费用、散装石粉供井费、石粉罐使用费、可酸化堵漏费、密闭取芯液费等。

管具劳务费主要包括钻具转供井费、套管供井费、井控装置供井安装费、动力钻具供井费、取芯工具供井费、套管二次倒运费、钻具补充供井费、钻具现场检验费、钻具现场探伤费、套管检测费、井控装置修理费、取芯工具修理费等。

固井劳务费用分为五项：施工设计费、水质化验及水泥试验费、油井水泥混拌费、固井工程施工作业费、固井零星作业费。其中，施工设计、水质化验及水泥试验、固井工程施工作业按井别分为常规固井和水平井固井两大类，每一类又按固井工艺分为单级固井、双级固井、尾管固井三种。

技术服务费包括定向井技术服务费、欠平衡钻井技术服务费、钻井信息传输及数据处理服务费、钻井取芯技术服务费。定向井技术服务根据服务项目的不同、不同油区及不同井别、不同井深、不同井型而不同，以口井为单位计算，服务周期为钻井定额周期。欠平衡钻井技术服务费分日费和固定费用(拆安费)两种，取芯技术服务费以取芯进尺(m)的长度计算，钻井信息传输及数据处理费用按口井计算。

第二节　石油钻井指标及解释

石油钻井是指为勘探开发油(气)田而钻的井，不包括在油田内部钻的水井、盐井、碱井及其他井。石油钻井指标是衡量钻井技术工作效益的一种指标，反映钻井过程中使用的设备、原材料、燃料、动力、劳动力以及资金的利用程度。

一、石油钻井的分类

按照钻井的地质设计目的，可以分为探井和开发井两大类。探井是指为查明地层及油(气)藏情况所钻的井，包括地层探井(参数井、基准井)、预探井、详探井(评价井)、地质浅井(剖面探井、制图井、构造井)等。开发井是指为开发油(气)田、补充地下能量及研究已开发区地下情况的变化所钻的井，包括油(气)井(生产井)、注水(气)井(辅助生产井)、调整井(滚动开发井)、检查井、浅油(气)井等。

按照所钻井的垂深，分为深井、超深井。深井是指垂深不小于4500m、不大于6000m的井；超深井是指垂深不小于6000m的井。

按照钻井的地域划分，可以分为陆地井和海上井两种类型。陆地井是指在陆地范围内所钻的井，包括在湖泊和沼泽地区所钻的井；海上井是指在海洋范围内所钻的井，按海水深又分为滩海、浅水、深水、超深水，沿海高潮位与低潮位之间的潮差浸带和平均水深小于或等于5m的近海海域为滩海，平均水深大于5m小于或等于500m的海域为浅水，平均水深大于500m小于或等于1500m的海域为深水，平均水深大于1500m小于或等于3000m的海域为超深水。

按照井身轨迹方向，分为直井和定向井两种类型。直井是指按采用常规的钻井工艺和手段，力求将井眼控制为铅直的井，井眼轨迹大体是垂直的；定向井是指采用特殊的钻井工艺和手段，使井眼轨迹按照设计的井斜角、方位角所钻的井，井眼轨迹为倾斜状。定向井按照地面井口数的多少又可以分为丛式井和分支井。

丛式井是指采用特殊的钻井工艺和手段，在一个井场内钻两口以上的井。特点是一个场内有两个以上的井口(包括直井和定向井)，而井底则向不同方向展开。

分支井是指采用特殊的钻井工艺和手段，在一个井筒内向不同方向钻两个以上的井眼。特点是下部有多个井底(眼)并呈放射状向不同方向展开，地面只有一个井口。

水平井是一种特殊定向井，其井眼轨迹有一段或一段以上井斜角超过 86°，呈水平状态。水平井按曲率半径的大小又可分为长半径、中半径、中短半径、短半径和超短半径水平井。

二、钻井工作量

(一)钻井口数

开钻井口数是指报告期内钻头接触地面(或在导管内)第一次开始钻进的井口数，不包括固井后的第二次、第三次等开钻口数。

完钻井口数是指钻头达到原设计目的层，或虽未钻到目的层，但地质部门要求，提前完钻的井。钻头提出井口时，钻完进尺统计完钻口数。先期防砂井以打完领眼起出钻具统计完钻口数。

完成井口数是指完成了设计规定的全部工序，经检验合格或经补救合格的井。完钻后的地质报废井，计入完成井口数。完井方法分为三类：射孔完井、裸眼完井和尾管、筛管、衬管完井。

交井口数是指完成了该井设计的全部工序，钻井单位交给油田建设部门或直接交给采油单位的井口数，从办完移交手续之日起计算交井口数(原钻机试油，井队转入试油工序为钻井交井)。

(二)钻井进尺

钻井进尺是指从转盘方补心表面算起，多井底定向井的钻井进尺从原井眼侧出的位置开始计算，与原井眼累计计算进尺。包括取芯进尺、地质报废进尺和自然灾害造成的其他报废进尺。是反映钻井工程进度和工作量的基本指标。为了便于核对井深，并与历史资料具有可比性，钻井进尺从转盘方补心表面算起(包括陆地、海洋钻井)，多井底定向井的钻井进尺从原井眼侧出的位置开始计算，计算单位为 m。

工程报废进尺是指由于钻井工程故障造成的报废进尺。工程报废进尺如上年已报工作量，即不再进行调整，只将本年报废进尺扣除。遇到下列情况可分段计算钻井进尺和工程报废进尺。

有些探井因钻井故障未钻到目的层，决定不再继续钻进时，对按设计要求取全取准地质资料的井段计算钻井进尺，没有取得设计上要求的地质资料的井段计算工程报废进尺。

有些井由于钻井故障未钻到目的层，也未取得设计上要求的地质资料，但是穿过了油气层，可以作为油(气)井或辅助生产井。这类井可以利用的井段计算钻井进尺，不能利用的井段计算工程报废进尺。

三、钻井技术经济指标

(一)速度指标

钻机月速度：是指一部钻机工作一个台月所完成的进尺，单位为 m/台月。计算公式为：

$$钻机月速度 = 钻井进尺(包括取芯进尺)/钻机台月 \qquad (6-1)$$

钻机台月：是综合反映投入钻进工作的钻机台数和每台钻机工作时间长短的指标，单位为台月。计算公式为：

钻机台月 = 自第一次开钻到完成止的全部钻井工作时间(d或h)/30d(或720h)　(6-2)

机械钻速：是衡量钻井效率的指标，以每小时纯钻进时间完成的进尺数来表示，单位为m/h。计算公式为：

机械钻速 = 钻井进尺(包括取芯进尺)//纯钻进时间(包括取芯钻进时间)　(6-3)

纯钻进时间：是指钻头在井底转动、破碎岩石并形成井眼的钻进时间，包括取芯而有进尺的时间，不包括纠正井斜、划眼、扩眼时间和井壁取芯等时间，单位为h。

完成井平均建井时间：是综合反映钻井速度的指标，单位为d-h。计算公式为：

完成井平均建井时间 = 各完成井建井时间之和/完成井口数　(6-4)

平均动用队年进尺：是反映一个平均动用队在一年内所钻进尺的指标，单位为m/队年。计算公式为：

平均动用队年进尺 = 钻井进尺(含取芯进尺)/平均动用队数　(6-5)

平均动用队：是指报告期内用于石油钻井的平均动用钻井队数。计算公式为：

平均动用队数 = 报告期每天动用钻井队数之和/报告期日历日数　(6-6)

平均队年进尺：是综合反映钻井部门钻井速度的指标，是指平均实有钻井队的年进尺，单位为m/队年。计算公式为：

平均队年进尺 = 钻井进尺(含取芯进尺)/年平均队数　(6-7)

年平均队数 = 年初实有钻井队 + 本年平均增加钻井队数 - 本年平均减少钻井队数

本年平均增加的钻井队数 = 本年增加的钻井队自增加之日起至年底日历天数之和/全年日历天数(365或366)

本年平均减少的钻井队数 = 本年减少的钻井队自减少之日起至年底日历天数之和/全年日历天数(365或366)

(二) 质量指标

固井合格率：是反映固井质量的指标，计算公式为：

固井合格率 = 固井合格次数/固井次数 ×100%　(6-8)

井身质量合格率：是反映井身质量的指标，计算公式为：

井身质量合格率 = 井身质量合格的完成井口数/完成井口数 ×100%　(6-9)

取芯收获率：是指实取的岩心长度与取芯进尺之比，计算公式为：

取芯收获率 = 实取岩心长度(m)/取芯进尺(m) ×100%　(6-10)

钻井工程质量合格率：是综合反映钻井工程质量的指标，计算公式为：

钻井工程质量合格率 = 钻井工程质量合格口数/完成井口数 ×100%　(6-11)

钻井工程质量合格口数：是指钻井的井身质量、固井质量、井口质量、地质资料等全部合格的井口数。优质井率是指完成井中达到到优质井标准的井口数，它是指优质井占全部完成井口数的百分比。计算公式为：

优质井率 = 优质井口数/完成井口数 ×100%　(6-12)

定向井井身轨迹符合率：是反映定向井钻进过程中实际井身轨迹与设计井身轨迹相比的符合程度。可采用50m一点或不同距离点(全角变化率)检查符合程度。计算公式为：

井身轨迹符合率 = 符合设计点数/全部检查点数 ×100%　(6-13)

定向井中靶率是本期定向井达到设计要求的口数与本期全部定向井完成井口数之比。计算公式为：

定向井中靶率 = 达到设计要求定向井口数/全部定向井完成口数 × 100%　（6 - 14）

四、钻井时间

（一）钻机时间

钻机时间包括建井时间、其他作业时间、自然停工时间、解体及运输时间、动复员时间和待命时间。计算公式为：

钻机时间 = 建井时间 + 其他作业时间 + 自然停工时间 + 解体及运输时间 + 动复员时间和待命时间　（6 - 15）

建井时间是完成一口井所需要的全部时间，即从第一车设备进入井场开始，到完井为止的全部时间。可分为搬安时间、钻井时间和完井时间三个部分。搬安时间是指从第一车设备进入井场开始到本井开钻为止的全部时间，钻井时间是指本口井开钻时间起到本口井完钻时间为止的全部时间，完井时间是指从本口井完钻时间起到完成时间为止的全部时间。

钻井时间与完井时间之和为钻井总时间，搬安时间与钻井总时间之和为建井时间。

（二）钻井时效分析

钻井时效分析是在钻井总时间加以分类的基础上，计算不同时间所占钻井总时间的比例，并以此反映钻井时间构成及其利用状况。计算公式为：

各项时间所占比例 = 各项时间(h)/钻井总时间(h) × 100%　（6 - 16）

钻井总时间为生产时间与非生产时间之和。

1. 生产时间

是指正常的钻井工艺所占用的时间，包括进尺工作时间、测井工作时间、固井工作时间和辅助工作时间。

（1）进尺工作时间

是指与钻井进尺直接有关的所必需的时间，包括纯钻进时间、起下钻时间、接单根时间、扩划眼时间、换钻头时间和循环(钻井液)时间。

纯钻进时间：指钻头在井底，破碎岩石形成井眼的时间，也包括取芯钻进时间。

起下钻时间：指为正常钻进和取芯钻进所必需的起钻、下钻时间，除此以外的起下钻时间均不得计入。起钻时间是指停止循环后，从上提钻杆开始到钻头提出转盘面止的全部时间。下钻时间是指从钻头进入转盘起，到下完最后一根钻具接上方钻杆或顶驱为止的全部时间。

接单根时间：指正常钻进和取芯钻进过程中的接单根时间。

扩划眼时间：划眼时间指在钻进过程中按照钻井操作规程规定所必需进行的划眼时间，扩眼时间指取芯后的扩大井眼时间，包括为扩划眼而进行的起下钻、换钻头、接单根等时间。但不包括处理井下复杂情况的扩划眼时间；也不包括为保证作业安全进行的扩划眼时间。

换钻头时间：指正常钻进和取芯钻进中因钻头磨损、地层变化或工艺要求改变而引起的更换钻头时间。从卸旧钻头开始到换装好新钻头开始下钻为止的全部时间。包括检查、测量钻头的时间，检查和装配取芯工具、割心、岩芯出筒等所占用的时间。

循环(钻井液)时间：指为取得进尺而必须进行的正常的循环时间。包括起钻前和接单根的循环时间，下钻到底钻进前和接完单根钻进前的循环时间以及钻进过程中其他正常的循环时间(如正常扩、划眼中的钻井液循环时间)，但不包括电测、固井、下套管前，以及处理井下复杂情况所进行的循环时间

(2) 测井工作时间

是指在钻井过程中按照地质、工程设计要求进行的电测、气测和井壁取芯以及放射性测井所占用的时间。除此以外的测井时间均不得计入，如科研需要进行测井、处理故障中的测井等。

测井时间包括测井过程中进行的正常的通井、起下钻、循环、电测绘解、资料验收及测地温梯度所需要的静止时间等。

因电测仪器下井遇阻，不能按要求测井而造成的通井起下钻、划眼、循环等时间应计入处理复杂情况时间内。电测过程中处理卡电缆、掉测井仪器所占用的时间，应计入测井故障，电测中修理更换电测仪器、等电测车、等电测措施等所占用的时间，都计入组织停工时间，等电测资料解释的时间，不计入组织停工时间。

(3) 固井工作时间

是指为固井所进行的一切正常工艺措施所占用的时间，包括下套管前通井、下套管、循环钻井液、注水泥、候凝、换装井口、测声幅、钻水泥塞、套管试压等全部工作时间。若测声幅不合格或水泥返高未达到设计要求需重新挤水泥者，则从发现时开始到处理完成为止的时间均计入固井复杂时间；在固井中出现套管落井、水泥未顶替出套管等应计入故障时间内。

通井时间：通井钻头入井至起出转盘面的时间。

下套管时间：开始安装下套管设备和工具至套管下至设计位置的时间；如果套管不能下至设计位置并得到甲方许可，则许可时间为下套管终止时间。

循环时间：下套管结束至循环完停泵时间。

注水泥时间：开始注水泥浆至替浆停止时间。尾管注水泥时，将多余水泥浆循环出转盘面为注水泥终止时间。

候凝时间：注水泥结束至下道工序开始的时间。

安装井口装置时间：从拆原井口装置开始至新井口装置安装完成并试压合格止的时间。

钻水泥塞时间：钻水泥塞及起下钻塞钻具的时间，起始时间为钻头进入转盘面，终止时间为钻头起出转盘面或开始形成进尺的时刻。

固井质量检测时间：检测工具进入转盘面至起出转盘的时间。

套管试压时间：开始安装套管试压设备和工具至卸压结束的时间。

(4) 辅助工作时间

是指钻井过程中除去进尺工作时间、测井工作时间、固井工作时间以外所必须进行的辅助性工作所占用的时间。

准备工作时间：指为了保证正常钻井工作的顺利进行所做的一切准备工作的时间。如钻开油(气)层之前的调整和更换钻井液、防喷、防火等准备工作时间，由于设计变更需要的准备工作时间，钻到油(气)层需要观察油、气显示及钻井液变化情况所占用的时间，冬季停工休整、处理故障和处理复杂情况结束后，进入正常钻进之前的划眼、循环、调整、配制钻井液等所占用的时间。

倒换钻具时间：指根据工程设计要求和为了合理使用钻具，把井下钻具倒换上、下位置或更换不同规格钻具的时间。利用固井水泥凝固时间所进行的倒换钻具时间，不计入该时间。

检查工作时间：为了保证安全生产，对设备、钻具及钻机零部件等进行的定期和不定期的检查更换所占用的时间。

调配钻井液时间：指在正常的钻井过程中，调整、更换、配制钻井液的时间，但处理复杂堵漏所进行配制钻井液时间应计入处理复杂情况时间。

更换易损件时间：指更换易损件所占用的时间。如更换绞车刹带片、传动链条片、钻井泵活塞、阀、缸套、水龙头冲管、冲管盘根、各种仪表、控制件密封圈、垫圈等。

其他辅助时间：指不属于上述各项辅助工作的辅助工作时间。如地质观察取样、校对井架、校正指重表、指重表悬重下降或泵压降低所需的观察判断时间等，以及中途测试、试采等其他非钻井作业后对井眼进行维护所占用的时间。

2. 非生产时间

是指在钻井过程中影响钻井工作正常进行的时间，包括复杂时间、故障时间、修理时间、停待时间、事故时间等。不影响钻井生产的修理时间、故障时间，不列入非生产时间。

复杂时间：是指在钻井过程中发生的处理井下复杂情况所占用的时间，包括处理钻进时跳钻、蹩钻所占用的时间，处理起下钻、测井、下套管发生阻卡所占用的时间，处理井筒压力失去平衡所占用的时间，处理钻井液性能发生变化占用的时间，处理套管串密封失效、变形所占用的时间，由于井身质量指标达不到规定标准而必须进行纠正的时间，井口塌陷或者井架基础受到影响所占用的时间，处理井漏所占用的时间。

故障时间：是指从发生故障或发现有异常情况证实为故障时起，到解除故障恢复原有状态止的全部时间。包括处理卡钻损失的时间，处理钻具、井下工具损坏损失的时间，处理钻具断落、滑脱损失的时间，处理井下落物损失的时间，处理固井问题损失的时间，处理测井问题损失的时间。

修理时间：是指由于机械设备损坏或运转不灵被迫停止钻井工作而进行修理的时间，包括修理钻机系统运转失灵损失的时间，修理作业所需工具损失的时间。

停待时间：是指由于本企业、本部门组织工作不善，物资器材供应不及时或劳动力缺乏等原因而造成的停工时间，包括技术措施不及时损失的时间，生产物资供应不及时损失的时间，人员不到位损失的时间。

事故时间：是指处理因设计不合理、违章操作等原因造成的人身伤害、重大设备损失、重大社会影响事件（井喷、H_2S 伤害）损失的时间、包括处理人员伤亡损失的时间和处理重大设备损坏损失的时间，处理重大社会影响事件损失的时间。

第三节　钻井质量与工程资料

钻井工程质量是衡量钻井工程优劣的重要指标，包括井身质量、固井质量、井口质量等。钻井工程投资高、风险大，一旦出现质量问题，将会造成巨大损失。因此，钻井中应加强对质量的控制，建立健全质量管理体系和质量保证体系，加强钻井资料的统计分析，促进钻井质量的不断提高。

一、ISO9000 质量管理体系知识

1. ISO9000 的含义

ISO——国际标准化组织的缩写，该组织发布的标准均冠以“ISO”的字头，9000——标准的代号。ISO9000 是一个系列标准或标准族，这个标准里包含了很多条文，每个条文可以取个名字，比如 ISO9001，ISO9002，ISO9003，ISO9004 等等。

2. ISO9000 标准的由来

质量管理的理论与实践发展的产物。随着质量管理的理论与实践的发展，许多国家和企业为了保证产品质量，选择和控制供应商，纷纷制定国家或公司标准，产生了质量保证标准。

国际贸易的迅速发展的产物。随着国际贸易的迅速发展，为了适应产品国际化趋势，ISO/TC176（ISO 中第 176 个技术委员会）组织各国专家在总结各国质量管理经验的基础上，制定了 ISO9000 系列国际标准。

3. 实施 ISO9000 的意义

ISO9000 为企业提供了一种具有科学性的质量管理和质量保证方法和手段，使企业内各类人员的职责明确，避免推委扯皮，文件化的管理体系使全部质量工作有可知性、可见性和可查性，通过培训使员工更理解质量的重要性及对其工作的要求，可以使产品质量得到保证，降低成本增加利润，同时提高顾客满意度及可信度，提高企业的形象，增加竞争的实力，也是进入国际市场的通行证。

4. ISO9000 认证步骤

第一步　咨询和内审

① 聘请体系认证咨询公司帮助企业组织实施 ISO9000。

② 对企业原有的管理结构和质量管理体系进行诊断。

③ ISO9000 标准基础知识培训。

④ 编写 ISO9000 质量体系文件。

⑤ 宣贯实施 ISO9000。

⑥ 企业内审。

第二步　认证

① 咨询公司推荐或企业自主选择认证机构。

② 企业提交申请并签署认证协议。

③ 手册审核：认证机构对申请企业的质量手册是否符合标准要求进行审核。

④ 注册审核：审核组进驻企业现场，对质量体系运行情况进行审核，确定质量体系的实际运行是否符合标准及企业自身质量体系文件的要求。

⑤ 纠正措施：对注册审核发现的不符合项进行跟踪审核，确定其被有效地纠正。

⑥ 注册发证：上述过程完成并符合要求后，对申请企业质量体系予以注册，并授予认证证书。

⑦ 年度监督审核：通过年度监督审核的方式保证证书及注册的持续有效

5. ISO9000 质量管理体系文件的主要内容

主要包括三个层次的文件内容：

第一层次，质量手册。包括管理方针、目标，管理体系的基本结构，明确部门职责，梳理企业管理的各个过程，并对各个过程之间的关系进行描述。

第二层次，程序文件。是对实施管理体系所涉及的各部门所从事职责的具体细化，描述该部门活动的规定方法和实施流程。

第三层次，管理制度、作业指导书和质量记录。是确保过程有效策划、运行和控制所需要的操作规程、管理制度、规范、管理方案等文件和记录，是第二层次文件的进一步细化，针对每一个部门的某一项具体活动。

二、钻井工程质量的控制项目及要求

1. 井身质量

井身质量是指井眼施工作业的质量，包括井眼轨迹、井径扩大率等内容。井身质量的控制要求执行标准 SY/5088《钻井井身质量控制规范》或者满足钻井设计要求。

直井的控制项目：数据采集间隔、井斜角、目的点水平位移、全角变化率、目的层平均井径扩大率等。

定向井的控制项目：数据采集间隔、靶区半径、全角变化率、目的层平均井径扩大率、水平位移等。水平井开发井的控制项目：数据采集间隔、全角变化率、纵横偏移的控制、水平段长、水平位移等。

2. 固井质量

固井是油气井建井的关键环节，也是保证油气井生产寿命的关键所在。固井质量评价是对固井工程质量的全面鉴定，主要包括套管本体强度及丝扣密封、套管下深、水泥胶结质量及环空密封等总的评价。固井质量的要求执行标准 SY/5088《固井质量评价方法》。

（1）固井质量检验内容

第一界面水泥环质量以声波幅度测井解释结果为准，第二界面水泥环质量以声波变密度测井解释结果为准；水泥浆候凝时间应根据水泥试验中水泥石实际形成足够抗压强度的时间来确定，正常为 24 ~48h，具体时间以固井公司提供的时间为准；对于分级注水泥的井，要求先测分级箍以上的井段，钻分级箍后，再测下部井段；测井中途遇阻，遇阻点以上井段先测，待通井到井底后再补测下部井段，重复测井井段不少于 100m，以便于对比；对存在多层套管的井段，内层套管的固井质量要参照外层套管的水泥胶结质量综合进行解释、评价。

（2）固井质量评价

凡符合质量要求中规定值的井为固井质量合格井。在其他条件满足的情况下，目的层封固合格的即为固井质量合格井。钻水泥塞或通井井段，固井质量不作评价。特殊井(包括水平井(水平段)、挂尾管井、水泥返出地面井、设计采用低密度水泥浆体系的井、套管外环空间隙小于 20mm 的井等)声波幅度测井资料。第一、第二界面水泥封固程度均进行解释，但一般不作评价。

3. 井口质量

井口质量一般要求如下：油层套管接箍顶面应高于自然地面 0. 2m，整拖井井口低于自然地面 0. 2m，并依次确定技术套管和表层套管的联入；导管或表层套管内的各层套管应居中，不得偏斜，探井、天然气井、欠平衡压力钻井、水平井、井深大于 2500m 的直井、井深大于2300m或位移大于800m的定向井、钻井液密度大于等于1.60g/cm^{3}的井，应设计使用套管头，并按钻井设计安装使用符合标准规定要求的套管头。使用套管头的井，完井井口应使用随套管头配置的专用井口帽。不使用套管头的井口，各层套管之间要采用一定厚度的环形钢板焊接。热采井井口使用双层不等厚环形钢板，下面一层环形钢板与外层(表层、技术)套管接箍焊接，上面一层与油层套管接箍底面焊接，两层厚、薄钢板分别吻合，两层之间不焊。完成井井口套管内、外不得有油、气、水渗漏现象。在完成井井口表层套管接箍的方向，用电焊焊上井号。弃井要在裸眼井段及射孔井段注入水泥封堵，并用钻具探实水泥面，封井后进行井口试压，合格后方可弃井。安装完成井口，钻井施工单位要按甲方单位的要求进行交接。

三、钻井工程资料

钻井工程资料是极其重要的钻井技术资料，是真实地记载钻井过程的唯一依据。及时、准确、齐全地录取这些资料，对于新井作业、投产、以及以后的施工都具有重要的作用，也为以后的钻井提供技术依据。

1. 钻井工程资料录取的内容

钻井工程班报表、钻井液班报表、井控装置班报表、井控坐岗记录、钻具记录本、井控档案、自动记录仪卡片(参数仪记录纸)、完井基础资料登记卡片、油气井工程交接书、钻井工程报废井申请书、钻井工程故障(事故)报告、钻井井史和套管记录本。

2. 钻井工程资料的收集及填写要求

钻井工程资料由钻井工程师(技术员)负责收集、审核；使用法定计量单位；内容齐全、数据准确真实，不得错、漏项；字体工整、清楚，不得涂改，图表正确清晰；一律用长仿宋体、蓝黑或碳素墨水填写；数据取值至小数点后两位。

3. 钻井工程资料举例介绍

钻井工程班报表(格式见附表1)。具体要求：从开钻到完井每班都有班报表记录，由班组兼职记录员按规定项目逐项填写；时效划分准确，时效与自动记录仪卡片相吻合，对定向井或钻进中的特殊工艺、工具记录清楚，必要时绘出下部结构示意草图或工具草图；每班记录员签名、司钻审查签名，由钻井工程师(技术员)分析汇总并签名。

钻井液班报表(格式见附表2)。具体要求：钻井液班报表填写时间为一次开钻至固井完；正常钻进中每30min记录一次密度、粘度，每4h记录一次全套性能，对钻井液进行处理后，记录一次全套性能。特殊情况下(如井喷、井涌、油气水侵、井漏等)，要测量循环周，连续记录钻井液密度、黏度，并详细记录处理结果。每次处理钻井液，应详细记录处理时间、井深、药品品种和使用数量。井下发生事故和复杂情况，应详细记录有关数据及处理经过、结果。

井控坐岗记录(格式见附表3)。具体要求：井控坐岗记录自钻开油气层前100m开始填写，每15min填写一次至完井结束。应填写齐全，并有分析。

井控装置班报表(格式见附表4)。具体要求：井控装置班报表填写时间为安装井控装置起至完井，每班填写一张。

附表1 钻井工程班报表

井号：　　　　队号：　　　　日期：自____年___月___日___时 至____年___月___日___时　班次：___

时间(h:min)			井深/m		工作内容	钻井参数						钻井液性能		
								排量						
自	至	时:分	自	至		钻压/kN	转速/(r/min)	缸径/mm	泵速/(次/min)	排量/(L/s)	泵压/MPa	密度/(g/cm^3)	漏斗黏度/s	滤失量/mL
接班井深/m			交班井深/m			本班计划进尺/m				本班实际进尺/m				

时效分析	生产时间(h:m)											非生产时间(h:m)							时间总计(h:m)	钻杆测试(h:m)
	进尺工作时间																			
	纯钻进	起下钻	接单根	扩划眼	换钻头	循环钻井液	小计	测井	固井	辅助	合计	故障	修理	组织停工	自然停工	复杂情况	其他	合计		

钻头						喷嘴直径/mm							所钻井段/m		所钻地层	本班进尺/m	累计进尺/m	本班纯钻时间(h:m)	累计纯钻时间(h:m)	磨损评价							
序号	尺寸/mm	类型	厂家	新度/% 入井	新度/% 出井	1#	2#	3#	4#	5#	6#	7#	自	至						内排齿	外排齿	磨损特征	位置	轴承/密封	直径	其他特征	起钻原因

钻井液及钻井参数	时间 h:m	井深/m	密度/(g/cm³)	漏斗黏度/s	滤失量/mL	静切力 10s/pa	静切力 10min/pa	含砂量/%	泥饼厚/mm	摩擦系数	pH值	旋转黏度计读数 θ_3	旋转黏度计读数 θ_{300}	旋转黏度计读数 θ_{600}	层位	钻压/kN	转盘转速/(r/min)	排量 缸径/mm	排量 泵速/(次/min)	排量 排量/(L/s)	泵压/MPa

钻具组合	编号	钻具名称	规范（外径、型号、内径）	根数	长度/m						
						井斜数据	测斜井深/m		钻井大绳记录	卷筒号：	
							井斜角/(°)			大绳直径/mm	
							方位角/(°)			大绳股数/股	
						取芯	筒次			倒出长度/m	
							直径/mm			割去长度/m	
							井段/m			现有长度/m	
							芯长/m			吨公里数/t·km	
							收获率/%			起下钻次数/次	
						当班人数	钻井队		备注	钻具组合：	
							录井队				
							定向服务				
							监督				
	总长： m		方入： m		井深： m						

值班干部： 司钻： 填写人： 工程师(技术员)：

附表 2　钻井液班报表

井号：　　队号：　　接班井深：　　交班井深：　　本班井深：　　年　月　日　班

时间/(h:min)	井深/m	地层及岩性	密度/(g/cm³)	漏斗黏度/s	出口温度/℃	排量/(L/s)	泵压/MPa	时间(h:min)	井深/m	地层及岩性	密度/(g/cm³)	漏斗黏度/s	出口温度/℃	排量/(L/s)	泵压/MPa

井深/m	流变性能											常规性能							高压滤失量/℃	
	旋转黏度计读数						塑性黏度/(mPa·s)	动切力/Pa	K 值	n 值	Z 值	静切力/Pa		含沙量/%	pH 值	滤失量		摩擦系数	滤失量/mL	泥饼厚/mm
	ϕ_3	ϕ_6	ϕ_{100}	ϕ_{200}	ϕ_{300}	ϕ_{600}						10s	10min			滤失量/mL	泥饼厚/mm			

钻井液班报表

钻井液材料消耗

材料名称	本班进料	本班消耗	累计消耗	井场剩余

固相测量

项目		
总固向量/%		
含油量/%		
含水量/%		
MBT/(g/L)		
钻屑含量/%		

滤液分析

项目		
总矿化度/(mg/L)		
Ca^{2+}/(mg/L)		
Cl^-/(mg/L)		
K^+/(mg/L)		
P_m/mL		
p_f/mL		
M_f/mL		
取样井深/m		

迟到时间：min/100m　　上返速度：m/s　　循环周时间：　　min

固控设备使用情况	振动筛			除砂器		除泥(清洁)器		除气器	离心机
	筛布孔/mm			压力/MPa	底流密度/(g/cm³)	压力/MPa	底流密度/(g/cm³)	真空度	
	1#	2#	3#						
运转时间/h									

钻井液处理情况

起止时间	处理剂名称	比例或浓度	加量	折合干剂加量

钻井液储备量：m^3，密度：　　g/cm^3 钻井液储备量：　　m^3，密度：　　g/cm^3

井下和工程情况：

钻井液组长：　　　　值班钻井液工：　　　　工程师(技术员)：

附表 3　井控坐岗记录

队号：　　　　井号：　　　　年　月　日

时　间	井　深/m	泥浆性能		泥浆量/m^3				变化原因	工作简况描述
		密度	黏度	4#罐	+、-	5#罐	+、-		

坐岗人：　　　　司钻：　　　　值班干部：

附表 4　井控装置班报表

井队________　井号________　　年　月　日

防喷器型号		控制装置型号		节流管汇型号	
蓄能器压力/MPa		全封工作状态			
管汇压力/MPa		液动闸阀工作状态			
环形压力/MPa		油路密封情况			
夜控台油量		气路密封和畅通情况			
电泵性能		电路是否正常			
气泵性能		节流控制台油压/MPa			
环封工作状态		节流阀开启情况			
半封工作状态		节流控制台气泵性能			

防喷器开关、试压情况记录：

井控装置存在问题及处理情况记录：

其他：

钻井队工程师(技术员)　　　　填表人

第七章　钻井井下故障处理工具

由于地质、工程等方面的原因，石油钻井中时常发生井下复杂问题甚至井下事故，对钻井安全造成严重影响。近年来，随着钻井深度不断增加、施工区域不断扩展以及钻井质量和安全环保要求越来越高，施工难度与风险越来越大。按照目前的标准，对钻井中发生的井下复杂问题按严重程度分为三类，即井下复杂、井下故障和井下事故。

井下复杂是指钻井中井下出现异常、不采取专门措施无法继续施工的状况，钻具仍保持连接状态并具有活动能力。如起下钻遇阻遇卡、键槽、蹩跳钻、钻井液污染、溢流、井漏等；井下故障是指发生更严重的井下异常、必须采用专门的技术和工艺、专用工具和设备进行处理方能恢复正常的状况，钻具失去连接或不能活动、失去对井眼的控制能力等。如卡钻、钻具与工具落井、卡套管、卡测井仪器与仪器落井、井喷、固井水泥在套管内凝固等等；井下事故主要是指发生重大险情、须成立专门抢险指挥机构、组织专门抢险队伍处理方能恢复正常的状况，如井喷失控、H_2S 扩散造成人员重大伤亡等。

井下故障是一种严重的井下复杂问题，是钻井施工中防范的重点。针对不同的井下故障类型，必须分析研究、制定合理的方案与措施、采用专用工具进行处理并恢复井下正常。合理使用甚至研制专用工具是井下故障处理的关键，也是培训学习的重点内容。本章将重点介绍现场较常用的处理工具，提高学员处理井下故障的技能和水平。

第一节　常用打捞工具

发生井下落物、钻具落井、卡钻等故障，需要利用专用打捞工具进行处理。目前，常用打捞工具已实现了标准化，主要包括公锥、母锥、卡瓦打捞筒、卡瓦打捞矛、母扣打捞器等，使用时根据井眼尺寸和井下情况进行选用。特殊情况下，需要根据特殊需要现场设计专用打捞工具。

一、公锥

公锥为一通心圆锥体，是一种利用外表螺纹在管柱内部造扣进行打捞作业的常用打捞工具。打捞螺纹刀刃坚硬而锋利，便于造扣。一般用来打捞钻杆、钻铤及套管等。公锥打捞位置一般为钻杆接头部位和加厚部位、钻铤、套管与油管接箍较厚部位，管柱断口壁厚较薄则不能使用，如钻杆、套管和油管的本体部位。

使用公锥打捞落物，一般在鱼顶以上开泵并慢慢下放至落鱼水眼进行冲洗，使落鱼水眼干净清洁。确认鱼顶深度、水眼冲洗干净后，停泵下放钻具加压 30～50kN(根据情况可适当增加压力)，缓慢启动转盘并观察造扣圈数，进扣圈数一般不小于 5 圈。造扣到位后一般不能继续进扣，应多次造扣确认是否到位，应控制转盘严防急速倒车。确认造扣到位后，上提下放多次活动和转动钻具，然后上提至一定拉力倒扣。倒扣成功后，观察增加打捞重量，开泵顶通钻具水眼，起钻。

（一）普通公锥

1. 结构和工作原理

打捞螺纹 8 扣/25.4mm，锥度 1∶16。打捞螺纹轴向上有 4 ~5 道深 2.5mm 的切削槽，便于造扣和排屑。公锥的材质为高强度合金钢，经渗碳淬火、回火。表面硬度达 HRC60 ~65，接头部位硬度为 HB285。普通公锥的结构如图 7 –1 所示。

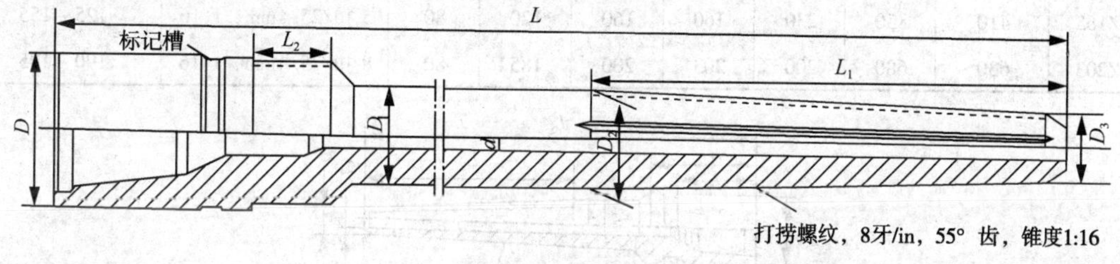

图 7 –1 普通公锥

2. 规格型号

普通公锥的打捞螺纹分为左旋与右旋，国内常见的公锥规范见表 7 –1。

表 7 –1 普通公锥规范

mm

规格	接头螺纹	水眼 d	小端直径 D_3	大端直径 D_1	接头外径 D	螺纹长 L_1	总长 L	L_2	适用打捞孔径
Gz/NC31（2⅞IF）	NC31	20	43	70	105	432	800	150	48 ~60
Gz/NC38（3½IF）	NC38	20	55	82	121	432	800	150	60 ~77
Gz/NC50（4½IF）	NC50	25	86.5	108	165	344	800	150	89 ~103
Gz/5½IF	NC50	25	83.5	108	178	392	900	150	89 ~103

（二）大范围打捞公锥

大范围打捞公锥的特点是打捞螺纹部分较长，直径变化大，适用范围较广。结构见图 7 –2，规范见表 7 –2。牡丹江建材机械厂生产的公锥结构见图 7 –3，技术参数见表 7 –3。

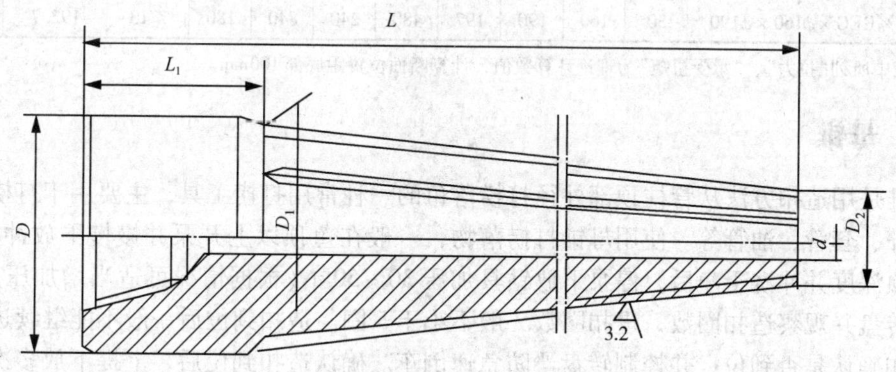

图 7 –2 大范围打捞公锥

表 7-2　大范围打捞公锥规范　mm

规格	接头螺纹	L	L_1	D	D_1	D_2	d	打捞螺纹	适用打捞孔径
GZ80	210	844	156	80	79.4	36	9	8 扣/25.4mm，1:16	40~75
GZ105	310	1000	200	105	95	45	20	5 扣/25.4mm，1:16	50~90
GZ155	410	1450	230	155	130	65	30	5 扣/25.4mm，1:16	70~125
GZ165	410	850	230	160	160	120	80	5 扣/25.4mm，1:16	125~155
GZ203	630	680	200	203	200	185	80	8 扣/25.4mm，1:16	190~195

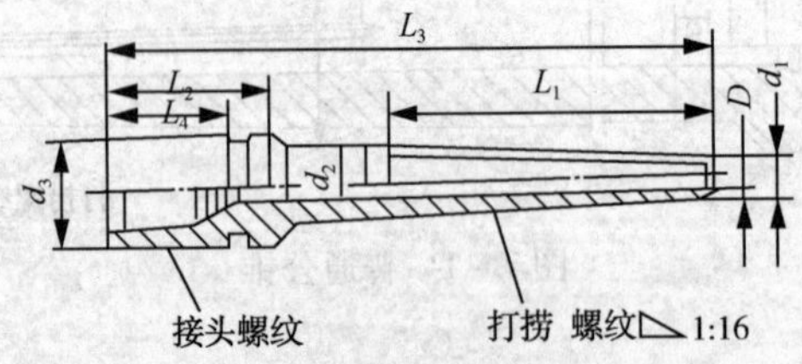

图 7-3　牡丹江建材机械厂公锥结构

表 7-3　牡丹江建材机械厂生产的公锥技术参数

产品代号	D/mm	d_1/mm	d_2/mm	d_3/mm	L_1/mm	L_2/mm	L_3/mm	L_4/mm	拉力/kN	承受扭矩/kN·m	打捞孔径范围/mm
GZ-NC31×ϕ40×ϕ60	12	40	60	105	320	200	640	160	450	3.12	45~55
GZ-NC38×ϕ50×ϕ80	20	50	80	121	480	200	800	160	732	6.10	55~75
GZ-NC50×ϕ58×ϕ88	20	58	88	156	480	200	800	180	950	9.40	63~83
GZ-NC50×ϕ60×ϕ90	20	60	90	156	480	200	800	160	1023	10.4	65~85
GZ-NC50×ϕ73×ϕ108	25	73	108	156	560	200	880	160	1610	19.3	78~103
GZ-NC50×ϕ75×ϕ108	25	73	108	156	528	200	850	160	1657	20.2	80~103
GZ-NC50×ϕ80×ϕ110	25	80	110	156	480	200	800	160	1900	24.5	85~105
GZ-NC50×ϕ90×ϕ138	25	90	138	156	768	200	1080	160	2360	34.0	95~133
GZ-NC50×ϕ105×ϕ138	25	105	138	156	528	200	850	160	3271	54.8	110~133
GZ-6-⅝REG×ϕ120×ϕ160	25	120	160	197	640	240	1000	180	4236	81.6	125~155
GZ-6-⅝REG×ϕ140×ϕ180	30	140	180	197	640	240	1000	180	5851	129.3	145~175
GZ-6-⅝REG×ϕ160×ϕ190	30	160	190	197	480	240	840	180	7713	192.7	165~185

注：表中所列“拉力”、“承受扭矩”为理论计算数值，计算断面位置距底部 100mm。

二、母锥

母锥是用造扣方法从管柱顶部外径打捞落鱼的一种常用打捞工具，主要用于打捞管壁较薄的钻杆、套管、油管等。使用母锥打捞落物，一般在鱼顶以上开泵并慢慢下放冲洗鱼顶，确认鱼顶深度并冲洗干净后，停泵下放钻具加压 30~50kN(根据情况可适当增加压力)，缓慢启动转盘并观察造扣圈数，进扣圈数一般不小于 5 圈。造扣到位后一般不能继续进扣，应多次造扣确认是否到位，并控制转盘严防急速倒车。确认造扣到位后，上提下放多次活动和转动钻具，然后上提至一定拉力倒扣。倒扣成功后，观察增加打捞重量，开泵顶通钻具水眼，起钻。

1. 母锥的结构、性能

母锥内部螺纹为8扣/25.4mm、锥度1∶16。也有锥度为1∶24的母锥。打捞螺纹硬度为HRC60～65。打捞螺纹轴向上有切削槽，便于造扣和排屑。

母锥结构如图7－4。

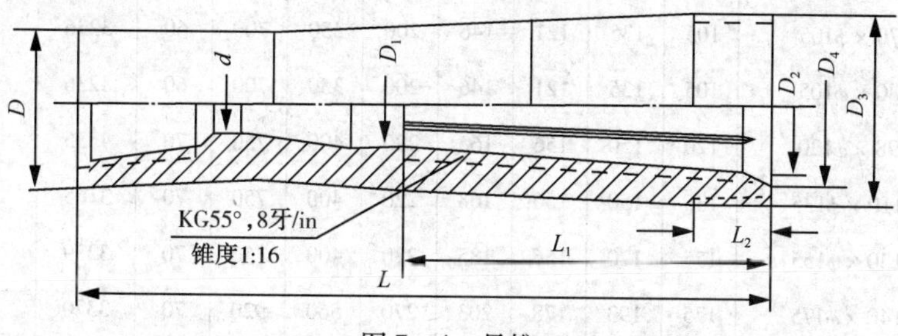

图7－4 母锥

2. 母锥的规格与参数

母锥的规格型号见表7－4，牡丹江建材机械厂生产的母锥结构见图7－5，技术参数见表7－5。

表7－4 母锥规格

mm

母锥规格	接头螺纹	螺纹大端直径 D_2	外径 D_3	接头外径 D	打捞螺纹长度 L_1	总长 L	L_2	被打捞直径
MZ/NC26	NC26	52	86	86	175	295	76	48～50
MZ/NC26	NC26	62	95	86	170	280	76	59～60
MZ/NC26	NC26	75	95	86	206	340	76	68～73
MZ/NC31	NC31	75	114	105	222	350	76	69～73
MZ/NC31	NC31	84	114	105	262	390	76	71～82
MZ/NC31	NC31	95	115	105	220	440	76	89～93
MZ/NC38	NC38	110	135	121	340	480	76	95～118
MZ/NC50	NC50	135	180	156	400	750	76	110～135
MZ/5½FH	NC50	150	194	165	400	750	76	130～150
MZ/6⅝REG	6⅝REG	176	205	165	377	730	76	140～175

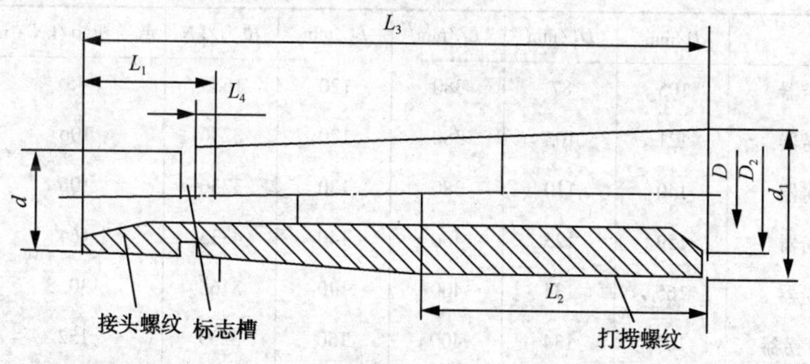

图7－5 牡丹江建材机械厂母锥结构

表 7－5　牡丹江建材机械厂生产的母锥技术参数

产品代号	D/mm	D_1/mm	d/mm	d_1/mm	L_1/mm	L_2/mm	L_3/mm	L_4/mm	拉力/kN	承受扭矩/kN·m	打捞孔径范围/mm
MZ－NC31×ϕ65×ϕ90	90	95	105	115	180	300	600	60	1635	45	65～90
MZ－NC38×ϕ70×ϕ105	105	135	121	146	200	350	700	60	3236	106	70～105
MZ－NC50×ϕ80×ϕ105	105	135	121	146	200	350	700	60	3236	106	80～105
MZ－NC50×ϕ98×ϕ120	120	150	156	168	220	400	750	70	4335	164	98～120
MZ－NC50×ϕ110×ϕ135	135	150	156	168	220	400	750	70	3165	131	110～135
MZ－NC50×ϕ130×ϕ155	155	170	156	185	220	400	750	70	3239	152	130～155
MZ－NC50×ϕ140×ϕ175	175	193	178	203	270	560	920	70	3370	178	140～175
MZ－6－⅝REG×ϕ150×ϕ182	182	205	197	215	270	512	760	70	4151	228	150～182

注：表中所列"拉力"、"承受扭矩"为理论计算数值，计算断面位置距底部100mm。

三、母扣打捞器

母扣打捞器为一通心圆锥体，是一种通过在钻柱母螺纹部位造扣进行打捞的工具。一般用来打捞钻杆、钻铤及其他带螺纹的工具等。

1. 结构

母扣打捞器打捞螺纹8扣/25.4mm，锥度与打捞螺纹锥度一致。打捞螺纹刀刃坚硬而锋利，便于造扣。打捞螺纹轴向上有4～5道深2.5mm的轴向切削槽，便于造扣和排屑。基本结构见图7－6，一种常用母扣打捞器的技术参数见表7－6。

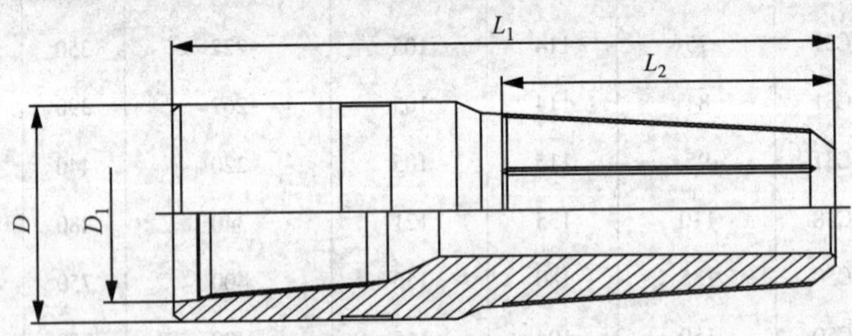

图7－6　母扣打捞器

表 7－6　牡丹江建材机械厂母扣打捞器技术参数

产品代号	D/mm	D_1/mm	L_1/mm	L_2/mm	拉力/kN	承受扭矩/kN·m	打捞扣型
NC31 母扣打捞器	105	87	380	120	1635	45	NC31
NC38 母扣打捞器	121	103	380	120	3236	106	NC38
NC40 母扣打捞器	140	110	380	130	3236	106	NC40
NC46 母扣打捞器	159	123	400	140	4335	164	NC46
NC50 母扣打捞器	165	134	400	140	3165	130.5	NC50
5－½FH 母扣打捞器	165	134	400	150	3239	152	5－½FH
6－⅝REG 母扣打捞器	165	134	400	150	3370	178	6－⅝REG
7－⅝REG 母扣打捞器	203	134	400	150	4151	228	7－⅝REG

2. 工作原理

使用母扣打捞器打捞落物，一般在鱼顶以上开泵并慢慢下放至落鱼水眼进行冲洗，使落鱼母螺纹内干净清洁。确认鱼顶深度、水眼冲洗干净后，停泵下放钻具加压 30～50kN（根据情况可适当增加压力），缓慢启动转盘并观察造扣圈数。造扣到位后一般不能继续进扣，应多次造扣确认是否到位，并控制转盘严防急速倒车。确认造扣到位后，上提下放多次活动和转动钻具，然后上提至一定拉力倒扣。倒扣成功后，观察增加打捞重量，开泵顶通钻具水眼，起钻。

四、卡瓦打捞筒

卡瓦打捞筒是用于抓捞外径光滑落鱼的一种常用高效打捞工具。使用该工具打捞落鱼时，下放打捞筒将落鱼顶部套入打捞筒内的卡瓦部位，然后上提钻具使卡瓦抱紧卡牢落鱼，继续上提将落鱼捞出。打捞操作中，一般在鱼顶上部开泵对鱼顶进行冲洗，然后缓慢下放套入落鱼（应保证卡瓦全部套入落鱼），之后慢慢上提钻具观察悬重变化情况。打捞成功后，在允许的上提拉力范围内上提钻具，若能够捞起落鱼可试开泵顶通钻具水眼后起钻；若落鱼钻具已卡不能捞起，可下放钻具使卡瓦解脱并转动退出，考虑其他打捞方法。

1. 结构与工作原理

由外筒和内部组件组成，同一外筒可使用多种不同尺寸的卡瓦来实现对不同落鱼的打捞作业。打捞筒结构见图 7－7。

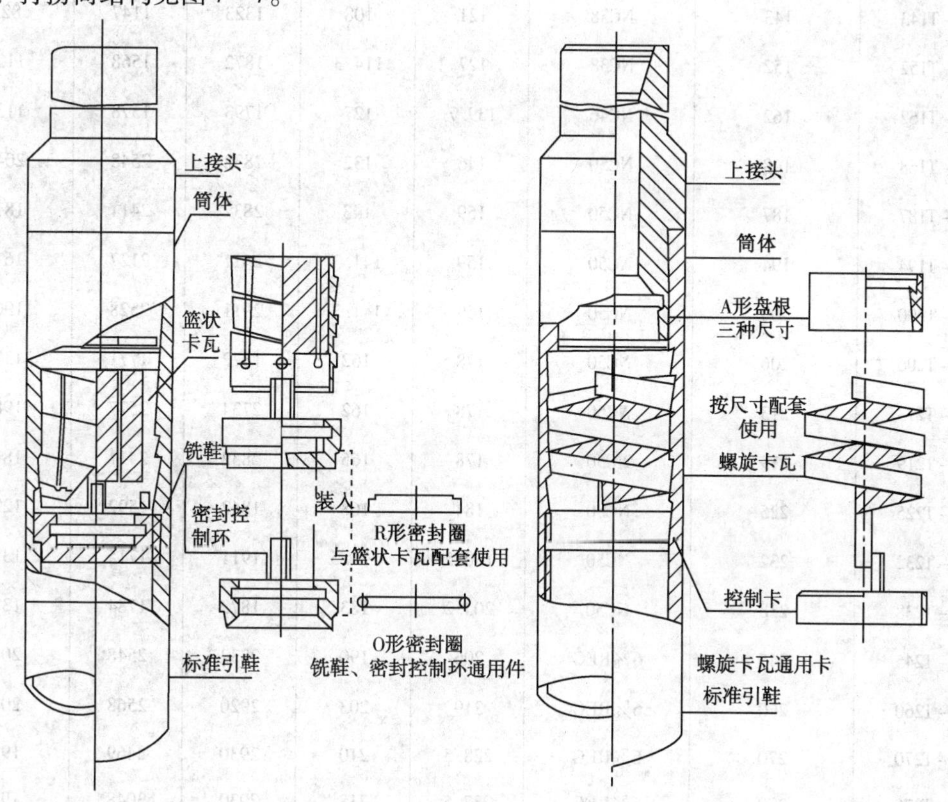

图 7－7　卡瓦打捞筒

2. 规格型号

根据井眼不同，可选择不同的打捞筒。每一种打捞筒有多个打捞尺寸，配有螺旋卡瓦或蓝状卡瓦。每种卡瓦上都打有钢号，其打捞范围比钢号数字大 1～3mm。如 Φ177.8mm 的卡瓦牙，打捞范围为 178.8～180.8mm。卡瓦打捞筒的规格型号见表 7－7，常用配套卡瓦牙的尺寸见表 7－8。

表 7－7 卡瓦打捞筒规格型号

型　号	打捞筒外径/mm	接头螺纹	最大打捞尺寸/mm		抗拉屈服载荷/kN		
			螺旋卡瓦	蓝状卡瓦	螺旋卡瓦	篮状卡瓦	
						无台肩	有台肩
LT－T89	89	NC26	60	47.5	1372	1176	735
LT－T92	92	NC26	76	66.5	568	470	245
LT－T95	95	NC26	77.5	68	902	892	833
LT－T105	105	NC31	82.5	70.5	666	598	382
LT－T127	127	NC38	101	87	2274	1999	1421
LT－T140	140	NC38	117.5	105	1323	1147	823
LT－T143	143	NC38	121	108	1323	1147	823
LT－T152	152	NC38	127	114.3	1872	1568	1127
LT－T162	162	NC46	139.7	127	1793	1578	1137
LT－T168	168	NC50	146	132	2832	2548	2048
LT－T187	187	NC50	159	143	2832	2411	1872
LT－T194	194	NC50	159	141.3	2411	2127	1617
LT－T200	200	NC50	159	141.3	2911	2528	1901
LT－T206	206	NC50	178	162	1872	1771	1372
LT－T213	213	NC50	178	162	2734	2577	1989
LT－T219	219	NC50	178	165	2832	2411	1813
LT－T225	225	NC50	184	168	1842	1592	1225
LT－T232	232	NC50	190.5	171.5	1911	1715	1312
LT－T238	238	NC50	203.2	183	1872	1784	1372
LT－T245	245	6⅝REG	206	190	2832	2548	2048
LT－T260	260	6⅝REG	219	203	2920	2568	2068
LT－T270	270	6⅝REG	228.5	210	2930	2469	1979
LT－T279	279	6⅝REG	237.5	218	2930	3048	1999
LT－T286	286	6⅝REG	244.5	225.5	2920	3568	2068
LT－T302	302	6⅝REG	254	235	3685	3303	2479

表 7-8　常用打捞筒的配套卡瓦　　mm

打捞筒尺寸		286	245	219	213	200	194	143	114
所配卡瓦内径	螺旋	238	200	177.8	177.8	158.7	158.7	120.6	86
		228	197	174.6	174.6	155.6	155.6	117.5	83
		225	194	171.5	171.5	152.4	152.4	114.3	70
	篮状	200	175	165	162	141.3	141.3	108	63
		197	172	158.5	155.6	123.8	123.8	96.8	60
		175	165	152.4	152.4	120.6	120.6	88.9	57
		162	162	127	127	114.3	114.3	85.7	54
		124	124	123.8	128.8	85.7	79.4	73	

3. 卡瓦选择原则

卡瓦最大尺寸应比落鱼尺寸小 1 ~3mm，选择打捞筒时应考虑井径的大小，下井连接时大钳不得夹卡筒体，以免损坏。

五、卡瓦打捞矛

卡瓦打捞矛是通过落鱼内孔打捞落物的一种常用高效打捞工具，用于打捞钻杆、套管和油管等。使用该工具打捞落鱼时，下放钻具将打捞矛卡瓦插入落鱼内孔，上提钻具使卡瓦外胀卡牢落鱼内壁，继续上提将落鱼捞出。打捞操作中，一般在鱼顶上部开泵对鱼顶进行冲洗，开泵情况下缓慢下放直至发现憋泵现象后停泵，继续下放将捞矛卡瓦全部插入落鱼水眼内，然后缓慢上提观察悬重变化情况。打捞成功后，在允许的上提拉力范围内上提钻具，若能够捞起落鱼可试开泵顶通钻具水眼后起钻；若落鱼钻具已卡不能捞起，可下放钻具使卡瓦解脱并转动退出，考虑其他打捞方法。

1. 结构

可退式卡瓦打捞矛结构见图 7-8。

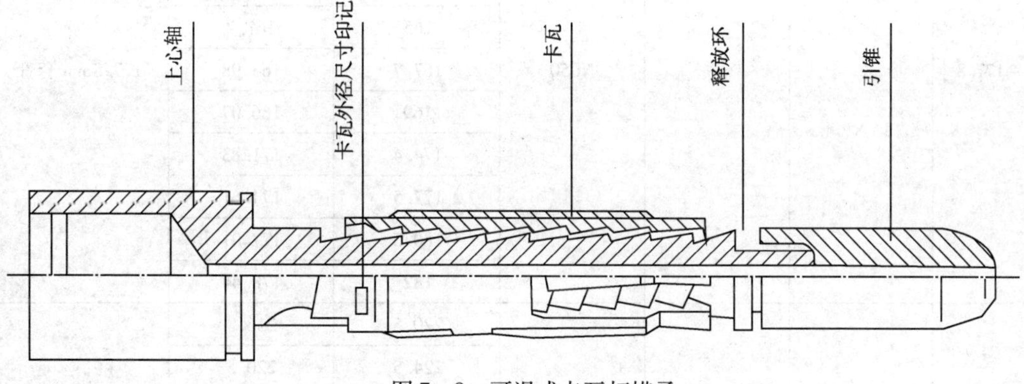

图 7-8　可退式卡瓦打捞矛

2. 规格型号

每一种打捞矛都配有多种尺寸的卡瓦，落鱼外径尺寸应比打捞矛卡瓦尺寸小 1 ~3mm。规格型号见表 7-9。

表 7-9　卡瓦打捞矛规范（SY 5068—85 标准）

规格型号	抗拉强度/kN	引鞋直径/mm	接头螺纹代号	卡瓦外径/mm	可捞落鱼内径/mm	可捞落鱼名称
LM－T63.5	590	59	2⅜REG	64	62	73mm 油管
LM－T114.3	588	59	NC38	63.5	61.79	73mm 钻杆
				67	66.09	88.9mm 钻杆
				70	68.26	165.1mm 钻铤
				72	70.9	
				75.5	73.5	
LM－T127	980	78	NC50	83	79.37	
				86	82.55	
				89	85.73	114.3mm 钻杆
				92	90	127mm 钻杆
				95.5	93.7	127mm 钻杆
LM－T127	1470	102	NC50	111	108.6	127mm 钻杆
				115	113	127mm 钻杆
				117	114.1	127mm 套管
				119	115.8	
LM－T139.7	1470	102	NC50	121	118.6	139.7mm 钻杆
				124	121.4	
				127	124.3	139.7mm 套管
				128	125.7	
				130	127.3	
LM－177.8			NC50	154	150.37	177.8mm 套管
				156	152.5	
				158.5	154.79	
				163	157.07	
				165	161.7	
				167.7	163.98	
				169	166.07	
				174.4	171.83	
				177.5	174.61	
				180.5	177.01	
				182	178.44	
LM－T245			6⅝REG	220.5	216.8	244.5mm 套管
				224.5	220.5	
				226.5	222.38	
				228.5	224.41	
				230.5	226.59	
				232.5	228.63	

续表

规格型号	抗拉强度/kN	引鞋直径/mm	接头螺纹代号	卡瓦外径/mm	可捞落鱼内径/mm	可捞落鱼名称
LM - T340			7⅝REG	313.5	311.68	339.7mm 套管
				315	313.61	
				317.5	315.34	
				320	317.88	
				322.5	320.42	

3. 打捞矛的选用原则

各种规格的打捞矛配有多种不同尺寸的卡瓦，卡瓦上打印此卡瓦最大外径尺寸，一般原则为卡瓦最大尺寸大于落鱼尺寸 1 ~3mm。

六、大范围打捞矛

可退式大范围打捞矛是一种新型的管柱打捞工具，具有打捞范围大、安全可靠、操作方便等优点。主要用于打捞套管、油管以及非标准管等，可以与内割刀、震击器等工具配合使用。如果落鱼被卡，可退出捞矛，起出钻具。

1. 结构与原理

可退式大范围打捞矛由芯轴(上接头)、上滑套、限位块、螺钉、卡瓦、连接套、下滑套、摩擦块、摩擦块弹簧、下接头(引锥)等组成，结构见图 7 –9。

当可退式大范围打捞矛接触落鱼时，由于摩擦块外径比落鱼内径大，迫使摩擦块压缩弹簧进入落鱼内，摩擦块受弹簧弹力作用，紧紧粘在落鱼内壁上，此时卡瓦牙还处于释放状态；当打捞矛完全进入落鱼后，右旋钻具 90°(正扣打捞矛)，芯轴上的限位块沿着上滑套槽旋转；上提钻具，芯轴倒锯齿锥面迫使卡瓦径向扩张，紧紧咬住落鱼内壁，卡紧落鱼。

退出打捞矛：当落鱼被卡时，下放钻具，然后左旋 90°(正扣打捞矛)，上提钻具即可退出打捞矛，起出钻具。

2. 规格型号及技术参数

规格型号及技术参数见表 7 –10。

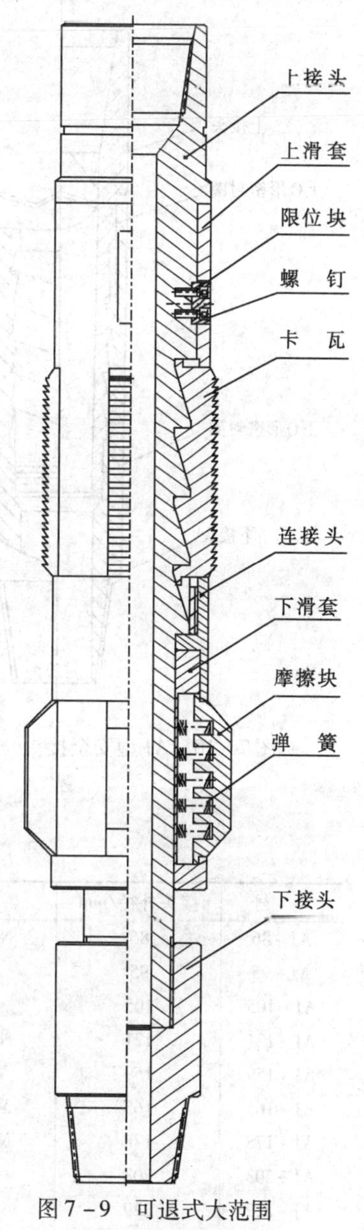

图 7 –9　可退式大范围打捞矛结构示意图

表 7－10 规格型号及技术参数

规格型号	打捞范围/mm	连接螺纹
DLM110－135	110～125；120～135	410（NC50）
DLM130－165	130～150；145～165	410（NC50）
DLM160－195	160～180；175～195	410（NC50）

第二节 辅助打捞工具

使用公锥、母锥、打捞筒、打捞矛等工具进行打捞作业时，一般应配合使用安全接头。打捞落鱼后不能解卡时，可容易地从安全接头处将上部钻具倒出，防止整个钻具被卡住无法解脱。

一、安全接头

最常用的安全接头有 AJ 型、H 型和 J 型等。根据用途分为左、右旋螺纹安全接头。除螺纹有左、右之分外，其余结构均相同。

（一）AJ 型安全接头

1. 结构、工作原理

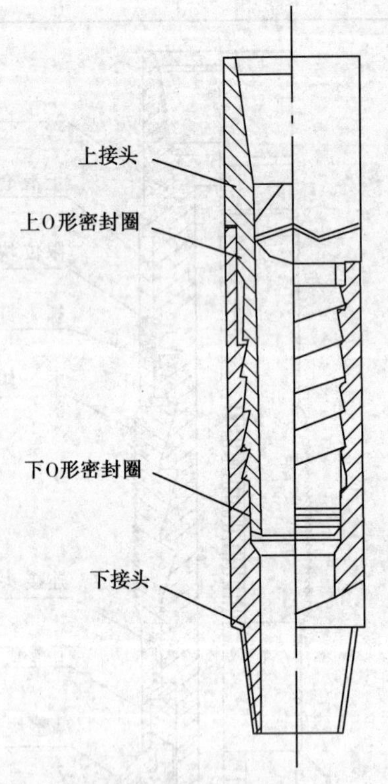

图 7－10 AJ 型安全接头

AJ 型安全接头由上接头、下接头和两只 O 形密封圈组成，见图 7－10。该型安全接头通过内部特殊锯齿螺纹将上下两体进行连接，在较小的反扭矩下即可松扣解脱。使用时，将安全接头连接于打捞工具之上，打捞落鱼后一旦发生被卡的情况，可反转钻具从安全接头处将上部钻具倒开起出。下井前，应卸开检查完好并涂油润滑，落实螺纹圈数。打捞落鱼后需要倒开时，倒转圈数应大于螺纹圈数。

2. AJ 安全接头规范

AJ 安全接头规范见表 7－11。

表 7－11 AJ 安全接头规范

型　号	接头外径/mm	接头螺纹	水眼直径/mm	最大许用拉力/kN	最大许用扭矩/kN·m
AJ－86	86	NC26（2⅜IF）	41	1395	9.200
AJ－95	95	2⅜REG	32	1536	12.100
AJ－105	105	NC31	54	2205	17.900
AJ－121	121	NC38（3½IF）	62	2612	21.500
AJ－159	159	NC46（4IF）	71	4938	60.600
AJ－165	165	NC50（4½IF）	71	5462	67.400
AJ－178	178	NC50（4½IF）	102	5568	76.200
AJ－203	203	6⅝REG	127	6445	100.600
AJ－229	229	7⅝REG	101		
AJ－254	254	7⅝REG	121		

（二）H 型安全接头

H 型安全接头是利用接头内部公母段“H”型凸块和滑槽的配合，达到连接和脱开的目的。结构见图 7－11，接头规范见表 7－12，销钉规范见表 7－13。

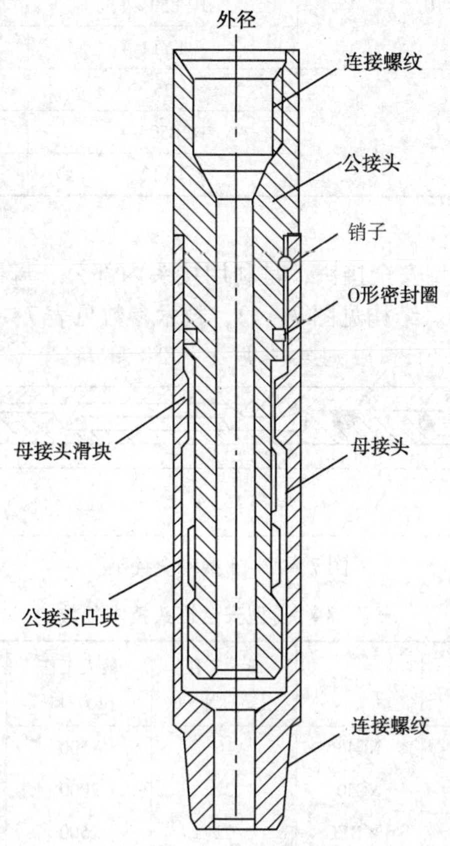

图 7－11　H 型安全接头

表 7－12　H 型安全接头技术规范

型　号	接头外径/mm	接头螺纹	水眼直径/mm	最大工作拉力/kN	最大工作扭矩/kN · m
H－105	105	NC31	38	1340	12.70
H－121	121	NC38（$3\frac{1}{2}$IF）	50	1400	17.65
H－159	159	NC46（4IF）	71	1600	35.00
H－178	178	NC50（$4\frac{1}{2}$IF）	80	2500	40.00
H－203	203	$6\frac{5}{8}$REG	90	3300	44.00

表 7－13　H 型安全接头销钉规格

安全接头	销钉直径/mm	销钉材料	销钉剪断力/kN
H－105 H－121	7	25	88.5
		HPB59－1	56
		LY12	45

续表

安全接头	销钉直径/mm	销钉材料	销钉剪断力/kN
H－159	10	25	180
		HPB59－1	114
		LY12	92.5
H－178 H－203	12	25	256
		HPB59－1	162
		LY12	131.5

(三)J型安全接头

J型安全接头类似于H型安全接头，是利用接头内部公、母段“J”型的凸块和滑槽的配合，达到连接和脱开的目的。结构见图7－12，技术参数见表7－14。

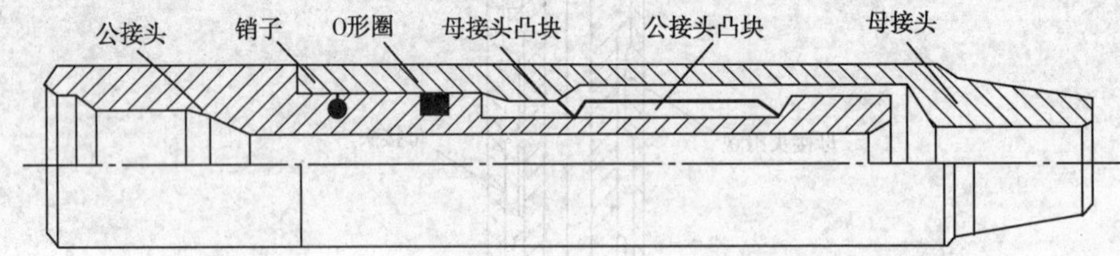

图7－12　J型安全接头

表7－14　J型安全接头技术参数

型　号	外径/mm	内径/mm	接头螺纹	最大工作扭矩/kN·m	最大工作拉力/kN	销子剪断力/kN		
						铝销	铜销	钢销
J159	159	70	NC46	16	1500	88	132	176
J178	178	80	NC50	22	2000	88	132	176
J203	203	71	6⅝REG	22	2500	127	137	225

二、KJ可变弯接头

可变弯接头下部的打捞接头可以变换角度，增加了斜向捞到落鱼的可能性。可以单独使用直接与落鱼对扣打捞，也可以和公锥、母锥等工具配合使用。为了实现接头的弯度可变功能，限流塞和打捞器是两个必不可少的辅助部件。

结构及工作原理见图7－13、图7－14，限流塞与打捞器的结构见图7－15，技术规格见表7－15，限流塞与打捞器的技术规格见表7－16。

表7－15　KJ可变弯接头技术规格

型　号	外径/mm	接头螺纹		水眼直径/mm	弯曲角度/(°)	屈服强度/kN	最大扭矩/kN·m
		上接头	下接头				
KJ102	102	NC31	NC31	35	7	1176	10.9
KJ108	108	NC31	NC31	40	7	1470	15.7
KJ120	120	NC31	NC31	50	7	1666	22.76
KJ146	146	NC38	NC38	65	7	1960	30.6
KJ165	165	NC50	NC50	70	7	2352	39.2

续表

型　号	外径/mm	接头螺纹		水眼直径/mm	弯曲角度/(°)	屈服强度/kN	最大扭矩/kN·m
		上接头	下接头				
KJ184	184	NC50	NC50	75	7	2744	49.4
KJ190	190	NC50	NC50	80	7	3136	60.4
KJ200	200	NC50	NC50	90	7	3430	63.7
KJ210	210	NC50	NC50	114	7	3920	81.5
KJ222	222	6⅝REG	6⅝REG	114	7	4312	101.1
KJ244	244	6⅝REG	6⅝REG	140	7	4802	105.8

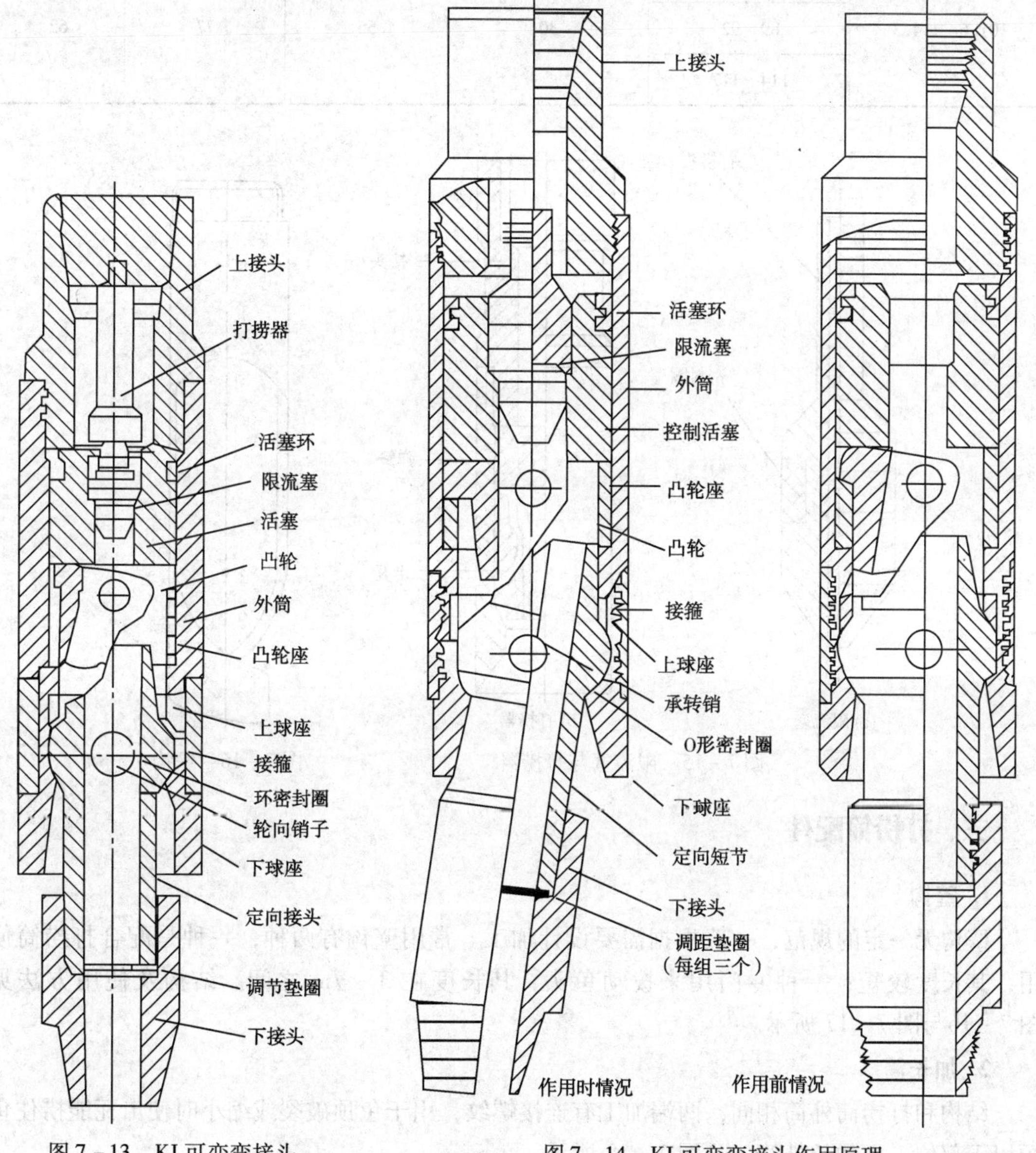

图7－13　KJ可变弯接头

图7－14　KJ可变弯接头作用原理

表 7－16　限流塞与打捞器规格

钻柱水眼直径/mm	限流塞/mm		打捞器/mm		
	大端直径	打捞颈	外径	引鞋外径	引鞋内径
41.3～44.5	33×36			36	32
50.8～54	40×43	18	36	40	36
61.9～69.9	49×52			50	46
76.2～82.6	56×59	22	43	58	52
88.9～95.3	72×75			65	57
	75×78				
101.6～114.3	89×92	30	55	77	62
	114×117				

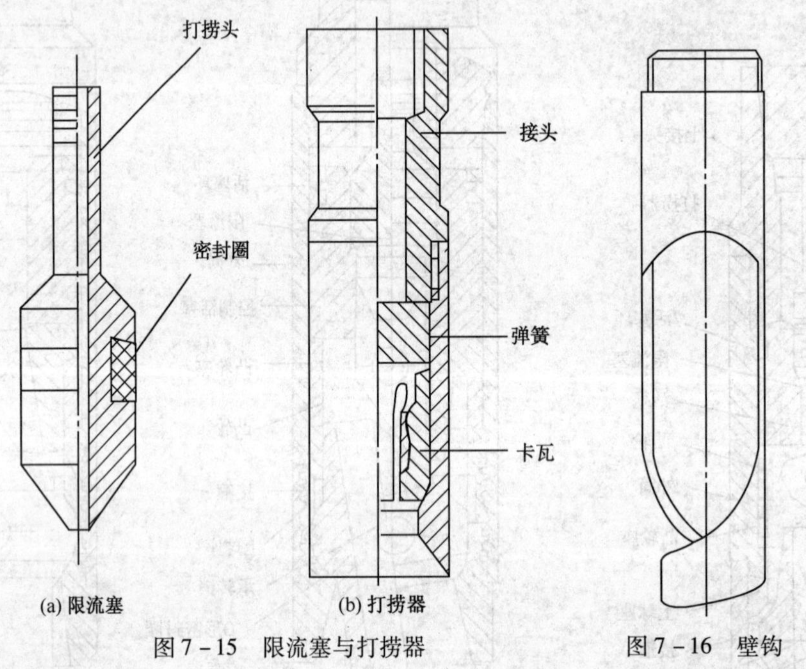

图 7－15　限流塞与打捞器　　　　图 7－16　壁钩

三、打捞筒配件

1. 壁钩

壁钩无一定的规范，一般根据需要设计加工。常用壁钩有两种，一种是配合打捞筒使用，其长度较短；一种专门用来拨动鱼头，其长度在 3～7m 之间。结构及使用方法见图 7－16与图 7－17 所示。

2. 加长筒

结构和打捞筒外筒相同，两端加工有连接螺纹，用于鱼顶破裂或缩小时使卡瓦能捞住鱼顶以下部位，而加长外筒，见图 7－18 所示。

3. 大引鞋

在井径大而落鱼小的情况下，为了使落鱼容易进入捞筒，可以采用加大引鞋，其结构见图 7－19。

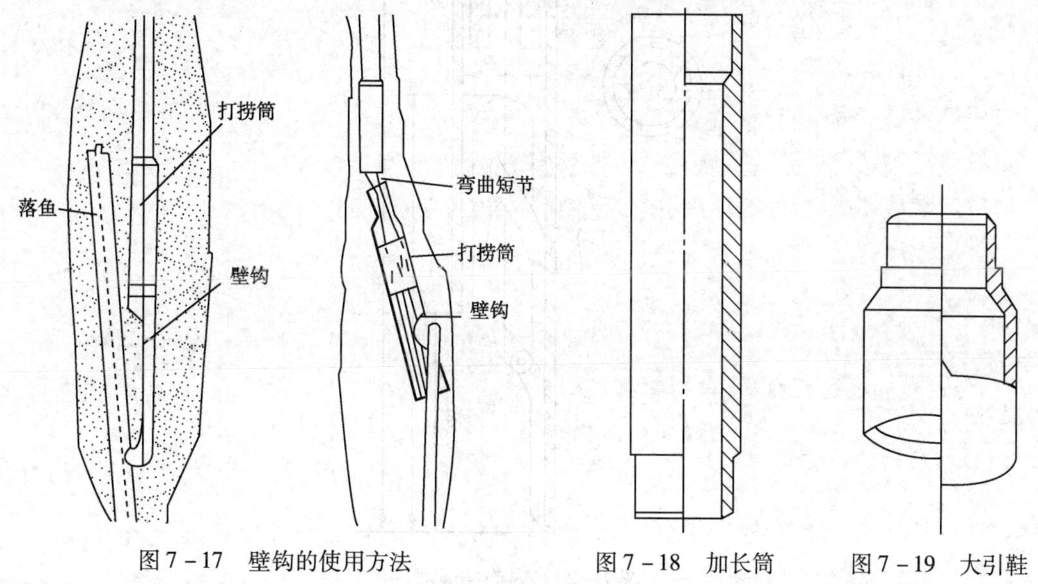

图 7－17 壁钩的使用方法　　图 7－18 加长筒　　图 7－19 大引鞋

第三节 常用电缆及测井仪器打捞工具

测井中发生电缆、仪器被卡或电缆断落时，需要进行解卡和打捞作业。处理电缆与仪器问题需要专用打捞工具，现场常用工具主要有捞绳器、打捞筒和穿心解卡工具等。

一、内钩捞绳器

内钩捞绳器也叫内捞矛，是在厚壁钢管内壁焊上挂钩制成。挂钩顺时针方向倾斜，电缆被挂钩挂住之后，转动捞绳器使电缆绕紧收缩，打捞更为可靠。该工具一般用于套管内电缆断脱后的打捞处理。使用内钩捞绳器时，其外径与套管内径或井眼直径的间隙不得大于电缆直径。

结构与工作原理如图 7－20，技术规格见表 7－17。

表 7－17 内钩捞绳器技术规格

外径/mm	接头螺纹	挂钩数目/只	挂钩直径/mm	开口长度 L_1/mm	总长 L/mm
219	NC50	6	16	950	1400
194	NC50	5	14	800	1200
168	NC38	4	14	600	1100
140	NC38	3	14	500	900
102	NC31	3	14	400	800

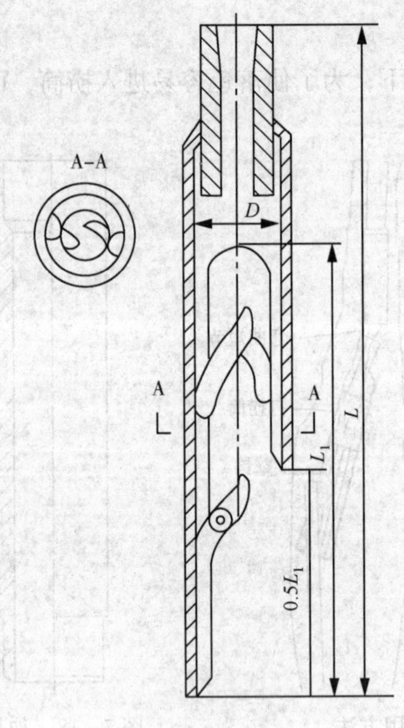

图 7－20　内钩捞绳器

二、外钩捞绳器

外钩捞绳器也叫外捞矛，由接头、挡绳帽、本体和捞钩组成，如图 7－21 所示。本体的锥体部分焊有直径为 15mm 的捞钩，捞钩与本体直线呈正旋方向倾角，挡绳帽的外径应比钻头直径小 8～10mm，圆周可以开 6～8 个斜水槽。该工具一般用于裸眼井测井电缆断脱后的打捞处理。

打捞时，下钻至预计深度(一般以断电缆深度增加 50m 作为打捞深度)并转动钻具 5 圈左右，然后上提并起钻确认打捞效果。应注意，即使打捞不成功也不得一次下入钻具太深，防止电缆成团缠绕钻具造成卡钻。

三、卡板式打捞筒

用于打捞落入井内的细长杆状物件如测斜仪、电测仪、撬杠等，结构如图 7－22 所示。引鞋是引导鱼头进入捞筒的工具，其基本形式有三种，如图 7－23(a)为加大引鞋，在井眼大、捞筒小的情况下使用。图 7－23(b)为半圆式引鞋，沿周向将管壁的二分之一削去高度 0.3～0.4m，形成一个高度差，对于判明井下打捞情况十分有利。图 7－23(c)为壁钩式引鞋，可以拨动鱼头，改变鱼头在井内所处的位置，有利于将落鱼引入进行打捞。

四、钻杆穿心解卡工具

钻杆穿心法是目前使用最普遍、效率最高、安全性最好的电缆解卡打捞工具，能一次将仪器和电缆全部捞出。穿心解卡工具结构原理如图 7－24 所示，穿心法主要操作步骤如下：

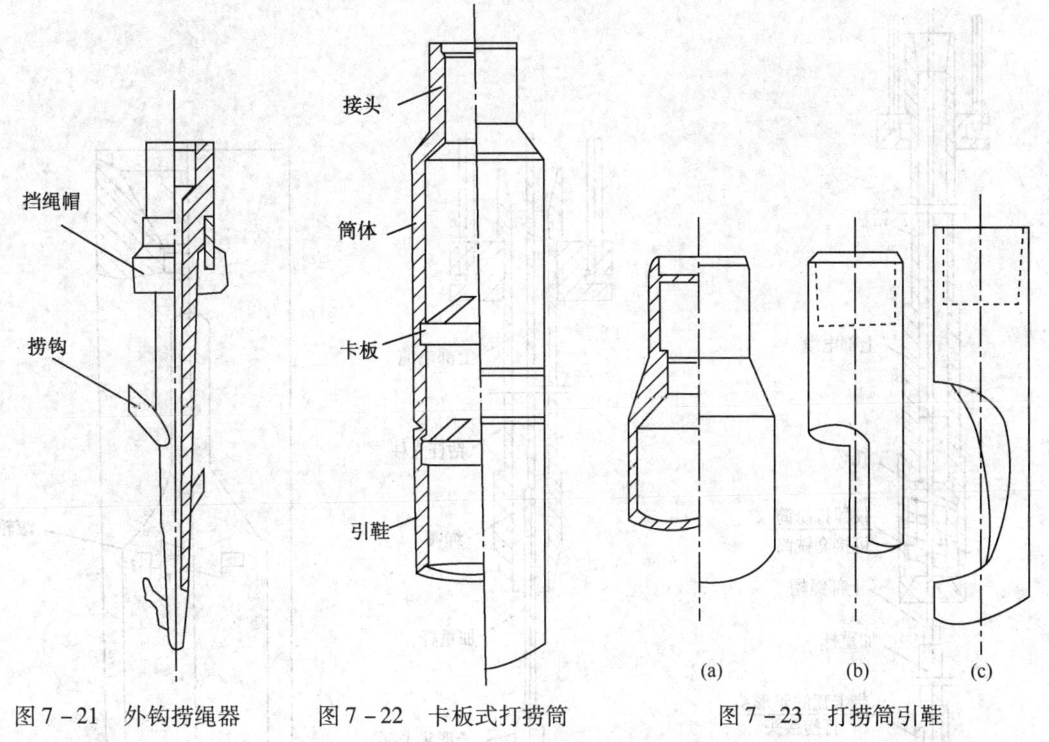

图 7－21　外钩捞绳器　　　图 7－22　卡板式打捞筒　　　图 7－23　打捞筒引鞋

① 在井口部位断开电缆，分别在断开的上、下电缆头连接带矛型头的打捞接头和带矛型头的绳帽，见图 7－24(a)。

② 将带打捞接头的上部电缆起至井架二层平台位置，投入即将下入井内、仍立于钻杆盒的钻具立柱内并使其下行至钻台位置。提起该钻具立柱并移至井口，将钻具内的电缆打捞接头与井口的电缆绳帽连接，然后上提拉紧电缆，见图 7－24(b)。

③ 保持电缆拉紧状态，连接井口钻具并将钻具下入井内。钻具下放至井口坐卡瓦后，将带缺口承托盘坐于钻杆接头顶面，将电缆坐于承托盘并将打捞接头与绳帽卸开。

④ 再次上提电缆至二层台位置，继续重复上述操作，直至下钻至电缆或仪器被卡部位。

⑤ 活动钻具并适当下压，同时上提下放电缆观察解卡情况。

⑥ 若电缆、仪器解卡，则上提电缆使仪器顶部进入钻具内打捞筒部位，继续上提将电缆与仪器解脱，仪器被打捞筒捞获；若电缆、仪器不能解卡，则在保持电缆拉紧状态下慢慢下放钻具，将被卡电缆或仪器套入钻具内，直至解卡。

⑦ 起出电缆，起钻并起出仪器。

五、旁开式测井仪打捞筒

旁开式测井仪打捞筒是一种不截断电缆而进行打捞的工具，打捞时用钻具从电缆旁边下入打捞筒打捞被卡仪器。因为不截断电缆，可以随时监视仪器和电缆的解卡情况。捞住仪器后，也不必拉断电缆。其结构见图 7－25。

需要注意的是，该种工具在长裸眼井、深井、定向井等特殊情况下使用，容易发生电缆缠绕钻具、电缆被挤压断脱与成团等问题，因此不宜在这些井中使用。

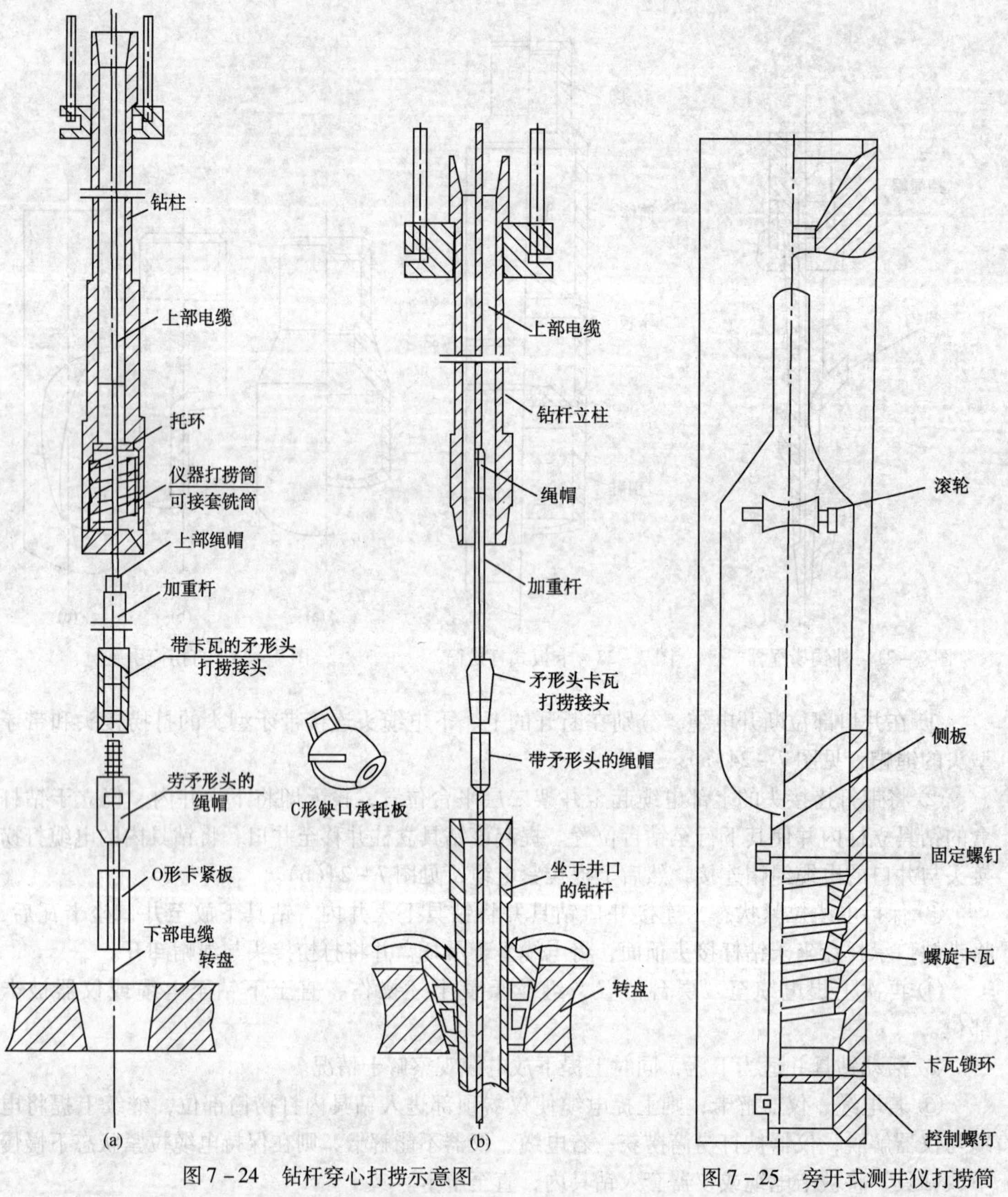

图7-24　钻杆穿心打捞示意图　　图7-25　旁开式测井仪打捞筒

第四节　鱼顶修理及探测工具

发生管柱断裂、螺纹胀裂、脱扣等情况造成管柱落井形成落鱼时，落鱼顶部一般不规则。要进行打捞，必须修理鱼顶、利于打捞工具的合理使用，保证打捞成功率。鱼顶修理和探测工具主要包括套筒磨鞋、领眼磨鞋、铅模、扩孔铣锥等。

一、套筒磨鞋

常用的修整鱼顶工具是套筒磨鞋，也叫外引磨鞋或“裙子”磨鞋。因为外径较大，容易套住鱼头，可以进行鱼顶修正并防止偏磨。磨鞋水眼一般 2 ~4 个，结构如图 7 - 26 所示。如果鱼顶在套管内，还可以起到保护套管的作用。实质上，套筒磨鞋是在普通磨鞋的外围加焊套筒加工而成，下部为引鞋以便引入鱼头。

选用套筒磨鞋，应使套筒磨鞋外径小于井径 6% 以上，套筒磨鞋内径应大于鱼头外径 10mm 以上。使用时，于鱼顶部位开泵冲洗，下探鱼顶位置，以不同方向下探观察位置是否一致，轻压拨转套入鱼顶。确认套入后低速启动转盘，以 10 ~20kN 压力开始磨铣，后期可适当增大压力至 50kN。磨铣中，应正确分析是否套入鱼顶，防止套偏形成新井眼造成井下情况更加复杂。

二、领眼磨鞋

领眼磨鞋也叫内引磨鞋，由平底磨鞋和导向杆组成。导向杆的直径由落鱼内径决定，一般应比鱼头内径小 10mm 左右，长度以 150 ~200mm 为宜。导向杆底端做成锥形或“笔尖”形，容易进入鱼头。磨鞋水眼一般 2 ~4 个，结构见图 7 - 27。如鱼顶胀裂或环形空间太小不便下入套筒磨鞋时，可以下入领眼磨鞋修整鱼顶

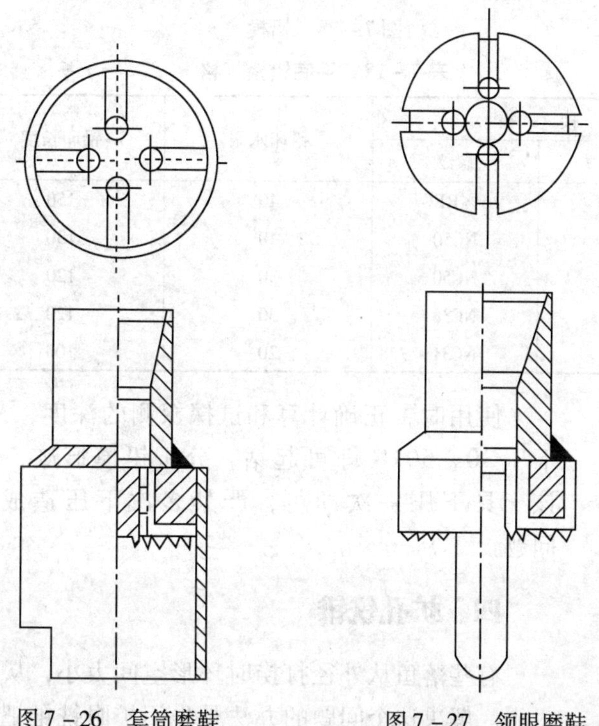

图 7 - 26　套筒磨鞋　　　图 7 - 27　领眼磨鞋

使用时，正确计算和试探鱼顶位置，根据导向杆伸出长度判断是否进入鱼顶水眼，可开泵冲洗鱼顶。磨铣中，一般以 10 ~20kN 压力开始磨铣，后期可适当增大压力至 50kN。应正确分析是否进入鱼顶，防止套偏形成新井眼或蹩断导向杆造成井下情况更加复杂。

三、铅模

当井下落物情况不明或鱼头变形情况不明、无法决定下何种打捞工具时，需要用铅模来探测落鱼顶部形状、尺寸和位置，套管断裂、错位或挤扁，有时也需要用铅模来加以证实。

铅模结构如图7-28所示，由接头体和铅模两部分组成。图7-28(a)为平底铅模，用于探测平面形状；图7-28(b)为锥形铅模，用于探测径向变形；平底铅模规格见表7-18。

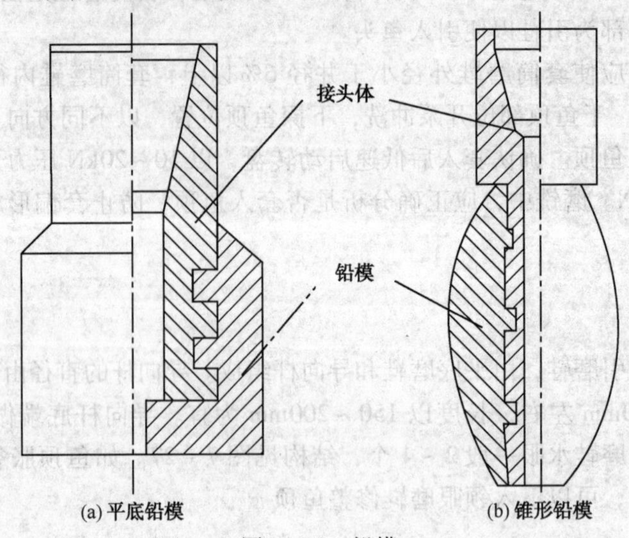

图7-28 铅模

表7-18 平底铅模规格

mm

规格	接头		铅印水眼	铅印长度	总长
	外径	螺纹			
270	203	6⅝REG	40	150	350
225	159	NC50	40	130	300
195	159	NC50	30	120	250
170	121	NC38	30	120	200
120	105	NC31	20	100	200

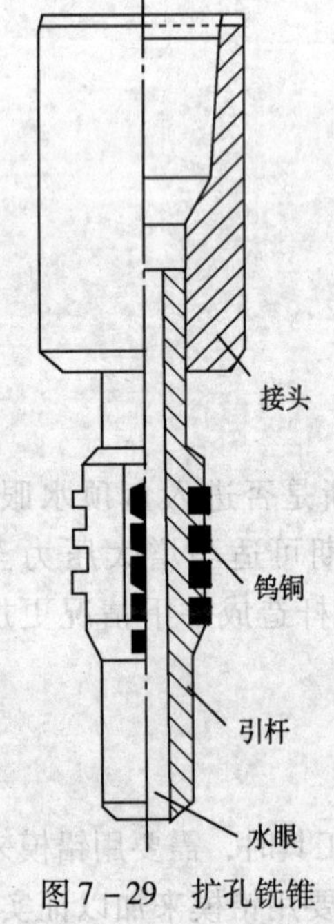

图7-29 扩孔铣锥

使用时，正确计算和试探探测的深度，一般探到预定深度下压30~50kN即可起钻，分析铅模痕迹，制定下一步措施。该工具下压一次即可，严禁多次下压造成痕迹混乱不清的问题。

四、扩孔铣锥

有些落鱼从外径打捞时环形空间太小，从内径打捞时内径又太小。解决这个问题的办法是先用扩眼铣锥把落鱼水眼扩大，然后下入强度较大的打捞工具进行打捞。扩孔铣锥的结构见图7-29。使用铣锥扩孔后，要测量铣锥外径，按实际扩孔内径比铣锥外径大1~1.5mm作为选择打捞工具的依据。

使用时，应开泵探测冲洗鱼顶(进入鱼顶可产生泵压升高)，然后启动转盘开始铣扩。铣扩中，应以转盘扭矩增加但不产生严重蹩钻为原则，严防因钻压大造成蹩钻、卡钻问题发生。

第五节 倒扣与套铣

如果落鱼与井眼之间的环形空间畅通、落鱼仍处于可活动状态或通过打捞处理能够将其打捞出来，则可以直接进行打捞处理。有些情况下，落鱼已经被落物、井壁坍塌或井眼缩颈卡死，则需要进行倒扣与套铣逐段处理。常用倒扣与套铣工具包括倒扣接头、倒扣打捞矛、倒扣打捞筒、铣鞋与铣管、测卡与爆松倒扣工具等。不同工具有不同的应用工况，应根据发生的实际进行选用。

一、倒扣接头

倒扣接头主要由上接头、胀心方套和胀心轴三部分组成。上接头与胀心轴用螺纹连接，承受钻具上提拉力负荷。胀心方套外形为六方形，与上接头内六方形吻合，内部为空心圆柱和圆锥形，可沿胀心轴外表面轴向滑动。结构见图 7－30，技术规范见表7－19。

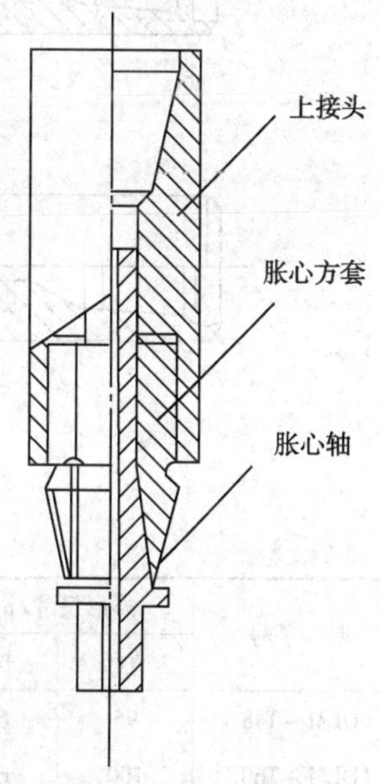

图 7－30 倒扣接头

胀心方套下部外螺纹与落鱼内螺纹一致。在倒扣作业中，使用倒扣接头可以代替公锥，容易上扣也容易退出，上提拉力越大传递的倒扣力矩也越大，可避免公锥容易滑扣的问题。下至鱼顶部位，提前开泵冲洗落鱼内螺纹，保证干净无落物。然后下压10～20kN 对扣(可根据具体情况适当增大压力)，直至对扣圈数达到螺纹圈数，应适当增加圈数以确保上紧。螺纹上紧后，应在不超过钻具与工具抗拉强度范围内大力上提钻具，带动胀心轴上行使胀心套胀大，胀心方套外螺纹与落鱼内螺纹牢固胀紧。之后，在确保倒扣接头不受压的情况下上提下放活动钻具，按预计倒出的钻具重量上提拉力，倒扣。

倒扣后，应观察悬重变化情况，确认倒扣效果后可试开泵顶通水眼，起钻；若倒扣困难无法倒出落鱼时，通过大力下压钻具使胀心套与落鱼螺纹松开，反向转动钻具松脱落鱼起出打捞钻具。

应注意，倒扣接头与落鱼对扣后，撑紧螺纹的程度和上提拉力成正比，活动钻具与倒扣时应确保工具处于受拉状态。

表 7－19 倒扣接头技术规范

外径/mm	上接头螺纹(左旋)	打捞螺纹(右旋)	抗拉强度/kN	抗扭强度/kN · m
105	NC31	NC31	500	9
121	NC38	NC38	900	15
159	NC46	NC46	1500	35
178	NC50	NC50	2000	50
203	6⅝REG	6⅝REG	2500	65

二、倒扣打捞矛

倒扣打捞矛具有抓捞和传递扭矩的作用，也容易从鱼顶退出。倒扣作业中，比公、母锥具有更大的灵活性。结构如图 7－31，技术规范见表 7－20。

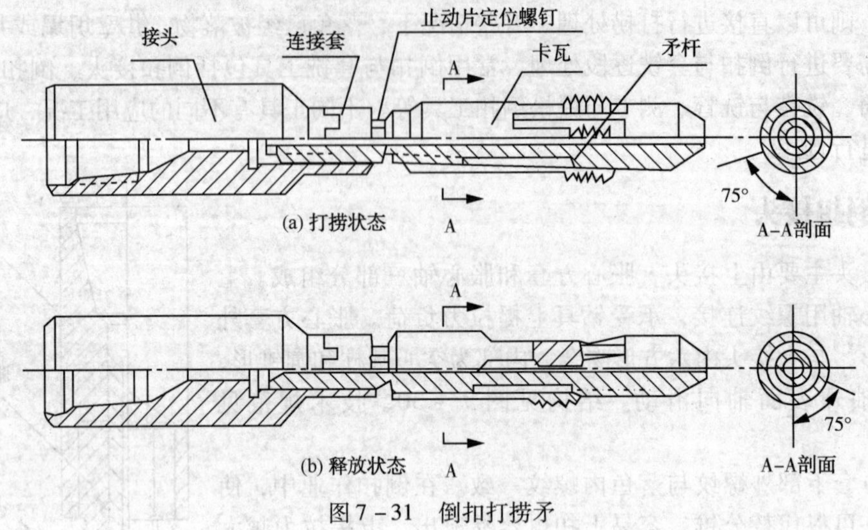

图 7－31　倒扣打捞矛

表 7－20　倒扣打捞矛技术规范

型　号	外形尺寸/mm		接头螺纹	可供打捞落鱼内径/mm	抗拉强度/kN	倒扣参数	
	直径	长度				拉力/kN	扭矩/kN・m
DLM－T48	95	600	NC26	39.7～41.9	256	117.7	3.304
DLM－T60	100	620	NC31	49.7～51.9	329.8	147.1	5.75
DLM－T73	114	670	NC31	61.5～77.9	600	166.7	7.73
DLM－T89	138	750	NC38	75.4～91	711.9	166.7	7.73
DLM－T102	145	800	NC38	88.2～102.8	833.6	196	17.16
DLM－T114	160	820	NC50	99.8～102.8	902.2	196	18.44
DLM－T127	160	820	NC50	107～115.8	931.6	196	21.22
DLM－T178	178	870	NC50	150.4～166.7	2400.7	294	25.42
DLM－T245	235	1170	6⅝REG	216.8～228.7	2936	343	37.28
DLM－T340	330	1650	7⅝REG	313.6～322.9	3432	392	42.17

使用时，开泵冲洗鱼顶(进入鱼顶后泵压将升高)，停泵下放至打捞卡瓦部分全部进入鱼顶，上提钻具，卡瓦胀开，捞住落鱼。应在钻具和工具拉力范围内大力上提以确保卡瓦胀紧牢固，然后调整至预定吨位倒扣。若落鱼不能解卡，可大力下压钻具使卡瓦松开，转动捞矛使卡瓦处于不能胀开的角度后上提起出钻具。

三、倒扣打捞筒

倒扣打捞筒是从落鱼外径打捞并倒扣的一种工具。结构见图 7－32，规范见表 7－21。使用时，开泵冲洗鱼顶(进入鱼顶后泵压将升高)，下放至打捞卡瓦部分全部套入鱼顶，上提钻具、卡瓦收紧，捞住落鱼。应在钻具和工具拉力范围内大力上提以确保卡瓦抱紧牢固，然后调整至预定吨位倒扣。若落鱼不能解卡，可大力下压钻具使卡瓦松开，转动捞筒使卡瓦处于不能收紧的角度后上提起出钻具。

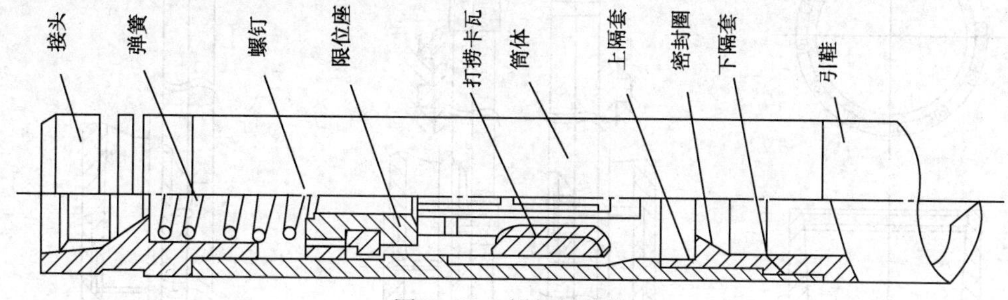

图 7－32　倒扣打捞筒

表 7－21　倒扣打捞筒技术规范

型　号	外形尺寸/mm		接头螺纹	可捞落鱼外径/mm	抗拉强度/kN	倒扣参数	
	直径	长度				拉力/kN	扭矩/kN·m
DLT－T48	95	650	2⅞REG	47～59.3	300	117.7	4.12
DLT－T60	105	720	NC31	59.7～61.3	400	147.1	7.65
DLT－T73	114	735	NC31	72～74.6	450	176.4	10.33
DLT－T89	134	750	NC38	88～91	550	176.4	16.09
DLT－T102	145	750	NC38	101～104	800	196	17.65
DLT－T114	160	820	NC50	113～115	1000	196	18.63
DLT－T127	185	820	NC50	126～129	1600	235.4	21.57
DLT－T140	200	850	NC50	139～142	1800	235.4	25.50
DLT－T178	240	950	NC50	177～180	2536	294.2	34.32
DLT－T245	305	1250	5$\frac{9}{16}$FH	244～247	4070	343.2	39.23
DLT－T340	400	1650	6⅝REG	339～341	5295	392.3	49.03

四、铣鞋

对于井壁坍塌、环空堵塞或环空有硬物卡钻的井下状况，应对环空进行套铣清除堵塞物，铣鞋是必备的工具。铣鞋与取芯钻头相似，呈环形结构，上部与铣管联接，下部铣齿用来破碎地层或清除环空堵塞物。具体结构可根据套铣对象决定。铣鞋基本结构见图 7－33。

使用时，应开泵冲洗鱼顶，轻压拨转套入落鱼，然后根据泵压显示和转盘扭矩调整钻压进行套铣。套铣正常显示为钻压不稳、铣进速度变化大，有时有憋泵现象。若发生套偏未套进落鱼，则显示为钻压、泵压和铣进速度都较稳定，进尺慢。为了利于套进鱼顶，一般将铣鞋口加工成“马蹄”形开口，操作中应根据铣鞋口形状进行操作。

五、铣管

铣管是一种对落井管柱增加套铣长度的专用管材，一般采用高强度合金钢管制成。铣管分为有接箍铣管和无接箍铣管。有接箍铣管可分为内接箍铣管和外接箍铣管，无接箍铣管可分为单级扣与双级扣两种。结构见图 7－34 和图 7－35。

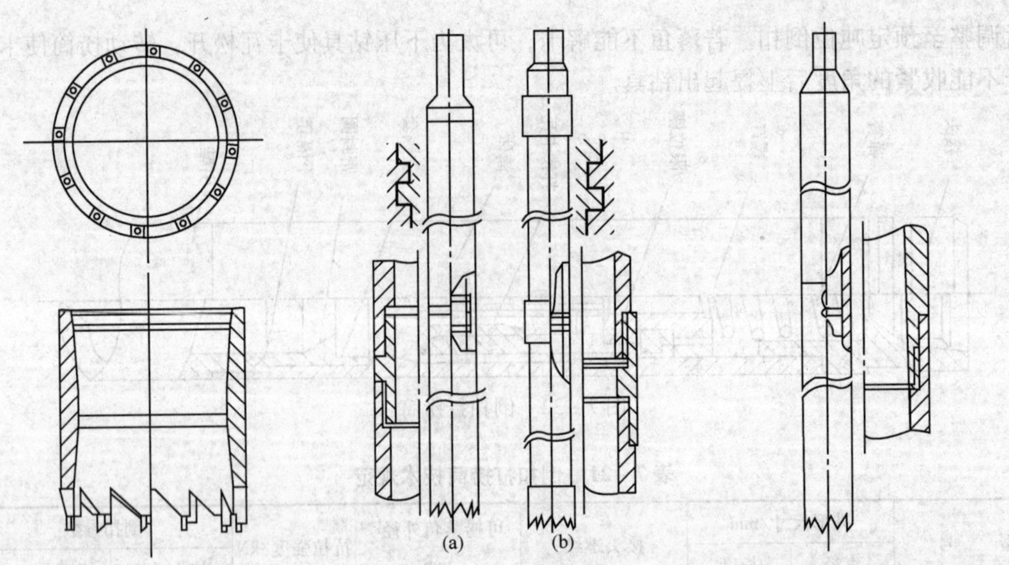

图 7－33　铣鞋　　　　图 7－34　有接箍铣管　　　　图 7－35　无接箍铣管

一般情况下，井眼与铣管的最小间隙为 12.7mm，铣管与落鱼之间的间隙最小为 3.2mm。可根据表 7－22 选用铣管。铣管的长度要根据井身质量、铣管质量和地层可钻性来决定。地层松软，铣管可以适当加长，硬地层有时一次只用一根铣管。

表 7－22　铣管规格

外径/mm	壁厚/mm	有接箍			无接箍（单级扣/双级扣）		强　度		套铣钻压/kN
		接箍外径/mm	适用最小井眼/mm	最大套铣尺寸/mm	适用最小井眼/mm	最大套铣尺寸/mm	抗拉/kN	抗扭/kN·m	
298.5	11.05	323.85	349	269.8	324	269.8	2756	88	120
273.1	11.43	298.45	323.8	243.8	298	243.8	2534	81	100
244.5	11.05 13.84	269.88	295	216 210	270	216 210	2223	61	80
228.6	10.80			200.6	254	200.6	2000	47	80
219.1	12.7	244.85 (224)	270 (249)	187	244.5	187	2223	57	70
206.4	11.94			176	232	176	2040	47	60
193.7	9.53	215.9 (210)	241.3 (235)	168	219	168	1538	34	50
177.8	9.19	194.46	219	153	203.2	153	1360	24	50
168.3	8.94	187.71	213	144	193.7	144	1245	21.7	40
139.7	7.72	153.67	179	117.8	165	117.8	916	12	35
127	9.19	141.3	166.7	102	152.4	102	1009	12.2	30
114.3	8.56	127	152	89	139.7	89	831	7.5	20
88.9	6.45			70	114.3	70	480	4.0	15
57.2	4.85			41	77.6	41	160	1.0	5

注：1. 括号内的数字为专用套铣管尺寸。

2. 强度是指 P_{105} 钢级双级同步螺纹铣管强度。

六、套铣防掉工具

钻头不在井底的卡钻，套铣解卡后落鱼可能下落。为了防止这种情况的发生，应使用套铣防掉工具，主要包括套铣防掉矛、套铣倒扣器、防掉接头等。

1. 套铣防掉矛

套铣防掉矛结构如图 7－36 所示。在套铣之前，将套铣防掉矛连接于鱼顶并起出送入工具，然后进行套铣。套铣防掉矛能将落鱼挂在铣管内，起钻时即可将解卡的落鱼和铣管一同取出。套铣防掉矛和 H 型安全接头配合使用，能解决在套铣过程中落鱼未解卡之前需要起钻的问题。

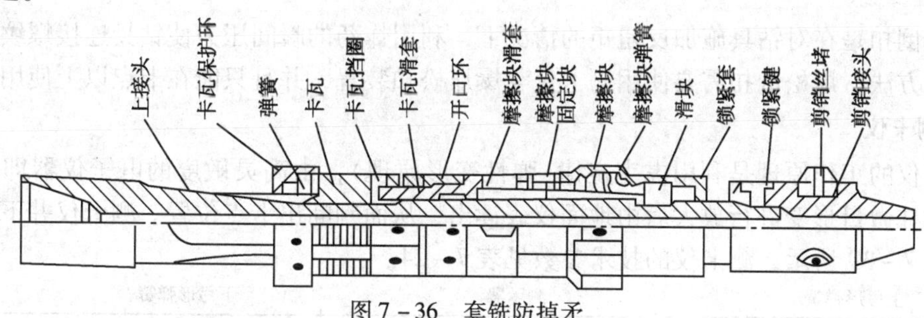

图 7－36　套铣防掉矛

套铣防掉矛的规格型号见表 7－23。这种工具只须更换摩擦块、卡瓦和卡瓦保护环、剪销丝堵等配件，就可以适用于几种规格的套铣筒。本工具要求在无内台肩的铣管内使用，一般多与无接箍双级同步螺纹铣管配合使用，如果一次套铣不能解卡，需要起出铣管和套铣防掉矛，应在矛下接 H 型安全接头。

表 7－23　套铣防掉矛规格

工具规格	配用铣管/mm			销钉剪力/kN		
				铅销	铜销	钢销
HT100	127	140	146		48	80
HT146	178	194	219	62	100	190
HT187	219	229	245	62	100	190

2. 套铣倒扣器

套铣倒扣器连接在铣管顶部的大小头内，套铣完一段落鱼之后用对扣接头和落鱼对扣，然后倒扣或爆松倒扣，将落鱼捞出，下井一次就可完成套铣打捞两项工作。结构如图 7－37。

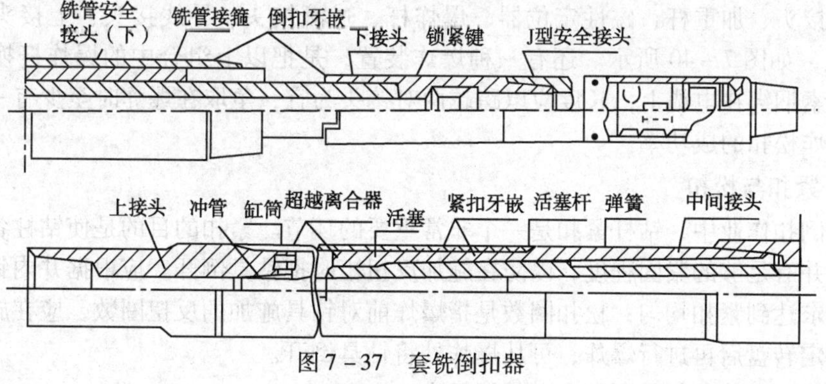

图 7－37　套铣倒扣器

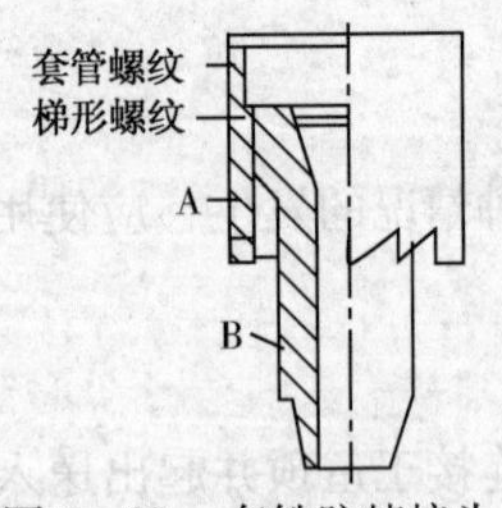

图 7-38　套铣防掉接头

A—铣鞋；B—打捞接头

3. 防掉接头

图 7-38 为一种防掉接头，其主要部件为铣鞋和打捞接头，两者用右旋梯形螺纹连接在一起，当接头 B 下至鱼顶并与鱼顶对扣后便和落鱼连接在一起了。继续正转钻具，则铣鞋 A 与接头 B 脱离，可以向下套铣。当落鱼解卡后，带着接头 B 下滑。当接头 B 到达铣鞋 A 时，便悬挂在此处，随套铣筒一同起出井口。

七、测卡与爆松倒扣工具

爆松倒扣是在对钻具施加反扭矩的情况下，利用炸药的瞬间压力使钻具连接螺纹迅速松脱的退扣方法。爆松倒扣需要使用测卡仪与爆炸松扣装置，并且只能在卡点以上使用。

1. 测卡仪

测卡仪的工作原理是利用虎克定律(弹性变形原理)，由高灵敏度的电子仪器即测卡仪对井下钻柱微量形变进行放大后由地面仪表读出，从而判断出卡点位置。测卡仪井下部分的结构如图 7-39 所示，测卡仪的技术参数见表 7-24。

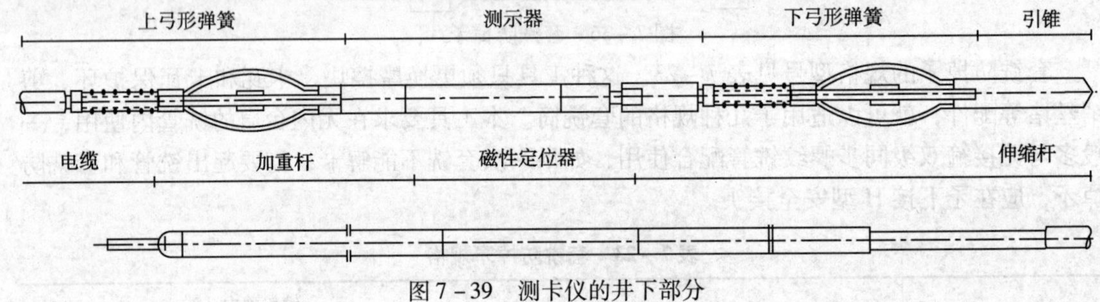

图 7-39　测卡仪的井下部分

表 7-24　测卡仪技术参数

仪器外径/mm	最小测量内径/mm	灵敏度抗压(扭转)	耐压/MPa	耐温/℃
17.50	19.05	3.8mm/1000m(0.5°/1000m)	143	246
25.4	31.75	3.8mm/1000m(0.5°/1000m)	143	246
34.90	41.28	3.8mm/1000m(0.5°/1000m)	143	246
41.28	47.62	3.8mm/1000m(0.5°/1000m)	143	246

2. 爆炸松扣工具

由电缆接头、加重杆、磁性定位器、爆炸杆、过渡接头、导线接头、上接头和下接头(引锥)组成，如图 7-40 所示。还有一种爆炸装置，是把以上组合中的爆炸杆换成爆炸电缆，把导爆索捆绑在电缆上，长度应以跨越两对接头为宜，争取在爆炸时至少有一对接头松扣，提高爆炸松扣的成功率。

3. 钻杆紧扣与松扣

在爆松倒扣作业中，钻杆紧扣是一个非常重要的环节。紧扣的目的是使钻柱各连接部位受力均匀，并有足够的紧固程度，以防在施加反扭矩时把钻具倒开。应根据井内钻具长度分段紧扣，力求达到紧扣均匀；松扣圈数是指爆炸前对钻具施加的反扭圈数，应在施加了该扭转圈数并锁定转盘后再进行爆炸，可从爆炸处将钻具倒开。

紧扣和松口施加的扭转圈数参考数据见表 7-25。

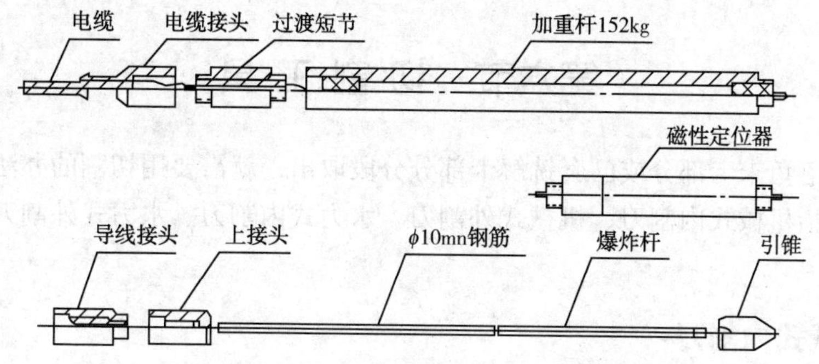

图 7－40　爆炸松扣工具组装图

表 7－25　钻杆紧扣与松扣时扭转圈数

通称尺寸/mm	140	127	114	89	73	60
紧扣圈数/1000m	3.5	3.8	4.3	5.5	6.7	8.0
松扣圈数/1000m	2.5	2.7	3.1	3.9	4.8	5.2

4. 药量的推荐

爆炸杆炸药用量的大小和钻具的尺寸、井深、钻井液密度及炸药的性能有关，爆炸松扣推荐药量见表 7－26。

表 7－26　爆炸松扣推荐炸药用量

g

井深/m	<500	500～1000	1000～1500	1500～2000	2000～2500	2500～3000	3000～3500	3500～4000	4000～4500	4500～5000	5000～5500	5500～6000
						油　管						
2⅜	50	50	50	50	50	100	100	150	200	200	200	200
2⅞	50	50	100	100	100	100	100	150	150	150	200	200
3½	100	100	100	100	150	150	150	200	200	250	250	300
4	100	100	100	100	150	150	150	200	200	250	250	300
4½	100	100	100	150	150	200	200	250	250	300	300	300
						钻　杆						
2⅜	100	100	100	150	150	200	200	250	250	300	300	350
2⅞	100	150	150	150	200	200	250	250	250	300	350	400
3½	150	150	150	200	200	200	250	250	300	300	350	400
4	150	200	200	200	200	200	250	300	350	350	400	450
4½	200	200	200	200	250	250	300	300	350	350	400	450
5	200	250	250	250	300	350	350	350	400	450	450	500
						钻　铤						
3½～4¾	200	200	200	250	250	250	300	350	400	400	450	500
5～5¾	250	250	300	300	300	300	350	400	450	450	500	550
6～6¾	300	300	300	350	350	350	400	450	500	550	600	650
7～7¾	350	350	400	400	450	450	500	550	600	650	700	750
8～8¾	450	450	450	500	500	500	500	550	600	650	700	750
9～9¾	500	500	550	550	550	600	600	650	700	750	800	850

第六节　切割工具

要将井下落鱼未卡部分或已套铣解卡部分分段取出，就需要用切割的办法进行处理。常用切割工具包括机械式内割刀、机械式外割刀、水力式内割刀、水力式外割刀、水力切割接头等。

一、机械式内割刀

1. 结构与工作原理

内割刀是从管柱内径向外切割的工具，可对钻杆、套管、油管进行切割，也可以和打捞作业同时进行以提高作业效率。其结构由摩擦扶正、锚定缓冲和切割三部分组成，见图7－41。

使用时，将割刀下至预定深度，正转中心轴3圈使滑牙套与滑牙片脱开。此时摩擦块因弹簧的作用贴近管壁，卡瓦因啮合作用上移胀开锚定整套工具。下放中心轴，刀片可张开接触管子内壁，转动钻具即可实现切割。当心轴下端面与止推环接触时，切割完毕。上提钻具、刀片收回，卡瓦椎体上移、卡瓦收回，恢复初始状态。

2. 规格型号

ND－型J机械式内割刀规格型号见表7－27。

表7－27　ND－J机械式内割刀规格型号

型　号	割刀外径/mm	接头螺纹	水眼直径/mm	切割管外径/mm		换刀后切割管外径/mm	
				套管、油管	钻杆	套管、油管	钻杆
ND－J89	57	2⅞REG	12	88.9		101.6，114.3	101.6，114.3
ND－J102	83	2⅞REG	14	101.6			
ND－J114	85	2⅞REG	16	114.3，114.3	114.3，127		
ND－J127	102	NC31	18	127		127	
ND－J140	112	NC31	18	139.7			
ND－J168	127	NC38	20	168.3			
ND－J168	138	NC38	20	168.3			
ND－J178	145	NC46	40	177.8		193.7	
ND－J219	185	NC50	50	219.1			
ND－J245	210	NC50	55	244.5			
ND－J298	260	6⅝REG	80	298.4			
ND－J340	295	6⅝REG	80	339.7			
ND－J406	370	7⅝REG	125	406.4			
ND－J508	475	7⅝REG	125	508			

二、机械式外割刀

1. 结构与工作原理

外割刀是从管柱外径向内切割的工具，是一种自动给进式井下管柱切割工具。由于采用了弹簧自动给进装置，因而可以避免由于操作疏忽造成拉力过大而损坏刀片的故障。其结构主要由切割、引导锚定和止推轴承三部分组成。见图 7－42。

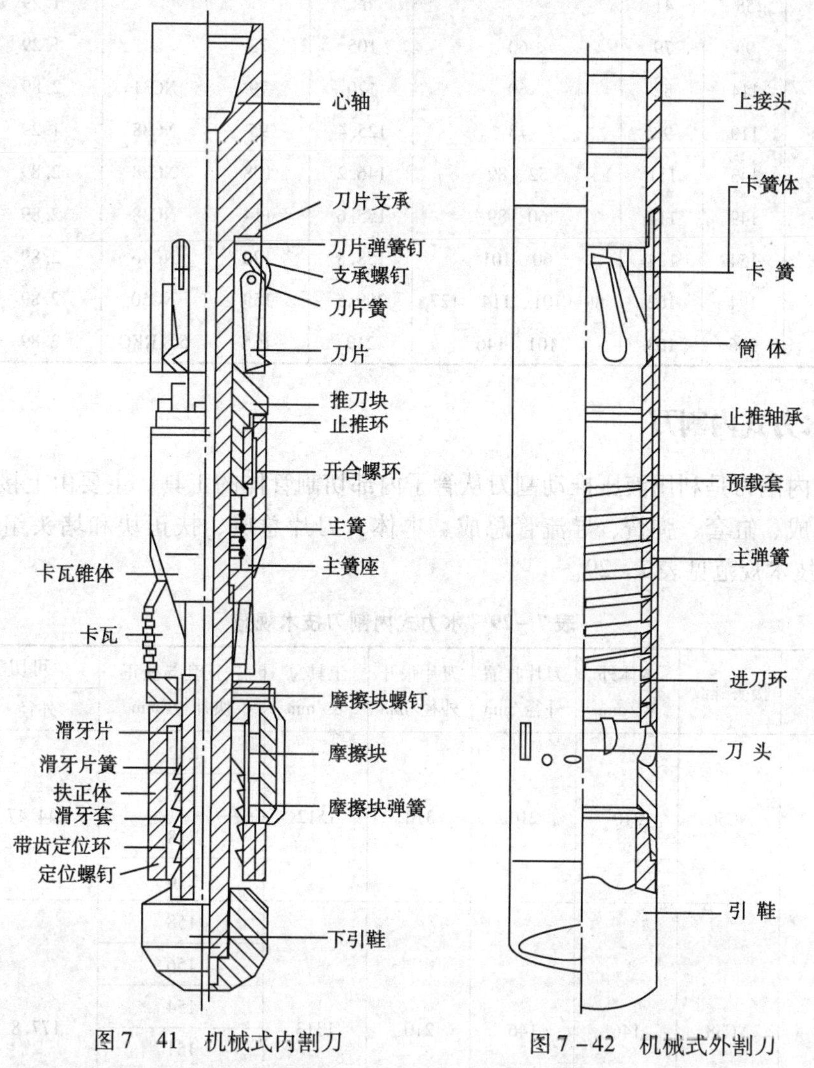

图 7 41　机械式内割刀　　　　图 7－42　机械式外割刀

使用时，将机械式外割刀与铣管连接，下入预定切割位置。上提割刀，卡紧套上的卡簧向上顶住钻杆(落鱼)接头台肩。继续上提，筒体通过剪销带动进刀环一起向上运动，弹簧受到压缩。当弹簧被全部压缩、上提力超过剪销负荷后，剪销被剪断。弹簧向下推动进刀环，进刀环推动 5 个刀头向割刀中心偏转，处于切割状态，转动钻具即可实施切割。当割刀转动切割时，上止推环和卡紧套不随割刀转动，下止推环和其以下所有部分与筒体一起旋转进行切割。由于弹簧的压缩势能作用，在切割过程中，弹簧推动进刀环逐渐下移，逐渐进刀，直至切断落鱼。

2. 规格型号

WD－J机械式外割刀规格型号见表7－28。

表7－28　WD－J机械式外割刀规格型号

割刀型号	外径/mm	内径/mm	切割管径/mm	适用最小井眼/mm	能过最大落鱼/mm	接头螺纹	销钉剪力/kN	
							单	双
WD－J58	58	41		62			1.29	2.58
WD－J98	98	79	60	105	78		1.29	2.58
WD－J114	114	82	60	120	79	NC31	2.89	5.78
WD－J119	119	98	73	125.4	95	NC38	1.29	2.58
WD－J143	143	111	52、89	146.2	108	NC38	2.89	5.78
WD－J149	149	117	60、89	155.6	114	NC38	2.89	5.78
WD－J154	154	124	60、101	158.8	120	NC46	2.89	5.78
WD－J194	194	162	89、101、114、127	209.5	159	NC50	2.89	5.78
WD－J206	206	168	101、146	219	165	6⅝REG	2.89	5.78

三、水力式内割刀

水力式内割刀是利用液压推动割刀从管子内部切割管体的工具。主要由上接头、调压总成、活塞总成、缸套、弹簧、导流管总成、本体、刀片总成、扶正块和堵头组成。结构见图7－43，技术规范见表7－29。

表7－29　水力式内割刀技术规范

型号	接头螺纹	本体外径/mm	刀片收缩外径/mm	刀片张开外径/mm	工具总长/mm	扶正套与扶正块外径/mm	可切割管径/mm	
							外径	壁厚
TGX－9	NC50	210	210	310	1512	222	244.47	8.94
						220		10.03
						218		10.05
						216		11.99
TGX－7	NC38	146	146	210	1313	158	177.8	8.05
						156		9.19
						154		10.36
						151		11.51
						149		12.65
						147		13.72
TGX－5	NC31	114	114	170	1287	121	139.7	7.72
						118		9.17
						115		10.54

高压液体通过活塞喷嘴产生压力降，推动活塞压缩弹簧使活塞杆下行，活塞杆下端推动三个割刀片向外张开与套管内壁接触。转动钻具，割刀片随同切割钻具顺时针旋转切割套

管，直到将套管割断。

四、水力式外割刀

水力式外割刀是靠液压推动刀头从外向内切割各种类型的管状落鱼的工具，由于工作平稳，容易控制，是一种高效可靠的切割工具。主要有筒体部分、给进部分、切割机构和限位机构组成。结构见图7－44，技术规范见表7－30。

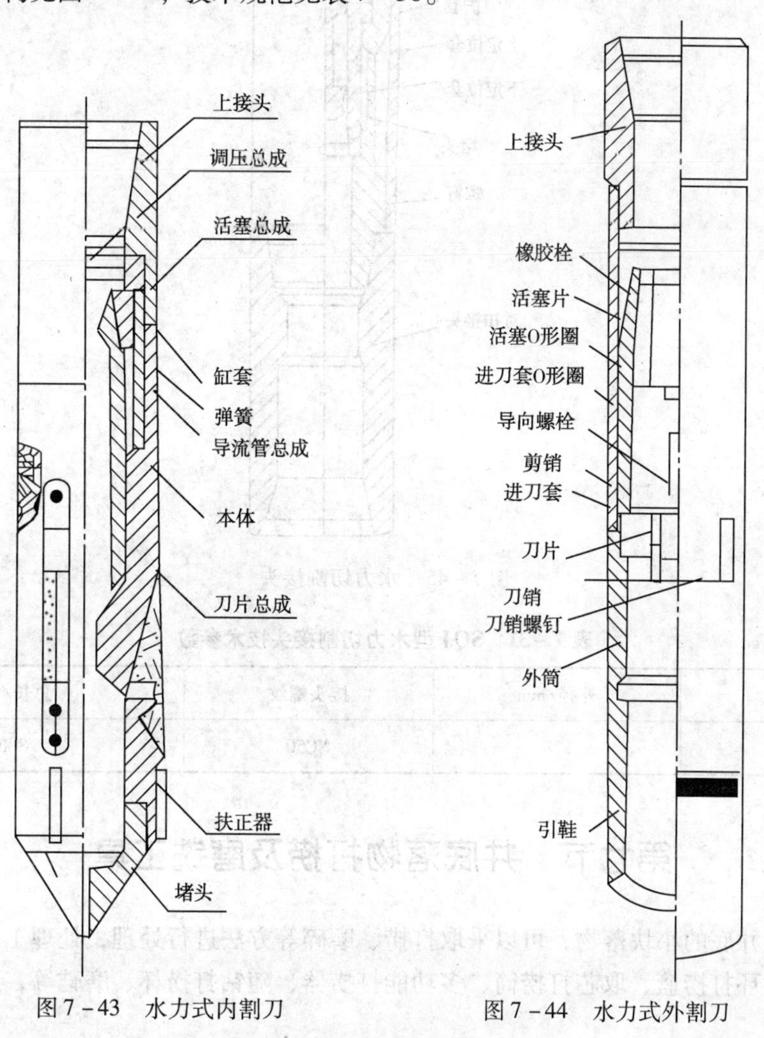

图7－43　水力式内割刀　　图7－44　水力式外割刀

表7－30　水力式外割刀技术规范

外径/mm	103.2	112.7	119.1	142.9
内径/mm	81	92.1	98.4	109.5
割刀活塞允许通过的最大尺寸/mm	77.8	87.3	92	104.8
切割范围/mm	33.4～69.5	48.3～73	48.3～73	52.4～101
适用井眼/mm	109.5	119.1	125.4	149.2

五、水力切割接头

正常钻进时将该工具接在钻柱的预定部位。当钻具被卡时，将堵头由地面钻杆水眼投入，堵塞接头阀座。开泵循环时，钻井液经上、下定位套的缝隙高速喷出，对接头本体进行切割，40min 到 2 个小时就能把本体切断。切断后，堵头、上定位套和护套可随上部钻具一同起出，然后对落鱼进行其他方法的处理。结构见图 7－45，技术参数见表 7－31。

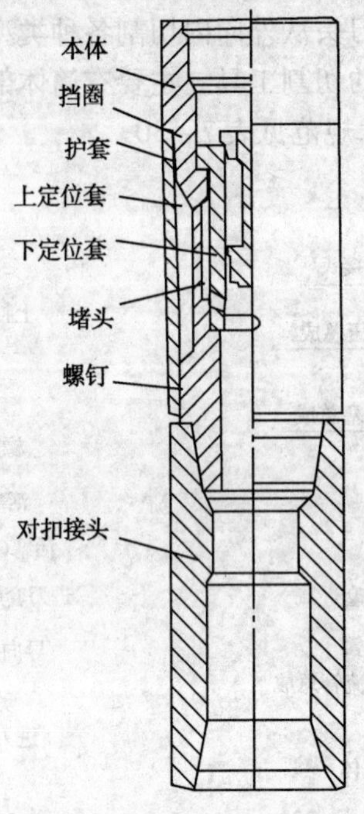

图 7－45　水力切割接头

表 7－31　SQJ 型水力切割接头技术参数

型　号	外径/mm	接头螺纹	总长/mm
SQJ178	178	NC50	800

第七节　井底落物打捞及磨铣工具

对于落入井底的小块落物，可以采取打捞、磨碎等方法进行处理，处理工具主要有磁铁打捞器、反循环打捞篮、取芯打捞筒、多功能打捞器、随钻打捞杯、磨鞋等，应根据不同情况合理选用。

一、磁铁打捞器

磁铁打捞器是一种高效打捞工具，可以打捞落井牙轮和其他小、碎块金属落物，通过下钻、循环冲洗井底、拨动落物实现快速打捞。目前，磁铁打捞器主要有强磁打捞器、反循环强磁打捞器和弧形强磁打捞器三种。

1. 强磁打捞器

强磁打捞器是打捞井内可被磁化金属碎物的工具。按磁性可分为永磁性和充磁性两种，按循环方式又可分为正循环式和反循环式两种。正循环式强磁打捞器结构如图 7－46，技术规范见表 7－32。

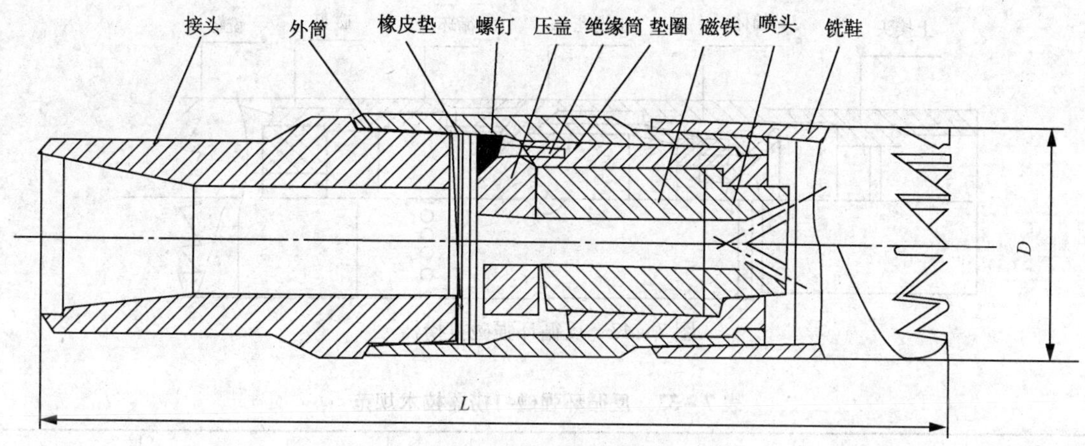

图7-46 强磁打捞器

表7-32 强磁打捞器技术规范

公称直径/mm	连接螺纹	适用井眼/mm	理想接触最大吸力±10%		适用温度/℃	磁稳定性		
			A型/kN	B型/kN		温度衰减率/%	振动磁物质接触衰减率/%	
							A型	B型
86	NC26	95~108	3.5	1.0	0~210	≤0.07	≤1	≤5
100		108~137	5.5	1.7				
125	NC31	137~149	9.5	2.2				
140		149~184	11	4.0				
175	NC50	184~216	18	5.0				
190		203~229	21	6.2				
200		216~241	23	6.8				
225	6⅝REG	241~279	28	9.8				
255		279~311	38	13.0				
290		311~375	42	14.0				

使用时，下钻到离井底0.5m左右开泵，慢慢下放冲洗井底，可配合拨转方式拨动井底落物。应反复多次冲洗、拨动到井底，停泵后提离井底3~5m多次下放将冲起上返的落物赶至井底。最后一次进行打捞，停泵、上提钻具3~5m，适当静止待落物下沉，下放打捞器至井底并适当拨转，不开泵、不加压，只要深度准确无误即可起钻。

2. 反循环强磁打捞器

为防止正循环冲洗作用对磁铁吸力产生的不利影响，设计了反循环强磁打捞器。该打捞器是反循环打捞篮和强磁打捞器组合的产物，具有两者的优点。作用原理与反循环打捞篮一样，不同的是反循环打捞篮可以钻进取芯，而反循环强磁打捞器不可以钻进取芯。结构如图7-47，技术规范见表7-33。

使用时，下钻到离井底0.5m左右先正循环开泵循环，反复冲洗井底。循环正常后投球，再开泵后泥浆沿循环孔进入环空冲洗井底，然后返入打捞器内部并从上返孔进入环空至地面。慢慢下放冲洗井底，可配合拨转方式拨动井底落物使其进入打捞器内。应反复多次冲洗、拨动到井底。停泵后上提钻具3~5m，下放打捞器至井底并适当拨转，可小排量开泵或不开泵、不加压，只要深度准确无误即可起钻。

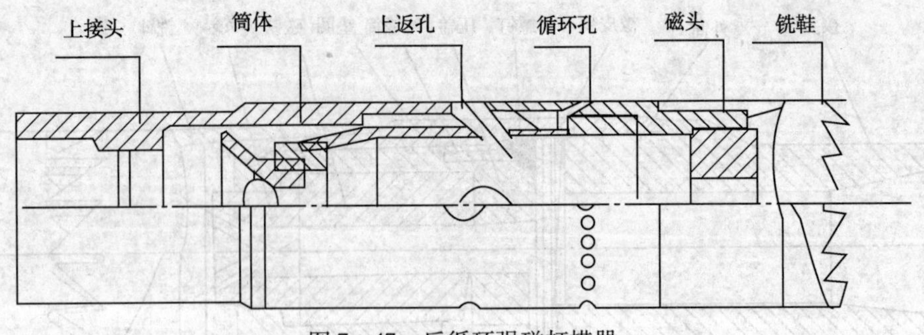

图 7－47 反循环强磁打捞器

表 7－33 反循环强磁打捞器技术规范

型 号	适用井眼直径/mm	筒体外径/mm	最大打捞落物直径/mm	钢球直径/mm	接头螺纹	磁头		引鞋外径/mm
						外径/mm	理想吸力/kN	
LC－F92	95.2～101.6	92	57.2	30	NC26	45	1.24	94
LC－F102	104.8～114.3	102	63.5	30	NC26	52	1.57	103
LC－F114	117.5～127	114	77.8	35	NC26	65	2.65	116
LC－F124	130～139.7	124	90.5	35	2⅞REG	77	3.72	127
LC－F130	142.9～152.4	130	95.3	40	NC31	81	4.12	132
LC－F146	155.6～165.1	146	111.1	40	NC38	97	5.91	152
LC－F159	168.2～187.3	159	120.7	45	NC38	104	6.79	164
LC－F178	190.5～209.5	178	130.2	45	NC46	110	7.60	184
LC－F200	212.7～241.3	200	154.0	50	NC50	132	10.94	208
LC－F225	244.5	225	176	50	NC50	150	14.13	234
LC－F230	244.5～269.9	230	179.4	50	6⅝REG	153	14.70	240
LC－F257	273～295.3	257	195.3	55	6⅝REG	165	17.10	264
LC－F279	298.5～317.5	279	211.1	55	6⅝REG	180	20.35	292
LC－F295	320.6～346.1	295	220.7	60	7⅝REG	190	22.68	304
LC－F302	320.6～346.1	302	220.7	60	7⅝REG	190	22.68	314
LC－F330	349.3～406.4	330	249.2	60	7⅝REG	218	29.86	344
LC－F380	406.4～444.5	380	279.4	60	7⅝REG	245	38.64	400

3. 弧形强磁打捞器

弧形强磁打捞器为侧开半剖式结构，主要由上接头、筒体、强磁铁等组成，结构见图 7－48，技术规范见表 7－34。打捞时，含磁落物将两磁极导通，被牢牢地吸附在磁力打捞器内侧面。本产品主要针对打捞落井钻头牙轮等落物进行设计，一次下井能够有效打捞 1～3 只落井牙轮。

表 7－34　弧形强磁打捞器技术规范

规格/mm	连接扣型	适用井眼/mm	圆弧最大内径/mm	备　注
Φ206	NC50	Φ215.9	Φ165	
Φ143	NC38	Φ152.4	Φ113	

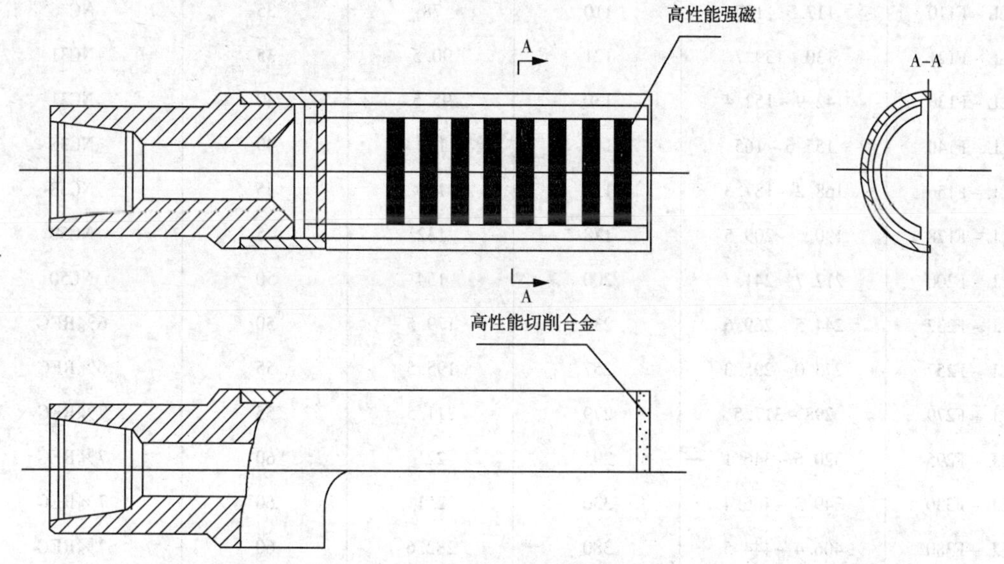

图 7－48　弧形强磁打捞器

使用时，开泵对井底的冲洗作用差，在循环情况下下压拨转至井底，保证落物全部被拨动进入半剖型筒体后即可起钻。

二、反循环打捞篮

反循环打捞篮是利用反循环方式将井底落物冲至打捞筒内，用篮爪防止落物漏出打捞篮的打捞工具。目前有投球式、喷射吸入式和反循环一把抓打捞篮三种结构。前两种可以适当铣进，一把抓式不能进行铣进。

1. 投球式反循环打捞篮

钻井液循环时，打捞篮底部局部形成反循环，将井底碎物冲入篮内进行打捞。该工具由接头、筒体(包括外筒和内筒)喇叭口、球座、篮筐、篮爪和铣鞋等组成。结构与工作原理见图 7－49，技术规范见表 7－35。

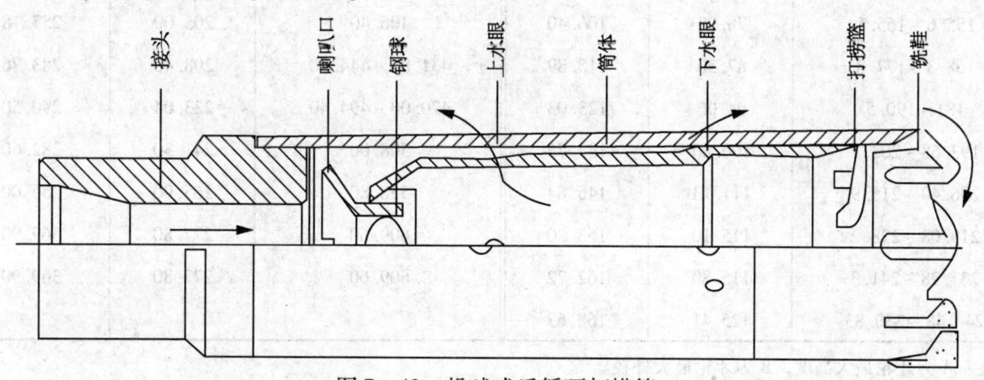

图 7－49　投球式反循环打捞篮

表 7-35　反循环打捞篮技术规范

型　号	适用井眼直径/mm	筒体外径/mm	落物最大直径/mm	钢球直径/mm	接头螺纹
LL-F89	95.2~101.6	89	60	30	NC26
LL-F97	107.9~114.3	97	64.5	30	NC26
LL-F110	117.5~127	110	78	35	NC26
LL-F121	130~139.7	121	90.5	35	NC31
LL-F130	142.9~152.4	130	95.5	40	NC31
LL-F140	155.6~165	140	112	40	NC38
LL-F156	168.2~187.3	156	121	45	NC38
LL-F178	190.5~209.5	178	132	45	NC50
LL-F200	212.7~241.7	200	154	50	NC50
LL-F232	244.5~269.6	232	179.5	50	6⅝REG
LL-F257	273.0~295.3	257	195.5	55	6⅝REG
LL-F279	298~317.5	279	211.5	55	7⅝REG
LL-F295	320.6~346.1	295	221	60	7⅝REG
LL-F330	349.3~406.4	330	251	60	7⅝REG
LL-F380	406.4~444.5	380	282.6	60	7⅝REG

反循环打捞篮结构要根据落物的形状、大小及地层硬软等因素来选配篮筐和铣鞋，使落物能进入篮筐。如果井下落物是钻头牙轮，可参考表 7-36 所给的牙轮钻头的牙轮尺寸来选择打捞篮。

表 7-36　牙轮钻头的牙轮尺寸

钻头尺寸/mm	牙轮尺寸/mm		钻头尺寸/mm	牙轮尺寸/mm	
	A	B		A	B
95.3~105	50	68.66	266.70~292.10	137.71	181.77
108~114.3	56	74.22	298.45~317.50	155.60	202
117.5~127	59.53	81.36	320.68~333.38	160.33	215.50
130.2~139.7	67.10	83.00	342.90~362	178.60	223.83
142.9~152.4	69.40	102.00	368.30~381	187.72	243.68
155.6~165.1	78.98	106.40	406.40	205.00	257.18
168.3~177.8	87.30	115.89	431.80~444.50	208.40	283.76
181~190.5	94.06	123.03	470.00~494.40	223.04	290.50
193.68~203.2	100.80	133.75	508.00	241.30	282.60
206.40~215.9	111.13	146.84	558.80	265.90	256.00
219.08~228.2	115.10	153.20	609.60	277.80	369.90
231.78~241.3	115.89	162.72	609.60	277.80	369.90
244.48~250.83	125.41	168.67			

注：A 为牙轮最大高度，B 为牙轮最大外径。

2. 喷射吸入式反循环打捞篮

这种工具与其他的反循环打捞工具的作用原理基本相同，不同的是没有钢球和球座，而是在上接头的下端安装一个喷嘴。结构如图 7－50，技术规格见表 7－37。

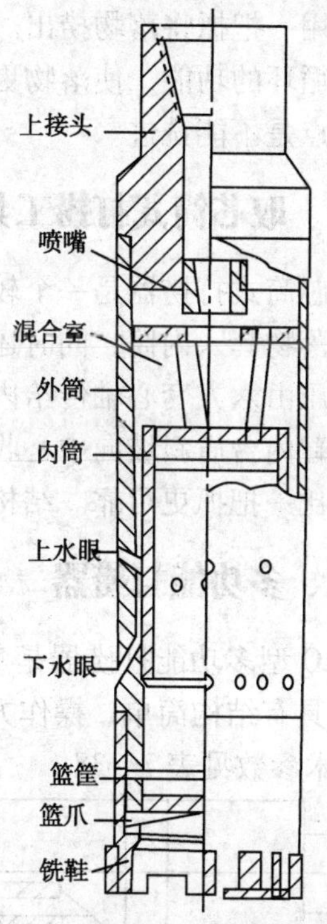

7－50　喷射吸入式反循环打捞篮

表 7－37　喷射吸入式反循环打捞篮技术规格

型　号	适用井眼直径/mm	筒体外径/mm	最大打捞直径/mm	喷嘴直径/mm	连接螺纹	适用排量/(L/s)
LC－F92	95.2～101.6	92	57.2		NC26	8
LC－F104	104.8～114.3	102	63.5	10	NC26	10
LC－F114	117.5～127	114	77.8	11	NC26	12
LC－F124	130～139.7	124	90.5	12	$2\frac{7}{8}$REG	15
LC－F130	142.9～152.4	130	95.3	14	NC31	18
LC－F146	155.6～165.1	146	111.1	15	NC38	20
LC－F159	168.2～187.3	159	120.7	16	NC46	20
LC－F178	190.5～209.5	178	132.3	18	NC50	25
LC－F200	212.7～241.3	200	154	19	NC50	30
LC－F225	237.5～258.5	225	176	19	$6\frac{5}{8}$REG	35
LC－F232	244.5～269.9	232	179.4	21	$6\frac{5}{8}$REG	35
LC－F257	273～295.3	257	195.3	21	$6\frac{5}{8}$REG	45
LC－F279	298.5～317.5	279	211.1	23	$7\frac{5}{8}$REG	45
LC－F295	320.6～346.1	295	220.7	23	$7\frac{5}{8}$REG	50
LC－F302	320.6～346.1	302	220.7	23	$7\frac{5}{8}$REG	50
LC－F330	349.3～406.4	330	249.2	23	$7\frac{5}{8}$REG	50
LC－F380	406.4～444.5	380	279.4	23	$7\frac{5}{8}$REG	60

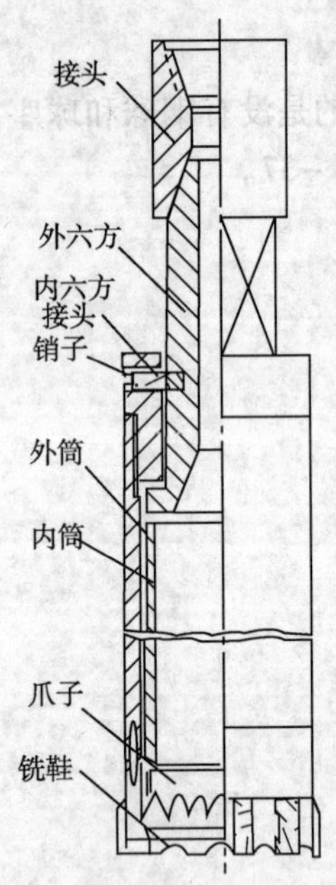

图 7－51　取芯筒式打捞器

3. 反循环一把抓打捞篮

反循环一把抓打捞篮由反循环打捞篮改进而来，是将反循环打捞篮的铣鞋换成一把抓，特点是双保险。当抓篮失去作用时，还可以用一把抓将落物捞出。它与普通一把抓的不同点是增加了局部反循环的功能，使落物更容易进入捞筒。它与反循环打捞篮的不同点是不能铣进。

三、取芯筒式打捞工具

取芯筒式打捞器是一个较短的机械加压式取芯筒。利用铣鞋划眼把落物套入内筒，同时还可以取一段岩芯，然后加压剪断销钉。钻压由六方套心轴传给内筒，内筒下压爪式岩芯抓，使岩芯抓沿铣鞋内台肩斜坡向中心收缩，捞获落物。打捞方式类似一把抓，但比一把抓更可靠。结构见图 7－51。

四、多功能打捞器

DLQ 型多功能打捞器是集打捞杯、强磁打捞器和“一把抓”三种功能为一体的新型组合工具，具有结构简单、操作方便、安全可靠等优点，能高效净化井底。工具的结构见图 7－52，技术参数见表 7－38。

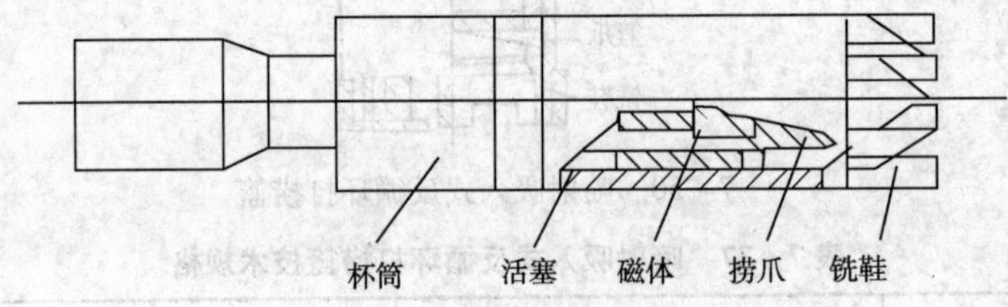

图 7－52　DLQ 型多功能打捞器

表 7－38　DLQ 型多功能打捞器技术参数

型　号	筒体外径/m	铣鞋外径/mm	接头螺纹	总长/mm	磁体吸力/kg	适用井眼/mm
DLQ135	135	137	NC38	1058	600	152.4
DLQ190	190	193	NC50	1251	800	215.9

五、随钻打捞杯

随钻打捞杯是随钻对碎块落物进行打捞的一种工具。正常钻进或磨铣井底落物过程中，碎块落物如钻头牙齿、滚柱、滚珠等在井底一定距离内上返，由于返速变化可落入打捞杯中，随起钻带出地面。根据结构不同，随钻打捞杯分为 G 型和 H 型两种。G 型随钻打捞杯结构如图 7－53，工作原理见图 7－55。H 型随钻打捞杯外筒可卸下更换，容量较大，结构见图 7－54。两种捞杯的技术规范见表 7－39。

六、磨鞋

磨鞋是最基本的落物磨铣工具，用于对井底各种落物的磨铣清理。主要由上接头和镶有硬质合金或堆焊耐磨材料的磨鞋体组成，基本结构如图 7－56，平底磨鞋技术规范见表 7－40。根据用途可分为以下几种形式：

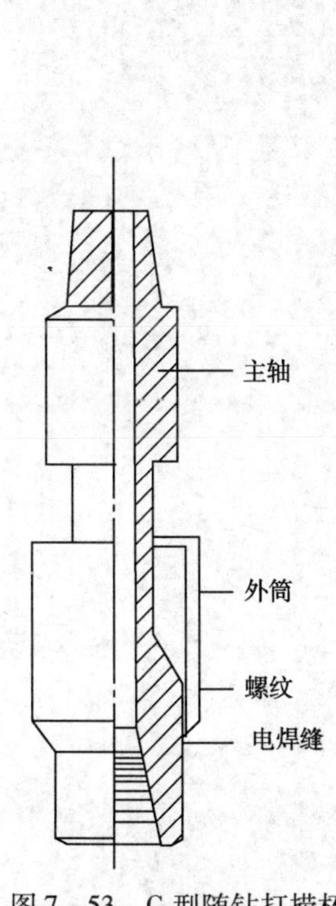

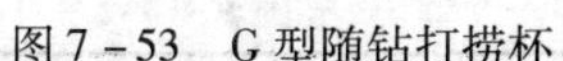
图 7－53　G 型随钻打捞杯

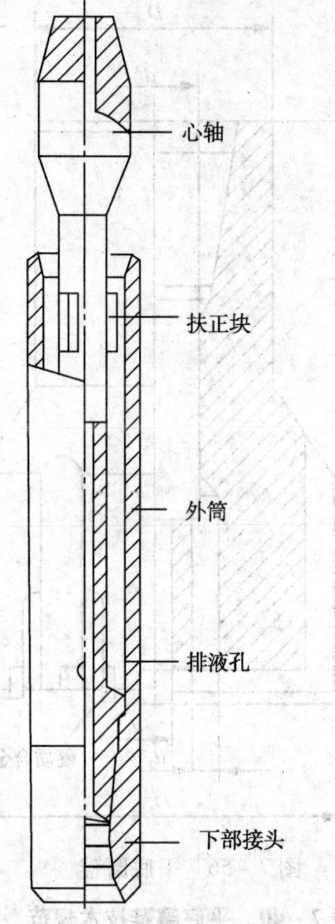

图 7－54　H 型随钻打捞杯

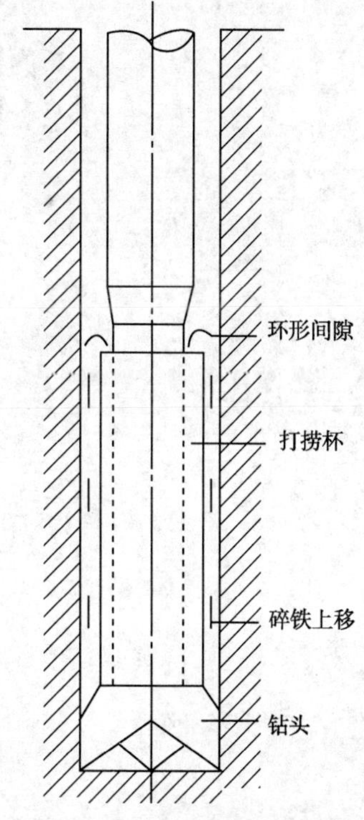

图 7－55　随钻打捞杯工作原理

表 7－39　随钻打捞杯技术规范

型　　号	井眼尺寸/mm	连接螺纹	最大外径/mm	杯体内径/mm	接头外径/mm	水眼直径/mm	心轴外径/mm
LB－G－102 LB－H－102	117.5 123.8	2⅞REG	102	92	95	31.8	66.7
LB－G－114 LB－H－114	130.2 149.2	3½REG	114	106	108	38.5	79
LB－G－127 LB－H－127	152.4 161.9	3½REG	127	116	108	38.5	82.6
LB－G－140 LB－H－140	165.1 190.5	3½REG	140	124	108	38.5	82.6
LB－G－168 LB－H－168	193.7 215.9	4½REG	168	151	140	57	114.3
LB－G－178 LB－H－178	219.0 244.5	4½REG	178	160	140	57	114.3
LB－G－219 LB－H－219	244.5 288.9	6⅝REG	219	202	197	70	146
LB－G－245 LB－H－245	292.1 330.2	6⅝REG	245	217	197	70	146

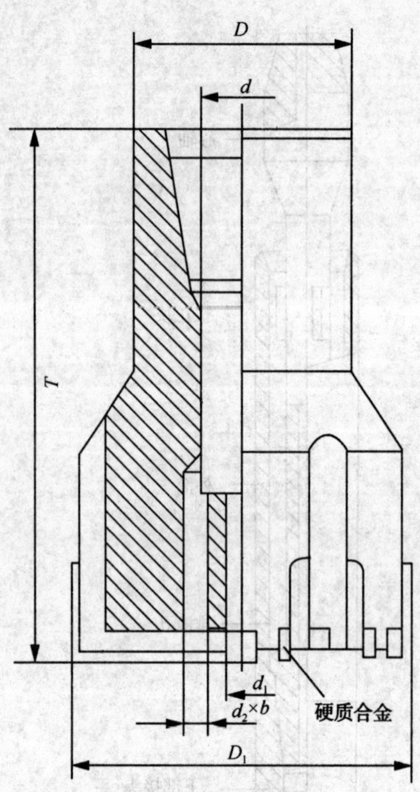

图 7-56　平底磨鞋

表 7-40　平底磨鞋技术规范

外径(D)/mm	中间水眼直径(d_1)/mm	鞋底其他水眼直径×数目($d_2 \times b$)/(mm×高)	连接螺纹	适用井眼直径/mm
270	10	30×4	6⅝REG	>311
248	10	24×3	6⅝REG	269
220	10	24×2	6⅝REG	244
200	10	20×2	6⅝REG	215
190	10	18×2	NC50	210
153	10	16×2	NC46	161
120	10	14×2	NC38	139.7
98	8	12×2	NC31	101
70	8	10×2	NC26	
50	8	8×2	NC26	

平底或凹底磨鞋：用来磨碎落井的钻头、牙轮等大块落物。

套筒磨鞋：一般用来修整鱼顶以及鱼顶外部形状。

保径磨鞋：镶有保径齿的磨鞋。

锥形磨鞋：用来修复变形鱼顶及进行井下特殊作业(如开窗)，硬质合金镶在锥度翼瓣面和右旋侧面上。

高效磨鞋：一种磨铣效能高的磨鞋，结构与普通磨鞋大体一致，但通过合金的焊接工艺来提高磨鞋的磨铣效能。

应根据井眼尺寸选择磨鞋，一般磨鞋外径比井眼小 15～30mm，套管内使用的磨鞋外侧不得有硬质合金颗粒。

第八节　震击解卡工具

发生卡钻并形成井下落鱼后，使用震击解卡工具是优先考虑的高效打捞工具。目前，震击解卡工具主要包括液压上击器、机械上击器、地面震击器、闭式下击器、开式下击器以及液压加速器等。使用震击解卡工具，应根据井下情况正确选用，达到高效解卡目的。

一、液压上击器

1. YSJ 型液压上击器

YSJ 型液压上击器结构主要分为三部分，即活塞杆部分、油缸部分、活塞部分，见图 7－57。活塞杆与油缸之间注满液压油，心轴与上部钻柱连接。当上提钻柱时，液压油在活塞环的间隙中有少量泄漏，对活塞向上运动产生液压阻尼，为钻具弹性变形提供足够的时间。当活塞上行到油缸卸载槽时，液压油突然无阻回流，钻具贮存的弹性势能获得释放，震击杆带动震击垫向上运动，巨大的动载荷打击在上缸体的下端面产生向上震击力，传至下部被卡钻具。反复震击，直至达到预期解卡效果。

使用时，上击器连接于下入的钻具下部，使其尽可能靠近井内被卡落鱼。在震击器上部，应连接一定数量的钻铤以增加冲击能量。若下入的钻具较短，应配合加速器使用。

YSJ 型液压上击器行业标准见表 7－41。贵州高峰厂生产的 YSJ 型液压上击器技术规范见表 7－42，供参考。

2. 随钻上击器

随钻上击器是连接在钻柱中随钻具进行井下作业的工具，在发生卡钻事故时，能及时启动震击器进行连续震动解卡。结构见图 7－58、图 7－59。与 YSJ 型液压上击器的工作原理一样，但结构有所不同。随钻上击器在出厂或送井前，必须经过地面试验，不合格不得下井。Z_X^SJ 型随钻震击器型号与规范见表 7－43。

3. 超级震击器

通过锥体活塞在液压缸内的运动和钻具被提拉时，由于锥体活塞与密封体之间的阻尼作用，为钻具贮能提供了时间。当锥体活塞运动到释放腔时，随着高压液压油瞬时卸载，钻具将突然收缩，产生向上的动载荷。结构见图 7－60，行业标准见表 7－44，高峰厂产品规格见表 7－45。

二、机械上击器

是一种采用摩擦副工作原理的井下上击工具。运动部件都密封在一个油腔内，工作拉力可以调节。因为采用机械摩擦副的工作原理，即使密封失败，也能正常工作，所以特别适合于深井高温高压下的事故处理。结构见图 7－61、高峰产 JS70 型上击器规范见表 7－46。

三、地面震击器

地面震击器是一种用于从地面下击井内被卡钻具的解卡工具，不需要把井内的钻具倒开。使用时，在井口钻具上接入地面震击器再连接方钻杆就可以进行震击。震击力的大小可以在井口调节，结构简单，使用方便。其结构见图 7－62，技术参数见表 7－47。

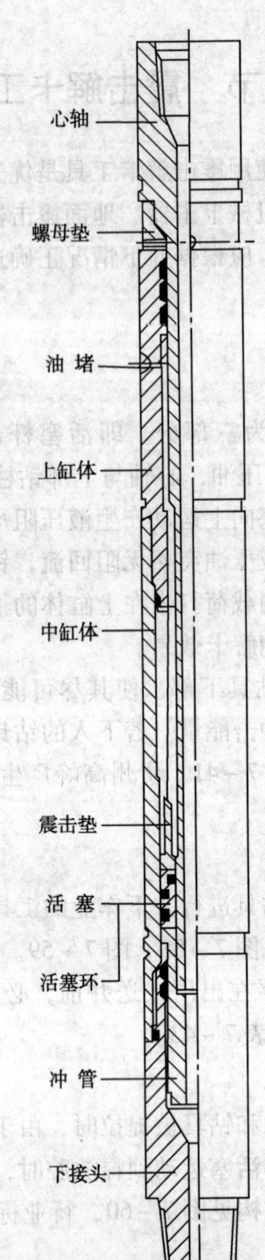

图 7－57 YSJ 液压上击器

表 7－41 YSJ 型液压上击器行业标准

型 号	YSJ95	YSJ102	YSJ108	YSJ121	YSJ146	YSJ159	YSJ178	YSJ203
外径/mm	95	102	108	121	146	159	178	203
最大抗拉负荷/kN	900	1000	1100	1200	1300	1400	1500	1600
密封压力/MPa	15	15	15	15	15	15	15	15
活塞行程/mm	381	381	381	381	381	381	381	381
水眼直径/mm	32	32	32	38	51	57	60	60
打开时总长/mm	2585	2630	2680	2730	2781	2832	2680	2930
接头螺纹	2⅜REG	2⅞REG	NC31	NC38	NC46	NC50	NC50	6⅝REG

表 7-42 高峰 YSJ 型液压上击器技术规范

型号	YSJ70	YSJ46	YSJ44
长度/mm	2613	2114	1986
外径/mm	178	121	114
内径/mm	60	38	38
行程/mm	379	290	288
最大工作扭矩/N·m	19600	7840	4900
最大震击力量/MN	0.764	0.294	0.196
工作温度/℃	120	150	150
接头螺纹	NC50	NC38	2⅞REG
质量/kg	400	200	150

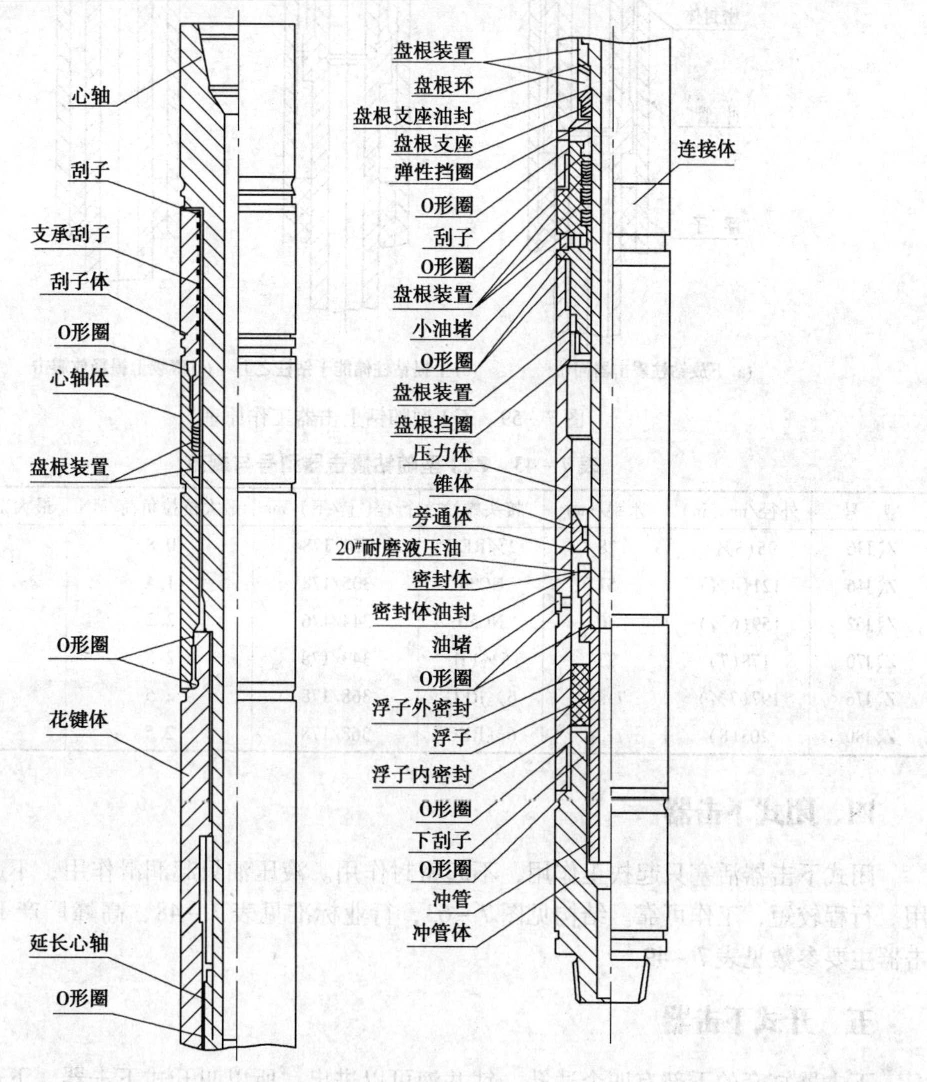

图 7-58 Z_X^SJ 型随钻上击器

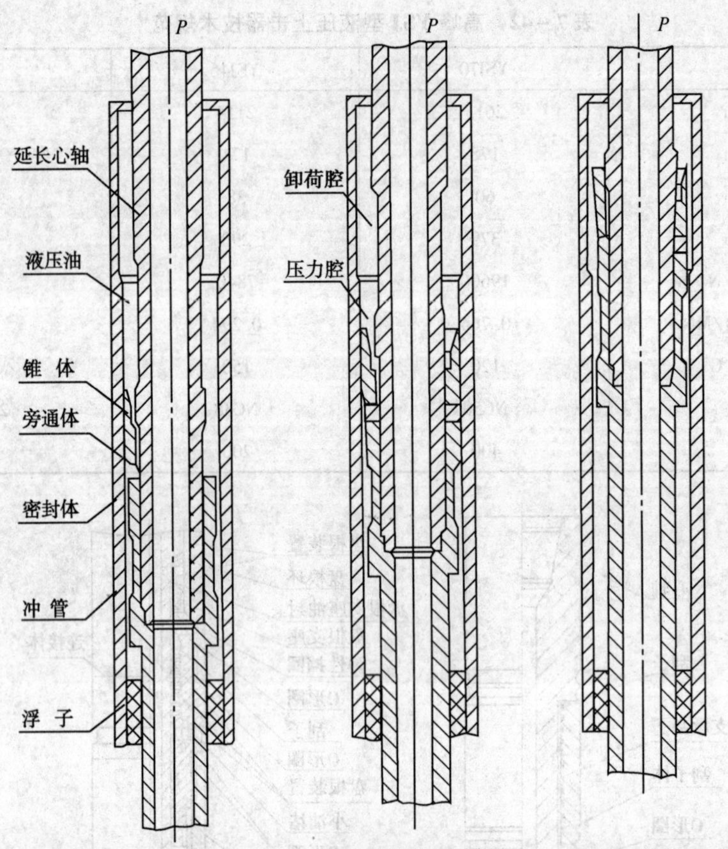

图 7-59 Z_X^SJ 型随钻上击器工作原理

表 7-43 Z_X^SJ 型随钻震击器型号与规范

型 号	外径/mm(in)	水眼/mm	接头螺纹	行程(上/下)/mm	最大抗拉负荷/MN	最大工作扭矩/kN·m
Z_X^SJ36	95(3¾)	28	2⅞REG	254/178	0.8	5
Z_X^SJ46	121(4¾)	51	NC38	305/178	1.4	13
Z_X^SJ62	159(6¼)	70	NC50	344/176	2.2	15
Z_X^SJ70	178(7)	73	5½FH	343/178	2.3	15
Z_X^SJ76	197(7¾)	71.4	6⅝REG	368/178	2.5	18
Z_X^SJ80	203(8)	71.4	6⅝REG	368/178	2.5	20

四、闭式下击器

闭式下击器活塞只起扶正作用，不起密封作用。液压油只起润滑作用，不起压缩储能作用。行程较短，工作可靠。结构见图 7-63，行业标准见表 7-48，高峰厂产 BXJ 型闭式下击器主要参数见表 7-49。

五、开式下击器

下击器缸套的下部有四个通孔，钻井液可以进出，所以叫开式下击器。下击器的六方心轴和被卡钻具连接，与外筒下接头的内六方配合传递扭矩。外筒(缸套)和上部钻具连接，借助于钻柱的重量和钻柱弹性伸长所积蓄的弹性能量下击被卡钻具，活塞密封是为了高压钻

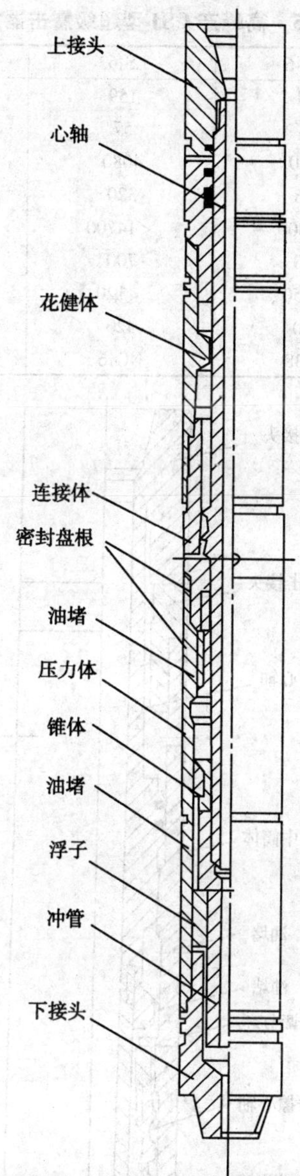

图 7-60　超级震击器

表 7-44　超级震击器行业标准

型　　号	CS95	CS102	CS108	CS121	CS146	CS159	CS178	CS203
外径/mm	95	102	108	121	146	159	178	203
水眼直径/mm	30	38	51	51	57	57	60	78
行程/mm	300	300	300	305	305	320	320	330
密封压力/MPa	20	20	20	20	20	20	20	20
最大抗拉负荷/kN	900	1000	1100	1200	1300	1400	1500	1600
接头螺纹	2⅜REG	2⅞REG	NC31	NC38	NC46	NC50	NC50	6⅝REG

表 7-45　高峰产 CSJ 型超级震击器规范

型　　号	CSJ46	CSJ62	CSJ70	CSJ76
外径/mm	121	159	178	197
内径/mm	51	57	60	78
总长/mm	3980	4080	4130	4450
拉开行程/mm	305	320	320	330
井下工作扭矩/kN·m	<9800	<14700	<14700	<19800
井下最大提拉力/kN	400	700	900	1200
井下工作温度/℃	<150	<120	<120	<120
质量/kg	340	420	480	560
接头螺纹	NC38	NC46	NC50	6⅝REG

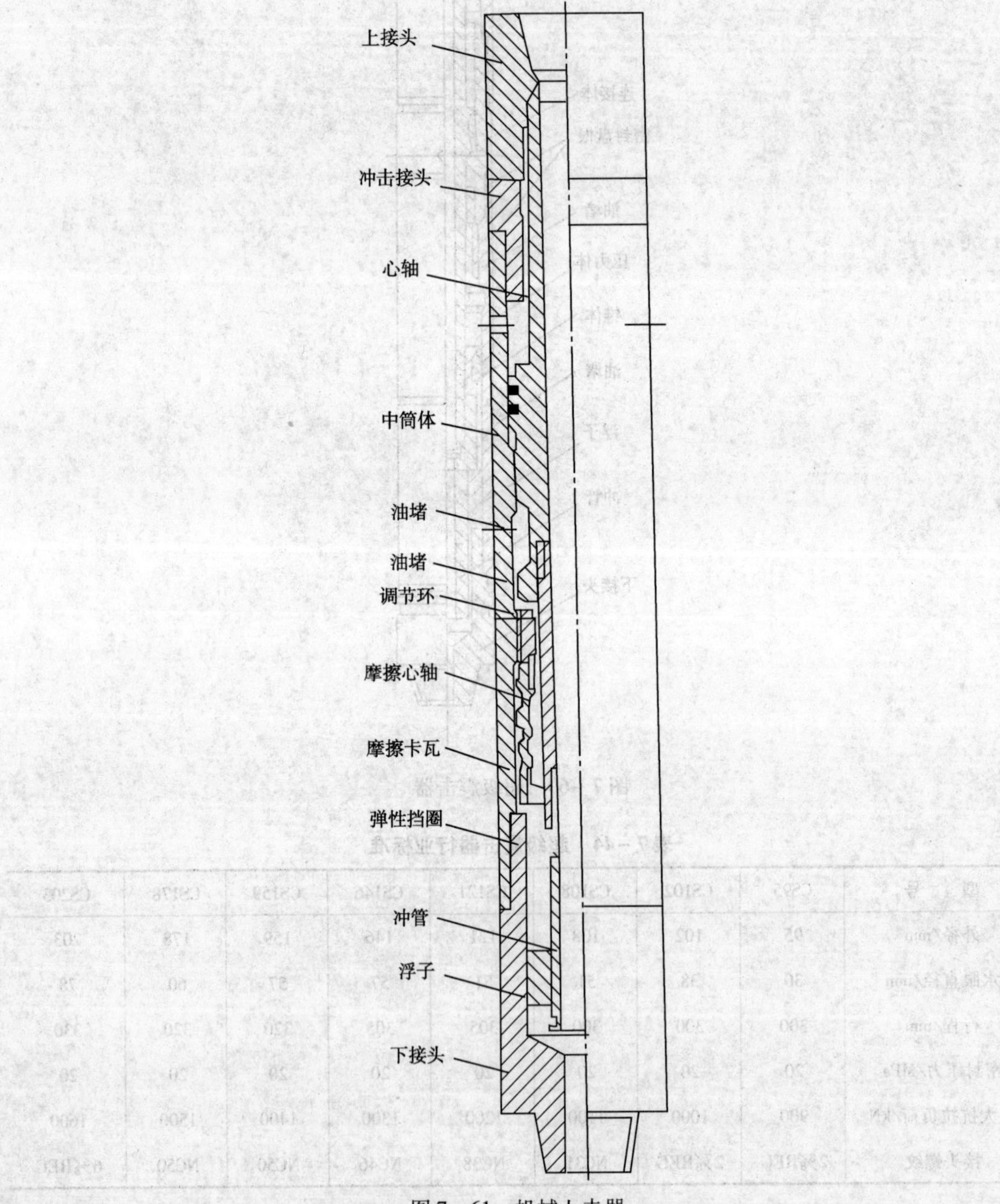

图 7-61　机械上击器

表 7-46　高峰产 JS70 型上击器规格

型　　号	JS70	型　　号	JS70
外径/mm	178	井下工作扭矩/kN · m	14700
内径/mm	75	井下最大提拉力/kN	1470
总长/mm	2331	井下工作温度/℃	150
拉开行程/mm	182	质量/kg	400
接头螺纹	NC50		

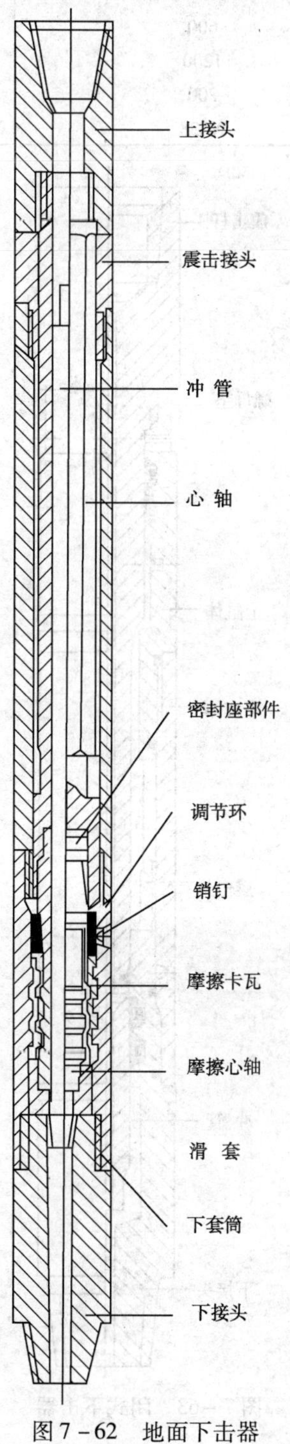

图 7-62　地面下击器

表 7-47 地面震击器技术参数

型　号	DJ46	DJ70
外径/mm	121	178
水眼直径/mm	32	51
行程/mm	1000	1220
闭合长度/mm	2500	3000
密封压力/MPa	15	15
最大震击拉力/kN	600	1000
最大抗拉负荷/kN	1200	1500
重量/kg	200	525
接头螺纹	NC38	NC50

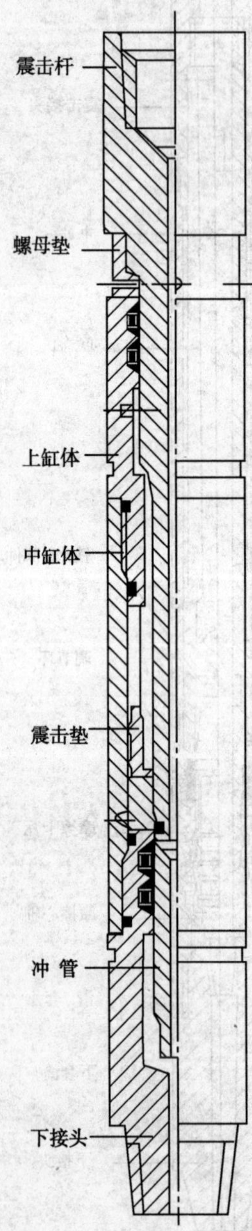

图 7-63 闭式下击器

表 7－48　闭式下击器行业标准

型　　号	BX95	BX102	BX114	BX121	BX158	BX178	BX203
外径/mm	95	102	114	121	158	178	203
水眼直径/mm	32	32	38	38	57	70	70
行程/mm	300	300	405	405	460	470	470
打开总长/mm	2850	2850	2690	2690	3100	3420	3300
密封压力/MPa	15	15	15	15	15	15	15
最大抗拉负荷/kN	900	1000	1100	1100	1400	1500	1600
接头螺纹	$2\frac{3}{8}$ REG	$2\frac{7}{8}$ REG	NC31	NC38	NC46	NC50	$6\frac{5}{8}$REC

表 7－49　高峰 BXJ 型闭式下击器规格

型　　号	BXJ70	BXJ46	BXJ44
外径/mm	178	121	114
内径/mm	70	38	38
总长/mm	2952	2285	1832
行程/mm	470	405	268
井下工作扭矩/kN·m	19600	7840	4900
井下最大提拉力/kN	1470	490	490
井下工作温度/℃	120	150	150
质量/kg	400	180	120
接头螺纹	NC50	NC38	$2\frac{7}{8}$IF

井液的循环。可以和管子割刀配合使用，也可做恒压给进工具。结构如图 7－64，行业标准见表 7－50，高峰 KXJ 型开式下击器规格列于表 7－51。

六、液压加速器

液压加速器又叫震击加速器，它和液压上击器的结构相似，只是活塞是完全密封的，也没有卸载槽，整个工具就是一个液压贮能器。它与液压上击器配合使用，接在上击器上面，中间接 3~6 根钻铤。工作时，能对其下方的钻铤和上击器心轴起加速作用，使之对卡点产生强大的震击力。同时它又能吸收部分弹性能，减少上部钻具的反弹震动。结构如图 7－65，行业标准见表 7－52，高峰产液压加速器见表 7－53。

液压加速器下井前必须做地面拉力试验，拉力试验数据见表 7－54。当试验拉力释放后，允许有 65mm 的间隙不复位，如果大于此间隙，则表明加油量不足，或者密封件有渗漏。

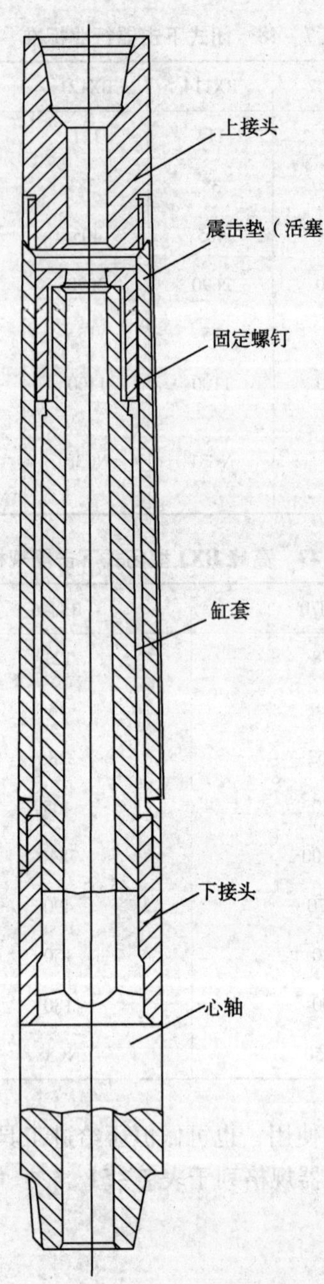

图 7－64　开式下击器

表 7－50　开式下击器行业标准

型　　号	KX95	KX102	KX108	KX121	KX159	KX178	KX203
外径/mm	95	102	1108	121	159	178	20
水眼直径/mm	32	32	32	38	51	70	70
行程/mm	900	1000	1100	1200	1400	1500	1600
闭合总长/mm	1800	1900	2000	2100	2500	2700	2900
密封压力/MPa	15	15	15	15	15	15	15
最大抗拉负荷/kN	900	1000	1100	1200	1400	1500	1600
接头螺纹	2⅜REG	2⅞REG	NC31	NC38	NC46	NC50	6⅝REG

表 7－51　高峰 **KXJ** 型开式下击器规格

型　　号	KXJ70	KXJ46	KXJ44
外径/mm	178	121	114
内径/mm	70	38	38
总长/mm	2736	1986	1500
行程/mm	1524	914	440
最大工作扭矩/kN · m	19600	9800	7840
最大抗拉载荷/kN	1470	980	784
工作温度/℃	120	150	150
质量/kg	500	150	120
接头螺纹	NC50	NC38	NC31

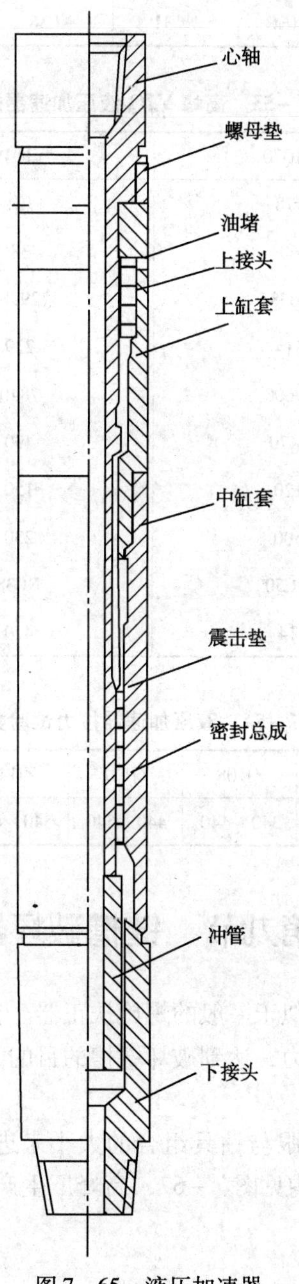

图 7－65　液压加速器

表 7－52　液压加速器行业标准

型　号	ZJ95	ZJ102	ZJ108	ZJ121	ZJ159	ZJ178	ZJ203
外径/mm	95	102	1108	121	159	178	20
水眼直径/mm	32	32	32	38	57	60	60
行程/mm	330	330	330	330	330	330	330
闭合总长/mm	3772	3820	3870	3922	4020	4070	4121
密封压力/MPa	15	15	15	15	15	15	15
最大抗拉负荷/kN	900	1000	1100	1200	1400	1500	1600
接头螺纹	$2\frac{3}{8}$REG	$2\frac{7}{8}$REG	NC31	NC38	NC46	NC50	$6\frac{5}{8}$REG

表 7－53　高峰 YJQ 液压加速器规格

型　号	YJQ70	YJQ46	YJQ44
外径/mm	178	121	114
内径/mm	60	38	38
总长/mm	4038	2998	2666
行程/mm	314	229	216
最大工作扭矩/kN·m	19600	7840	4900
最大抗拉载荷/kN	1470	490	490
工作温度/℃	120	150	150
质量/kg	500	230	175
接头螺纹	NC50	NC38	NC31
油腔容积/L	14	4.9	3.7

表 7－54　液压加速器拉力试验数据

型　号	ZJ95	ZJ102	ZJ108	ZJ121	ZJ146	ZJ159	ZJ178	ZJ203
拉力/kN	150～250	250～340	340～440	440～540	540～640	640～740	740～830	830～930

第九节　键槽破坏器

键槽破坏器也叫扩孔器，类似于一般的螺旋扶正器。在翼片上下两个斜肩面上加焊硬质合金，具有较强的破坏地层的能力，达到破坏键槽的目的。使用时连接在钻铤上方，有效扩大键槽部位的井眼尺寸。

螺旋式键槽破坏器多根据井眼与钻具组合的大小来进行加工，无统一的规格，结构如图 7－66。滑套式键槽破坏器结构见图 7－67，高峰厂生产的 JKQ 键槽破坏器的技术规范见表7－55。

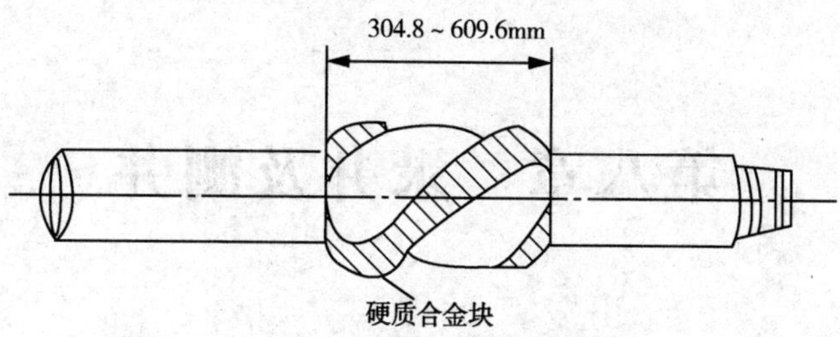

图 7－66　螺旋式键槽破坏器

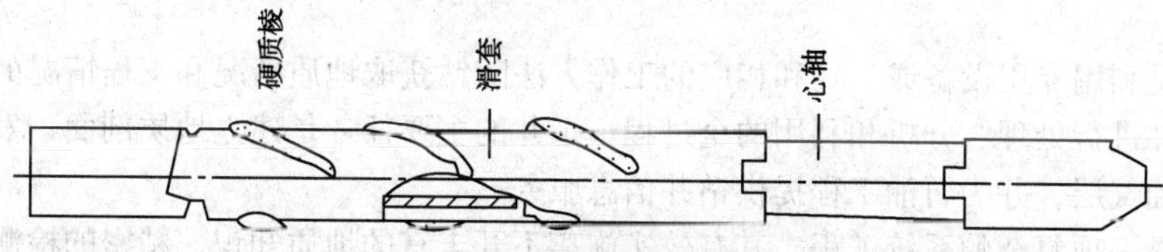

图 7－67　滑套式键槽破坏器

表 7－55　高峰 JKQ 键槽破坏器技术规范

型　　号	JKQ121	JKQ203
外径/mm	121	203
硬质合金棱外径/mm	125	207
水眼/mm	40	70
滑套行程/mm	315	25
总长度/mm	1602	1739
下接头螺纹	NC38	6⅝REG
上接头螺纹	3½TBG	5½TBG
最高工作温度/℃	<200	<200

第八章　录井及测井

第一节　录　井

录井是利用专用设备或工具和相应的工作方法随钻获取地质情况和工程情况的一系列资料信息，并进行处理、分析和利用的全过程。录井的主要任务是建立地质剖面，发现油气显示，评价油气层，并为石油工程提供钻井信息服务。

录井是一项复杂的系统工程，其有效实施离不开丰富的地质知识、精密的检测设备和各种录井方法。

一、地质知识

(一)基础地质

1. 地球的内部结构

我们可以用直接观察和测量的方法来研究地球的外部圈层，但对于地球的内部，采用直接观察和测量的方法是困难的。目前世界上所钻的最深的井不超过13km，而地球的半径为6370km，因此所能获得的地球内部的直接资料只不过反映地球表面一薄层的情况。现阶段研究地球内部的物质成分、状态和物理性质，主要是应用地球物理的资料，如地震波的传播速度、重力学和导电率等方面的数据，特别是应用地震波传播速度的数据。

据实测地球内部有两个波速变化明显的不连续面，一个是在地下平均33km处，地震波通过此界面后，横波和纵波的波速都突然增加，这个界面是由南斯拉夫地球物理学家莫霍洛维奇首先发现，故称“莫霍面”，另一个是在地下2900km处，地震波通过该界面后，纵波波速突然减小，横波消失，这个界面是由美国地质学家古腾堡发现，故称“古腾堡面”。根据这两个不连续面把地球内部分为三个圈层：地壳、地幔、地核(图8－1)。

(1) 地壳

地壳是固体地球的最外一圈，主要是由富含硅和铝的硅酸盐岩石所组成的硬壳，其范围从地表到莫霍面。厚度变化较大，大洋地壳较薄，平均厚6km，最薄处不到5km，大陆地壳较厚，平均厚35km，最厚处可达70km(我国青藏高原)。整个地壳平均厚33km。地壳具有双层结构，上层叫硅铝层，主要化学成分为硅、铝，密度为2.7～2.8g/cm^3，下层叫硅镁层，主要化学成分为硅、镁、铁和铝，密度为2.9～3.0g/cm^3。大陆地壳硅铝、硅镁层都有，而大洋地壳缺失硅铝层，只有硅镁层。

(2) 地幔

地幔位于莫霍面和古腾堡面之间，厚为2900km。以1000km深度为界，地幔可分为上、下地幔。上地幔主要由含铁、镁多的硅酸盐物质组成，平均密度为3.5g/cm^3。由于随深度增加温度升高，大约在离地表100～50km范围内温度高，近于岩石的熔点，地幔物质处于塑性流动状态，称为“软流圈”。地震波通过软流圈时，波速随深度增加而降低，故该圈又称“低速带”。它是岩浆活动的发源地，下地幔成分比较均一，与上地幔相似，但随深度增加，铁的含量增加，平均密度为 $5.1g/cm^3$。

（3）地核

从古腾堡面以下至地心部分，为地核，厚 $3473g/cm^3$。据推测地核物质由铁、镍组成，温度和压力非常高，密度大，可达 $9.98\sim13g/cm^3$。

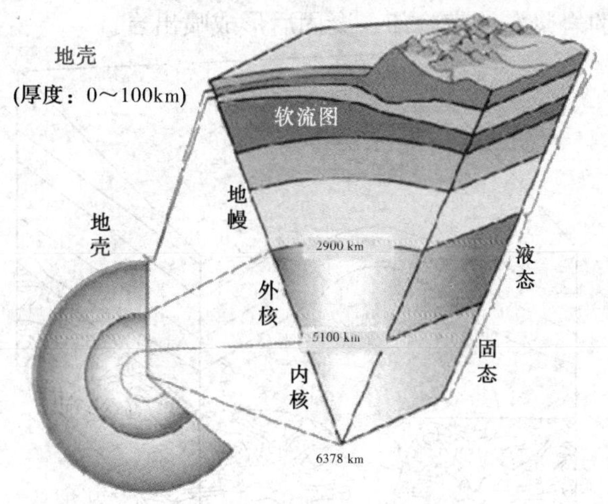

图 8－1　地球内部结构示意图

2. 矿物

矿物是地壳中的化学元素在各种地质作用下形成的自然产物，它具有一定的化学成分、物理化学性质以及比较均一的内部结构。它可以是由几种元素组成的化合物，如方解石、萤石、青金石、紫水晶，也可以是由一种元素组成的单质，如金刚石（C）。自然界中已发现 3000 多种矿物，但常见的不过数十种，其中最常见的是硅酸盐矿物。石油和天然气储集在地下的岩石中，要有效地勘探开发油气田就必须研究岩石，而研究岩石的一个重要方面就是要识别矿物。在实际工作中，对矿物的识别是通过对矿物本身的外形和物理性质的鉴定来进行的。

3. 岩石

地壳是由岩石组成的，岩石又是由矿物组成的。岩石就是通常所指的石头，是由一种或多种矿物在地质作用下，有规律地组合在一起就形成岩石。自然界中，地质作用是相当复杂的，不同的地质作用形成不同类型的岩石。按其成因可分为岩浆岩、变质岩和沉积岩三大类。

这三大类岩石在地壳中的分布很不均匀。岩浆岩和变质岩占地壳总体积的 95%，仅占地表面积的 25%，而沉积岩占地壳总体积的 5%，却占地表面积的 75%。尽管沉积岩是占地壳体积很少的一部分，但其内部却蕴藏着丰富的矿产。石油主要生成于沉积岩，而且绝大部分也储集在沉积岩中，因此沉积岩是石油工作者重点研究的对象。由于三大类岩石密切联系，而且岩浆岩和变质岩也可储集油气，因此在研究沉积岩的同时，也必须研究岩浆岩和变质岩。

（1）岩浆岩

地下深处存在着高温、高压、高黏度、成分极其复杂的硅酸盐炽融体，称为岩浆。它的主要成分是 SiO_2，其次为 Al_2O_3、Fe_2O_3、FeO、MgO 等。一般认为岩浆发源于地幔上部软流圈及地壳中部地段。通常，岩浆在地下深处与周围的环境处于平衡状态。当地壳运动使地壳本身出现薄弱或破碎地带时，岩浆就会沿地壳薄弱带侵入地壳上部，甚至喷出地表(图8－2)。岩浆向上运动的过程中，温度降低，岩浆逐渐冷凝结晶成岩石。这种由岩浆作用所形成的岩石称为岩浆岩。当岩浆未达到地面，仅上升到地壳一定深度的部位后，冷凝结晶的作用为侵入作用，由此而形成的岩石称为侵入岩；岩浆冲破上覆岩层，喷出地表面引起火山喷发的作用为喷出作用，喷出的岩浆在地表冷却、凝固后形成喷出岩。

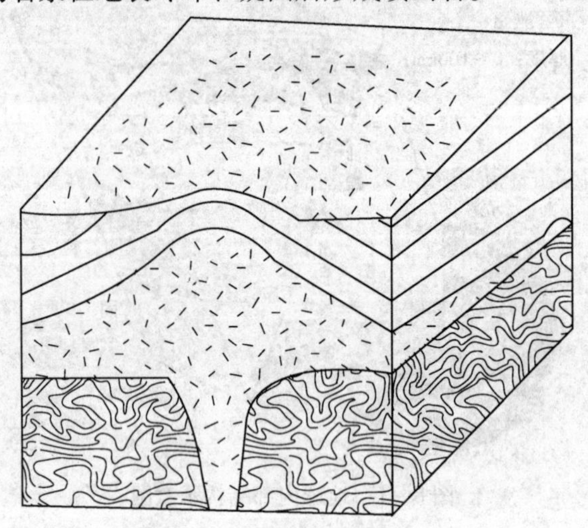

图8－2　岩浆岩形成示意图

(2) 变质岩

地壳中已经形成的岩浆岩、沉积岩由于所处地质环境的改变，下降到地壳深处，在温度、压力增大的环境条件下，物质发生重结晶、不同成分的矿物重新组合，生成新的矿物，结果使原有岩石的物质成分或结构发生改变，从而形成一种新的岩石类型。这种受地球内力作用的影响，由于物理化学条件的改变，使早已形成的岩石，在固体状态下发生成分、结构和构造变化的作用称为变质作用，由变质作用形成的岩石称为变质岩。

(3) 沉积岩

沉积岩是在地表或接近地表的条件下，由母岩(岩浆岩、变质岩和早已形成的沉积岩)风化剥蚀后，经搬运、沉积和压实硬结而成的岩石(图8－3)。沉积岩分布面积广、含的矿物种类多、储量大。我国几乎全部铝矿、磷矿、锰矿和三分之二的铁矿都蕴藏于沉积岩中。还有一些沉积岩本身就是矿产，如石灰岩是烧制石灰、制造水泥、尼龙的重要原料。特别是被誉为“工业血液”石油的产出的主要岩类，世界上99%以上的石油均产自于沉积岩。在石油地质勘探中常见的沉积岩主要是砾岩、砂岩、粉砂岩、泥岩、页岩和灰岩。砂岩、粉砂岩通常是石油产出的层位，我国石油储量90%来自砂岩油藏，天然气储量39%来自砂岩气藏。

根据风化产物的类型、成因，沉积岩可分为以下三大类：

① 碎屑岩：主要由碎屑物质组成的岩石。它依据碎屑物质的颗粒大小可分为：砾岩、砂岩、粉砂岩三类。

② 黏土岩：主要由新形成的矿物即黏土矿物组成的岩石。

③ 化学岩：主要由溶解物质经过化学沉淀方式形成的岩石。

化学岩还可根据其主要成分，进一步分为碳酸盐岩、硫酸盐岩、卤化物岩、膏岩、硅岩等。

图 8－3　沉积岩示意图

4. 古生物

（1）古生物及化石的概念

古生物是指存在于地质历史时期的生物。一般来说，把 1 万年作为古生物和现代生物的分界线，1 万年以前的生物称为古生物。由于古生物的绝大多数种类在地球上早已灭绝，因此研究生物界及其演化要从“化石”入手。

化石是指保存于地层中的古生物遗体（生物的骨骼、硬壳等）或遗迹（足迹、爬迹、粪便等）（图 8－4）。它具有一定的生物特征，如形体大小、形状、结构、纹饰等。沉积岩中，绝大多数化石不是原生物的实体，而是生物的遗骸埋于地下变成了石头。必须指出现代海滩、河床泥砂中埋藏的螺蚌及其他动物贝壳，尽管都是生物遗体，但不能称为化石，因为它们不是地质历史时期的产物。

古生物的种类繁多，但能保存下来成为化石的只是很少的一部分，而绝大部分已被地质作用所破坏。

（2）研究古生物化石的意义

保存在地层中的化石，都是古生物本身在地层里保存下来的可靠记录。这些记录展现了地球自有生物以来生物界发展进化的历史，以及与其相联系的地壳发展的历史。研究化石，特别是标准化石，可以帮助确定地层时代，划分对比地层以及推断沉积环境。

1）确定地层时代和对比地层

人们在长期的生产实践中已经认识到，越早沉积的地层中，所含的古生物化石的构造越简单，低级，越晚沉积的地层中，所含化石的构造越复杂、高级。可见地质历史时期生物界总是从低级到高级，从简单到复杂，不断发展进化的。生物的演化和发展，从来没有停止过，而且经历过一系列的飞跃，呈现出阶段性。在一定的地史环境中，生活着一定的生物群。以后地史环境变化了，那些不能适应环境变化的生物灭绝了，而适应能力较强的生物则保存下来，并向新的更高级的类别演化和发展，同时出现一些与环境相适应的新种属。已经灭绝了的类别不会再重新出现，已经消失了的器官不会再度恢复，已经衰退了的器官也不会恢复到它从前发展的程度，生物演化呈现出不可逆性。通过生物演化的阶段性和不可逆性，我们可以认识到，在一定地质时期沉积的地层中，含有一定种类的生物化石；在不同时期沉积的地层中，含有不同种类的生物化石。因此，可以根据地层中所含的化石，特别是标准化石来确定地层的相对年代以及进行地层划分和不同地区的地层对比。

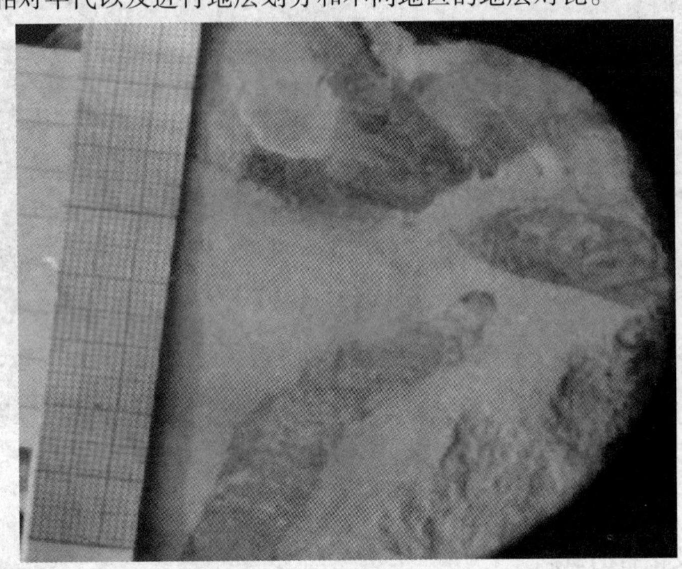

图 8-4　生物水平潜穴遗迹化石

2）推断沉积环境

一定的环境，生活着一定的生物群；不同的环境，生活着不同的生物群。通过研究现代生物的分布和生活环境，依据“将今论古”的原则来推断古代生物的生活环境。例如，我们知道珊瑚是生活在海洋里，那么当我们在地层中发现珊瑚化石时，就可以推断这套地层当时是在海洋中沉积的。又如，富含植物化石的含煤地层，是在气候温暖潮湿的沼泽环境中沉积的。

5. 地质时代与地层

地球作为一颗原始行星在太阳系中出现，已经经历了 46 亿年的漫长历史。到目前为止，在地球表面发现标志地壳开始形成的最古老岩石的年龄是 38 亿年。以 38 亿年为界线，把地球的整个发展历史分为天文时期和地质时期。天文时期是行星形成和发展时期，属天文学研究的范围；地质时期是地壳形成以后的地质发展时期，属地质学研究的范围。大约在距今 5.7 亿年的时候，地球的演化发生了一次大的飞跃，在地球表面出现了大量的生物。因此，又以 5.7 亿年为界线，把地质时期分为两个阶段。把距今 38 亿 ~ 5.7 亿年的时期称为隐生宙；把距今 5.7 亿年以来有大量生物化石出现的时期称为显生宙。

隐生宙由于没有显著的生物存在，人们就根据岩层发育，地壳运动和同位素年龄，把它分为太古代和元古代。

显生宙表示在这个时期地球上有显著的生物出现。根据生物演化的不可逆和阶段性，显生宙又可分为三个代，即古生代、中生代和新生代。古生代又可分为早古生代和晚古生代。

古生代指古老生物时代，时间从距今5.7亿年至2.25亿年，标志着生物已开始大量发育；中生代是指中期生物时代，时间从距今2.25亿年至0.65亿年，这个时期以爬行动物繁盛为特点，爬行动物主要生活在陆地，而在此以前的生物主要生活在水中；新生代是指近代生物时代，时间从距今0.65亿年至今，其生物种属与近代生物密切相关，哺乳类大量繁衍。

代又分为纪，每个代又可进一步划分为若干个纪。如古生代分为寒武纪、奥陶纪、志留纪、泥盆纪、石炭纪，二叠纪共六个纪；中生代分为三叠纪、侏罗纪、白垩纪三个纪；新生代分为第三纪和第四纪。纪的名称大部分来源于研究较早的地层标准剖面所在地区的地名或古代民族的名称。

纪又可再分为世，除少数几个纪二分外，其余的纪为三分。三分的纪分为早、中、晚三个世。如寒武纪分为早寒武世、中寒武世和晚寒武世。二分的纪分为早、晚两个世；如白垩纪分为早白垩世和晚白垩世。

地层为某一地质时代形成的岩石，具有时间概念。某一宙、代、纪、世形成的地层相应地称之为某一宇、界、系、统(表8－1)。

6. 地壳运动

(1) 地壳运动

沉积岩大多数是在广阔的海洋和巨大的湖泊中形成的，起初都是水平的。这些水平的岩层都是按老的在下、新的在上，一层盖一层地分布于地壳之中。但通常我们所看到的岩层大多数都有不是水平的，而是出现了各种各样的变化，有的发生了倾斜，有的变的弯曲，有的形成了断裂，也有的产生了错动。这就是说沉积岩层的原始形态发生了改变。是什么原因促使了这种改变呢？是地壳运动，也称为构造运动。

表8－1　中国太古界－新生界地层划分表

界	系	统	
新生界 K_Z	第四系 Q	全新统 Q_4 或 Q_h	
		更新统 Q_p	上更新统 Q_3
			中更新统 Q_2
			下更新统 Q_1
	新近系　N	上新统 N_2	
		中新统 N_1	
	古近系　E	渐新统 E_3	
		始新统 E_2	
		古新统 E_1	
中生界 M_Z	白垩系 K	上白垩统或白垩系上统 K_2	
		下白垩统或白垩系下统 K_1	
	侏罗系　J	上侏罗统或侏罗系上统 J_3	
		中侏罗统或侏罗系中统 J_2	
		上侏罗统或侏罗系下统 J_1	
	三叠系　T	上三叠统或三叠系上统 T_3	
		中三叠统或三叠系中统 T_2	
		下三叠统或三叠系下统 T_1	

续表

界		系	统
古生界 P_Z	上古生界 P_Z	二叠统 P	上三叠统或二叠系上统 P_2
			下二叠统或二叠系下统 P_1
		石炭系 C	上石炭统或石炭系上统 C_3
			中石炭统或石炭系中统 C_2
			下石炭统或石炭系下统 C_1
		泥盆系 D	上泥盆统或泥盆系上统 D_3
			中泥盆统或泥盆系中统 D_2
			下泥盆统或泥盆系下统 D_1
	下古生界 P_Z	志留系 S	上志留统或志留系上统 S_3
			中志留统或志留系中统 S_2
			下志留统或志留系下统 S_1
		奥陶系 O	上奥陶统或奥陶系上统 O_3
			中奥陶统或奥陶系中统 O_2
			下奥陶统或奥陶系下统 O_1
		寒武系 ∈	上寒武统或寒武系上统 $∈_3$
			中寒武统或寒武系中统 $∈_1$
			下寒武统或寒武系下统 $∈_1$
元古界 P	上元古界 P_{t3}	震旦系 Z	上震旦统或震旦系上统 Z_2
			下震旦统或震旦系下统 Z_1
		青白口系 Q_5	
	中元古界 P_{t2}	蔚县系 J_K	
		长城系 C_5	
	下元古界 P_3		
太古界 A_1	上太古界 A_2		
	下太古界 A_1		

注：时代不明的变质岩为 M_1，前寒武系为 $A_3 ∈$；前震旦系为 A_nZ。

地壳运动是指由地球内力引起的地壳内部物质缓慢变化的机械运动。它使地球表面海陆发生变化，并使岩层发生变形和变位形成各种的形态。

地壳运动分为水平运动和升降(垂直)运动。水平运动是指组成地壳的物质沿平行于地球表面方向的运动，这种运动使地壳受到挤压、拉伸或平移甚至旋转。升降运动是指组成地壳的物质沿垂直于地球表面方向的运动，即地壳上升或下降。主要引起海洋和陆地的变化，地势高低的改变。

地壳运动使沉积岩层发生弯曲，产生裂缝、断裂，并留下永久形迹，这样就形成了地质构造(图 8－5)。所谓地质构造就是地壳运动引起的岩层变形和变位的形迹(结果)。地壳运动是形成地质构造的原因，地质构造则是地壳运动的结果。

(2) 地质构造

组成地壳的岩层所具有的一定特征或形态的组构称地质构造。其中在沉积物堆积或熔融物结晶时形成的构造称原生构造，岩层受力发生变位、变形形成的构造称为次生构造。地质构造的基本类型有四类：水平构造、倾斜构造、褶皱构造和断裂构造。

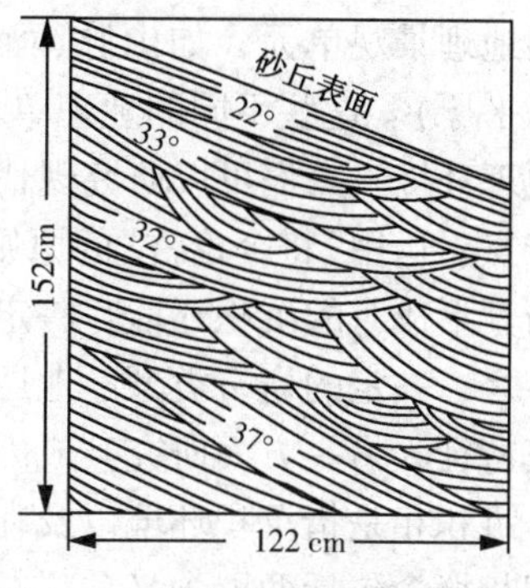

图 8－5　风成沙丘交错层理构造

① 水平构造：岩层产状近于水平，这种构造出现在构造运动影响较轻微的地区或大范围内均匀抬升或下降的地区，岩层未发生明显变形。水平构造中较新的岩层总是位于较老的岩层之上。不同地点同高程上，出露同一地层；同一地点，老地层在低洼处，新地层在较高的位置。

② 倾斜构造：指岩层层面与水平面有一定的夹角。倾斜构造带常常是褶曲的一翼或断层的一盘，也可以是大区域内的不均匀抬升或下降造成的。此时岩层仍保持下老上新的层序。

③ 褶皱构造：褶皱是岩层弯曲形成的构造。在地壳岩石中褶皱弯曲的规模差别很大，从显微构造直到巨大的构造盆地和地槽带均属褶皱构造。在松散的沉积物，沉积岩，各类变质岩，甚至某些火成岩中的原生流动构造，都有褶皱发育，这说明褶皱可在多种压力环境下形成，其形态多种多样。褶皱构造的基本类型主要有两种：背斜和向斜。背斜的特征是岩层向上弯曲，中心核部较老，两侧岩层依次变新；向斜则相反，岩层向下弯曲，核部较新，两侧依次变老。如岩层未经剥蚀，则背斜成山，向斜成谷，地表仅见到最新地层。若岩层受剥蚀，则地表可出现不同时代的地层露头。

④ 断裂构造：断裂构造是由于岩层受力发生脆性破裂而产生的构造。根据相邻岩块沿破裂面的位移量，又可分为节理和断层。

节理：节理是当岩层、岩体发生破裂，而破裂面两侧岩块没有发生显著位移时的断裂构造。它是野外常见的构造现象，一般成群、成族出现。

断层：是岩体发生较明显位移的破裂带或破裂面。断层是地壳中广泛存在的地质构造，形态各异，规模不一。断层深度可达数千米，断层延伸最长可达数百千米甚至上千千米。根据断层上下盘沿断层面相对移动的方向分为：正断层（上盘相对下降，下盘相对上升）、逆断层（上盘相对上升，下盘相对下降）和平移断层（断层两盘沿断层线方向发生了相对运动）。

7. 沉积盆地

石油地质学在很大程度上就是沉积盆地地质学，因目前发现的有工业意义的石油都产自于沉积盆地中。因此，沉积盆地就是石油地质研究的主要对象，是石油勘探、开发的实体。

沉积盆地与地貌盆地是有一定差别的，沉积盆地是指在一定特定时期，沉积物的堆积速率明显大于其周围区域，并具有较厚沉积物的构造单元。如松辽盆地、渤海湾盆地等。从而对盆地历史的了解成为可能，这对于石油地质研究是十分重要的。

盆地中沉积物的性质取决于盆地的位置，如盆地位于陆内，则有陆相沉积物的堆积；如位于大洋中，则为海相沉积；如位于沿海地区，则有海、陆相两类沉积物的堆积；一个沉积盆地的发育，通常是经历了几百万年的历史，在如此漫长的地质时期内，其中沉积物的性质及沉积物的特征，都处在不断的变化中。盆地中的沉积地层记录了所有这些地质时期的演变。

8. 沉积相

对于地质学家来说，现代的地球表面就是他们的实验室。地球表面可以划分出若干个不同的地理景观单元，如山脉、河流、湖泊、沙漠、海洋(大陆架、大陆棚、大陆坡、海沟、深海平原)。这些不同的地理单元均有其独特的与其他单元不同的特点，通常把它们称为自然地理环境。人们可以研究现代各种自然地理景观单元的物理化学特点、生物特点以及沉积物特点。运用“将今论古”的原则，通过对保留下来的沉积地层和古生物的研究和分析，来推断其形成时的沉积环境。一定的沉积环境可以形成特定的地层、岩石类型及古生物组合。换言之，一定的岩石类型、地层及古生物组合代表特定的沉积环境。研究沉积岩，一方面研究其特征，另一方面研究其成因及沉积环境，这样，就引入了“相”的概念。

沉积相是指沉积环境以及在该环境中所形成的沉积岩(物)特征综合。完整的、准确的沉积相概念包括两层含义：一是反映沉积岩的特征，二是揭示沉积环境。沉积环境包括岩石在沉积和成岩过程中所处的自然地理条件、气侯状况、生物发育情况、沉积介质的物理化学条件等。沉积岩(物)特征包括岩性特征(岩石成分、颜色、结构等)、古生物特征(古生物种属和生态)(图8-6)。

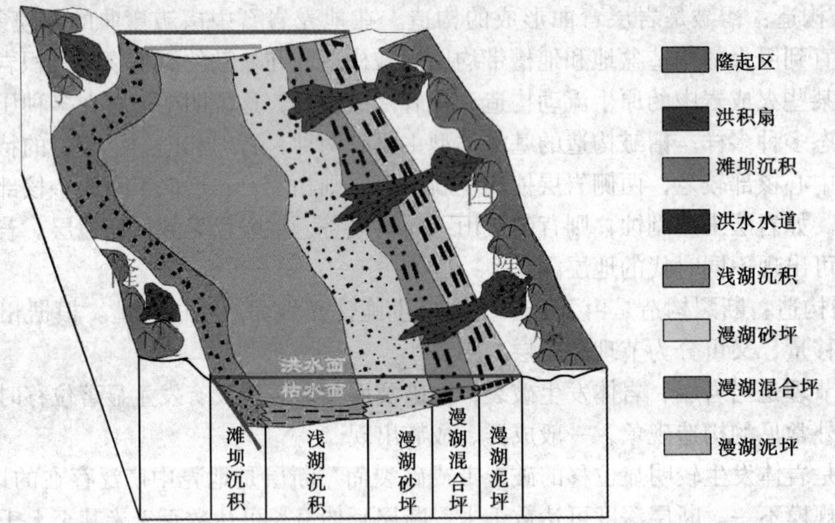

图8-6　洪水-漫湖沉积体系各沉积相分布示意图

自然地理环境可分为大陆环境、海洋环境与海陆过渡环境。大陆环境又可分为沙漠、河流、湖泊、冰川、沼泽等；海洋环境又可分为滨海、浅海、半深海、深海；海陆过渡环境可分为三角洲、泻湖等。

同理，沉积相也将可分陆相、海相和海陆过渡相这三大类型。

9. 地层接触关系

地壳时时刻刻都在运动着。同一地区在某一时期可能是以上升运动为主，形成高地，遭受风化剥蚀，另一时期可能是以下降运动为主，形成洼地，接受沉积；也可能是在长时期内下降接受沉积，这样就使得早晚形成的地层之间具有不同的相互关系，即地层接触关系。

(1) 整合接触

沉积物连续堆积，新老地层之间产状完全一致，时代连续。岩石性质与生物演变连续而渐变，表明志层是在沉积区持续稳定下降的背景上沉积的[图8-7(a)]。

(2) 平行不整合接触

地壳缓慢下降，沉积区接受沉积，然后地壳上升成陆，沉积物露出水面遭受风化剥蚀，接着地壳又下降接受沉积，形成一套新的地层。这样，先沉积的和后沉积的地层之间是平行叠置的，但并不连续，而是具有沉积间断。因此，平行不整合接触代表着地壳均匀下降沉积，然后上升剥蚀，再下降沉积的一个总过程[图 8-7(b)]。

特点：新、老地层产状一致，沉积出现间断，岩石性质和古生物演化突变。

(3) 角度不整合接触

地壳缓慢下降，沉积区(盆地)接受沉积，然后地壳上升成陆，受到水平挤压形成褶皱和断裂，并遭受风化剥蚀，接着又下降接受沉积，形成一套新的地层。这样，先沉积的和后沉积的地层之间不是平行叠置，而是成一定角度相交，有明显的沉积间断、时代不连续。因此，角度不整合代表着地壳均匀下降沉积，然后水平挤压形成褶皱、断裂并上升遭受风化剥蚀，再下降接受沉积的过程[图 8-7(c)]。

特点：新、老地层产状不一致，沉积出现间断，岩石性质和古生物演化突变。

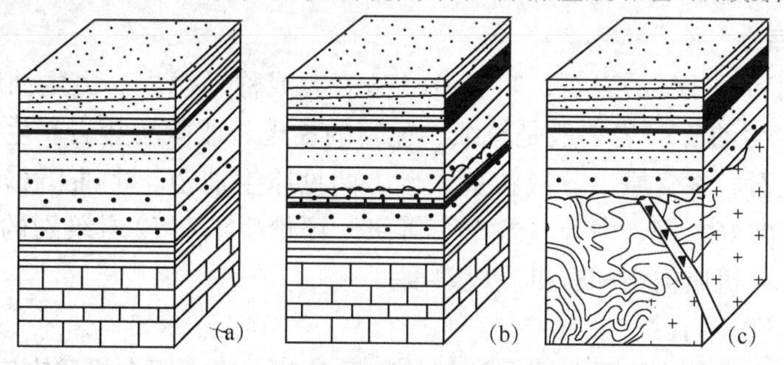

图 8-7 不同地层接触关系示意图

(二) 石油地质

1. 油气成因

(1) 油气成因概述

石油工业发展的早期，人们普遍认为油气是无机生成的，主要观点有碳化物说、宇宙说、岩浆说等。公认石油和天然气是由自然界中的碳和氢在高温高压条件下合成而来的。但随着油气勘探的深入，人们发现 99.9% 的油气田都分布在沉积岩中；通过大量的油田测试发现油层温度很少超过 100°C，也就是说石油不是在很高的温度和压力条件下形成的；光谱分析结果，石油的灰分子中大大富集了钒、镍、铜、钴，而这些都是有机物灰分所含的元素；各国科学家通过对现今沉积盆地沉积物的研究后发现，这些沉积物确实存在着油气生成过程，而且至今还在进行着。所有这些都说明有机成因理论比较符合客观存在的实际，近 200 年来正是在有机成因理论的指导下，找到了大量的油气田，使石油工业得以高速发展，促使有机成因理论更加成熟，成为当今的主流学说。

有机成油是否为油气生成的唯一途径？特别是近 20 年来，随着宇宙化学和地球成因新理论的兴起，无机地幔脱气说有重要价值，值得进一步研究，很可能成为新一轮找气理论。

(2) 油气生成的物质基础

1) 生油气母质

根据油气有机成因理论，生物体是生成油气的物质基础。生物死亡后的残体经搬运、沉积、埋藏在水下的沉积物中。在缺氧的条件下，经过一定的生物化学、物理化学变化形成了油气。其中细菌、浮游动植物和高等植物是沉积物中有机质的主要供应者，这些生物有机质的主要化学成分为类脂化合物、蛋白质、碳水化合物和木质素等生物化学聚合物。

2）干酪根

生物残体埋入沉积物后，大部分遭受氧化，而那些分散、微小的有机质在缺氧的条件构成了新的地质聚合物。在成岩过程中，随着埋深加大(数十、数百米)，边分解脱气边聚合成大分子的有机质，即干酪根。干酪根一词最初是用来描述苏格兰油页岩的有机质，该物质经蒸馏后能产出似蜡质的黏稠物质，现今被泛指不溶于一般有机溶剂(可溶的为沥青)的有机质。干酪根主要是由碳、氢、氧和少量硫、氮组成的高分子聚合物。由于其来源复杂，所以没有固定的分子式和结构式，其性质和生油潜力差别也很大。根据干酪根的母质来源可分为腐泥型和腐殖型两大类，前者主要由孢子、浮游生物等富含脂肪族的有机质在缺氧条件下分解而成，后者由富含有机碳的陆生植物转化而成。

干酪根是有机质生成油、气、煤的中间产物，在生物化学生气阶段聚合形成，达到成熟门限的温度—时间后，开始降解，转化生成油、气、煤。

2. 生油(气)岩

能够生成石油和天然气的岩石，叫生油(气)岩，或称烃源岩。由生油(气)岩组成的地层称生油(气)层。生油(气)岩一般是粒细、色暗的黏土岩或碳酸盐岩。生油(气)岩富含有机质和微体生物化石、常含原生分散状黄铁矿、偶见原生油苗。生油(气)岩根据生油能力一般可分极好、非常好、好、中等、差5个等级。评价生油(气)岩级别的主要地球化学指标有有机质丰度、有机质类型和有机质成熟度。

(1) 有机质丰度

岩石中有足够数量的有机质是形成油气的物质基础，通常用有机质丰度表示岩石中有机质的相对含量。

在含油气盆地中，生油岩中可以转化为石油的有机质，一般占有机质总含量的百分之几到百分之十五之间，而大部分仍残存在生油岩中，称为剩余有机质。一般通过测定剩余有机碳(TOC)、氯仿沥青A和热解参数(S1 + S2)、总烃(HC)等参数，换算生油岩的有机质丰度。

(2) 有机质类型

生油岩中的有机质可分可溶和不溶普通有机溶剂两类，前者指氯仿沥青“A”，后者指“干酪根”，而干酪根占有机质总量的90%以上。

不同类型的有机质(干酪根)具有不同的生烃潜力，形成的产物也不同，因此准确区分有机质类型是生油岩评价的重要课题。

有机质(干酪根)可以分两种基本类型：即腐泥型和腐殖型的。加上一个过渡性的共分3个类型。

Ⅰ型干酪根，也称腐泥型，主要是由藻类、孢子及浮游生物等富含脂肪族有机质的生物遗体在缺氧条件下分解和聚合的产物。Ⅰ型干酪根原始氢含量高、氧含量低，H/C原子比介于1.25 ~1.75，O/C原子比介于0.026 ~0.12，含饱和烃多，生油潜力大。

Ⅲ型干酪根，也称腐殖型，主要是富碳的高等植物，在缺氧的沼泽环境下先生成泥炭，随着埋深加大、温度升高，经脱气后形成的此类干酪根。和Ⅰ型相比，氢含量低、氧含量高，H/C原子比介于0.46 ~0.93，O/C原子比介于0.05 ~0.3，以含多环芳香烃及含氧官能团为主。此类干酪根对生油不利，可形成天然气和腐殖煤。

Ⅱ型干酪根，又分腐泥—腐殖型和腐殖—腐泥型两类，前者接近腐泥型，后者接近腐殖型。来源于浮游植物和微生物的混合有机质，地化指标介于Ⅰ型与Ⅱ型之间，属过渡类型，生油潜力中等。

（3）有机质成熟度

石油和天然气是有机质在一定温度—时间作用下通过相应的热演化阶段逐步生成的，这个过程称为成熟作用，衡量有机质成熟程度的指标叫做成熟度。在生油岩研究中测定生油岩有机质成熟度的方法很多，常用的有：孢粉和干酪根的颜色；镜质组反射率；生油岩有机质正烷烃分布特征和奇偶优势；甾、萜烷异构化比值等。之所以要评价成熟度，目的是了解探区生油岩是否进入大量生烃的演化阶段。

总之有机质丰度和类型是评价生油岩生油潜力的指标，而成熟度是评价生油岩生油潜力转化为生油能力的指标。

3. 储集层和盖层

（1）储集层

1）储集层的物理性质

凡具有连通孔隙，能使流体储存，并在其中渗滤的岩层称为储集层。评价储层性能的参数，主要有孔隙度和渗透率。孔隙度的大小，决定了储层能够储集油气的数量；渗透率的高低，则决定了油气在储层中的移动速率和产能。

① 储集层的孔隙性。储集层的孔隙是指岩石中未被固体物质充满的空间。地壳中不存在没有孔隙的岩石，但不同的岩石，其孔隙大小、形状和发育程度是不同的。度量岩石孔隙的发育程度，采用孔隙度（率）。岩石中的全部孔隙体积称为总孔隙或绝对孔隙，总孔隙（V_p）和岩石总体积（V_t）之比（以百分数表示）就叫岩石的总孔隙度或绝对孔隙度（P_t）。

孔隙度反映储集层储集流体的能力，影响孔隙度的主要因素是颗粒的分选程度、形状、胶结程度和类型。岩石的孔隙按大小（孔径或裂缝的宽度）可分为三类：超毛细管孔隙、毛细管孔隙、微毛细管孔隙。

微毛细管孔隙和那些孤立孔隙对油气储集是毫无意义的，只有那些彼此连通的在一般压力条件下，允许流体在其中流动的超毛细管孔隙和毛细管孔隙才是有效的油气储集空间，即有效孔隙。岩石有效孔隙度（P_e）是指岩石中互相连通的、流体能够通过的孔隙体积（V_e）和岩石总体积（V_t）之比（以百分数表示）。

显然，同一岩石的绝对孔隙度大于其有效孔隙度。习惯上把有效孔隙度简称为孔隙度。砂岩储集层的有效孔隙度变化范围在5%～30%，一般为10%～20%；碳酸盐岩储集层的孔隙度一般小于5%。

② 储集层的渗透性。储集层的渗透性是指在一定的压差下，岩石允许流体通过其连通孔隙的能力，以K值表示，单位是μm^2。在地层条件下，所有岩石都有一定的渗透性。石油地质中所指的渗透性和非渗透性是相对的。渗透性岩石是指在地层压力条件下，流体比较容易通过其连通孔隙的岩石。如砂岩、砾岩、裂隙性灰岩、白云岩等。如果流体很难通过，那就叫非渗透性岩石，如泥岩、石膏、硬石膏等。

岩石渗透性的好坏用渗透率来表示。当单相液体充满孔隙，流体不与岩石发生任何物理或化学反应，这时所测的岩石渗透率称之为岩石的绝对渗透率。自然界储集层的孔隙常为两相甚至三相流体共存，它们彼此干扰和互相影响，为此提出了有效（相）渗透率和相对渗透率的概念。有效（相）渗透率是指储集层中有多相流体共存时，岩石对其中每一单相流体的渗透率。而岩石对某相的有效渗透率与其绝对渗透率之比称为该相的相对渗透率。

岩石的渗透率由其结构特征决定，就砂岩而言，其颗粒大小和分选程度对渗透性影响最大。一般来说，孔隙直径小的比直径大的渗透率低、孔隙形状复杂的比形状简单的渗透率低、分选差的比分选好的渗透率低。

2）储集层的类型

目前世界上大部分油气储量集中在沉积岩储集层中，其中又以碎屑岩和碳酸盐岩储集层最为重要，只有少数油气储集在其它沉积岩、岩浆岩、变质岩中。石油地质常按岩石类型把储集层分为三类：碎屑岩储集层、碳酸盐岩储集层和其他岩类储集层。

① 碎屑岩储集层。碎屑岩储集层的岩石类型包括砾岩、粗砂岩、细砂岩、粉砂岩以及未胶结和胶结松散的砂，它们是世界上油气的主要储层类型之一。碎屑岩储集层的储集空间主要是颗粒之间的粒间孔隙，对于致密砂岩来说主要是成岩缝和构造缝。一般来说，分选好、少量泥质胶结的中，细石英砂岩物性最好，而那些分选差、近物源的长石砂岩、硬砂岩储油物性较差。

② 碳酸盐岩储集层。碳酸盐岩储集层是目前世界上重要的产油气层，以碳酸盐岩储集层为含油气层的油气藏储量占世界总储量的一半，产量达总产量的60%以上，碳酸盐岩油气田一般比砂岩油气田储量大，单井产量高。

碳酸盐岩储集层的岩石类型很多，但主要为一些粗结构的石灰岩，如粗晶灰岩、生物灰岩等。这些岩石类型都是高能环境的产物，如滨海、浅海大陆架的浅滩、堤岛，还有坳陷边缘斜坡及局部隆起等。

碳酸盐岩储集层的储集空间通常包括孔隙、溶洞和裂缝三类。一般来说，孔隙和溶洞是主要的储集空间，裂缝可以是储集空间，但更重要的是沟通碳酸盐岩孔隙的通道。

总之，一般岩性纯、结晶粗、脆性大的厚层碳酸盐岩岩层有利于形成较大的粒间孔隙，在地下水的溶蚀作用和构造力作用下也易形成较发育的溶蚀孔洞和构造裂缝。反之，泥质含量高的薄互层碳酸盐岩岩层往往储集空间不发育。

（2）盖层

盖层是指在储集层上方，能够阻止油气向上逸散的岩层。盖层的好坏直接影响油气的聚集和保存。常见的盖层有泥岩、页岩、蒸发岩（石膏、盐岩）及致密灰岩。

盖层之所以能封隔油气层，使油气藏得以封闭的主要原因是岩性致密，碎屑颗粒极细，孔径小，渗透性极差。据研究，盖层封闭油气的机理分为物理封闭、异常压力封闭和烃浓度封闭。物理封闭是指盖层微细孔隙的毛细管压力对油气的阻挡，即具有较高的排替压力。排替压力即岩样中的润湿相流体被非润湿流体排替所需的最小压力。根据盖层孔径的大小，可把盖层分为三个等级：①岩石孔径小于5×10^{-6}cm时，可做油层或气层的盖层；②岩石孔径在$5\times10^{-6}\sim2\times10^{-4}$cm时，只能做油层的盖层，不能做气层的盖层；③岩石孔径$>2\times10^{-4}$cm时，不能做盖层。

异常压力封闭指盖层中流体处于比静水压力高的异常高压态势，从而阻止正常压力的油气外逸。

烃浓度封闭是盖层本身就是生烃岩，其生成的烃浓度高于储层中油气扩散的浓度，从而阻止油气扩散。

总的来说，具有一定厚度（大于25m）的生烃泥、页岩是最好的盖层，其次为膏、盐层和致密灰岩层。

4. 油气运移

（1）油气运移的基本方式和阶段划分

烃源岩生成的油气是分散的，只有运移到有效的圈闭中才能聚集成工业油气藏。油气运移有两种基本方式，即渗滤和扩散，前者受势梯度驱动，后者受浓度梯度驱动。油气运移的阶段分为初次运移和二次运移，前者指从烃源岩向储集层的运移，后者指油气进入储集层后的再次运移。在初次运移过程中，油气主要受势梯度驱动。即由于上覆地层压实、蒙脱石脱水、有机质生烃、流体热增压等因素使烃源岩中流体压力大于静水压力，其差值即势梯度。它是油相初次运移的主要驱动力。而在致密地层中，油流的渗滤运移比较困难，而天然气可在浓度梯度的驱动下进行扩散，所以扩散对气的初次运移有着十分重要的作用。而二次运移是油气初次运移聚集后的再运移，主要驱动力是浮力和水动力。

（2）油气在地下运移的相态

油气在地下呈什么相态初次运移？不同演化的阶段呈现不同的相态。在生物化学生气阶段，由于生油岩中孔隙水较多，产物是气相，通常呈水溶相运移；进入生油高峰期，地层受到进一步压缩，生烃岩中的孔隙水大量减小，而油相大量增加，在势梯度的驱动下，油呈游离相运移。在生凝析气阶段主要呈气溶油相运移；而在过成熟阶段则呈游离气相运移。

（3）油气运移的通道

在未熟—低熟阶段，初次运移的通道主要是孔隙和微层理，而在成熟—过成熟阶段油气运移的通道主要是孔隙流体压力造成的微裂缝。而二次运移的主要通道是孔隙及构造运动产生的裂缝、断层和不整合界面。

5. 油气聚集

当油气在盆地内生成以后，便沿着上倾方向向周围高处的圈闭中运移，这种在圈闭中聚集形成油气藏的过程，称为油气聚集。油气聚集的结果，天然气必然占据盆地的最高构造部位，而石油则占据其下倾方向较低的构造部位。但也会出现相反的情况，即低处充满天然气，而高处充满石油，为此提出了差异聚集的概念。

6. 圈闭和油气藏

（1）圈闭和油气藏的概念

圈闭是具有一定储集空间和封闭条件的能聚集并保存油气的场所。

任一圈闭都必须具备储集性、封闭性两个基本要素。

圈闭中油气聚集到一定数量后就成为油气藏。油气藏是单一圈闭内具有独立压力系统和统一油水(或气水)界面的油气聚集，是地壳中最基本的油气聚集单位。当油气聚集的数量足够大，在当前技术、经济条件下具有开采价值时，称为商业性油气藏。

（2）圈闭的分类

根据圈闭形成的地质因素，可将圈闭分为四大基本类型：构造圈闭、地层圈闭、岩性圈闭和水动力(流体)圈闭。此外还有上述基本类型相结合的复合圈闭，详见表 8－2。

表 8－2　圈闭分类系统表

大类	构造圈闭	地层圈闭	岩性圈闭	水动力圈闭	复合圈闭
亚类	1. 背斜圈闭 2. 断层圈闭 3. 裂缝性圈闭 4. 岩性刺穿圈闭	1. 地层不整合遮挡圈闭 2. 地层超覆圈闭 3. 礁型圈闭 4. 沥青封闭圈闭	1. 岩性透镜体圈闭 2. 岩性尖灭圈闭	1. 构造鼻和阶地水动力圈闭 2. 单斜型水动力圈闭 3. 单独水动力圈闭	1. 构造—水动力复合圈闭 2. 水动力—岩性复合圈闭 3. 构造—岩性复合圈闭

7. 油气成藏要素及富集条件

（1）油气成藏要素

油气成藏是生、储、盖、运、圈、保六大要素有效配置的结果，六大要素缺一不可。

生油层：六大要素中的生油层是形成油气藏的物质基础，那些持续沉降，沉积物沉积速率与盆地沉降速率大体一致并伴随适当升降运动的大型沉积盆地具有巨大的生油气潜能。

储集层：储集层是存放油气的场所，衡量储集层性能的参数是孔隙度和渗透率。一般来说少量泥质胶结的中、细砂岩及质纯、性脆、结晶粗的碳酸盐岩具有较好粒间孔隙及裂缝，储集性能好。如果厚度适中、与生油岩配置适当，往往成为理想的油气聚集场所。

盖层：盖层是阻止进入储层中的油气向外逸散的，它决定油气能否聚集成藏。盖层多为孔隙直径小、渗透性差的泥岩，膏盐岩或致密石灰岩。对于盖层有一定的厚度要求，太薄了不足以阻止油气逸散，通常以大于25m为好。

油气运移：油气自烃源岩排出进入储集层，或由老储集层排出进入新储集层的过程叫油气运移。查明油气运移路线是确定油气聚集和分布规律的主要依据，特别是二次运移，主要受盆地构造活动所控制，而最后一次构造活动决定了油气的分布和保存。如东部断陷盆地，同沉积断层发育，油气以垂向运移为主，寻找油气的目标应是纵向上与断裂活动有关的圈闭。而西部克拉通盆地由于构造比较平缓和单一，断裂不发育，油气以侧向运移为主，应注意寻找和顺层运移有关的不整合、地层及构造圈闭。

圈闭：圈闭是油气聚集和保存的场所，圈闭必须具备储集性和封闭性两个基本要素，而圈闭的大小和规模决定了油气的富集程度。目前世界上已发现的特大型油气田，多为背斜圈闭。然而随着勘探的深入和技术进步，在非构造的地层，岩性圈闭也找到了大型油田。

保存：保存是指亦已形成的油气藏，在漫长的地质历史时期中是否遭受破坏。主要研究遭受破坏的原因和程度，寻找未遭受破坏，保留下来的部分油气并追踪破坏后重新聚集生成的次生油气藏。

（2）油气富集条件

生储盖运圈保是组成油气聚集系统的必要条件，但能否形成大油气田，还取决于各要素是否优化及最佳匹配。

充足的烃源条件是油气富集的关键因素之一。烃源是形成油气的物质基础。烃源是否丰富取决于生烃凹陷的面积大小，生烃岩体积、有机质丰度及类型。一般来说生烃凹陷面积大、凹陷持续时间长就能满足上述条件。据统计目前世界上形成大油气田的沉积盆地面积大多数在$10\times10^4km^2$以上，烃源岩厚度最小是200~300m，最厚在1000m以上。如中东的海相波斯湾盆地面积$240\times10^4km^2$。我国已发现的多为陆相生油盆地，面积相对较小，但湖盆中心生烃强度大，围绕生油中心也找到了若干大、中型油气田、。

最佳的生储盖组合是油气富集的关键因素之二。生储盖的有效匹配是指生油岩中生成的大量油气及时进入储层中被有效地保存下来的系统配置。根据生储盖层在空间的相互关系可划分为正常式、侧变式、顶生式、自生自储自盖式四种基本类型。正常式即生油层在下、储集层在中、盖层在上。侧变式即同层岩性在低部位为生油层、到高部位相变为储集层。顶生式即生油层和盖层同为一层，储层在下。自生自储自盖式即生储盖同为一层，因为局部裂缝发育可作为储集空间，如泥岩、厚层石灰岩的裂缝发育带。在生储盖的配置中最主要的是储集层与生油层的接触面积。据统计，在砂泥岩盆地中，世界上大多数高产油气田多产自砂泥比约1/4的地区。最优化的配置是砂岩与泥岩呈略等厚互层，砂岩单层厚10~15m，泥岩厚

30～40m，此时砂－泥接触面积最大，最有利于石油的排聚。

有效的圈闭是油气富集的关键因素之三。并非所有的圈闭都能富集油气，在具有充足油气来源的的前提下，高效圈闭必须具备以下几个条件：①时间上，圈闭形成于最后一次区域性油气运移之前。②空间上，离油源区越近越好。

较好的保存条件也是油气富集的关键因素。在地质历史上已形成的油气藏由于各种原因会遭受破坏，破坏的动力主要有以下三种：①地壳运动。如柴达木盆地的油砂山就是地壳运动使已形成的油气藏抬升至地表遭受风化剥蚀的结果。东营凹陷的东辛"碎盘子"复杂断块油气藏是原先生成的油气藏由于断裂活动遭受破坏后重新聚集的结果。②岩浆活动。油气藏形成后，由于岩浆活动，侵入油气藏的高温岩浆会把油气藏烧坏变质。③水动力。水动力的开启和活跃，会冲走亦已形成的油气藏。因此油气成藏后，相对稳定的地质环境是已富集的油气能否保存的重要条件。

8. 油气聚集单元

地壳上的油气聚集受区域地质构造及岩性、岩相等地质条件的控制有级次、有规律地分布，按照控制因素的级次可把油气聚集单元划分为油气藏、油气田、油气聚集带、含油气盆地、含油气区五个级别。

（1）油气藏

油气藏是地壳上油气聚集的最小单元，是单一局部构造控制下的若干个圈闭中的一个，作为油气聚集的基本单元，具有统一的压力系统和油气水界面。

（2）油气田

是单一局部构造控制范围内的各种油气藏的总和。如我国华北任丘油气田是受中上元古界古潜山的地质发育历史所控制，从晚元古代以来，这个古潜山经历过多次升降，并遭受断裂、剥蚀等作用，因此在不同时代的地层中形成古潜山、断层、地层不整合及其他类型的圈闭，在油源充足的条件下，最终聚集成各种油气藏，组合在一起构成现今任丘辖区范围内的古潜山油气田。

（3）油气聚集带

油气聚集带是指盆地内受同一个二级构造控制、互有成因联系、油气聚集条件相似的一系列油气田的总和。如大庆长垣就是一个背斜油气聚集带，共有七个背斜组成，由于处于中央坳陷内，近水楼台先得月，聚集了松辽盆地80%的地质储量。大庆长垣是在基底隆起的背景下由沉积盖层的形态显现的大型背斜群，是中央坳陷内有利油气聚集的二级构造带。又如东营凹陷南斜坡，除了局部鼻状隆起被断层切割形成油气藏外，在其边缘还形成岩性尖灭、地层超覆及不整合油气藏，组成单斜油气聚集带。

（4）含油气区

含油气区是指在同一个大地构造单元内，有统一的地质发展史和油气生成聚集条件的沉积坳陷。根据大地构造单元的类型，可分地台内部坳陷含油气区、地台边缘坳陷含油气区、山前坳陷含油气区、山间坳陷含油气区和中间地块含油气区。含油气区是按照大地构造背景划分的，而沉积盆地是地貌概念，两者的划分角度不同。一般来说，含油气区的范围比沉积盆地大，如我国华北含油气区就属于地台内部坳陷含油气区，它分为台向斜坳陷区和内部断裂坳陷区两种类型，而松辽盆地地就属于前者，渤海湾盆地就是后者。但有时会出现相反的情况，一个沉积盆地跨两个性质不同的含油气区、如准噶尔盆地，南部为天山古生代褶皱带的山前坳陷含油气区，而北部则为前震旦系变质岩基底的中间地块含油气区。

(5) 含油气盆地

含油气盆地首先应该是盆地，所谓盆地即具有统一的地质发展历史，不断下降接受沉积的洼陷区域。沉积盆地大小不一，面积从几十到上万平方千米，沉积厚度少则几十至几百米，多则数千上万米，基底性质和时代可以是均一的，也可以是复杂的，而含油气盆地就是聚集了油气的沉积盆地。在盆地内，由于基底的起伏形成的隆起和坳陷称为一级构造单元，某些地质结构复杂的大型盆地，在隆起和坳陷之下，尚可划出次级单元凸起和凹陷，因不具普遍性，列为亚一级构造。在盆地内聚集油气的单个圈闭构造，如背斜、鼻状构造、断块等为三级构造单元，而控制油气聚集的背斜带、单斜带、断裂带则为二级构造单元。

二、录井仪器设备

录井仪器设备是获取录井资料信息的重要手段，近年来，为适应勘探开发的需求，录井仪器设备得以不断更新发展，目前各大录井公司多配齐了综合录井仪、气测录井仪、地化录井仪、定量荧光录井仪、罐顶气轻烃色谱分析仪、核磁录井仪等。综合录井仪是现场应用最广泛也是最重要的录井仪器设备(图 8 -8)。

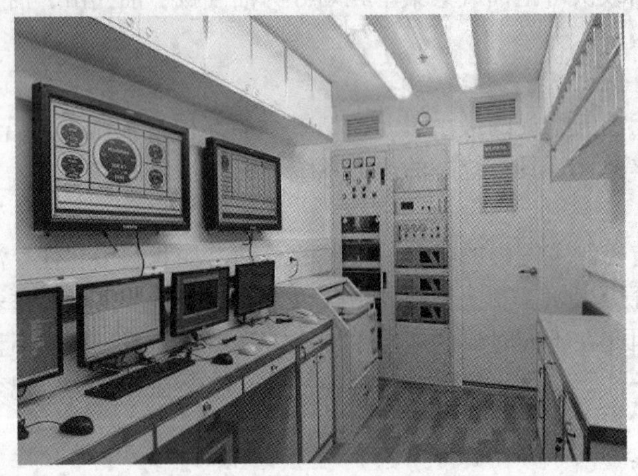

图 8 -8　综合录井仪内部设置图

(一) 综合录井仪组成

综合录井仪主要由传感器、气体检测装置、传感器信号规整面板、数据采集面板及计算机网络系统组成(图 8 -9)。

传感器采集到的信号及色谱分析信号经信号规整面板 SCP 整理后，进入数据采集面板 DAP，进行数据的采集。采集到的信号通过主控计算机 TDX 将物理电压信号转化为数据，存储到井场服务器上，并且通过网络共享井场实时数据。各种实时数据可以通过井场工作站或远程显示器的形式直接实时连接到监督、钻井队长、钻台等关键人员、场所，也可以通过网络远程传输直接传输到办公室计算机上进行实时监控。

(二) 核心单元简介

1. 传感器

(1) 传感器分类

传感器是录井仪的最基本构造单元。按功能主要分为 13 类，可以实时录取 30 余个钻井参数、钻井液参数和气体参数，而且由此可以得到 300 多个对钻井工程具有指导意义的录井计算参数。

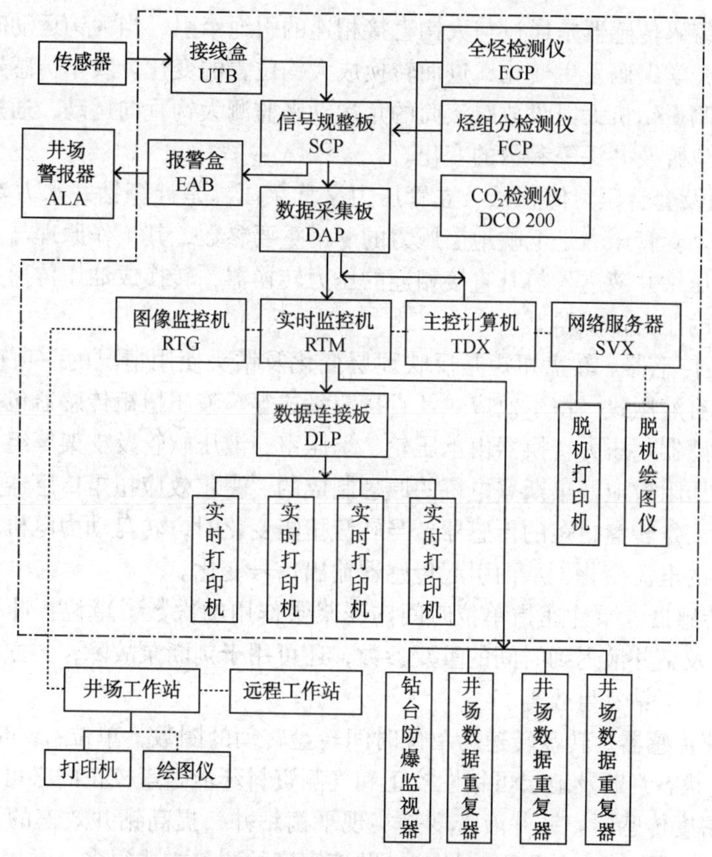

图8-9　综合录井仪系统结构图

传感器按位置主要分为四类：

① A钻台区：大钩负荷、立压、套压、扭矩、绞车、转速、H_2S。

② 入口区：泵冲、入口密度、入口电导率、入口温度、入口处池体积。

③ 出口区：出口密度、出口温度、出口电导率、出口流量、脱气器、H_2S、出口处池体积。

④ 仪器房内：CO_2 检测仪、H_2S 传感器。

按照类型主要分为七类：

① 压力传感器：悬重、立压、套压、扭矩。

② 脉冲传感器：绞车、转速、泵冲。

③ 硫化氢。

④ 温度传感器。

⑤ 超声波体积。

⑥ 密度传感器。

⑦ 电导率传感器。

(2) 主要传感器工作原理及录取参数

① 悬重传感器。悬重传感器是一个5MPa压力传感器，基于惠斯登电桥的原理制成。安装在钻机死绳固定器上，用以测量大钩负荷。该压力传感器是由一个用于传输油压的柱状液压油仓和一套电桥电路组成。

② 深度传感器。目前，综合录井仪常用的深度传感器有两种，即光学编码传感器及绞

车传感器。光学编码传感器是通过与大钩直接相连的引绳牵引，当大钩运动时，引绳带动光学编码器，使其光学编码发生变化，进而转换成大钩位置的变化。绞车传感器被安装在钻机滚筒轴上，通过测量钻机大绳收放时滚筒的角运动来监测大钩垂向运动，通过二次仪表或计算机转换成大钩位置及井深等参数的变化。

③ 立管压力及套管压力传感器。立管压力又称泵压，是计算钻井水力参数及压力损失的一项重要参数。套管压力是反映地层压力的一个重要参数，其工作原理与立管压力完全相同。立管中的高压钻井液进入与其直接相连的压力转换器，转换成油压传递给通过高压软管相连或直接相连的压力传感器。

④ 转盘扭矩传感器。转盘扭矩是反映地层变化及钻头使用情况的一项重要参数。转盘扭矩的检测方式有液压式、霍尔效应式及直接测量式等。液压扭矩传感器包括一个压力转换器和一个压力传感器。压力转换器由承压轮、承压室、液压软管及支架等组成。压力传感器是利用半导体的压阻效应及惠斯登电桥的原理制成的。霍尔效应扭矩传感器是根据霍尔效应原理制成的用以测量转盘扭矩的传感器。当转盘扭矩变化时，转盘动力电机的负荷变化，因此通过动力电缆的电流变化，从而引起传感器输出信号变化。

⑤ 泵冲速传感器。泵冲速指单位时间内泥浆泵作用的次数，单位：冲/min。它是计算钻井液入口排量及钻井液迟到时间的重要参数，还可用于判断泵故障，与立管压力等参数综合分析可以判断井下钻具事故等。

⑥ 转盘转速传感器。转盘转速为单位时间转盘转动的圈数，单位：r/min。是进行钻井参数优选、钻井状态判断及地层可钻性校正和气测资料环境因素校正的必可少的资料。

⑦ 钻井液密度传感器。钻井液密度是实现平衡钻井，提高钻井效率的一项重要的钻井液参数，也是反映钻井安全的重要参数。钻井液密度的测量方式很多，常用的是压差式密度传感器。

⑧ 钻井液温度传感器。钻井液温度是在地面检测的进出口钻井液温度，是反映地层温度梯度的参数，根据钻井液温度变化可判断井下侵入流体的性质及地层压力变化情况。

⑨ 钻井液电阻(导)率传感器。钻井液电阻(导)率是分析评价地层流体性质的一个重要参数，同时是检测钻井液中矿化度的基本方法。

⑩ 钻井液体积传感器。在钻井液循环过程中，连续地监测钻井液体积是及时发现钻井液增加或减少的基本方法，是预报井喷、井漏，保证钻井安全的必不可少的资料。目前，检测钻井液体积的传感器有浮子式、超声波式、雷达式等。通过检测泥浆池液面的高度，进而计算出钻井液体积。

⑪ 流量传感器。目前精确测量液体流量的传感器较多，如电磁流量传感器、涡街流量传感器、超声波流量传感器等，但是受钻井现场安装条件和钻井液性能等的影响，目前能够有效用于钻井液出口流量测量的传感器并不多，综合录井仪比较常用的是靶式流量传感器。

2. 气相快速色谱仪

(1) SLSP－2K 型快速色谱仪

SLSP－2K 型快速色谱仪为在线式气相色谱仪，仪器安装有两套 FID 检测器系统，可同时完成空气中总烃和 C1～C5 的组分分析。在分析 C1～C5 组分时，为尽可能的缩短分析周期，实现实时分析，仪器设有 30s 的短分析周期和 120s 的长分析周期。SLSP－2K 型快速色谱仪采用计算机控制和 WINDOWS2000 操作系统，自带工作站，可通过串口将数据发往上位机。仪器由气路分配单元、分析单元及键盘鼠标三部分组成。气路分配单元为对本仪器所需的气体进行前处理，主要为除尘、除水，并将处理后的气体送往分析单元。分析单元是本仪器的核心部件，其中包括计算机系统、仪器控制系统、检测器系统、色谱柱系统等(图8－10)。

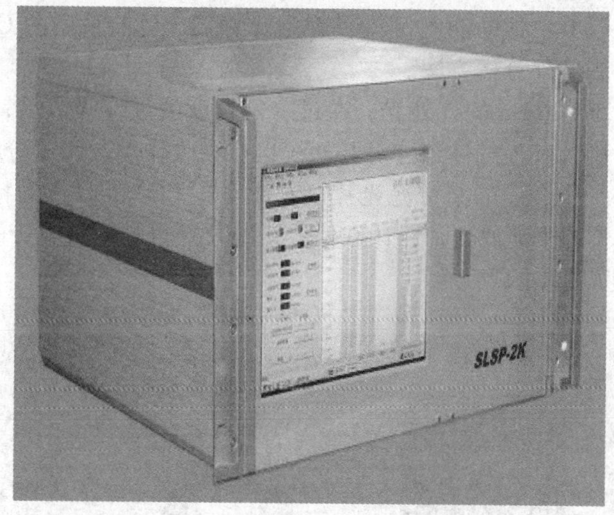

图8－10　SLSP－2K快速色谱仪

(2) 色谱仪系统 Agilent7890＋SL－GTP＋色谱工作站

Agilent7890是具备国际领先水平的快速色谱仪，具有分析周期短、精度高等优点。其气体压力及流量全部采用电子控制，压力及流量调节简单方便；仪器工作稳定、可靠。色谱工作站软件采用Agilent公司的Chemstation色谱工作站及胜利地质录井公司开发的全烃采集软件。色谱工作站通过LAN与7890进行通讯并实现对7890的运行控制，所有运行参数的设定均可通过Chemstation色谱工作站完成，7890根据色谱工作站的设置可自动调节各种参数。品种齐全的选件和附件可较好满足实验室目前需求的系统，并能方便地进行升级，以满足不断变化的应用和分析通量的需求。强大的、操作界面友好的GC软件简化了方法设置和系统操作，缩短了培训时间；可选择实验室需求的软件包。基于6890进样口，检测器和GC柱箱上建立的分析方法，可以满足用户完全放心地将其转移到7890A GC上(图8－11)。

图8－11　Agilent7890快速色谱仪

3. 非烃分析仪

可实现氮气、氢气、硫化氢、二氧化碳及其他微量气体的检测。以二氧化碳的检测和密

闭非烃录井分析仪为例予以说明

CO_2 检测是综合录井仪非烃类气体的检测项目之一，CO_2 录井已经成为综合录井服务的标准项目，对发现油气藏，帮助油气评价有着重要意义。目前采用的 CO_2 检测方式主要有两种：色谱分析方法和红外分析方法。

红外光源发射出 1 ~ 20μm 的红外光，通过一定长度的气室吸收后，由红外传感器监测透过红外光的强度，因为其他气体组分对红外线也有吸收作用，为了分析 CO_2 气体的含量，在红外检测器前安装一个合适的窄带滤光片，只让对应 CO_2 吸收带的特征波长透过，比如安装一个 4.26μm 波长的干涉滤光片，让红外传感器只检测 CO_2 吸收带的红外线，从而能够分析 CO_2 气体的浓度(图 8 - 12)。

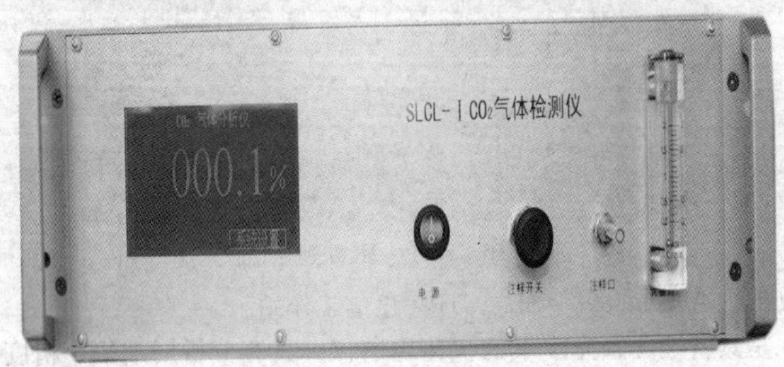

图 8 - 12　二氧化碳气体检测仪

4. RS - 485 总线采集系统

RS485 总线数据采集系统硬件包括基于 485 总线的传感器采集部分及信号处理工控机单元。4 个 485 防爆箱体分别安装在井场上的各个位置(图 8 - 13)，井场上所有传感器(模拟量及脉冲量传感器)分别进入这 4 个箱体，箱体之间通过一条 485 数据总线连接，进入仪器房中。485 采集计算机通过串口采集 485 总线信号，完成标定、计算、显示、存储，并根据不同的仪器种类，可通过串口或网络等方式，将工程计算数据传输给综合录井仪的前端机。

图 8 - 13　485 防爆箱体

5. 录井信息传输监控系统

本系统是一种无线石油钻井信息掌上监控系统，它由钻井中心数据库，信息服务器，路由器，因特网、无线网络，多台 Pocket PC 设备组成；无线网络包括 GPRS 网络、CDMA 网络、无线调制解调网络(图 8 - 14)；Pocket PC 设备包括 Pocket PC 掌上电脑、Pocket PC 手机。它充分利用现有的无线网络、因特网资源，集远程监控指挥、数据传输等功能于一身，完全满足了石油钻井行业随时随地掌握各种钻井信息的需求。

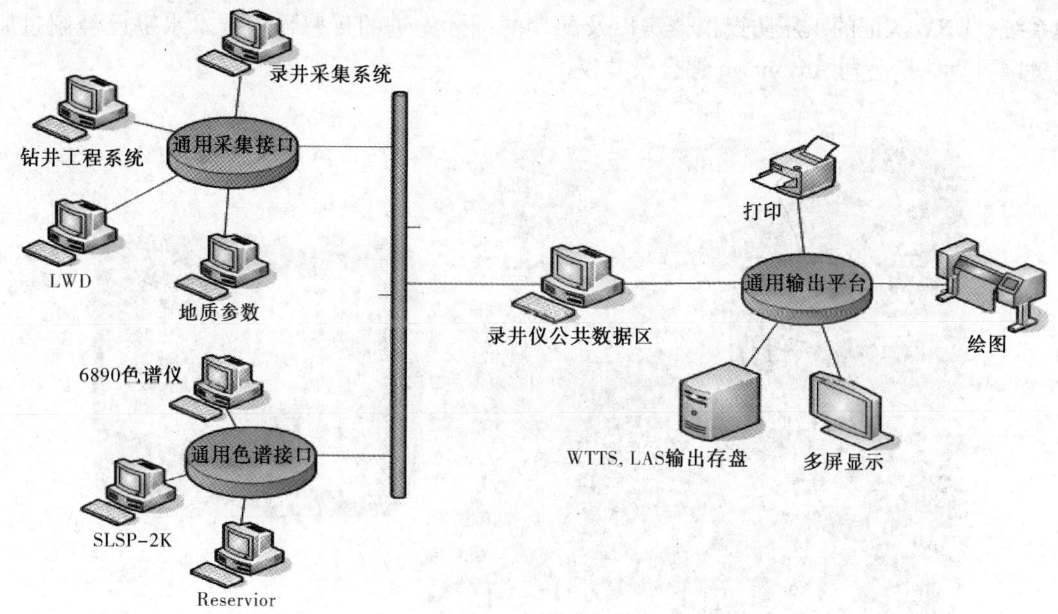

图 8 - 14　综合录井仪通用数据输出平台示意图

6. 报警系统

录井仪在钻井监控过程中的自动报警，及时有效地告知现场所有工作人员。报警参数包括工程异常报警、气测异常显示报警，捞砂报警、整点报时及其他设置门限值的参数报警。本产品分为室内和室外两部分，室内为报警信号的传输及控制面板，室外为声光报警器。

7. 软件系统

主要包括录井软件、资料处理软件、色谱仪工作站软件、通用多屏显打印系统和录井多参数解释系统等软件系统。

综合录井软件主要使用来保障录井过程的实现。其一般需要具有多任务、多线程、界面美观等特性，使软件在易用性、稳定性和可维护性上有很高的保障，并使现在计算机硬件的高性能得以充分发挥。

资料处理软件系对录井数据做进一步的处理，输出各种完井曲线图和报表，并对所钻探井的地层的含油气情况进行初步评价。资料处理系统完成综合录井全部上交资料的处理工作。

色谱工作站软件，其主要负责色谱仪的控制和数据采集，获取的实时数据经过分析处理后，通过串口发送给上位机。

通用多屏显打印系统主要实现对实时录井数据进行准确、规范的二次采集、存储、整理与输出。

综合录井多参数解释系统主要实现综合利用随钻录井资料，应用计算机神经网络技术评价方法进行油气层的判别，提高解释符合率。

（三）几种典型的综合录井仪

1. SL - Advantage 综合录井仪

SL - Advantage 综合录井仪（图 8 - 15）是在引进美国贝克休斯公司 Advantage 综合录井仪

基础上进行改进创新的新型综合录井仪。该录井仪采用 Agilent6890 色谱仪和工作站，采用 Bakerhuges 公司的联机软件技术；采用胜利地质录井公司研制通用数据采集系统、气体预处理系统、DNV 认证的正压防爆仪器房以及配套的国际先进的传感器，技术水平已经超过原装美国贝克休斯公司 Advantage 综合录井仪。

图 8－15　SL－Advantage 综合录井仪

功能特点：

① 录井实时数据采集、显示、存储与输出

② 远程数据传输

③ 实时气体迟到时间/深度计算

④ 定向井服务和钻具振动分析

⑤ 生成各种成果图表和报告

⑥ 根据钻具数据库自动纠正井深和钻头位置

⑦ 压力评价、破裂压力梯度计算

⑧ 钻进、接单根、钻头离井底等状态判断

⑨ 理论泵压、最大允许环空压力计算程序

⑩ 数据超限报警

⑪ 实时监控工作和数据变化并提供故障诊断

⑫ 为用户提供钻井参数和地质资料的实时解释

2. SL－ALS2.2 综合录井仪

SL－ALS2.2 综合录井仪（图 8－16）是在引进法国 Geoservices 公司 ALS2.2 综合录井仪基础上经过改进创新的综合录井仪。其软件系统采用了法国 Geoservices 公司的 ALS2.2 综合录井软件，硬件系统由胜利录井设计与制造。系统集井场多种数据采集、显示、处理及解释于一体；可连接多种类型传感器，具备极强扩展能力，可采集测井、MWD、LWD 系统数据，可实时采集和计算 300 多个录井参数；具有用户化图形显示、数据记录，为钻井现场地质剖面建立、油气识别、钻井监控、随钻解释评价提供了一个理想的工作平台。

SL－ALS2.2 综合录井仪构成

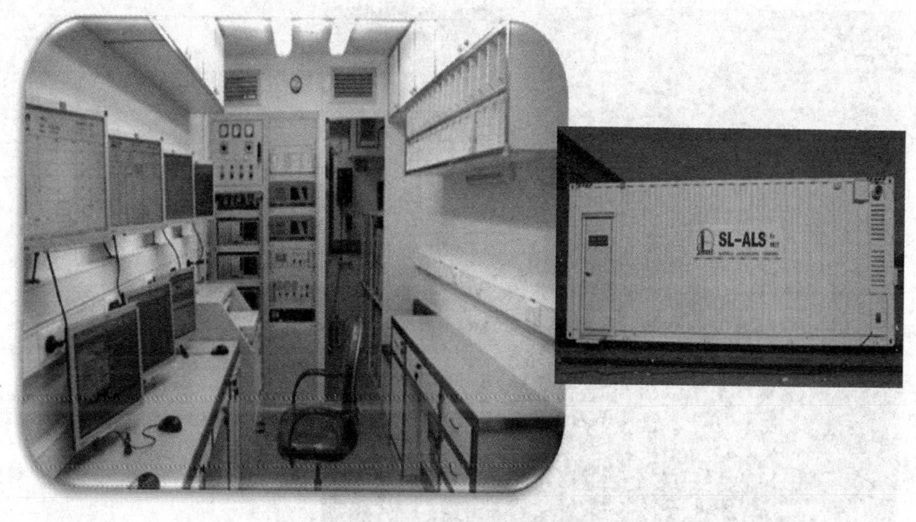

图 8－16　SL－ALS2.2 综合录井仪

① 传感器：采用防爆本安标准 4～20mA 传感器、防爆本安脉冲传感器

② 数据采集：采用通用数据采集接口，有三种数据采集系统可选 SL－DAP(PC 集中采集)、SL－DAP(RS－485)、SCP＋DAP

③ 烃类气相色谱：采用通用接口软件，有三种色谱仪可选 Agilent 6890 气相色谱仪、Agilent 7890 气相色谱仪 SLSP－2K 快速色谱仪、GFF 快速色谱仪

④ 非烃气相分析：红外 CO_2 检测仪

⑤ Geoservices ALS2.2 软件及计算机系统

操作系统：运行于 Windows2000 及 WindowsXP 环境，可使用市场第三方软件，具有较强的兼容通用性。

应用软硬件系统：数据采集计算机(DAP)、实时监视器(RTM)
数据实时显示器(DLC)、色谱工作站(Chem Station)
WITS 服务器(RTG)、数据工作站(TDC)、网络服务器(SVX)

⑥ 第三方软件：采用国际标准 WITS、WITSML、ASC Ⅱ 通讯协议，可接入现场测井、定向井等数据

⑦ 数据输出平台：采用通用数据输出平台，实时打印，可兼容多种综合录井设备

⑧ 数据传输系统：录井数据实时采集，地质信息录入，可兼容多种录井设备
传输设备卫星、ADSL、GPRS、有线电话
信息发布采用 PC 用户、PDA 移动用户

⑨ 正压防爆仪器房：采用 A0 DNV2.71&2.72 国际防爆标准，获北海挪威船级社 DNV 防爆认证

3. SL－EXPLORER－ZH－2 综合录井仪

SL－EXPLORER－ZH－2(图 8－17)是胜利地质录井公司自行研制的新一代综合录井仪。该录井仪能够自动进行钻井过程中数据采集、处理、打印、存储等工作，还能够对各种参数设置超限报警功能，自动提醒操作人员进行必要的操作。其硬件部分包括：防爆仪器房，SLSP－2K 快速色谱仪及辅助设备，SLJK－2 传感器接口仪及各种传感器，计算机系统；软件部分包括：采集系统、监控系统、终端系统、通讯服务系统、后台资料处理系统。

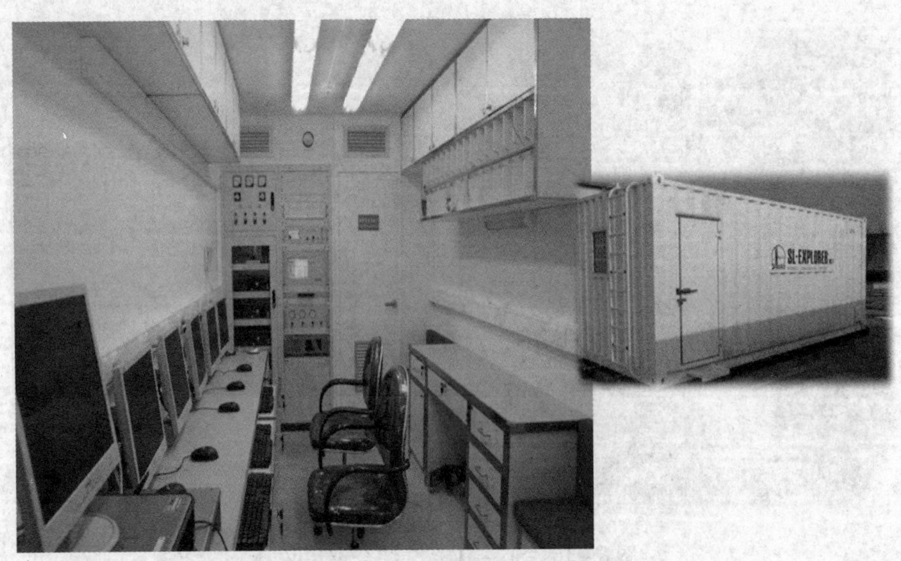

图 8－17　SL－EXPLORER－ZH－2 综合录井仪

主要特点

① 正压防爆仪器房通过挪威船级社质量、安全(DNV)认证

② 30s 快速色谱仪为薄油气层录井和水平钻井地质导向提供技术保障

③ 现场网络数据共享，随时浏览历史数据和曲线

④ 用户自行设定参数异常声光报警

⑤ 实时数据远程传输

⑥ 独特防雷击和隔离栅技术确保仪器免受环境干扰和破坏

4. SLXL－2/SLXL－3 综合录井仪

SLXL－2 综合录井仪是胜利地质录井公司自主研发、具有独立知识产权的一种小型化的便携式综合录井仪。仅对最为重要的井深参数、气体参数、工程参数、钻井液参数进行检测、监控，简化了综合录井的硬件系统和功能，是开发井录井理想的录井设备。

SLLX－3 综合录井仪(图 8－18)是在 SLLX－2 综合录井仪的基础上研发的新一代开发井录井仪。该仪器气体检测基于红外光谱吸收原理无辅助设备及其调控环节，干扰因素较少，性能稳定。能够实时在线测量总烃、钻井液密度、大钩负荷、井深、泵冲等参数，并可扩展。

主要特点

① 检测原理先进基于红外光学检测原理，干扰因素较少。

② 无辅助设备仪器整体仅由 1 套 3U 欧式上架机箱和 1 台笔记本数据采集计算机组成，使用、搬运简单方便。

③ 测量参数全面准确包括井探、钻时、泵冲、大钩负荷、转盘转速、立压、泥浆密度以及轻烃和重烃含量。其中轻烃测量范围 0.01%～100%，重烃测量范围 0.01%～10%。

④ 性能更加稳定无辅助气及其调控环节；485 总线数据传输模式；检测电路集成设计；故障环节大大减少。

⑤ 使用维护简便仪器主体无人工调节部件，结构简单，易于使用维护。

⑥ 软件功能齐全实时采集处理 8 路模拟和 8 路脉冲通道数据，实现数据实时无线远传。

⑦ 运行环境宽松检测部件对样气流量、压力不敏感，降低运行环境要求。

图 8－18　SLXL－3 开发井录井仪

⑧ 设计结构科学合理，整体结构设计科学，布局合理，产品轻便耐用。

三、录井方法

（一）地质录井

1. 常规地质录井

常规地质录井主要包括：钻时录井、岩芯录井、岩屑录井、荧光录井、井壁取芯录井等。常规地质录井以其经济实用、方便快捷和获取现场第一手实物资料的优势，在油气勘探、开发过程中一直发挥着重要的作用。

（1）钻时录井

钻时是指每钻进一定厚度的岩层所需要的时间，单位为 min/m。

钻进速度的快慢，一方面取决于地下岩石的可钻性，另一方面又取决于钻井措施。因此，根据钻时的大小，即可以帮助判断井下地层岩性的变化和缝洞发育情况，又能帮助工程人员掌握钻头使用情况，提高钻头利用率，并改进钻进措施，提高钻速，降低成本。钻时录井特点是简便及时，钻时资料对于现场地质和工程技术人员都是很重要的。

1）影响钻时的因素

① 岩石性质(岩石可钻性)：松软地层比坚硬地层钻时低，如疏松砂岩比致密砂岩钻时低，多孔的碳酸盐岩比致密石灰岩、白云岩钻时低。

② 钻头类型与新旧程度：为了快速优质钻进，应该根据地层软硬不同，选择不同类型的钻头。一般钻软地层用刮刀钻头；钻硬地层用牙轮钻头。新钻头一般比旧钻头钻时快。在钻时录井中，要记录钻头下入井深，钻头的类型、尺寸及磨损情况，以判断所钻岩性。

③ 钻井措施与方式：在同一岩层中，钻压大、转速快、排量大时，钻头对岩石破碎效率高，钻时低。涡轮钻转速一般比旋转钻转速约大 10 倍，涡轮钻钻时低。相反，钻井措施不当，进尺就少，钻时高。但钻压不能大于钻头规定的负荷。

④ 泥浆性能与排量：低黏度、低密度、大排量的泥浆钻进快，钻时低。一般清水钻进比泥浆钻进的速度要高一倍以上。

⑤ 人为因素的影响：司钻的操作技术与熟练程度对钻时高低都有影响。如有经验的司

钻送钻均匀，能根据地层的性质采取措施，当钻遇泥岩和软地层采取快转轻压，对硬地层则相对用慢转重压的措施能加快进尺，提高钻速。

尽管影响钻时高低的因素较多，但是这些影响因素总是或者至少在一个井段内相对稳定，因此钻时大小的相对变化还是可以反映地下岩性变化。

2）钻时曲线的绘制与应用

① 钻时曲线的绘制：以纵坐标代表井深，以横坐标代表钻时，将每个钻时点按纵横向比例尺点在图上，连接各点即成为钻时曲线。纵比例尺一般采用1∶500，以便与电测标准曲线对比和岩屑归位。横比例尺可根据钻时的大小选定，以能表示钻时变化为原则。分别在各个深度上标出其相应的钻时点，然后将各点连接成一条折线即为钻时曲线。为了便于解释，在曲线旁用符号或文字在相应深度上标上接单根、起下钻，跳钻、蹩钻、溜钻、卡钻和更换钻头位置、尺寸、类型等内容。

② 钻时曲线的应用：可定性判断岩性，解释地层剖面。当其他条件不变时，钻时的变化反映了岩性差别。疏松含油砂岩钻时最快，普通砂岩较快，泥岩、灰岩较慢，玄武岩、花岗岩最慢。对于碳酸盐岩地层，利用钻时曲线可以判断缝缝洞洞发育井段。如突然发生钻时加快，钻具放空现象，说明井下可能遇到缝洞渗透层。放空越大，反映钻遇的缝洞越大。应该指出的是，同一岩类，随其埋藏深度和岩石胶结程度等不同，反映在钻时曲线上也各不相同。

在无电测资料或尚未电测的井段，根据钻时曲线结合录井剖面，可以进行地层划分和对比。

(2) 岩芯录井

在钻井过程中用一种取芯工具，将井下岩石取上来，这种岩石就叫岩芯。岩芯是最直观、最可靠地反映地下地质特征的第一性资料。通过岩芯的分析，可以考察古生物特征，确定地层时代，进行地层对比；研究储层岩性、物性、电性、含油性的关系；掌握生油特征及其地化指标；观察岩芯岩性、沉积构造，判断沉积环境；了解构造和断裂情况，如地层倾角、地层接触关系、断层位置；检查开发效果，了解开发过程中所必须的资料数据。

1）取芯井段的确定

由于取芯成本高、钻速慢、技术复杂，所以不能在勘探过程中每口井都进行取芯，也不能布置很多的取芯井。为了既要取得勘探开发所必须的基础资料和数据，又要加速油气田勘探开发过程，在确定取芯井段时应遵循以下原则：

① 新探区第一批井，应适当安排取芯，以便了解新区的地层、构造及生储油条件。钻井过程中，若发现良好油、气显示，原没设计取芯任务的井，应修改设计，增加取芯。

② 勘探阶段的取芯工作应注意点面结合，以充分动用取芯井资料，获得全区地层、构造、含油性、储油物性、岩—电关系等项资料。

③ 开发阶段的检查井则根据取芯目的而定。如注水开发井，为了查明注水效果，常在水淹区布置取芯。

④ 特殊目的的取芯井，根据具体情况具体确定。如为了了解断层情况，取芯井应穿过断层；为了解决地层岩性、地层时代临时决定取芯。

2）取芯资料收集和岩芯整理

① 取芯资料收集：取芯钻进前、后，地质人员应丈量方入，准确算出进尺。取芯过程中，记钻时、捞取砂样，一方面可以与邻井对比确定割芯位置；另一方面当岩芯收获率很低

时，可以帮助判断所钻地层岩性。并要特别注意观察泥浆槽面的油气显示情况。

② 丈量“顶底空”：当钻头提至井口后，应立即推向一边，然后丈量“顶底空”（岩芯筒底部或下部无岩芯的空间长度），判断井内是否有余芯。底空量完后，将岩芯筒吊下钻台，将分水接头卸下，量“顶空”（岩芯筒顶部或上部无岩芯的空间长度），初步判断岩芯收获率。

丈量“顶底空”的目的是为了更确切地了解岩芯在井下位置，提供岩芯归位时判断岩芯所处深度。

③ 岩芯出筒：应保证岩芯完整和上下顺序不乱。接芯要注意先出筒的岩芯是下面的地层，后出筒的是上面的地层，切勿颠到，并依次排列在丈量台上。

岩芯全部出筒完要进行清洗。但油浸级以上的油层岩芯不能用水洗（不作含油饱和度试验的致密油砂除外），只须用刀刮去岩芯表面的泥浆，并注意观察含油岩芯渗油、冒气和含水情况，并详细记录，必要时应封蜡送化验室进行分析。

④ 岩芯丈量：在丈量岩芯时，首先判断出筒的岩芯中是否有“假岩芯”，然后才能开始丈量。“假岩芯”常出现在一筒岩芯的顶部，可能为井壁垮塌物或余芯碎块与泥饼混在一起，进入岩芯筒而形成的。假岩芯不能计算长度。

岩芯清洗干净后，对好断面使茬口吻合，磨光面和破碎岩芯摆放要合理，由顶到底用尺子一次丈量，长度读至厘米。用红铅笔划一条丈量线，自上而下作出累积的半米及整米记号，每个自然断块画一个指向钻头的箭头。

⑤ 计算岩芯收获率：岩芯收获率是表示岩芯录井资料可靠程度和钻井工艺水平的一项重要技术指标。

$$岩芯收获率 = \frac{岩芯长度}{取芯进尺} \times 100\% \quad (8-1)$$

由于种种因素的影响，岩芯收获率往往达不到100%，所以每取一筒岩芯都应计算一次收获率。一口井岩芯取完了，应计算出总的岩芯收获率

⑥ 岩芯编号：将丈量完的岩芯按井深自上而下、由左向右（以写井号一侧为下方）依次装入岩芯盒内，然后进行涂漆编号。

编号密度原则上按20cm一个，应在本筒的范围内，按其自然段块自上而下逐块编号。

编号的写法以带分数的形式表示。其中整数表示取芯次数（筒次），分母表示本筒岩芯的总块数，分子表示该块岩芯的块号。例如，$3\frac{5}{10}$即表示第三次取芯中共有10块岩芯，此块为第5块。

岩芯盒内筒次之间用隔板隔开，并贴上岩芯标签，注明筒次、深度、长度及块数，以便区别和检查。

3）岩芯描述

岩芯的观察描述是正确认识岩芯的过程，是一项很细致的地质基础工作，既要全面观察，又要重点突出。对于含油、气岩芯的观察描述，应及时进行，以免油、气逸散挥发而漏失资料。

① 含气试验：洗岩芯时应做含气试验，将岩芯置入水下2mm深进行仔细观察。如有气泡冒出，应记录其部位、连续性、延续时间、声响程度、有无硫化氢味，并及时用红铅笔将冒气处圈出。

② 含油试验：无论是亲油或亲水性的油层，由于含油岩芯浸泡在水基泥浆中，在岩芯

柱上会形成泥浆浸入环，有的甚至将岩芯中的大部分石油排出，只剩下轴心含油；有的岩芯含轻质油，出筒后油易于挥发，岩芯柱表面难见油显示；有的岩芯待放于岩芯盒内一段时间后，才见有原油慢慢浸出到岩芯表面；所以单凭观察岩芯柱面含油情况还很不够，必须对可能含油的岩芯作含油试验。具体方法如下：

滴水试验法：用滴管滴一滴水在含油岩芯平整的新鲜面上，滴时不宜过高，观察水滴的形状和渗入速度，一般分为五级。

一级：立即渗入。

二级：水滴成膜状 10min 内渗入。

三级：10min 内水滴呈凸镜状。浸润角小于 60°。

四级：10min 内水滴呈半球状，浸润角 60°~90°。

五级：10min 水滴形状不变，呈圆珠或半球状，浸润角大于 90°。

由于油和水是互不溶解的，所以含油岩芯中含水多时，滴水试验为一、二级；含油多时为四、五级。

四氯化碳试验法：将岩样捣细，放入试管中加入约 2 倍于岩样体积的四氯化碳，摇晃浸泡 10min，如含油，则溶液变为棕色、棕褐色或黄褐色；如含油极微，溶液仍为原色，可将溶液倾在洁白的滤纸上，待四氯化碳挥发后则残留淡黄、淡绿或棕色痕迹，或置于荧光灯下照射观察。

丙酮试验法：将岩样捣细放人试管中，加入约 2 倍于岩样体积的丙酮溶液。摇晃均匀后，再加入同体积的蒸馏水。如含油，则溶液变为浑浊的乳白色。

荧光试验法：由于沉积岩中的沥青和原油及某些矿物，在紫外光照射下有不同的发光能力，所以可按发光的不同颜色来确定物质的性质。从紫、蓝紫、青蓝和蓝色至黄橙、棕到深褐色，是从轻质油逐步过渡到重质油的一系列发光顺序。

用毛细管发光分析结果也证明了上列顺序。

油：淡青、黄色；

焦油：黄、褐(橙)色；

沥青：淡青、黄、褐、棕色；

地沥青：淡黄、棕色。

但一些矿物的发光颜色不是这样，它们是随不同的滤色而具有与滤色相同或近似的发光颜色。例如方解石在红色滤光下呈红色，在紫色滤光下呈紫色。

因此，在现场上应用上述不同发光颜色，可以区别出原油的性质，也可以区别出矿物发光的颜色。

③ 岩芯含油级别的确定：含油级别是岩芯中含油多少的直观标志。所以含油级别是判断油飞水层或油层好坏的主要标志，但不是绝对标志。例如，含油级别高的砂层往往是油层，含油级别低的砂层往往是干层、水层。而相反的情况也是有的，气层、轻质油层，严重水浸的油层等岩芯往往含油级别很低，甚至看不出含油。

含油级别主要依靠含油面积和含油饱满程度来确定。一块岩芯沿其轴面劈开，新劈开面上含油部分所占面积的百分比，称为该岩芯含油面积的百分数。通过观察含油岩芯光泽、污手程度、滴水试验等可以判断含油饱满程度。一般分三级：

含油饱满：岩芯颗粒孔隙全部被油饱和，新鲜面上油汪汪的，颜色一般较深，油脂感强，油味浓，出筒或新劈开面原油外渗，手摸岩芯原油污手，滴水不渗。

含油较饱满：颗粒孔隙充满油，但油脂光泽较差，油味较浓，捻碎后污手，滴水不渗。

含油不饱满：颗粒孔隙仅部分充油，一般颜色较浅且不均匀，油脂感差，不污手，滴水微渗。

碎屑岩含油级别可划分为饱含油、含油、油浸、油斑、油迹和荧光六级。

非碎屑岩含油气产状划分为四级，即含油、油斑、荧光、含气（岩芯含气长度系指做含气试验，根据冒气泡情况而定）。

④ 岩芯描述内容：岩芯描述与一般野外岩石描述方法和内容大致相同，主要包括以下几方面：

a. 岩性：如颜色、岩石名称、矿物成分、结构、胶结物及胶结程度，特殊矿物及其他含有物等。

b. 相标志：如沉积结构（粒度、成分、颗粒形态、颗粒排列情况等）、沉积构造（各种层面构造如水流波痕、泥裂、雨痕、载荷模、枕状、滑动构造以及各种层理构造）、生物特征（种类、含量、保存情况）等。

c. 储油物性：如孔隙度、渗透性、孔洞缝发育情况与分布特征等。

d. 含油气性：岩芯含油级别。

e. 岩芯倾角测定，断层的观察：接触关系的判断：岩芯倾角测定可利用三角板和量角器直接测定；断层的观察应注意断层面具擦痕且产状杂乱，正断层通常表现为地层缺失，逆断层则为地层重复；不整合接触在接触面上常见到角砾岩、铝土岩或风化壳产物，角度不整合面上、下岩层必定相交成一定角度并有地层缺失。

4）岩芯录井草图的编制

为了便于及时分析对比，指导下一步工作，应将岩芯录井取得的各种资料，数据用规定的符号绘制岩芯录井草图。

绘制岩芯录井草图时应注意以下事项：

① 图中用的岩芯数据（如岩芯收获率、编号、分段长度等）必须与原始记录完全一致。深度比例尺与电测放大曲线比例尺一致（一般为1∶50或1∶100）。

② 图中的岩性剖面在绘制时用筒界作控制。岩芯收获率低于百分之百时，从上往下绘制，底部留空，待再次取芯收获率大于100%时（即套有前次余芯），向上补充（自下而上绘制），即套芯一律画在前次取芯之下部。因岩芯膨胀或破碎而收获率大于100%时，应根据岩芯实际情况在泥质岩段或破碎处合理压缩成100%绘制。

③ 化石及含有物，取样位置、磨损面等，用统一图例绘在相应深度。以黑框及白框表示不同次取芯，框内斜坡指向位置为磨损面位置，框外标记样品位置，样品编号可逢5、10编号，根据样品顶界距本筒顶界的距离来标定样品位置。

④ 岩芯编号栏内根据分段情况写起止号。分层厚度（分段长度）即岩性段的长度。

5）岩芯综合录井图的编制

岩芯综合录井图是在岩芯录井草图的基础上，综合其他资料编制而成。它是反映钻井取芯井段的岩性、含油性、电性和物化性质的一种综合图件。比例尺同岩芯录井草图。

由于地质、钻井技术及工艺方面种种原因，并非每次取芯收获率都能达到百分之百，而往往是一段一段不连续的，因此需要恢复岩芯的原来位置；而未取上岩芯的井段，则依据电测、岩屑、钻时等录井资料来判断钻取岩芯井段的地层在地下的实际面貌，如实地反映在岩芯综合录井图上。通常把这项工作叫做岩芯“装图”或“归位”。岩芯装图要在测出放大曲线之后，参照测井曲线进行。

装图原则：岩芯装图的原则是，以每筒岩芯为基础，用标志层控制，在磨光面或筒界面适当拉开，泥岩或破碎处合理压缩，使整个剖面岩性、电性符合，解释合理。

装图方法，一般应包括以下几项：

① 校正井深：装图时首先要找出钻具井深和电测井深之间的深度差值，并在装图时加以校正。岩芯录井是以钻具长度来计算井深，而电测曲线是以电缆的长度计算井深。由于钻具和电缆的伸缩系数不同，所以岩芯录井剖面与电测曲线之间可能在深度上有出入。

校正方法是将电测图和岩芯录井草图比较，选用数筒连根割芯，收获率高的筒次中的标志层、算出标志层的深度差值。根据其规律性，选择适当数值作为钻具深度和电测深度的差值。以电测深度为准，确定剖面上提或下放数值，根据上提或下放数值校正取芯井段。如果间隔分段取芯时，允许各段有各段的校正值。其数值一般常随深度而增加。

② 以筒为基础：以每筒岩芯做为装图的一个单元，余芯留空位置，套芯推至上筒，连根割芯不得超越本筒下界(校正后的筒界)。

③ 标志层控制：先找取芯井段内最上一个标志层归位画起，依次向上推画至取芯井段顶部，再依次向下画，达到岩性与电性吻合。

④ 其他情况下的岩芯归位：对于实取岩芯长度大于解释厚度(即该层电测曲线显示的厚度)的泥质岩类，可视为由于岩芯取至地面，改变了在井下的原始状态而发生膨胀，可按比例压缩归位，以恢复其真实长度，压缩长度应在压缩栏内注明。

对破碎岩芯的厚度丈量误差，可分析破碎程度及破碎状况，按电测解释厚度消除误差装图。

若某层实取岩芯长度少于解释厚度，而且岩芯存在磨损面，可视为取芯钻进中岩芯磨损的结果，在描述中找到磨损位置，根据本井岩性和电性关系综合分析，或根据岩屑，将磨光面拉开解释。解释厚度应为电测曲线上所示厚度和实取岩芯长度的差值，颜色一栏则不填注，留为空白。

⑤ 岩芯位置的绘制：岩芯位置以每筒岩芯的实际长度绘制，当岩芯收获率为100%时，应与取芯井段一致；当岩芯收获率低于100%，或大于100%时，则与取芯井段不一致。为了看图方便，可将各筒岩芯位置用不同符号表示出来。

⑥ 样品位置标注：样品位置就是在岩芯某一段上取分析化验用的样品的具体位置。在图上标注时，用符号标在距本筒顶的相应位置上。样品位置是随岩芯拉、压而移动的，所以样品位置的标注必须注意综合解释时岩芯的拉开和压缩。

(3) 岩屑录井

地下的岩石被钻头钻碎后，随泥浆被带到地面上，这些岩石碎块就叫岩屑，又常称为“砂样”；钻井过程中，地质人员按照一定的取样间距和迟到时间连续收集与观察岩屑并恢复地下地质剖面的过程，称为岩屑录井。通过岩屑录井可以掌握井下地层层序、岩性、初步了解地层含油气水情况。由于岩屑录井具有成本低，简便易行，了解地下情况及时和资料系统性强等优点，因此在油气田勘探、开发过程中，此种录井方法被广泛采用。

1) 获取有代表性的岩屑

要获取有代表性的岩屑，必须做到井深准、迟到时间准。要求井深准必须管好钻具，要求迟到时间准必须按一定间距测准岩屑迟到时间。迟到时间是指岩屑从井底返至井口的时间。常用的测定迟到时间方法有：

① 理论计算法：计算公式为：

$$T = \frac{V}{Q} = \frac{\pi(D^2 - d^2)}{4Q}H \tag{8-2}$$

式中 T——岩屑迟到时间，min；

V——井眼与钻杆之间的环形空间容积，m^3；

Q——泥浆泵排量，m^3/min；

D——井径，即钻头直径，m；

d——钻杆外径，m；

H——井深，m。

因为实际井径常比理论井径为大，在计算时也未考虑岩屑在泥浆中的下沉，所以理论计算的迟到时间与实际迟到时间往往不符，仅作参考。

② 实物测定法：选用与岩屑大小、密度相近似的物质（常用红砖块或白瓷碎片），在接单根时投入钻杆内。记下投入后开泵的时间，然后在井口泥浆出口或振动筛处密切注意并记下投入物开始返出的时间，这两个时间差就是实物循环一周需要的时间 t，它包括了实物沿钻杆下行到井底的时间 t_0 和从井底通过钻杆外环形空间退出井口的时间。

$$T = t - t_0 \tag{8-3}$$

$$t_0 = \frac{C_1 + C_2}{Q} = \frac{\pi d_1^2}{4Q}H_1 + \frac{\pi d_2^2}{4Q}H_2 \tag{8-4}$$

式中 C_1 和 C_2——分别代表钻杆和钻铤的内容积，m^3；

d_1 和 d_2——分别为钻杆和钻铤的内径，m；

H_1 和 H_2——分别为钻杆和钻铤的长度，m。

在钻进过程中，往往由于机械或其他原因需要变泵，应对 T 及时校正。

实测法求迟到时间一般比较准确。

③ 特殊岩性法：与邻井对比，利用大段单一岩性中的特殊岩层（如大段砂岩中的泥岩，大段泥岩中的灰岩，大段泥岩中的砂岩等）在钻时上表现出特高或特低值，记录钻遇时间和上返至井口的时间，二者之差即为真实的岩层迟到时间。

以上介绍的岩屑迟到时间测定方法，仅是指地层某一深度的迟到时间，实际上井是不断加深，迟到时间亦随之增长。为了保证岩屑录井质量，生产中采取每隔一定的间隔测算一次迟到时间，做为该间距内迟到时间。间距的大小各地区根据实践应因地制宜。

2）岩屑描述方法及步骤

① 岩屑鉴别：在钻井过程中，由于裸眼井段长，泥浆性能的变化及钻具在井内频繁活动等因素的影响，使已钻过上部岩层经常从井壁剥落下来，混杂于来自井底的岩屑之中。如何从这些真假并存的岩屑中鉴别出真正代表井下一定深度岩层的岩屑，这是提高岩屑录井质量、准确建立地下地层剖面的又一重要环节。

鉴别岩屑真假应从以下几方面综合考虑：

a. 观察岩屑的色调和形状。色调新鲜，其形状往往多棱角或呈片状者，通常是新钻开地层的岩屑，但应特别注意由于岩性和胶结程度的差别，在形状上也会存在差异，如软泥岩常呈球粒状，泥质胶结疏松的砂岩呈豆状；反之在井内久经磨损而成圆形、岩屑表面色调模糊或者块较大者，多为上部井段已出现过的滞后岩屑或者掉块。

b. 注意新成分的出现。在连续取样中如果发现有新成分岩屑出现，且以后逐渐增加，则标志着井下新地层的出现。即使出现的数量很少(对一些薄岩层，有时仅发现数颗新成分岩屑)也表明进入了新地层。

c. 从岩屑中各种岩屑的百分变化来识别。对于有两种或两种以上岩性组成的地层，是从岩屑百分比含量增减来判断是进入什么岩性的地层，从而确定岩屑的真伪。

d. 利用钻时、气测等资料验证。除使用上述几种方法判断外，还应参考钻时资料，它对于区别砂、泥岩类岩和灰质岩类比较准确，油气层在气测曲线上常有显示。

② 岩屑描述：由于岩屑仅仅是地下岩层破碎的一小部分，其所能观察到的现象自然不如岩芯详尽。所以对岩屑描述的要求着重是岩石定名和含油气情况的描述。定名要准确，油层及砂质岩类应做重点描述，不漏掉油气显示和0.5m以上的特殊岩层及其主要特征。

岩屑描述的一般方法是大段摊开，宏观细找；远看颜色，近查岩性；干湿结合，挑分岩性；分层定名，按层描述。

a. 大段摊开，宏观细找。先将数包岩屑(如10~15包)大段摆开；稍离远些进行粗看，目的是大致找出颜色和岩性有无界线；然后再系统地逐包仔细观察岩屑的连续变化，找出新成分，目估百分比变化情况，避免孤立地看一包岩屑。

b. 远看颜色，近查岩性。因为岩屑中颜色混杂，远看视线开阔，易于区分颜色界线。用这种方法划分出来的层次，都是明显或较厚的层。有些薄层或疏松层，岩屑数量极少，这就需要逐包细查，发现那些不明显的新成分、细微的结构变化等。这样的细查工作还常常是有目的地去进行的，如与邻井对比该段出现油层或其他较为特殊岩性，或因为出现某种异常变化(钻进中的蹩、跳钻、漏失现象和气测显示等)，可能有某种特殊岩层出现时，就需要再仔细查找落实。

c. 干湿结合，挑分岩性。岩屑颜色的描述一律以晒干后的色调为准。岩屑湿润时，一些结构、层理等格外清晰、明显，因此常在岩屑未晒干之前就粗看一遍，记下某些岩性特征和层界，作为正式描述的参考。对一些岩屑百分比变化不明显、很难用目估法分辨的层次，则可从各包中取出同样多的岩屑，分别挑分出每包各种不同岩性的岩屑后，再进行比较，正确判断和除去掉块与假岩屑。

d. 分层定名，按层描述。通过上述方法所观察到的岩性变化情况，遵循去伪存真的原则，参考钻时曲线，进一步在岩屑中上追顶界下查底界，卡分出层来，对每层的代表岩样进行描述。

3）岩屑录井草图的编绘与应用

一般岩屑录井草图的内容主要包括录井剖面、钻时曲线及槽面显示等。

岩屑录井草图的深度比例尺为1:500，按描述的井深，把相应的颜色、岩性、化石、构造、含有物及油气显示等用统一规定的符号绘出。岩屑录井草图主要应用于下列几方面：

① 用岩屑录井草图进行地层对比：把岩屑录井草图与邻井进行对比。及时了解本井岩性特征、岩性组合、钻遇层位、正钻层位，还可检查和验证本井地质预告的符合程度，以便及时校正地质预告，进一步推断油、气、水层可能出现的深度，指导下一步钻井工作。如经对比，发现实钻情况与原设计有较大出入，除校正地质预告外，还应修改地质设计。另外，经常进行对比，可帮助及时卡准完钻层位和完钻井深。

② 为电测解释提供地质依据。岩屑录井草图是电测解释的重要地质依据，对探井来说，综合利用岩屑录井草图，可大大提高电测解释的精度。在砂泥岩剖面中，特殊岩性含油往往不能在电性特征上有明显的反映，仅凭电性特征解释油、气层常常感到困难，此时岩屑录井

草图的重要性就更为突出。

③ 为钻井工程提供资料。在处理工程事故的过程中，如卡钻、倒扣、泡油等项工作，经常应用岩屑录井草图，以便分析事故发生的原因，制定有效的处理措施。在进行中途测试、完井作业过程中也要参考岩屑录井草图。

④ 岩屑录井草图是编绘完井综合录井图的基础。其质量直接影响着综合录井图的质量，对后续地质研究有着重要意义。

4）岩屑综合录井图的编绘

岩屑综合录井图是以岩屑录井草图为基础，结合测井曲线进行综合解释完成的，比例尺为1∶500。

由于岩屑录井和钻时录井的影响因素较多，因此还须进一步依据测井曲线进行岩屑定层归位。具体步骤如下：

① 校正深度。与取芯深度误差校正类似，选取在钻时曲线、电测曲线上都具有明显特征的岩性层来校正。深度校正主要是依靠钻时曲线与电测曲线之间的深度差值把岩性剖面上提或下放。

② 复查岩屑、落实剖面。岩屑录井剖面的岩性与电测曲线解释的岩性如有不符现象，就应分析测井曲线和复查岩屑，找出原因进行修正。电测解释中不存在的岩层，复查中发现岩屑、钻时的变化并不明显的层段应该取消；电测解释不存在的岩层，若岩屑、钻时的变化很清楚、很可靠的仍要保留。井壁取芯与岩屑、电性有矛盾时可按条带处理：或考虑是否为薄夹层，电测曲线不易分辨。复查中发现的漏描层应补上。复查中不能解释的主要的岩、电矛盾层次应作为问题在完井报告中提出。

③ 综合剖面的解释：以落实剖面为岩性基础，以电测曲线为深度标准，结合取芯等资料绘制剖面。综合解释应注意下列问题：

a. 综合解释必须参考组合测井资料，提高解释精度。

b. 单层厚度小于0.5m者，一般岩性可以不作解释，在岩性综述中加以叙述；但对成组的薄互层应适当表示：对有意义的特殊岩性、标准层及油、气显示层，剖面上应扩大为0.5m解释。

c. 除油、气层和砂层深度、厚度的解释应尽量接近组合测井解释的深度和厚度（与油气层及油气显示综合表一致）外，其他岩层解释界限可画在整毫米格上。

d. 岩性综述　分述各小段地层所包括的岩性、颜色、结构、构造特点以及纵向上变化规律。

（4）荧光录井

利用石油的荧光性检测岩性是否含油及相对含量的方法称为荧光录井。该录井方法是现场应用最广泛的发现和评价油气显示的方法。

1）荧光录井的物质准备

① 紫外光仪——发射光波长小于3.65×10^{-7}m的高灵敏度紫外岩样分析仪一台，内装15W紫外灯管1支或8W紫外灯管2支。

② 标准定性滤纸

③ 有机溶剂（分析纯）——使用分析纯的氯仿、四氯化碳或正已烷。

④ 其他设备

试管（直径12mm，长度100mm）、磨口试管（直径12mm，长度100mm）、10倍放大镜、双目显微镜、滴瓶(50mL)、盐酸(浓度5%~10%)、摄子、玻璃棒、小刀等。

2) 荧光录井方法

现场常用的荧光录井方法有：岩屑湿照、干照、滴照。

① 岩屑湿照、干照。

a. 砂样捞出后，洗净、控干水分，立即装入砂样盘，置于紫外光岩样分析仪的暗箱里，启动分析仪。干照则是取干样置于紫外光岩样分析仪内，启动分析仪，观察描述。

b. 观察岩样荧光的颜色和产状，与本井混入原油的荧光特征进行对比，排除原油污染造成的假显示(表8-3)。

表8-3 真假荧光显示判别表

项目 \ 特征 \ 结果	假显示	真显示
岩样	由表及里浸染，岩样内部不发光	表里一致，或核心颜色深，由里及表颜色变浅
裂缝	仅岩样裂缝边缘发光，边缘向内部浸染	由裂缝中心向基质浸染，缝内较重，向基质逐渐变轻
基质	晶隙不发光	晶隙发荧光，当饱和时可呈均匀弥漫状
荧光颜色	与本井混入原油一致	与本井混入原油不一致

c. 观察荧光的颜色，排除成品油发光造成的假显示(表8-4)。

表8-4 原油、成品油荧光判别表

油品名称	原油	成品油					
		柴油	机油	黄油	丝扣油	红铅油	绿铅油
荧光颜色	黄，棕褐等色	亮紫色，乳紫蓝色	蓝，天蓝色乳紫蓝色	亮乳蓝色	蓝，暗乳蓝色	红色	浅绿色

d. 用摄子挑出有荧光显示的颗粒或在岩芯上用红笔画出有显示的部位。

e. 在自然光或白炽灯光下认真观察，分析岩样，排除上部地层掉块造成的假显示。

f. 观察岩样的荧光结构，若仅见砾石或砂屑颗粒有荧光，而胶结物无荧光，可能为早期油层遭受破坏的再沉积或早期储层被后期充填的胶结物填死而形成的“假”显示。

② 岩屑滴照。

a. 取定性滤纸一张，在紫外光下检查，确保洁净无油污。

b. 把湿照挑出来的荧光显示岩屑一粒或数粒，放在备好的滤纸上，用有机溶剂清洗过的摄柄碾碎。

c. 悬空滤纸，在碾碎的岩样上滴1~2滴有机溶剂。待溶剂挥发后，在紫外光下观察。若为岩芯，可先在岩芯的荧光显示部位滴1~2滴有机溶剂，停留片刻，用备好的滤纸在显示部位

d. 若滤纸上无荧光显示，则为矿物发光。

e. 观察荧光的亮度和产状，按下表划分滴照级别，若为二级或二级以上，则参加定名(表8-5)。

表 8－5　荧光级别的划分

滴照级别	一级	二级	三级	四级	五级
荧光特征	模糊晕状，边缘无亮环	清晰晕状，边缘有亮环	明亮，呈星点状分布	明亮，呈开花状、放射状	均匀明亮或呈溪流状

f. 观察荧光的颜色，划分轻质油和稠油（表 8－6）。

表 8－6　轻质油和稠油荧光的特征

轻质油荧光	稠油荧光
轻质油含胶质、沥青质不超过 5%，而油质含量达 95% 以上，其荧光的颜色主要显示油质的特征，通常呈浅蓝、黄、金黄、棕色等	稠油含胶质；沥青质可达 20%～30%，甚至高达 50%，其荧光颜色主要显示胶质、沥青质的特征，通常为颜色较深的棕褐、褐、黑褐色

3）荧光录井的应用

① 荧光录井能够及时发现肉眼难以鉴别的油气显示。

② 通过荧光录井可以区分油质的好坏和油气显示的程度，正确评价油气层。

③ 在新区新层系以及特殊岩性段，荧光录井可以配合其他录井手段准确解释油气显示层。

（5）井壁取芯录井

井壁取芯录井是指用井壁取芯器按预定的位置在井壁上取出地层岩样的过程。

取芯器一般有 36 个孔，孔内装有炸药，通过电缆接到地面仪器上，在地面控制取芯深度并点火、发射。点火后，炸药将取芯筒强行打入井壁，取芯筒被钢丝绳连接在取芯器上，上提取芯器可将岩样从地层中取出。

1）确定井壁取芯的原则

井壁取芯的目的是为了证实地层的岩性、物性、含油性、以及岩性和电性的关系，或者为满足地质方面的特殊要求。一般情况下下列地层均应进行井壁取芯：

① 在钻进过程中有油气显示的井段，必须进一步用井壁取芯加以证实。

② 岩屑录井过程中漏取岩屑的井段，或者钻井取芯时岩芯收获率过低的井段。

③ 测井解释有困难，需井壁取芯提供地质依据的层位。如可疑油层、油层、油水同层、含油水层、气层等

④ 需进一步了解储油物性，而又未进行钻井取芯的层位。

⑤ 录井资料和测井解释有矛盾的地层。

⑥ 某些具有研究意义的标准层、标志层，及其他特殊岩性层。

⑦ 为了满足地质的特殊要求而选定的层位。

井壁取芯具体位置由地质、测井绘解人员及甲方人员根据岩芯录井、岩屑录井、测井、气测等资料在现场进行综合分析、共同协调确定。

2）跟踪取芯

跟踪井壁取芯就是通过跟踪某一条测井曲线，找准取芯深度，用取芯器在井壁上取出岩芯。目前常用的跟踪曲线有 1:200 比例尺的 2.5m 底部梯度电阻率曲线，自然电位曲线，深侧向电阻率曲线等。取芯前，在被跟踪曲线上选一特征明显的曲线段，然后将带有测井电极系的取芯器放到被跟踪的明显特征曲线以下，自下而上测一条测井曲线，对比跟踪图上两条曲线的幅度、形状是否一致，一致即可进行取芯；若特征曲线深度不一致，则应调节跟踪

图，使两条曲线深度一致，再进行取芯。

开始取芯时，一边上提电缆，一边测曲线，当记录仪走到被跟踪曲线上的第一个取芯位置时，说明井下电极系的记录点正好位于第一个预定的取芯深度上，但各个炮口还在取芯位置以下。为使第一个炮口与第一个取芯深度对齐，还必须使取芯器上提一段距离，这段上提值就是首次零长。首次零长就是测井电极系记录点到第一炮口中芯的距离。各炮口间距为0.05m，第二个炮口的零长等于首次零长加0.05m，以下各炮口依次类推。

3）岩芯出筒

当全部点火放炮后，即将炮身提出井口，这时工作人员应依次取下岩芯筒，对号装入准备好的塑料袋中。岩芯出筒时，每出一颗岩芯，立即把深度标上，防止把深度搞乱。出筒时要注意不要把岩芯弄碎，尽可能保持完整性。对已出筒的岩芯，由专人用小刀刮去泥饼，检查岩芯是否真实，岩性是否与要求相符，如不符合要求，应通知炮队重取。

4）井壁取芯的描述和整理

井壁取芯描述内容基本上与钻井取芯描述相同。但由于井壁取芯的岩芯是用井壁取芯器从井壁上强行取出的，岩芯受钻井液浸泡、岩芯筒冲撞严重，在描述时，应注意以下事项：

① 在描述含油级别时应考虑钻井液浸泡的影响，尤其是混油和泡油的井，更应注意。

② 在注水开发区和油水边界进行井壁取芯时，岩芯描述应注意观察含水情况。

③ 在可疑气层取芯时，岩芯应及时嗅味，进行含气试验。

④ 在观察和描述白云岩岩芯时，有时也会发现白云岩与盐酸作用起泡，这是岩芯筒的冲撞作用使白云岩破碎，与盐酸接触面积大大增加的缘故。在这种情况下应注意与灰质岩类的区别。

⑤ 如果一颗岩芯有两种岩性时，则都要描述。定名可参考测井曲线所反映的岩电关系来确定。

⑥ 如果一颗岩芯有三种以上的岩性，就描一种主要的，其余的则以夹层和条带处理。

岩芯描述完后，将岩芯用玻璃纸包好，连同标签一起装入井壁取芯盒内，并在盒上注明井号、井深和编号，对有油气显示的含油岩芯通常用红笔打上记号，以便查找。此外，应填写送样清单，并将送样清单和井壁取芯描述记录送交指定单位。

5）井壁取芯的应用

由于井壁取芯是用取芯器直接将井下岩石取出来，直观性强，方法简便，经济实用，因此，在现场工作中被广泛使用。

① 井壁取芯与岩芯一样属于实物资料，可以利用井壁取芯来了解储集层的物性、含油性等各项资料。

② 利用井壁取芯进行分析实验，可以取得生油层特征及生油指标。

③ 用以弥补其他录井项目的不足。

④ 用以解释现有录井资料与测井资料不能很好解释的层位。

⑤ 利用井壁取芯可以满足一些地质的特殊要求。

（6）钻井液录井

由于钻井液在钻遇油、气、水层和特殊岩性地层时，其性能将发生各种不同的变化。所以根据钻井液性能的变化及槽面显示，来判断井下是否钻遇油、气、水层和特殊岩性的方法称为钻井液录井。

1）钻井液的功能

钻井液主要有以下几个方面作用：

① 带动涡轮、冷却钻头和钻具。

② 携带岩屑，悬浮岩屑，防止岩屑下沉。

③ 保护井壁、防止地层垮塌。

④ 平衡地层压力、防止井喷与井漏。

⑤ 将水动力传给钻头，破碎岩石。

2）钻井液录井原则和要求

钻井液录井应遵循下列原则和要求：

① 任何类别的井，在钻进或循环过程中都必须进行钻井液录井。

② 区域探井、预探井钻进时不得混油，包括机油、原油、柴油等，不得使用混油物，如磺化沥青等。若处理井下事故必须混油时，需经探区总地质师同意，事后必须除净油污后方可钻进。

③ 必须用混油钻井液钻进时，要收集油品及混油量等数据，并且一定要做混油色谱分析。

④ 下钻划眼或循环钻井液过程中出现油气显示，必须进行后效气测或循环观察，取样做全套性能分析，并落实到具体层位或层段上。

⑤ 遇井涌、井喷应采用罐装气取样进行钻井液性能分析。

⑥ 遇井漏，应取样做全套性能分析。

⑦ 钻井液处理情况，包括井深、处理剂名称、用量、处理前后性能等，都要详细记入观察记录中。

3）钻井液的性能要求

钻井液种类繁多，其分类各异，主要有水基钻井液、油基钻井液和清水。

水基钻井液一般是用黏土、水、适量药品搅拌而成，是钻井中使用最广泛的一种钻井液。油基钻井液以柴油（约占90%）为分散剂，加入乳化剂、黏土等配成，这种钻井液失水量小，成本高，配制条件严格，一般很少使用，主要用于取芯分析原始含油饱和度。清水钻进适用于井浅、地层较硬、无严重垮塌、无阻卡、无漏失及先期完成井。

地质录井人员必须了解钻井液的基本性能及其测量方法，能在不同的地质条件下合理使用钻井液。

钻井液性能要求包括以下几方面：

① 钻井液相对密度。钻井液相对密度是指钻井液在20℃时的质量与同体积4℃的纯水质量之比。用专门的钻井液天平仪测量。调节钻井液密度主要是用来调节井内钻井液柱的压力。相对密度越大，钻井液柱越高，对并底和井壁的压力越大。在保证平衡地层压力的前提下，要求钻井液相对密度尽可能低些。这样，易于发现油气层，钻具转动时阻力较小，有利于快速钻进。当钻入易垮塌的地层和钻开高压油、气，水层时，为防止地层垮塌及井喷，应适当加大钻井液密度；而钻进低压油、气层及漏失层时，应减小钻井液密度，使钻井液柱压力近于低压层压力，以免压差过大发生井漏。总之调节钻井液密度，应做到对一般地层不塌不漏，对油、气层压而不死，活而不喷。

② 钻井液黏度。钻井液黏度是指钻井液流动时的黏滞程度。一般用漏斗黏度计测定其大小，常用时间“s”来表示。对于易造浆的地层钻井液黏度可以适当小一些；而易于垮塌及裂缝发育的地层，黏度则可以适当提高，但不宜过高，否则易造成泥包钻头或卡钻，钻井液

脱气困难，砂子不易下沉，影响钻速。因此钻井液黏度的高低要视具体情况而定。通常在保证携带岩屑的前提下，黏度低一些好。

③ 钻井液切力。使钻井液自静止开始流动时作用在单位面积上的力，即钻井液静止后悬浮岩屑的能力称为钻井液切力，其单位为“mg/cm^2”。切力用浮筒式切力仪测定。钻井液静止 1min 后测得的切力称初切力，静止 10min 后测得的切力称终切力。

钻井要求初切力越低越好，终切力适当。切力过大，泥浆泵起动困难，钻头易泥包，钻井液易气浸。而终切力过低，钻井液静止时岩屑在井内下沉，易发生卡钻等事故，对岩屑录井工作也带来许多困难，使岩屑混杂，难以识别真假。

④ 钻井液失水量和泥饼。当钻井液柱压力大于地层压力时，钻井液在压差的作用下，部分钻井液水将渗入地层中，这种现象称为钻井液的失水性。失水的多少称做钻井液失水量。其大小一般以 30min 内在一个大气压力作用下，用渗过直径为 75mm 圆形孔板的水量表示，单位为 mL。

钻井液失水的同时，黏土颗粒在井壁岩层表面逐渐聚结而形成泥饼。泥饼厚度以 mm 表示。测定泥饼厚度是在测定失水量后，取出失水仪内的筛板，在筛板上直接量取。

钻井液失水量小，泥饼薄而致密，有利于巩固井壁和保护油层。若失水量太大，泥饼厚，易造成缩径现象，起下钻遇阻遇卡，并且降低了井眼周围油层的渗透性，对油层造成损害，降低原油生产能力。

⑤ 钻井液含砂量。钻井液含砂量是指钻井液中直径大于 0. 05mm 的砂粒所占钻井液体积的百分数。一般采用沉砂法测定含砂量。钻井液含砂量高易磨损钻头，损坏泥浆泵的缸套和活塞，易造成沉砂卡钻，增大钻井液密度，影响泥饼质量，对固井质量也有影响。所以做好钻井液净化工作是十分重要的。

⑥ 钻井液酸碱值(pH 值)。钻井液的 pH 值表示钻井液的酸碱性。钻井液性能的变化与 pH 值有密切的关系。例如 pH 值偏低，将使钻井液水化性和分散性变差，切力、失水上升；pH 值偏高，会使黏土分散度提高，引起钻井液黏度上升；pH 值过高时，会使泥岩膨胀分散，造成掉块或井壁垮塌，且腐蚀钻具及设备。所以对钻井液的 pH 值应要求适当。

⑦ 钻井液含盐量。钻井液的含盐量是指钻井液中含氯化物的数量。通常以测定氯离子(Cl^-，简称氯根)的含量代表含盐量，单位为 mg/L。它是了解岩层及地层水性质的一个重要数据，在石油勘探及综合利用找矿等方面都有重要的意义。

4）钻井液录井资料的收集

钻井液资料的收集有很强的时间性，收集钻井液录井资料时，应注意以下方面。

① 油气水显示的分级。按钻井液中油气水显示的情况，依次分为四级。

a. 油花气泡：油花或气泡占槽面面积 30% 以下。

b. 油气浸：油花或气泡占槽面面积 30% 以上，钻井液性能变化明显。

c. 井涌：钻井液涌出至转盘面以上不超过 1m。

d. 井喷：钻井液喷出转盘面 1m 以上，喷高超过二层平台称强烈井喷。

② 油、气显示资料收集。钻入目的层后应注意观察泥浆槽、泥浆池液面和出口情况，并定时测量钻井液性能。

a. 观察泥浆槽液面变化情况。观察槽面时应着重以下四方面的内容：记录槽面出现油花、气泡的时间，显示达到高峰的时间，显示明显减弱的时间，并根据迟到时间推断油、气层的深度和层位；观察槽面出现显示时油花，气泡的数量占槽面的百分比，显示达到高峰时占槽面的百分比，显示减弱时占槽面的百分比；油气在槽面的产状、油的颜色、油花分布情况(呈条带状，片状，呈点状及不规则形状)、，气泡大小及分布特点等；槽面有无上涨现象，上涨高度，有无油气芳香味或硫化氢味等。必要时应取样进行荧光分析和含气试验等。

b. 观察泥浆池液面的变化情况。应观察泥浆池面有无上升，下降现象，上升、下降的起止时间，上升、下降的速度和高度。池面有无油花、气泡及其产状。

c. 观察钻井液出口情况。油气浸严重时，特别是在钻穿高压油、气层后，要经常注意钻井液流出情况，是否时快时慢、忽大忽小，有无外涌现象。如有这些现象，应进行连续观察，并记录时间、井深、层位及变化特征。井涌往往是井喷的先兆，除应加强观察外，还应通知工程上做好防喷准备工作。

d. 收集钻井液性能资料。钻遇油、气层时由钻井人员定时连续测量钻井液密度、粘度，直到油气显示结束为止。地质人员除收集钻井液性能资料外，亦应随时观察，详细记录钻井液性能变化情况，供以后综合解释、讨论下套管及试油层位时参考。

③ 水浸显示资料的收集。钻开水层以后，地层水在压力差的作用下进入钻井液中，引起钻井液性能的一系列变化，这就是水浸现象。此时应加强水浸显示资料的收集。

a. 水浸分类及特点。由于地层水含盐量的不同，可分为盐水浸和淡水浸。

淡水浸的特点：钻井液被稀释，密度、黏度均下降，失水量增加，流动性变好，钻井液量随水量的增加而增加，泥浆池液面上升。

盐水浸的特点：钻井液性能将受到严重破坏，黏度和失水增大，流动性迅速变差，呈不能流动的“豆腐脑”状或呈清水状，氯离子含量剧增。

水浸时应收集下列资料：

水浸的时间、井深、层位；

钻井液性能，流动情况、水浸性质；

泥浆槽和泥浆池显示情况。

b. 定时取样做氯离子滴定实验。

钻进过程中如钻遇盐水层，特别是高压盐水层时，氯离子含量的变化很快，其含量突然巨增至数万以至十几万 ppm，并迅速破坏钻井液性能，常引起井下事故或井喷。因此，氯离子含量的测定现实意义较大。氯离子含量测定的原理、方法及注意事项如下；

测定原理：以铬酸钾溶液(K_2CrO_3)作指示剂，用硝酸银溶液($AgNO_3$)滴定氯离子(Cl^-)，因氯化物是强酸生成的盐，首先和 $AgNO_3$ 作用生成 AgCl 白色沉淀。当氯离子(Cl^-)和银离子(Ag^+)全部化合后，过量的 Ag^+ 即与铬酸根(CrO_4^{2-})反应生成微红色沉淀，指示滴定终点。

使用试剂：5% 铬酸钾溶液(5g 铬酸钾溶于 95mL 蒸馏水中)、稀硝酸溶液(HNO_3)、0.02N、0.1N 硝酸银溶液(N 为分子克当量浓度)、pH 试纸、硼砂溶液或小苏打溶液、双氧水(H_2O_2)。

操作步骤：取钻井液滤液 1mL，置入三角烧杯中，加蒸馏水 20mL，调节混合液的 pH 值至 7 左右，加入 5% 铬酸钾溶液 2 ~ 3 滴，使溶液显淡黄色，以硝酸银溶液(盐水层用 0.1N、一般地层用 0.02N 硝酸银溶液)缓慢滴定，至滤液出现微红色为止。记下硝酸银溶液的消耗量，则滤液中的氯离子含量可由下式求出：

$$Cl^- = \frac{NV\frac{Cl}{1000}}{Q} \times 10^6 \qquad (8-5)$$

式中　N——硝酸银溶液克当量浓度(已知)；

V——硝酸银溶液用量，mL；

Cl——氯的原子量(为35.45、取35.5)；

Q——滤液体积，mL；

Cl^-——滤液中氯离子浓度(mg/L或ppm)。

滤液体积取1mL时，上式可简化为：

$$Cl^- = NV35.5 \times 10^3 (\text{mg/L 或 ppm}) \tag{8-6}$$

注意事项：氯离子滴定实验应注意五个事项：一是滴定前必须使滤液的pH值保持在7左右，若pH>7，用稀硝酸溶液调整，若pH<7，用硼砂溶液或小苏打溶液调整；二是加入铬酸钾指示剂的量应适当，若过多，会使滴定终点提前，使计算结果偏低，若过少，会使滴定终点推后，则计算结果偏高；三是滴定不宜在强光下进行，以免$AgNO_3$分解造成终点不准；四是当滤液呈褐色时，应先用双氧水使之褪色，否则在滴定时妨碍滴定终点的观察；五是滴定前应将硝酸银溶液摇均匀，然后再滴定；全井使用试剂必须统一，以免造成不必要的误差。

④ 油、气上窜速度的计算。当油气层压力大于钻井液柱压力，在压差作用下，油、气进入钻井液并向上流动，这就是油，气上窜观象。在单位时间内油、气上窜的距离称油、气上窜速度。

油气上窜速度是衡量井下油、气活跃程度的标志。油、气上窜速度越大，油、气层能量越大，反之，则越小。所以，在现场工作中准确地计算油、气上窜速度，有重要参考价值，是做到油井压而不死，活而不喷的依据。

通常在钻过高压油、气层后，当起钻后再下钻循环钻井液时，要对油、气侵作观察、记录，并计算油、气上窜速度。计算方法有以下两种；

a. 迟到时间法：计算公式为

$$V = \frac{H - \left[\frac{h}{t}(T_1 - T_2)\right]}{T_0} \tag{8-7}$$

式中 V——油气上窜速度，m/h；

H——油、气层深度，m；

h——循环钻井液时钻头所在井深，m；

t——钻头所在井深的迟到时间，min；

T_1——见到油、气显示的时间，h · min；

T_2——下钻至井深h的开泵时间，h · min；

T_0——井内钻井液静止时间(指起钻时停泵到下钻至h时的开泵时间)，h。

迟到时间法比较接近实际情况，是现场常用的方法。

b. 容积法：计算公式为

$$V = \frac{H - \left[\frac{Q}{V_c}(T_1 - T_2)\right]}{T_0} \tag{8-8}$$

式中 Q——泥浆泵排量，L/min；

V_c——井眼环形空间每米理论容积，L/m；

下钻过程中，多次替钻井液时适用于用容积法计算上窜速度，但误差较大，实际计算时，常用每米井眼容积代替井眼每米理论容积。

在钻遇高压水层时，也可以用上述两个公式计算上窜速度。

⑤ 钻井中影响钻井液性能的地质因素。了解钻井过程中影响钻井液性能的地质因素，对于判断油、气、水层和岩屑的变化十分重要。影响钻井液性能的地质因素是比较复杂的，归纳起来有以下几方面：

a. 高压油、气、水层：当钻穿高压油气层时，油气侵入钻井液，造成密度降低、黏度升高。当钻遇淡水层时，密度，黏度和切力均降低，失水量增大。钻遇盐水层时，黏度增高后又降低，密度下降，切力和含盐量增加。水侵会使钻井液量增加。

b. 盐侵：当钻遇可溶性盐类，如岩盐（NaCl）、芒硝（Na_2SO_4）或石膏（$CaSO_4$）时，会增加钻井液中的含盐量，使钻井液性能发生变化。由于岩盐和芒硝这些含钠盐类的溶解度大，使钻井液中 Na^+ 浓度增加，使其黏度和失水量增大。当盐侵严重时，还会影响黏土颗粒的水化和分散程度，而使粘土颗粒凝结，黏度降低，失水量显著上升。

c. 钙侵：钻遇石膏层或钻水泥塞而带入了氢氧化钙时，均发生钙侵，使黏度和切力急剧增加，有时甚至使钻井液呈豆腐块状，失水量随之上升，当氢氧化钙侵入时还将使钻井液的 pH 值增大。

d. 砂侵：砂侵主要由于黏土中原来含有的砂子及钻进过程中岩屑的砂子未清除所致。含砂量高，则影响钻井液密度、黏度和切力增大。

e. 黏土层：钻遇黏土层或页岩层时，因地层造浆使钻井液密度、黏度增高。

f. 漏失层：钻井液漏失在钻井中是经常遇到的，轻微的漏失，类似于高度的失水现象。在一般情况下，钻进漏失层时要求钻井液具有高黏度、高切力，以阻止钻井液流入地层。但在漏失严重时，应根据发生漏失的地质条件，立即采取行之有效的堵漏措施。

⑥ 钻井液录井资料的应用。钻井液录井资料主要有六个方面的应用：

a. 在钻进过程中通过泥浆槽、池油气显示发现并判断地下油气层，通过钻井液性能的变化分析研究井下油气水层的情况；

b. 利用钻井过程中钻井液性能的变化可以判断井下特殊岩性；

c. 通过进出口钻井液性能及量的变化，发现水层、漏失层或高压层；

d. 通过钻井液录井发现盐层、石膏层，疏松砂层、造浆泥岩层等；

e. 加强泥浆循环槽、池面观察及液面定时观测记录。及时发现油气显示、井漏或井喷预兆，盐膏浸等异常情况，采取必要措施，确保安全钻进。

f. 合理调整钻井液性能，保证近平衡钻进，可以防止钻井事故的发生，保证正常钻进，加快钻井速度，降低钻井成本。为发现油气层，保护油气层提供措施依据。是打好井、快打井，科学打井的重要措施与前提。

(7) 其他录井资料的收集

在钻进过程中除了收集上述录井资料外，观察记录是地质录井工作的一项重要内容，有经验的现场地质人员都非常重视这项工作。

探井地质观察记录填写的内容：

① 工程简况。按时间顺序简述钻井工程进展情况，技术措施和井下特殊现象，如钻进、起下钻、取芯、电测、下套管、固井、试压、检修设备及各种复杂情况（跳钻、蹩钻、遇阻、遇卡、井喷、井漏等）。

第一次开钻时，应记录补心高度、开钻时间、钻具结构、钻头类型及尺寸、用清水开钻或钻井液开钻。

第二、三次开钻时，应记录开钻时间、钻头类型及尺寸、钻具结构，水泥塞深度及厚度、开钻钻井液性能。

② 录井资料收集情况。录井资料收集情况是观察记录的主要内容之一，填写时应力求详尽、准确。一般应填写下列内容：

岩屑：取样井段、间距、包数，对主要的岩性、特殊岩性，标准层应进行简要描述。

钻井取芯：取芯井段、进尺、岩芯长、收获率、主要岩性、油砂长度。

井壁取芯：取芯层位、总颗数、发射率、收获率、岩性简述。

测井：测井时间、项目、井段，比例尺以及最大井斜和方位角。

工程测斜：测时井深、测点井深、斜度。

钻井液性能：相对密度、黏度、失水、泥饼、含砂、切力、pH值。

③ 油、气、水显示。将当班发现的油、气、水显示按油、气、水显示资料应收集的内容逐项填写。

④ 其他。填写迟到时间实测情况，正使用的迟到时间，当班工作中遇到的问题和下班应注意的事项。

（二）气测录井

气测录井是利用录井仪通过随钻测量、分析由地下含油气层进入钻井液中的烃类、非烃类气体的含量和组分，直接发现和评价油气层的一种录井方法。主要测量参数包括全烃、烃组分和非烃气体参数。

1. 气测录井的影响因素

影响气测录井的主要因素有地质因素和施工工程因素。

（1）地质因素的影响

① 天然气性质及成分。石油天然气的密度越小，轻烃成分越多，气测显示越好。反之越差。

② 储层性质。当储层厚度、孔隙度、含气饱和度越大时，钻穿单位体积岩层进入钻井液的油气越多，油气显示越好，反之气显示越差。

③ 地层压力。若井底为正压差，即钻井液柱压力大于地层压力时，进入钻井液的油气仅是破碎岩层而产生的，因此显示较低。对于高渗透地层，当储层被钻开时，发生钻井液超前渗滤，钻头前方岩层中的一部分油气被挤入地层，因此气显示较低。正压差越大，地层渗透性越好，气显示越低，甚至无显示。

若井底为负压差，即钻井液柱压力小于地层压力时，进入钻井液的油气除破碎岩层而产生外，井筒周围地层中的油气，在地层压力的推动下，侵入钻井液，而形成高的油气显示，且接单根气、起下钻气等后效气显示明显。钻过油气层后，气测曲线不能回复到原基值，而是保持一高显示，从而使气测曲线基值升高。正压差越大，地层渗透性越好，气显示越高，严重时会导致发生井涌、井喷。

④ 上覆油气层的后效。已钻穿的油气层中的油气，在钻进过程中或钻井液静止期间侵入钻井液，使气显示基值升高或形成假异常。

（2）钻井条件的影响

① 钻头直径。当其他钻井条件不变时，钻头直径越大，单位时间内破碎的岩石体积越大，钻井液与地层接触面积越大，因此，气显示越高。

② 机械钻速。当其他钻井条件不变时，机械钻速越大，单位时间内破碎的岩石体积越

大，钻井液与地层接触面积越大，因此，气显示越高。反之，气显示越小。钻井取芯时，由于机械钻速小，破碎岩石少，故气测显示低。

③ 钻井液密度。钻井液密度越大，液柱压力越大，井底压差越大，反之，井底压差越小。

④ 钻井液黏度。黏度大的钻井液对天然气的吸附和溶解作用加强，故脱气困难，气显示低。黏度越大，气显示越低。

⑤ 钻井液流量。钻井液流量增加，单位体积钻井液中的含气量减少，但单位时间通过脱气器的钻井液体积增加，因此对气显示的影响不大。

⑥ 钻井液添加剂。部分钻井液添加剂，如铁铬盐、磺化沥青等，在一定条件下可以产生烃类气体；钻井液中混入原油或成品油，会使钻井液中含量急剧增大。这些均可造成假异常。

(3) 脱气器安装条件及脱气效率的影响

不同类型的脱气器脱气原理和效率不同，因些气显示高低不同。脱气效率越高气显示越高。脱气器的安装位置及安装条件也直接影响气显示的高低。电动脱气器可直接搅拌破碎循环管路深部的钻井液，但安装高度过高或过低都会降低脱气效率，甚至漏失油气显示。

(4) 气测仪性能和工作状况的影响

气测仪的灵敏度、管路密封性好坏及标定是否准确都将对气测显示产生重大影响。因此必须保证仪器性能良好，工作正常。

2. 气测录井资料的主要应用

(1) 判断储层流体性质

根据油气生成原理结合长期的勘探实践，不同油藏中的气体组分一般具有如下气测录井特征：

① 浅气藏。

主要为甲烷气体，重烃气(C2 ~ C5)含量较少，一般小于2%。因此典型浅层气层特征应是高全烃和高甲烷，微重烃或不含重烃。

主要集中在浅层，系细菌降解所形成的生物甲烷气(细菌大量繁殖温度低于75°)，埋深一般小于2000m。

② 重质油藏及稠油藏。气测组分特征主要为甲烷气体，一般在95%左右。重烃气(C2 ~ C5)含量较少，因此典型稠油层的特征应是高全烃和高甲烷，微重烃。

主要集中在浅层，埋深小于2000m，所含气体系细菌降解所形成的生物甲烷气。浅层气藏和稠油藏单纯利用气测录井资料难以划分，一般要结合岩屑录井资料及其他录井资料进行流体性质的判别。

③ 轻质油 - 中质油藏。

组分齐全，甲烷含量一般在55% ~90%。因此典型油层的特征应是高全烃，组分全，甲烷含量一般在55% ~90%，C1/C2一般在5 ~15。埋深一般在2000 ~4000m。

④ 凝析气和湿气藏。

组分齐全，甲烷含量一般在55% ~85%，与轻质油类似，但两者相比，凝析气或湿气藏C1/C2大于15，C2/C3大于1.3。埋深一般在大于4000m。

⑤ 干气藏。

高温裂解成因，气体组分主要为甲烷。埋深一般大于4500m。

(2) 识别真假油气显示

1）对成品油类和钻井液添加剂影响的识别

成品油类和钻井液添加剂由于在原油炼制或生产过程中轻烃组分受到人工分离，所以在综合录井气体参数上虽然表现出较高的全烃升幅，但组分特征却没有相应的变化。与地层中常规原油相比，明显表现为缺少 C1 ~ C4 组分或其含量尤其是 C1 含量相对较低，与全烃变化明显不相吻合。另外，在诸如钻时、dc 指数上也没有相应的响应，以此可对该情况下的真假油气显示予以识别。

2）对钻井液中混入原油的识别

钻井液中混入的原油引起的假油气显示往往具有持续时间很长，甚至持续不断的特征，而真的油气显示一般持续时间短，即使油层很厚，其在气测值上也一般表现为峰状特征，缺乏连续性。另外，同上述情况一样，钻遇真的油气层时，其他的录井参数将有相应的变化。利用该点特征，可对原油引起的假的油气显示予以识别。

(3）特殊油气层发现和评价

对于裂缝型储层诸如泥岩裂缝性储层、火成岩裂缝性储层、碳酸盐岩裂缝性储层，由于电性特征不明显，目前常规测井解释主要是对储层物性进行评价，而对流体性质不作判断，实践证实，对于该类储层，采用气测资料，结合各种地质录井资料显示特征，是解释该类储层的较好手段。深层储层多致密，低空低渗，油气层电性特征不明显。在掌握了区域油气分布规律和产液特征，依据气测资料结合其他录井资料对深层油气层的发现和评价具有较好效果。

（三）工程参数录井

工程参数录井是指录井人员在钻井过程中，通过录井仪及其传感器对各项工程参数和钻井液性能进行实时测量、监控、记录，并随钻分析判断井下状态，进而指导安全钻井、优化钻井的过程。

1. 工程参数录井录取参数

录井仪通过传感器可直接检测两类工程参数(含实时参数、迟到参数和分析化验参数)，一是钻井参数，二是钻井液参数，共计 30 多个参数(表 8 -7)，此外通过计算还可得到诸多基本计算参数。

表 8 -7　综合录井测量项目表

分　类	参　数
实时参数	大钩负荷、大钩高度、转盘扭矩、立管压力、套管压力、转盘转速、1 号泵冲速率、2 号泵冲速率、1 号池钻井液体积、2 号池钻井液体积、3 号池钻井液体积、4 号池钻井液体积、入口钻井液密度、入口钻井液温度、入口钻井液电导率、出口钻井液流量
迟到参数	出口钻井液密度、出口钻井液温度、出口钻井液电导率。
基本计算参数	井深(标准井深、垂直井深、迟到井深)、钻压、钻时、钻速、钻井液流量、钻井液总体积、迟到时间、dc 指数、地层压力梯度、破裂地层压力梯度、地层孔隙度、每米钻井成本
分析化验参数	泥页岩密度及碳酸盐岩含量

2. 工程参数录井的应用

(1）工程参数录井主要作用

工程参数录井主要是利用工程参数的变化情况，发现异常，继而判断异常事件，进而主动采取措施，以避免或减缓工程事故。实施录井主要是监控钻井工况、判断和预报井漏、井涌、井喷、钻具刺卡等，其次是进行地层压力预测，指导合理调配钻井液，再次是利用工程参数录井辅助实现高压油气层的及时发现。

1）判断地质异常事件

地质异常事件，主要是油气水异常显示，包括气浸、油浸、盐水浸、淡水浸，钻遇异常高压层、井涌、井漏等等。各类异常的实时参数和迟到参数显示特点见表8－8。

表8－8　地质异常事件中的工程与气测参数特征

异常类型	检测参数显示特点	
	实时参数	迟到参数
气侵	钻时减小；出口流量增大；总池体积增加	电导率减小；出口温度减小；伴以岩屑无显示或仅有荧光显示，气测总烃高异常，甲烷高异常；接单根和起下钻后效气明显
油侵		井液密度减小；电导率减小；出口温度可能增大；岩屑有荧光以上级别的显示，气测总烃高异常；烃组分重烃异常明显
盐水侵		钻井液密度减小；电导率增大；氯离子含量升高；伴以气测可能高异常，甲烷可能高异常
淡水侵		钻井液密度减小；电导率减小；气测小异常或无异常显示；伴以岩屑无荧光显示
异常高压地层	钻时大幅度减小；dc 指数减小，偏离正常趋势线；出口流量增大；总池体积增加；转盘扭矩增大	钻井液密度减小；地温梯度增大；泥（页）岩密度减小；岩屑呈碎片状、多角状和尖锐状，伴以气测值升高，接单根后效气明显，起下钻后效气反应强烈
井涌	钻时突然减小或者伴随放空；平均钻时大幅度减小；立管压力突然大幅度跳跃，或者出现先升高后降低的微变化过程；出口流量起伏跳跃并迅速增大；总池体积迅速增加	钻井液密度减小；电导率增大或者减小，伴以气测值大幅度升高
井漏	立管压力下降；大钩负荷增大，钻压减小；出口流量突然减小，甚至降为零；总池体积迅速减少	

2）判断工程异常事件

工程异常事件的类型和检测参数显示特点见表8－9。

表8－9　工程异常事件中的气测与工程参数特征

异常类型	检测参数显示特点
刺钻具	立管压力逐渐下降；钻时、扭矩增大
断钻具	立管压力下降；大钩负荷突然减小；转盘扭矩减小
刺泵	泵冲正常；立管压力缓慢下降；钻时增大
掉牙轮	转盘扭矩大幅度跳跃并增大；转盘转速剧烈波动，钻时显著增大；岩屑中可能有金属微粒
掉水眼	立管压力突然下降并稳定在某一数值上；钻时增大
水眼堵	立管压力升高；钻时增大；转盘扭矩增大
钻头旷动严重，钻头寿命终结	转盘扭矩瞬间出现增大尖峰，并呈加大加密趋势；转盘转速严重跳动；钻时显著增大；岩屑中可能有金属微粒
井塌	转盘扭矩增大，振动筛上岩屑量增多，岩屑多呈大块状
溜钻、顿钻	井深突然跳变；大钩负荷突然减小，钻压突然增大；转盘扭矩增大；钻时骤减
卡钻	扭矩增大或大幅度波动、上提钻具时大钩负荷增大、下放钻具时大钩负荷减小、立管压力升高。

3）判断接单根、起下钻及停待钻期间的异常事件

接单根、起钻、下钻和停待期间，也可能发生井涌、井喷和井漏异常事件。不同作业期检测参数异常显示及可能发生的异常事件和原因分析见表8－10。

表8－10　接单根、起下钻及停待期间的工程参数异常解释

作业种类	检测参数异常显示	可能引发异常事件	原因分析
接单根起钻	溢流；总池体积快速增加	井涌 井喷	①在井底压力近平衡状态下，停泵后，环空压耗消失，井底回压减小，超压驱动地层液体进入水眼； ②快速起钻的抽吸作用； ③起钻时未按规定灌钻井液； ④钻井液密度因地层液体不断侵入而降低，井底回压进一步减少。
下钻	总池体积减小	井漏	在激动压力的作用下，地层漏失
停待	溢流；总池体积增加	井涌 井喷	①钻井液密度偏小，井底回压降低； ②起钻刮掉井壁的泥饼； ③地层液体以扩散和渗透的方式进入井眼，钻井液密度减小，井底回压进一步降低。

（2）工程录井参数的其他地质应用

1）辅助油气层评价

工程参数的变化对综合分析地层流体性质有着重要的参考意义。参数的变化幅度可用于定性分析产能，而温度、电导率的变化可用来区分油气水层。

钻遇油气水层时，各主要的工程参数变化，表8－11。

2）检测岩盐层、膏岩层

根据钻井液电导率的变化可以实时检测盐岩层、膏岩层。钻开盐岩层或盐水层时，地层中的盐溶解在钻井液中，使钻井液的导电能力增大，钻井液出口电导率检测值上升；钻开石膏层时，石膏以粉末状散布在钻井液中，使钻井液导电能力下降，出口电导率检测值降低。录井过程中可据此发现并区分盐岩层、石膏层，提高岩屑描述的剖面符合率。

表8－11　油气水层各主要的工程参数变化表

参数 性质	钻时	立压	体积	密度	电导率	温度
油层	下降	下降	上升	下降	下降	上升
气层	下降	下降	上升	下降	下降	下降
水层	下降	下降	上升	下降		

3）利用扭矩辅助卡取潜山界面

转盘扭矩主要用于判断钻头使用情况，但由于伴随岩性的变化，转盘扭矩亦应有所响应，特别是由新生界地层进入古潜山地层时，这种响应更为明显。因此，根据扭矩的变化可辅助卡取潜山界面。

4）利用微钻时或立管压力变化辅助卡准取芯层位

通常钻时计算间隔为1m或0.5m。而微钻时是把单位长度分割成若干份，并使每份的距离尽可能小，即对单位长度微分求导而得的这一点的真实速率。在实际应用中，一般取0.1～0.2m的钻时计算间隔。应用微钻时可及时判断地层变化；当钻遇好的油气层时，立管

压力会明显减小，它比气测等参数能更早的反应储层含流体信息。因此利用微钻时或立管压力变化辅助卡准取芯层位。

（四）新方法录井

经过多年来不断创新和发展，录井已经推广了包括岩石热解、定量荧光、罐顶气轻烃、核磁共振、热蒸发烃色谱等多种录井新方法。近来随着科技的进步，还相继诞生了基于岩石元素分析辅助岩性识别的 X 射线荧光录井技术，基于储层孔隙内油水分布状态分析辅助油气层评价的显微荧光薄片录井技术，基于钻井液离子种类及矿化度分析辅助储层含水性分析及地层压力分析的离子色谱录井技术等。目前的录井技术已涵盖了对钻遇地层的岩性、物性、含油气性、水性分析，形成了岩性剖面建立，油气发现与评价，工程实施监控等录井技术系列，在油气勘探开发生产中发挥着越来越重要的作用。

第二节 测井知识

测井是应用物理学原理解决油田地质和油藏工程问题的应用技术学科，通常采用电缆将测量探头(下井仪器)送入井筒内，完成对井周地层物理参数的测量或井筒工程结构的测量，并提供对测量数据的处理和解释，得到地层的岩性、物性及含油饱和度等参数。

一、测井方法简介

对于油气勘探开发来说，测井面临的基本任务是储层评价，包括单井测井和多井测井评价。涉及内容有地层、构造、沉积储层、油气层等，中心的任务是划分储层和油气资源评价。因此，在早期测井解释中，把自然电位与电阻率测井作为最初的原始组合定性解释，以自然电位为主划分渗透性储层，用电阻率区分油水层。阿尔奇公式确定了纯岩石孔隙度与电阻率关系的理论基础，开创了利用孔隙度和含油气饱和度作油气分析的新思路，从而使测井解释进入了定量评价储层油气含量的新阶段，由此在测井领域中逐渐形成了以电阻率测井和岩性—孔隙度测井为主体的基本系列。目前的测井方法有很多种，作为了解，下面简单介绍几种测井方法。

（一）地层电阻率测井方法

电阻率测井可以测量地层的电阻率、确定地层含流体性质、计算含油气饱和度、有效划分储集层和进行地层对比。分为普通电阻率测井、侧向测井、感应测井等。

1. 普通电阻率测井

普通电阻率测井是指各种尺寸的梯度电极系和电位电极系组成的测井方法，它采用不同的电极排列方式和不同的电极距，通过测量人工电场电位梯度或电位的变化来确定地层电阻率的变化。利用具有不同径向探测深度的横向测井技术，可以识别岩性、划分储层、确定地层有效厚度、进行地层剖面对比、确定地层真电阻率及定性判断油气水层等。目前还保留了 2. 5m、4m 梯度和微电极(微电位和微梯度组合)等普通电阻率测井方法。

2. 侧向测井

该方法属于电流型聚焦地层电阻率测井。按照不同的电极排列和仪器结构，有多种侧向测井方法和仪器。当前常用的方法和仪器有三侧向、双侧向、微侧向、邻近侧向、球型聚焦(又称八侧向，与感应测井配套使用)、微球形聚焦等侧向测井技术。各种侧向测井方法和仪器都是由一个主电极和一组与主电极对称且供以相同极性电流的屏蔽电极组成，屏蔽电极的作用是迫使主电极测量电流径向流入地层，以减少钻井液和围岩对测量电流的分流影响，从而达到提高纵向分辨率和地层电阻率测量精度的目的。侧向测井主要用于高矿化度钻井液和高电阻率地层的电阻率测量，可以用来定量计算钻井液冲洗带、侵入带半径、地层真电阻率和含油饱和度等储层参数。

3. 感应测井

该方法属于电磁聚焦型地层电导率测井。它利用电磁感应原理和电磁场几何因子理论来测量地层的电导率。按照几何因子理论，将地层无限细分，视为由无限多个单元环组成；感应测井仪发射线圈向地层发射一定频率的电磁场，在地层单元环中便产生相应频率的感应电流，该电流强度与地层电导率密切相关；地层单元环中的感应电流产生的二次电磁场被仪器接收线圈接收，并转换为地层电导率，由此完成感应测井的测量。感应测井技术适用于中低电阻率地层，低矿化度钻井液测井环境和采用油基钻井液或空气钻井的井。感应测井的用途与侧向测井基本相同，只是适用条件有所不同。其最大优点是具有更好的径向分辨率。目前常用的感应测井技术主要是高分辨率感应测井和双感应－八侧向测井。

（二）地层声波测井方法

地层声波测井可以确定岩性、计算储层孔隙度及渗透率、识别地层含流体性质、计算岩石力学参数和刻度地面地震资料等。分为声波速度测井、多极子阵列声波（横波）测井和垂直地震剖面测井（VSP 测井）等。

1. 声波速度测井

该方法属于孔隙度测井方法，它测量声波在地层中的纵向传播速度（或每米传播时间－声波时差），其传播速度受岩性、孔隙度及其所含流体性质的影响。因此，利用声波速度测井可以识别地层岩性，确定地层孔隙度等地质参数。该方法是目前最常用的方法，常用仪器有补偿声波、长源距声波、阵列声波和数字声波等。

2. 多极子阵列声波（横波）测井

该方法是在长源距声波和阵列声波测井基础上发展起来的测井技术。它通过偶极探头激发地层挠曲波来测量地层横波速度（或慢度—时差），同时记录斯通利波，实时计算地层泊松比。最新的交叉偶极横波测井可以确定地层岩性、物性和地应力的各向异性特征及方位、计算岩石力学参数，从而为地质、油藏和钻井工程提供更为确切、可靠的资料信息。

3. 垂直地震剖面测井

简称 VSP 测井（Vertical Seismic Profiling），也称井眼地震测量。它是一种声波测井方法，也是一种高分辨率的地震勘探技术。它由震源激发地震波，固定在井壁上的接收器接收来自两个相对方向（上行波和下行波）的信息，并对各个波列进行详细分析，提供井眼附近空间域和时间域的信息。VSP 测井技术是一种重要的油藏描述技术手段，被喻为地震、测井、地质三者相结合的“桥梁”。

（三）放射性（核）测井方法

放射性测井可以确定岩性、计算储层孔隙度、识别地层含流体性质和进行沉积相研究等。主要分为自然伽马测井、自然伽马能谱测井、中子测井和密度测井等。

1. 自然伽马测井

该方法测量地层所含放射性元素（铀、钍、钾）自然衰变过程中放射出的伽马射线强度。不同岩石矿物组成的地层所含放射性元素类型与含量各异，因此利用自然伽马测井可识别岩性、划分储层、分析沉积相等地质问题。

2. 自然伽马能谱测井

这是基于铀、钍、钾三种放射性元素放出的伽马射线的能级及波谱技术的放射性测井方法。利用自然伽马能谱测井不仅可以识别岩性、划分储层，而且可以确定黏土矿物类型及其相对含量、分析沉积环境和进行源岩分析评价。

3. 中子测井

该方法利用化学或物理中子源向地层发射快中子，经与地层氢原子多次碰撞后减速为热中子，通过记录热中子密度，确定地层含氢量，从而定量确定地层的总孔隙度。为了减少井眼和氯、硼对中子测井的影响，按不同仪器设计，分为补偿中子测井和井壁中子测井之分。

4. 密度测井

该方法利用伽马源向地层发射伽马射线(光子流)，并与地层元素碰撞产生康普顿效应，通过记录经康普顿作用产生的次生伽马射线，确定地层元素电子密度，进而确定地层体积密度和孔隙度。同时利用低能伽马射线与地层元素产生的光电效应，确定地层元素光电吸收截面指数，用于识别地层岩性，定量计算地层岩石矿物百分含量。通常有岩性密度和补偿密度两种测井。

（四）核磁共振测井

核磁共振测井主要用于有效划分储层、计算储层孔隙度及孔径分布、识别地层含流体性质和计算储集层渗透率等。

核磁共振测井是基于质子(氢核)的自旋特性和外加磁场时产生的宏观磁化矢量的弛豫特性。核磁共振测井通过测量外加一定磁场时质子(氢核)自旋共振产生的回波(自由感应衰减首波幅度)和相应弛豫时间(T2 分布)，确定地层总孔隙度、可动流体孔隙度、束缚水体积和孔隙喉道尺寸分布，从而获得地层孔隙度、渗透率等定量数据，在一定条件下可以识别孔隙流体性质。

（五）成像测井简介

成像测井技术就是在井下采用传感器阵列扫描或旋转扫描测量，沿井纵向、周向、径向大量采集地层信息，传输到井上以后通过图像处理技术得到井壁的二维图象或井眼周围某一探测深度以内的三维图像。

目前常用的成像测井技术有声成像、电成像等。

1. 声成像测井

超声波成像测井是在井下声波电视测井的基础上发展起来的，它采用旋转式超声换能器，对井眼一周进行扫描，并记录回波。岩石声阻抗的变化会引起回波幅度的变化，得到声波回波幅度成像；井壁几何形状的变化会引起回波传播时间的变化，得到声波回波时间成像。将测量的回波幅度和传播时间按井眼 360°方位进行成像，就可对整个井壁进行高分辨率成像，也就得到井下地层岩性及几何界面的变化情况。与早期的井下声波电视相比，超声成像测井在成像质量与分辨率等方面都有很大提高，

2. 电成像测井

地层微电阻率成像测井是用密集排列的纽扣电极测量井壁附近的地层电导率或电阻率的相对变化，测量方法借用了地层倾角测井的传统测量方法。在测量过程中，仪器通过极板和电极向地层发射电流，该电流的一部分从极板上的纽扣电极流出，但大部分是从极板流出，

用来聚焦纽扣电极，以便使仪器具有适当的探测深度和较高的地层分辨率，纽扣电极电流被记录成一组曲线，这些曲线就反映了地层井壁附近电阻率的相对变化。

（六）其他测井介绍

1. 井径测井

井径仪有四条带有弹簧的腿，测量时四条腿的末端靠弹簧弹力而紧靠在井壁上，随井径的扩大和减小而伸张和收缩，推动连杆上、下运动，从而使电位器之间的电位差增大或减小，测量时便可记录出反映井径大小的曲线。

井径曲线的主要应用：可了解井眼变化状况；为计算固井水泥量提供依据；当进行双井径或多井径测井时，结合井斜方位判断地层当前主应力方位和异常应力段；辅助判断岩性，了解岩性变化，划分地层。渗透层由于有不同程度的泥浆漏失现象，在井壁周围有泥饼存在，导致井径相对钻头直径略微缩径；非渗透层基本接近钻头直径，在泥岩地层由于井壁容易跨塌，易扩径；辅助判断其它测井项目受井眼的影响状况。

2. 井斜方位测井

井斜方位测井能够提供测井仪器相对于垂直方向及磁北方向之间的关系，可进行三个正交关系的三轴向重力加速度计和三个正交关系的磁力计的数字信号的采集，从而提供井眼的井斜角和方位角。资料主要用于：了解钻井的井斜和方位，确定是否中靶；计算目的层垂深及各方向位移，确定储层在构造上的高度和位置；对地层进行垂深校正，便于地层对比及其他地质服务。

3. 固井评价测井

用于评价固井质量的测井主要有声幅测量(CBL)、声波变密度测井。

① 声幅测井(CBL)：固井声幅测井的下井仪器的声系由一个发射器和接收器组成，二者的源距为1m。接收器通过记录套管波的首波幅度反映井下水泥固结质量。影响声幅的主要因素有套管厚度，套管越厚，声幅衰减越小；水泥环，水泥的密度越大，水泥的抗压强度越高，其声阻抗与套管的差异就越小，套管波的幅度将变小，在水泥密度一定的条件下，水泥环越厚，声波幅度越小，当厚度大于2cm时，套管波的幅度将降至最小且保持不变；仪器偏心时，声波沿不同的路径到达接收器，此时记录到的首波到达时间不同，实验表明，当仪器偏离中心0.25in时，首波幅度将减小二分之一，因此，测井时应使仪器居中测量；测井时间，水泥凝固20h后，水泥抗压强度达到标称值的80%以上，可以进行测井，否则，水泥与套管胶结较差，将影响固井质量评价。

② 声波变密度测井(VDL)：声波变密度测井仪器结构与CBL相似，不同的是源距为更长。VDL井下接收器接收的是声波前12～14个波的幅度及到达时间，记录结果不仅能反映第一界面的胶结情况，也反应了第二界面的情况。

前十几个波中，前三个波与套管波有关，第四个至第八个波与地层波有关。发射器发射的声波先经过钻井液，然后沿着套管传播后到达接收器，称为套管波；一部分透过套管和水泥环到达地层，并在地层内传播，然后返回到达接收器，称为地层波。声波沿水泥环传播衰减较大，所以信号很弱可忽略不计。最后到达的是经钻井液直接到达接收器的泥浆波(直达波)，在1.5m的源距下，由于钻井液的声速为常数，所以在声波发射大约830μs后到达接收器，其特征是幅度较大，到达时间基本不变或者很少变化，是稳定的平行线，与套管波相似。在记录方式上或者记录全波波形，或者将正半周涂成黑色，负半周为白色，这样就显示为黑白相间的条带状记录(辉度记录)，看起来也更为直观。条带的宽度和亮度取决了声幅的大小及声信号的频率，亮带的相对位置取决于地层性质。声波幅度越大，黑色条带越黑，两条黑条带间的白色条纹表示为负半周或无信号。

二、测井地面采集系统简介

(一) 国内常用主要测井采集系统

1. SL－3000 数控测井系统

SL－3000 数控测井系统由胜利测井公司 1997 年研制投产，主机是工控奔腾 133MHz 计算机，它与另外 13 块单片机构成集中与分散相结合的分级控制系统，从而使主机与各专用测井模块分工界面清晰，功能独立。可完成裸眼井测井、套管井测井、井壁取心、射孔以及满贯水平井测井。主要由四个部分组成：电源供电面板、接线控制面板、通信控制模块、测井模块机箱。

2. SL－6000 高分辨率多任务测井系统

SL－6000 高分辨率多任务测井系统由胜利石油管理局测井公司和解放军信息工程大学联合研制生产。该系统应用网络技术、嵌入式处理器和嵌入式实时操作系统技术以及 DSP 和大规模可编程器件技术，具有系统组态灵活、功能扩展方便、可靠稳定的突出特点。可完成裸眼井测井、套管井测井、井壁取芯、射孔、满贯水平井测井和测井资料现场快速直观解释。支持的成像和特殊测井项目包括微电阻率扫描成像、井周声波成像、正交多极子阵列声波、扇区水泥胶结固井声波成像、地层倾角等。主要由八个部分组成：主计算机面板、信号处理模块面板、接线控制系统面板、交流电源面板、直流电源面板、安全与信号转换面板、绞车面板和示波器面板。

3. HH－2530 快速平台测井系统

HH－2530 快速平台测井系统是北京环鼎公司与哈里伯顿能源公司以及中原测井公司联合研制的成像测井系统。该系统能快速准确地采集各种地质数据、提供多种井眼成像，并具有强大的后处理工作站功能。可提供裸眼测井、生产测井、射孔、取心等技术服务。该系统兼容环鼎公司全部测井仪器，还可以配接多种系列下井仪器。

4. SDZ－3000 快速平台测井系统

SDZ－3000 快速测井平台是中国电子科技集团公司第二十二研究所自主研发的新一代高集成、高可靠、高时效的组合测井系统。仪器综合了常规测井的全部仪器，采用集成化设计、数字处理等先进技术，大大缩短了仪器长度，改善了仪器的地层分辨率。整个系统技术先进，功能齐全，兼容性强。仪器全长人约 16m，一次下井可同时完成电极系、双侧向/感应、补偿声波、高分辨率声波、微球、微电极、井径、自然伽马、补偿中子、补偿密度(或岩性密度)、连续测斜、自然电位、井温、泥浆电阻率等项目，极大的提高了测井时效，非常适用于水平井和大斜度井的测井作业。

5. EILog－100 快速与成像测井系统

该系统为中国石油集团测井有限公司推出，具有自主知识产权，可以满足油田勘探开发需要。主要由三部分组成：综合化地面系统、集成化常规测井仪器/国产化成像测井仪器、一体化处理解释软件(LEAD)。具有高可靠、高精度、高效率的特点。

（二）国外主要成像测井系统

1. ECLIPS－5700 测井系统

ECLIPS－5700 测井系统由贝克－休斯公司于上世纪 90 年代初推出，是在 3700 数控测井系统的基础上发展起来的成像测井系统。该系统满足了现代测井仪器阵列化、谱分析化、成像化的大规模数据处理的要求。该系统主机为 HP 工作站，软件建立于分布式处理及多任务的 UNIX 系统平台上，提供真正的多用户/多任务系统，允许井下仪器处理、记录、储存、显示、传送同时进行，并且可现场快速直观解释。地面系统主要分为六部分：接线控制面板、采集面板、基于 HP—UNIX 操作系统的计算机主机、人机交互设备、外围设备和安全开关面板。

2. EXCELL－2000 测井系统

EXCELL－2000 成像测井系统由哈里伯顿公司 20 世纪 90 年代中后期研制生产。地面计算机采用 IBM 公司的 RS6000 系列工作站，操作系统为 AIX，具有多任务、多用户性能，系统采用 CLASS 测井软件，能完成测井资料的现场采集，包含有较为完善的资料处理和现场快速解释模块。系统配备了完善的常规测井仪器和成像测井仪器。地面系统分成三个功能子系统：电源功能子系统、接口功能子系统和处理功能子系统。

3. LOG－IQ 成像测井系统

LOG－IQ 成像测井系统由美国哈里伯顿公司研制生产。它是基于 WINDOWS 操作界面，可实现网络化实时数据采集、处理、绘图的综合测井系统。具备远程联网能力，兼容性强，支持 INSITE 及 DITS 组合测井，具备 MRIL 和 RDT 测井的地面升级能力，同时支持套管井测井服务。地面系统分三个功能子系统：电源功能子系统、接口功能子系统和处理功能子系统。

4. MAXIS500 成像测井系统

MAXIS500 成像测井系统是斯伦贝谢测井公司推出的多任务采集和成像测井系统，以模块系统的方式进行设计，大量采用了可从市场上购买的硬件和操作系统，适用性广泛。地面系统硬件配置分四部分：3 台以太连网的 Micro—VAX 主机、井下仪模块接口、双阵列处理器 CPI3000 和外围设备。

三、测量环境对测井的影响

测井技术涉及到多种物理测量方法，所设计的各种探头（探测器）受物理测量原理和测量环境的限制，探测地层的范围是有限的。测量的数据质量与测量环境和所适用的条件有密切的关系。因此提供适合的测量环境是获取高质量测井数据的基础。测量环境主要包括：井眼直径、井眼质量、钻井液性质、地层性质（电阻率、孔隙特性等）、地层流体性质、井筒轨迹、井筒温度等。

（一）井眼环境对测井的影响

1. 井眼直径

测井仪器外径和探头外径均有相应尺寸，如遇到个别原因造成井眼缩小，极易使仪器下井遇阻，上提测井时遇卡。

如果井眼由于扩径超过测井仪的技术指标时，尤其是贴井壁测量的项目（如密度、微电极/邻近、电成像、井径、地层倾角、微球、补偿中子、地层测试等），因无法贴井壁，影响测量效果；非贴井壁项目(如双侧向、感应、声波类、伽马能谱、核磁共振等)由于超出探测范围，地层对测井响应的贡献较小，影响测量精度。

2. 井眼轨迹

井眼轨迹主要影响测井施工和资料质量。由于测井仪器靠重力下放，井眼造斜太快，当摩擦力大于重力沿井轴方向的分力时易造成仪器遇阻。井眼轨迹出现拐腿、螺旋井眼等情况时，也会造成仪器遇阻、遇卡，影响测井资料。

（二）钻井液对测井的影响

1. 钻井液矿化度对电阻率测井的影响

目前的电阻率测井主要分两种类型：一是以直流(低频直流)为主的双侧向、微电极、微球聚焦等测井项目；二是以电磁感应为主的双感应、高分辨率感应、阵列感应测井仪。前者更适用于地层电阻率大于50Ω·m的高阻剖面，同时对钻井液的矿化度适用范围更宽。后者主要用于低阻地层剖面(电阻率小于50Ω·m)和常说的淡水泥浆(泥浆电阻率大于0.5Ω·m)。

2. 钻井液矿化度对电成像测井的影响

如果钻井液矿化度高到测井仪器技术指标的上限时，一是会使成像仪极板发射的电流过大，损害探测器的极板，二是由于地层电阻率与泥浆电阻率的比值过大，造成地层对测量的贡献过小，测量不到地层的真实信息，导致测量资料不准确。

（三）三种测井仪对测量环境的特殊要求

1. 地层测试器(MDT)

地层测试器下井测量有两个目的：一是连续从上往下测量渗透层地层压力，二是在目的层连续排液获取地层中的真实流体样品。为了保障作业的成功，首先井壁必须保持规则，保证探测器的探头与井壁密封可靠，其次钻井液密度要满足测量环境的指标要求，过大容易造成电缆粘卡或仪器粘卡。

2. 核磁共振测井仪(NMR)

① 钻井液的电阻率不能小于0.02Ω·m，过小会造成仪器的损害，在盐水泥浆条件下，也会使信噪比降低。

② 作业现场的温度不能低于零下20摄氏度(-20℃)，否则仪器磁体会在低温时失效。

③ 斜井施工困难增大。因为核磁本身的磁体有极大的静磁场，斜井中下井时，在上部套管或技术套管中会吸附在套管壁上，阻力极大，造成遇阻。

3. 多极子声波测井(XMAC)

多极子声波测井时关键是钻井液的密度应满足测量时技术指标的要求，如果密度过大，会使声波衰减增大，接收到的信号首波幅度很小，信噪比会降低。

（四）温度、压力对测井的影响

深井作业除了时间延长，遇阻、遇卡风险增加，对动力、电缆等提出更高要求外，下井仪器在高温、高压条件下长时间测量，将造成极大损害。必须尽可能选择高温仪器，同时尽量减少在井内测量停留的时间。

（五）酸性气体对测井的影响

酸性气体对测井电缆、电缆头、仪器金属外壳、皮囊、密封件等都有一定损害，只有气体浓度在安全范围内时才能进行施工，并对电缆进行防腐处理，所有皮囊、皮套、密封件要更换防硫化氢类型。施工完成后要及时对所有下井仪器、设备、工具进行仔细检查，及时更换受损器件。

四、常见测井工程复杂情况及预防措施

随着油气勘探不断向中、深层领域发展，井筒的测量环境发生很大变化，给测井现场施工带来挑战。根据经验和总结，测井工程复杂情况主要有以下几种。

1. 粘附卡

这种情况一般发生在钻井使用了比重较高的泥浆或钻井过程中发生泥浆漏失，而测井时电缆往往贴在井壁上，在中、浅渗透层的位置形成粘附卡。在进行地层测试或井壁取芯作业过程中由于电缆静止，易发生粘附(图 8－19)。进行地层测试施工时，仪器需要在井中静止进行测压和取样，为防止电缆长时间静止不动发生电缆吸附而造成遇卡，需要每隔 3min 下放电缆 20m/1000m。

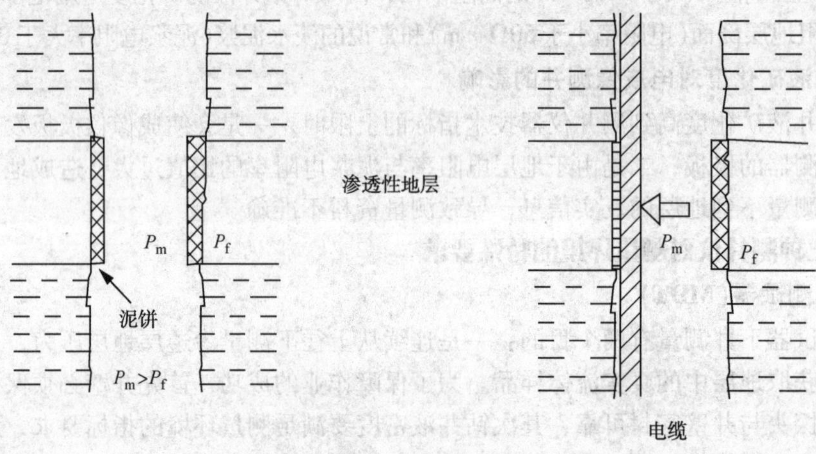

图 8－19　粘附卡

注：P_m—泥浆柱压力，P_f—地层压力

预防措施：经常活动电缆，不要让电缆在井中静止时间过长；如有可能在仪器头上安装间隙器。

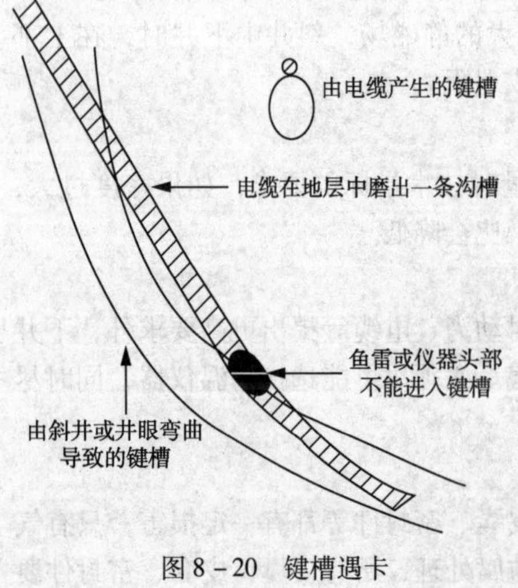

图 8－20　键槽遇卡

2. 键槽遇卡

在斜井或井眼弯曲的井中进行测井施工，电缆一直沿一个轨迹运动，就很容易在井壁上勒出键槽，由于鱼雷(电缆接头)或仪器比电缆直径大不能进入键槽而造成遇卡。这种情况多发生在斜井的造斜点及狗腿井段(图 8－20)。

预防措施：在仪器头附近加装间隙器，使仪器居中；适当放松电缆，力求改变电缆运行轨迹。

3. 井眼缩径或砂桥

这种情况主要是由于页岩膨胀超压造成缩径，或是由于泥浆中岩屑沉积而在井中形成砂桥造成仪器遇卡。这种情况多发生在页岩膨胀超压、钻屑中有大块泥岩碎屑、起下钻时拉力异常或起下钻不畅、井下仪

器下放有困难的井(图 8－21)。

预防措施：仪器串中加装扶正器使仪器居中；遇阻时不要使仪器快速下冲。

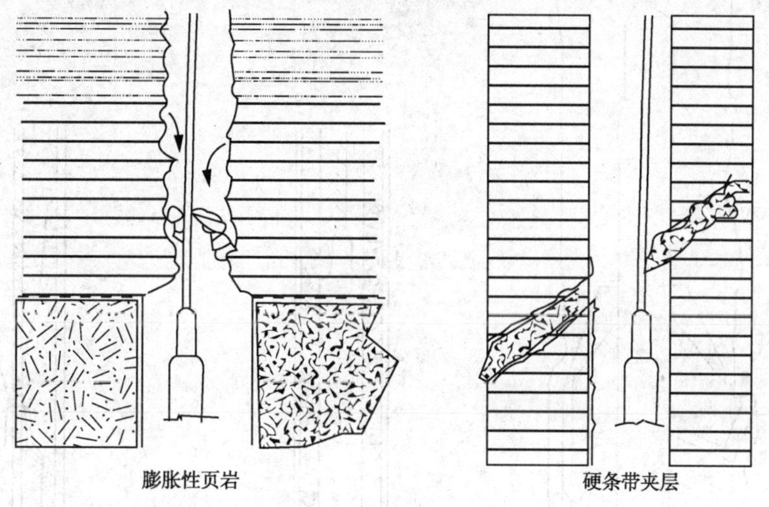

图 8－21　井眼缩径、砂桥

4. 电缆损坏

由于遇阻过多或其他原因造成电缆打结、电缆钢丝断裂扭结或分开造成的(图 8－22)。以下情况易发生电缆损坏：施工井泥浆密度大、黏度大；施工井为大斜度井；绞车电缆为新电缆；大直径的桥塞或封隔器作业等。

预防措施：电缆在井中不要下放得过快；新电缆一定要破劲后使用；仪器遇阻时要及时停车不要使电缆遇阻过多，上提时速度要慢；保持充分的电缆张力；使用防转接头。

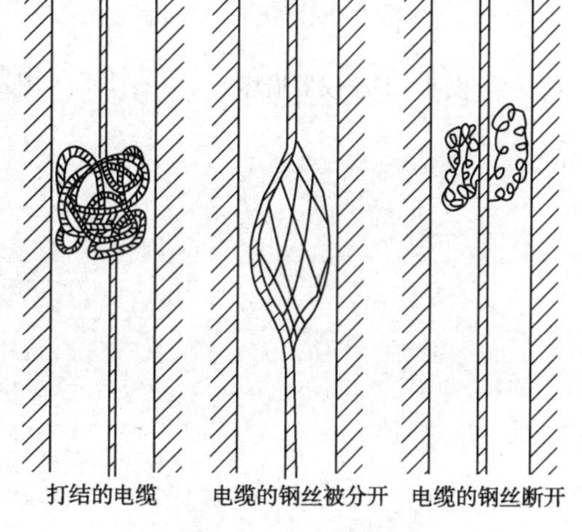

图 8－22　电缆损坏

5. 下井仪器损坏

多数情况是井径臂或扶正器断裂，卡在井筒上，无法上提仪器(图 8－23)。

预防措施：下井前加强仪器检查保养；多次上下活动，尽可能不要一次将仪器卡死。

6. 井壁垮塌、碎块

测量过程中，下落的碎块等掉在仪器的上部而卡住仪器或井壁跨塌埋住仪器造成遇卡(图 8－24)。

预防遇卡的有效措施：仪器串中加装扶正器使仪器居中；上下活动电缆和仪器，上提拉力不要太大，避免一次将仪器卡死。

7. 井底沉砂

由于井底沉砂过多，仪器快速冲至井底陷入沉砂中，造成遇卡(图 8－25)。

这种遇卡没有很好的预防措施，仪器接近底部时应降低下放速度，计算好正常的上提拉力，仪器到井底立刻上提电缆，尽量缩短仪器在井底停留时间。

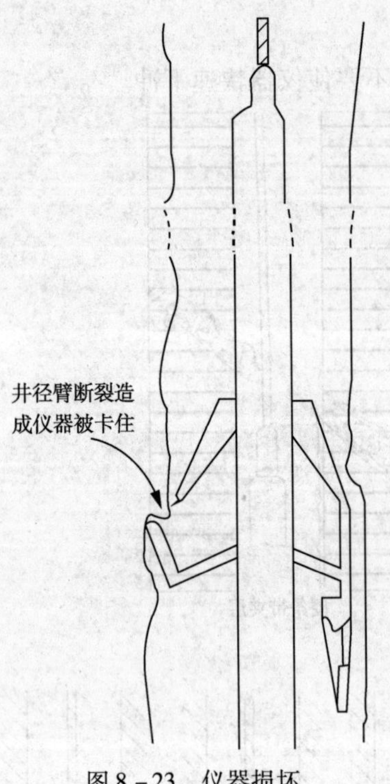

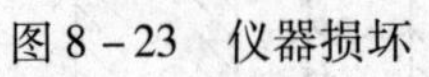
图 8-23　仪器损坏

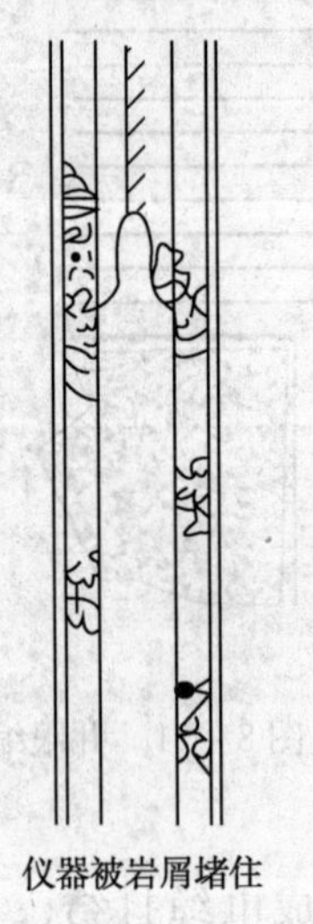

图 8-24　井壁垮塌

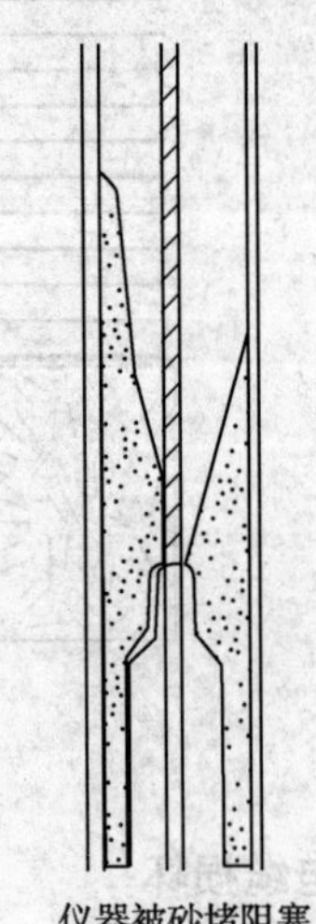

图 8-25　井底沉砂